Automation 全国高等学校自动化专业系列教材

教育部高等学校自动化专业教学指导分委员会牵头规划

普通高等教育“十一五”国家级规划教材

国家精品课程教材

国家级精品教材

Modern Control Theory

现代控制理论

太原理工大学 谢克明 主编 李国勇 副主编

Xie Keming Li Guoyong

清华大学 郑大钟 主审

Zheng Dazhong

清华大学出版社

北京

内容简介

本书对现代控制理论进行了较全面的论述。全书共分8章。主要内容为现代控制理论的产生及其发展；按照建模→求解→分析稳定性→综合的思路，论述了线性系统的状态空间描述、状态空间表达式的建立和求解方法、线性系统的能控性和能观测性及其对偶关系、李雅普诺夫稳定性理论分析、线性反馈控制系统的极点配置及状态观测器的设计；最优控制的基本概念和极大值原理以及线性二次型最优控制；线性系统状态估计的基本概念和最小二乘估计、线性最小方差估计以及卡尔曼滤波器原理；利用MATLAB进行线性系统的理论分析、综合和应用设计。

本书可作为理工科高等学校自动化专业本科生、非自动化专业研究生的教材，也可供从事相关专业的科技人员参考。

图书在版编目(CIP)数据

现代控制理论/谢克明主编. —北京：清华大学出版社，2007.4(2024.2 重印)
(全国高等学校自动化专业系列教材)
ISBN 978-7-302-14577-6

Ⅰ. 现…　Ⅱ. 谢…　Ⅲ. 现代控制理论－高等学校－教材　Ⅳ. O231

中国版本图书馆CIP数据核字(2007)第010546号

责任编辑：王一玲
责任校对：李建庄
责任印制：刘海龙

出版发行：清华大学出版社
网　　址：https://www.tup.com.cn，https://www.wqxuetang.com
地　　址：北京清华大学学研大厦A座　**邮　　编**：100084
社 总 机：010-83470000　**邮　　购**：010-62786544
投稿与读者服务：010-62776969，c-service@tup.tsinghua.edu.cn
质量反馈：010-62772015，zhiliang@tup.tsinghua.edu.cn
印 装 者：三河市龙大印装有限公司
经　　销：全国新华书店
开　　本：175mm×245mm　**印张**：25.5　**字数**：521千字
版　　次：2007年4月第1版　**印次**：2024年2月第18次印刷
定　　价：65.00元

产品编号：017420-04

出版说明

《全国高等学校自动化专业系列教材》

为适应我国对高等学校自动化专业人才培养的需要，配合各高校教学改革的进程，创建一套符合自动化专业培养目标和教学改革要求的新型自动化专业系列教材，“教育部高等学校自动化专业教学指导分委员会”（简称“教指委”）联合了“中国自动化学会教育工作委员会”、“中国电工技术学会高校工业自动化教育专业委员会”、“中国系统仿真学会教育工作委员会”和“中国机械工业教育协会电气工程及自动化学科委员会”四个委员会，以教学创新为指导思想，以教材带动教学改革为方针，设立专项资助基金，采用全国公开招标方式，组织编写出版一套自动化专业系列教材——《全国高等学校自动化专业系列教材》。

本系列教材主要面向本科生，同时兼顾研究生；覆盖面包括专业基础课、专业核心课、专业选修课、实践环节课和专业综合训练课；重点突出自动化专业基础理论和前沿技术；以文字教材为主，适当包括多媒体教材；以主教材为主，适当包括习题集、实验指示书、教师参考书、多媒体课件、网络课程脚本等辅助教材；力求做到符合自动化专业培养目标、反映自动化专业教育改革方向、满足自动化专业教学需要；努力创造使之成为具有先进性、创新性、适用性和系统性的特色品牌教材。

本系列教材在“教指委”的领导下，从2004年起，通过招标机制，计划用3～4年时间出版50本左右教材，2006年开始陆续出版问世。为满足多层面、多类型的教学需求，同类教材可能出版多种版本。

本系列教材的主要读者群是自动化专业及相关专业的大学生和研究生，以及相关领域和部门的科学工作者和工程技术人员。我们希望本系列教材既能为在校大学生和研究生的学习提供内容先进、论述系统并适用于教学的教材或参考书，也能为广大科学工作者和工程技术人员的知识更新与继续学习提供适合的参考资料。感谢使用本系列教材的广大教师、学生和科技工作者的热情支持，并欢迎提出批评和意见。

《全国高等学校自动化专业系列教材》编审委员会

2005年10月于北京

《全国高等学校自动化专业系列教材》编审委员会

序

FOREWORD

自动化学科有着光荣的历史和重要的地位,20 世纪 50 年代我国政府就十分重视自动化学科的发展和自动化专业人才的培养。五十多年来,自动化科学技术在众多领域发挥了重大作用,如航空、航天等,"两弹一星"的伟大工程就包含了许多自动化科学技术的成果。自动化科学技术也改变了我国工业整体的面貌,不论是石油化工、电力、钢铁,还是轻工、建材、医药等领域都要用到自动化手段,在国防工业中自动化的作用更是巨大的。现在,世界上有很多非常活跃的领域都离不开自动化技术,比如机器人、月球车等。另外,自动化学科对一些交叉学科的发展同样起到了积极的促进作用,例如网络控制、量子控制、流媒体控制、生物信息学、系统生物学等学科就是在系统论、控制论、信息论的影响下得到不断的发展。在整个世界已经进入信息时代的背景下,中国要完成工业化的任务还很重,或者说我们正处在后工业化的阶段。因此,国家提出走新型工业化的道路和"信息化带动工业化,工业化促进信息化"的科学发展观,这对自动化科学技术的发展是一个前所未有的战略机遇。

机遇难得,人才更难得。要发展自动化学科,人才是基础、是关键。高等学校是人才培养的基地,或者说人才培养是高等学校的根本。作为高等学校的领导和教师始终要把人才培养放在第一位,具体对自动化系或自动化学院的领导和教师来说,要时刻想着为国家关键行业和战线培养和输送优秀的自动化技术人才。

影响人才培养的因素很多,涉及教学改革的方方面面,包括如何拓宽专业口径、优化教学计划、增强教学柔性、强化通识教育、提高知识起点、降低专业重心、加强基础知识、强调专业实践等,其中构建融会贯通、紧密配合、有机联系的课程体系,编写有利于促进学生个性发展、培养学生创新能力的教材尤为重要。清华大学吴澄院士领导的《全国高等学校自动化专业系列教材》编审委员会,根据自动化学科对自动化技术人才素质与能力的需求,充分吸取国外自动化教材的优势与特点,在全国范围内,以招标方式,组织编写了这套自动化专业系列教材,这对推动高等学校自动化专业发展与人才培养具有重要的意义。这套系列教材的建设有新思路、新机制,适应了高等学校教学改革与发展的新形势,立足创建精品教材,重视实践性环节在人才培养中的作用,采用了竞争机制,以激励和推动教材建设。在此，我谨向参与本系列教材规划、组织、编写的老师致以诚挚的感谢，并希望该系列教材在全国高等学校自动化专业人才培养中发挥应有的作用。

吴启迪 教授

2005年10月于教育部

序

FOREWORD

《全国高等学校自动化专业系列教材》编审委员会在对国内外部分大学有关自动化专业的教材做深入调研的基础上，广泛听取了各方面的意见，以招标方式，组织编写了一套面向全国本科生（兼顾研究生）、体现自动化专业教材整体规划和课程体系、强调专业基础和理论联系实际的系列教材，自 2006 年起将陆续面世。全套系列教材共 50 多本，涵盖了自动化学科的主要知识领域，大部分教材都配置了包括电子教案、多媒体课件、习题辅导、课程实验指示书等立体化教材配件。此外，为强调落实“加强实践教育，培养创新人才”的教学改革思想，还特别规划了一组专业实验教程，包括《自动控制原理实验教程》、《运动控制实验教程》、《过程控制实验教程》、《检测技术实验教程》和《计算机控制系统实验教程》等。

自动化科学技术是一门应用性很强的学科，面对的是各种各样错综复杂的系统，控制对象可能是确定性的，也可能是随机性的；控制方法可能是常规控制，也可能需要优化控制。这样的学科专业人才应该具有什么样的知识结构，又应该如何通过专业教材来体现，这正是“系列教材编审委员会”规划系列教材时所面临的问题。为此，设立了《自动化专业课程体系结构研究》专项研究课题，成立了由清华大学萧德云教授负责，包括清华大学、上海交通大学、西安交通大学和东北大学等多所院校参与的联合研究小组，对自动化专业课程体系结构进行深入的研究，提出了按“控制理论与工程、控制系统与技术、系统理论与工程、信息处理与分析、计算机与网络、软件基础与工程、专业课程实验”等知识板块构建的课程体系结构。以此为基础，组织规划了一套涵盖几十门自动化专业基础课程和专业课程的系列教材。从基础理论到控制技术，从系统理论到工程实践，从计算机技术到信号处理，从设计分析到课程实验，涉及的知识单元多达数百个、知识点几千个，介入的学校 50 多所，参与的教授 120 多人，是一项庞大的系统工程。从编制招标要求、公布招标公告，到组织投标和评审，最后商定教材大纲，凝聚着全国百余名教授的心血，为的是编写出版一套具有一定规模、富有特色的、既考虑研究型大学又考虑应用型大学的自动化专业创新型系列教材。

然而，如何进一步构建完善的自动化专业教材体系结构？如何建设基础知识与最新知识有机融合的教材？如何充分利用现代技术，适应现代大学生的接受习惯，改变教材单一形态，建设数字化、电子化、网络化等多元形态、开放性的"广义教材"？等等，这些都还有待我们进行更深入的研究。

本套系列教材的出版，对更新自动化专业的知识体系、改善教学条件、创造个性化的教学环境，一定会起到积极的作用。但是由于受各方面条件所限，本套教材从整体结构到每本书的知识组成都可能存在许多不当甚至谬误之处，还望使用本套教材的广大教师、学生及各界人士不吝批评指正。

吴澄 院士

2005年10月于清华大学

前言

PREFACE

本书是按照《全国高等学校自动化专业系列教材》编审委员会的建设计划，由“教育部高等学校自动化专业教学指导分委员会”牵头招标，评审后中标的，为教学研究型和教学主导型高等学校自动化专业本科生、非自动化专业研究生编写的一部教材，是自动化专业创新型系列教材之一。

本教材共8章。绪论着重介绍了控制理论的产生及其发展背景、现代控制理论的基本内容和本教材的结构体系。第1章较详细地阐述了线性系统的状态空间描述、建立状态空间表达式常用的几种方法。第2章讨论了线性连续系统和离散时间系统状态空间表达式的求解方法，以及线性连续时间系统的离散化。第3章着重讲述了线性系统的能控性和能观测性及其对偶关系、系统的能控标准型和能观测标准型以及线性系统的结构分解和实现。第4章论述了控制系统稳定性的基本概念、系统的李雅普诺夫稳定性理论分析。第5章讲述了线性反馈控制系统的基本结构、系统的极点配置以及状态观测器的设计。第6章对最优控制的基本概念和基本理论进行了论述，讨论了最优控制中的变分法、极大值原理以及线性二次型最优控制问题。第7章简要介绍了线性系统状态估计的基本概念和基本方法，包括最小二乘估计、线性最小方差估计以及卡尔曼滤波器。为了培养学生现代化的分析与设计能力，在每一章都安排了一节利用MATLAB进行线性系统的理论分析、综合和应用设计。

本书由谢克明任主编，并编写绪论、第1章和第2章；李国勇任副主编，并编写第3章和第6章；谢刚编写第4章；杜永贵编写第5章；王淼编写第7章。全书由谢克明整理定稿。清华大学郑大钟教授主审了全书，提出了许多宝贵的意见和建议，在此深表谢意。此外，还要感谢清华大学出版社王一玲女士，感谢她为本书的编辑和出版所做的辛勤工作。

由于作者水平有限，书中难免有遗漏与不当之处，敬请广大读者批评指正。

编　者

2007年1月

目录

CONTENTS

第0章 绪　论

0.1　控制理论的产生及其发展

控制理论研究的是如何按照被控对象和环境的特性，通过能动地采集和运用信息施加控制作用而使系统在变化或不确定的条件下保持预定的功能。控制理论是在人类的实践活动中发展起来的，它不但要认识事物运动的规律而且要用之于改造客观世界。

历史告诉我们，人类发明具有“自动”功能的装置，可以追溯到公元前14—11世纪在中国、埃及和巴比伦出现的自动计时漏壶。公元前4世纪，希腊柏拉图(Platon)首先使用了“控制论”一词。公元235年，我国发明了按开环控制的自动指示方向的指南车。公元1086年左右，我国苏颂等人发明了按闭环控制工作的具有“天衡”自动调节机构和报时机构的水运仪象台。比较自觉运用反馈原理设计出来并得到成功应用的是英国瓦特(J. Watt)于1788年发明的蒸汽机用的离心式飞锤调速器。后来，英国学者麦克斯韦(J. C. Maxwell)于1868年发表了“论调速器”一文，对它的稳定性进行了分析，指出控制系统的品质可用微分方程来描述，系统的稳定性可用特征方程根的位置和形式来研究。该文当属最早的控制理论工作。1875年劳斯(E. J. Routh)和1895年赫尔维茨(A. Hurwitz)先后提出了根据代数方程系数判别系统稳定性的准则。1892年李雅普诺夫(A. M. Lyapunov)在其博士论文《论运动稳定性的一般问题》中提出的一种能量函数的正定性及其导数的负定性判别系统稳定性的准则，建立了从概念到方法的关于稳定性理论的完整体系。1948年美国著名科学家维纳(N. Wiener)出版了专著《控制论——关于在动物和机器中控制和通信的科学》，系统地论述了控制理论的一般原理和方法，推广了反馈的概念，为控制理论作为一门独立学科的发展奠定了基础。

控制理论和社会生产及科学技术的发展密切相关，在近代得到极为迅速的发展。它不仅已经成功地运用并渗透到工农业生产、科学技术、军事、生物医学、社会经济及人类生活等诸多领域，而且在这过程中控制理论也发展成为一门内涵极为丰富的新兴学科。控制理论学科的发展一般划分为三个阶段。

1. “经典控制理论”阶段

经典控制理论形成于20世纪30—50年代。主要是解决单输入单输出控制系统的分析与设计，研究的对象主要是线性定常系统。它以拉氏变换为数学工具，采用以传递函数、频率特性、根轨迹等为基础的经典频域方法研究系统。对于非线性系统，除了线性化及渐近展开计算以外，主要采用相平面分析和谐波平衡法(即描述函数法)研究。

这一时期的主要代表人物和标志性成果有：1932年奈奎斯特(H. Nyquist)提出了根据频率响应判断反馈系统稳定性的准则，即奈奎斯特判据，被认为是控制学科发展的开端。伯德(H. W. Bode)于1945年出版了《网络分析和反馈放大器设计》一书，提出了基于频率响应的分析与综合反馈控制系统的理论和方法，即简便而实用的伯德图法。埃文斯(W. R. Evans)于1948年提出了直观而简便的图解分析法，即根轨迹法，为以复变量理论为基础的控制系统的分析、设计理论和方法开辟了新的途径。

经典控制理论在武器控制和工业控制中得到了成功的应用。经典控制理论能够较好地解决单输入单输出反馈控制系统的问题。但它具有明显的局限性，突出的是难以有效地应用于时变系统和多变量系统，也难以揭示系统更为深刻的特性。

2. “现代控制理论”阶段

从20世纪50年代末开始，由于计算机技术、航空航天技术的迅速发展，以及许多新的研究工具的引入，导致控制理论进入了一个多样化发展的时期，控制理论迅速拓广并取得了许多重大成果。控制理论所研究的对象不再局限于单输入单输出的、线性的、定常的、连续的系统，而扩展为多输入多输出的、非线性的、时变的、离散的系统。它不仅涉及系统辨识和建模、统计估计和滤波、线性控制、非线性控制、最优控制、鲁棒控制、自适应控制、大系统或复杂系统以及控制系统CAD等理论和方法，同时，它在与社会经济、环境生态、组织管理等决策活动，与生物医学中诊断及控制，与信号处理、软计算等邻近学科相交叉中又形成了许多新的研究分支。其中，线性系统理论是发展最完善也是最活跃的分支。它以线性代数和微分方程为主要数学工具，以状态空间法为基础，分析和设计控制系统。所谓状态空间法，本质上是一种时域分析方法，它不仅描述了系统的外部特性，而且揭示了系统的内部状态和性能。在状态空间法的基础上，又出现了线性系统的几何理论、线性系统的代数理论和线性系统的多变量频域方法等。现代控制理论分析和综合系统的目标是在揭示其内在规律的基础上，实现系统在某种意义上的最优化，同时使控制系统的结构不再限于单纯的闭环形式。

这一时期的主要代表人物和标志性成果有：贝尔曼(R. Bellman)于 1956 年发表了“动态规划理论在控制过程中的应用”一文，提出了寻求最优控制的动态规划法。1958 年，卡尔曼(R. E. Kalman)提出递推估计的自动优化控制原理，奠定了自校正控制器的基础。1960 年，他发表了“控制系统的一般理论”等论文，引入状态空间法分析系统，提出能控性、能观测性、最优调节器和卡尔曼滤波等概念。两年后，卡尔曼等人又提出最优控制反问题，并得到若干有关鲁棒性的结果。卡尔曼的滤波理论和线性二次型高斯(LQG)控制器设计成为现代控制理论的基石。1961 年，庞特里亚金(Pontryagin)在《最优过程的数学理论》中，提出了关于系统最优轨道的极大值原理，开创了在状态与控制都存在约束的条件下，利用不连续控制函数研究最优轨迹的方法，同时还揭示了该方法与变分法的内在联系，使得最优控制理论得到极大发展。1973 年，旺纳姆(W. M. Wonham)出版了《线性多变量控制：一种几何方法》，创立和发展了线性系统的几何理论。

值得指出，李雅普诺夫理论在广度和深度上有了很大的发展，一直是稳定性理论中最具重要性和普遍性的方法。阿斯特勒姆(K. J. Aström)于 1967 年提出最小二乘辨识，解决了线性定常系统的参数估计问题和定阶方法，他和朗道(L. D. Landau)等人在自适应控制理论和应用方面做出了贡献。1970 年，罗森布罗克(H. H. Rosenbroek)、沃罗维奇(W. A. Wolovich)等人提出多变量频域控制理论和多项式矩阵方法以及 1975 年麦克法伦(A. G. MacFalane)提出的特征轨迹法大大丰富了现代控制理论领域。

应当看到，和经典控制理论一样，现代控制理论的分析、综合和设计都是建立在严格和精确的数学模型基础之上的。今天，随着被控对象的复杂性、不确定性和大规模，环境的复杂性、控制任务的多目标和时变性，传统的基于精确的数学模型的控制理论的局限性日益明显。

3. “智能控制理论”阶段

20 世纪 60 年代以来，面对复杂的被控对象、复杂的环境和复杂的控制任务，传统的控制理论和方法显然不能满足不断提高的控制要求，于是诞生了智能控制的概念和理论。所谓智能控制是一种能更好地模仿人类智能(学习、推理等)、能适应不断变化的环境、能处理多种信息以减少不确定性、能以安全可靠的方式进行规划、产生和执行控制作用、获得系统全局最优的性能指标的非传统的控制方法。智能控制理论是控制理论发展的高级阶段。它所采用的理论方法主要源于自动控制、人工智能、信息科学、思维科学、认知科学、人工神经网络的联结机制、计算机科学以及运筹学等学科分支，由此产生了各种智能控制方法和理论。它的几个重要分支为专家控制理论、模糊控制理论、神经网络控制理论和进化控制理论等。

这一时期的主要代表人物和标志性成果有：1960 年，史密斯(F. W. Smith)提出采用性能识别器来学习最优控制方法的思想，用模式识别技术来解决复杂系统的控制问题。1965 年，菲根鲍姆(Fegenbaum)研制了第一个专家系统 DENDRAL，开创了专家系统的研究。1965 年扎德(L. A. Zadeh)创立了模糊集合论，为解决复杂系统的控制提供了新的数学工具，并奠定了模糊控制的基础。1966 年，门德尔(J. M. Mendel)在空间飞行器的学习系统中应用了人工智能技术，并提出了“人工智能控制”的概念。1968 年，傅京孙(K. S. Fu)和桑托斯(E. S. Saridis)等人从控制论角度总结了人工智能与自适应、自组织、自学习控制的关系，提出用模糊神经元概念研究复杂大系统行为，提出了智能控制是人工智能与控制理论的交叉的二元论，并创立了人—机交互式分级递阶智能控制的系统结构。1977 年，桑托斯在此基础上引入了运筹学，提出了三元论的智能控制概念。

进入 21 世纪，随着经济和科学技术的迅猛发展，控制理论与许多学科相互交叉、渗透融合的趋势在进一步加强，控制理论的应用范围在不断扩大，控制理论在认识事物运动的客观规律和改造世界中将得到进一步的发展和完善。

0.2 现代控制理论的基本内容

现代控制理论主要包括以下五个分支。

1. 线性系统理论

线性系统理论是现代控制理论的基础，也是现代控制理论中理论最完善、技术上较成熟、应用也最广泛的部分。线性系统的理论和方法是建立在系统的数学模型之上的。与经典控制理论不同，线性系统理论采用的数学模型是状态方程。状态方程不但描述了系统的输入输出关系，而且描述了系统内部一些状态变量随时间变化的关系。它主要研究线性系统在输入作用下状态运动过程的规律和改变这些规律的可能性与措施；建立和揭示系统的结构性质、动态行为和性能之间的关系。线性系统理论主要包括系统的状态空间描述、能控性、能观测性和稳定性分析，状态反馈、状态观测器及补偿的理论和设计方法等内容。可以把它归纳为线性系统定量分析理论、定性分析理论和线性系统综合理论。线性系统定量分析理论着重于建立和求解系统的状态方程组，分析系统的响应和性能；线性系统定性分析理论着重于对系统基本结构特性的研究，即对系统的能控性、能观测性和稳定性等的分析；而线性系统综合理论则是研究如何使系统的性能达到期望的指标或实现某种意义上的最优化、如何建立用于确定控制器的计算方法以及解决控制器的工程实现的理论问题。

需要强调指出的是，状态空间理论、线性系统几何理论、线性系统代数理论和线性系统多变量频域方法构成了线性系统的完美理论，但如何使其在实际控制工程中真正发挥优越作用，促使鲁棒性问题和设计算法的计算机辅助设计成为现代线性系统理论实用化的重要研究内容。

2. 建模和系统辨识

建立动态系统在状态空间的模型，使其能正确反映系统输入、输出之间的基本关系，是对系统进行分析和控制的出发点。由于系统比较复杂，往往不能通过解析的方法直接建立模型，而主要是在系统输入输出的试验数据或运行数据的基础上，从一类给定的模型中确定一个与被研究系统本质特征等价的模型。如果模型的结构已经确定，只需确定其参数，就是参数估计问题。若模型的结构和参数需同时确定，就是系统辨识问题。控制理论中建模的核心问题是所建立的模型必须能正确反映系统输入输出间的基本关系，回答控制系统中所关切的问题。实际的建模过程一般是先用机理分析的方法得到模型的结构，再对模型的参数和其他缺乏先验知识的部分进行实测辨识。

值得指出，由于研究对象越来越复杂，许多问题已很难用定量模型来描述，出现了许多新的模型，诸如具有不同宏、微观层次及混沌等复杂动态行为的非线性系统，能处理逻辑、符号量及图形信息的复杂算法过程，离散事件动态系统，由经验规则、专家知识、模糊关系的定性描述手段建立知识库等作为系统的定性模型等。对于社会、经济的更加复杂的人类活动系统，则必须采用定性与定量相结合的建模思想。

系统辨识理论不但广泛用于工业、国防、农业和交通等工程控制系统中，而且还应用于计量经济学、社会学、生理学、生物医学和生态学等领域。

3. 最优滤波理论

为了实现对随机系统的最优控制，首先就需要求出系统状态的最优估计。最优估计理论亦称为最优滤波理论。维纳在其滤波理论中强调了统计方法的重要意义。维纳的最优滤波指的是当系统受到环境噪声或负载干扰时，其不确定性可以用概率和统计的方法进行描述和处理。也就是在系统数学模型已经建立的基础上，利用被噪声等污染的系统输入输出的量测数据，通过统计方法获得有用信号的最优估计。与经典的维纳滤波理论强调对平稳随机过程按均方意义的最优滤波不同，卡尔曼的滤波理论和线性二次型高斯(LQG)控制器设计采用状态空间法设计最优滤波器，克服了前者的局限性，不但适用于非平稳过程，而且在很多领域中得到广泛应用，成为现代控制理论的基石。

需要指出，非线性滤波和估值是近年来研究的一个热点。它采用鞅理论、随机微分方程和 Zakai 方程等分析工具，并促进了它们的发展。对于实时、递推的非线性滤波则需要用并行处理技术才能实现。

4. 最优控制

最优控制是在给定限制条件和性能指标（即评价函数或目标函数）下，寻找使系统性能在一定意义下为最优的控制规律。所谓“限制条件”，即约束条件，指的是物理上对系统所施加的一些约束；而“性能指标”，则是为评价系统在全工作过程中的优劣所规定的标准；所寻求的控制规律就是综合出的最优控制器。显然，最优控制的首要问题是如何选择和评估性能指标。在解决最优控制问题中，除了庞特里亚金的极大值原理和贝尔曼的动态规划法是最重要的两种方法外，用各种“广义”梯度描述的优化方法，以及动态规划的哈密顿-雅可比-贝尔曼（Hamilton-Jacobi-Bellman）方程求解的新方法正在形成并用于非线性系统的优化控制。

最优控制的应用范围已远远超过了一般理解的工程技术领域，而深入到工业设计、生产管理、经济计划、资源规划和生态保护等领域。凡是作为一个多步决策过程的最优化问题，往往都能转化成用离散型动态规划或最大值原理来求解。

需要指出，当前最优控制涉及的理论问题已推广到非光滑（不连续、不可微）对象的优化，大型复杂对象中的多时标病态计算，离散对象的组合优化等方面。

5. 自适应控制

自适应控制是现代控制理论中近年来发展较快的又一个分支。所谓自适应控制，是为了保证控制系统在整个控制过程中都满足最优指标，而随时辨识系统的数学模型并按照当前的模型去修改最优控制律。也就是说，当被控对象的内部结构和参数以及外部的环境特性和扰动存在不确定时，系统自身能够在线量测和处理有关信息，在线相应地修改控制器的结构和参数，以保持系统所要求的最优性能。自适应控制的两大基本类型是模型参考自适应控制和自校正控制。图 0-1(a)、(b)分别给出了模型参考自适应控制和自校正控制的原理框图。

模型参考自适应控制系统中有一个理想的参考模型，命令信号输入到实际系统和参考模型。参考模型的理想输出 $y_m(t)$ 与实际系统的输出 $y(t)$ 之间的误差 $e(t)$ 及被控对象输入 $u(t)$ 输出 $y(t)$ 用来设计最优校正，然后相应调整控制器的参数，使系统的实际输出 $y(t)$ 跟上理想输出 $y_m(t)$。而自校正自适应控制系统则是把系统辨识和最优控制相结合，随时根据被控对象的输入输出辨识出被控对象的参数向量 $\hat{\theta}$，根据当前对象的参数和目标函数，求出最优控制器参数。

近期自适应理论的发展包括新的自适应控制方案和模型，系统稳定性、鲁棒性和参数收敛性，多变量和最小相位系统自适应控制，频域自适应算法，广义预测控制、万用镇定器机理、鲁棒稳定的自适应系统以及引入了人工智能技术的自适应控制等。

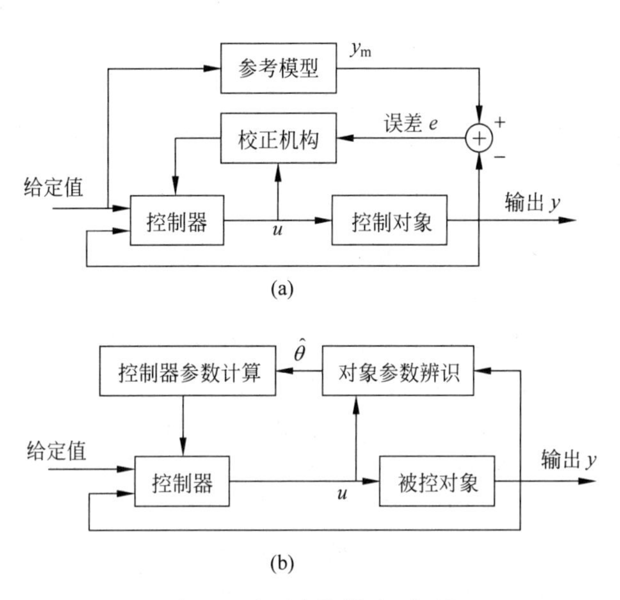

图 0-1　自适应控制原理框图

0.3　本书的内容和特点

现代控制理论课程是自动化学科的重要理论基础,也是高等学校自动化类专业的一门核心基础理论课程。现代控制理论所包含的内容很多,范围也很广,而且与控制理论其他分支的交叉融合越来越强。根据教学大纲的要求,本书只重点介绍现代控制理论的一些最基本的内容和方法,为本书读者的后续课程以及日后深入学习其他相关内容打好基础。本书的适用对象为教学研究型和教学主导型高等学校自动化专业本科生、非自动化专业研究生,也可供从事相关专业的科技人员参考。

本书突出了以下基本知识点:(1)简单物理系统的状态方程和输出方程的建立,包括传递函数、系统结构图、高阶微分方程转换为状态方程和输出方程;(2)动态方程的求解,预解矩阵和矩阵指数的计算,动态方程的等价变换;(3)能控性和能观测性的判别,对偶原理;(4)动态方程的结构分解,化动态方程为特征值标准型、能控标准型和能观测标准型;(5)单输入系统的状态反馈极点配置方法;(6)基本状态观测器和降维观测器的设计方法,用观测器构成的状态反馈系统和分离原理;(7)动态方程稳定性分析,稳定性与能控性、能观测性之间的关系;(8)李雅普诺夫方法及其在线性系统与非线性系统中的应用;(9)最优控制的必要条件计算、极大值原理的应用、线性二次型指标最优控制问题的求解;(10)最小二乘估计与线性最小方差估计的原理;(11)基本卡尔曼滤波与扩展卡尔曼滤波的原理与计算方法,滤波的稳定性、滤波发散及克服发散的方法;(12)MATLAB 软件实现现代控制理论辅助分析和设计。

本书编写的宗旨是突出基础性、先进性和易读性，主要特色如下：

按照“理论讲透，重在应用”的原则，在不破坏理论的严谨性和系统性的前提下，不刻意追求定理证明中数学上的严密性，而是突出物理概念，理论阐述力求严谨、实用、简练。

以学生为本，加强能力培养，遵照认识规律，内容叙述力求深入浅出、层次分明；注意理论的完整性与工程实用性相结合，培养学生的工程意识。力求使学生由浅入深、抓住重点，对现代控制理论有较全面和较深入的理解。

注重体系的基本结构，强调控制理论的基本概念、基本原理和基本方法，重点突出，不以细节为主。全书结构贯穿一条主线，即线性系统的状态空间描述（数学模型）→能控性、能观测性和稳定性（基本性质分析）→状态反馈与状态观测器设计（系统的综合与设计）→线性系统的最优控制问题→线性系统的状态估计。

在内容编排上突出现代控制理论的基础部分，主要体现在第 1 章到第 5 章，力求内容的完整和严谨。由于本书是针对“工程研究应用型”和“应用技术主导型”自动化本科专业学生编写的，故第 6 章和第 7 章分别对最优控制和线性系统的状态估计作基本概念和基本理论的介绍，而没有深入展开讨论，目的是拓宽学生的视野，为后续课程的学习起到承上启下的作用。

突出应用性和实践性，培养学生现代化的分析与设计能力，在每一章都安排了一节利用 MATLAB 进行线性系统的理论分析、综合和应用设计。

便于读者消化内容和自学，各章都安排了较典型的、有助于理解理论的例题和习题，在选题上力求理论结合工程实践，调动学生的学习积极性。其中包括用 MATLAB 求解线性系统的各种分析和设计问题。

鉴于大纲要求和篇幅所限，本书不包含系统辨识和自适应控制理论部分。

本书是作者在多年教学实践的基础上，按照《全国高等学校自动化专业系列教材》编审委员会的要求，根据新的教学大纲和教学计划编写的。在内容选择、学时分配、难点分布、详略安排、例题习题选编等方面，都经过了长期的教学实践过程中的不断修改和完善。相信本书将能够较好地适应教学研究型和教学主导型高等院校面向 21 世纪教学的需要。

0.4 学习建议

本书是学生学习经典控制理论和后续课程之间的过渡，也是掌握先进控制策略和方法的基础。本书的体系构建给学生留有适当的自学与思考空间。

按照《全国高等学校自动化专业系列教材》编审委员会的意见，本书中带 * 的内容，如*多输入多输出系统的标准型实现，*多输入多输出系统的极点配置，*解耦控制，各校可酌情讲授。

本书使用适合总学时数48学时，建议课堂教学42学时，实验6学时。其中课堂教学的内容由线性系统理论、最优控制和最优估计三部分组成，建议学时比为4∶1∶1。各学校可根据各自的教学要求确定每章的内容取舍及教学时数。实验可以安排学生上机用MATLAB分析和求解现代控制理论中的各种问题。也可以用模拟实验仪进行过渡过程分析、系统的极点配置或带观测器的极点配置实验等。

第1章 控制系统的状态空间描述

在经典控制理论中，通常采用微分方程或传递函数作为描述系统动态特性的数学模型，但这两种模型都只描述了系统的输入量和输出量之间的关系，称为外部模型。此外，传递函数仅仅是系统在零初始条件下的数学描述，不能反映出系统的全部特征。

在现代控制理论中，通常采用状态空间表达式作为系统的数学模型，用时域分析法分析和研究系统的动态特性。状态空间表达式是一阶微分方程组，它是描述控制系统的一种常用的方式。对于多输入多输出系统而言，状态空间表达式是方便的模型描述方法。它描述了系统的输入、输出与内部状态之间的关系，揭示了系统内部状态的运动规律，反映了控制系统动态特性的全部信息，所以又往往称其为系统的内部模型。同时采用矩阵表示方法可使系统的数学表达式简洁明了，易于计算机求解，也为多输入多输出及时变系统的分析研究提供了有力的工具。

1.1 状态及状态空间表达式

1.1.1 控制系统中状态的基本概念

1. 系统的状态和状态变量

控制系统的状态是指能完全描述系统时域行为的一个最小变量组。所谓完全描述，指的是当给定了这个最小变量组在初始时刻 $t=t_0$ 的值和 $t\geqslant t_0$ 时刻系统的输入函数，那么系统在 $t\geqslant t_0$ 任何时刻的行为就可以完全确定。

必须指出，系统在 $t(t\geqslant t_0)$ 时刻的状态是由 t_0 时刻的系统状态（初始状态）和 $t\geqslant t_0$ 时的输入惟一确定的，而与 t_0 时刻以前的状态和输入无关。

状态变量是构成系统状态的变量，是指能完全描述系统行为的最小变量组中的每个变量。例如，如果完全描述控制系统的最小变量组为 n 个

变量 $x_1(t),x_2(t),\cdots,x_n(t)$，那么这个系统就具有 n 个状态变量 $x_i(t)(i=1,2,\cdots,n)$。

应该注意，系统状态变量并非一定是系统的输出变量，也不一定是在物理上可测量的或能观测的。但在实际应用时，状态变量通常还是选择容易测量的量。

2. 状态向量

设系统的状态变量为 $x_1(t),x_2(t),\cdots,x_n(t)$，那么用它们作为分量所构成的向量就称为状态向量，记作

$$\boldsymbol{x}(t)=\begin{bmatrix}x_1(t)\\x_2(t)\\\vdots\\x_n(t)\end{bmatrix} \tag{1-1}$$

3. 状态空间

以状态变量 $x_1(t),x_2(t),\cdots,x_n(t)$ 为坐标轴构成的 n 维空间称为状态空间。

状态空间中的每一个点，对应于系统的某一特定状态。反过来，系统在任何时刻的状态，都可以用状态空间中的一个点来表示。如果给定了初始时刻 t_0 的状态 $\boldsymbol{x}(t_0)$ 和 $t\geqslant t_0$ 时的输入函数，随着时间的推移，$\boldsymbol{x}(t)$ 将在状态空间中描绘出一条轨迹，称为状态轨迹。

1.1.2 状态空间表达式及一般形式

1. 状态空间表达式

1) 状态方程

状态方程是描述系统状态变量与输入变量之间关系的一阶微分方程组(连续时间系统)或一阶差分方程组(离散时间系统)。系统的状态方程表征了系统由输入引起的内部状态变化的规律。连续时间系统和离散时间系统状态方程的一般形式可分别表示为

$$\dot{\boldsymbol{x}}(t)=\boldsymbol{f}[\boldsymbol{x}(t),\boldsymbol{u}(t),t] \tag{1-2}$$

和

$$\boldsymbol{x}(k+1)=\boldsymbol{f}[\boldsymbol{x}(k),\boldsymbol{u}(k),k] \tag{1-3}$$

式中，$\boldsymbol{x}(t)$——连续时间系统的 n 维状态向量；

$\boldsymbol{x}(k)$——离散时间系统在 k 时刻的 n 维状态向量；

$\boldsymbol{u}(t)$——连续时间系统的 r 维输入(控制)向量；

$\boldsymbol{u}(k)$——离散时间系统在 k 时刻的 r 维输入向量；

$\boldsymbol{f}[\cdot]$——n 维向量函数，$\boldsymbol{f}[\cdot]=[f_1(\cdot),f_2(\cdot),\cdots,f_n(\cdot)]^{\mathrm{T}}$。

2) 输出方程

输出方程是描述系统输出变量与系统状态变量和输入变量之间关系的代数

方程。连续时间系统和离散时间系统输出方程的一般形式可分别表示为

$$\boldsymbol{y}(t)=\boldsymbol{g}[\boldsymbol{x}(t),\boldsymbol{u}(t),t] \tag{1-4}$$

和

$$\boldsymbol{y}(k)=\boldsymbol{g}[\boldsymbol{x}(k),\boldsymbol{u}(k),k] \tag{1-5}$$

式中，$\boldsymbol{y}(t)$——连续时间系统的 m 维输出向量；

$\boldsymbol{y}(k)$——离散时间系统在 k 时刻的 m 维输出向量；

$\boldsymbol{g}[\cdot]$——m 维向量函数，$\boldsymbol{g}[\cdot]=[g_1(\cdot),g_2(\cdot),\cdots,g_m(\cdot)]^{\mathrm{T}}$。其余定义同上。

3）状态空间表达式

状态方程和输出方程组合起来，构成对系统动态行为的完整描述，称为系统的状态空间表达式，又称动态方程。其一般形式为

$$\begin{cases}\dot{\boldsymbol{x}}(t)=\boldsymbol{f}[\boldsymbol{x}(t),\boldsymbol{u}(t),t]\\ \boldsymbol{y}(t)=\boldsymbol{g}[\boldsymbol{x}(t),\boldsymbol{u}(t),t]\end{cases} \tag{1-6}$$

或

$$\begin{cases}\boldsymbol{x}(k+1)=\boldsymbol{f}[\boldsymbol{x}(k),\boldsymbol{u}(k),k]\\ \boldsymbol{y}(k)=\boldsymbol{g}[\boldsymbol{x}(k),\boldsymbol{u}(k),k]\end{cases} \tag{1-7}$$

若按线性、非线性、时变和定常划分，系统可分为线性时变系统、线性定常系统，非线性时变系统和非线性定常系统。下面首先讨论连续时间系统状态空间表达式的一般形式。离散时间系统状态空间表达式的一般形式与其类似。在以下的讨论中，在不引起混淆的情况下，通常将连续时间系统简称为系统。

2. 非线性系统状态空间表达式的一般形式

若在系统的状态空间表达式中，向量函数 $\boldsymbol{f}$ 和 $\boldsymbol{g}$ 均是非线性函数，则称该系统为非线性系统。

1）非线性时变系统

对于非线性时变系统，向量函数 $\boldsymbol{f}$ 和 $\boldsymbol{g}$ 的各元是状态向量和输入向量的非线性时变函数，系统参数随时间变化，状态方程和输出方程是非线性时变函数。系统状态空间表达式只能用式(1-6)表示，其展开形式可表示为

$$\begin{cases}\dot{x}_1(t)=f_1[x_1(t),x_2(t),\cdots,x_n(t);\ u_1(t),u_2(t),\cdots,u_r(t);\ t]\\ \dot{x}_2(t)=f_2[x_1(t),x_2(t),\cdots,x_n(t);\ u_1(t),u_2(t),\cdots,u_r(t);\ t]\\ \qquad\vdots\\ \dot{x}_n(t)=f_n[x_1(t),x_2(t),\cdots,x_n(t);\ u_1(t),u_2(t),\cdots,u_r(t);\ t]\end{cases} \tag{1-8}$$

$$\begin{cases}y_1(t)=g_1[x_1(t),x_2(t),\cdots,x_n(t);\ u_1(t),u_2(t),\cdots,u_r(t);\ t]\\ y_2(t)=g_2[x_1(t),x_2(t),\cdots,x_n(t);\ u_1(t),u_2(t),\cdots,u_r(t);\ t]\\ \qquad\vdots\\ y_m(t)=g_m[x_1(t),x_2(t),\cdots,x_n(t);\ u_1(t),u_2(t),\cdots,u_r(t);\ t]\end{cases} \tag{1-9}$$

式中，$x_1(t), x_2(t), \cdots, x_n(t)$——系统 n 维状态向量的 n 个状态变量；

$u_1(t), u_2(t), \cdots, u_r(t)$——系统 r 维输入向量的 r 个输入变量；

$y_1(t), y_2(t), \cdots, y_m(t)$——系统 m 维输出向量的 m 个输出变量；

$f_1(\cdot), f_2(\cdot), \cdots, f_n(\cdot)$——$n$ 维向量函数 $\boldsymbol{f}[\cdot]$的 n 个分量函数；

$g_1(\cdot), g_2(\cdot), \cdots, g_m(\cdot)$——$m$ 维向量函数 $\boldsymbol{g}[\cdot]$的 m 个分量函数。

2）非线性定常系统

在非线性定常系统中，向量函数 $\boldsymbol{f}$ 和 $\boldsymbol{g}$ 的各元不是时间变量 t 的显函数，因此，状态空间表达式可表示为

$$\begin{cases} \dot{x}_1(t) = f_1[x_1(t), x_2(t), \cdots, x_n(t);\ u_1(t), u_2(t), \cdots, u_r(t)] \\ \dot{x}_2(t) = f_2[x_1(t), x_2(t), \cdots, x_n(t);\ u_1(t), u_2(t), \cdots, u_r(t)] \\ \qquad\vdots \\ \dot{x}_n(t) = f_n[x_1(t), x_2(t), \cdots, x_n(t);\ u_1(t), u_2(t), \cdots, u_r(t)] \end{cases}$$

$$\begin{cases} y_1(t) = g_1[x_1(t), x_2(t), \cdots, x_n(t);\ u_1(t), u_2(t), \cdots, u_r(t)] \\ y_2(t) = g_2[x_1(t), x_2(t), \cdots, x_n(t);\ u_1(t), u_2(t), \cdots, u_r(t)] \\ \qquad\vdots \\ y_m(t) = g_m[x_1(t), x_2(t), \cdots, x_n(t);\ u_1(t), u_2(t), \cdots, u_r(t)] \end{cases}$$

3. 线性系统状态空间表达式的一般形式

若在系统的状态空间表达式中，向量函数 $\boldsymbol{f}$ 和 $\boldsymbol{g}$ 均是线性函数，则称该系统为线性系统。

线性系统的状态方程是一阶向量线性微分方程或一阶向量差分方程，输出方程是向量代数方程。

1）线性时变系统

对于具有 r 个输入、m 个输出和 n 个状态变量的线性时变连续系统，根据线性系统的叠加原理，并考虑到系统的时变性，即状态空间表达式中各变量的系数为时间函数。此时系统的状态空间表达式为

$$\begin{cases} \dot{x}_1(t) = a_{11}(t)x_1(t) + a_{12}(t)x_2(t) + \cdots + a_{1n}(t)x_n(t) + b_{11}(t)u_1(t) \\ \qquad\qquad + b_{12}(t)u_2(t) + \cdots + b_{1r}(t)u_r(t) \\ \dot{x}_2(t) = a_{21}(t)x_1(t) + a_{22}(t)x_2(t) + \cdots + a_{2n}(t)x_n(t) + b_{21}(t)u_1(t) \\ \qquad\qquad + b_{22}(t)u_2(t) + \cdots + b_{2r}(t)u_r(t) \\ \qquad\vdots \\ \dot{x}_n(t) = a_{n1}(t)x_1(t) + a_{n2}(t)x_2(t) + \cdots + a_{nn}(t)x_n(t) + b_{n1}(t)u_1(t) \\ \qquad\qquad + b_{n2}(t)u_2(t) + \cdots + b_{nr}(t)u_r(t) \end{cases}$$

$$\begin{cases} y_1(t) = c_{11}(t)x_1(t) + c_{12}(t)x_2(t) + \cdots + c_{1n}(t)x_n(t) + d_{11}(t)u_1(t) \\ \qquad\qquad + d_{12}(t)u_2(t) + \cdots + d_{1r}(t)u_r(t) \\ y_2(t) = c_{21}(t)x_1(t) + c_{22}(t)x_2(t) + \cdots + c_{2n}(t)x_n(t) + d_{21}(t)u_1(t) \\ \qquad\qquad + d_{22}(t)u_2(t) + \cdots + d_{2r}(t)u_r(t) \\ \qquad \vdots \\ y_m(t) = c_{m1}(t)x_1(t) + c_{m2}(t)x_2(t)\cdots + c_{mn}(t)x_n(t) + d_{m1}(t)u_1(t) \\ \qquad\qquad + d_{m2}(t)u_2(t) + \cdots + d_{mr}(t)u_r(t) \end{cases}$$

将上两式用向量方程的形式表示，可得出线性时变系统的状态空间表达式

$$\begin{cases} \dot{\boldsymbol{x}}(t) = \boldsymbol{A}(t)\boldsymbol{x}(t) + \boldsymbol{B}(t)\boldsymbol{u}(t) \\ \boldsymbol{y}(t) = \boldsymbol{C}(t)\boldsymbol{x}(t) + \boldsymbol{D}(t)\boldsymbol{u}(t) \end{cases} \tag{1-10}$$

式中

$$n\text{ 维状态向量 }\boldsymbol{x}(t)=\begin{bmatrix} x_1(t) \\ x_2(t) \\ \vdots \\ x_n(t) \end{bmatrix},r\text{ 维输入向量 }\boldsymbol{u}(t)=\begin{bmatrix} u_1(t) \\ u_2(t) \\ \vdots \\ u_r(t) \end{bmatrix}$$

$$m\text{ 维输出向量 }\boldsymbol{y}(t)=\begin{bmatrix} y_1(t) \\ y_2(t) \\ \vdots \\ y_m(t) \end{bmatrix}$$

$$n\times n\text{ 系统矩阵 }\boldsymbol{A}(t)=\begin{bmatrix} a_{11}(t) & a_{12}(t) & \cdots & a_{1n}(t) \\ a_{21}(t) & a_{22}(t) & \cdots & a_{2n}(t) \\ \vdots & \vdots & & \vdots \\ a_{n1}(t) & a_{n2}(t) & \cdots & a_{nn}(t) \end{bmatrix}$$

$$n\times r\text{ 输入矩阵 }\boldsymbol{B}(t)=\begin{bmatrix} b_{11}(t) & b_{12}(t) & \cdots & b_{1r}(t) \\ b_{21}(t) & b_{22}(t) & \cdots & b_{2r}(t) \\ \vdots & \vdots & & \vdots \\ b_{n1}(t) & b_{n2}(t) & \cdots & b_{nr}(t) \end{bmatrix}$$

$$m\times n\text{ 输出矩阵 }\boldsymbol{C}(t)=\begin{bmatrix} c_{11}(t) & c_{12}(t) & \cdots & c_{1n}(t) \\ c_{21}(t) & c_{22}(t) & \cdots & c_{2n}(t) \\ \vdots & \vdots & & \vdots \\ c_{m1}(t) & c_{m2}(t) & \cdots & c_{mn}(t) \end{bmatrix}$$

$$m\times r\text{ 直接传输矩阵 }\boldsymbol{D}(t)=\begin{bmatrix} d_{11}(t) & d_{12}(t) & \cdots & d_{1r}(t) \\ d_{21}(t) & d_{22}(t) & \cdots & d_{2r}(t) \\ \vdots & \vdots & & \vdots \\ d_{m1}(t) & d_{m2}(t) & \cdots & d_{mr}(t) \end{bmatrix}$$

2）线性定常系统

对于具有 r 个输入、m 个输出和 n 个状态变量的线性定常系统，根据系统的非时变性和线性系统的叠加原理，可得系统的状态空间方程为

$$
\begin{cases}
\dot{x}_1(t) = a_{11}x_1(t) + a_{12}x_2(t) + \cdots + a_{1n}x_n(t) + b_{11}u_1(t) \\
\qquad\qquad + b_{12}u_2(t) + \cdots + b_{1r}u_r(t) \\
\dot{x}_2(t) = a_{21}x_1(t) + a_{22}x_2(t) + \cdots + a_{2n}x_n(t) + b_{21}u_1(t) \\
\qquad\qquad + b_{22}u_2(t) + \cdots + b_{2r}u_r(t) \\
\qquad \vdots \\
\dot{x}_n(t) = a_{n1}x_1(t) + a_{n2}x_2(t) + \cdots + a_{nn}x_n(t) + b_{n1}u_1(t) \\
\qquad\qquad + b_{n2}u_2(t) + \cdots + b_{nr}u_r(t)
\end{cases}
\tag{1-11}
$$

系统输出变量与状态变量、输入变量之间的数学表达式称为系统的输出方程，即

$$
\begin{cases}
y_1(t) = c_{11}x_1(t) + c_{12}x_2(t) + \cdots + c_{1n}x_n(t) + d_{11}u_1(t) \\
\qquad\qquad + d_{12}u_2(t) + \cdots + d_{1r}u_r(t) \\
y_2(t) = c_{21}x_1(t) + c_{22}x_2(t) + \cdots + c_{2n}x_n(t) + d_{21}u_1(t) \\
\qquad\qquad + d_{22}u_2(t) + \cdots + d_{2r}u_r(t) \\
\qquad \vdots \\
y_m(t) = c_{m1}x_1(t) + c_{m2}x_2(t) + \cdots + c_{mn}x_n(t) + d_{m1}u_1(t) \\
\qquad\qquad + d_{m2}u_2(t) + \cdots + d_{mr}u_r(t)
\end{cases}
$$

将上两式用向量方程的形式表示，可得出线性定常系统的状态空间表达式

$$
\begin{cases}
\dot{\boldsymbol{x}}(t) = \boldsymbol{A}\boldsymbol{x}(t) + \boldsymbol{B}\boldsymbol{u}(t) \\
\boldsymbol{y}(t) = \boldsymbol{C}\boldsymbol{x}(t) + \boldsymbol{D}\boldsymbol{u}(t)
\end{cases}
\tag{1-12}
$$

式中，

$$
\boldsymbol{A} = \begin{bmatrix} a_{11} & a_{12} & \cdots & a_{1n} \\ a_{21} & a_{22} & \cdots & a_{2n} \\ \vdots & \vdots & & \vdots \\ a_{n1} & a_{n2} & \cdots & a_{nn} \end{bmatrix}, \quad
\boldsymbol{B} = \begin{bmatrix} b_{11} & b_{12} & \cdots & b_{1r} \\ b_{21} & b_{22} & \cdots & b_{2r} \\ \vdots & \vdots & & \vdots \\ b_{n1} & b_{n2} & \cdots & b_{nr} \end{bmatrix}
$$

$$
\boldsymbol{C} = \begin{bmatrix} c_{11} & c_{12} & \cdots & c_{1n} \\ c_{21} & c_{22} & \cdots & c_{2n} \\ \vdots & \vdots & & \vdots \\ c_{m1} & c_{m2} & \cdots & c_{mn} \end{bmatrix}, \quad
\boldsymbol{D} = \begin{bmatrix} d_{11} & d_{12} & \cdots & d_{1r} \\ d_{21} & d_{22} & \cdots & d_{2r} \\ \vdots & \vdots & & \vdots \\ d_{m1} & d_{m2} & \cdots & d_{mr} \end{bmatrix}
$$

对于单输入单输出线性定常系统，u 和 y 是一维的，即为标量，其状态空间表达式可表示为

$$
\begin{cases}
\dot{\boldsymbol{x}}(t) = \boldsymbol{A}\boldsymbol{x}(t) + \boldsymbol{b}u(t) \\
y(t) = \boldsymbol{c}\boldsymbol{x}(t) + du(t)
\end{cases}
\tag{1-13}
$$

例 1-1 对于如图 1-1 所示的 RLC 电路，试列出以 $u(t)$ 为输入，$u_C(t)$ 为输出的状态空间表达式。

解 系统有两个独立的储能元件，即电容 C 和电感 L，根据电路原理，有

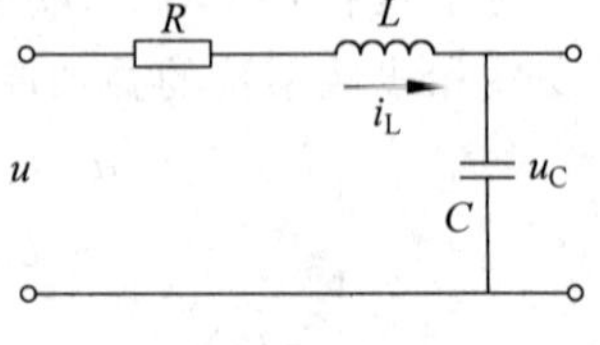

图 1-1 RLC 电路图

$$L\frac{\mathrm{d}i_L(t)}{\mathrm{d}t}+Ri_L(t)+u_C(t)=u(t)$$

和

$$C\frac{\mathrm{d}u_C}{\mathrm{d}t}=i_L(t)$$

取电感电流 i_L 和电容电压 u_C 作为状态变量，即

$$\begin{cases}x_1(t)=i_L(t)\\x_2(t)=u_C(t)\end{cases}\tag{1-14}$$

则有

$$\begin{cases}\dot{x}_1(t)=-\dfrac{R}{L}x_1(t)-\dfrac{1}{L}x_2(t)+\dfrac{1}{L}u(t)\\\dot{x}_2(t)=\dfrac{1}{C}x_1(t)\end{cases}$$

$$y(t)=u_C(t)=x_2(t)$$

可得系统的状态空间表达式为

$$\begin{cases}\begin{bmatrix}\dot{x}_1(t)\\\dot{x}_2(t)\end{bmatrix}=\begin{bmatrix}-\dfrac{R}{L}&-\dfrac{1}{L}\\\dfrac{1}{C}&0\end{bmatrix}\begin{bmatrix}x_1(t)\\x_2(t)\end{bmatrix}+\begin{bmatrix}\dfrac{1}{L}\\0\end{bmatrix}u\\y=\begin{bmatrix}0&1\end{bmatrix}\begin{bmatrix}x_1(t)\\x_2(t)\end{bmatrix}\end{cases}$$

或

$$\begin{cases}\dot{\boldsymbol{x}}(t)=\boldsymbol{A}\boldsymbol{x}(t)+\boldsymbol{b}u(t)\\y(t)=\boldsymbol{c}\boldsymbol{x}(t)\end{cases}\tag{1-15}$$

式中

$$\boldsymbol{x}(t)=\begin{bmatrix}x_1(t)\\x_2(t)\end{bmatrix},\quad\boldsymbol{A}=\begin{bmatrix}-\dfrac{R}{L}&-\dfrac{1}{L}\\\dfrac{1}{C}&0\end{bmatrix},\quad\boldsymbol{b}=\begin{bmatrix}\dfrac{1}{L}\\0\end{bmatrix},\quad\boldsymbol{c}=\begin{bmatrix}0&1\end{bmatrix}$$

若取电感电流 i_L 和电容电荷 q_C 作为状态变量，则微分方程组

$$\begin{cases}L\dfrac{\mathrm{d}i_L}{\mathrm{d}t}+Ri_L+\dfrac{1}{C}q_C=u(t)\\\dfrac{\mathrm{d}q_C}{\mathrm{d}t}=i_L\end{cases}$$

令 $x_1=i_L$，$x_2=q_C$，则状态方程为

$$\begin{bmatrix} \dot{x}_1 \\ \dot{x}_2 \end{bmatrix} = \begin{bmatrix} -\dfrac{R}{L} & -\dfrac{1}{LC} \\ 1 & 0 \end{bmatrix} \begin{bmatrix} x_1 \\ x_2 \end{bmatrix} + \begin{bmatrix} \dfrac{1}{L} \\ 0 \end{bmatrix} u$$

输出方程

$$y(t) = u_C(t) = \frac{1}{C} q_C = \begin{bmatrix} 0 & \dfrac{1}{C} \end{bmatrix} \begin{bmatrix} x_1 \\ x_2 \end{bmatrix}$$

以上例子表明，系统状态变量的选取不是惟一的，对同一个系统可选取不同组的状态变量，但不管如何选择，状态变量的个数是惟一的，必须等于系统的阶数，即系统中独立储能元件的个数。

1.1.3 状态空间表达式的系统结构图与模拟结构图

1. 状态空间表达式的系统结构图

类似于经典控制理论，对于线性系统，状态方程和输出方程可以用结构图表示，它形象地表明了系统中信号的传递关系。

图 1-2 为 n 阶线性时变系统的结构图，图中双线箭头表示通道中传递的是向量信号。图 1-3 为系统的信号流图。

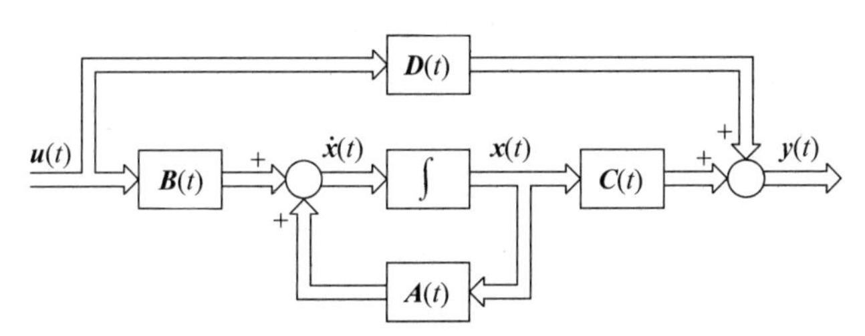

图 1-2　线性时变系统结构图

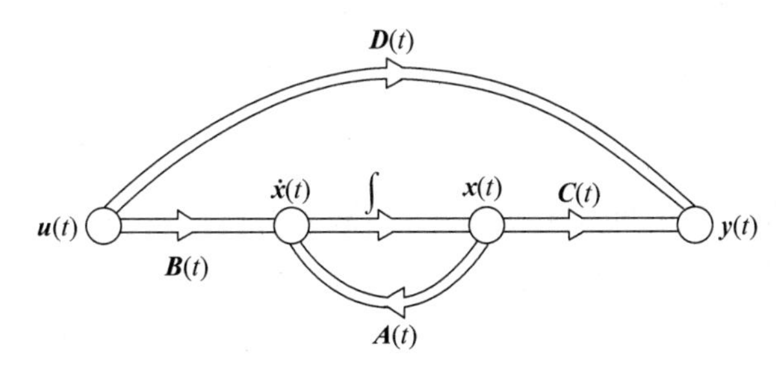

图 1-3　线性时变系统信号流图

由上述的系统结构图、信号流图可清楚地看出，它们既表示了输入变量与系统内部状态的因果关系，又反映了内部状态变量对输出变量的影响，所以状态空间表达式是对系统的一种完全描述。

2. 状态空间表达式的模拟结构图

在状态空间分析中，仿照模拟计算机的模拟结构图，通常采用模拟结构图来反映系统各状态变量之间的信息传递关系，这种图为系统提供了一种清晰的物理图像，有助于加深对状态空间概念的理解。另外，模拟结构图也是系统电路实现的基础。

绘制模拟结构图的步骤是，首先在适当的位置上画出积分器，积分器的数目为状态变量的个数，每个积分器的输出表示对应的状态变量；然后根据所给的状态方程和输出方程，画出相应的加法器和比例器；最后用箭头线表示出信号的传递关系。

例 1-2 已知三阶系统的状态空间表达式为

$$\begin{bmatrix}\dot{x}_1(t)\\ \dot{x}_2(t)\\ \dot{x}_3(t)\end{bmatrix}=\begin{bmatrix}0 & 1 & 0\\ 0 & 0 & 1\\ -a_1 & -a_2 & -a_3\end{bmatrix}\begin{bmatrix}x_1(t)\\ x_2(t)\\ x_3(t)\end{bmatrix}+\begin{bmatrix}0\\ 0\\ 1\end{bmatrix}u(t)$$

$$y(t)=\begin{bmatrix}c_1 & 0 & c_3\end{bmatrix}\begin{bmatrix}x_1(t)\\ x_2(t)\\ x_3(t)\end{bmatrix}$$

系统的模拟结构图如图 1-4 所示。

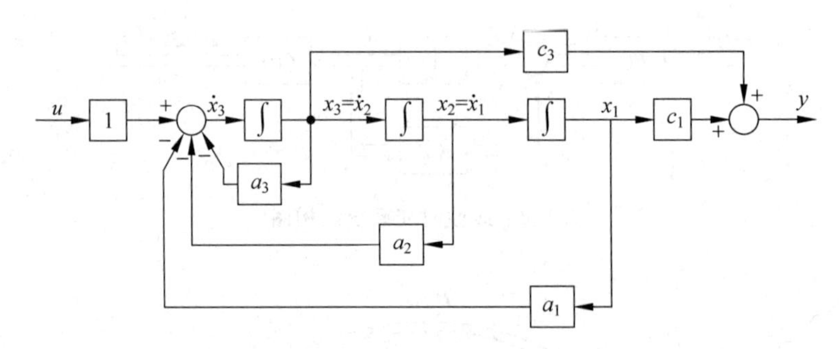

图 1-4　例 1-2 系统模拟结构图

例 1-3 双输入双输出系统的状态空间表达式为

$$\begin{bmatrix}\dot{x}_1(t)\\ \dot{x}_2(t)\end{bmatrix}=\begin{bmatrix}a_{11} & a_{12}\\ a_{21} & a_{22}\end{bmatrix}\begin{bmatrix}x_1(t)\\ x_2(t)\end{bmatrix}+\begin{bmatrix}b_{11} & b_{12}\\ b_{21} & b_{22}\end{bmatrix}\begin{bmatrix}u_1(t)\\ u_2(t)\end{bmatrix}$$

$$\mathbf{y}(t)=\begin{bmatrix}c_{11} & c_{12}\\ c_{21} & c_{22}\end{bmatrix}\begin{bmatrix}x_1(t)\\ x_2(t)\end{bmatrix}$$

系统的模拟结构图如图 1-5 所示。

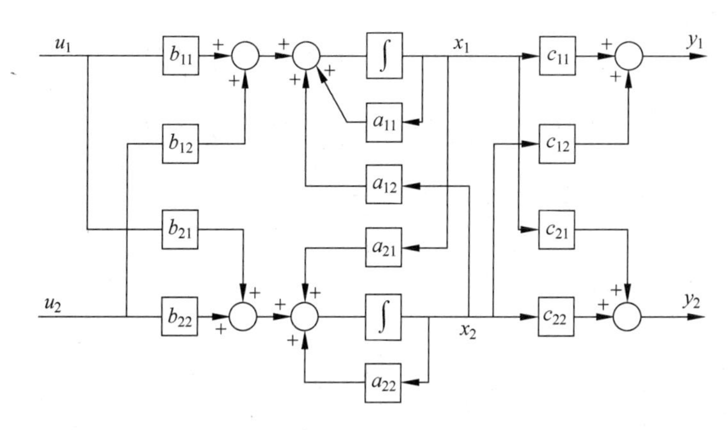

图 1-5　例 1-3 系统模拟结构图

1.2　根据系统的物理机理建立状态空间表达式

对于不同的控制系统，根据其机理，即相应的物理和化学定律，就可建立系统的状态空间表达式，其一般步骤如下：

(1) 确定系统的输入变量、输出变量和状态变量；

(2) 根据变量应遵循的有关物理、化学定律，列出描述系统动态特性或运动规律的微分方程；

(3) 消去中间变量，得出状态变量的一阶导数与各状态变量、输入变量的关系式，以及输出变量与各状态变量、输入变量的关系式；

(4) 将方程整理成状态方程、输出方程的标准形式。

例 1-4　求图 1-6 所示网络的状态空间表达式，系统输入 $u_1(t)$，$u_2(t)$，输出 $y(t)$。

解　网络中有三个独立储能元件，即两个电感和一个电容，若选择电感电流 i_1 和 i_2 及电容电压 u_C 作为状态变量，即

$$\begin{cases} x_1(t) = i_1(t) \\ x_2(t) = i_2(t) \\ x_3(t) = u_C(t) \end{cases} \tag{1-16}$$

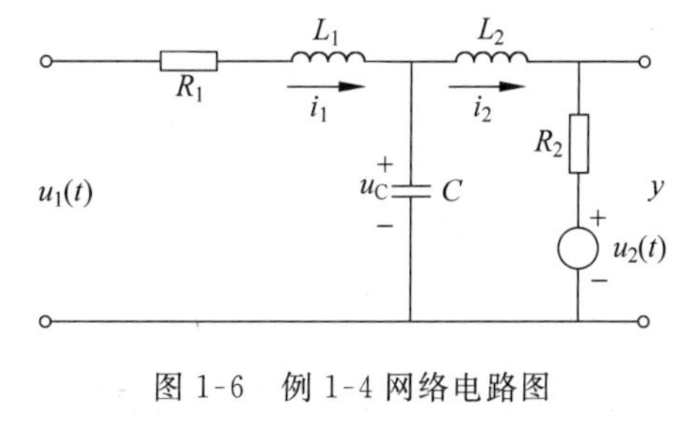

图 1-6　例 1-4 网络电路图

根据基尔霍夫定律列写回路电压、节点电流方程

$$L_1 \frac{di_1(t)}{dt} + R_1 i_1(t) + u_C(t) = u_1(t), \quad L_2 \frac{di_2(t)}{dt} + R_2 i_2(t) + u_2(t) = u_C(t)$$

$$C \frac{du_C(t)}{dt} + i_2(t) = i_1(t), \quad R_2 i_2(t) + u_2(t) = y(t)$$

将状态变量代入并整理，得到状态空间表达式

$$\begin{cases}\dot{x}_1(t) = -\dfrac{R_1}{L_1}x_1(t) - \dfrac{1}{L_1}x_3(t) + \dfrac{1}{L_1}u_1(t) \\ \dot{x}_2(t) = -\dfrac{R_2}{L_2}x_2(t) + \dfrac{1}{L_2}x_3(t) - \dfrac{1}{L_2}u_2(t) \\ \dot{x}_3(t) = \dfrac{1}{C}x_1(t) - \dfrac{1}{C}x_2(t)\end{cases}$$

$$y(t) = R_2x_2(t) + u_2(t)$$

写成向量方程的形式

$$\begin{bmatrix}\dot{x}_1(t)\\ \dot{x}_2(t)\\ \dot{x}_3(t)\end{bmatrix} = \begin{bmatrix}-\dfrac{R_1}{L_1} & 0 & -\dfrac{1}{L_1}\\ 0 & -\dfrac{R_2}{L_2} & \dfrac{1}{L_2}\\ \dfrac{1}{C} & -\dfrac{1}{C} & 0\end{bmatrix}\begin{bmatrix}x_1(t)\\ x_2(t)\\ x_3(t)\end{bmatrix} + \begin{bmatrix}\dfrac{1}{L_1} & 0\\ 0 & -\dfrac{1}{L_2}\\ 0 & 0\end{bmatrix}\begin{bmatrix}u_1\\ u_2\end{bmatrix}$$

$$y(t) = \begin{bmatrix}0 & R_2 & 0\end{bmatrix}\begin{bmatrix}x_1(t)\\ x_2(t)\\ x_3(t)\end{bmatrix} + \begin{bmatrix}0 & 1\end{bmatrix}\begin{bmatrix}u_1\\ u_2\end{bmatrix}$$

或

$$\begin{cases}\dot{\boldsymbol{x}}(t) = \boldsymbol{A}\boldsymbol{x}(t) + \boldsymbol{B}\boldsymbol{u}(t)\\ y(t) = \boldsymbol{c}\boldsymbol{x}(t) + \boldsymbol{d}\boldsymbol{u}(t)\end{cases} \tag{1-17}$$

式中

$$\boldsymbol{x}(t) = \begin{bmatrix}x_1(t)\\ x_2(t)\\ x_3(t)\end{bmatrix},\quad \boldsymbol{A} = \begin{bmatrix}-\dfrac{R_1}{L_1} & 0 & -\dfrac{1}{L_1}\\ 0 & -\dfrac{R_2}{L_2} & \dfrac{1}{L_2}\\ \dfrac{1}{C} & -\dfrac{1}{C} & 0\end{bmatrix},$$

$$\boldsymbol{B} = \begin{bmatrix}\dfrac{1}{L_1} & 0\\ 0 & -\dfrac{1}{L_2}\\ 0 & 0\end{bmatrix},\quad \boldsymbol{c} = \begin{bmatrix}0 & R_2 & 0\end{bmatrix},\quad \boldsymbol{d} = \begin{bmatrix}0 & 1\end{bmatrix}$$

例 1-5 列写图 1-7 所示电枢电压控制的直流电动机的状态空间表达式。

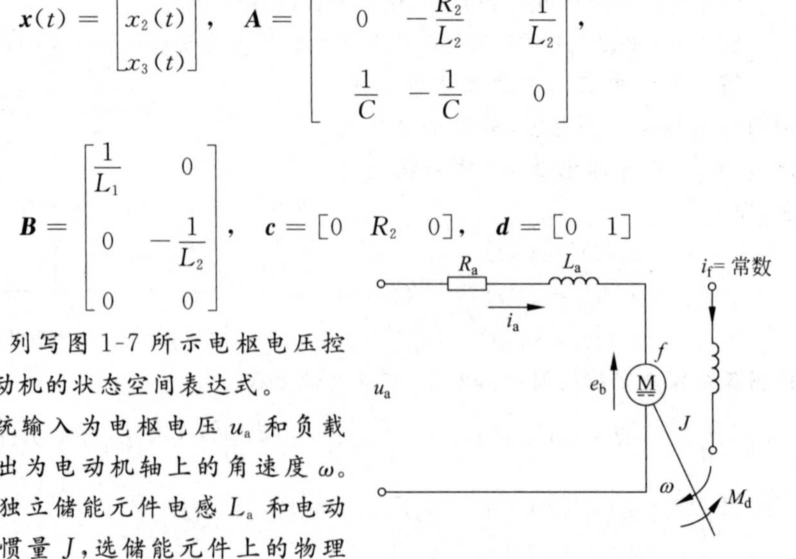

图 1-7 例 1-5 直流电动机电路图

解 系统输入为电枢电压 u_a 和负载转矩 M_d，输出为电动机轴上的角速度 ω。系统有两个独立储能元件电感 L_a 和电动机等效转动惯量 J，选储能元件上的物理量 i_a 和 ω 作为系统的状态变量，即

$$\begin{cases} x_1(t) = i_a \\ x_2(t) = \omega \end{cases} \tag{1-18}$$

电动机电枢回路的电压方程为

$$L_a \frac{\mathrm{d}i_a(t)}{\mathrm{d}t} + R_a i_a(t) + e_b(t) = u_a$$

电动机力矩平衡方程为

$$J \frac{\mathrm{d}\omega}{\mathrm{d}t} + f\omega + M_d = M_D$$

由电机学可知,反电势和电磁转矩分别为

$$\begin{cases} e_b = C_e \omega \\ M_D = C_M i_a \end{cases}$$

式中,C_e——电动机反电势系数;

C_M——电动机的转矩系数;

f——电动机轴上黏性摩擦系数;

J——电动机轴上等效转动惯量。

根据以上各式可得系统的状态空间表达式

$$\begin{cases} \dot{x}_1(t) = -\dfrac{R_a}{L_a} x_1(t) - \dfrac{C_e}{L_a} x_2(t) + \dfrac{1}{L_a} u_a \\ \dot{x}_2(t) = \dfrac{C_M}{J} x_1(t) - \dfrac{f}{J} x_2(t) - \dfrac{1}{J} M_d \end{cases}$$

$$y(t) = \omega$$

写成矩阵的形式

$$\begin{bmatrix} \dot{x}_1(t) \\ \dot{x}_2(t) \end{bmatrix} = \begin{bmatrix} -\dfrac{R_a}{L_a} & -\dfrac{C_e}{L_a} \\ \dfrac{C_M}{J} & -\dfrac{f}{J} \end{bmatrix} \begin{bmatrix} x_1(t) \\ x_2(t) \end{bmatrix} + \begin{bmatrix} \dfrac{1}{L_a} & 0 \\ 0 & -\dfrac{1}{J} \end{bmatrix} \begin{bmatrix} u_a \\ M_d \end{bmatrix}$$

$$y(t) = [0 \quad 1] \begin{bmatrix} x_1(t) \\ x_2(t) \end{bmatrix}$$

或

$$\begin{cases} \dot{\boldsymbol{x}}(t) = \boldsymbol{A}\boldsymbol{x}(t) + \boldsymbol{B}\boldsymbol{u}(t) \\ y(t) = \boldsymbol{c}\boldsymbol{x}(t) \end{cases} \tag{1-19}$$

式中

$$\boldsymbol{x}(t) = \begin{bmatrix} x_1(t) \\ x_2(t) \end{bmatrix}, \quad \boldsymbol{A} = \begin{bmatrix} -\dfrac{R_a}{L_a} & -\dfrac{C_e}{L_a} \\ \dfrac{C_M}{J} & -\dfrac{f}{J} \end{bmatrix},$$

$$\boldsymbol{B} = \begin{bmatrix} \dfrac{1}{L_a} & 0 \\ 0 & -\dfrac{1}{J} \end{bmatrix}, \quad \boldsymbol{c} = [0 \quad 1]$$

1.3 由系统的微分方程式建立状态空间表达式

在经典控制理论中，系统输入输出关系常采用微分方程或传递函数来描述，如何从系统的输入输出关系建立起系统状态空间表达式，是现代控制理论中的基本问题之一。将高阶微分方程转换为状态空间表达式应保持原系统输入输出关系不变。从分析可看到，这种变换方式并不是惟一的。

1.3.1 微分方程式中不含输入函数导数项

当微分方程式中不含输入函数导数项时，系统微分方程形式为

$$y^{(n)}+a_1 y^{(n-1)}+\cdots+a_{n-1}\dot{y}+a_n y=bu \tag{1-20}$$

选取状态变量为

$$\begin{cases}x_1=y\\x_2=\dot{y}\\\quad\vdots\\x_n=y^{(n-1)}\end{cases} \tag{1-21}$$

则利用式(1-20)，有

$$\begin{cases}\dot{x}_1=x_2\\\dot{x}_2=x_3\\\quad\vdots\\\dot{x}_{n-1}=x_n\\\dot{x}_n=-a_nx_1-a_{n-1}x_2-\cdots-a_1x_n+bu\end{cases}$$

和

$$y=x_1$$

写成向量方程形式，即系统的状态空间表达式为

$$\begin{bmatrix}\dot{x}_1(t)\\\dot{x}_2(t)\\\vdots\\\dot{x}_{n-1}(t)\\\dot{x}_n(t)\end{bmatrix}=\begin{bmatrix}0&1&0&\cdots&0\\0&0&1&\cdots&0\\\vdots&\vdots&\vdots&&\vdots\\0&0&0&\cdots&1\\-a_n&-a_{n-1}&-a_{n-2}&\cdots&-a_1\end{bmatrix}\begin{bmatrix}x_1(t)\\x_2(t)\\\vdots\\x_{n-1}(t)\\x_n(t)\end{bmatrix}+\begin{bmatrix}0\\0\\\vdots\\0\\b\end{bmatrix}u,$$

$$y(t)=\begin{bmatrix}1&0&\cdots&0&0\end{bmatrix}\begin{bmatrix}x_1(t)\\x_2(t)\\\vdots\\x_{n-1}(t)\\x_n(t)\end{bmatrix}$$

或

$$\begin{cases}\dot{\boldsymbol{x}}(t)=\boldsymbol{Ax}(t)+\boldsymbol{b}u(t)\\ y(t)=\boldsymbol{cx}(t)\end{cases} \tag{1-22}$$

式中

$$\boldsymbol{x}(t)=\begin{bmatrix}x_1(t)\\x_2(t)\\\vdots\\x_{n-1}(t)\\x_n(t)\end{bmatrix},\quad \boldsymbol{A}=\begin{bmatrix}0&1&0&\cdots&0\\0&0&1&\cdots&0\\\vdots&\vdots&\vdots&&\vdots\\0&0&0&\cdots&1\\-a_n&-a_{n-1}&-a_{n-2}&\cdots&-a_1\end{bmatrix},$$

$$\boldsymbol{b}=\begin{bmatrix}0\\0\\\vdots\\0\\b\end{bmatrix},\quad \boldsymbol{c}=\begin{bmatrix}1&0&\cdots&0&0\end{bmatrix}$$

系统的结构图如图1-8所示。

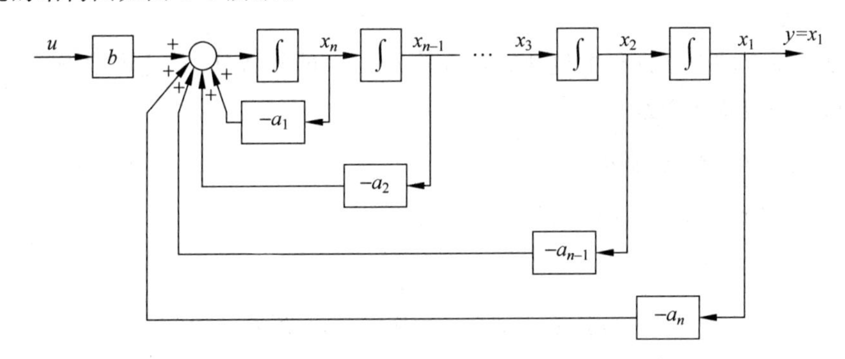

图1-8 系统结构图

例1-6 设系统微分方程为

$$y^{(3)}+6y^{(2)}+11\dot{y}+6y=u$$

求系统的状态空间表达式。

解 选取状态变量为

$$\begin{cases}x_1=y\\x_2=\dot{y}=\dot{x}_1\\x_3=\ddot{y}=\dot{x}_2\end{cases} \tag{1-23}$$

由微分方程得

$$\begin{cases}\dot{x}_1=x_2\\\dot{x}_2=x_3\\\dot{x}_3=-6x_1-11x_2-6x_3+u\end{cases}$$

$$y = x_1$$

或

$$\begin{bmatrix} \dot{x}_1 \\ \dot{x}_2 \\ \dot{x}_3 \end{bmatrix} = \begin{bmatrix} 0 & 1 & 0 \\ 0 & 0 & 1 \\ -6 & -11 & -6 \end{bmatrix} \begin{bmatrix} x_1 \\ x_2 \\ x_3 \end{bmatrix} + \begin{bmatrix} 0 \\ 0 \\ 1 \end{bmatrix} u$$

$$y = \begin{bmatrix} 1 & 0 & 0 \end{bmatrix} \begin{bmatrix} x_1 \\ x_2 \\ x_3 \end{bmatrix}$$

1.3.2 微分方程式中含输入函数导数项

当微分方程式中包含输入函数导数项时,系统微分方程的形式为

$$y^{(n)} + a_1 y^{(n-1)} + \cdots + a_{n-1} \dot{y} + a_n y = b_o u^{(n)} + b_1 u^{(n-1)} + \cdots + b_{n-1} \dot{u} + b_n u \tag{1-24}$$

这时系统的微分方程中包含有输入信号 $u(t)$ 的导数项,在这种情况下,通常选取如下一组状态变量

$$\begin{cases} x_1 = y - \beta_0 u \\ x_2 = \dot{x}_1 - \beta_1 u = \dot{y} - \beta_0 \dot{u} - \beta_1 u \\ \quad \vdots \\ x_n = \dot{x}_{n-1} - \beta_{n-1} u = y^{(n-1)} - \beta_0 u^{(n-1)} - \beta_1 u^{(n-2)} \cdots - \beta_{n-1} u \end{cases} \tag{1-25}$$

式中,$\beta_0, \beta_1, \cdots, \beta_{n-1}$ 为 n 个待定系数。

由式(1-25)可得

$$\begin{cases} \dot{x}_1 = x_2 + \beta_1 u \\ \dot{x}_2 = x_3 + \beta_2 u \\ \quad \vdots \\ \dot{x}_{n-1} = x_n + \beta_{n-1} u \\ \dot{x}_n = y^{(n)} - \beta_0 u^{(n)} - \beta_1 u^{(n-1)} \cdots - \beta_{n-1} \dot{u} \end{cases} \tag{1-26}$$

根据式(1-24)和式(1-25)可得 y 及 y 的各阶导数与状态变量之间的关系,并代入式 (1-26),整理后可得

$$\begin{cases}\dot{x}_1 = x_2 + \beta_1 u \\ \dot{x}_2 = x_3 + \beta_2 u \\ \quad\vdots \\ \dot{x}_{n-1} = x_n + \beta_{n-1} u \\ \dot{x}_n = y^{(n)} - \beta_0 u^{(n)} - \beta_1 u^{(n-1)} \cdots - \beta_{n-1} \dot{u} \\ \quad = -a_n x_1 - a_{n-1} x_2 - \cdots - a_1 x_n \\ \qquad + (b_0 - \beta_0) u^{(n)} + (b_1 - \beta_1 - a_1\beta_0) u^{(n-1)} \\ \qquad + (b_2 - \beta_2 - a_1\beta_1 - a_2\beta_0) u^{(n-2)} \\ \qquad \vdots \\ \qquad + (b_{n-1} - \beta_{n-1} - a_1\beta_{n-2} - a_2\beta_{n-3} - \cdots - a_{n-1}\beta_0)\dot{u} \\ \qquad + (b_n - a_1\beta_{n-1} - a_2\beta_{n-2} - \cdots - a_n\beta_0) u \end{cases} \tag{1-27}$$

若选择

$$\begin{cases}\beta_0 = b_0 \\ \beta_1 = b_1 - a_1\beta_0 \\ \beta_2 = b_2 - a_1\beta_1 - a_2\beta_0 \\ \quad\vdots \\ \beta_{n-1} = b_{n-1} - a_1\beta_{n-2} - a_2\beta_{n-3} - \cdots - a_{n-1}\beta_0 \\ \beta_n = b_n - a_1\beta_{n-1} - a_2\beta_{n-2} - \cdots - a_n\beta_0 \end{cases} \tag{1-28}$$

则由式(1-27)可得到系统的状态方程为

$$\begin{cases}\dot{x}_1 = x_2 + \beta_1 u \\ \dot{x}_2 = x_3 + \beta_2 u \\ \quad\vdots \\ \dot{x}_{n-1} = x_n + \beta_{n-1} u \\ \dot{x}_n = -a_n x_1 - a_{n-1} x_2 - \cdots - a_1 x_n + \beta_n u \end{cases} \tag{1-29}$$

系统输出方程为

$$y = x_1 + \beta_0 u \tag{1-30}$$

写成矩阵形式

$$\begin{cases}\dot{\boldsymbol{x}}(t) = \boldsymbol{A}\boldsymbol{x}(t) + \boldsymbol{b}u(t) \\ y(t) = \boldsymbol{c}\boldsymbol{x}(t) + du(t)\end{cases} \tag{1-31}$$

式中

$$\boldsymbol{A} = \begin{bmatrix} 0 & 1 & 0 & \cdots & 0 \\ 0 & 0 & 1 & \cdots & 0 \\ \vdots & \vdots & \vdots & & \vdots \\ 0 & 0 & 0 & \cdots & 1 \\ -a_n & -a_{n-1} & -a_{n-2} & \cdots & -a_1 \end{bmatrix}, \quad \boldsymbol{b} = \begin{bmatrix} \beta_1 \\ \beta_2 \\ \vdots \\ \beta_{n-1} \\ \beta_n \end{bmatrix},$$

$$\boldsymbol{c} = [1 \quad 0 \quad \cdots \quad 0 \quad 0], \quad d = \beta_0$$

为便于记忆，系数 $\beta_0, \beta_1, \cdots, \beta_{n-1}$ 可写成如下矩阵形式：

$$\begin{bmatrix} b_0 \\ b_1 \\ \vdots \\ b_{n-1} \\ b_n \end{bmatrix} = \begin{bmatrix} 1 & 0 & 0 & \cdots & 0 & 0 \\ a_1 & 1 & 0 & \cdots & 0 & 0 \\ \vdots & \vdots & \vdots & & \vdots & \vdots \\ a_{n-1} & a_{n-2} & a_{n-3} & \cdots & 1 & 0 \\ a_n & a_{n-1} & a_{n-2} & \cdots & a_1 & 1 \end{bmatrix} \begin{bmatrix} \beta_0 \\ \beta_1 \\ \vdots \\ \beta_{n-1} \\ \beta_n \end{bmatrix} \tag{1-32}$$

例 1-7 已知系统的微分方程为

$$y^{(3)} + 6y^{(2)} + 11\dot{y} + 6y = u^{(3)} + 8u^{(2)} + 17\dot{u} + 8u \tag{1-33}$$

试列写状态空间表达式。

解 对照式(1-24)，由微分方程中各项的系数

$$a_1 = 6, \quad a_2 = 11, \quad a_3 = 6, \quad b_0 = 1, \quad b_1 = 8, \quad b_2 = 17, \quad b_3 = 8$$

可得系数

$$\begin{cases} \beta_0 = b_0 = 1 \\ \beta_1 = b_1 - a_1\beta_0 = 2 \\ \beta_2 = b_2 - a_1\beta_1 - a_2\beta_0 = -6 \\ \beta_3 = b_3 - a_1\beta_2 - a_2\beta_1 - a_3\beta_0 = 16 \end{cases} \tag{1-34}$$

根据式(1-29)和式(1-30)，可得状态空间表达式为

$$\begin{bmatrix} \dot{x}_1 \\ \dot{x}_2 \\ \dot{x}_3 \end{bmatrix} = \begin{bmatrix} 0 & 1 & 0 \\ 0 & 0 & 1 \\ -6 & -11 & -6 \end{bmatrix} \begin{bmatrix} x_1 \\ x_2 \\ x_3 \end{bmatrix} + \begin{bmatrix} 2 \\ -6 \\ 16 \end{bmatrix} u$$

$$y = [1 \quad 0 \quad 0] \begin{bmatrix} x_1 \\ x_2 \\ x_3 \end{bmatrix} + u$$

当系统由微分方程描述时，也可先将其转换为传递函数，然后利用 1.5 节介绍的方法来建立系统的状态空间表达式，该方法对于系统输入函数包含有导数项时非常有效，它大大简化了求解过程。

1.4 由系统方框图建立状态空间表达式

基于传递函数的方框图是单输入单输出线性定常系统的一类应用广泛的描述。当线性系统用方框图的形式给出时，可直接由方框图建立其状态空间表达式。首先将方框图化为系统模拟图。一般来说，n 阶系统就有 n 个积分器，选每个积分器的输出作为状态变量，并标在模拟图上，得到系统的状态变量图，根据状态变量图的连接情况，即可写出系统的状态空间表达式。

1. 积分环节

对于由图1-9所示积分环节的传递函数,可用图1-10所示的积分器来模拟,选积分器的输出作为一个状态变量 x_1,积分器的输入为 $\dot{x}_1$,将 x_1 和 $\dot{x}_1$ 标在模拟图上,就得到状态变量图1-10。

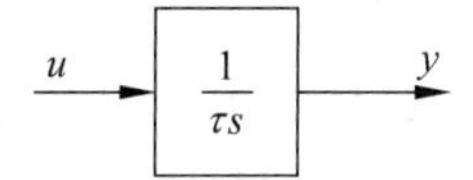

图1-9 积分环节方框图

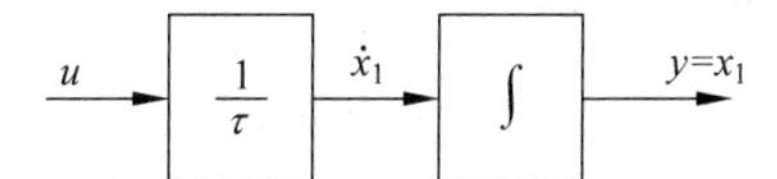

图1-10 积分环节状态变量图

由状态变量图1-10可求得积分环节的状态空间表达式为

$$\begin{cases} \dot{x}_1 = \dfrac{1}{\tau}u \\ y = x_1 \end{cases} \tag{1-35}$$

2. 惯性环节

对于由图1-11所示惯性环节的传递函数,可用图1-12所示的带反馈的积分器来模拟,选积分器的输出作为一个状态变量 x_1,积分器的输入为 $\dot{x}_1$,将 x_1 和 $\dot{x}_1$ 标在模拟图上,就得到状态变量图1-12。

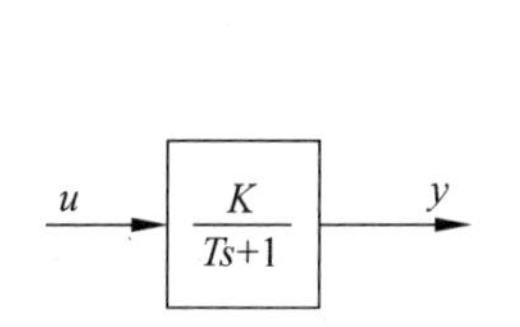

图1-11 惯性环节方框图

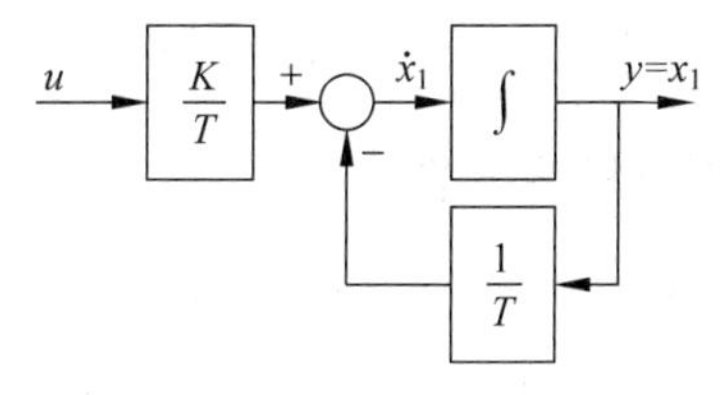

图1-12 惯性环节状态变量图

由状态变量图可求得状态空间表达式

$$\begin{cases} \dot{x}_1 = -\dfrac{1}{T}x_1 + \dfrac{K}{T}u \\ y = x_1 \end{cases} \tag{1-36}$$

3. PI调节器

对于由图1-13所示PI调节器的传递函数,可用图1-14所示的积分器来模拟,选积分器的输出作为一个状态变量 x_1,积分器的输入为 $\dot{x}_1$,将 x_1 和 $\dot{x}_1$ 标在模拟图上,就得到状态变量图1-14。

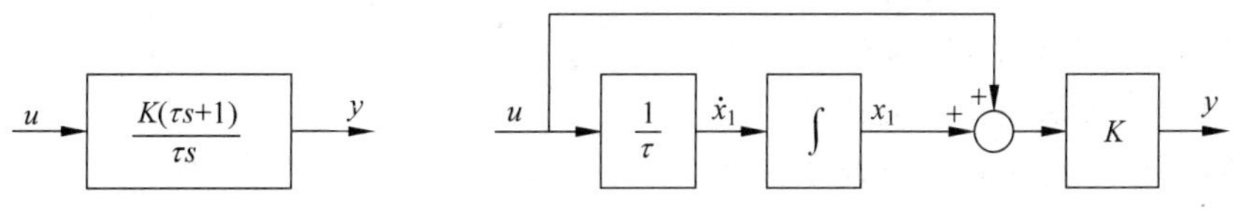

图1-13 PI调节器　　图1-14 PI调节器状态变量图

由状态变量图可求得状态空间表达式

$$\begin{cases} \dot{x}_1 = \dfrac{1}{\tau}u \\ y = Kx_1 + Ku \end{cases} \tag{1-37}$$

4. 超前(滞后)环节

对于由图 1-15 所示超前(滞后)环节的传递函数，可用图 1-16 所示的带反馈的积分器来模拟，选积分器的输出作为一个状态变量 x_1，积分器的输入为 $\dot{x}_1$，将 x_1 和 $\dot{x}_1$ 标在模拟图上，就得到状态变量图 1-16。

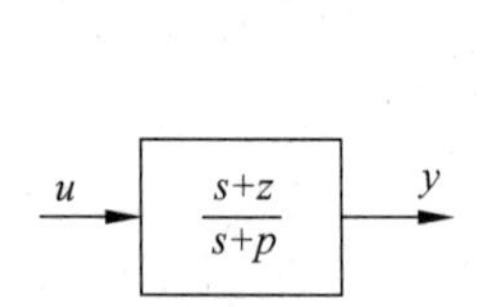

图1-15 超前(滞后)环节方框图

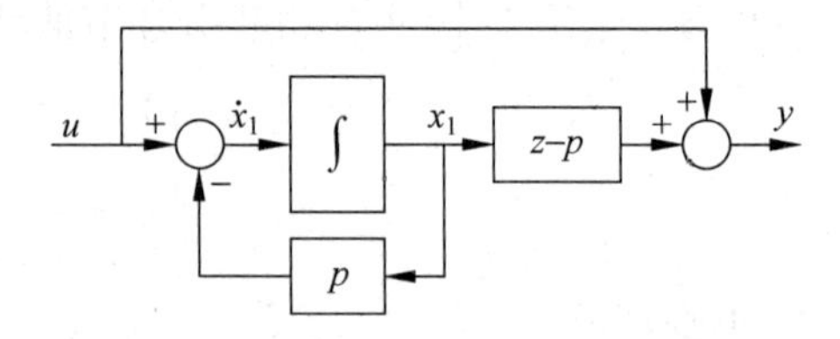

图 1-16 超前(滞后)环节状态变量图

由状态变量图可求得状态空间表达式

$$\begin{cases} \dot{x}_1 = -px_1 + u \\ y = (z-p)x_1 + u \end{cases} \tag{1-38}$$

5. 二阶振荡环节

对于由图 1-17 所示二阶振荡环节，可用两个一阶环节等效连接得到，如图 1-18 所示。

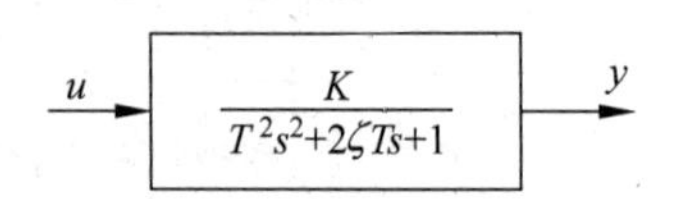

图 1-17 振荡环节结构图

同理，三阶及三阶以上的环节也完全可以用若干个一阶环节等效连接得到。由此可见，任何一个复杂的控制系统都可以用若干个典型环节来组成。

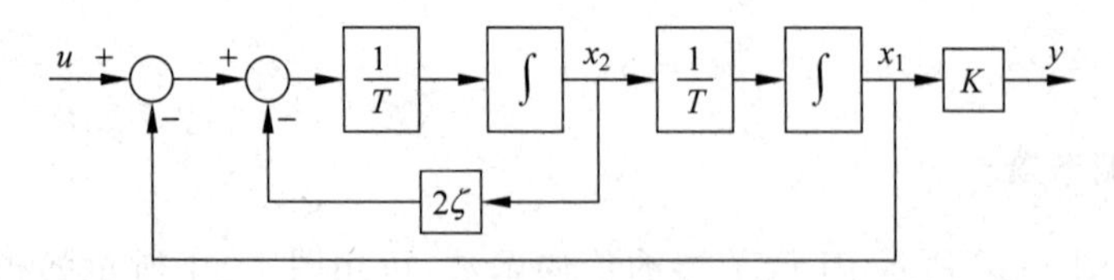

图 1-18 振荡环节状态变量图

例 1-8 已知某反馈系统的结构图如图 1-19 所示，输入为 u，输出为 y，试建立其状态空间表达式。

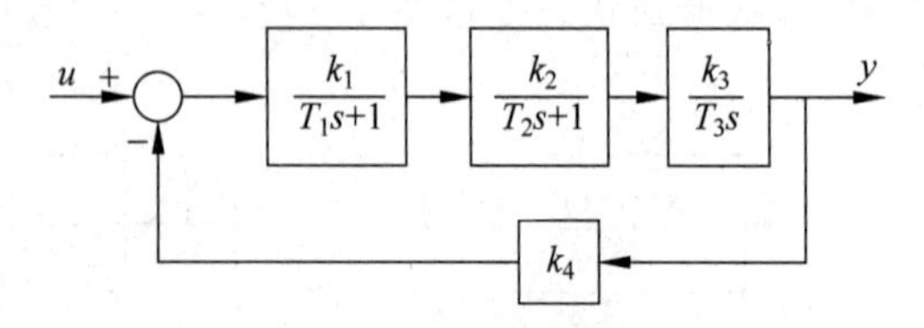

图 1-19 系统的结构图

解 首先把结构图变换成状态变量图，如图 1-20 所示。

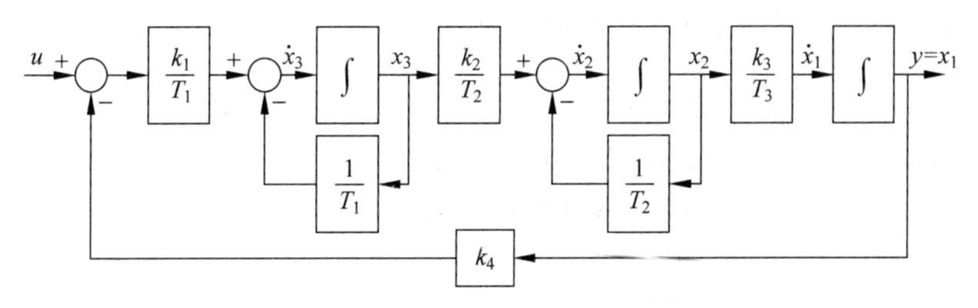

图 1-20　系统的状态变量图

每个积分环节的输出可选择为一个状态变量，根据状态变量图的连接情况，即可写出状态空间表达式

$$\begin{cases}\begin{bmatrix}\dot{x}_1\\ \dot{x}_2\\ \dot{x}_3\end{bmatrix}=\begin{bmatrix}0 & \dfrac{k_3}{T_3} & 0\\ 0 & -\dfrac{1}{T_2} & \dfrac{k_2}{T_2}\\ -\dfrac{k_1k_4}{T_1} & 0 & -\dfrac{1}{T_1}\end{bmatrix}\begin{bmatrix}x_1\\ x_2\\ x_3\end{bmatrix}+\begin{bmatrix}0\\ 0\\ \dfrac{k_1}{T_1}\end{bmatrix}u\\ y=\begin{bmatrix}1 & 0 & 0\end{bmatrix}\begin{bmatrix}x_1\\ x_2\\ x_3\end{bmatrix}\end{cases} \tag{1-39}$$

1.5　由系统的传递函数建立状态空间表达式

从传递函数建立系统状态空间表达式的方法之一是把传递函数化为微分方程，再用前面介绍的方法求得状态空间表达式。当然也可由传递函数直接推导出系统的状态空间表达式。

对于实际的物理系统，传递函数分子多项式的阶次小于或等于分母多项式的阶次。

设系统的传递函数为

$$\bar{G}(s)=\frac{Y(s)}{U(s)}=\frac{\bar{b}_0s^m+\bar{b}_1s^{m-1}+\cdots+\bar{b}_{m-1}s+\bar{b}_m}{s^n+a_1s^{n-1}+\cdots+a_{n-1}s+a_n} \tag{1-40}$$

式中，$a_i(i=1,2,\cdots,n)$，$\bar{b}_j(j=0,1,\cdots,m)$均为实数，且 $n\geqslant m$。

当 $n=m$ 时，称 $\bar{G}(s)$为真分式传递函数，通过长除法将式(1-40)改写为

$$\bar{G}(s)=\frac{Y(s)}{U(s)}=\frac{b_1s^{n-1}+\cdots+b_{n-1}s+b_n}{s^n+a_1s^{n-1}+\cdots+a_{n-1}s+a_n}+\bar{b}_0=G(s)+\bar{b}_0 \tag{1-41}$$

式中，$G(s)$的分子多项式的阶次低于分母多项式的阶次，称为严格真分式传递函数；而$\bar{b}_0=d$ 为常数，它反映了系统输入与输出之间的直接传递部分。只有当传递函数的分子阶次等于分母阶次时，才会有直联矩阵 d，否则 d 为零。

本节假设 n 阶线性系统的传递函数为

$$G(s)=\frac{Y(s)}{U(s)}=\frac{b_1s^{n-1}+\cdots+b_{n-1}s+b_n}{s^n+a_1s^{n-1}+\cdots+a_{n-1}s+a_n} \tag{1-42}$$

式中，$Y(s)$——系统输出函数的拉普拉斯变换；

$U(s)$——系统输入函数的拉普拉斯变换；

$a_i(i=1,2,\cdots,n)$，$b_j(j=1,2,\cdots,n)$均为实数。

下面介绍三种常用的方法。

1.5.1 标准型法

设 n 阶线性系统的传递函数为

$$G(s)=\frac{Y(s)}{U(s)}=\frac{b_1s^{n-1}+\cdots+b_{n-1}s+b_n}{s^n+a_1s^{n-1}+\cdots+a_{n-1}s+a_n} \tag{1-43}$$

引入一个中间变量 $z(t)$，则以上传递函数可写为

$$\begin{aligned}G(s)&=\frac{Y(s)}{U(s)}=\frac{Y(s)}{Z(s)}\frac{Z(s)}{U(s)}\\&=(b_1s^{n-1}+\cdots+b_{n-1}s+b_n)\frac{1}{s^n+a_1s^{n-1}+\cdots+a_{n-1}s+a_n}\end{aligned}$$

令

$$\frac{Z(s)}{U(s)}=\frac{1}{s^n+a_1s^{n-1}+\cdots+a_{n-1}s+a_n} \tag{1-44}$$

则

$$\frac{Y(s)}{Z(s)}=b_1s^{n-1}+\cdots+b_{n-1}s+b_n \tag{1-45}$$

其微分方程为

$$z^{(n)}+a_1z^{(n-1)}+\cdots+a_{n-1}\dot{z}+a_nz=u \tag{1-46}$$

$$y=b_1z^{(n-1)}+\cdots+b_{n-1}\dot{z}+b_nz \tag{1-47}$$

由式(1-46)所表示的系统可认为输入函数中不含导数项的情况，因此可选取状态变量为

$$\begin{cases}x_1=z\\x_2=\dot{z}\\\quad\vdots\\x_n=z^{(n-1)}\end{cases} \tag{1-48}$$

则

$$\begin{cases}\dot{x}_1=x_2\\\dot{x}_2=x_3\\\quad\vdots\\\dot{x}_{n-1}=x_n\\\dot{x}_n=-a_nx_1-a_{n-1}x_2-\cdots-a_1x_n+u\end{cases} \tag{1-49}$$

输出方程

$$y = b_n x_1 + b_{n-1} x_2 + \cdots + b_2 x_{n-1} + b_1 x_n \tag{1-50}$$

写成向量矩阵形式,即系统的状态空间表达式为

$$\begin{cases} \dot{\boldsymbol{x}}(t) = \boldsymbol{A}\boldsymbol{x}(t) + \boldsymbol{b}u(t) \\ y(t) = \boldsymbol{c}\boldsymbol{x}(t) \end{cases} \tag{1-51}$$

式中

$$\boldsymbol{A} = \begin{bmatrix} 0 & 1 & 0 & \cdots & 0 \\ 0 & 0 & 1 & \cdots & 0 \\ \vdots & \vdots & \vdots & & \vdots \\ 0 & 0 & 0 & \cdots & 1 \\ -a_n & -a_{n-1} & -a_{n-2} & \cdots & -a_1 \end{bmatrix},$$

$$\boldsymbol{b} = \begin{bmatrix} 0 \\ 0 \\ \vdots \\ 0 \\ 1 \end{bmatrix}, \quad \boldsymbol{c} = [b_n \quad b_{n-1} \quad \cdots \quad b_2 \quad b_1]$$

由式(1-42)和式(1-51)可知,系统的状态空间表达式和其传递函数的分子和分母系数之间有一一对应的关系。也就是说,根据系统的传递函数式(1-42)可直接写出系统的状态空间表达式(1-51),其结构图如图 1-21 所示。

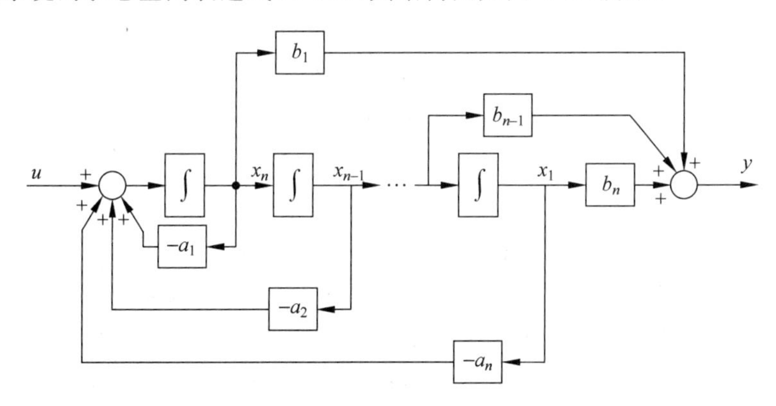

图 1-21　系统状态变量图

1.5.2　串联法

串联法的基本思路是把一个 n 阶传递函数分解成若干个一阶传递函数的乘积,再分别对各个一阶传递函数模拟,最后把它们串联起来得到系统状态变量图。

设传递函数已分解为因式相乘形式,即

$$G(s)=\frac{Y(s)}{U(s)}=\frac{b_1(s+z_1)(s+z_2)\cdots(s+z_{n-1})}{(s+p_1)(s+p_2)\cdots(s+p_n)}$$

或

$$G(s)=\frac{Y(s)}{U(s)}=\frac{b_1}{(s+p_1)}\frac{(s+z_1)}{(s+p_2)}\cdots\frac{(s+z_{n-2})}{(s+p_{n-1})}\frac{(s+z_{n-1})}{(s+p_n)} \tag{1-52}$$

显然,系统可看成由 n 个一阶系统串联而成,其状态变量图如图 1-22 所示。

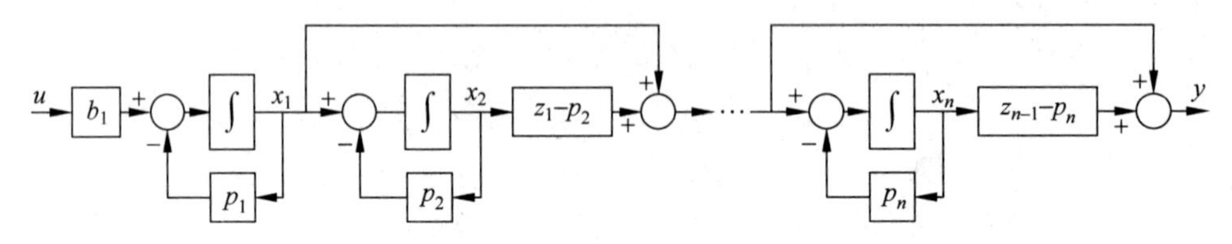

图 1-22 串联法状态变量图

选定每个积分器的输出为状态变量,则状态空间表达式为

$$\begin{cases}\dot{x}_1=-p_1x_1+b_1u\\ \dot{x}_2=x_1-p_2x_2\\ \dot{x}_3=x_1+(z_1-p_2)x_2-p_3x_3\\ \quad\vdots\\ \dot{x}_n=x_1+(z_1-p_2)x_2+(z_2-p_3)x_3+\cdots+(z_{n-2}-p_{n-1})x_{n-1}-p_nx_n\end{cases}$$

$$y=x_1+(z_1-p_2)x_2+(z_2-p_3)x_3+\cdots+(z_{n-2}-p_{n-1})x_{n-1}+(z_{n-1}-p_n)x_n$$

写成矩阵形式为

$$\begin{cases}\dot{\boldsymbol{x}}(t)=\boldsymbol{A}\boldsymbol{x}(t)+\boldsymbol{b}u(t)\\ y(t)=\boldsymbol{c}\boldsymbol{x}(t)\end{cases} \tag{1-53}$$

式中

$$\boldsymbol{A}=\begin{bmatrix}-p_1 & 0 & 0 & \cdots & 0\\ 1 & -p_2 & 0 & \cdots & 0\\ 1 & z_1-p_2 & -p_3 & \cdots & 0\\ \vdots & \vdots & \vdots & & \vdots\\ 1 & z_1-p_2 & z_2-p_3 & \cdots & -p_n\end{bmatrix},\quad \boldsymbol{b}=\begin{bmatrix}b_1\\0\\0\\ \vdots\\0\end{bmatrix}$$

$$\boldsymbol{c}=[1\quad z_1-p_2\quad z_2-p_3\quad \cdots\quad z_{n-2}-p_{n-1}\quad z_{n-1}-p_n]$$

例 1-9 已知系统传递函数为

$$G(s)=\frac{Y(s)}{U(s)}=\frac{4s+8}{s^3+8s^2+19s+12} \tag{1-54}$$

试求其状态空间表达式。

解 传递函数分解为因式相乘形式,即

$$G(s)=\frac{4(s+2)}{(s+1)(s+3)(s+4)}=\frac{4}{s+1}\frac{1}{s+3}\frac{s+2}{s+4}$$

系统可看作三个一阶系统串联，其状态变量图如图 1-23 所示。

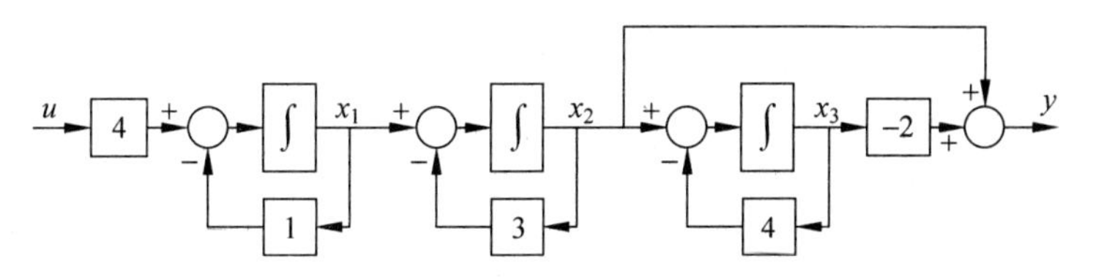

图 1-23　系统状态变量图

选定积分器输出分别为状态变量 x_1, x_2, x_3，则状态空间表达式为

$$\begin{cases}\dot{x}_1 = -x_1 + 4u \\ \dot{x}_2 = x_1 - 3x_2 \\ \dot{x}_3 = x_2 - 4x_3\end{cases}$$

$$y = x_2 - 2x_3$$

1.5.3　并联法

并联法的基本思路是把一个 n 阶传递函数分解成若干个一阶传递函数之和，再对各个一阶传递函数模拟，最后把它们叠加起来得到系统状态变量图。下面分两种情况来讨论。

1. 传递函数极点互不相同

设传递函数可以分解为

$$G(s) = \frac{Y(s)}{U(s)} = \frac{b_1 s^{n-1} + \cdots + b_{n-1}s + b_n}{s^n + a_1 s^{n-1} + \cdots + a_{n-1}s + a_n} = \frac{b_1 s^{n-1} + \cdots + b_{n-1}s + b_n}{(s+p_1)(s+p_2)\cdots(s+p_n)}$$

$$= \frac{c_1}{s+p_1} + \frac{c_2}{s+p_2} + \cdots + \frac{c_n}{s+p_n} \tag{1-55}$$

式中，$-p_i(i=1,2,\cdots,n)$为互不相同的极点。其中 $c_i(i=1,2,\cdots,n)$为待定系数，由留数法求得

$$c_i = \lim_{s\to -p_i}(s+p_i)G(s), \quad i = 1,2,\cdots,n \tag{1-56}$$

输出 $Y(s)$为

$$Y(s) = \frac{c_1}{s+p_1}U(s) + \frac{c_2}{s+p_2}U(s) + \cdots + \frac{c_n}{s+p_n}U(s) \tag{1-57}$$

选择状态变量的拉氏变换式为

$$X_i(s) = \frac{1}{s+p_i}U(s), \quad i = 1,2,\cdots,n \tag{1-58}$$

整理式(1-58)，并进行拉氏反变换，可得状态方程为

$$\begin{cases}\dot{x}_1 = -p_1x_1 + u\\ \dot{x}_2 = -p_2x_2 + u\\ \quad\vdots\\ \dot{x}_n = -p_nx_n + u\end{cases} \tag{1-59}$$

输出方程

$$Y(s) = c_1X_1(s) + c_2X_2(s) + \cdots + c_nX_n(s) \tag{1-60}$$

由拉氏反变换得输出方程为

$$y = c_1x_1 + c_2x_2 + \cdots + c_nx_n \tag{1-61}$$

写成向量方程形式为

$$\begin{cases}\dot{\boldsymbol{x}}(t) = \boldsymbol{Ax}(t) + \boldsymbol{b}u(t)\\ y(t) = \boldsymbol{cx}(t)\end{cases} \tag{1-62}$$

式中

$$\boldsymbol{A} = \begin{bmatrix}-p_1 & 0 & \cdots & 0\\ 0 & -p_2 & \cdots & 0\\ \vdots & \vdots & & \vdots\\ 0 & 0 & \cdots & -p_n\end{bmatrix},\quad \boldsymbol{b} = \begin{bmatrix}1\\1\\ \vdots\\1\end{bmatrix},\quad \boldsymbol{c} = [c_1 \quad c_2 \quad \cdots \quad c_n] \tag{1-63}$$

在这种表达式中，系统矩阵 $\boldsymbol{A}$ 为对角线矩阵，对角线上各元素就是系统的特征值，也就是传递函数的极点，称这种形式为对角线标准型。它的模拟结构图或状态变量图如图 1-24 所示。

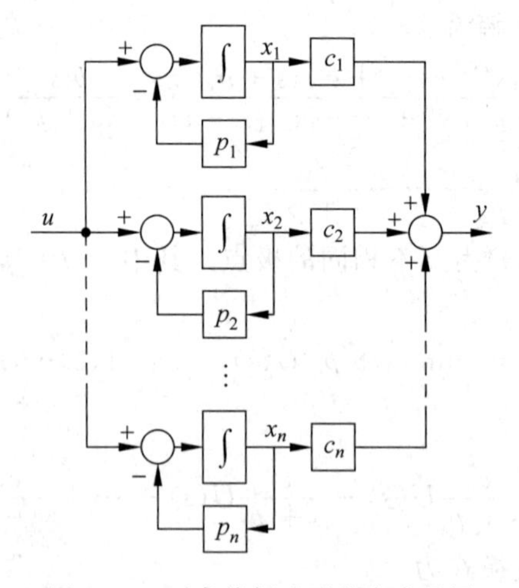

图 1-24 对角线标准型状态变量图

例 1-10 已知系统传递函数为

$$G(s) = \frac{Y(s)}{U(s)} = \frac{1}{s^3 + 6s^2 + 11s + 6}$$

试用并联法求其状态空间表达式。

解　由系统特征方程

$$D(s)=s^3+6s^2+11s+6=0$$

求得系统特征根为－1，－2，－3，将传递函数分解成部分分式

$$G(s)=\frac{c_1}{s+1}+\frac{c_2}{s+2}+\frac{c_3}{s+3}$$

式中，$c_1=\lim\limits_{s\to -1}(s+1)G(s)=\frac{1}{2}$，$c_2=\lim\limits_{s\to -2}(s+2)G(s)=-1$，$c_3=\lim\limits_{s\to -3}(s+3)G(s)=\frac{1}{2}$

根据式(1-62)，得状态空间表达式为

$$\begin{bmatrix}\dot{x}_1\\ \dot{x}_2\\ \dot{x}_3\end{bmatrix}=\begin{bmatrix}-1&0&0\\0&-2&0\\0&0&-3\end{bmatrix}\begin{bmatrix}x_1\\x_2\\x_3\end{bmatrix}+\begin{bmatrix}1\\1\\1\end{bmatrix}u$$

$$y=\begin{bmatrix}\frac{1}{2}&-1&\frac{1}{2}\end{bmatrix}\begin{bmatrix}x_1\\x_2\\x_3\end{bmatrix}$$

当传递函数出现复数极点时，计算过程仍同上，但此时所得对角线标准型状态方程的系数矩阵 $\boldsymbol{A}$ 和 $\boldsymbol{c}$ 也必包含复数。为了便于对系统进行分析，需要对其作进一步的实数化处理，具体实现方法可参阅参考文献[12]。

2. 传递函数有重极点

传递函数有重极点时，假设 $-p_1$ 为 r 重根，而其余 $-p_{r+1},-p_{r+2},\cdots,-p_n$ 均为单根。其传递函数的部分分式展开式为

$$\begin{aligned}G(s)&=\frac{Y(s)}{U(s)}=\frac{b_0s^n+b_1s^{n-1}+\cdots+b_{n-1}s+b_n}{(s+p_1)^r(s+p_{r+1})(s+p_{r+2})\cdots(s+p_n)}\\&=\frac{c_{11}}{(s+p_1)^r}+\frac{c_{12}}{(s+p_1)^{r-1}}+\cdots+\frac{c_{1r}}{(s+p_1)}+\frac{c_{r+1}}{s+p_{r+1}}+\cdots+\frac{c_n}{s+p_n}\end{aligned}\tag{1-64}$$

对于 r 重极点 $-p_1$，对应部分分式的系数 $c_{1j}(j=1,2,\cdots,r)$ 按下式计算：

$$c_{1j}=\lim_{s\to -p_1}\frac{1}{(j-1)!}\frac{\mathrm{d}^{(j-1)}}{\mathrm{d}s^{(j-1)}}[(s+p_1)^rG(s)]\tag{1-65}$$

对于单极点 $-p_i(i=r+1,r+2,\cdots,n)$，部分分式的系数按下式求取：

$$c_i=\lim_{s\to -p_i}(s+p_i)G(s)\tag{1-66}$$

选状态变量的拉氏变换为
$$\begin{cases} X_1(s)=\dfrac{1}{(s+p_1)^r}U(s) \\ X_2(s)=\dfrac{1}{(s+p_1)^{r-1}}U(s) \\ \quad\vdots \\ X_r(s)=\dfrac{1}{(s+p_1)}U(s) \\ X_{r+1}(s)=\dfrac{1}{s+p_{r+1}}U(s) \\ \quad\vdots \\ X_n(s)=\dfrac{1}{s+p_n}U(s) \end{cases}$$

则
$$\begin{cases} X_1(s)=\dfrac{1}{(s+p_1)}X_2(s) \\ X_2(s)=\dfrac{1}{(s+p_1)}X_3(s) \\ \quad\vdots \\ X_{r-1}(s)=\dfrac{1}{(s+p_1)}X_r(s) \\ X_r(s)=\dfrac{1}{(s+p_1)}U(s) \\ X_{r+1}(s)=\dfrac{1}{s+p_{r+1}}U(s) \\ \quad\vdots \\ X_n(s)=\dfrac{1}{s+p_n}U(s) \end{cases}$$

将上式取拉氏反变换,可得状态方程为

$$\begin{cases} \dot{x}_1 = -p_1x_1+x_2 \\ \dot{x}_2 = -p_1x_2+x_3 \\ \quad\vdots \\ \dot{x}_{r-1} = -p_1x_{r-1}+x_r \\ \dot{x}_r = -p_1x_r+u \\ \dot{x}_{r+1} = -p_{r+1}x_{r+1}+u \\ \quad\vdots \\ \dot{x}_n = -p_nx_n+u \end{cases} \tag{1-67}$$

输出方程的拉氏变换式为

$$Y(s) = c_{11}X_1(s)+c_{12}X_2(s)+\cdots+c_{1r}X_r(s)+c_{r+1}X_{r+1}(s)+\cdots+c_nX_n(s) \tag{1-68}$$

由拉氏反变换得系统输出方程为

$$y = c_{11}x_1 + c_{12}x_2 + \cdots + c_{1r}x_r + c_{r+1}x_{r+1}\cdots + c_n x_n \tag{1-69}$$

写成向量方程形式为

$$\begin{bmatrix} \dot{x}_1 \\ \dot{x}_2 \\ \vdots \\ \dot{x}_{r-1} \\ \dot{x}_r \\ \dot{x}_{r+1} \\ \vdots \\ \dot{x}_n \end{bmatrix} = \left[\begin{array}{ccccc:ccc} -p_1 & 1 & 0 & 0 & 0 & & & \\ 0 & -p_1 & 1 & 0 & 0 & & & \\ \vdots & & \ddots & \ddots & & & \mathbf{0} & \\ 0 & 0 & 0 & -p_1 & 1 & & & \\ 0 & 0 & 0 & 0 & -p_1 & & & \\ \hdashline & & & & & -p_{r+1} & & \mathbf{0} \\ & & \mathbf{0} & & & & \ddots & \\ & & & & & \mathbf{0} & & -p_n \end{array}\right] \begin{bmatrix} x_1 \\ x_2 \\ \vdots \\ x_{r-1} \\ x_r \\ x_{r+1} \\ \vdots \\ x_n \end{bmatrix} + \begin{bmatrix} 0 \\ 0 \\ \vdots \\ 0 \\ 1 \\ 1 \\ \vdots \\ 1 \end{bmatrix} u$$

$$y = \left[\begin{array}{ccccc:ccc} c_{11} & c_{12} & \cdots & c_{1(r-1)} & c_{1r} & c_{r+1} & \cdots & c_n \end{array}\right] \begin{bmatrix} x_1 \\ x_2 \\ \vdots \\ x_{r-1} \\ x_r \\ x_{r+1} \\ \vdots \\ x_n \end{bmatrix}$$

可以看出，状态空间表达式的系统矩阵 $\boldsymbol{A}$ 为约当(Jondan)型，称为约当标准型。

以上结果可以推广到一般情况。设 $-p_1, -p_2, \cdots, -p_k$ 为单极点，$-p_{k+1}$ 为 l_1 重极点……$-p_{k+m}$ 为 l_m 重极点，且 $k+l_1+\cdots+l_m=n$，则可直接写出约当标准型的状态空间表达式，这种约当标准型的状态空间表达式的信号流图如图 1-25 所示。

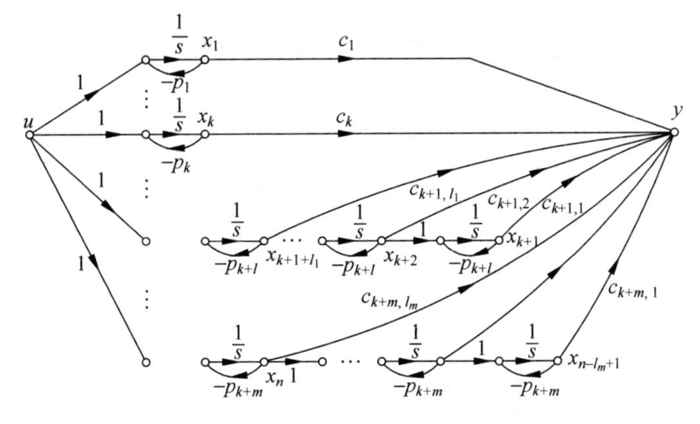

图 1-25　约当标准型状态变量图

例 1-11 已知系统传递函数为

$$G(s)=\frac{Y(s)}{U(s)}=\frac{5}{s^3+4s^2+5s+2} \tag{1-70}$$

试用部分分式法求其状态空间表达式。

解 系统的特征方程为

$$D(s)=s^3+4s^2+5s+2=0$$

特征根-1为二重极点,-2为单极点,即$G(s)$的部分分式为

$$G(s)=\frac{c_{11}}{(s+1)^2}+\frac{c_{12}}{s+1}+\frac{c_2}{s+2}$$

式中,$c_{11}=\lim\limits_{s\to-1}(s+1)^2G(s)=5$,$c_{12}=\lim\limits_{s\to-1}\frac{\mathrm{d}}{\mathrm{d}s}[(s+1)^2G(s)]=-5$

$c_2=\lim\limits_{s\to-2}(s+2)G(s)=5$

得状态空间表达式为

$$\begin{bmatrix}\dot{x}_1\\ \dot{x}_2\\ \dot{x}_3\end{bmatrix}=\begin{bmatrix}-1 & 1 & 0\\ 0 & -1 & 0\\ 0 & 0 & -2\end{bmatrix}\begin{bmatrix}x_1\\ x_2\\ x_3\end{bmatrix}+\begin{bmatrix}0\\ 1\\ 1\end{bmatrix}u$$

$$y=[5\quad -5\quad 5]\begin{bmatrix}x_1\\ x_2\\ x_3\end{bmatrix}$$

1.6 系统的状态空间表达式与传递函数阵

线性定常连续系统可以用输入输出之间的模型(如微分方程和传递函数等)来描述,也可以用状态空间表达式来描述。前面已经介绍了由传递函数求取状态空间表达式的方法,这里介绍根据状态空间表达式来确定系统的传递函数阵。

1.6.1 由系统的状态空间表达式求传递函数阵

已知线性定常系统的状态空间表达式为

$$\begin{cases}\dot{\boldsymbol{x}}(t)=\boldsymbol{A}\boldsymbol{x}(t)+\boldsymbol{B}\boldsymbol{u}(t)\\ \boldsymbol{y}(t)=\boldsymbol{C}\boldsymbol{x}(t)+\boldsymbol{D}\boldsymbol{u}(t)\end{cases} \tag{1-71}$$

式中,$\boldsymbol{x}(t)$——系统n维状态向量;

$\boldsymbol{u}(t)$——系统r维输入向量;

$\boldsymbol{y}(t)$——系统m维输出向量。

对式(1-71)取拉氏变换,可得

$$s\boldsymbol{X}(s)-\boldsymbol{x}(0)=\boldsymbol{A}\boldsymbol{X}(s)+\boldsymbol{B}\boldsymbol{U}(s)$$

$$\boldsymbol{Y}(s)=\boldsymbol{CX}(s)+\boldsymbol{DU}(s)$$

设初始条件 $\boldsymbol{x}(0)=\boldsymbol{0}$，则有

$$s\boldsymbol{X}(s)=\boldsymbol{AX}(s)+\boldsymbol{BU}(s)$$

$$\boldsymbol{X}(s)=(s\boldsymbol{I}-\boldsymbol{A})^{-1}\boldsymbol{BU}(s)$$

$$\boldsymbol{Y}(s)=[\boldsymbol{C}(s\boldsymbol{I}-\boldsymbol{A})^{-1}\boldsymbol{B}+\boldsymbol{D}]\boldsymbol{U}(s)=\boldsymbol{G}(s)\boldsymbol{U}(s) \tag{1-72}$$

式中，$\boldsymbol{G}(s)=[\boldsymbol{C}(s\boldsymbol{I}-\boldsymbol{A})^{-1}\boldsymbol{B}+\boldsymbol{D}]$即为传递函数阵。显然它是 $m\times r$ 维的。$\boldsymbol{G}(s)$反映了输入向量 $\boldsymbol{U}(s)$和输出向量 $\boldsymbol{Y}(s)$之间的传递关系。

对于单输入单输出系统，按式(1-72)求出的 $G(s)$为一标量，它就是系统的传递函数，可表示为

$$G(s)=\boldsymbol{c}(s\boldsymbol{I}-\boldsymbol{A})^{-1}\boldsymbol{b}+d=\boldsymbol{c}\,\frac{\mathrm{adj}(s\boldsymbol{I}-\boldsymbol{A})}{|s\boldsymbol{I}-\boldsymbol{A}|}\boldsymbol{b}+d \tag{1-73}$$

与经典控制理论中的传递函数

$$G(s)=\frac{Y(s)}{U(s)}=\frac{b_0s^n+b_1s^{n-1}+\cdots+b_{n-1}s+b_n}{s^n+a_1s^{n-1}+\cdots+a_{n-1}s+a_n}$$

相比较，可以看出，当系统的传递函数无零极点对消时，有

(1) 系统矩阵 $\boldsymbol{A}$ 的特征多项式等于传递函数的分母多项式；

(2) 传递函数的极点就是 $\boldsymbol{A}$ 的特征值。

应当指出，由于系统状态变量的选择不惟一，故建立的系统状态表达式也不是惟一的。但是同一系统的传递函数阵却是惟一的，即所谓传递函数阵的不变性，这些问题在以后证明。

例 1-12　已知系统的状态空间表达式为

$$\begin{bmatrix}\dot{x}_1(t)\\ \dot{x}_2(t)\end{bmatrix}=\begin{bmatrix}0 & 1\\ -2 & -3\end{bmatrix}\begin{bmatrix}x_1(t)\\ x_2(t)\end{bmatrix}+\begin{bmatrix}1 & 0\\ 1 & 1\end{bmatrix}\begin{bmatrix}u_1(t)\\ u_2(t)\end{bmatrix}$$

$$\boldsymbol{y}(t)=\begin{bmatrix}1 & 0\\ 1 & 1\end{bmatrix}\begin{bmatrix}x_1(t)\\ x_2(t)\end{bmatrix}$$

试求其传递函数阵。

解　传递函数阵为

$$\boldsymbol{G}(s)=\boldsymbol{C}(s\boldsymbol{I}-\boldsymbol{A})^{-1}\boldsymbol{B}=\begin{bmatrix}1 & 0\\ 1 & 1\end{bmatrix}\begin{bmatrix}s & -1\\ 2 & s+3\end{bmatrix}^{-1}\begin{bmatrix}1 & 0\\ 1 & 1\end{bmatrix}$$

$$=\begin{bmatrix}\dfrac{s+4}{(s+1)(s+2)} & \dfrac{1}{(s+1)(s+2)}\\ \dfrac{2}{s+2} & \dfrac{1}{s+2}\end{bmatrix}$$

1.6.2　组合系统的状态空间表达式及传递函数阵

本节讨论多输入多输出系统组合后的整个系统的状态空间表达式和传递函数阵。

设子系统 1 为

$$\begin{cases}\dot{\boldsymbol{x}}_1(t)=\boldsymbol{A}_1\boldsymbol{x}_1(t)+\boldsymbol{B}_1\boldsymbol{u}_1(t)\\ \boldsymbol{y}_1(t)=\boldsymbol{C}_1\boldsymbol{x}_1(t)+\boldsymbol{D}_1\boldsymbol{u}_1(t)\end{cases}\tag{1-74}$$

简记为$\boldsymbol{\Sigma}_1(\boldsymbol{A}_1,\boldsymbol{B}_1,\boldsymbol{C}_1,\boldsymbol{D}_1)$，其传递函数阵为

$$\boldsymbol{G}_1(s)=\boldsymbol{C}_1(s\boldsymbol{I}-\boldsymbol{A}_1)^{-1}\boldsymbol{B}_1+\boldsymbol{D}_1$$

设子系统 2 为

$$\begin{cases}\dot{\boldsymbol{x}}_2(t)=\boldsymbol{A}_2\boldsymbol{x}_2(t)+\boldsymbol{B}_2\boldsymbol{u}_2(t)\\ \boldsymbol{y}_2(t)=\boldsymbol{C}_2\boldsymbol{x}_2(t)+\boldsymbol{D}_2u_2(t)\end{cases}\tag{1-75}$$

简记为$\boldsymbol{\Sigma}_2(\boldsymbol{A}_2,\boldsymbol{B}_2,\boldsymbol{C}_2,\boldsymbol{D}_2)$，其传递函数阵为

$$\boldsymbol{G}_2(s)=\boldsymbol{C}_2(s\boldsymbol{I}-\boldsymbol{A}_2)^{-1}\boldsymbol{B}_2+\boldsymbol{D}_2$$

1. 系统的并联

系统$\boldsymbol{\Sigma}_1(\boldsymbol{A}_1,\boldsymbol{B}_1,\boldsymbol{C}_1,\boldsymbol{D}_1)$和$\boldsymbol{\Sigma}_2(\boldsymbol{A}_2,\boldsymbol{B}_2,\boldsymbol{C}_2,\boldsymbol{D}_2)$并联如图 1-26 所示（假设$\boldsymbol{\Sigma}_1(\boldsymbol{A}_1,\boldsymbol{B}_1,\boldsymbol{C}_1,\boldsymbol{D}_1)$和$\boldsymbol{\Sigma}_2(\boldsymbol{A}_2,\boldsymbol{B}_2,\boldsymbol{C}_2,\boldsymbol{D}_2)$两个子系统输入输出维数相同），由图可知

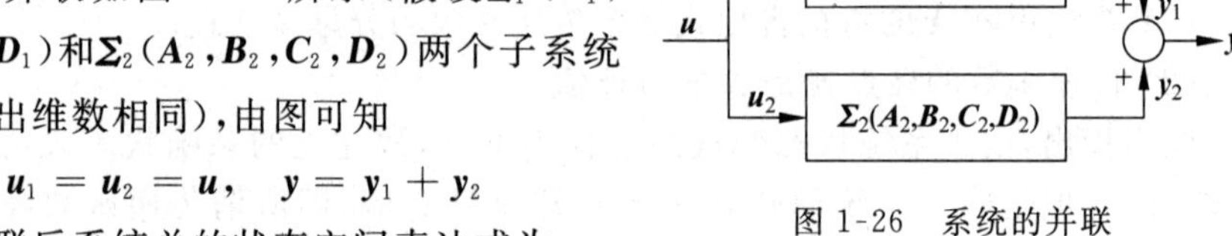

图 1-26 系统的并联

$$\boldsymbol{u}_1=\boldsymbol{u}_2=\boldsymbol{u},\quad \boldsymbol{y}=\boldsymbol{y}_1+\boldsymbol{y}_2$$

并联后系统总的状态空间表达式为

$$\begin{bmatrix}\dot{\boldsymbol{x}}_1\\ \dot{\boldsymbol{x}}_2\end{bmatrix}=\begin{bmatrix}\boldsymbol{A}_1 & \boldsymbol{0}\\ \boldsymbol{0} & \boldsymbol{A}_2\end{bmatrix}\begin{bmatrix}\boldsymbol{x}_1\\ \boldsymbol{x}_2\end{bmatrix}+\begin{bmatrix}\boldsymbol{B}_1\\ \boldsymbol{B}_2\end{bmatrix}\boldsymbol{u}$$

$$\boldsymbol{y}=\begin{bmatrix}\boldsymbol{C}_1 & \boldsymbol{C}_2\end{bmatrix}\begin{bmatrix}x_1\\ x_2\end{bmatrix}+\begin{bmatrix}\boldsymbol{D}_2+\boldsymbol{D}_1\end{bmatrix}\boldsymbol{u}$$

其传递函数阵

$$\boldsymbol{G}(s)=\boldsymbol{C}(s\boldsymbol{I}-\boldsymbol{A})^{-1}\boldsymbol{B}+\boldsymbol{D}=\boldsymbol{G}_1(s)+\boldsymbol{G}_2(s)$$

2. 串联

系统$\boldsymbol{\Sigma}_1(\boldsymbol{A}_1,\boldsymbol{B}_1,\boldsymbol{C}_1,\boldsymbol{D}_1)$和$\boldsymbol{\Sigma}_2(\boldsymbol{A}_2,\boldsymbol{B}_2,\boldsymbol{C}_2,\boldsymbol{D}_2)$串联如图 1-27 所示，由图可知

$$\boldsymbol{u}_1=\boldsymbol{u},\quad \boldsymbol{y}=\boldsymbol{y}_2,\quad \boldsymbol{u}_2=\boldsymbol{y}_1$$

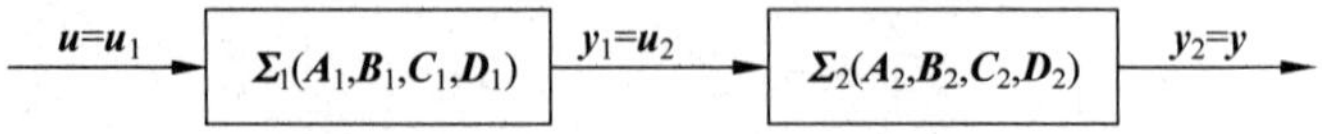

u=u1 → Σ1(A1,B1,C1,D1) → y1=u2 → Σ2(A2,B2,C2,D2) → y2=y

图 1-27 系统的串联

串联后系统的状态空间表达式为

$$\begin{cases}\begin{bmatrix}\dot{\boldsymbol{x}}_1\\ \dot{\boldsymbol{x}}_2\end{bmatrix}=\begin{bmatrix}\boldsymbol{A}_1 & \boldsymbol{0}\\ \boldsymbol{B}_2\boldsymbol{C}_1 & \boldsymbol{A}_2\end{bmatrix}\begin{bmatrix}\boldsymbol{x}_1\\ \boldsymbol{x}_2\end{bmatrix}+\begin{bmatrix}\boldsymbol{B}_1\\ \boldsymbol{B}_2\boldsymbol{D}_1\end{bmatrix}\boldsymbol{u}\\ \boldsymbol{y}=\begin{bmatrix}\boldsymbol{D}_2\boldsymbol{C}_1 & \boldsymbol{C}_2\end{bmatrix}\begin{bmatrix}\boldsymbol{x}_1\\ \boldsymbol{x}_2\end{bmatrix}+\boldsymbol{D}_2\boldsymbol{D}_1\boldsymbol{u}\end{cases}$$

串联后系统总的传递函数阵为

$$\boldsymbol{G}(s)=\boldsymbol{C}(s\boldsymbol{I}-\boldsymbol{A})^{-1}\boldsymbol{B}+\boldsymbol{D}=\boldsymbol{G}_2(s)\boldsymbol{G}_1(s)$$

串联后系统的传递函数阵等于串联子系统传递函数阵的乘积。需要着重指出,乘积的顺序不能颠倒。

3. 反馈连接

当系统$\boldsymbol{\Sigma}_1(\boldsymbol{A}_1,\boldsymbol{B}_1,\boldsymbol{C}_1,\boldsymbol{D}_1)$和系统$\boldsymbol{\Sigma}_2(\boldsymbol{A}_2,\boldsymbol{B}_2,\boldsymbol{C}_2,\boldsymbol{D}_2)$按图 1-28 连接时,有

$$\boldsymbol{u}_1=\boldsymbol{u}-\boldsymbol{y}_2,\quad \boldsymbol{u}_2=\boldsymbol{y}_1,\quad \boldsymbol{y}=\boldsymbol{y}_1$$

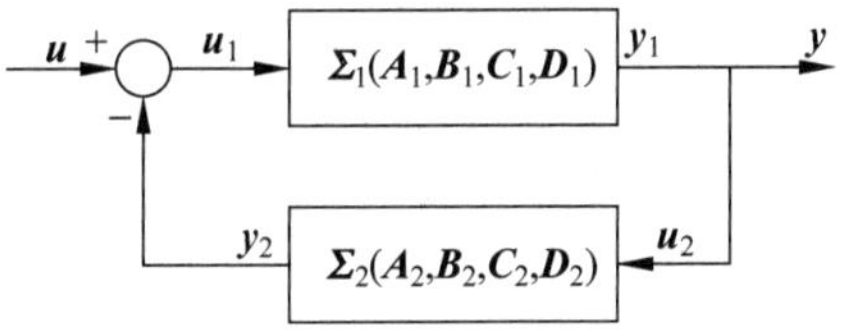

图 1-28　系统的反馈连接

可得反馈连接后系统的总状态空间表达式为

$$\begin{cases}\begin{bmatrix}\dot{\boldsymbol{x}}_1\\ \dot{\boldsymbol{x}}_2\end{bmatrix}=\begin{bmatrix}\boldsymbol{A}_1-\boldsymbol{B}_1(\boldsymbol{I}-\boldsymbol{D}_1\boldsymbol{D}_2)^{-1}\boldsymbol{D}_2\boldsymbol{C}_1 & -\boldsymbol{B}_1(\boldsymbol{I}-\boldsymbol{D}_1\boldsymbol{D}_2)^{-1}\boldsymbol{C}_2\\ -\boldsymbol{B}_2(\boldsymbol{I}-\boldsymbol{D}_1(\boldsymbol{I}-\boldsymbol{D}_1\boldsymbol{D}_2)^{-1}\boldsymbol{D}_2)\boldsymbol{C}_1 & \boldsymbol{A}_2-\boldsymbol{B}_2\boldsymbol{D}_1(\boldsymbol{I}-\boldsymbol{D}_1\boldsymbol{D}_2)^{-1}\boldsymbol{C}_2\end{bmatrix}\begin{bmatrix}\boldsymbol{x}_1\\ \boldsymbol{x}_2\end{bmatrix}\\ \qquad+\begin{bmatrix}\boldsymbol{B}_1(\boldsymbol{I}-\boldsymbol{D}_1\boldsymbol{D}_2)^{-1}\\ \boldsymbol{B}_2\boldsymbol{D}_1(\boldsymbol{I}-\boldsymbol{D}_1\boldsymbol{D}_2)^{-1}\end{bmatrix}\boldsymbol{u}\\ \boldsymbol{y}=\begin{bmatrix}-(\boldsymbol{I}-\boldsymbol{D}_1(\boldsymbol{I}-\boldsymbol{D}_1\boldsymbol{D}_2)^{-1}\boldsymbol{D}_2)\boldsymbol{C}_1 & -\boldsymbol{D}_1(\boldsymbol{I}-\boldsymbol{D}_1\boldsymbol{D}_2)^{-1}\boldsymbol{C}_2\end{bmatrix}\begin{bmatrix}\boldsymbol{x}_1\\ \boldsymbol{x}_2\end{bmatrix}\\ \qquad+\begin{bmatrix}\boldsymbol{D}_1(\boldsymbol{I}-\boldsymbol{D}_1\boldsymbol{D}_2)^{-1}\end{bmatrix}\boldsymbol{u}\end{cases}$$

总的传递函数阵为

$$\begin{aligned}\boldsymbol{G}(s)&=\boldsymbol{C}(s\boldsymbol{I}-\boldsymbol{A})^{-1}\boldsymbol{B}+\boldsymbol{D}=[\boldsymbol{I}+\boldsymbol{G}_1(s)\boldsymbol{G}_2(s)]^{-1}\boldsymbol{G}_1(s)\\ &=\boldsymbol{G}_1(s)[\boldsymbol{I}+\boldsymbol{G}_2(s)\boldsymbol{G}_1(s)]^{-1}\end{aligned}$$

1.7　系统状态向量的线性变换

在建立系统的状态空间模型时,由于状态变量选择的非惟一性,可以得到不同形式的状态空间表达式。

1.7.1 线性变换

1. 状态向量的线性变换

对状态变量的不同选取，其实是状态向量的一种线性变换，或称坐标变换。

对于一个 n 维控制系统，令 $x_1, x_2, \cdots, x_n$ 和 $\tilde{x}_1, \tilde{x}_2, \cdots, \tilde{x}_n$ 是描述同一系统的两组不同的状态变量，则两组状态变量之间存在着非奇异线性变换关系，即

$$\boldsymbol{x} = \boldsymbol{P}\tilde{\boldsymbol{x}}$$

或

$$\tilde{\boldsymbol{x}} = \boldsymbol{P}^{-1}\boldsymbol{x}$$

其中，$\boldsymbol{P}$ 是 $n\times n$ 非奇异变换矩阵，

$$\boldsymbol{P} = \begin{bmatrix} p_{11} & p_{11} & \cdots & p_{1n} \\ p_{21} & p_{22} & \cdots & p_{2n} \\ \vdots & \vdots & & \vdots \\ p_{n1} & p_{n2} & \cdots & p_{nn} \end{bmatrix} \tag{1-76}$$

于是有如下线性方程

$$\begin{cases} x_1 = p_{11}\tilde{x}_1 + p_{12}\tilde{x}_2 + \cdots + p_{1n}\tilde{x}_n \\ x_2 = p_{21}\tilde{x}_1 + p_{22}\tilde{x}_2 + \cdots + p_{2n}\tilde{x}_n \\ \quad\vdots \\ x_n = p_{n1}\tilde{x}_1 + p_{n2}\tilde{x}_2 + \cdots + p_{nn}\tilde{x}_n \end{cases}$$

$\tilde{x}_1, \tilde{x}_2, \cdots, \tilde{x}_n$ 的线性组合就是 $x_1, x_2, \cdots, x_n$，并且这种组合具有惟一的对应关系，尽管状态变量选择不同，但状态向量 $\boldsymbol{x}$ 和 $\tilde{\boldsymbol{x}}$ 均能完全描述同一系统的行为。

状态向量 $\boldsymbol{x}$ 和 $\tilde{\boldsymbol{x}}$ 的变换，称为状态的线性变换或等价变换，其实质是状态空间的基底变换，也就是坐标的变换。状态向量 $\boldsymbol{x}$ 在标准基下的坐标为 $[x_1, x_2, \cdots, x_n]^{\mathrm{T}}$，而在另一组基底 $\boldsymbol{P}=[\boldsymbol{p}_1, \boldsymbol{p}_2, \cdots, \boldsymbol{p}_n]$ 下的坐标为 $[\tilde{x}_1, \tilde{x}_2, \cdots, \tilde{x}_n]^{\mathrm{T}}$。

线性定常系统的状态变换后，其状态空间表达式也发生变换。设其状态空间表达式为

$$\begin{cases} \dot{\boldsymbol{x}} = \boldsymbol{A}\boldsymbol{x} + \boldsymbol{B}\boldsymbol{u} \\ \boldsymbol{y} = \boldsymbol{C}\boldsymbol{x} + \boldsymbol{D}\boldsymbol{u} \end{cases} \tag{1-77}$$

状态的线性变换为

$$\boldsymbol{x} = \boldsymbol{P}\tilde{\boldsymbol{x}} \tag{1-78}$$

或

$$\tilde{\boldsymbol{x}} = \boldsymbol{P}^{-1}\boldsymbol{x}$$

其中，$\boldsymbol{P}$ 为 $n\times n$ 非奇异变换矩阵。将式(1-78)代入式(1-77)，得状态 $\tilde{\boldsymbol{x}}$ 的状态空间表达式

$$\begin{cases} \dot{\tilde{\boldsymbol{x}}} = \boldsymbol{P}^{-1}\boldsymbol{A}\boldsymbol{P}\,\tilde{\boldsymbol{x}} + \boldsymbol{P}^{-1}\boldsymbol{B}\boldsymbol{u} \\ \boldsymbol{y} = \boldsymbol{C}\boldsymbol{P}\,\tilde{\boldsymbol{x}} + \boldsymbol{D}\boldsymbol{u} \end{cases} \tag{1-79}$$

或

$$\begin{cases} \dot{\tilde{\boldsymbol{x}}} = \tilde{\boldsymbol{A}}\,\tilde{\boldsymbol{x}} + \tilde{\boldsymbol{B}}\boldsymbol{u} \\ \boldsymbol{y} = \tilde{\boldsymbol{C}}\,\tilde{\boldsymbol{x}} + \boldsymbol{D}\boldsymbol{u} \end{cases} \tag{1-80}$$

式中

$$\tilde{\boldsymbol{A}} = \boldsymbol{P}^{-1}\boldsymbol{A}\boldsymbol{P}, \quad \tilde{\boldsymbol{B}} = \boldsymbol{P}^{-1}\boldsymbol{B}, \quad \tilde{\boldsymbol{C}} = \boldsymbol{C}\boldsymbol{P} \tag{1-81}$$

式(1-80)是以$\tilde{\boldsymbol{x}}$为状态变量的状态空间表达式，它和式(1-77)描述同一线性系统，具有相同的维数，称它们为状态空间表达式的线性变换(等价变换)；式(1-81)表明线性变换的状态空间表达式各相应系数矩阵之间的关系。

由于坐标变换或线性变换矩阵 $\boldsymbol{P}$ 是非奇异的，因此，状态空间表达式中的系统矩阵 $\boldsymbol{A}$ 与$\tilde{\boldsymbol{A}}$是相似矩阵，而相似矩阵具有相同的基本特性：行列式相同、秩相同、迹相同、特征多项式相同和特征值相同等。为此，常常通过线性变换把系统矩阵 $\boldsymbol{A}$ 化为一些特定的标准型矩阵，如能控标准型、能观测标准型、对角线标准型或约当标准型等，对应的状态空间表达式称为标准型状态空间表达式。

例 1-13　设系统的状态空间表达式为

$$\begin{bmatrix} \dot{x}_1(t) \\ \dot{x}_2(t) \end{bmatrix} = \begin{bmatrix} 0 & 1 \\ -2 & -3 \end{bmatrix}\begin{bmatrix} x_1(t) \\ x_2(t) \end{bmatrix} + \begin{bmatrix} 1 \\ 2 \end{bmatrix}u(t)$$

$$y(t) = \begin{bmatrix} 3 & 0 \end{bmatrix}\begin{bmatrix} x_1(t) \\ x_2(t) \end{bmatrix}$$

若取线性变换阵

$$\boldsymbol{P} = \begin{bmatrix} 1 & 1 \\ 1 & -1 \end{bmatrix}$$

设新的状态变量为$\tilde{\boldsymbol{x}} = \boldsymbol{P}^{-1}\boldsymbol{x}$，则有

$$\begin{bmatrix} \tilde{x}_1(t) \\ \tilde{x}_2(t) \end{bmatrix} = \begin{bmatrix} \frac{1}{2} & \frac{1}{2} \\ \frac{1}{2} & -\frac{1}{2} \end{bmatrix}\begin{bmatrix} x_1(t) \\ x_2(t) \end{bmatrix} = \begin{bmatrix} \frac{1}{2}x_1 + \frac{1}{2}x_2 \\ \frac{1}{2}x_1 - \frac{1}{2}x_2 \end{bmatrix}$$

在新状态变量下，系统状态空间表达式为

$$\dot{\tilde{\boldsymbol{x}}} = \boldsymbol{P}^{-1}\boldsymbol{A}\boldsymbol{P}\,\tilde{\boldsymbol{x}} + \boldsymbol{P}^{-1}\boldsymbol{b}u = \begin{bmatrix} -2 & 0 \\ 3 & -1 \end{bmatrix}\tilde{\boldsymbol{x}} + \begin{bmatrix} \frac{3}{2} \\ -\frac{1}{2} \end{bmatrix}u$$

$$\boldsymbol{y} = \boldsymbol{c}\boldsymbol{P}\,\tilde{\boldsymbol{x}} = \begin{bmatrix} 3 & 3 \end{bmatrix}\tilde{\boldsymbol{x}}$$

2. 系统的特征值

对于 n 维线性定常系统

$$\begin{cases}\dot{\boldsymbol{x}} = \boldsymbol{A}\boldsymbol{x} + \boldsymbol{B}\boldsymbol{u} \\ \boldsymbol{y} = \boldsymbol{C}\boldsymbol{x} + \boldsymbol{D}\boldsymbol{u}\end{cases}$$

则

$$|\lambda \boldsymbol{I} - \boldsymbol{A}| = \det(\lambda \boldsymbol{I} - \boldsymbol{A}) = \lambda^n + a_1\lambda^{n-1} + \cdots + a_{n-1}\lambda + a_n$$

称为系统的特征多项式，令其等于零，即得到系统的特征方程

$$|\lambda \boldsymbol{I} - \boldsymbol{A}| = \det(\lambda \boldsymbol{I} - \boldsymbol{A}) = \lambda^n + a_1\lambda^{n-1} + \cdots + a_{n-1}\lambda + a_n = 0$$

式中，$\boldsymbol{A}$ 为 $n\times n$ 的系统矩阵。特征方程的根 $\lambda_i(i=1,2,\cdots,n)$ 称为系统的特征值。这些特征值也称为特征根。

对于 n 维线性定常系统。特征值 λ_i 的代数重数定义为满足 $\det(s\boldsymbol{I}-\boldsymbol{A})=(s-\lambda_i)^{\sigma_i}\beta_i(s)$，且 $\beta_i(\lambda_i)\neq 0$ 的正整数 σ_i。直观上，代数重数 σ_i 代表特征值 λ_i 的重根次数。特征值 λ_i 的几何重数 α_i 定义为 $n-\text{rank}(\lambda_i\boldsymbol{I}-\boldsymbol{A})$，其中 rank(·)为对应矩阵的秩。

3. 特征向量

设 λ_i 是系统的一个特征值，若存在一个 n 维非零向量 $\boldsymbol{p}_i$，满足

$$\boldsymbol{A}\boldsymbol{p}_i = \lambda_i\boldsymbol{p}_i$$

或

$$(\lambda_i\boldsymbol{I} - \boldsymbol{A})\boldsymbol{p}_i = \boldsymbol{0}$$

则称 $\boldsymbol{p}_i$ 为系统相应于特征值 λ_i 的特征向量。

例 1-14 系统矩阵为

$$\boldsymbol{A} = \begin{bmatrix} 0 & 1 \\ -2 & -3 \end{bmatrix}$$

试求其特征值和一组特征向量。

解 由系统的特征方程

$$|\lambda \boldsymbol{I} - \boldsymbol{A}| = \begin{vmatrix} \lambda & -1 \\ 2 & \lambda+3 \end{vmatrix} = \lambda^2 + 3\lambda + 2 = 0$$

得系统特征值 $\lambda_1=-1,\lambda_2=-2$。

设对应于特征值 λ_1,λ_2 的特征向量 $\boldsymbol{p}_1,\boldsymbol{p}_2$ 分别为

$$\boldsymbol{p}_1 = \begin{bmatrix} p_{11} \\ p_{21} \end{bmatrix}, \quad \boldsymbol{p}_2 = \begin{bmatrix} p_{12} \\ p_{22} \end{bmatrix}$$

根据

$$(\lambda_i\boldsymbol{I} - \boldsymbol{A})\boldsymbol{p}_i = \boldsymbol{0} \quad (i = 1,2)$$

得

$$(\lambda_1 \boldsymbol{I}-\boldsymbol{A})\boldsymbol{p}_1=\begin{bmatrix}-1 & -1\\ 2 & 2\end{bmatrix}\boldsymbol{p}_1=\begin{bmatrix}-1 & -1\\ 2 & 2\end{bmatrix}\begin{bmatrix}p_{11}\\ p_{21}\end{bmatrix}=\boldsymbol{0}$$

$$(\lambda_2 \boldsymbol{I}-\boldsymbol{A})\boldsymbol{p}_2=\begin{bmatrix}-2 & -1\\ 2 & 1\end{bmatrix}\boldsymbol{p}_2=\begin{bmatrix}-2 & -1\\ 2 & 1\end{bmatrix}\begin{bmatrix}p_{12}\\ p_{22}\end{bmatrix}=\boldsymbol{0}$$

则有

$$p_{11}+p_{21}=0$$
$$2p_{12}+p_{22}=0$$

取 $p_{11}=1, p_{12}=1$，得 $p_{21}=-1, p_{22}=-2$。故

$$\boldsymbol{p}_1=\begin{bmatrix}p_{11}\\ p_{21}\end{bmatrix}=\begin{bmatrix}1\\ -1\end{bmatrix},\quad \boldsymbol{p}_2=\begin{bmatrix}p_{12}\\ p_{22}\end{bmatrix}=\begin{bmatrix}1\\ -2\end{bmatrix}$$

4. 系统特征值的不变性

设线性定常系统的状态方程为

$$\dot{\boldsymbol{x}}=\boldsymbol{A}\boldsymbol{x}+\boldsymbol{B}\boldsymbol{u}$$

则其特征方程为

$$|\lambda \boldsymbol{I}-\boldsymbol{A}|=0$$

系统状态经 $\boldsymbol{x}=\boldsymbol{P}\tilde{\boldsymbol{x}}$ 线性变换后，其状态方程为

$$\dot{\tilde{\boldsymbol{x}}}=\boldsymbol{P}^{-1}\boldsymbol{A}\boldsymbol{P}\tilde{\boldsymbol{x}}+\boldsymbol{P}^{-1}\boldsymbol{B}\boldsymbol{u}$$

其特征多项式为

$$\begin{aligned}|\lambda \boldsymbol{I}-\boldsymbol{P}^{-1}\boldsymbol{A}\boldsymbol{P}| &= |\lambda \boldsymbol{P}^{-1}\boldsymbol{P}-\boldsymbol{P}^{-1}\boldsymbol{A}\boldsymbol{P}|=|\boldsymbol{P}^{-1}(\lambda \boldsymbol{I}-\boldsymbol{A})\boldsymbol{P}|\\ &=|\boldsymbol{P}^{-1}||\lambda \boldsymbol{I}-\boldsymbol{A}||\boldsymbol{P}|=|\boldsymbol{P}^{-1}||\boldsymbol{P}||\lambda \boldsymbol{I}-\boldsymbol{A}|=|\lambda \boldsymbol{I}-\boldsymbol{A}|\end{aligned}$$

上式表明，系统经线性变换后，其特征值不变。

1.7.2 化状态方程式为对角线标准型

对于线性定常系统

$$\begin{cases}\dot{\boldsymbol{x}}=\boldsymbol{A}\boldsymbol{x}+\boldsymbol{B}\boldsymbol{u}\\ \boldsymbol{y}=\boldsymbol{C}\boldsymbol{x}\end{cases}\tag{1-82}$$

若系统的特征值 $\lambda_1,\lambda_2,\cdots,\lambda_n$ 互异，必存在非奇异变换阵 $\boldsymbol{P}$，经过 $\boldsymbol{x}=\boldsymbol{P}\tilde{\boldsymbol{x}}$ 的变换，可将状态方程式化为对角线标准型。变换后的状态方程为

$$\begin{cases}\dot{\tilde{\boldsymbol{x}}}=\boldsymbol{P}^{-1}\boldsymbol{A}\boldsymbol{P}\tilde{\boldsymbol{x}}+\boldsymbol{P}^{-1}\boldsymbol{B}\boldsymbol{u}=\tilde{\boldsymbol{A}}\tilde{\boldsymbol{x}}+\tilde{\boldsymbol{B}}\boldsymbol{u}\\ \boldsymbol{y}=\tilde{\boldsymbol{C}}\tilde{\boldsymbol{x}}+\boldsymbol{D}\boldsymbol{u}\end{cases}$$

式中

$$\tilde{\boldsymbol{A}}=\boldsymbol{P}^{-1}\boldsymbol{A}\boldsymbol{P}=\begin{bmatrix}\lambda_1 & 0 & \cdots & 0\\ 0 & \lambda_2 & \cdots & 0\\ \vdots & \vdots & & \vdots\\ 0 & 0 & \cdots & \lambda_n\end{bmatrix},\quad \tilde{\boldsymbol{B}}=\boldsymbol{P}^{-1}\boldsymbol{B},\quad \tilde{\boldsymbol{C}}=\boldsymbol{C}\boldsymbol{P}$$

变换矩阵

$$\boldsymbol{P}=[\boldsymbol{p}_1\quad \boldsymbol{p}_2\quad \cdots\quad \boldsymbol{p}_n]$$

式中，$\boldsymbol{p}_1,\boldsymbol{p}_2,\cdots,\boldsymbol{p}_n$ 为矩阵 $\boldsymbol{A}$ 的特征向量。

证明 对系统 $\dot{\boldsymbol{x}}=\boldsymbol{A}\boldsymbol{x}+\boldsymbol{B}\boldsymbol{u}$ 进行 $\boldsymbol{x}=\boldsymbol{P}\tilde{\boldsymbol{x}}$ 线性变换，则得到变换后的状态方程

$$\begin{cases}\dot{\tilde{\boldsymbol{x}}}=\boldsymbol{P}^{-1}\boldsymbol{A}\boldsymbol{P}\tilde{\boldsymbol{x}}+\boldsymbol{P}^{-1}\boldsymbol{B}\boldsymbol{u}=\tilde{\boldsymbol{A}}\tilde{\boldsymbol{x}}+\tilde{\boldsymbol{B}}\boldsymbol{u}\\ \boldsymbol{y}=\boldsymbol{C}\boldsymbol{P}\tilde{\boldsymbol{x}}+\boldsymbol{D}\boldsymbol{u}=\tilde{\boldsymbol{C}}\tilde{\boldsymbol{x}}+\boldsymbol{D}\boldsymbol{u}\end{cases}$$

设 $\boldsymbol{P}_i$ 为系统矩阵 $\boldsymbol{A}$ 的对应于特征值 λ_i 的特征向量，它应满足

$$\boldsymbol{A}\boldsymbol{p}_i=\lambda_i\boldsymbol{p}_i,\quad i=1,2,\cdots,n$$

上式的 n 个特征向量方程可构成如下 $n\times n$ 维矩阵：

$$[\boldsymbol{A}\boldsymbol{p}_1\quad \boldsymbol{A}\boldsymbol{p}_2\quad \cdots\quad \boldsymbol{A}\boldsymbol{p}_n]=[\lambda_1\boldsymbol{p}_1\quad \lambda_2\boldsymbol{p}_2\quad \cdots\quad \lambda_n\boldsymbol{p}_n]$$

$$\boldsymbol{A}[\boldsymbol{p}_1\quad \boldsymbol{p}_2\quad \cdots\quad \boldsymbol{p}_n]=[\boldsymbol{p}_1\quad \boldsymbol{p}_2\quad \cdots\quad \boldsymbol{p}_n]\begin{bmatrix}\lambda_1 & 0 & \cdots & 0\\ 0 & \lambda_2 & \cdots & 0\\ \vdots & \vdots & & \vdots\\ 0 & 0 & \cdots & \lambda_n\end{bmatrix}$$

令 $\boldsymbol{p}=[\boldsymbol{p}_1\quad \boldsymbol{p}_2\quad \cdots\quad \boldsymbol{p}_n]$，则

$$\boldsymbol{A}\boldsymbol{P}=\boldsymbol{P}\begin{bmatrix}\lambda_1 & 0 & \cdots & 0\\ 0 & \lambda_2 & \cdots & 0\\ \vdots & \vdots & & \vdots\\ 0 & 0 & \cdots & \lambda_n\end{bmatrix}$$

两边左乘 $\boldsymbol{P}^{-1}$ 可得

$$\tilde{\boldsymbol{A}}=\boldsymbol{P}^{-1}\boldsymbol{A}\boldsymbol{P}=\begin{bmatrix}\lambda_1 & 0 & \cdots & 0\\ 0 & \lambda_2 & \cdots & 0\\ \vdots & \vdots & & \vdots\\ 0 & 0 & \cdots & \lambda_n\end{bmatrix}$$

经过线性变换后，系统矩阵 $\tilde{\boldsymbol{A}}$ 成为对角线矩阵形式的状态空间表达式，我们称之为对角线标准型。此时状态方程中的 $\dot{\tilde{x}}_i$ 仅仅与其本身的状态 $\tilde{x}_i$ 有关，而与其他状态变量无关。

特别指出，如果 $n\times n$ 维矩阵 $\boldsymbol{A}$ 由下式给出

$$A=\begin{bmatrix}0 & 1 & 0 & \cdots & 0\\ 0 & 0 & 1 & \cdots & 0\\ \vdots & \vdots & \vdots & & \vdots\\ 0 & 0 & 0 & \cdots & 1\\ -a_n & -a_{n-1} & -a_{n-2} & \cdots & -a_1\end{bmatrix}$$

并且其特征值 $\lambda_1,\lambda_2,\cdots,\lambda_n$ 互异，作非奇异线性变换 $\boldsymbol{x}=\boldsymbol{P}\tilde{\boldsymbol{x}}$，则化 $\boldsymbol{A}$ 为对角线标准型矩阵

$$\boldsymbol{P}^{-1}\boldsymbol{A}\boldsymbol{P}=\begin{bmatrix}\lambda_1 & & & \boldsymbol{0}\\ & \lambda_2 & & \\ & & \ddots & \\ \boldsymbol{0} & & & \lambda_n\end{bmatrix}$$

其中，$\boldsymbol{P}$ 为范德蒙德(Vandermond)矩阵。即

$$\boldsymbol{P}=\begin{bmatrix}1 & 1 & \cdots & 1\\ \lambda_1 & \lambda_2 & \cdots & \lambda_n\\ \vdots & \vdots & & \vdots\\ \lambda_1^{n-1} & \lambda_2^{n-1} & \cdots & \lambda_n^{n-1}\end{bmatrix}$$

例 1-15　考虑下列系统的状态空间表达式

$$\begin{bmatrix}\dot{x}_1\\ \dot{x}_2\\ \dot{x}_3\end{bmatrix}=\begin{bmatrix}0 & 1 & 0\\ 0 & 0 & 1\\ -6 & -11 & -6\end{bmatrix}\begin{bmatrix}x_1\\ x_2\\ x_3\end{bmatrix}+\begin{bmatrix}0\\ 0\\ 6\end{bmatrix}u$$

$$y=\begin{bmatrix}1 & 0 & 0\end{bmatrix}\begin{bmatrix}x_1\\ x_2\\ x_3\end{bmatrix}$$

将其变换为对角线标准型。

解　由系统的特征方程 $|\lambda\boldsymbol{I}-\boldsymbol{A}|=0$ 得系统特征值为 $\lambda_1=-1,\lambda_2=-2,\lambda_3=-3$。因此，这 3 个特征值相异。

变换矩阵 $\boldsymbol{P}$ 直接根据范德蒙德矩阵选取，即

$$\boldsymbol{P}=\begin{bmatrix}1 & 1 & 1\\ -1 & -2 & -3\\ 1 & 4 & 9\end{bmatrix} \tag{1-83}$$

经线性变换 $\boldsymbol{x}=\boldsymbol{P}\tilde{\boldsymbol{x}}$ 后系统状态空间表达式为

$$\begin{bmatrix}\dot{\tilde{x}}_1\\ \dot{\tilde{x}}_2\\ \dot{\tilde{x}}_3\end{bmatrix}=\boldsymbol{P}^{-1}\boldsymbol{AP}\tilde{\boldsymbol{x}}+\boldsymbol{P}^{-1}\boldsymbol{b}u=\begin{bmatrix}-1&0&0\\0&-2&0\\0&0&-3\end{bmatrix}\begin{bmatrix}\tilde{x}_1\\ \tilde{x}_2\\ \tilde{x}_3\end{bmatrix}+\begin{bmatrix}3\\-6\\3\end{bmatrix}u \quad (1\text{-}84)$$

$$y=\boldsymbol{cP}\tilde{\boldsymbol{x}}=[1\quad 1\quad 1]\begin{bmatrix}\tilde{x}_1\\ \tilde{x}_2\\ \tilde{x}_3\end{bmatrix}$$

注意，由式(1-83)定义的变换矩阵 $\boldsymbol{P}$ 将系统矩阵转变为对角线矩阵。由式(1-84)显然可看出，3 个状态变量方程是解耦的。注意式(1-84)中的矩阵 $\boldsymbol{P}^{-1}\boldsymbol{AP}$ 的对角线元素和矩阵 $\boldsymbol{A}$ 的 3 个特征值相同。此处强调 $\boldsymbol{A}$ 和 $\boldsymbol{P}^{-1}\boldsymbol{AP}$ 的特征值相同，这一点非常重要。

1.7.3 化状态方程式为约当标准型

当系统矩阵 $\boldsymbol{A}$ 有重特征值时，一般来说，经线性变换，可将 $\boldsymbol{A}$ 化为约当标准型矩阵 $\boldsymbol{J}$，约当标准型矩阵 $\boldsymbol{J}$ 是主对角线上为约当块的准对角线型矩阵。

对于包含重特征值的 n 维线性定常系统，设系统的特征值为

$$\lambda_1(\sigma_1\text{ 重},\alpha_1\text{ 重}),\lambda_2(\sigma_2\text{ 重},\alpha_2\text{ 重}),\cdots,\lambda_l(\sigma_l\text{ 重},\alpha_l\text{ 重})$$

其中，σ_i 和 α_i 为特征值 λ_i 的代数重数和几何重数，$i=1,2,\cdots,l$，$\sigma_1+\sigma_2+\cdots+\sigma_l=n$。

那么，系统经线性变换 $\boldsymbol{x}=\boldsymbol{P}\tilde{\boldsymbol{x}}$，系统矩阵 $\boldsymbol{A}$ 可变换成如下约当标准型：

$$\boldsymbol{J}=\boldsymbol{P}^{-1}\boldsymbol{AP}=\begin{bmatrix}\boldsymbol{J}_1&&\boldsymbol{0}\\&\ddots&\\\boldsymbol{0}&&\boldsymbol{J}_l\end{bmatrix}$$

其中，$\boldsymbol{J}_i$ 为相应于特征值 λ_i 的约当块，且 $\boldsymbol{J}_i$ 可进一步表示为由 α_i 个约当小块组成的对角线分块矩阵：

$$\boldsymbol{J}_i=\begin{bmatrix}\boldsymbol{J}_{i1}&&\boldsymbol{0}\\&\ddots&\\\boldsymbol{0}&&\boldsymbol{J}_{i\alpha_i}\end{bmatrix}_{\sigma_i\times\sigma_i},\quad i=1,2,\cdots,l$$

其中，$\boldsymbol{J}_{ik}$ 为相应于特征值 λ_i 的约当小块，且 $\boldsymbol{J}_{ik}$ 具有如下形式

$$\boldsymbol{J}_{ik}=\begin{bmatrix}\lambda_i&1&\cdots&0\\0&\lambda_i&\cdots&0\\0&0&&1\\0&0&\cdots&\lambda_i\end{bmatrix}_{r_{ik}\times r_{ik}},\quad k=1,2,\cdots,\alpha_i,\quad \sum_{k=1}^{\alpha_i}r_{ik}=\sigma_i$$

由此可见,包含重特征值 λ_i 的线性定常系统,约当标准型视重特征值 λ_i 的几何重数 α_i 的不同,有多种可能形式。

下面仅就重特征值 λ_i 的几何重数 α_i 等于 1 和几何重数 α_i 等于代数重数 σ_i 的两种特殊情况进行讨论。另外,假设 n 维线性定常系统的 n 个特征值中,仅 λ_1 为 m 重根,而其余特征值 $\lambda_{m+1},\lambda_{m+2},\cdots,\lambda_n$ 均为单根。

(1) 当 m 重特征值 λ_1 的几何重数 $\alpha_1=1$ 时,系统经线性变换 $\boldsymbol{x}=\boldsymbol{P}\tilde{\boldsymbol{x}}$ 后,系统矩阵 $\boldsymbol{A}$ 可变换成如下约当标准型

$$\boldsymbol{J}=\boldsymbol{P}^{-1}\boldsymbol{A}\boldsymbol{P}=\begin{bmatrix}\boldsymbol{J}_1 & & & \boldsymbol{0}\\ & \lambda_{m+1} & & \\ & & \ddots & \\ \boldsymbol{0} & & & \lambda_n\end{bmatrix}_{n\times n}$$

其中,约当块 $\boldsymbol{J}_1=\begin{bmatrix}\lambda_1 & 1 & \cdots & 0\\ 0 & \lambda_1 & \cdots & 0\\ 0 & 0 & & 1\\ 0 & 0 & \cdots & \lambda_1\end{bmatrix}_{m\times m}$。此时变换矩阵为

$$\boldsymbol{P}=[\boldsymbol{p}_1\quad \boldsymbol{p}_2\quad \cdots\quad \boldsymbol{p}_m\quad \boldsymbol{p}_{m+1}\quad \cdots\quad \boldsymbol{p}_n]$$

式中,$\boldsymbol{p}_{m+1},\boldsymbol{p}_{m+2},\cdots,\boldsymbol{p}_n$ 为与$(n-m)$个互异特征根 $\lambda_{m+1},\lambda_{m+2},\cdots,\lambda_n$ 对应的特征向量; $\boldsymbol{p}_1,\boldsymbol{p}_2,\cdots,\boldsymbol{p}_m$ 为与 m 个重根 λ_1 对应的特征向量。

下面确定将 $\boldsymbol{A}$ 矩阵化为约当标准型的变换矩阵 $\boldsymbol{P}$。

由
$$\boldsymbol{J}=\boldsymbol{P}^{-1}\boldsymbol{A}\boldsymbol{P}$$
得
$$\boldsymbol{A}\boldsymbol{P}=\boldsymbol{P}\boldsymbol{J}$$
令
$$\boldsymbol{P}=[\boldsymbol{p}_1\quad \boldsymbol{p}_2\quad \cdots\quad \boldsymbol{p}_n]$$

上式的 n 个特征向量方程可构成如下 $n\times n$ 矩阵

$$[\boldsymbol{A}\boldsymbol{p}_1\quad \boldsymbol{A}\boldsymbol{p}_2\quad \cdots\quad \boldsymbol{A}\boldsymbol{p}_n]=[\boldsymbol{p}_1\quad \boldsymbol{p}_2\quad \cdots\quad \boldsymbol{p}_n]\boldsymbol{J}$$

$$[\boldsymbol{A}\boldsymbol{p}_1\quad \boldsymbol{A}\boldsymbol{p}_2\quad \cdots\quad \boldsymbol{A}\boldsymbol{p}_n]=[\boldsymbol{p}_1\quad \boldsymbol{p}_2\quad \cdots\quad \boldsymbol{p}_n]\begin{bmatrix}\lambda_1 & 1 & 0 & 0 & 0 & & & \\ 0 & \lambda_1 & 1 & 0 & 0 & & & \\ \vdots & & \ddots & \ddots & & & \boldsymbol{0} & \\ 0 & 0 & 0 & \lambda_1 & 1 & & & \\ 0 & 0 & 0 & 0 & \lambda_1 & & & \\ & & & & & \lambda_{m+1} & & \boldsymbol{0}\\ & & \boldsymbol{0} & & & & \ddots & \\ & & & & & \boldsymbol{0} & & \lambda_n\end{bmatrix}$$

$$=[\lambda_1\boldsymbol{p}_1\quad \boldsymbol{p}_1+\lambda_1\boldsymbol{p}_2\quad \cdots\quad \boldsymbol{p}_{m-1}+\lambda_1\boldsymbol{p}_m\quad \lambda_{m+1}\boldsymbol{p}_{m+1}\quad \cdots\quad \lambda_n\boldsymbol{p}_n]$$

由上式两矩阵相应的向量相等,可得

$$\begin{cases} \boldsymbol{A}\boldsymbol{p}_1 = \lambda_1 \boldsymbol{p}_1 \\ \boldsymbol{A}\boldsymbol{p}_2 = \boldsymbol{p}_1 + \lambda_1 \boldsymbol{p}_2 \\ \quad\vdots \\ \boldsymbol{A}\boldsymbol{p}_m = \boldsymbol{p}_{m-1} + \lambda_1 \boldsymbol{p}_m \\ \boldsymbol{A}\boldsymbol{p}_{m+1} = \lambda_{m+1} \boldsymbol{p}_{m+1} \\ \quad\vdots \\ \boldsymbol{A}\boldsymbol{p}_n = \lambda_n \boldsymbol{p}_n \end{cases}$$

整理得

$$\begin{cases} (\lambda_1 \boldsymbol{I} - \boldsymbol{A})\boldsymbol{p}_1 = 0 \\ (\lambda_1 \boldsymbol{I} - \boldsymbol{A})\boldsymbol{p}_2 = -\boldsymbol{p}_1 \\ \quad\vdots \\ (\lambda_1 \boldsymbol{I} - \boldsymbol{A})\boldsymbol{p}_m = -\boldsymbol{p}_{m-1} \\ (\lambda_{m+1} \boldsymbol{I} - \boldsymbol{A})\boldsymbol{p}_{m+1} = 0 \\ (\lambda_n \boldsymbol{I} - \boldsymbol{A})\boldsymbol{p}_n = 0 \end{cases} \tag{1-85}$$

由式(1-85)看出，$(n-m)$个互异特征根 $\lambda_{m+1},\lambda_{m+2},\cdots,\lambda_n$ 对应的$(n-m)$个特征向量 $\boldsymbol{p}_{m+1},\boldsymbol{p}_{m+2},\cdots,\boldsymbol{p}_n$ 的求法同前。与 m 个重根 λ_1 对应的 m 个特征向量 $\boldsymbol{p}_1,\boldsymbol{p}_2,\cdots,\boldsymbol{p}_m$ 的求法与前不同。

例 1-16 系统矩阵 $\boldsymbol{A}$ 为

$$\boldsymbol{A} = \begin{bmatrix} 0 & 1 & 0 \\ 0 & 0 & 1 \\ 2 & 3 & 0 \end{bmatrix}$$

将其变换为约当阵。

解 由系统的特征方程

$$|\lambda \boldsymbol{I} - \boldsymbol{A}| = \lambda^3 - 3\lambda - 2 = (\lambda+1)^2(\lambda-2) = 0$$

得系统特征值 $\lambda_{1,2} = -1, \lambda_3 = 2$。

① 设对应于特征值 $\lambda_{1,2}$ 的特征向量 $\boldsymbol{p}_1,\boldsymbol{p}_2$ 分别为

$$\boldsymbol{p}_1 = \begin{bmatrix} p_{11} \\ p_{12} \\ p_{13} \end{bmatrix}, \quad \boldsymbol{p}_2 = \begin{bmatrix} p_{21} \\ p_{22} \\ p_{23} \end{bmatrix}$$

根据

$$(\lambda_1 \boldsymbol{I} - \boldsymbol{A})\boldsymbol{p}_1 = \boldsymbol{0}$$

得

$$(\lambda_1 \boldsymbol{I} - \boldsymbol{A})\boldsymbol{p}_1 = \begin{bmatrix} -1 & -1 & 0 \\ 0 & -1 & -1 \\ -2 & -3 & -1 \end{bmatrix} \boldsymbol{p}_1 = \boldsymbol{0}$$

因矩阵$(\lambda_1 \boldsymbol{I}-\boldsymbol{A})$的秩为 2，故特征值$\lambda_1$的几何重数$\alpha_1=n-\text{rank}(\lambda_1\boldsymbol{I}-\boldsymbol{A})=1$，因此特征向量$\boldsymbol{p}_1$仅存在一个独立的解。

根据上式可任选
$$\boldsymbol{p}_1=\begin{bmatrix}1\\-1\\1\end{bmatrix}$$

另根据
$$(\lambda_1\boldsymbol{I}-\boldsymbol{A})\boldsymbol{p}_2=-\boldsymbol{p}_1$$
得
$$(\lambda_1\boldsymbol{I}-\boldsymbol{A})\boldsymbol{p}_2=\begin{bmatrix}-1&-1&0\\0&-1&-1\\-2&-3&-1\end{bmatrix}\boldsymbol{p}_2=\begin{bmatrix}-1\\1\\-1\end{bmatrix}$$

根据上式可任选
$$\boldsymbol{p}_2=\begin{bmatrix}1\\0\\-1\end{bmatrix}$$

② 设对应于特征值λ_3的特征向量$\boldsymbol{p}_3$为
$$\boldsymbol{p}_3=\begin{bmatrix}p_{31}\\p_{32}\\p_{33}\end{bmatrix}$$

根据
$$(\lambda_3\boldsymbol{I}-\boldsymbol{A})\boldsymbol{p}_3=\boldsymbol{0}$$
得
$$(\lambda_3\boldsymbol{I}-\boldsymbol{A})\boldsymbol{p}_3=\begin{bmatrix}2&-1&0\\0&2&-1\\-2&-3&2\end{bmatrix}\boldsymbol{p}_3=\boldsymbol{0}$$

因矩阵$(\lambda_3\boldsymbol{I}-\boldsymbol{A})$的秩为 2，故特征向量$\boldsymbol{p}_3$也仅存在一个独立的解。(对于任意一个单根它所对应的特征向量仅存在一个独立的解，而对于重根所对应的特征向量才可能出现有多余一个独立解的情况。)

根据上式可任选
$$\boldsymbol{p}_3=\begin{bmatrix}1\\2\\4\end{bmatrix}$$

于是变换阵为
$$\boldsymbol{P}=[\boldsymbol{p}_1\quad\boldsymbol{p}_2\quad\boldsymbol{p}_3]=\begin{bmatrix}1&1&1\\-1&0&2\\1&-1&4\end{bmatrix}$$

变换后系统矩阵为
$$\widetilde{\boldsymbol{A}}=\boldsymbol{P}^{-1}\boldsymbol{A}\boldsymbol{P}=\begin{bmatrix}-1&1&0\\0&-1&0\\0&0&2\end{bmatrix}$$

(2) 当m重特征值λ_1的几何重数α_1等于代数重数σ_1时，这时m重特征值λ_1

对应有 m 个线性独立的特征向量，系统经线性变换 $\boldsymbol{x}=\boldsymbol{P}\tilde{\boldsymbol{x}}$ 后，系统矩阵 $\boldsymbol{A}$ 仍可变换成如下对角线标准型

$$\boldsymbol{J}=\boldsymbol{P}^{-1}\boldsymbol{A}\boldsymbol{P}=\begin{bmatrix}\lambda_1 & & & & & \\ & \ddots & & & \boldsymbol{0} & \\ & & \lambda_1 & & & \\ & & & \lambda_{m+1} & & \\ & \boldsymbol{0} & & & \ddots & \\ & & & & & \lambda_n\end{bmatrix}$$

此时变换矩阵为

$$\boldsymbol{P}=[\boldsymbol{p}_1 \quad \boldsymbol{p}_2 \quad \cdots \quad \boldsymbol{p}_m \quad \boldsymbol{p}_{m+1} \quad \cdots \quad \boldsymbol{p}_n]$$

式中，$\boldsymbol{p}_{m+1},\boldsymbol{p}_{m+2},\cdots,\boldsymbol{p}_n$ 为与 $(n-m)$ 个互异特征根 $\lambda_{m+1},\lambda_{m+2},\cdots,\lambda_n$ 对应的 $(n-m)$ 个独立的特征向量。$\boldsymbol{p}_1,\boldsymbol{p}_2,\cdots,\boldsymbol{p}_m$ 为与 m 个重根 λ_1 对应的 m 个独立的特征向量，它们的求法同前。

例 1-17 系统矩阵 $\boldsymbol{A}$ 为

$$\boldsymbol{A}=\begin{bmatrix}1 & 0 & -1\\ 0 & 1 & 0\\ 0 & 0 & 2\end{bmatrix}$$

将其变换为约当阵。

解 由系统的特征方程

$$|\lambda\boldsymbol{I}-\boldsymbol{A}|=(\lambda-1)(\lambda-1)(\lambda-2)=0$$

得系统特征值 $\lambda_1=\lambda_2=1,\lambda_3=2$。

① 设对应于特征值 λ_1,λ_2 的特征向量 $\boldsymbol{p}_1,\boldsymbol{p}_2$ 分别为

$$\boldsymbol{p}_1=\begin{bmatrix}p_{11}\\ p_{12}\\ p_{13}\end{bmatrix},\quad \boldsymbol{p}_2=\begin{bmatrix}p_{21}\\ p_{22}\\ p_{23}\end{bmatrix}$$

根据

$$(\lambda_i\boldsymbol{I}-\boldsymbol{A})\boldsymbol{p}_i=\boldsymbol{0}\quad (i=1,2)$$

得

$$(\lambda_1\boldsymbol{I}-\boldsymbol{A})\boldsymbol{p}_1=\begin{bmatrix}0 & 0 & 1\\ 0 & 0 & 0\\ 0 & 0 & -1\end{bmatrix}\boldsymbol{p}_1=\boldsymbol{0},\quad (\lambda_2\boldsymbol{I}-\boldsymbol{A})\boldsymbol{p}_2=\begin{bmatrix}0 & 0 & 1\\ 0 & 0 & 0\\ 0 & 0 & -1\end{bmatrix}\boldsymbol{p}_2=\boldsymbol{0}$$

因矩阵 $(\lambda_1\boldsymbol{I}-\boldsymbol{A})$ 的秩为 1，特征值 λ_1 的几何重数 $\alpha_1=n-\mathrm{rank}(\lambda_1\boldsymbol{I}-\boldsymbol{A})=2=\sigma_1$，因此向量 $\boldsymbol{p}_1,\boldsymbol{p}_2$ 存在两个独立的解。根据上式可任选

$$\boldsymbol{p}_1=\begin{bmatrix}1\\ 0\\ 0\end{bmatrix},\quad \boldsymbol{p}_2=\begin{bmatrix}0\\ 1\\ 0\end{bmatrix}$$

② 设对应于特征值 λ_3 的特征向量 $\boldsymbol{p}_3$ 为 $\boldsymbol{p}_3=\begin{bmatrix}p_{31}\\p_{32}\\p_{33}\end{bmatrix}$

根据

$$(\lambda_3\boldsymbol{I}-\boldsymbol{A})\boldsymbol{p}_3=\boldsymbol{0}$$

得

$$(\lambda_3\boldsymbol{I}-\boldsymbol{A})\boldsymbol{p}_3=\begin{bmatrix}1&0&1\\0&1&0\\0&0&0\end{bmatrix}\boldsymbol{p}_3=\boldsymbol{0}$$

根据上式有

$$\begin{cases}p_{31}+p_{33}=0\\p_{32}=0\end{cases}$$

取 $p_{33}=1$，得 $p_{31}=-1$，故

$$\boldsymbol{p}_3=\begin{bmatrix}-1\\0\\1\end{bmatrix}$$

即

$$\boldsymbol{P}=[\boldsymbol{p}_1\quad\boldsymbol{p}_2\quad\boldsymbol{p}_3]=\begin{bmatrix}1&0&-1\\0&1&0\\0&0&1\end{bmatrix}$$

变换后系统矩阵为

$$\widetilde{\boldsymbol{A}}=\boldsymbol{P}^{-1}\boldsymbol{A}\boldsymbol{P}=\begin{bmatrix}1&0&0\\0&1&0\\0&0&2\end{bmatrix}$$

由上可见，若 m 重特征值 λ_1 的独立特征向量个数为 m，则有 $m\times m$ 的对角阵与其对应，这时约当块就变成了对角阵。也就是说，约当块变为对角阵的充要条件为特征值 λ_i 的几何重数 α_i 等于代数重数 σ_i。显然，对于一般情况不可能满足特征值 λ_i 的几何重数 α_i 等于代数重数 σ_i，因此重特征值情形的约当标准型通常不具有对角线标准型的形式。

1.8　离散时间系统的状态空间描述

1.8.1　离散时间系统的状态空间表达式

线性离散系统的状态空间表达式，在形式上与连续系统有所区别。线性离散系统的状态空间表达式为向量差分方程

$$\begin{cases} \boldsymbol{x}(k+1)=\boldsymbol{G}(k)\boldsymbol{x}(k)+\boldsymbol{H}(k)\boldsymbol{u}(k) \\ \boldsymbol{y}(k)=\boldsymbol{C}(k)\boldsymbol{x}(k)+\boldsymbol{D}(k)\boldsymbol{u}(k) \end{cases} \tag{1-86}$$

式中，$\boldsymbol{x}(k)$——系统的 n 维状态向量；

$\boldsymbol{u}(k)$——系统的 r 维输入向量（控制向量）；

$\boldsymbol{y}(k)$——系统的 m 维输出向量；

$\boldsymbol{G}(k)$——$n\times n$ 线性离散系统的系统矩阵；

$\boldsymbol{H}(k)$——$n\times r$ 线性离散系统的输入矩阵；

$\boldsymbol{C}(k)$——$m\times n$ 线性离散系统的输出矩阵；

$\boldsymbol{D}(k)$——$m\times r$ 线性离散系统的直接传输矩阵。

注意，以上各向量和矩阵均是 $t=kT$ 时刻所确定的，其中 $k=0,1,2,\cdots$；T 为采样周期。$\boldsymbol{x}(k)$为 $\boldsymbol{x}(kT)$的缩略形式。

与连续系统相类似，线性离散系统状态空间表达式的结构图如图 1-29 所示。单位延迟环节具有 T 秒的时间延迟。

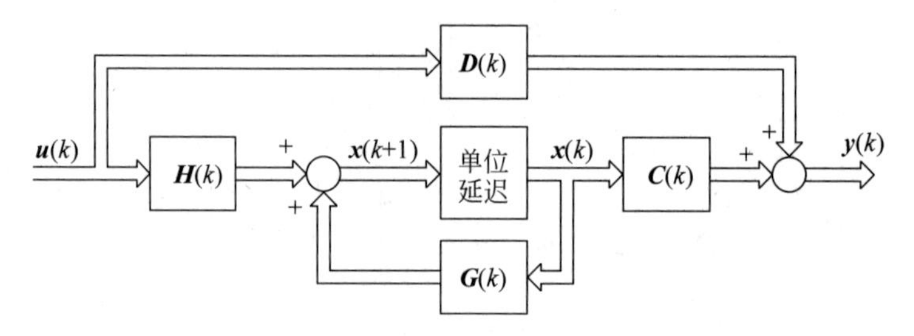

图 1-29 线性离散系统的结构图

如果 $\boldsymbol{G}(k)$，$\boldsymbol{H}(k)$，$\boldsymbol{C}(k)$，$\boldsymbol{D}(k)$均为常数矩阵，式(1-86)就变为线性定常离散系统，其状态空间表达式为

$$\begin{cases} \boldsymbol{x}(k+1)=\boldsymbol{G}\boldsymbol{x}(k)+\boldsymbol{H}\boldsymbol{u}(k) \\ \boldsymbol{y}(k)=\boldsymbol{C}\boldsymbol{x}(k)+\boldsymbol{D}\boldsymbol{u}(k) \end{cases} \tag{1-87}$$

在经典控制理论中，离散系统的数学模型分为差分方程和脉冲传递函数两类，它们与离散系统状态空间表达式之间的变换，以及由离散系统状态空间表达式求脉冲传递函数阵等和连续系统分析极为相似。

1.8.2 差分方程化为状态空间表达式

差分方程化为状态空间表达式，类似于连续系统将微分方程化为状态空间表达式。

1. 差分方程的输入函数为 $b\boldsymbol{u}(k)$时

设系统的差分方程为

$$y(k+n)+a_1y(k+n-1)+\cdots+a_{n-1}y(k+1)+a_ny(k)=bu(k) \tag{1-88}$$

选取状态

$$\begin{cases} x_1(k)=y(k) \\ x_2(k)=y(k+1) \\ \quad\vdots \\ x_n(k)=y(k+n-1) \end{cases} \tag{1-89}$$

则高阶差分方程可化为一阶差分方程组

$$\begin{cases} x_1(k+1)=x_2(k) \\ x_2(k+1)=x_3(k) \\ \quad\vdots \\ x_{n-1}(k+1)=x_n(k) \\ x_n(k+1)=-a_nx_1(k)-a_{n-1}x_2(k)-\cdots-a_1x_n(k)+bu(k) \end{cases} \tag{1-90}$$

写成向量方程形式，得

$$\begin{bmatrix} x_1(k+1) \\ x_2(k+1) \\ \vdots \\ x_{n-1}(k+1) \\ x_n(k+1) \end{bmatrix}=\begin{bmatrix} 0 & 1 & 0 & \cdots & 0 \\ 0 & 0 & 1 & \cdots & 0 \\ \vdots & \vdots & \vdots & & \vdots \\ 0 & 0 & 0 & \cdots & 1 \\ -a_n & -a_{n-1} & -a_{n-2} & \cdots & -a_1 \end{bmatrix}\begin{bmatrix} x_1(k) \\ x_2(k) \\ \vdots \\ x_{n-1}(k) \\ x_n(k) \end{bmatrix}+\begin{bmatrix} 0 \\ 0 \\ \vdots \\ 0 \\ b \end{bmatrix}u(k)$$

$$y(k)=[1\quad 0\quad \cdots\quad 0\quad 0]\begin{bmatrix} x_1(k) \\ x_2(k) \\ \vdots \\ x_{n-1}(k) \\ x_n(k) \end{bmatrix}$$

或

$$\begin{cases} \boldsymbol{x}(k+1)=\boldsymbol{G}\boldsymbol{x}(k)+\boldsymbol{h}u(k) \\ y(k)=\boldsymbol{c}\boldsymbol{x}(k) \end{cases} \tag{1-91}$$

2. 差分方程的输入函数包含 $u(k)$, $u(k+1)$, …时

设系统差分方程为

$$\begin{aligned} &y(k+n)+a_1y(k+n-1)+\cdots+a_{n-1}y(k+1)+a_ny(k) \\ &=b_0u(k+n)+b_1u(k+n-1)+\cdots+b_{n-1}u(k+1)+b_nu(k) \end{aligned} \tag{1-92}$$

与连续系统微分方程中包含输入函数导数项类似，可选择如下一组状态变量

$$\begin{cases} x_1(k)=y(k)-\beta_0u(k) \\ x_2(k)=x_1(k+1)+\beta_1u(k)=y(k+1)-\beta_0u(k+1)-\beta_1u(k) \\ \quad\vdots \\ x_n(k)=x_{n-1}(k+1)+\beta_{n-1}u(k) \\ \qquad\;=y(k+n-1)-\beta_0u(k+n-1)-\cdots-\beta_{n-1}u(k) \end{cases} \tag{1-93}$$

式中，$\beta_0,\beta_1,\cdots,\beta_{n-1}$为$n$个待定系数。由下式确定：

$$\begin{cases}\beta_0 = b_0 \\ \beta_1 = b_1 - a_1\beta_0 \\ \beta_2 = b_2 - a_1\beta_1 - a_2\beta_0 \\ \quad\vdots \\ \beta_{n-1} = b_{n-1} - a_1\beta_{n-2} - a_2\beta_{n-3} - \cdots - a_{n-1}\beta_0 \\ \beta_n = b_n - a_1\beta_{n-1} - a_2\beta_{n-2} - \cdots - a_n\beta_0\end{cases} \tag{1-94}$$

由式(1-93)和式(1-94)得

$$\begin{cases}x_1(k+1) = x_2(k) + \beta_1 u(k) \\ x_2(k+1) = x_3(k) + \beta_2 u(k) \\ \quad\vdots \\ x_{n-1}(k+1) = x_n(k) + \beta_{n-1} u(k) \\ x_n(k+1) = -a_n x_1(k) - a_{n-1}x_2(k) - \cdots - a_1 x_n(k) + \beta_n u(k)\end{cases}$$

系统的状态空间表达式为

$$\begin{bmatrix}x_1(k+1)\\x_2(k+1)\\\vdots\\x_{n-1}(k+1)\\x_n(k+1)\end{bmatrix} = \begin{bmatrix}0 & 1 & 0 & \cdots & 0\\0 & 0 & 1 & \cdots & 0\\\vdots & \vdots & \vdots & & \vdots\\0 & 0 & 0 & \cdots & 1\\-a_n & -a_{n-1} & -a_{n-2} & \cdots & -a_1\end{bmatrix}\begin{bmatrix}x_1(k)\\x_2(k)\\\vdots\\x_{n-1}(k)\\x_n(k)\end{bmatrix} + \begin{bmatrix}\beta_1\\\beta_2\\\vdots\\\beta_{n-1}\\\beta_n\end{bmatrix}u(k)$$

$$y(k) = [1 \quad 0 \quad \cdots \quad 0 \quad 0]\begin{bmatrix}x_1(k)\\x_2(k)\\\vdots\\x_{n-1}(k)\\x_n(k)\end{bmatrix} + \beta_0 u(k) \tag{1-95}$$

或

$$\begin{cases}\boldsymbol{x}(k+1) = \boldsymbol{Gx}(k) + \boldsymbol{h}u(k) \\ y(k) = \boldsymbol{cx}(k) + du(k)\end{cases} \tag{1-96}$$

例 1-18 已知离散系统的差分方程为

$$y(k+3) + 2y(k+2) + 3y(k+1) + y(k) = u(k+1) + 4u(k)$$

试求系统的状态空间表达式。

解 根据式(1-94)可求出

$$\beta_0 = 0, \quad \beta_1 = 0, \quad \beta_2 = 1, \quad \beta_3 = 2$$

选状态变量

$$x_1(k) = y(k)$$
$$x_2(k) = y(k+1)$$
$$x_3(k) = y(k+2) - u(k)$$

则状态空间表达式

$$\begin{bmatrix} x_1(k+1) \\ x_2(k+1) \\ x_3(k+1) \end{bmatrix} = \begin{bmatrix} 0 & 1 & 0 \\ 0 & 0 & 1 \\ -1 & -3 & -2 \end{bmatrix} \begin{bmatrix} x_1(k) \\ x_2(k) \\ x_3(k) \end{bmatrix} + \begin{bmatrix} 0 \\ 1 \\ 2 \end{bmatrix} u$$

$$y(k) = \begin{bmatrix} 1 & 0 & 0 \end{bmatrix} \begin{bmatrix} x_1(k) \\ x_2(k) \\ x_3(k) \end{bmatrix}$$

对应离散系统状态空间表达式的结构图如图1-30所示。

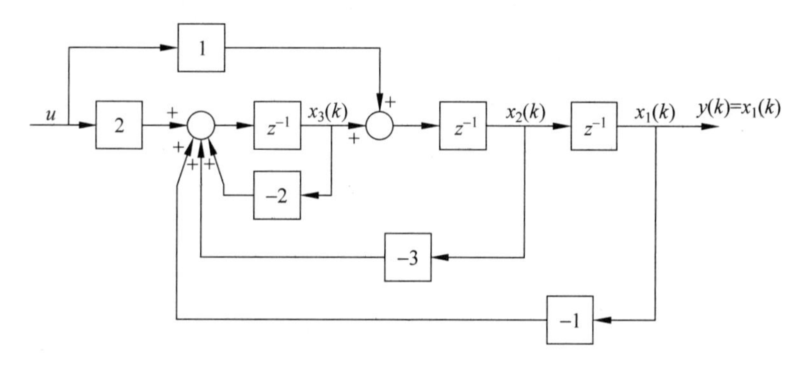

图1-30 离散系统的结构图

1.8.3 脉冲传递函数化为状态空间表达式

线性离散系统的脉冲传递函数为

$$G(z) = \frac{Y(z)}{U(z)} = \frac{b_1 z^{n-1} + \cdots + b_{n-1} z + b_n}{z^n + a_1 z^{n-1} + \cdots + a_{n-1} z + a_n} + d \qquad (1\text{-}97)$$

它和线性连续系统传递函数形式类似,可仿照连续系统的部分分式法来建立离散系统的状态空间表达式。

1. 脉冲传递函数的极点为单极点时

令脉冲传递函数 $G(z)$ 的极点为 $-p_1, -p_2, \cdots, -p_n$,则 $G(z)$ 可分解成如下部分分式:

$$G(z) = \frac{Y(z)}{U(z)} = \frac{c_1}{z+p_1} + \frac{c_2}{z+p_2} + \cdots + \frac{c_n}{z+p_n} + d \qquad (1\text{-}98)$$

其中

$$c_i = \lim_{z \to -p_i} (z+p_i) G(z), \quad i = 1,2,\cdots,n$$

选取状态变量的 z 变换式为

$$X_i(z)=\frac{1}{z+p_i}U(z),\quad i=1,2,\cdots,n \tag{1-99}$$

上式 z 反变换，得状态方程

$$\begin{cases}x_1(k+1)=-p_1x_1(k)+u(k)\\x_2(k+1)=-p_2x_2(k)+u(k)\\\quad\vdots\\x_n(k+1)=-p_nx_n(k)+u(k)\end{cases}$$

将式(1-99)代入式(1-98)得到系统输出方程的 z 变换式

$$Y(z)=c_1X_1(z)+c_2X_2(z)+\cdots+c_nX_n(z)+dU(z)$$

将上式 z 反变换得到输出方程

$$y(k)=c_1x_1(k)+c_2x_2(k)+\cdots+c_nx_n(k)+du(k)$$

离散系统的状态空间表达式为

$$\begin{cases}\boldsymbol{x}(k+1)=\boldsymbol{G}\boldsymbol{x}(k)+\boldsymbol{h}u(k)\\y(k)=\boldsymbol{c}\boldsymbol{x}(k)+du(k)\end{cases}$$

式中

$$\boldsymbol{G}=\begin{bmatrix}-p_1 & 0 & \cdots & 0\\0 & -p_2 & \cdots & 0\\\vdots & \vdots & & \vdots\\0 & 0 & \cdots & -p_n\end{bmatrix},\quad \boldsymbol{h}=\begin{bmatrix}1\\1\\\vdots\\1\end{bmatrix}$$

$$\boldsymbol{c}=[c_1\quad c_2\quad\cdots\quad c_n],\quad d=d$$

2. 脉冲传递函数的极点有重极点时

假设脉冲传递函数 $G(z)$ 的极点 $-p_1$ 为 r 重根，而其余 $-p_{r+1},-p_{r+2},\cdots,-p_n$ 均为单极点。其传递函数的部分分式展开式为

$$G(z)=\frac{c_{11}}{(z+p_1)^r}+\frac{c_{12}}{(z+p_1)^{r-1}}+\cdots+\frac{c_{1r}}{(z+p_1)}+\frac{c_{r+1}}{z+p_{r+1}}+\cdots+\frac{c_n}{z+p_n} \tag{1-100}$$

对于 r 重根极点 $-p_1$，对应部分分式的系数 $c_{1j}(j=1,2,\cdots,r)$ 按下式计算

$$c_{1j}=\lim_{z\to -p_1}\frac{1}{(j-1)!}\frac{\mathrm{d}^{(j-1)}}{\mathrm{d}z^{(j-1)}}[(z+p_1)^rG(z)]$$

对于单极点 $-p_i(i=r+1,r+2,\cdots,n)$，部分分式的系数按下式求取

$$c_i=\lim_{z\to -p_i}[(z+p_i)G(z)]$$

$$
\text{选}\begin{cases}
X_1(z)=\dfrac{1}{(z+p_1)^r}U(z)\\
X_2(z)=\dfrac{1}{(z+p_1)^{r-1}}U(z)\\
\qquad\vdots\\
X_r(z)=\dfrac{1}{(z+p_1)}U(z)\\
X_{r+1}(z)=\dfrac{1}{z+p_{r+1}}U(z)\\
\qquad\vdots\\
X_n(z)=\dfrac{1}{z+p_n}U(z)
\end{cases},
$$

$$
\text{可得}\begin{cases}
X_1(z)=\dfrac{1}{(z+p_1)}X_2(z)\\
X_2(z)=\dfrac{1}{(z+p_1)}X_3(z)\\
\qquad\vdots\\
X_{r-1}(z)=\dfrac{1}{(z+p_1)}X_r(z)\\
X_r(z)=\dfrac{1}{(z+p_1)}U(z)\\
X_{r+1}(z)=\dfrac{1}{z+p_{r+1}}U(z)\\
\qquad\vdots\\
X_n(z)=\dfrac{1}{z+p_n}U(z)
\end{cases}
$$

上式取 z 反变换，整理后得状态方程为

$$
\begin{cases}
x_1(k+1)=-p_1x_1(k)+x_2(k)\\
x_2(k+1)=-p_1x_2(k)+x_3(k)\\
\qquad\vdots\\
x_{r-1}(k+1)=-p_1x_{r-1}(k)+x_r(k)\\
x_r(k+1)=-p_1x_r(k)+u(k)\\
x_{r+1}(k+1)=-p_{r+1}x_{r+1}(k)+u(k)\\
\qquad\vdots\\
x_n(k+1)=-p_nx_n(k)+u(k)
\end{cases}\tag{1-101}
$$

输出方程的 z 变换式为

$$
Y(z)=c_{11}X_1(z)+c_{12}X_2(z)+\cdots+c_{1r}X_r(z)+c_{r+1}X_{r+1}(z)+\cdots+c_nX_n(z)
$$

进行 z 反变换，得到离散系统的输出方程为

$$
y(k)=c_{11}x_1(k)+c_{12}x_2(k)+\cdots+c_{1r}x_r(k)+c_{r+1}x_{r+1}(k)+\cdots+c_nx_n(k)\tag{1-102}
$$

将式(1-101)和式(1-102)写成向量方程形式,可得离散系统的状态空间表达式

$$
\begin{bmatrix} x_1(k+1) \\ x_2(k+1) \\ \vdots \\ x_{r-1}(k+1) \\ x_r(k+1) \\ x_{r+1}(k+1) \\ \vdots \\ x_n(k+1) \end{bmatrix} = \left[\begin{array}{ccccc:ccc} -p_1 & 1 & 0 & 0 & 0 & & & \\ 0 & -p_1 & 1 & 0 & 0 & & & \\ \vdots & & \ddots & \ddots & & & \mathbf{0} & \\ 0 & 0 & 0 & -p_1 & 1 & & & \\ 0 & 0 & 0 & 0 & -p_1 & & & \\ \hdashline & & & & & -p_{r+1} & & \mathbf{0} \\ & & \mathbf{0} & & & & \ddots & \\ & & & & & \mathbf{0} & & -p_n \end{array}\right] \left[\begin{array}{c} x_1(k) \\ x_2(k) \\ \vdots \\ x_{r-1}(k) \\ x_r(k) \\ \hdashline x_{r+1}(k) \\ \vdots \\ x_n(k) \end{array}\right] + \left[\begin{array}{c} 0 \\ 0 \\ \vdots \\ 0 \\ 1 \\ \hdashline 1 \\ \vdots \\ 1 \end{array}\right] u(k) \tag{1-103}
$$

$$
y(k+1) = \left[\begin{array}{ccccc:cc} c_{11} & c_{12} & \cdots & c_{1r-1} & c_{1r} & c_{r+1} & \cdots \end{array}\right] \left[\begin{array}{c} x_1(k) \\ x_2(k) \\ \vdots \\ x_{r-1}(k) \\ x_r(k) \\ \hdashline x_{r+1}(k) \\ \vdots \\ x_n(k) \end{array}\right] \tag{1-104}
$$

例 1-19 已知系统的脉冲传递函数

$$
G(z) = \frac{4}{(z-1)^2(z+2)}
$$

试写出系统的状态空间表达式。

解 将 $G(z)$ 分解成部分分式,即

$$
G(z) = \frac{\frac{4}{3}}{(z-1)^2} - \frac{\frac{4}{9}}{z-1} + \frac{\frac{4}{9}}{z+2}
$$

根据式(1-103)和式(1-104)得系统状态空间表达式

$$\begin{bmatrix} x_1(k+1) \\ x_2(k+1) \\ x_3(k+1) \end{bmatrix} = \begin{bmatrix} 1 & 1 & 0 \\ 0 & 1 & 0 \\ 0 & 0 & -2 \end{bmatrix} \begin{bmatrix} x_1(k) \\ x_2(k) \\ x_3(k) \end{bmatrix} + \begin{bmatrix} 0 \\ 1 \\ 1 \end{bmatrix} u$$

$$y(k) = \begin{bmatrix} \frac{4}{3} & -\frac{4}{9} & \frac{4}{9} \end{bmatrix} \begin{bmatrix} x_1(k) \\ x_2(k) \\ x_3(k) \end{bmatrix}$$

系统状态空间表达式的信号流图如图 1-31 所示。

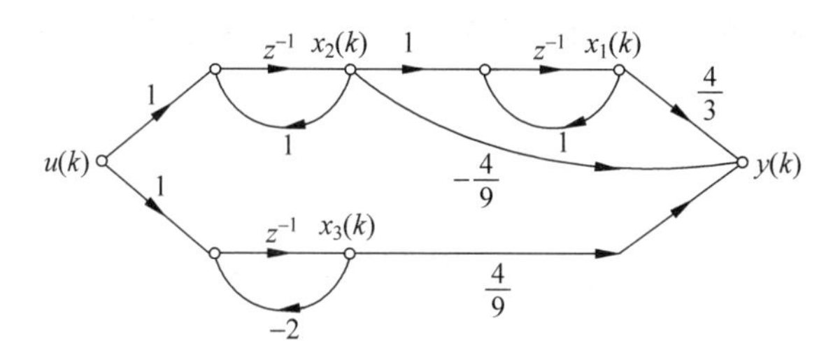

图 1-31　例 1-19 系统信号流图

1.8.4　由状态空间表达式求脉冲传递函数阵

设离散系统的状态空间表达式为

$$\begin{cases} \boldsymbol{x}(k+1) = \boldsymbol{G}\boldsymbol{x}(k) + \boldsymbol{H}\boldsymbol{u}(k) \\ \boldsymbol{y}(k) = \boldsymbol{C}\boldsymbol{x}(k) + \boldsymbol{D}\boldsymbol{u}(k) \end{cases}$$

对上式取 z 变换，可得

$$zX(z) - z\boldsymbol{x}(0) = \boldsymbol{G}X(z) + \boldsymbol{H}U(z)$$

$$\boldsymbol{Y}(z) = \boldsymbol{C}X(z) + \boldsymbol{D}U(z)$$

根据脉冲传递函数的定义，令 $\boldsymbol{x}(0)=\boldsymbol{0}$，则有

$$X(z) = (z\boldsymbol{I} - \boldsymbol{G})^{-1}\boldsymbol{H}U(z)$$

$$\boldsymbol{Y}(z) = [\boldsymbol{C}(z\boldsymbol{I} - \boldsymbol{G})^{-1}\boldsymbol{H} + \boldsymbol{D}]U(z) = \boldsymbol{G}(z)U(z)$$

系统的脉冲传递函数 $G(z)$ 为

$$\boldsymbol{G}(z) = \boldsymbol{C}(z\boldsymbol{I} - \boldsymbol{G})^{-1}\boldsymbol{H} + \boldsymbol{D} \tag{1-105}$$

由式(1-105)可看出，离散系统脉冲传递函数的求取与连续系统类似。对于单输入单输出系统，由式(1-105)求得的 $G(z)$ 为脉冲传递函数；对多输入多输出系统，则 $\boldsymbol{G}(z)$ 为脉冲传递函数阵，$\boldsymbol{G}(z)$ 阵中每个元素均为对应于不同输入和相应输出分量之间的脉冲传递函数。

1.9　基于 MATLAB 的控制系统状态空间描述

MATLAB 控制系统工具箱中提供了很多函数用来进行系统的状态空间描述。

1.9.1 利用 MATLAB 描述系统模型

1. 系统传递函数模型的 MATLAB 描述

已知单输入单输出系统的传递函数为

$$G(s)=\frac{Y(s)}{U(s)}=\frac{b_0 s^m+b_1 s^{m-1}+\cdots+b_m}{s^n+a_1 s^{n-1}+\cdots+a_n} \tag{1-106}$$

在 MATLAB 下可以方便地由其分子和分母多项式系数所构成的两个向量惟一确定出来。即

$$\text{num}=[b_0 \quad b_1 \quad \cdots \quad b_m],\quad \text{den}=[1 \quad a_1 \quad a_2 \quad \cdots \quad a_n]$$

例 1-20 若给定系统的传递函数为

$$G(s)=\frac{Y(s)}{U(s)}=\frac{6s^3+12s^2+6s+10}{s^4+2s^3+3s^2+s+1}$$

解 MATLAB 程序如下

```
>>num = [6 12 6 10]; den = [1 2 3 1 1];
>>printsys(num,den)
```

执行结果为

```
num/den =
     6 s^3 + 12 s^2 + 6 s + 10
  ---------------------------------
   s^4 + 2 s^3 + 3 s^2 + s + 1
```

当传递函数的分子或分母由若干个多项式乘积表示时，它可由 MATLAB 提供的多项式乘法运算函数 conv( )来处理，以获得分子和分母多项式向量，此函数的调用格式为

```
c = conv(a,b)
```

其中，a 和 b 分别为由两个多项式系数构成的向量；c 为 a 和 b 多项式的乘积多项式系数向量。conv( )函数的调用是允许多级嵌套的。

例 1-21 若给定系统的传递函数为

$$G(s)=\frac{4(s+2)(s^2+6s+6)}{s(s+1)^3(s^3+3s^2+2s+5)}$$

解 则可以将其用下列 MATLAB 语句表示

```
>>num = 4 * conv([1 2],[1 6 6])
>>den = conv([1 0],conv([1 1],conv([1 1],conv([1 1],[1 3 2 5]))))
```

执行结果为

```
num =
```

```
  4   32   72   48
den =
  1   6   14   21   24   17   5   0
```

相应地，离散时间系统的动态模型一般是以差分方程来描述的，假设在采样 k 时刻系统的输入信号为 $u(kT)$，且输出信号为 $y(kT)$，其中 T 为采样周期，则此系统相应的差分方程可以写成

$$
\begin{aligned}
& y[(k+n)T] + g_1 y[(k+n-1)T] + \cdots + g_{n-1} y[(k+1)T] + g_n y(kT) \\
& = h_0 u[(k+m)T] + h_1 u[(k+m-1)T] + \cdots + h_m u(kT)
\end{aligned} \tag{1-107}
$$

对上述差分方程进行 z 变换，在初始条件为零时，可得系统的脉冲传递函数为

$$
G(z) = \frac{Y(z)}{U(z)} = \frac{h_0 z^m + h_1 z^{m-1} + \cdots + h_m}{z^n + g_1 z^{n-1} + \cdots + g_{n-1} z + g_n} \tag{1-108}
$$

这种系统在 MATLAB 下也可以由其分子和分母系数构成的两个向量来惟一确定，即

$$
\text{num} = [h_0 \quad h_1 \quad h_2 \quad \cdots \quad h_m], \quad \text{den} = [1 \quad g_1 \quad g_2 \quad \cdots \quad g_n]
$$

对具有 r 个输入和 m 个输出的多变量系统，可把 $m \times r$ 的传递函数阵 $\boldsymbol{G}(s)$ 写成和单变量系统传递函数相类似的形式，即

$$
\boldsymbol{G}(s) = \frac{\boldsymbol{B}_0 s^n + \boldsymbol{B}_1 s^{n-1} + \cdots + \boldsymbol{B}_{n-1} s + \boldsymbol{B}_n}{s^n + a_1 s^{n-1} + \cdots + a_{n-1} s + a_n} \tag{1-109}
$$

式中，$\boldsymbol{B}_0, \boldsymbol{B}_1, \cdots, \boldsymbol{B}_n$ 均为 $m \times r$ 实常数矩阵，分母多项式为该传递函数阵的特征多项式。

在 MATLAB 控制系统工具箱中，提供了表示多输入多输出系统的表示方法，即

$$
\text{num} = [B_0 \quad B_1 \quad \cdots \quad B_n], \quad \text{den} = [1 \quad a_1 \quad a_2 \quad \cdots \quad a_n]
$$

其中，分子系数包含在矩阵 num 中，num 行数与输出 y 的维数一致，每行对应一个输出；den 是行向量，为传递函数阵公分母多项式系数。

因此，系统的传递函数阵在 MATLAB 命令下也可以用两个系数向量来惟一确定。

2. 系统状态空间表达式模型的 MATLAB 描述

设线性定常连续系统的状态空间表达式如式(1-12)所示，则该系统的 MATLAB 描述如例 1-22 所述。

例 1-22　设系统的状态空间表达式为

$$
\begin{cases}
\dot{\boldsymbol{x}}(t) = \begin{bmatrix} 0 & 0 & 1 \\ -3/2 & -2 & -1/2 \\ -3 & 0 & -4 \end{bmatrix} \boldsymbol{x}(t) + \begin{bmatrix} 1 & 1 \\ -1 & -1 \\ -1 & -3 \end{bmatrix} \boldsymbol{u}(t) \\
\boldsymbol{y}(t) = \begin{bmatrix} 1 & 0 & 0 \\ 0 & 1 & 0 \end{bmatrix} \boldsymbol{x}(t)
\end{cases}
$$

解 此系统可由下面的MATLAB语句惟一地表示出来

```
>>A=[0  0  1; -3/2  -2  -1/2; -3  0  -4],B=[1  1; -1  -1; -1  -3]
>>C=[1  0  0; 0  1  0],D=zeros(2,2)
```

执行结果为

```
A =
         0         0    1.0000
   -1.5000   -2.0000   -0.5000
   -3.0000         0   -4.0000
B =
     1     1
    -1    -1
    -1    -3
C =
     1     0     0
     0     1     0
D =
     0     0
     0     0
```

1.9.2 利用MATLAB实现状态空间表达式与传递函数阵的相互转换

在系统控制中,在一些场合下需要用到系统的一种模型,另一场合下可能又需要另外的模型,而这些模型之间又有某种内在的等效关系。在MATLAB控制系统工具箱中应用MATLAB很容易实现由一种模型到另外一种模型的转换。

1. 状态空间表达式到传递函数的转换

如果系统的状态空间表达式如式(1-12)所示,则系统的传递函数阵可表示为

$$\boldsymbol{G}(s)=\boldsymbol{C}(s\boldsymbol{I}-\boldsymbol{A})^{-1}\boldsymbol{B}+\boldsymbol{D}=\frac{\boldsymbol{B}_0 s^m+\boldsymbol{B}_1 s^{m-1}+\cdots+\boldsymbol{B}_m}{s^n+a_1 s^{n-1}+\cdots+a_n} \tag{1-110}$$

式中,$\boldsymbol{B}_0,\boldsymbol{B}_1,\cdots,\boldsymbol{B}_m$ 均为 $m\times r$ 实常数矩阵。

在MATLAB控制系统工具箱中,给出一个根据状态空间表达式求取系统传递函数的函数ss2tf( ),其调用格式为

```
[num,den]=ss2tf(A,B,C,D,iu)
```

其中,A,B,C和D为状态空间形式的各系数矩阵。iu为输入的代号,用来指定第几个输入,对于单输入单输出系统iu=1;对多输入多输出系统,不能用此函数一次地求出对所有输入信号的整个传递函数阵,而必须对各个输入信号逐个地求取

传递函数子矩阵，最后获得整个传递函数矩阵。返回结果 den 为传递函数分母多项式按 s 降幂排列的系数，传递函数分子系数则包含在矩阵 num 中，num 的行数与输出 $\boldsymbol{y}$ 的维数一致，每行对应一个输出。

例 1-23　对于例 1-22 中给出的多变量系统，可以由下面的命令分别对各个输入信号求取传递函数向量，然后求出这个传递函数阵。

解　利用下列 MATLAB 语句

```
>>[num1,den1] = ss2tf(A,B,C,D,1),[num2,den2] = ss2tf(A,B,C,D,2)
```

结果显示

```
num1 =
        0     1.0000     5.0000     6.0000
        0   - 1.0000   - 5.0000   - 6.0000
den1 =
        1   6   11   6
num2 =
        0     1.0000     3.0000     2.0000
        0   - 1.0000   - 4.0000   - 3.0000
den2 =
        1   6   11   6
```

从而可求得系统的传递函数阵为

$$G(s)=\frac{1}{s^3+6s^2+11s+6}\begin{bmatrix} s^2+5s+6 & s^2+3s+2 \\ -(s^2+5s+6) & -(s^2+4s+3) \end{bmatrix}=\begin{bmatrix} \dfrac{1}{s+1} & \dfrac{1}{s+3} \\ \dfrac{-1}{s+1} & \dfrac{-1}{s+2} \end{bmatrix}$$

2. 传递函数到状态空间表达式的转换

已知系统的传递函数模型，求取系统状态空间表达式的方法并不是惟一的，这里只介绍一种比较常用的实现方法。

对于单输入多输出系统

$$\boldsymbol{G}(s)=\frac{\boldsymbol{B}_1 s^{n-1}+\boldsymbol{B}_2 s^{n-2}+\cdots+\boldsymbol{B}_n}{s^n+a_1 s^{n-1}+\cdots+a_n}+\boldsymbol{d}_0 \tag{1-111}$$

适当地选择系统的状态变量，则系统的状态空间表达式可以写成

$$\begin{cases} \dot{\boldsymbol{x}}=\begin{bmatrix} -a_1 & \cdots & -a_{n-1} & -a_n \\ 1 & \cdots & 0 & 0 \\ \vdots & & \vdots & \vdots \\ 0 & \cdots & 1 & 0 \end{bmatrix}\boldsymbol{x}+\begin{bmatrix} 1 \\ 0 \\ \vdots \\ 0 \end{bmatrix}u \\ \boldsymbol{y}=[\boldsymbol{B}_1 \quad \boldsymbol{B}_2 \quad \cdots \quad \boldsymbol{B}_n]\boldsymbol{x}+\boldsymbol{d}_0 u \end{cases} \tag{1-112}$$

在MATLAB控制系统工具箱中称这种方法为能控标准型实现方法，并给出了直接实现函数，该函数的调用格式为

```
[A,B,C,D] = tf2ss(num,den)
```

其中，num的每一行为相应于某输出的按 s 的降幂顺序排列的分子系数，其行数为输出的个数。行向量den为按 s 的降幂顺序排列的公分母系数。返回量A,B,C,D为状态空间形式的各系数矩阵。

例1-24 将以下系统变换成状态空间形式

$$G(s)=\frac{\begin{bmatrix}2s+3\\ s^2+2s+1\end{bmatrix}}{s^2+0.4s+1}$$

解 MATLAB命令如下

```
>>num = [0 2 3; 1 2 1]; den = [1 0.4 1];
>>[ A,B,C,D] = tf2ss(num,den)
```

结果显示

```
A =
    - 0.4000   - 1.0000
      1.0000          0
B =
     1
     0
C =
     2.0000   3.0000
     1.6000        0
D =
     0
     1
```

在MATLAB的多变量频域设计(MFD)工具箱中，对多变量系统的状态空间表达式与传递函数阵间的相互转换给出了更简单的转换函数，它们的调用格式分别为

```
[num,dencom] = mvss2tf(A,B,C,D)
```

及

```
[A,B,C,D] = mvtf2ss(num,dencom)
```

1.9.3 利用MATLAB实现系统的线性变换

1. 矩阵的特征值与特征向量

矩阵的特征值与特征向量由MATLAB提供的函数eig( )可以容易地求出，该函数的调用格式为

$$[\boldsymbol{V},\boldsymbol{D}] = \mathrm{eig}(\boldsymbol{A})$$

其中,**A** 为要处理的矩阵; **D** 为一个对角矩阵,其对角线上的元素为矩阵 **A** 的特征值,而每个特征值对应的 **V** 矩阵的列为该特征值的特征向量,该矩阵是一个满秩矩阵,它满足 **AV**=**VD**,且每个特征向量各元素的平方和(即 2 范数)均为 1。如果调用该函数时只给出一个返回变量,则将只返回矩阵 **A** 的特征值。即使 **A** 为复数矩阵,也同样可以由 eig( )函数得出其特征值与特征向量矩阵。

例 1-25　求以下矩阵 **A** 的特征向量与特征值。

$$\boldsymbol{A} = \begin{bmatrix} 0 & 1 & 0 \\ 0 & 0 & 1 \\ -6 & -11 & -6 \end{bmatrix}$$

解　MATLAB 命令如下

```
>>A=[0 1 0; 0 0 1; -6 -11 -6];
>>[V,D]=eig(A)
```

结果显示

```
V =
    -0.5774    0.2182   -0.1048
     0.5774   -0.4364    0.3145
    -0.5774    0.8729   -0.9435
D =
    -1.0000         0         0
          0   -2.0000         0
          0         0   -3.0000
```

故系统的特征向量为

$$\boldsymbol{p}_1 = \begin{bmatrix} -0.5774 \\ 0.5774 \\ -0.5774 \end{bmatrix}, \quad \boldsymbol{p}_2 = \begin{bmatrix} 0.2182 \\ -0.4364 \\ 0.8729 \end{bmatrix}, \quad \boldsymbol{p}_3 = \begin{bmatrix} -0.1048 \\ 0.3145 \\ -0.9435 \end{bmatrix}$$

特征值为 $\lambda_1=-1,\lambda_2=-2,\lambda_3=-3$。

2. 矩阵的特征多项式、特征方程和特征根

MATLAB 提供了求取矩阵特征多项式系数的函数 plot( ),其调用格式为

```
P=ploy(A)
```

其中,A 为给定的矩阵。返回值 P 为一个行向量,其各个分量为矩阵 A 的降幂排列的特征多项式系数。即

```
P=[ a0  a1  …  an]
```

MATLAB 中根据矩阵特征多项式求特征根的函数为 roots( ),其调用格式为

```
V = roots(P)
```

其中,P为特征多项式的系数向量;V为特征多项式的解,即原始矩阵的特征根。

例 1-26 求例1-25所示矩阵 **A** 的特征方程及其特征值。

解 MATLAB命令如下

```
>>A = [0 1 0; 0 0 1; -6 -11 -6];
>>P = poly(A),V = roots(P)
```

结果显示

```
P =
    1.0000 6.0000 11.0000 6.0000
V =
    -1.0000
    -2.0000
    -3.0000
```

故系统的特征值为

$$\lambda_1=-1,\quad \lambda_2=-2,\quad \lambda_3=-3$$

特征方程为

$$s^3+6s^2+11s+6=0$$

3. 线性变换

MATLAB控制系统工具箱给出了一个直接完成线性变换的函数ss2ss( ),该函数的调用格式为

```
[Ā,B̄,C̄,D̄] = ss2ss(A,B,C,D,P)
```

例 1-27 考虑下列系统的状态空间表达式

$$\begin{bmatrix}\dot{x}_1\\ \dot{x}_2\\ \dot{x}_3\end{bmatrix}=\begin{bmatrix}0 & 1 & 0\\ 0 & 0 & 1\\ -6 & -11 & -6\end{bmatrix}\begin{bmatrix}x_1\\ x_2\\ x_3\end{bmatrix}+\begin{bmatrix}0\\ 0\\ 6\end{bmatrix}u$$

$$y=\begin{bmatrix}1 & 0 & 0\end{bmatrix}\begin{bmatrix}x_1\\ x_2\\ x_3\end{bmatrix}$$

将其变换为对角线标准型。

解 由例1-26知系统的特征值为$\lambda_1=-1,\lambda_2=-2,\lambda_3=-3$。变换矩阵$P$根据范德蒙德矩阵可得

$$P^{-1}=\begin{bmatrix}1 & 1 & 1\\ \lambda_1 & \lambda_2 & \lambda_3\\ \lambda_1^2 & \lambda_2^2 & \lambda_3^2\end{bmatrix}=\begin{bmatrix}1 & 1 & 1\\ -1 & -2 & -3\\ 1 & 4 & 9\end{bmatrix}$$

MATLAB命令如下

```
>>A=[0 1 0; 0 0 1; -6 -11 -6]; B=[0; 0; 6]; C=[1 0 0]; D=0;
>>P=inv([1 1 1; -1,-2,-3; 1 4 9]);
>>[A1,B1,C1,D1]=ss2ss(A,B,C,D,P)
```

结果显示

```
A1 =
    -1.0000   -0.0000   -0.0000
     0.0000   -2.0000    0.0000
    -0.0000   -0.0000   -3.0000
B1 =
     3.0000
    -6.0000
     3.0000
C1 =
   1.0000   1.0000   1.0000
D1 =
   0
```

可得系统变化后的对角线标准型为

$$\begin{bmatrix}\dot{\tilde{x}}_1\\ \dot{\tilde{x}}_2\\ \dot{\tilde{x}}_3\end{bmatrix}=\begin{bmatrix}-1 & 0 & 0\\ 0 & -2 & 0\\ 0 & 0 & -3\end{bmatrix}\begin{bmatrix}\tilde{x}_1\\ \tilde{x}_2\\ \tilde{x}_3\end{bmatrix}+\begin{bmatrix}3\\ -6\\ 3\end{bmatrix}u$$

$$y=\begin{bmatrix}1 & 1 & 1\end{bmatrix}\begin{bmatrix}\tilde{x}_1\\ \tilde{x}_2\\ \tilde{x}_3\end{bmatrix}$$

1.9.4　利用 MATLAB 实现系统模型的连接

在 MATLAB 的控制系统工具箱中提供了大量对控制系统的简单模型进行连接的函数。

1. 串联连接

在 MATLAB 的控制系统工具箱中提供了系统的串联连接处理函数 series( )，它既可处理由状态方程表示的系统，也可处理由传递函数阵表示的单输入多输出系统，其调用格式为

```
[A,B,C,D]=series(A1,B1,C1,D1,A2,B2,C2,D2)
```

和

```
[num,den]=series(num1,den1,num2,den2)
```

其中，(A1,B1,C1,D1)和(A2,B2,C2,D2)分别为系统 1 和系统 2 的状态空间形式的系数矩阵；(A,B,C,D)为串联连接后系统的整体状态空间形式的系数矩阵；

num1,den1 和 num2,den2 分别为系统 1 和系统 2 的传递函数的分子和分母多项式系数向量；num,den 则为串联连接后系统的整体传递函数阵的分子和分母多项式系数向量。

2. 并联连接

在 MATLAB 的控制系统工具箱中提供了系统的并联连接处理函数 parallel( )，该函数的调用格式为

```
[A,B,C,D] = parallel(A1,B1,C1,D1,A2,B2,C2,D2)
```

和

```
[num,den] = parallel(num1,den1,num2,den2)
```

其中，前一式用来处理由状态方程表示的系统，后一式仅用来处理由传递函数(阵)表示的单输入多输出系统。

3. 反馈连接

在 MATLAB 的控制系统工具箱中提供了系统反馈连接处理函数 feedback( )，其调用格式为

```
[A, B,C,D] = feedback(A1,B1,C1,D1,A2,B2,C2,D2 ,sign)
```

和

```
[num,den] = feedback(num1,den1,num2,den2,sign)
```

其中，前一式用来处理由状态方程表示的系统，后一式用来处理由传递函数表示的系统，sign 为反馈极性，对于正反馈 sign 取 1，对负反馈取－1 或默认。

特别地，对于单位反馈系统，MATLAB 提供了更简单的处理函数 cloop( )，其调用格式为

```
[A,B,C,D] = cloop(A1,B1,C1,D1,sign)
```

和

```
[num,den] = cloop(num1,den1,sign)
[A,B,C,D] = cloop(A1,B1,C1,D1,outputs,inputs)
```

其中，第三式表示将指定的输出 outputs 反馈到指定的输入 inputs，以此构成闭环系统，outputs 指定反馈的输出序号，inputs 指定输入反馈序号。

例 1-28 已知系统的方框图如图 1-32 所示，求系统的传递函数。

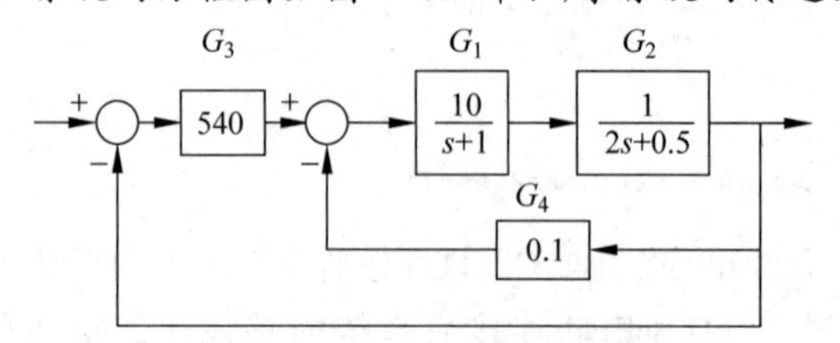

图 1-32 例 1-28 系统结构图

解 MATLAB语句如下所示

```
>>num1 = [10]; den1 = [1 1]; num2 = [1]; den2 = [2 0.5];
>>num3 = [540]; den3 = [1]; num4 = [0.1]; den4 = [1];
>>[na,da] = series(num1,den1,num2,den2);
>>[nb,db] = feedback(na,da,num4,den4, - 1);
>>[nc,dc] = series(num3,den3,nb,db);
>>[num,den] = cloop(nc,dc, - 1);
>>printsys(num,den)
```

结果显示

```
num/den =
          5400
    --------------------------
    2 s^2 + 2.5 s + 5401.5
```

小结

现代控制理论是以线性代数和微分方程为主要数学工具,以状态空间法为基础,对控制系统进行分析与设计。

1. 基本概念

(1) 状态空间表达式是由状态方程和输出方程组成;状态方程是一个一阶微分方程组,主要描述系统输入与系统状态的变化关系;输出方程是一个代数方程,主要描述系统的输出与状态和输入的关系。因此,状态空间表达式反映了控制系统的全部信息。

(2) 对于不同的控制系统,根据相应的物理和化学机理,可建立其系统的状态空间表达式。

(3) 对于同一系统,由于系统状态变量的选择不惟一,故建立的系统状态表达式也不是惟一的。但是同一系统的传递函数阵却是惟一的,即所谓传递函数阵的不变性。

(4) 由于状态变量选择的不惟一,对于同一系统,其状态空间表达式可能不同,但状态变量个数等于系统中独立储能元件的个数。

(5) 微分方程、传递函数和方块图与状态空间表达式之间可以相互转换。根据系统的传递函数可直接写出系统的能控标准型实现。当系统的数学模型以微分方程的形式描述且输入函数包含导数项时,可先将其等效地转换为系统的传递函数,然后利用传递函数的转换方法来建立系统的状态空间表达式,这种方法可大大简化其求解过程。

(6) 状态空间表达式经线性变换可转换系统矩阵 $\boldsymbol{A}$ 为对角线标准型或约当标准型。若系统矩阵 $\boldsymbol{A}$ 的特征值互异，必存在非奇异变换阵，将系统矩阵 $\boldsymbol{A}$ 转换为对角线标准型。当系统矩阵 $\boldsymbol{A}$ 的特征值有重根时，一般来说，经线性变换，可将 $\boldsymbol{A}$ 转换为约当标准型；但在有些情况下也能将 $\boldsymbol{A}$ 转换为对角线标准型。

(7) 线性变换不改变系统的基本特征量，如线性变换不改变系统的特征值、传递函数阵等。

(8) 离散系统的状态空间表达式类似于连续系统。

2. 基本要求

(1) 掌握根据系统的物理机理建立系统状态空间表达式的方法；
(2) 会用系统结构图与模拟结构图来描述系统的状态空间表达式；
(3) 掌握由系统的微分方程式建立系统状态空间表达式的两种方法；
(4) 掌握由系统方框图建立状态空间表达式的方法；
(5) 掌握由系统的传递函数建立系统状态空间表达式的三种方法；
(6) 掌握由系统的状态空间表达式求传递函数阵的方法；
(7) 掌握由组合系统的状态空间表达式求传递函数阵的方法；
(8) 利用线性变换可将状态方程转换为对角线标准型或约当标准型；
(9) 会利用 MATLAB 实现状态空间表达式与传递函数阵的相互转换；
(10) 会利用 MATLAB 实现系统的线性变换和模型的连接。

习题

1-1 求习题 1-1 图所示网络的状态空间表达式，选取 u_C 和 i_L 为状态变量。

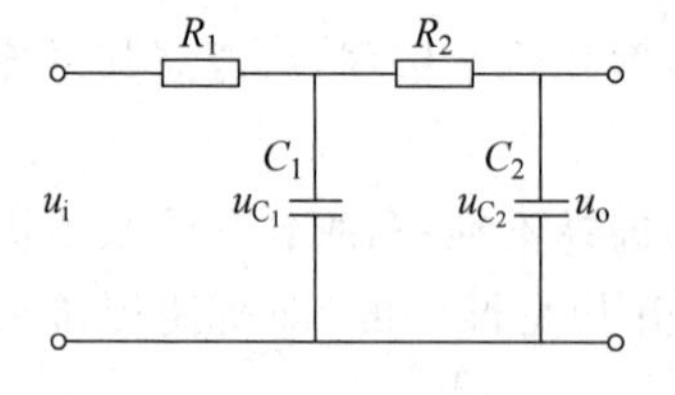

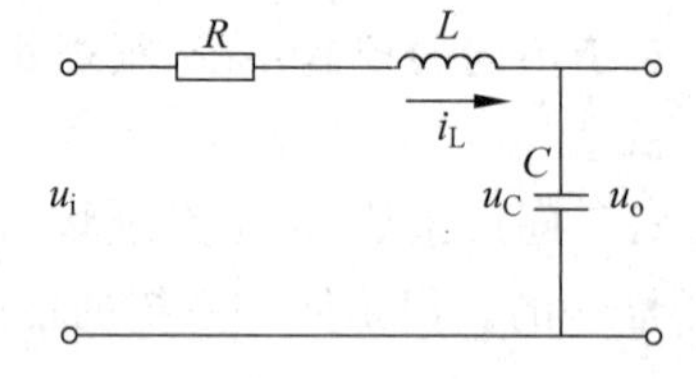

习题 1-1 图

1-2 已知系统微分方程，试将其变换为状态空间表达式。

(1) $\dddot{y}+2\ddot{y}+4\dot{y}+6y=2u$

(2) $\dddot{y}+7\ddot{y}+3y=\dot{u}+2u$

(3) $\dddot{y}+5\ddot{y}+4\dot{y}+7y=\ddot{u}+3\dot{u}+2u$

(4) $y^{(4)}+3\ddot{y}+2y=-3\dot{u}+2u$

1-3 试求习题 1-3 图所示系统的模拟结构图，并建立其状态空间表达式。

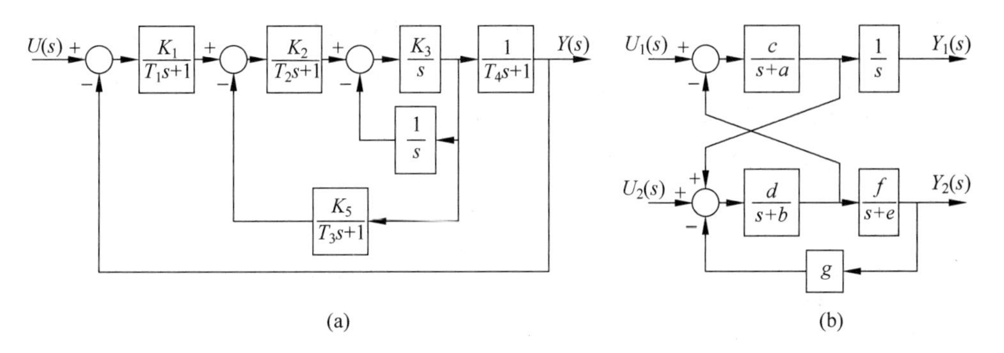

习题 1-3 图

1-4　已知系统的传递函数，试建立其状态空间表达式，并画出信号流图。

(1) $G(s)=\dfrac{s^2+s+1}{s^3+6s^2+11s+6}$　　(2) $G(s)=\dfrac{s^2+3s+1}{s^2+5s+6}$

(3) $G(s)=\dfrac{4}{s(s+1)^2(s+3)}$　　(4) $G(s)=\dfrac{s^2+2s+3}{s^3+3s^2+3s+1}$

1-5　考虑由下式确定的系统

$$\frac{Y(s)}{U(s)}=\frac{s+3}{s^2+3s+2}$$

试求其能控标准型和对角线标准型。

1-6　考虑下列单输入单输出系统

$$\dddot{y}+6\ddot{y}+11\dot{y}+6y=6u$$

试求该系统的对角线标准型。

1-7　试求下列状态方程所定义系统的传递函数阵。

$$\begin{cases}\begin{bmatrix}\dot{x}_1\\ \dot{x}_2\end{bmatrix}=\begin{bmatrix}0 & 1\\ -25 & -4\end{bmatrix}\begin{bmatrix}x_1\\ x_2\end{bmatrix}+\begin{bmatrix}1 & 1\\ 0 & 1\end{bmatrix}\begin{bmatrix}u_1\\ u_2\end{bmatrix}\\ \begin{bmatrix}y_1\\ y_2\end{bmatrix}=\begin{bmatrix}1 & 0\\ 0 & 1\end{bmatrix}\begin{bmatrix}x_1\\ x_2\end{bmatrix}\end{cases}$$

1-8　已知两子系统的传递函数阵分别为

$$G_1(s)=\begin{bmatrix}\dfrac{1}{s+1} & \dfrac{1}{s+2}\\ 0 & \dfrac{1}{s}\end{bmatrix},\quad G_2(s)=\begin{bmatrix}\dfrac{1}{s+3} & \dfrac{1}{s+1}\\ \dfrac{1}{s+1} & 0\end{bmatrix}$$

试求两子系统串联和并联时系统的传递函数阵。

1-9　考虑下列矩阵：

$$\boldsymbol{A}=\begin{bmatrix}0 & 1 & 0 & 0\\ 0 & 0 & 1 & 0\\ 0 & 0 & 0 & 1\\ 1 & 0 & 0 & 0\end{bmatrix}$$

试求矩阵 $\boldsymbol{A}$ 的特征值 $\lambda_1,\lambda_2,\lambda_3$ 和 λ_4，再求变换矩阵 $\boldsymbol{P}$，使得

$$\boldsymbol{P}^{-1}\boldsymbol{A}\boldsymbol{P}=\mathrm{diag}(\lambda_1,\lambda_2,\lambda_3,\lambda_4)$$

1-10　试将下列状态方程化为对角线标准型。

(1) $\begin{bmatrix}\dot{x}_1(t)\\ \dot{x}_2(t)\end{bmatrix}=\begin{bmatrix}0 & 1\\ -5 & -6\end{bmatrix}\begin{bmatrix}x_1(t)\\ x_2(t)\end{bmatrix}+\begin{bmatrix}0\\ 1\end{bmatrix}u(t)$

(2) $\dot{\boldsymbol{x}}(t)=\begin{bmatrix}0 & 1 & 0\\ 3 & 0 & 2\\ -12 & -7 & -6\end{bmatrix}\boldsymbol{x}(t)+\begin{bmatrix}2 & 3\\ 1 & 5\\ 7 & 1\end{bmatrix}\begin{bmatrix}u_1(t)\\ u_2(t)\end{bmatrix}$

(3) $\dot{\boldsymbol{x}}(t)=\begin{bmatrix}0 & 1 & 0\\ 0 & 0 & 1\\ -6 & -11 & -6\end{bmatrix}\boldsymbol{x}(t)+\begin{bmatrix}1\\ 1\\ 0\end{bmatrix}u(t)$

1-11　试将下列状态方程化为约当标准型。

(1) $\begin{bmatrix}\dot{x}_1(t)\\ \dot{x}_2(t)\end{bmatrix}=\begin{bmatrix}-2 & 1\\ 1 & -2\end{bmatrix}\begin{bmatrix}x_1(t)\\ x_2(t)\end{bmatrix}+\begin{bmatrix}0\\ 1\end{bmatrix}u(t)$

(2) $\dot{\boldsymbol{x}}(t)=\begin{bmatrix}4 & 1 & -2\\ 1 & 0 & 2\\ 1 & -1 & 3\end{bmatrix}\boldsymbol{x}(t)+\begin{bmatrix}3 & 1\\ 2 & 7\\ 5 & 3\end{bmatrix}\begin{bmatrix}u_1(t)\\ u_2(t)\end{bmatrix}$

(3) $\dot{\boldsymbol{x}}(t)=\begin{bmatrix}0 & 1 & 0\\ 0 & 0 & 1\\ 2 & -5 & 4\end{bmatrix}\boldsymbol{x}(t)+\begin{bmatrix}0\\ 0\\ 1\end{bmatrix}u(t)$

1-12　考虑由下式定义的系统：

$$\begin{cases}\dot{\boldsymbol{x}}=\boldsymbol{A}\boldsymbol{x}+\boldsymbol{b}u\\ y=\boldsymbol{c}\boldsymbol{x}\end{cases}$$

式中

$$\boldsymbol{A}=\begin{bmatrix}1 & 2\\ -4 & -3\end{bmatrix},\quad \boldsymbol{b}=\begin{bmatrix}1\\ 2\end{bmatrix},\quad \boldsymbol{c}=[1\quad 1]$$

试将该系统的状态空间表达式变换为标准型。

1-13　已知离散系统的差分方程为

$$y(k+3)+3y(k+2)+5y(k+1)+y(k)=u(k+1)+2u(k)$$

试求系统的状态空间表达式，并画出系统结构图。

1-14　已知离散系统状态空间表达式

$$\begin{cases}\begin{bmatrix}x_1(k+1)\\x_2(k+1)\end{bmatrix}=\begin{bmatrix}0 & 1\\1 & 3\end{bmatrix}\begin{bmatrix}x_1(k)\\x_2(k)\end{bmatrix}+\begin{bmatrix}0\\1\end{bmatrix}u(t)\\ y(k)=\begin{bmatrix}1 & 1\end{bmatrix}\begin{bmatrix}x_1(k)\\x_2(k)\end{bmatrix}\end{cases}$$

试求系统的脉冲传递函数。

1-15　已知离散系统的脉冲传递函数,试求系统的状态空间表达式。

(1) $G(z)=\dfrac{2z^2+z+2}{z^3+6z^2+11z+6}$

(2) $G(z)=\dfrac{1}{z^3+4z^2+5z+2}$

第2章 线性控制系统状态空间表达式的求解

建立了控制系统状态空间表达式后，接下来就要进行系统分析。本章重点讨论在给定系统的输入信号和初始状态下，状态空间表达式的求解，并在此基础上定义状态转移矩阵，讨论状态转移矩阵的性质和计算方法。状态空间表达式的求解，有助于读者直观了解和分析系统，获得描述系统所需的全部信息。

2.1 线性定常连续系统齐次状态方程的解

对于标量微分方程

$$\begin{cases}\dot{x}(t)=ax(t)\\ x(t)\mid_{t=0}=x(0)\end{cases}\tag{2-1}$$

其解为

$$x(t)=\mathrm{e}^{at}x(0),\quad t\geqslant 0$$

式中

$$\mathrm{e}^{at}=1+at+\frac{1}{2!}a^2t^2+\cdots+\frac{1}{k!}a^kt^k+\cdots$$

为标量指数函数。

对于线性定常系统齐次状态方程

$$\begin{cases}\dot{\boldsymbol{x}}(t)=\boldsymbol{A}\boldsymbol{x}(t)\\ \boldsymbol{x}(t)\mid_{t=0}=\boldsymbol{x}(0)\end{cases}\tag{2-2}$$

其解也可类似地写为

$$\boldsymbol{x}(t)=\mathrm{e}^{\boldsymbol{A}t}\boldsymbol{x}(0),\quad t\geqslant 0$$

式中，$\boldsymbol{x}(t)$——线性定常系统的 n 维状态向量；

$\boldsymbol{A}$——线性定常系统的 $n\times n$ 系统矩阵；

$$\mathrm{e}^{\boldsymbol{A}t}=\boldsymbol{I}+\boldsymbol{A}t+\frac{1}{2!}\boldsymbol{A}^2t^2+\cdots+\frac{1}{k!}\boldsymbol{A}^kt^k+\cdots$$

为矩阵指数函数。

证明 设方程式(2-2)的解为

$$\boldsymbol{x}(t) = \boldsymbol{b}_0 + \boldsymbol{b}_1 t + \boldsymbol{b}_2 t^2 + \cdots + \boldsymbol{b}_k t^k + \cdots \tag{2-3}$$

其中,系数 $\boldsymbol{b}_i(i=0,1,2,\cdots)$是 n 维列向量。

将式(2-3)代入式(2-2)中可得

$$\begin{aligned}\dot{\boldsymbol{x}}(t) &= \boldsymbol{b}_1 + 2\boldsymbol{b}_2 t + \cdots + k\boldsymbol{b}_k t^{(k-1)} + \cdots = \boldsymbol{A}\boldsymbol{x}(t)\\ &= \boldsymbol{A}(\boldsymbol{b}_0 + \boldsymbol{b}_1 t + \boldsymbol{b}_2 t^2 + \cdots + \boldsymbol{b}_k t^k + \cdots)\end{aligned}$$

比较上式两边 t 的同次幂可得

$$\boldsymbol{b}_1 = \boldsymbol{A}\boldsymbol{b}_0, \boldsymbol{b}_2 = \frac{1}{2}\boldsymbol{A}\boldsymbol{b}_1 = \frac{1}{2!}\boldsymbol{A}^2\boldsymbol{b}_0, \boldsymbol{b}_3 = \frac{1}{3}\boldsymbol{A}\boldsymbol{b}_2 = \frac{1}{3!}\boldsymbol{A}^3\boldsymbol{b}_0, \cdots, \boldsymbol{b}_k = \frac{1}{k!}\boldsymbol{A}^k\boldsymbol{b}_0, \cdots$$

将以上各系数代入式(2-3)中有

$$\begin{aligned}\boldsymbol{x}(t) &= \boldsymbol{b}_0 + \boldsymbol{b}_1 t + \boldsymbol{b}_2 t^2 + \cdots + \boldsymbol{b}_k t^k + \cdots\\ &= \left(\boldsymbol{I} + \boldsymbol{A}t + \frac{1}{2!}\boldsymbol{A}^2 t^2 + \cdots + \frac{1}{k!}\boldsymbol{A}^k t^k + \cdots\right)\boldsymbol{b}_0\end{aligned} \tag{2-4}$$

将式(2-4)括号内的无穷项级数和称为矩阵指数函数,记为

$$\mathrm{e}^{\boldsymbol{A}t} = \boldsymbol{I} + \boldsymbol{A}t + \frac{1}{2!}\boldsymbol{A}^2 t^2 + \cdots + \frac{1}{k!}\boldsymbol{A}^k t^k + \cdots \tag{2-5}$$

则式(2-4)变为

$$\boldsymbol{x}(t) = \mathrm{e}^{\boldsymbol{A}t}\boldsymbol{b}_0 \tag{2-6}$$

对式(2-3),令 $t=0$ 可得

$$\boldsymbol{x}(0) = \boldsymbol{b}_0$$

则系统的解可写为

$$\boldsymbol{x}(t) = \mathrm{e}^{\boldsymbol{A}t}\boldsymbol{x}(0), \quad t \geqslant 0 \tag{2-7}$$

若初始时刻 $t_0 \neq 0$,对应的初始状态为 $\boldsymbol{x}(t_0)$,则齐次状态方程的解为

$$\boldsymbol{x}(t) = \mathrm{e}^{\boldsymbol{A}(t-t_0)}\boldsymbol{x}(t_0), \quad t \geqslant t_0 \tag{2-8}$$

2.2　线性定常连续系统的状态转移矩阵

2.2.1　状态转移矩阵及其性质

1. 状态转移矩阵的定义

由式(2-8)可看出,线性定常系统在状态空间中任意时刻 t 的状态 $\boldsymbol{x}(t)$是通过矩阵指数函数 $\mathrm{e}^{\boldsymbol{A}(t-t_0)}$ 由初始状态 $\boldsymbol{x}(t_0)$在$(t-t_0)$时间内的转移,如图 2-1 所示。因此,将矩阵指数函数 $\mathrm{e}^{\boldsymbol{A}(t-t_0)}$ 称为系统的状态转移矩阵,记为$\boldsymbol{\Phi}(t-t_0)$,即

$$\boldsymbol{\Phi}(t-t_0) = \mathrm{e}^{\boldsymbol{A}(t-t_0)} \tag{2-9}$$

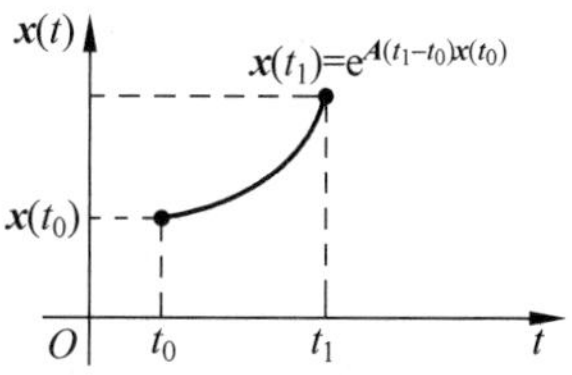

图 2-1　状态转移轨线

当 $t_0=0$

$$\boldsymbol{\Phi}(t) = \mathrm{e}^{\boldsymbol{A}t} \tag{2-10}$$

齐次状态方程的解，可表示为

$$\boldsymbol{x}(t) = \boldsymbol{\Phi}(t-t_0)\boldsymbol{x}(t_0), \quad t \geqslant t_0 \tag{2-11}$$

当 $t_0=0$ 时则为

$$\boldsymbol{x}(t) = \boldsymbol{\Phi}(t)\boldsymbol{x}(0), \quad t \geqslant 0 \tag{2-12}$$

式(2-10)或式(2-11)表明齐次状态方程的解，在初始状态确定的情况下，由状态转移矩阵惟一确定，即状态转移矩阵包含了系统自由运动的全部信息，完全表征了系统的动态特性。

定义 2-1 线性定常系统状态转移矩阵 $\boldsymbol{\Phi}(t-t_0)$ 是满足矩阵微分方程和初始条件

$$\begin{cases} \dot{\boldsymbol{\Phi}}(t-t_0) = \boldsymbol{A}\boldsymbol{\Phi}(t-t_0), \quad t \geqslant t_0 \\ \boldsymbol{\Phi}(t_0-t_0) = \boldsymbol{I} \end{cases} \tag{2-13}$$

的解。

2. 性质

下面给出线性系统状态转移矩阵的几个重要性质

(1) $\boldsymbol{\Phi}(0)=\boldsymbol{I}$ (2-14)

证明 根据定义

$$\boldsymbol{\Phi}(t) = \mathrm{e}^{\boldsymbol{A}t} = \boldsymbol{I} + \boldsymbol{A}t + \frac{1}{2!}\boldsymbol{A}^2t^2 + \cdots + \frac{1}{k!}\boldsymbol{A}^kt^k + \cdots$$

可得

$$\boldsymbol{\Phi}(0) = \boldsymbol{\Phi}(t)\big|_{t=0} = \mathrm{e}^{\boldsymbol{A}t}\big|_{t=0} = \boldsymbol{I}$$

(2) $\dot{\boldsymbol{\Phi}}(t)=\boldsymbol{A}\boldsymbol{\Phi}(t)=\boldsymbol{\Phi}(t)\boldsymbol{A}$ (2-15)

证明 根据定义有

$$\boldsymbol{\Phi}(t) = \mathrm{e}^{\boldsymbol{A}t} = \boldsymbol{I} + \boldsymbol{A}t + \frac{1}{2!}\boldsymbol{A}^2t^2 + \cdots + \frac{1}{k!}\boldsymbol{A}^kt^k + \cdots$$

因为无穷级数对任意有限时间 t 均收敛，故对上式逐项对 t 求导可得

$$\begin{aligned} \dot{\boldsymbol{\Phi}}(t) &= \boldsymbol{A} + \boldsymbol{A}^2t + \frac{1}{2!}\boldsymbol{A}^3t^2 + \cdots + \frac{1}{(k-1)!}\boldsymbol{A}^kt^{k-1} + \cdots \\ &= \boldsymbol{A}\left(\boldsymbol{I} + \boldsymbol{A}t + \frac{1}{2!}\boldsymbol{A}^2t^2 + \cdots + \frac{1}{(k-1)!}\boldsymbol{A}^{k-1}t^{k-1} + \cdots\right) = \boldsymbol{A}\boldsymbol{\Phi}(t) \end{aligned}$$

或

$$\dot{\boldsymbol{\Phi}}(t) = \left(\boldsymbol{I} + \boldsymbol{A}t + \frac{1}{2!}\boldsymbol{A}^2t^2 + \cdots + \frac{1}{(k-1)!}\boldsymbol{A}^{k-1}t^{k-1} + \cdots\right)\boldsymbol{A} = \boldsymbol{\Phi}(t)\boldsymbol{A}$$

该性质同时表明，状态转移矩阵与系统矩阵 $\boldsymbol{A}$ 满足交换律。

(3) $\boldsymbol{\Phi}(t_1+t_2)=\boldsymbol{\Phi}(t_1)\boldsymbol{\Phi}(t_2)$ (2-16)

证明 根据定义有

$$\boldsymbol{\Phi}(t_1+t_2)=\mathrm{e}^{\boldsymbol{A}(t_1+t_2)}=\boldsymbol{I}+\boldsymbol{A}(t_1+t_2)+\frac{1}{2!}\boldsymbol{A}^2(t_1+t_2)^2+\cdots+\frac{1}{k!}\boldsymbol{A}^k(t_1+t_2)^k+\cdots$$
$$=\left(\boldsymbol{I}+\boldsymbol{A}t_1+\frac{1}{2!}\boldsymbol{A}^2t_1^2+\cdots\right)\left(\boldsymbol{I}+\boldsymbol{A}t_2+\frac{1}{2!}\boldsymbol{A}^2t_2^2+\cdots\right)=\boldsymbol{\Phi}(t_1)\boldsymbol{\Phi}(t_2)$$

(4) $\boldsymbol{\Phi}^{-1}(t)=\boldsymbol{\Phi}(-t)$　　(2-17)

证明　根据性质(1)和(3)有

$$\boldsymbol{\Phi}(t-t)=\boldsymbol{\Phi}(t)\boldsymbol{\Phi}(-t)=\boldsymbol{I},\boldsymbol{\Phi}(-t+t)=\boldsymbol{\Phi}(-t)\boldsymbol{\Phi}(t)=\boldsymbol{I}$$

该性质表明,状态转移矩阵的逆为时间的逆转,系统的状态转移具有双向性。

(5) $\boldsymbol{\Phi}(t_2-t_1)\boldsymbol{\Phi}(t_1-t_0)=\boldsymbol{\Phi}(t_2-t_0)$　　(2-18)

证明　根据定义有

$$\boldsymbol{\Phi}(t_2-t_1)\boldsymbol{\Phi}(t_1-t_0)=\mathrm{e}^{\boldsymbol{A}(t_2-t_1)}\mathrm{e}^{\boldsymbol{A}(t_1-t_0)}=\mathrm{e}^{\boldsymbol{A}(t_2-t_0)}=\boldsymbol{\Phi}(t_2-t_0)$$

该性质表明,系统的状态转移过程可把多步状态转移等效为一步状态转移,或可将系统的一步状态转移分解成多步状态转移。

(6) $[\boldsymbol{\Phi}(t)]^k=\boldsymbol{\Phi}(kt)$　　(2-19)

证明　根据定义有

$$[\boldsymbol{\Phi}(t)]^k=[\mathrm{e}^{\boldsymbol{A}t}]^k=\mathrm{e}^{\boldsymbol{A}t}\mathrm{e}^{\boldsymbol{A}t}\cdots\mathrm{e}^{\boldsymbol{A}t}=\mathrm{e}^{k\boldsymbol{A}t}=\boldsymbol{\Phi}(kt)$$

(7) 当 $\boldsymbol{A}$ 给定后,$\boldsymbol{\Phi}(t-t_0)$惟一。

该性质表明定常系统的状态转移矩阵$\boldsymbol{\Phi}(t-t_0)$不依赖于初始时刻。

3. 几个特殊的状态转移矩阵

(1) 若 $\boldsymbol{A}$ 为对角线矩阵,即

$$A=\begin{bmatrix}\lambda_1 & & & \boldsymbol{0}\\ & \lambda_2 & & \\ & & \ddots & \\ \boldsymbol{0} & & & \lambda_n\end{bmatrix}$$

则

$$\mathrm{e}^{\boldsymbol{A}t}=\boldsymbol{\Phi}(t)=\begin{bmatrix}\mathrm{e}^{\lambda_1 t} & & & \boldsymbol{0}\\ & \mathrm{e}^{\lambda_2 t} & & \\ & & \ddots & \\ \boldsymbol{0} & & & \mathrm{e}^{\lambda_n t}\end{bmatrix}\qquad(2\text{-}20)$$

证明　根据定义,将对角线矩阵 $\boldsymbol{A}$ 代入下式

$$\mathrm{e}^{\boldsymbol{A}t}=\boldsymbol{I}+\boldsymbol{A}t+\frac{1}{2!}\boldsymbol{A}^2t^2+\cdots+\frac{1}{k!}\boldsymbol{A}^kt^k+\cdots$$

可得

$$
e^{\boldsymbol{A}t}=\begin{bmatrix}1 & & & \boldsymbol{0}\\ & 1 & & \\ & & \ddots & \\ \boldsymbol{0} & & & 1\end{bmatrix}+\begin{bmatrix}\lambda_1 t & & & \boldsymbol{0}\\ & \lambda_2 t & & \\ & & \ddots & \\ \boldsymbol{0} & & & \lambda_n t\end{bmatrix}+\frac{1}{2!}\begin{bmatrix}\lambda_1^2 t^2 & & & \boldsymbol{0}\\ & \lambda_2^2 t^2 & & \\ & & \ddots & \\ \boldsymbol{0} & & & \lambda_n^2 t^2\end{bmatrix}+\cdots
$$

$$
=\begin{bmatrix}1+\lambda_1 t+\frac{1}{2!}\lambda_1^2 t^2+\cdots & & & \boldsymbol{0}\\ & 1+\lambda_2 t+\frac{1}{2!}\lambda_2^2 t^2+\cdots & & \\ & & \ddots & \\ \boldsymbol{0} & & & 1+\lambda_n t+\frac{1}{2!}\lambda_n^2 t^2+\cdots\end{bmatrix}
$$

$$
=\begin{bmatrix}e^{\lambda_1 t} & & & \boldsymbol{0}\\ & e^{\lambda_2 t} & & \\ & & \ddots & \\ \boldsymbol{0} & & & e^{\lambda_n t}\end{bmatrix}
$$

(2) 若矩阵 $\boldsymbol{A}$ 为一个 $m\times m$ 约当(Jordan)块，即

$$
A=\begin{bmatrix}\lambda_1 & 1 & & & \\ & \lambda_1 & \ddots & \boldsymbol{0} & \\ & & \ddots & \ddots & \\ & \boldsymbol{0} & & \lambda_1 & 1\\ & & & & \lambda_1\end{bmatrix}_{m\times m}
$$

则

$$
e^{\boldsymbol{A}t}=e^{\lambda_1 t}\begin{bmatrix}1 & t & \frac{1}{2!}t^2 & \cdots & \frac{1}{(m-1)!}t^{m-1}\\ & 1 & t & \ddots & \vdots\\ & & 1 & \ddots & \frac{1}{2!}t^2\\ & \boldsymbol{0} & & \ddots & t\\ & & & & 1\end{bmatrix}_{m\times m} \tag{2-21}
$$

证明 因

$$
\boldsymbol{A}=\begin{bmatrix}\lambda_1 & 1 & & & \\ & \lambda_1 & \ddots & \boldsymbol{0} & \\ & & \ddots & \ddots & \\ & \boldsymbol{0} & & \lambda_1 & 1 \\ & & & & \lambda_1\end{bmatrix}_{m\times m},\quad \boldsymbol{A}^2=\begin{bmatrix}\lambda_1^2 & 2\lambda_1 & 1 & & \boldsymbol{0} \\ & \lambda_1^2 & 2\lambda_1 & \ddots & \\ & & \lambda_1^2 & \ddots & 1 \\ & \boldsymbol{0} & & \ddots & 2\lambda_1 \\ & & & & \lambda_1^2\end{bmatrix}_{m\times m}
$$

$$
\boldsymbol{A}^3=\begin{bmatrix}\lambda_1^3 & 3\lambda_1^2 & 3\lambda_1 & 1 & & \boldsymbol{0} \\ & \lambda_1^3 & 3\lambda_1^2 & 3\lambda_1 & \ddots & \\ & & \lambda_1^3 & 3\lambda_1^2 & \ddots & 1 \\ & & & \lambda_1^3 & \ddots & 3\lambda_1 \\ & \boldsymbol{0} & & & \ddots & 3\lambda_1^2 \\ & & & & & \lambda_1^3\end{bmatrix}_{m\times m},\cdots
$$

将上述矩阵 $\boldsymbol{A}$ 的各次幂代入下式,可得

$$
\mathrm{e}^{\boldsymbol{A}t}=\boldsymbol{I}+\boldsymbol{A}t+\frac{1}{2!}\boldsymbol{A}^2t^2+\cdots+\frac{1}{k!}\boldsymbol{A}^kt^k+\cdots
$$

$$
=\begin{bmatrix}\sum\limits_{i=0}^{\infty}\frac{1}{i!}\lambda_1^it^i & t\sum\limits_{i=0}^{\infty}\frac{1}{i!}\lambda_1^it^i & \frac{1}{2!}t^2\sum\limits_{i=0}^{\infty}\frac{1}{i!}\lambda_1^it^i & \cdots & \frac{1}{(m-1)!}t^{m-1}\sum\limits_{i=0}^{\infty}\frac{1}{i!}\lambda_1^it^i \\ & \sum\limits_{i=0}^{\infty}\frac{1}{i!}\lambda_1^it^i & t\sum\limits_{i=0}^{\infty}\frac{1}{i!}\lambda_1^it^i & \cdots & \frac{1}{(m-2)!}t^{m-2}\sum\limits_{i=0}^{\infty}\frac{1}{i!}\lambda_1^it^i \\ & & \sum\limits_{i=0}^{\infty}\frac{1}{i!}\lambda_1^it^i & \ddots & \vdots \\ & \boldsymbol{0} & & \ddots & t\sum\limits_{i=0}^{\infty}\frac{1}{i!}\lambda_1^it^i \\ & & & & \sum\limits_{i=0}^{\infty}\frac{1}{i!}\lambda_1^it^i\end{bmatrix}_{m\times m}
$$

$$
=\begin{bmatrix}\mathrm{e}^{\lambda_1t} & t\mathrm{e}^{\lambda_1t} & \frac{1}{2!}t^2\mathrm{e}^{\lambda_1t} & \cdots & \frac{1}{(m-1)!}t^{m-1}\mathrm{e}^{\lambda_1t} \\ & \mathrm{e}^{\lambda_1t} & t\mathrm{e}^{\lambda_1t} & \cdots & \frac{1}{(m-2)!}t^{m-2}\mathrm{e}^{\lambda_1t} \\ & & \mathrm{e}^{\lambda_1t} & \ddots & \vdots \\ & \boldsymbol{0} & & \ddots & t\mathrm{e}^{\lambda_1t} \\ & & & & \mathrm{e}^{\lambda_1t}\end{bmatrix}_{m\times m}
$$

(3) 若矩阵 $\boldsymbol{A}$ 为一约当矩阵,即

$$A = J = \begin{bmatrix} A_1 & & & 0 \\ & A_2 & & \\ & & \ddots & \\ 0 & & & A_j \end{bmatrix}$$

其中，$A_1, A_2, \cdots, A_j$ 为约当块，则

$$e^{At} = \begin{bmatrix} e^{A_1 t} & & & 0 \\ & e^{A_2 t} & & \\ & & \ddots & \\ 0 & & & e^{A_j t} \end{bmatrix} \tag{2-22}$$

其中，$e^{A_1 t}, e^{A_2 t}, \cdots, e^{A_j t}$ 为式(2-21)所示。

证明 根据定义，将矩阵 A 代入下式

$$e^{At} = I + At + \frac{1}{2!}A^2 t^2 + \cdots + \frac{1}{k!}A^k t^k + \cdots$$

可得

$$e^{At} = \begin{bmatrix} I & & & 0 \\ & I & & \\ & & \ddots & \\ 0 & & & I \end{bmatrix} + \begin{bmatrix} A_1 t & & & 0 \\ & A_2 t & & \\ & & \ddots & \\ 0 & & & A_j t \end{bmatrix} + \frac{1}{2!}\begin{bmatrix} A_1^2 t^2 & & & 0 \\ & A_2^2 t^2 & & \\ & & \ddots & \\ 0 & & & A_j^2 t^2 \end{bmatrix} + \cdots$$

$$= \begin{bmatrix} I + A_1 t + \frac{1}{2!}A_1^2 t^2 + \cdots & & & 0 \\ & I + A_2 t + \frac{1}{2!}A_2^2 t^2 + \cdots & & \\ & & \ddots & \\ 0 & & & I + A_j t + \frac{1}{2!}A_j^2 t^2 + \cdots \end{bmatrix}$$

$$= \begin{bmatrix} e^{A_1 t} & & & 0 \\ & e^{A_2 t} & & \\ & & \ddots & \\ 0 & & & e^{A_j t} \end{bmatrix}$$

(4) 若矩阵 $\boldsymbol{A}$ 通过非奇异变换矩阵 $\boldsymbol{P}$ 化为对角线矩阵,即

$$\boldsymbol{P}^{-1}\boldsymbol{A}\boldsymbol{P} = \boldsymbol{\Lambda}$$

则

$$\mathrm{e}^{\boldsymbol{A}t} = \boldsymbol{P}\mathrm{e}^{\boldsymbol{\Lambda}t}\boldsymbol{P}^{-1} \tag{2-23}$$

证明　根据定义

$$\begin{aligned}\mathrm{e}^{\boldsymbol{\Lambda}t} &= \mathrm{e}^{(\boldsymbol{P}^{-1}\boldsymbol{A}\boldsymbol{P})t}\\ &= \boldsymbol{I} + (\boldsymbol{P}^{-1}\boldsymbol{A}\boldsymbol{P})t + \frac{1}{2!}(\boldsymbol{P}^{-1}\boldsymbol{A}\boldsymbol{P})^2t^2 + \cdots + \frac{1}{k!}(\boldsymbol{P}^{-1}\boldsymbol{A}\boldsymbol{P})^kt^k + \cdots = \boldsymbol{P}^{-1}\mathrm{e}^{\boldsymbol{A}t}\boldsymbol{P}\end{aligned}$$

则

$$\mathrm{e}^{\boldsymbol{A}t} = \boldsymbol{P}\mathrm{e}^{\boldsymbol{\Lambda}t}\boldsymbol{P}^{-1}$$

上式可推广到若 $\boldsymbol{A}$ 经非奇异变换矩阵 $\boldsymbol{P}$ 化为约当标准型矩阵 $\boldsymbol{J}$,即

$$\boldsymbol{P}^{-1}\boldsymbol{A}\boldsymbol{P} = \boldsymbol{J}$$

则

$$\mathrm{e}^{\boldsymbol{A}t} = \boldsymbol{P}\mathrm{e}^{\boldsymbol{J}t}\boldsymbol{P}^{-1} \tag{2-24}$$

(5) 若矩阵 $\boldsymbol{A}$ 为

$$\boldsymbol{A} = \begin{bmatrix} \sigma & \omega \\ -\omega & \sigma \end{bmatrix}$$

则

$$\mathrm{e}^{\boldsymbol{A}t} = \mathrm{e}^{\sigma t}\begin{bmatrix} \cos\omega t & \sin\omega t \\ -\sin\omega t & \cos\omega t \end{bmatrix} \tag{2-25}$$

证明　根据特征方程

$$|\lambda\boldsymbol{I} - \boldsymbol{A}| = (\lambda - \sigma)^2 + \omega^2 = 0$$

可得矩阵 $\boldsymbol{A}$ 的特征值为

$$\lambda_1 = \sigma + \mathrm{j}\omega, \quad \lambda_2 = \sigma - \mathrm{j}\omega$$

根据线性变换,存在非奇异变换矩阵 $\boldsymbol{P}$ 可将 $\boldsymbol{A}$ 化为对角线矩阵 $\boldsymbol{\Lambda}$,即

$$\boldsymbol{P}^{-1}\boldsymbol{A}\boldsymbol{P} = \begin{bmatrix} \sigma + \mathrm{j}\omega & 0 \\ 0 & \sigma - \mathrm{j}\omega \end{bmatrix}$$

求得变换阵为

$$\boldsymbol{P} = \begin{bmatrix} 1 & 1 \\ \mathrm{j} & -\mathrm{j} \end{bmatrix}, \quad \boldsymbol{P}^{-1} = \frac{1}{2}\begin{bmatrix} 1 & -\mathrm{j} \\ 1 & \mathrm{j} \end{bmatrix}$$

由式(2-23)得

$$\begin{aligned}\mathrm{e}^{\boldsymbol{A}t} &= \boldsymbol{P}\mathrm{e}^{\boldsymbol{\Lambda}t}\boldsymbol{P}^{-1} = \frac{1}{2}\begin{bmatrix} 1 & 1 \\ \mathrm{j} & -\mathrm{j} \end{bmatrix}\begin{bmatrix} \mathrm{e}^{\sigma t}\mathrm{e}^{\mathrm{j}\omega t} & 0 \\ 0 & \mathrm{e}^{\sigma t}\mathrm{c}^{-\mathrm{j}\omega t} \end{bmatrix}\begin{bmatrix} 1 & -\mathrm{j} \\ 1 & \mathrm{j} \end{bmatrix}\\ &= \begin{bmatrix} \frac{1}{2}\mathrm{e}^{\sigma t}(\mathrm{e}^{\mathrm{j}\omega t} + \mathrm{e}^{-\mathrm{j}\omega t}) & \frac{1}{2\mathrm{j}}\mathrm{e}^{\sigma t}(\mathrm{e}^{\mathrm{j}\omega t} - \mathrm{e}^{-\mathrm{j}\omega t}) \\ -\frac{1}{2\mathrm{j}}\mathrm{e}^{\sigma t}(\mathrm{e}^{\mathrm{j}\omega t} - \mathrm{e}^{-\mathrm{j}\omega t}) & \frac{1}{2}\mathrm{e}^{\sigma t}(\mathrm{e}^{\mathrm{j}\omega t} + \mathrm{e}^{-\mathrm{j}\omega t}) \end{bmatrix}\\ &= \mathrm{e}^{\sigma t}\begin{bmatrix} \cos\omega t & \sin\omega t \\ -\sin\omega t & \cos\omega t \end{bmatrix}\end{aligned}$$

2.2.2 矩阵指数函数的计算

1. 直接法

根据矩阵指数函数的定义直接计算

$$e^{\boldsymbol{A}t}=\boldsymbol{I}+\boldsymbol{A}t+\frac{1}{2!}\boldsymbol{A}^2t^2+\cdots+\frac{1}{k!}\boldsymbol{A}^kt^k+\cdots$$

例 2-1　已知 $\boldsymbol{A}=\begin{bmatrix}0 & 1\\-2 & -3\end{bmatrix}$，求 $e^{\boldsymbol{A}t}$。

解　根据定义有

$$\begin{aligned}e^{\boldsymbol{A}t}&=\boldsymbol{I}+\boldsymbol{A}t+\frac{1}{2!}\boldsymbol{A}^2t^2+\cdots+\frac{1}{k!}\boldsymbol{A}^kt^k+\cdots\\&=\begin{bmatrix}1 & 0\\0 & 1\end{bmatrix}+\begin{bmatrix}0 & 1\\-2 & -3\end{bmatrix}t+\frac{1}{2!}\begin{bmatrix}0 & 1\\-2 & -3\end{bmatrix}^2t^2+\cdots\\&=\begin{bmatrix}1-t^2+t^3+\cdots & t-\frac{3}{2}t^2-\frac{7}{6}t^3+\cdots\\-2t+3t^2-\frac{7}{3}t^3+\cdots & 1-3t+\frac{7}{2}t^2-\frac{5}{2}t^3+\cdots\end{bmatrix}\end{aligned}$$

该方法具有步骤简单、易于编程的优点，适用于计算机求解。其缺点是计算结果是一个无穷级数，难以获得解析式，不适合手工计算。

2. 拉普拉斯变换法

对线性定常齐次状态方程式 $\dot{\boldsymbol{x}}(t)=\boldsymbol{A}\boldsymbol{x}(t)$ 两边取拉普拉斯变换，得

$$s\boldsymbol{X}(s)-\boldsymbol{x}(0)=\boldsymbol{A}\boldsymbol{X}(s)$$

$$(s\boldsymbol{I}-\boldsymbol{A})\boldsymbol{X}(s)=\boldsymbol{x}(0)$$

等式两边左乘 $(s\boldsymbol{I}-\boldsymbol{A})^{-1}$，有

$$\boldsymbol{X}(s)=(s\boldsymbol{I}-\boldsymbol{A})^{-1}\boldsymbol{x}(0)$$

取拉普拉斯反变换，可得齐次状态方程的解为

$$\boldsymbol{x}(t)=\mathcal{L}^{-1}[(s\boldsymbol{I}-\boldsymbol{A})^{-1}]\boldsymbol{x}(0)\tag{2-26}$$

比较式(2-26)与式(2-7)，且根据定常微分方程组解的惟一性，有

$$e^{\boldsymbol{A}t}=\boldsymbol{\Phi}(t)=\mathcal{L}^{-1}[(s\boldsymbol{I}-\boldsymbol{A})^{-1}]\tag{2-27}$$

求 $e^{\boldsymbol{A}t}$ 的关键是必须首先求出 $(s\boldsymbol{I}-\boldsymbol{A})$ 的逆。一般来说，当系统矩阵 $\boldsymbol{A}$ 的维数较高时，可采用递推算法。

例 2-2　试求如下线性定常系统

$$\begin{bmatrix}\dot{x}_1\\\dot{x}_2\end{bmatrix}=\begin{bmatrix}0 & 1\\-2 & -3\end{bmatrix}\begin{bmatrix}x_1\\x_2\end{bmatrix}$$

的状态转移矩阵$\boldsymbol{\Phi}(t)$和状态转移矩阵的逆$\boldsymbol{\Phi}^{-1}(t)$。

解　状态转移矩阵由下式确定

$$\boldsymbol{\Phi}(t)=\mathrm{e}^{\boldsymbol{A}t}=\mathcal{L}^{-1}[(s\boldsymbol{I}-\boldsymbol{A})^{-1}]$$

由于

$$s\boldsymbol{I}-\boldsymbol{A}=\begin{bmatrix}s & 0\\0 & s\end{bmatrix}-\begin{bmatrix}0 & 1\\-2 & -3\end{bmatrix}=\begin{bmatrix}s & -1\\2 & s+3\end{bmatrix}$$

其逆矩阵为

$$(s\boldsymbol{I}-\boldsymbol{A})^{-1}=\frac{1}{(s+1)(s+2)}\begin{bmatrix}s+3 & 1\\-2 & s\end{bmatrix}=\begin{bmatrix}\dfrac{s+3}{(s+1)(s+2)} & \dfrac{1}{(s+1)(s+2)}\\ \dfrac{-2}{(s+1)(s+2)} & \dfrac{s}{(s+1)(s+2)}\end{bmatrix}$$

因此

$$\begin{aligned}\boldsymbol{\Phi}(t)=\mathrm{e}^{\boldsymbol{A}t}&=\mathcal{L}^{-1}[(s\boldsymbol{I}-\boldsymbol{A})^{-1}]\\&=\begin{bmatrix}2\mathrm{e}^{-t}-\mathrm{e}^{-2t} & \mathrm{e}^{-t}-\mathrm{e}^{-2t}\\-2\mathrm{e}^{-t}+2\mathrm{e}^{-2t} & -\mathrm{e}^{-t}+2\mathrm{e}^{-2t}\end{bmatrix}\end{aligned}$$

由于$\boldsymbol{\Phi}^{-1}(t)=\boldsymbol{\Phi}(-t)$，故可求得状态转移矩阵的逆为

$$\boldsymbol{\Phi}^{-1}(t)=\mathrm{e}^{-\boldsymbol{A}t}=\begin{bmatrix}2\mathrm{e}^{t}-\mathrm{e}^{2t} & \mathrm{e}^{t}-\mathrm{e}^{2t}\\-2\mathrm{e}^{t}+2\mathrm{e}^{2t} & -\mathrm{e}^{t}+2\mathrm{e}^{2t}\end{bmatrix}$$

3. 化矩阵A为标准型法

根据前面介绍，当矩阵$\boldsymbol{A}$通过非奇异变换矩阵$\boldsymbol{P}$化为标准型时，即

$$\boldsymbol{P}^{-1}\boldsymbol{A}\boldsymbol{P}=\boldsymbol{\Lambda}$$

或

$$\boldsymbol{P}^{-1}\boldsymbol{A}\boldsymbol{P}=\boldsymbol{J}$$

则可通过

$$\mathrm{e}^{\boldsymbol{A}t}=\boldsymbol{P}\mathrm{e}^{\boldsymbol{\Lambda}t}\boldsymbol{P}^{-1}$$

或

$$\mathrm{e}^{\boldsymbol{A}t}=\boldsymbol{P}\mathrm{e}^{\boldsymbol{J}t}\boldsymbol{P}^{-1}$$

来计算矩阵指数函数。

(1) 矩阵$\boldsymbol{A}$的特征值互异

当矩阵$\boldsymbol{A}$的特征值$\lambda_1,\lambda_2,\lambda_3,\cdots,\lambda_n$互异时，可将矩阵$\boldsymbol{A}$变换为对角线标准型，那么矩阵指数函数为

$$\mathrm{e}^{\boldsymbol{A}t}=\boldsymbol{P}\mathrm{e}^{\boldsymbol{\Lambda}t}\boldsymbol{P}^{-1}=\boldsymbol{P}\begin{bmatrix}\mathrm{e}^{\lambda_1 t} & & & \boldsymbol{0}\\ & \mathrm{e}^{\lambda_2 t} & & \\ & & \ddots & \\ \boldsymbol{0} & & & \mathrm{e}^{\lambda_n t}\end{bmatrix}\boldsymbol{P}^{-1}$$

式中，$\boldsymbol{P}$是将$\boldsymbol{A}$对角线化的非奇异线性变换矩阵。

例 2-3 考虑如下矩阵 $\boldsymbol{A}$

$$\boldsymbol{A}=\begin{bmatrix}0 & 1\\0 & -2\end{bmatrix}$$

试用前面介绍的两种方法计算 $e^{\boldsymbol{A}t}$。

解 方法一

由于 $\boldsymbol{A}$ 的特征值为 0 和 $-2(\lambda_1=0,\lambda_2=-2)$，故可求得所需的变换矩阵 $\boldsymbol{P}$ 为

$$\boldsymbol{P}=\begin{bmatrix}1 & 1\\0 & -2\end{bmatrix},\quad \boldsymbol{P}^{-1}=\begin{bmatrix}1 & \dfrac{1}{2}\\0 & -\dfrac{1}{2}\end{bmatrix}$$

因此，由式(2-23)可得

$$e^{\boldsymbol{A}t}=\begin{bmatrix}1 & 1\\0 & -2\end{bmatrix}\begin{bmatrix}e^0 & 0\\0 & e^{-2t}\end{bmatrix}\begin{bmatrix}1 & \dfrac{1}{2}\\0 & -\dfrac{1}{2}\end{bmatrix}=\begin{bmatrix}1 & \dfrac{1}{2}(1-e^{-2t})\\0 & e^{-2t}\end{bmatrix}$$

方法二

由于

$$s\boldsymbol{I}-\boldsymbol{A}=\begin{bmatrix}s & 0\\0 & s\end{bmatrix}-\begin{bmatrix}0 & 1\\0 & -2\end{bmatrix}=\begin{bmatrix}s & -1\\0 & s+2\end{bmatrix}$$

可得

$$(s\boldsymbol{I}-\boldsymbol{A})^{-1}=\begin{bmatrix}\dfrac{1}{s} & \dfrac{1}{s(s+2)}\\0 & \dfrac{1}{s+2}\end{bmatrix}$$

因此

$$e^{\boldsymbol{A}t}=\mathcal{L}^{-1}[(s\boldsymbol{I}-\boldsymbol{A})^{-1}]=\begin{bmatrix}1 & \dfrac{1}{2}(1-e^{-2t})\\0 & e^{-2t}\end{bmatrix}$$

(2) 矩阵 $\boldsymbol{A}$ 有重特征值时

设矩阵 $\boldsymbol{A}$ 有 m 重特征值 λ_1，其余特征值 $\lambda_{m+1},\lambda_{m+2},\cdots,\lambda_n$ 互异。矩阵指数函数为

$$e^{\boldsymbol{A}t}=\boldsymbol{P}e^{\boldsymbol{\Lambda}t}\boldsymbol{P}^{-1}=\boldsymbol{P}\begin{bmatrix}e^{\boldsymbol{J}_1t} & & & \boldsymbol{0}\\ & e^{\lambda_{m+1}t} & & \\ & & \ddots & \\ \boldsymbol{0} & & & e^{\lambda_nt}\end{bmatrix}\boldsymbol{P}^{-1}\tag{2-28}$$

式中，$\boldsymbol{P}$ 为化矩阵 $\boldsymbol{A}$ 为约当标准型的变换矩阵。

$$e^{J_1 t} = e^{\lambda_1 t}\begin{bmatrix} 1 & t & \frac{1}{2!}t^2 & \cdots & \frac{1}{(m-1)!}t^{m-1} \\ 0 & 1 & t & \cdots & \frac{1}{(m-2)!}t^{m-2} \\ \vdots & \vdots & \vdots & & \vdots \\ 0 & 0 & 0 & \cdots & 1 \end{bmatrix}_{m\times m}$$

例 2-4　考虑如下矩阵 $\boldsymbol{A}$

$$\boldsymbol{A} = \begin{bmatrix} 0 & 1 & 0 \\ 0 & 0 & 1 \\ 1 & -3 & 3 \end{bmatrix}$$

试计算 $e^{\boldsymbol{A}t}$。

解　该矩阵的特征方程为

$$|\lambda \boldsymbol{I} - \boldsymbol{A}| = \lambda^3 - 3\lambda^2 + 3\lambda - 1 = (\lambda - 1)^3 = 0$$

因此，矩阵 $\boldsymbol{A}$ 有三重特征值 $\lambda=1$。可以证明，矩阵 $\boldsymbol{A}$ 也将具有三重特征向量(其中有两个广义特征向量)。易知，将矩阵 $\boldsymbol{A}$ 变换为约当标准型的变换矩阵为

$$\boldsymbol{P} = \begin{bmatrix} 1 & 0 & 0 \\ 1 & 1 & 0 \\ 1 & 2 & 1 \end{bmatrix}$$

矩阵 $\boldsymbol{P}$ 的逆为

$$\boldsymbol{P}^{-1} = \begin{bmatrix} 1 & 0 & 0 \\ -1 & 1 & 0 \\ 1 & -2 & 1 \end{bmatrix}$$

于是

$$\boldsymbol{J} = \boldsymbol{P}^{-1}\boldsymbol{A}\boldsymbol{P} = \begin{bmatrix} 1 & 1 & 0 \\ 0 & 1 & 1 \\ 0 & 0 & 1 \end{bmatrix}$$

注意到

$$e^{\boldsymbol{J}t} = \begin{bmatrix} e^t & te^t & \frac{1}{2}t^2 e^t \\ 0 & e^t & te^t \\ 0 & 0 & e^t \end{bmatrix}$$

可得

$$e^{\boldsymbol{A}t} = \boldsymbol{P}e^{\boldsymbol{J}t}\boldsymbol{P}^{-1}$$

即

$$e^{\boldsymbol{A}t} = \boldsymbol{P}e^{\boldsymbol{J}t}\boldsymbol{P}^{-1} = \begin{bmatrix} e^t - te^t + \frac{1}{2}t^2 e^t & te^t - t^2 e^t & \frac{1}{2}t^2 e^t \\ \frac{1}{2}t^2 e^t & e^t - te^t - t^2 e^t & te^t + \frac{1}{2}t^2 e^t \\ te^t + \frac{1}{2}t^2 e^t & -3te^t - t^2 e^t & e^t + 2te^t + \frac{1}{2}t^2 e^t \end{bmatrix}$$

4. 化矩阵指数函数 e^{At} 为 A 的有限项法

(1) 凯莱-哈密顿(Cayley-Hamilton)定理

在证明有关矩阵方程的定理或解决有关矩阵方程的问题时,凯莱-哈密顿定理是非常有用的。

考虑 $n\times n$ 矩阵 $\boldsymbol{A}$ 及其特征方程

$$f(\lambda)=|\lambda\boldsymbol{I}-\boldsymbol{A}|=\lambda^n+a_1\lambda^{n-1}+\cdots+a_{n-1}\lambda+a_n=0$$

凯莱-哈密顿定理指出,矩阵 $\boldsymbol{A}$ 满足其自身的特征方程,即

$$f(\boldsymbol{A})=\boldsymbol{A}^n+a_1\boldsymbol{A}^{n-1}+\cdots+a_{n-1}\boldsymbol{A}+a_n\boldsymbol{I}=\boldsymbol{0} \tag{2-29}$$

证明 注意到$(\lambda\boldsymbol{I}-\boldsymbol{A})$的伴随矩阵 $\mathrm{adj}(\lambda\boldsymbol{I}-\boldsymbol{A})$ 是 λ 的 $n-1$ 次多项式矩阵,即

$$\mathrm{adj}(\lambda\boldsymbol{I}-\boldsymbol{A})=\boldsymbol{B}_1\lambda^{n-1}+\boldsymbol{B}_2\lambda^{n-2}+\cdots+\boldsymbol{B}_{n-1}\lambda+\boldsymbol{B}_n$$

式中,$\boldsymbol{B}_1=\boldsymbol{I}$。由于

$$(\lambda\boldsymbol{I}-\boldsymbol{A})\mathrm{adj}(\lambda\boldsymbol{I}-\boldsymbol{A})=[\mathrm{adj}(\lambda\boldsymbol{I}-\boldsymbol{A})](\lambda\boldsymbol{I}-\boldsymbol{A})=|\lambda\boldsymbol{I}-\boldsymbol{A}|\boldsymbol{I}$$

可得

$$\begin{aligned}|\lambda\boldsymbol{I}-\boldsymbol{A}|\boldsymbol{I}&=\boldsymbol{I}\lambda^n+a_1\boldsymbol{I}\lambda^{n-1}+\cdots+a_{n-1}\boldsymbol{I}\lambda+a_n\boldsymbol{I}\\&=(\lambda\boldsymbol{I}-\boldsymbol{A})(\boldsymbol{B}_1\lambda^{n-1}+\boldsymbol{B}_2\lambda^{n-2}+\cdots+\boldsymbol{B}_{n-1}\lambda+\boldsymbol{B}_n)\\&=(\boldsymbol{B}_1\lambda^{n-1}+\boldsymbol{B}_2\lambda^{n-2}+\cdots+\boldsymbol{B}_{n-1}\lambda+\boldsymbol{B}_n)(\lambda\boldsymbol{I}-\boldsymbol{A})\end{aligned}$$

从上式可看出,$\boldsymbol{A}$ 和 $\boldsymbol{B}_i\,(i=1,2,\cdots,n)$相乘的次序是可交换的。因此,如果$(\lambda\boldsymbol{I}-\boldsymbol{A})$及其伴随矩阵 $\mathrm{adj}(\lambda\boldsymbol{I}-\boldsymbol{A})$中有一个为零,则其乘积为零。如果在上式中用 $\boldsymbol{A}$ 代替 λ,显然$(\lambda\boldsymbol{I}-\boldsymbol{A})$为零。这样

$$\boldsymbol{A}^n+a_1\boldsymbol{A}^{n-1}+\cdots+a_{n-1}\boldsymbol{A}+a_n\boldsymbol{I}=\boldsymbol{0}$$

即证明了凯莱-哈密顿定理。

根据凯莱-哈密顿定理,有

$$\boldsymbol{A}^n=-a_1\boldsymbol{A}^{n-1}-\cdots-a_{n-1}\boldsymbol{A}-a_n\boldsymbol{I} \tag{2-30}$$

该式表明,$\boldsymbol{A}^n$ 可表示成 $\boldsymbol{A}^{n-1},\boldsymbol{A}^{n-2},\cdots,\boldsymbol{A},\boldsymbol{I}$ 的线性组合。

$$\begin{aligned}\boldsymbol{A}^{n+1}&=\boldsymbol{A}\boldsymbol{A}^n=\boldsymbol{A}(-a_1\boldsymbol{A}^{n-1}-\cdots-a_{n-1}\boldsymbol{A}-a_n\boldsymbol{I})\\&=(a_1^2-a_2)\boldsymbol{A}^{n-1}+(a_1a_2-a_3)\boldsymbol{A}^{n-2}+\cdots+(a_1a_{n-1}-a_n)\boldsymbol{A}+a_1a_n\boldsymbol{I}\end{aligned}$$

上式表明,$\boldsymbol{A}^{n+1}$也可由 $\boldsymbol{A}^{n-1},\boldsymbol{A}^{n-2},\cdots,\boldsymbol{A},\boldsymbol{I}$ 的线性组合来表示。依次类推,$\boldsymbol{A}^{n+2}$,$\boldsymbol{A}^{n+3}$,…均可由 $\boldsymbol{A}^{n-1},\boldsymbol{A}^{n-2},\cdots,\boldsymbol{A},\boldsymbol{I}$ 的线性组合表示。

(2) 化 e^{At} 为 $\boldsymbol{A}$ 的有限项

根据矩阵指数函数 e^{At} 的定义

$$e^{\boldsymbol{A}t}=\boldsymbol{I}+\boldsymbol{A}t+\frac{1}{2!}\boldsymbol{A}^2t^2+\cdots+\frac{1}{k!}\boldsymbol{A}^kt^k+\cdots$$

其为无穷项之和,因 $\boldsymbol{A}^n,\boldsymbol{A}^{n+1},\cdots$,均可用 $\boldsymbol{A}^{n-1},\boldsymbol{A}^{n-2},\cdots,\boldsymbol{A},\boldsymbol{I}$ 的线性组合表示,所以矩阵指数函数 e^{At} 可表示为

$$e^{\boldsymbol{A}t}=\alpha_0(t)\boldsymbol{I}+\alpha_1(t)\boldsymbol{A}+\alpha_2(t)\boldsymbol{A}^2+\cdots+\alpha_{n-1}(t)\boldsymbol{A}^{n-1} \tag{2-31}$$

式中，$\alpha_0(t),\alpha_1(t),\alpha_2(t),\cdots,\alpha_{n-1}(t)$均是时间的标量函数。

(3) $\alpha_0(t),\alpha_1(t),\alpha_2(t),\cdots,\alpha_{n-1}(t)$的计算

① $\boldsymbol{A}$ 的特征值互异时

根据凯莱-哈密顿定理，矩阵 $\boldsymbol{A}$ 满足其自身的特征方程。而特征值 λ 也满足特征方程，即 $f(\lambda)=0$，并且 $e^{\boldsymbol{A}t}$ 可表示为 $\boldsymbol{A}$ 的有限项，$e^{\lambda t}$ 同样可表示为 λ 的有限项，满足式(2-31)，即

$$\begin{cases} e^{\lambda_1 t} = \alpha_0(t)+\alpha_1(t)\lambda_1+\alpha_2(t)\lambda_1^2+\cdots+\alpha_{n-1}(t)\lambda_1^{n-1} \\ e^{\lambda_2 t} = \alpha_0(t)+\alpha_1(t)\lambda_1+\alpha_2(t)\lambda_2^2+\cdots+\alpha_{n-1}(t)\lambda_2^{n-1} \\ \quad\vdots \\ e^{\lambda_n t} = \alpha_0(t)+\alpha_1(t)\lambda_n+\alpha_2(t)\lambda_n^2+\cdots+\alpha_{n-1}(t)\lambda_n^{n-1} \end{cases} \tag{2-32}$$

解方程组(2-32)，可求出各个系数 $\alpha_k(t)(k=0,1,2,\cdots,n-1)$。

② $\boldsymbol{A}$ 有重特征值时

设矩阵 $\boldsymbol{A}$ 有 m 重特征值 λ_1，其余特征值互异。λ_1 满足下式

$$e^{\lambda_1 t} = \alpha_0(t)+\alpha_1(t)\lambda_1+\alpha_2(t)\lambda_1^2+\cdots+\alpha_{n-1}(t)\lambda_1^{n-1}$$

将上式依次对 λ_1 求导 $m-1$ 次，得到

$$\begin{cases} te^{\lambda_1 t} = \alpha_1(t)+2\alpha_2(t)\lambda_1+\cdots+(n-1)\alpha_{n-1}(t)\lambda_1^{n-2} \\ t^2e^{\lambda_1 t} = 2\alpha_2(t)+2\cdot 3\alpha_3(t)\lambda_1+\cdots+(n-1)(n-2)\alpha_{n-1}(t)\lambda_1^{n-3} \\ \vdots \\ t^{m-1}e^{\lambda_1 t} = \dfrac{(m-1)!}{0!}\alpha_{m-1}(t)+\dfrac{m!}{1!}\alpha_m(t)\lambda_1+\cdots+\dfrac{(n-1)!}{(n-m)!}\alpha_{n-1}(t)\lambda_1^{n-m} \end{cases}$$

再将其余 $n-m$ 个单特征值考虑在内，即

$$\begin{cases} e^{\lambda_1 t} = \alpha_0(t)+\alpha_1(t)\lambda_1+\cdots+\alpha_{n-1}(t)\lambda_1^{n-1} \\ te^{\lambda_1 t} = \alpha_1(t)+2\alpha_2(t)\lambda_1+\cdots+(n-1)\alpha_{n-1}(t)\lambda_1^{n-2} \\ t^2e^{\lambda_1 t} = 2\alpha_2(t)+2\cdot 3\alpha_3(t)\lambda_1+\cdots+(n-1)(n-2)\alpha_{n-1}(t)\lambda_1^{n-3} \\ \vdots \\ t^{m-1}e^{\lambda_1 t} = \dfrac{(m-1)!}{0!}\alpha_{m-1}(t)+\dfrac{m!}{1!}\alpha_m(t)\lambda_1+\cdots+\dfrac{(n-1)!}{(n-m)!}\alpha_{n-1}(t)\lambda_1^{n-m} \\ e^{\lambda_{m+1} t} = \alpha_0(t)+\alpha_1(t)\lambda_{m+1}+\alpha_2(t)\lambda_{m+1}^2+\cdots+\alpha_{n-1}(t)\lambda_{m+1}^{n-1} \\ \vdots \\ e^{\lambda_n t} = \alpha_0(t)+\alpha_1(t)\lambda_n+\alpha_2(t)\lambda_n^2+\cdots+\alpha_{n-1}(t)\lambda_n^{n-1} \end{cases}$$

解上述方程组，得出系数 $\alpha_0(t),\alpha_1(t),\alpha_2(t),\cdots,\alpha_{n-1}(t)$。

例 2-5　考虑如下矩阵 $\boldsymbol{A}$

$$\boldsymbol{A}=\begin{bmatrix} 0 & 1 \\ 0 & -2 \end{bmatrix}$$

试用化 $e^{\boldsymbol{A}t}$ 为 $\boldsymbol{A}$ 的有限项法计算 $e^{\boldsymbol{A}t}$。

解　矩阵 $\boldsymbol{A}$ 的特征方程为

$$\det(\lambda \boldsymbol{I}-\boldsymbol{A})=\lambda(\lambda+2)=0$$

可得互异特征值为 $\lambda_1=0,\lambda_2=-2$。

由

$$e^{\lambda_1 t}=\alpha_0(t)+\alpha_1(t)\lambda_1$$
$$e^{\lambda_2 t}=\alpha_0(t)+\alpha_1(t)\lambda_2$$

确定待定时间函数 $\alpha_0(t)$ 和 $\alpha_1(t)$。

由于 $\lambda_1=0,\lambda_2=-2$，上述两式变为

$$\alpha_0(t)=1$$
$$\alpha_0(t)-2\alpha_1(t)=e^{-2t}$$

求解此方程组，可得

$$a_0(t)=1,\quad a_1(t)=\frac{1}{2}(1-e^{-2t})$$

因此，$e^{\boldsymbol{A}t}=a_0(t)\boldsymbol{I}+a_1(t)\boldsymbol{A}=\boldsymbol{I}+\frac{1}{2}(1-e^{-2t})\boldsymbol{A}=\begin{bmatrix}1 & \frac{1}{2}(1-e^{-2t}) \\ 0 & e^{-2t}\end{bmatrix}$

2.3 线性定常连续系统非齐次状态方程的求解

给定线性定常系统非齐次状态方程为

$$\dot{\boldsymbol{x}}(t)=\boldsymbol{A}\boldsymbol{x}(t)+\boldsymbol{B}\boldsymbol{u}(t) \tag{2-33}$$

其中，$\boldsymbol{x}(t)$——n 维状态向量；

$\boldsymbol{u}(t)$——r 维输入向量；

$\boldsymbol{A}$——$n\times n$ 系统矩阵；

$\boldsymbol{B}$——$n\times r$ 输入矩阵。

且初始条件为 $\boldsymbol{x}(t)|_{t=0}=\boldsymbol{x}(0)$。其解为

$$\boldsymbol{x}(t)=e^{\boldsymbol{A}t}\boldsymbol{x}(0)+\int_0^t e^{\boldsymbol{A}(t-\tau)}\boldsymbol{B}\boldsymbol{u}(\tau)d\tau,\quad t\geqslant 0 \tag{2-34}$$

或

$$\boldsymbol{x}(t)=\boldsymbol{\Phi}(t)\boldsymbol{x}(0)+\int_0^t \boldsymbol{\Phi}(t-\tau)\boldsymbol{B}\boldsymbol{u}(\tau)d\tau,\quad t\geqslant 0 \tag{2-35}$$

式中，$\boldsymbol{\Phi}(t)=e^{\boldsymbol{A}t}$ 为系统的状态转移矩阵。

若初始时刻 $t_0\neq 0$，对应的初始状态为 $\boldsymbol{x}(t_0)$，则非齐次状态方程的解为

$$\boldsymbol{x}(t)=\boldsymbol{\Phi}(t-t_0)\boldsymbol{x}(t_0)+\int_{t_0}^t \boldsymbol{\Phi}(t-\tau)\boldsymbol{B}\boldsymbol{u}(\tau)d\tau,\quad t\geqslant t_0 \tag{2-36}$$

式中，$\boldsymbol{\Phi}(t-t_0)=e^{\boldsymbol{A}(t-t_0)}$ 为系统的状态转移矩阵。

证明　方法一

将方程式(2-33)写为

$$\dot{\boldsymbol{x}}(t)-\boldsymbol{A}\boldsymbol{x}(t)=\boldsymbol{B}\boldsymbol{u}(t) \tag{2-37}$$

在上式两边左乘 e^{-At},可得

$$e^{-At}[\dot{\boldsymbol{x}}(t)-\boldsymbol{A}\boldsymbol{x}(t)]=\frac{d}{dt}[e^{-At}\boldsymbol{x}(t)]=e^{-At}\boldsymbol{B}\boldsymbol{u}(t) \tag{2-38}$$

将上式由 0 积分到 t,得

$$e^{-At}\boldsymbol{x}(t)-\boldsymbol{x}(0)=\int_0^t e^{-A\tau}\boldsymbol{B}\boldsymbol{u}(\tau)d\tau$$

即

$$\boldsymbol{x}(t)=e^{At}\boldsymbol{x}(0)+\int_0^t e^{A(t-\tau)}\boldsymbol{B}\boldsymbol{u}(\tau)d\tau$$

方法二:对线性定常非齐次状态方程式$\dot{\boldsymbol{x}}(t)=\boldsymbol{A}\boldsymbol{x}(t)+\boldsymbol{B}\boldsymbol{u}(t)$两边取拉普拉斯变换,得

$$\begin{aligned}s\boldsymbol{X}(s)-\boldsymbol{x}(0)&=\boldsymbol{A}\boldsymbol{X}(s)+\boldsymbol{B}\boldsymbol{U}(s)\\(s\boldsymbol{I}-\boldsymbol{A})\boldsymbol{X}(s)&=\boldsymbol{x}(0)+\boldsymbol{B}\boldsymbol{U}(s)\end{aligned} \tag{2-39}$$

等式两边左乘$(s\boldsymbol{I}-\boldsymbol{A})^{-1}$,有

$$\boldsymbol{X}(s)=(s\boldsymbol{I}-\boldsymbol{A})^{-1}\boldsymbol{x}(0)+(s\boldsymbol{I}-\boldsymbol{A})^{-1}\boldsymbol{B}\boldsymbol{U}(s) \tag{2-40}$$

取拉普拉斯反变换,可得非齐次状态方程的解为

$$\begin{aligned}\boldsymbol{x}(t)&=\mathcal{L}^{-1}[(s\boldsymbol{I}-\boldsymbol{A})^{-1}]\boldsymbol{x}(0)+\mathcal{L}^{-1}[(s\boldsymbol{I}-\boldsymbol{A})^{-1}\boldsymbol{B}\boldsymbol{U}(s)]\\&=\boldsymbol{\Phi}(t)\boldsymbol{x}(0)+\int_0^t\boldsymbol{\Phi}(t-\tau)\boldsymbol{B}\boldsymbol{u}(\tau)d\tau\end{aligned} \tag{2-41}$$

从解的表达式(2-34)看出,非齐次状态方程的解由两部分组成:第一部分为系统初始状态的转移项,即系统的自由运动项;第二部分为控制信号作用下的受控项,即系统的强迫运动项。两部分的构成说明非齐次状态方程的解满足线性系统的叠加原理。适当选择控制输入 $\boldsymbol{u}(t)$,可使系统状态在状态空间中获得满足要求的轨线。

例 2-6 求下列系统的状态响应

$$\begin{bmatrix}\dot{x}_1\\\dot{x}_2\end{bmatrix}=\begin{bmatrix}0&1\\-2&-3\end{bmatrix}\begin{bmatrix}x_1\\x_2\end{bmatrix}+\begin{bmatrix}0\\1\end{bmatrix}u$$

式中,$u(t)$为 $t=0$ 时作用于系统的单位阶跃函数,即 $u(t)=1(t)$。

解 状态转移矩阵$\boldsymbol{\Phi}(t)=e^{At}$已在例 2-2 中求得,即

$$\boldsymbol{\Phi}(t)=e^{At}=\begin{bmatrix}2e^{-t}-e^{-2t}&e^{-t}-e^{-2t}\\-2e^{-t}+2e^{-2t}&-e^{-t}+2e^{-2t}\end{bmatrix}$$

因此,系统对单位阶跃输入的状态响应为

$$\begin{aligned}\boldsymbol{x}(t)&=e^{At}\boldsymbol{x}(0)+\int_0^t\begin{bmatrix}2e^{-(t-\tau)}-e^{-2(t-\tau)}&e^{-(t-\tau)}-e^{-2(t-\tau)}\\-2e^{-(t-\tau)}+2e^{-2(t-\tau)}&-e^{-(t-\tau)}+2e^{-2(t-\tau)}\end{bmatrix}\begin{bmatrix}0\\1\end{bmatrix}1(\tau)d\tau\\&=\begin{bmatrix}2e^{-t}-e^{-2t}&e^{-t}-e^{-2t}\\-2e^{-t}+2e^{-2t}&-e^{-t}+2e^{-2t}\end{bmatrix}\begin{bmatrix}x_1(0)\\x_2(0)\end{bmatrix}+\begin{bmatrix}\frac{1}{2}-e^{-t}+\frac{1}{2}e^{-2t}\\e^{-t}-e^{-2t}\end{bmatrix}\end{aligned}$$

如果初始状态为零，即 $\boldsymbol{x}(0)=\boldsymbol{0}$，则状态 $\boldsymbol{x}(t)$ 为

$$\begin{bmatrix} x_1(t) \\ x_2(t) \end{bmatrix} = \begin{bmatrix} \frac{1}{2} - \mathrm{e}^{-t} + \frac{1}{2}\mathrm{e}^{-2t} \\ \mathrm{e}^{-t} - \mathrm{e}^{-2t} \end{bmatrix}$$

2.4 线性时变连续系统状态方程式的求解

严格来说，一般控制系统都是时变系统。系统中的某些参数随时间而变化，例如电阻的温度上升会导致电阻阻值变化，则电阻应为时变电阻；火箭燃料的消耗会使其质量 $m(t)$ 发生变化，等等。说明系统参数都是时间的函数，即系统为时变系统。当参数时变较小，且满足工程允许的精度时，可忽略不计，将时变参数看成常数，将时变系统近似为定常系统。而线性时变系统比线性定常系统更具有普遍性，更接近实际系统。

线性时变系统的状态空间表达式为

$$\begin{cases} \dot{\boldsymbol{x}}(t) = \boldsymbol{A}(t)\boldsymbol{x}(t) + \boldsymbol{B}(t)\boldsymbol{u}(t) \\ \boldsymbol{y}(t) = \boldsymbol{C}(t)\boldsymbol{x}(t) + \boldsymbol{D}(t)\boldsymbol{u}(t) \end{cases} \tag{2-42}$$

类似可求出其解为

$$\boldsymbol{x}(t) = \boldsymbol{\Phi}(t,t_0)\boldsymbol{x}(t_0) + \int_{t_0}^{t} \boldsymbol{\Phi}(t,\tau)\boldsymbol{B}(\tau)\boldsymbol{u}(\tau)\mathrm{d}\tau \tag{2-43}$$

一般情况下，线性时变系统的状态转移矩阵 $\boldsymbol{\Phi}(t,t_0)$ 只能表示成一个无穷项之和，只有在特殊情况下，才能写成矩阵指数函数的形式。

2.4.1 齐次状态方程式的解

当输入函数 $\boldsymbol{u}(t)=\boldsymbol{0}$ 时，线性时变系统的状态方程表现为齐次状态方程，即

$$\dot{\boldsymbol{x}}(t) = \boldsymbol{A}(t)\boldsymbol{x}(t) \tag{2-44}$$

设初始时刻 $t=t_0$ 时的初始状态 $\boldsymbol{x}(t_0)$ 为已知，且在 $[t_0,t]$ 的时间间隔内，$\boldsymbol{A}(t)$ 的各元素是 t 的分段连续函数。

现讨论标量时变系统

$$\dot{x}(t) = a(t)x(t) \tag{2-45}$$

的解。已知初始时刻 $t=t_0$ 时的初始状态 $x(t_0)$。

采用分离变量后，可得式(2-45)的解为

$$x(t) = \mathrm{e}^{\int_{t_0}^{t} a(\tau)\mathrm{d}\tau} x(t_0) \tag{2-46}$$

将标量时变系统式(2-45)及系统的解式(2-46)与线性时变系统的齐次状态方程式(2-44)相比较，参照定常齐次状态方程中矩阵指数函数的含义，时变齐次状态方程式(2-44)的解应该为

$$\boldsymbol{x}(t)=\mathrm{e}^{\int_{t_0}^{t}\boldsymbol{A}(\tau)\mathrm{d}\tau}\boldsymbol{x}(t_0) \tag{2-47}$$

这里,只有当 $\boldsymbol{A}(t)$ 与 $\int_{t_0}^{t}\boldsymbol{A}(\tau)\mathrm{d}\tau$ 满足矩阵乘法可交换条件时,式(2-47)才成立。

证明　设 $\boldsymbol{x}(t)=\mathrm{e}^{\int_{t_0}^{t}\boldsymbol{A}(\tau)\mathrm{d}\tau}\boldsymbol{x}(t_0)$ 是时变齐次状态方程式(2-44)的解,则必须有

$$\frac{\mathrm{d}}{\mathrm{d}t}\left[\mathrm{e}^{\int_{t_0}^{t}\boldsymbol{A}(\tau)\mathrm{d}\tau}\boldsymbol{x}(t_0)\right]=\boldsymbol{A}(t)\mathrm{e}^{\int_{t_0}^{t}\boldsymbol{A}(\tau)\mathrm{d}\tau}\boldsymbol{x}(t_0) \tag{2-48}$$

矩阵指数函数 $\mathrm{e}^{\int_{t_0}^{t}\boldsymbol{A}(\tau)\mathrm{d}\tau}$ 展开成幂级数为

$$\mathrm{e}^{\int_{t_0}^{t}\boldsymbol{A}(\tau)\mathrm{d}\tau}=\boldsymbol{I}+\int_{t_0}^{t}\boldsymbol{A}(\tau)\mathrm{d}\tau+\frac{1}{2!}\left[\int_{t_0}^{t}\boldsymbol{A}(\tau)\mathrm{d}\tau\right]^2+\cdots+\frac{1}{k!}\left[\int_{t_0}^{t}\boldsymbol{A}(\tau)\mathrm{d}\tau\right]^k+\cdots$$

将上式两边对时间 t 求导,得

$$\begin{aligned}\frac{\mathrm{d}}{\mathrm{d}t}\left[\mathrm{e}^{\int_{t_0}^{t}\boldsymbol{A}(\tau)\mathrm{d}\tau}\right]=&\boldsymbol{A}(t)+\frac{1}{2!}\left[\boldsymbol{A}(t)\int_{t_0}^{t}\boldsymbol{A}(\tau)\mathrm{d}\tau+\int_{t_0}^{t}\boldsymbol{A}(\tau)\mathrm{d}\tau\boldsymbol{A}(t)\right]\\&+\frac{1}{3!}\left\{\boldsymbol{A}(t)\left[\int_{t_0}^{t}\boldsymbol{A}(\tau)\mathrm{d}\tau\right]^2+\int_{t_0}^{t}\boldsymbol{A}(\tau)\mathrm{d}\tau\left[\boldsymbol{A}(t)\int_{t_0}^{t}\boldsymbol{A}(\tau)\mathrm{d}\tau+\int_{t_0}^{t}\boldsymbol{A}(\tau)\mathrm{d}\tau\boldsymbol{A}(t)\right]\right\}+\cdots\end{aligned} \tag{2-49}$$

将式(2-49)和式(2-44)代入式(2-48),可得

$$\begin{aligned}&\left\{\boldsymbol{A}(t)+\frac{1}{2!}\left[\boldsymbol{A}(t)\int_{t_0}^{t}\boldsymbol{A}(\tau)\mathrm{d}\tau+\int_{t_0}^{t}\boldsymbol{A}(\tau)\mathrm{d}\tau\boldsymbol{A}(t)\right]+\frac{1}{3!}\left\{\boldsymbol{A}(t)\left[\int_{t_0}^{t}\boldsymbol{A}(\tau)\mathrm{d}\tau\right]^2\right.\right.\\&\left.\left.+\int_{t_0}^{t}\boldsymbol{A}(\tau)\mathrm{d}\tau\left[\boldsymbol{A}(t)\int_{t_0}^{t}\boldsymbol{A}(\tau)\mathrm{d}\tau+\int_{t_0}^{t}\boldsymbol{A}(\tau)\mathrm{d}\tau\boldsymbol{A}(t)\right]\right\}+\cdots\right\}\boldsymbol{x}(t_0)\\=&\left\{\boldsymbol{A}(t)+\boldsymbol{A}(t)\int_{t_0}^{t}\boldsymbol{A}(\tau)\mathrm{d}\tau+\frac{1}{2!}\boldsymbol{A}(t)\left[\int_{t_0}^{t}\boldsymbol{A}(\tau)\mathrm{d}\tau\right]^2\right.\\&\left.+\frac{1}{3!}\boldsymbol{A}(t)\left[\int_{t_0}^{t}\boldsymbol{A}(\tau)\mathrm{d}\tau\right]^3+\cdots\right\}\boldsymbol{x}(t_0)\end{aligned} \tag{2-50}$$

要使式(2-50)两边相等,其充分必要条件为

$$\boldsymbol{A}(t)\int_{t_0}^{t}\boldsymbol{A}(\tau)\mathrm{d}\tau=\int_{t_0}^{t}\boldsymbol{A}(\tau)\mathrm{d}\tau\cdot\boldsymbol{A}(t) \tag{2-51}$$

上式表明,$\boldsymbol{A}(t)$ 与 $\int_{t_0}^{t}\boldsymbol{A}(\tau)\mathrm{d}\tau$ 满足矩阵相乘的可交换条件,此时方程式(2-44)的解即为式(2-47)。

下面分析 $\boldsymbol{A}(t)$ 与 $\int_{t_0}^{t}\boldsymbol{A}(\tau)\mathrm{d}\tau$ 可交换的条件。由式(2-51)得

$$\boldsymbol{A}(t)\int_{t_0}^{t}\boldsymbol{A}(\tau)\mathrm{d}\tau-\int_{t_0}^{t}\boldsymbol{A}(\tau)\mathrm{d}\tau\cdot\boldsymbol{A}(t)=\boldsymbol{0}$$

$$\int_{t_0}^{t}\left[\boldsymbol{A}(t)\boldsymbol{A}(\tau)-\boldsymbol{A}(\tau)\boldsymbol{A}(t)\right]\mathrm{d}\tau=\boldsymbol{0} \tag{2-52}$$

上式必须对任意时间 t 成立。若对任意的 t_1 和 t_2,有

$$\boldsymbol{A}(t_1)\boldsymbol{A}(t_2) = \boldsymbol{A}(t_2)\boldsymbol{A}(t_1) \tag{2-53}$$

成立，则 $\boldsymbol{A}(t)$ 与 $\int_{t_0}^{t}\boldsymbol{A}(\tau)\mathrm{d}\tau$ 是可交换的。由此可得到如下结论：

当式(2-53)对任意时间 t_1 和 t_2 成立时，线性时变齐次状态方程的解为式(2-47)，系统的状态转移矩阵为

$$\boldsymbol{\Phi}(t,t_0) = \mathrm{e}^{\int_{t_0}^{t}\boldsymbol{A}(\tau)\mathrm{d}\tau} = \boldsymbol{I} + \int_{t_0}^{t}\boldsymbol{A}(\tau)\mathrm{d}\tau + \frac{1}{2!}\left[\int_{t_0}^{t}\boldsymbol{A}(\tau)\mathrm{d}\tau\right]^2 + \cdots + \frac{1}{k!}\left[\int_{t_0}^{t}\boldsymbol{A}(\tau)\mathrm{d}\tau\right]^k + \cdots \tag{2-54}$$

一般情况下，时变系统的状态转移矩阵得不到像定常系统状态转移矩阵一样的封闭形式。

例 2-7 系统状态方程为

$$\dot{\boldsymbol{x}}(t) = \boldsymbol{A}(t)\boldsymbol{x}(t)$$

其中

$$\boldsymbol{A}(t) = \begin{bmatrix} 0 & \dfrac{1}{(t+1)^2} \\ 0 & 0 \end{bmatrix}$$

求当 $t_0=0, \boldsymbol{x}(t_0)=\begin{bmatrix} 0 \\ 1 \end{bmatrix}$ 时，状态方程的解。

解 因为

$$\boldsymbol{A}(t_1)\boldsymbol{A}(t_2) = \begin{bmatrix} 0 & \dfrac{1}{(t_1+1)^2} \\ 0 & 0 \end{bmatrix}\begin{bmatrix} 0 & \dfrac{1}{(t_2+1)^2} \\ 0 & 0 \end{bmatrix} = \boldsymbol{0} = \boldsymbol{A}(t_2)\boldsymbol{A}(t_1)$$

所以 $\boldsymbol{A}(t)$ 与 $\int_{t_0}^{t}\boldsymbol{A}(\tau)\mathrm{d}\tau$ 满足可交换条件，系统的状态转移矩阵可由式(2-54)给出，即

$$\begin{aligned}\boldsymbol{\Phi}(t,t_0) &= \mathrm{e}^{\int_{t_0}^{t}\boldsymbol{A}(\tau)\mathrm{d}\tau} = \boldsymbol{I} + \int_{t_0}^{t}\boldsymbol{A}(\tau)\mathrm{d}\tau + \frac{1}{2!}\left[\int_{t_0}^{t}\boldsymbol{A}(\tau)\mathrm{d}\tau\right]^2 + \cdots \\ &= \boldsymbol{I} + \begin{bmatrix} 0 & \dfrac{t-t_0}{(t+1)(t_0+1)} \\ 0 & 0 \end{bmatrix} + \frac{1}{2!}\begin{bmatrix} 0 & \dfrac{t-t_0}{(t+1)(t_0+1)} \\ 0 & 0 \end{bmatrix}^2 + \cdots\end{aligned}$$

因为

$$\begin{bmatrix} 0 & \dfrac{t-t_0}{(t+1)(t_0+1)} \\ 0 & 0 \end{bmatrix}^k = \boldsymbol{0}, \quad k = 2,3,\cdots$$

所以

$$\boldsymbol{\Phi}(t,t_0) = \begin{bmatrix} 1 & 0 \\ 0 & 1 \end{bmatrix} + \begin{bmatrix} 0 & \dfrac{t-t_0}{(t+1)(t_0+1)} \\ 0 & 0 \end{bmatrix} = \begin{bmatrix} 1 & \dfrac{t-t_0}{(t+1)(t_0+1)} \\ 0 & 1 \end{bmatrix}$$

$$\boldsymbol{x}(t)=\boldsymbol{\Phi}(t,t_0)\boldsymbol{x}(t_0)=\boldsymbol{\Phi}(t,0)\begin{bmatrix}0\\1\end{bmatrix}=\begin{bmatrix}1 & \dfrac{t}{t+1}\\0 & 1\end{bmatrix}\begin{bmatrix}0\\1\end{bmatrix}=\begin{bmatrix}\dfrac{t}{t+1}\\1\end{bmatrix}$$

若 $\boldsymbol{A}(t)$ 与 $\int_{t_0}^{t}\boldsymbol{A}(\tau)\mathrm{d}\tau$ 不满足可交换条件时，时变系统状态方程的求解可采用逐次逼近法。

将时变齐次状态方程式(2-44)改写为

$$\mathrm{d}\boldsymbol{x}(t)=\boldsymbol{A}(t)\boldsymbol{x}(t)\mathrm{d}t \tag{2-55}$$

两边积分

$$\boldsymbol{x}(t)-\boldsymbol{x}(t_0)=\int_{t_0}^{t}\boldsymbol{A}(\tau)\boldsymbol{x}(\tau)\mathrm{d}\tau \tag{2-56}$$

取一次近似解为 $\boldsymbol{x}(t)\approx\boldsymbol{x}(t_0)$，代入方程式(2-56)的右端，得到

$$\boldsymbol{x}(t)=\boldsymbol{x}(t_0)+\int_{t_0}^{t}\boldsymbol{A}(\tau)\boldsymbol{x}(t_0)\mathrm{d}\tau=\boldsymbol{x}(t_0)+\left[\int_{t_0}^{t}\boldsymbol{A}(\tau)\mathrm{d}\tau\right]\boldsymbol{x}(t_0)$$

取二次近似解为 $\boldsymbol{x}(t)\approx\boldsymbol{x}(t_0)+\left[\int_{t_0}^{t}\boldsymbol{A}(\tau)\mathrm{d}\tau\right]\boldsymbol{x}(t_0)$，代入方程式(2-56)右端，可得

$$\begin{aligned}\boldsymbol{x}(t)&=\boldsymbol{x}(t_0)+\int_{t_0}^{t}\boldsymbol{A}(\tau)\left[\boldsymbol{x}(t_0)+\left(\int_{t_0}^{t}\boldsymbol{A}(\tau)\mathrm{d}\tau\right)\boldsymbol{x}(t_0)\right]\mathrm{d}\tau\\&=\boldsymbol{x}(t_0)+\left[\int_{t_0}^{t}\boldsymbol{A}(\tau)\mathrm{d}\tau\right]\boldsymbol{x}(t_0)+\left[\int_{t_0}^{t}\boldsymbol{A}(\tau_1)\int_{t_0}^{\tau_1}\boldsymbol{A}(\tau_2)\mathrm{d}\tau_2\mathrm{d}\tau_1\right]\boldsymbol{x}(t_0)\\&=\left[\boldsymbol{I}+\int_{t_0}^{t}\boldsymbol{A}(\tau)\mathrm{d}\tau+\int_{t_0}^{t}\boldsymbol{A}(\tau_1)\int_{t_0}^{\tau_1}\boldsymbol{A}(\tau_2)\mathrm{d}\tau_2\mathrm{d}\tau_1\right]\boldsymbol{x}(t_0)\end{aligned}$$

其余类推，可以得到 $n+1$ 次近似解为

$$\begin{aligned}\boldsymbol{x}(t)=&\left[\boldsymbol{I}+\int_{t_0}^{t}\boldsymbol{A}(\tau)\mathrm{d}\tau+\int_{t_0}^{t}\boldsymbol{A}(\tau_1)\int_{t_0}^{\tau_1}\boldsymbol{A}(\tau_2)\mathrm{d}\tau_1\mathrm{d}\tau_2\right.\\&\left.+\int_{t_0}^{t}\boldsymbol{A}(\tau_1)\int_{t_0}^{\tau_1}\boldsymbol{A}(\tau_2)\int_{t_0}^{\tau_2}\boldsymbol{A}(\tau_3)\mathrm{d}\tau_1\mathrm{d}\tau_2\mathrm{d}\tau_3+\cdots\right]\boldsymbol{x}(t_0)\end{aligned} \tag{2-57}$$

以上为时变系统齐次状态方程的解。它的证明比较简单，只需验证它满足时变系统齐次状态方程和初始条件即可。即

$$\begin{aligned}\frac{\mathrm{d}x(t)}{\mathrm{d}t}=&\frac{\mathrm{d}}{\mathrm{d}t}\left[\boldsymbol{I}+\int_{t_0}^{t}\boldsymbol{A}(\tau)\mathrm{d}\tau+\int_{t_0}^{t}\boldsymbol{A}(\tau_1)\int_{t_0}^{\tau_1}\boldsymbol{A}(\tau_2)\mathrm{d}\tau_1\mathrm{d}\tau_2\right.\\&\left.+\int_{t_0}^{t}\boldsymbol{A}(\tau_1)\int_{t_0}^{\tau_1}\boldsymbol{A}(\tau_2)\int_{t_0}^{\tau_2}\boldsymbol{A}(\tau_3)\mathrm{d}\tau_1\mathrm{d}\tau_2\mathrm{d}\tau_3+\cdots\right]\boldsymbol{x}(t_0)\\=&\boldsymbol{A}(t)\left[\boldsymbol{I}+\int_{t_0}^{t}\boldsymbol{A}(\tau_2)\mathrm{d}\tau_2+\int_{t_0}^{t}\boldsymbol{A}(\tau_2)\int_{t_0}^{\tau_2}\boldsymbol{A}(\tau_3)\mathrm{d}\tau_2\mathrm{d}\tau_3+\cdots\right]\boldsymbol{x}(t_0)\\=&\boldsymbol{A}(t)\boldsymbol{x}(t)\end{aligned}$$

初始条件为

$$\boldsymbol{x}(t_0)=\left[\boldsymbol{I}+\int_{t_0}^{t_0}\boldsymbol{A}(\tau)\mathrm{d}\tau+\int_{t_0}^{t_0}\boldsymbol{A}(\tau_1)\int_{t_0}^{\tau_1}\boldsymbol{A}(\tau_2)\mathrm{d}\tau_1\mathrm{d}\tau_2\right.$$

$$+\int_{t_0}^{t_0}\boldsymbol{A}(\tau_1)\int_{t_0}^{\tau_1}\boldsymbol{A}(\tau_2)\int_{t_0}^{\tau_2}\boldsymbol{A}(\tau_3)\mathrm{d}\tau_1\mathrm{d}\tau_2\mathrm{d}\tau_3+\cdots\Big]\boldsymbol{x}(t_0)$$
$$=\boldsymbol{x}(t_0)$$

上式成立的条件是无穷级数必须收敛，$\boldsymbol{A}(t)$的所有元素在积分区间内是有界的。可以证明该条件一定是满足的。这就证明了式(2-57)是时变系统齐次状态方程式(2-44)的解，系统的状态转移矩阵$\boldsymbol{\Phi}(t,t_0)$为

$$\begin{aligned}\boldsymbol{\Phi}(t,t_0)=\boldsymbol{I}+\int_{t_0}^{t}\boldsymbol{A}(\tau)\mathrm{d}\tau+\int_{t_0}^{t}\boldsymbol{A}(\tau_1)\int_{t_0}^{\tau_1}\boldsymbol{A}(\tau_2)\mathrm{d}\tau_2\mathrm{d}\tau_1\\+\int_{t_0}^{t}\boldsymbol{A}(\tau_1)\int_{t_0}^{\tau_1}\boldsymbol{A}(\tau_2)\int_{t_0}^{\tau_2}\boldsymbol{A}(\tau_3)\mathrm{d}\tau_3\mathrm{d}\tau_2\mathrm{d}\tau_1+\cdots\end{aligned}\tag{2-58}$$

该级数称为皮亚诺-贝克(Peano-Baker)级数。

例 2-8 时变系统齐次状态方程为

$$\dot{\boldsymbol{x}}(t)=\begin{bmatrix}0&1\\0&t\end{bmatrix}\boldsymbol{x}(t)$$

试求状态方程的解。

解 对任意时间t_1和t_2，有

$$\boldsymbol{A}(t_1)\boldsymbol{A}(t_2)=\begin{bmatrix}0&1\\0&t_1\end{bmatrix}\begin{bmatrix}0&1\\0&t_2\end{bmatrix}=\begin{bmatrix}0&t_2\\0&t_1t_2\end{bmatrix}$$

$$\boldsymbol{A}(t_2)\boldsymbol{A}(t_1)=\begin{bmatrix}0&1\\0&t_2\end{bmatrix}\begin{bmatrix}0&1\\0&t_1\end{bmatrix}=\begin{bmatrix}0&t_1\\0&t_1t_2\end{bmatrix}$$

因为$\boldsymbol{A}(t_1)\boldsymbol{A}(t_2)\neq\boldsymbol{A}(t_2)\boldsymbol{A}(t_1)$，所以$\boldsymbol{A}(t)$与$\int_{t_0}^{t}\boldsymbol{A}(\tau)\mathrm{d}\tau$是不可交换的。时变系统的状态转移矩阵为

$$\begin{aligned}\boldsymbol{\Phi}(t,t_0)&=\boldsymbol{I}+\int_{t_0}^{t}\boldsymbol{A}(\tau)\mathrm{d}\tau+\int_{t_0}^{t}\boldsymbol{A}(\tau_1)\int_{t_0}^{\tau_1}\boldsymbol{A}(\tau_2)\mathrm{d}\tau_1\mathrm{d}\tau_2+\cdots\\&=\begin{bmatrix}1&0\\0&1\end{bmatrix}+\begin{bmatrix}0&t-t_0\\0&\frac{1}{2}(t^2-t_0^2)\end{bmatrix}+\begin{bmatrix}0&\frac{1}{6}(t-t_0)^2(t+2t_0)\\0&\frac{1}{8}(t^2-t_0^2)^2\end{bmatrix}+\cdots\\&=\begin{bmatrix}1&(t-t_0)+\frac{1}{6}(t-t_0)^2(t+2t_0)+\cdots\\0&1+\frac{1}{2}(t^2-t_0^2)+\frac{1}{8}(t^2-t_0^2)^2+\cdots\end{bmatrix}\end{aligned}$$

时变系统状态方程的解为

$$\begin{aligned}\boldsymbol{x}(t)&=\boldsymbol{\Phi}(t_1,t_0)\boldsymbol{x}(t_0)\\&=\begin{bmatrix}1&(t-t_0)+\frac{1}{6}(t-t_0)^2(t+2t_0)+\cdots\\0&1+\frac{1}{2}(t^2-t_0^2)+\frac{1}{8}(t^2-t_0^2)^2+\cdots\end{bmatrix}\boldsymbol{x}(t_0)\end{aligned}$$

2.4.2 线性时变系统状态转移矩阵

虽然线性时变系统齐次状态方程的解一般不能像线性定常系统那样写成封闭的解析式，但它仍可以表示成如下形式

$$\boldsymbol{x}(t)=\boldsymbol{\Phi}(t,t_0)\boldsymbol{x}(t_0) \tag{2-59}$$

式中，$\boldsymbol{\Phi}(t,t_0)$为线性时变系统的状态转移矩阵。

$\boldsymbol{\Phi}(t,t_0)$是一个 $n\times n$ 的时变函数阵，它不仅是时间 t 的函数，也是初始时刻 t_0 的函数，即

$$\boldsymbol{\Phi}(t,t_0)=\begin{bmatrix}\phi_{11}(t,t_0) & \phi_{12}(t,t_0) & \cdots & \phi_{1n}(t,t_0)\\ \phi_{21}(t,t_0) & \phi_{22}(t,t_0) & \cdots & \phi_{2n}(t,t_0)\\ \vdots & \vdots & & \vdots\\ \phi_{n1}(t,t_0) & \phi_{n2}(t,t_0) & \cdots & \phi_{nn}(t,t_0)\end{bmatrix} \tag{2-60}$$

由前面状态方程的解，可知时变系统的状态转移矩阵$\boldsymbol{\Phi}(t,t_0)$为一无穷级数，即

$$\begin{aligned}\boldsymbol{\Phi}(t,t_0)=&\boldsymbol{I}+\int_{t_0}^{t}\boldsymbol{A}(\tau)\mathrm{d}\tau+\int_{t_0}^{t}\boldsymbol{A}(\tau_1)\int_{t_0}^{\tau_1}\boldsymbol{A}(\tau_2)\mathrm{d}\tau_2\mathrm{d}\tau_1\\&+\int_{t_0}^{t}\boldsymbol{A}(\tau_1)\int_{t_0}^{\tau_1}\boldsymbol{A}(\tau_2)\int_{t_0}^{\tau_2}\boldsymbol{A}(\tau_3)\mathrm{d}\tau_3\mathrm{d}\tau_2\mathrm{d}\tau_1+\cdots\end{aligned} \tag{2-61}$$

一般情况下，它不能写成封闭形式，但可以按照一定的精度要求，采用数值计算的方法近似求$\boldsymbol{\Phi}(t,t_0)$。

下面讨论线性时变系统状态转移矩阵$\boldsymbol{\Phi}(t,t_0)$的性质。

(1) 状态转移矩阵$\boldsymbol{\Phi}(t,t_0)$满足如下矩阵微分方程和初始条件：

$$\begin{cases}\dot{\boldsymbol{\Phi}}(t,t_0)=\boldsymbol{A}(t)\boldsymbol{\Phi}(t,t_0)\\ \boldsymbol{\Phi}(t_0,t_0)=\boldsymbol{I}\end{cases} \tag{2-62}$$

证明 状态方程的解 $\boldsymbol{x}(t)$为

$$\boldsymbol{x}(t)=\boldsymbol{\Phi}(t,t_0)\boldsymbol{x}(t_0)$$

代入状态方程式(2-44)，有

$$[\dot{\boldsymbol{\Phi}}(t,t_0)-\boldsymbol{A}(t)\boldsymbol{\Phi}(t,t_0)]\boldsymbol{x}(t_0)=\boldsymbol{0} \tag{2-63}$$

又因 $\boldsymbol{x}(t_0)$是任意的，欲使上式成立，其充分且必要条件为

$$\dot{\boldsymbol{\Phi}}(t,t_0)-\boldsymbol{A}(t)\boldsymbol{\Phi}(t,t_0)=\boldsymbol{0}$$

即

$$\dot{\boldsymbol{\Phi}}(t,t_0)=\boldsymbol{A}(t)\boldsymbol{\Phi}(t,t_0)$$

当 $t=t_0$ 时，代入状态方程的解，得到

$$\boldsymbol{x}(t_0)=\boldsymbol{\Phi}(t_0,t_0)\boldsymbol{x}(t_0)$$

所以

$$\boldsymbol{\Phi}(t_0,t_0)=\boldsymbol{I} \tag{2-64}$$

(2) $\boldsymbol{\Phi}(t_2,t_0)=\boldsymbol{\Phi}(t_2,t_1)\boldsymbol{\Phi}(t_1,t_0)$。

证明 根据状态方程的解，有

$$\boldsymbol{x}(t_1)=\boldsymbol{\Phi}(t_1,t_0)\boldsymbol{x}(t_0),\boldsymbol{x}(t_2)=\boldsymbol{\Phi}(t_2,t_0)\boldsymbol{x}(t_0)$$

$$\boldsymbol{x}(t_2)=\boldsymbol{\Phi}(t_2,t_1)\boldsymbol{x}(t_1)=\boldsymbol{\Phi}(t_2,t_1)\boldsymbol{\Phi}(t_1,t_0)\boldsymbol{x}(t_0)$$

所以

$$\boldsymbol{\Phi}(t_2,t_0)=\boldsymbol{\Phi}(t_2,t_1)\boldsymbol{\Phi}(t_1,t_0)$$

(3) $\boldsymbol{\Phi}(t,t_0)$有逆，且其逆为$\boldsymbol{\Phi}(t_0,t)$，即

$$\boldsymbol{\Phi}^{-1}(t,t_0)=\boldsymbol{\Phi}(t_0,t) \tag{2-65}$$

证明 因为

$$\boldsymbol{\Phi}(t,t_0)\boldsymbol{\Phi}(t_0,t)=\boldsymbol{\Phi}(t,t)=\boldsymbol{I}$$

$$\boldsymbol{\Phi}(t_0,t)\boldsymbol{\Phi}(t,t_0)=\boldsymbol{\Phi}(t_0,t_0)=\boldsymbol{I}$$

所以

$$\boldsymbol{\Phi}^{-1}(t,t_0)=\boldsymbol{\Phi}(t_0,t)$$

2.4.3 线性时变系统非齐次状态方程式的解

线性时变系统非齐次状态方程为

$$\dot{\boldsymbol{x}}(t)=\boldsymbol{A}(t)\boldsymbol{x}(t)+\boldsymbol{B}(t)\boldsymbol{u}(t) \tag{2-66}$$

式中，$\boldsymbol{x}(t)$——n 维状态向量；

$\boldsymbol{u}(t)$——r 维输入向量；

$\boldsymbol{A}(t)$——$n\times n$ 系统矩阵；

$\boldsymbol{B}(t)$——$n\times r$ 输入矩阵。

$\boldsymbol{A}(t)$和$\boldsymbol{B}(t)$的各元素在时间区域$[t_0,\ t]$内分段连续，则非齐次状态方程的解为

$$\boldsymbol{x}(t)=\boldsymbol{\Phi}(t,t_0)\boldsymbol{x}(t_0)+\int_{t_0}^{t}\boldsymbol{\Phi}(t,\tau)\boldsymbol{B}(\tau)\boldsymbol{u}(\tau)\mathrm{d}\tau \tag{2-67}$$

式中，$\boldsymbol{\Phi}(t,t_0)$为线性时变系统的状态转移矩阵。它可由式(2-61)确定。

证明 将式(2-67)两边对 t 求导，并考虑状态转移矩阵$\boldsymbol{\Phi}(t,t_0)$的性质及积分公式

$$\frac{\partial}{\partial t}\int_{t_0}^{t}f(t,\tau)\mathrm{d}\tau=f(t,\tau)\Big|_{\tau=t}+\int_{t_0}^{t}\frac{\partial}{\partial t}f(t,\tau)\mathrm{d}\tau$$

可得

$$\begin{aligned}\frac{\mathrm{d}}{\mathrm{d}t}\boldsymbol{x}(t)&=\frac{\partial}{\partial t}\boldsymbol{\Phi}(t,t_0)\boldsymbol{x}(t_0)+\frac{\partial}{\partial t}\int_{t_0}^{t}\boldsymbol{\Phi}(t,\tau)\boldsymbol{B}(\tau)\boldsymbol{u}(\tau)\mathrm{d}\tau\\&=\boldsymbol{A}(t)\boldsymbol{\Phi}(t,t_0)\boldsymbol{x}(t_0)+[\boldsymbol{\Phi}(t,\tau)\boldsymbol{B}(\tau)\boldsymbol{u}(\tau)]\Big|_{\tau=t}\end{aligned}$$

$$+\int_{t_0}^{t}\frac{\partial}{\partial t}[\boldsymbol{\Phi}(t,\tau)\boldsymbol{B}(\tau)\boldsymbol{u}(\tau)\mathrm{d}\tau]$$

$$=\boldsymbol{A}(t)\boldsymbol{\Phi}(t,t_0)\boldsymbol{x}(t_0)+\boldsymbol{\Phi}(t,t)\boldsymbol{B}(t)\boldsymbol{u}(t)+\int_{t_0}^{t}\boldsymbol{A}(t)\boldsymbol{\Phi}(t,\tau)\boldsymbol{B}(\tau)\boldsymbol{u}(\tau)\mathrm{d}\tau$$

$$=\boldsymbol{A}(t)\boldsymbol{\Phi}(t,t_0)\boldsymbol{x}(t_0)+\boldsymbol{B}(t)\boldsymbol{u}(t)+\boldsymbol{A}(t)\int_{t_0}^{t}\boldsymbol{\Phi}(t,\tau)\boldsymbol{B}(\tau)\boldsymbol{u}(\tau)\mathrm{d}\tau$$

$$=\boldsymbol{A}(t)\left[\boldsymbol{\Phi}(t,t_0)\boldsymbol{x}(t_0)+\int_{t_0}^{t}\boldsymbol{\Phi}(t,\tau)\boldsymbol{B}(\tau)\boldsymbol{u}(\tau)\mathrm{d}\tau\right]+\boldsymbol{B}(t)\boldsymbol{u}(t)$$

$$=\boldsymbol{A}(t)\boldsymbol{x}(t)+\boldsymbol{B}(t)\boldsymbol{u}(t)$$

上式表明方程式(2-67)满足系统的非齐次状态方程式(2-66)。

当 $t=t_0$ 时，将其代入式(2-67)，有

$$\begin{aligned}\boldsymbol{x}(t_0)&=\boldsymbol{\Phi}(t_0,t_0)\boldsymbol{x}(t_0)+\int_{t_0}^{t_0}\boldsymbol{\Phi}(t,\tau)\boldsymbol{B}(\tau)\boldsymbol{u}(\tau)\mathrm{d}\tau\\&=\boldsymbol{I}\boldsymbol{x}(t_0)+\boldsymbol{0}=\boldsymbol{x}(t_0)\end{aligned}$$

显然，当 $t=t_0$ 时，方程式(2-67)也满足系统初始状态。所以，式(2-67)是线性时变系统非齐次状态方程式(2-66)的解。

根据线性系统的叠加原理，式(2-67)右边第一项 $\boldsymbol{\Phi}(t,t_0)\boldsymbol{x}(t_0)$ 是线性时变系统输入向量为零时系统初始状态 $\boldsymbol{x}(t_0)$ 的转移，称为系统零输入的状态转移；式(2-67)右边第二项是线性时变系统在初始状态为零时，由输入向量 $\boldsymbol{u}(t)$ 引起的状态转移，称为系统零状态的状态转移。

将系统状态方程的解代入系统输出方程，可得线性时变系统输出响应为

$$\boldsymbol{y}(t)=\boldsymbol{C}(t)\boldsymbol{x}(t)=\boldsymbol{C}(t)\boldsymbol{\Phi}(t,t_0)\boldsymbol{x}(t_0)+\boldsymbol{C}(t)\int_{t_0}^{t_0}\boldsymbol{\Phi}(t,\tau)\boldsymbol{B}(\tau)\boldsymbol{u}(\tau)\mathrm{d}\tau \tag{2-68}$$

类似于线性定常系统，上式右边第一项称为线性时变系统输出的零输入响应；右边第二项称为线性时变系统输出的零状态响应。

例 2-9　已知线性时变系统的状态空间表达式为

$$\begin{bmatrix}\dot{x}_1(t)\\\dot{x}_2(t)\end{bmatrix}=\begin{bmatrix}0&t\\0&\mathrm{e}^{-t}\end{bmatrix}\begin{bmatrix}x_1(t)\\x_2(t)\end{bmatrix}+\begin{bmatrix}0&0\\0&1\end{bmatrix}\begin{bmatrix}u_1(t)\\u_2(t)\end{bmatrix}$$

$$y(t)=\begin{bmatrix}0&1\end{bmatrix}\begin{bmatrix}x_1(t)\\x_2(t)\end{bmatrix}$$

试求初始时刻 $t_0=0$，初始状态 $\boldsymbol{x}(t_0)=\boldsymbol{0}$ 时，输入均为单位阶跃信号 $u(t)=1(t)$ 的系统输出响应。

解　对任意时间 t_1 和 t_2，有

$$\boldsymbol{A}(t_1)\boldsymbol{A}(t_2)=\begin{bmatrix}0&t_1\\0&\mathrm{e}^{-t_1}\end{bmatrix}\begin{bmatrix}0&t_2\\0&\mathrm{e}^{-t_2}\end{bmatrix}=\begin{bmatrix}0&t_1\mathrm{e}^{-t_2}\\0&\mathrm{e}^{-t_1}\mathrm{e}^{-t_2}\end{bmatrix}$$

$$\boldsymbol{A}(t_2)\boldsymbol{A}(t_1)=\begin{bmatrix}0&t_2\\0&\mathrm{e}^{-t_2}\end{bmatrix}\begin{bmatrix}0&t_1\\0&\mathrm{e}^{-t_1}\end{bmatrix}=\begin{bmatrix}0&t_2\mathrm{e}^{-t_1}\\0&\mathrm{e}^{-t_2}\mathrm{e}^{-t_1}\end{bmatrix}$$

因为

$$\boldsymbol{A}(t_1)\boldsymbol{A}(t_2) \neq \boldsymbol{A}(t_2)\boldsymbol{A}(t_1)$$

所以 $\boldsymbol{A}(t)$ 与 $\int_{t_0}^{t}\boldsymbol{A}(\tau)\mathrm{d}\tau$ 是不可交换的。此时，时变系统的状态转移矩阵 $\boldsymbol{\Phi}(t,0)$ 可按照式(2-61)做近似计算，即

$$\boldsymbol{\Phi}(t,0) = \boldsymbol{I} + \int_0^t \boldsymbol{A}(\tau)\mathrm{d}\tau + \int_0^t \boldsymbol{A}(\tau_1)\int_0^{\tau_1}\boldsymbol{A}(\tau_2)\mathrm{d}\tau_2\mathrm{d}\tau_1 + \int_0^t \boldsymbol{A}(\tau_1)\int_0^{\tau_1}\boldsymbol{A}(\tau_2)\int_0^{\tau_2}\boldsymbol{A}(\tau_3)\mathrm{d}\tau_1\mathrm{d}\tau_2\mathrm{d}\tau_3 + \cdots$$

其中

$$\int_0^t \boldsymbol{A}(\tau)\mathrm{d}\tau = \int_0^t \begin{bmatrix} 0 & \tau \\ 0 & \mathrm{e}^{-\tau} \end{bmatrix}\mathrm{d}\tau = \begin{bmatrix} 0 & \frac{1}{2}t^2 \\ 0 & 1-\mathrm{e}^{-t} \end{bmatrix}$$

$$\int_0^t \boldsymbol{A}(\tau_1)\int_0^{\tau_1}\boldsymbol{A}(\tau_2)\mathrm{d}\tau_2\mathrm{d}\tau_1 = \int_0^t \begin{bmatrix} 0 & \tau_1 \\ 0 & \mathrm{e}^{-\tau_1} \end{bmatrix}\int_0^{\tau_1}\begin{bmatrix} 0 & \tau_2 \\ 0 & \mathrm{e}^{-\tau_2} \end{bmatrix}\mathrm{d}\tau_2\mathrm{d}\tau_1$$

$$= \begin{bmatrix} 0 & \frac{1}{2}t^2 + t\mathrm{e}^{-t} + \mathrm{e}^{-t} - 1 \\ 0 & \frac{1}{2} - \mathrm{e}^{-t} + \frac{1}{2}\mathrm{e}^{-2t} \end{bmatrix}$$

线性时变系统的状态转移矩阵

$$\boldsymbol{\Phi}(t,0) = \begin{bmatrix} 1 & t^2 + t\mathrm{e}^{-t} + \mathrm{e}^{-t} - 1 + \cdots \\ 0 & \frac{5}{2} - 2\mathrm{e}^{-t} + \frac{1}{2}\mathrm{e}^{-2t} + \cdots \end{bmatrix}$$

线性时变系统非齐次状态方程的解为

$$\boldsymbol{x}(t) = \boldsymbol{\Phi}(t,0)\boldsymbol{x}(0) + \int_0^{t_0}\boldsymbol{\Phi}(t,\tau)\boldsymbol{B}(\tau)\boldsymbol{u}(\tau)\mathrm{d}\tau$$

$$= \int_0^t \begin{bmatrix} 1 & (t-\tau)^2 + (t-\tau)\mathrm{e}^{-(t-\tau)} + \mathrm{e}^{-(t-\tau)} - 1 + \cdots \\ 0 & \frac{5}{2} - 2\mathrm{e}^{-(t-\tau)} + \frac{1}{2}\mathrm{e}^{-2(t-\tau)} + \cdots \end{bmatrix}\begin{bmatrix} 0 & 0 \\ 0 & 1 \end{bmatrix}\begin{bmatrix} 1 \\ 1 \end{bmatrix}\mathrm{d}\tau$$

$$= \begin{bmatrix} \frac{1}{3}t^3 - t + 2 - 2\mathrm{e}^{-t} - t\mathrm{e}^{-t} + \cdots \\ \frac{5}{2}t - \frac{7}{4} + 2\mathrm{e}^{-t} - \frac{1}{4}\mathrm{e}^{-2t} + \cdots \end{bmatrix}$$

系统的输出响应为

$$\boldsymbol{y}(t) = \boldsymbol{C}(t)\boldsymbol{x}(t) = [0 \quad 1]\begin{bmatrix} x_1(t) \\ x_2(t) \end{bmatrix} = \frac{5}{2}t - \frac{7}{4} + 2\mathrm{e}^{-t} - \frac{1}{4}\mathrm{e}^{-2t} + \cdots$$

2.5 线性离散时间系统状态方程式的求解

线性离散系统的状态空间表达式为

$$\begin{cases}\boldsymbol{x}(k+1)=\boldsymbol{G}(k)\boldsymbol{x}(k)+\boldsymbol{H}(k)\boldsymbol{u}(k)\\ \boldsymbol{y}(k)=\boldsymbol{C}(k)\boldsymbol{x}(k)+\boldsymbol{D}(k)\boldsymbol{u}(k)\end{cases}\tag{2-69}$$

通常可以采用迭代法和 z 变换法求解线性离散系统的状态空间表达式的解。

2.5.1 迭代法

迭代法对于求解线性定常和线性时变离散系统状态方程都是适用的。当给定初始状态及输入函数,将其代入方程式(2-69),采用迭代运算可求得方程在各个采样时刻的数值解。这种方法特别适用于计算机求解。

设线性时变离散时间系统的初始状态为 $\boldsymbol{x}(0)$,输入向量为 $\boldsymbol{u}(k)(k=0,1,2,\cdots)$,将其直接代入方程式(2-69),经递推迭代,可得

$$\begin{cases}k=0,\boldsymbol{x}(1)=\boldsymbol{G}(0)\boldsymbol{x}(0)+\boldsymbol{H}(0)\boldsymbol{u}(0)\\ k=1,\boldsymbol{x}(2)=\boldsymbol{G}(1)\boldsymbol{x}(1)+\boldsymbol{H}(1)\boldsymbol{u}(1)\\ k=2,\boldsymbol{x}(3)=\boldsymbol{G}(2)\boldsymbol{x}(2)+\boldsymbol{H}(2)\boldsymbol{u}(2)\\ \quad\vdots\end{cases}$$

对于线性定常离散时间系统,状态方程中 $\boldsymbol{G}$ 和 $\boldsymbol{H}$ 均是定常矩阵,经递推迭代,可得

$$\begin{aligned}&k=0,\boldsymbol{x}(1)=\boldsymbol{G}\boldsymbol{x}(0)+\boldsymbol{H}\boldsymbol{u}(0)\\ &k=1,\boldsymbol{x}(2)=\boldsymbol{G}\boldsymbol{x}(1)+\boldsymbol{H}\boldsymbol{u}(1)=\boldsymbol{G}^2\boldsymbol{x}(0)+\boldsymbol{G}\boldsymbol{H}\boldsymbol{u}(0)+\boldsymbol{H}\boldsymbol{u}(1)\\ &\quad\vdots\\ &k=k-1,\boldsymbol{x}(k)=\boldsymbol{G}^k\boldsymbol{x}(0)+\sum_{j=0}^{k-1}\boldsymbol{G}^{k-j-1}\boldsymbol{H}\boldsymbol{u}(j)\\ &\quad\vdots\end{aligned}\tag{2-70}$$

仿照线性连续系统状态方程解中状态转移矩阵的概念,定义

$$\boldsymbol{\Phi}(k)=\boldsymbol{\Phi}(kT)=\boldsymbol{G}^k\tag{2-71}$$

为线性定常离散系统的状态转移矩阵,显然它是矩阵差分方程

$$\begin{cases}\boldsymbol{\Phi}(k+1)=\boldsymbol{G}\boldsymbol{\Phi}(kT)\\ \boldsymbol{\Phi}(0)=\boldsymbol{I}\end{cases}\tag{2-72}$$

的惟一解,并且具有如下性质:

$$\begin{aligned}&(1)\qquad \boldsymbol{\Phi}(k-k_2)=\boldsymbol{\Phi}(k-k_1)\boldsymbol{\Phi}(k_1-k_2),\quad k_2<k_1<k\\ &(2)\qquad \boldsymbol{\Phi}^{-1}(k)=\boldsymbol{\Phi}(-k)\end{aligned}\tag{2-73}$$

利用状态转移矩阵 $\boldsymbol{\Phi}(k)$,线性离散时间系统状态方程的解式(2-70)可表示为

$$\boldsymbol{x}(k)=\boldsymbol{G}^k\boldsymbol{x}(0)+\sum_{j=0}^{k-1}\boldsymbol{G}^{k-j-1}\boldsymbol{H}\boldsymbol{u}(j)=\boldsymbol{\Phi}(k)\boldsymbol{x}(0)+\sum_{j=0}^{k-1}\boldsymbol{\Phi}(k-j-1)\boldsymbol{H}\boldsymbol{u}(j)\tag{2-74}$$

若初始时刻 $k=h$，系统的初始状态为 $\boldsymbol{x}(h)$，线性离散时间系统状态方程的解为

$$\boldsymbol{x}(k+h)=\boldsymbol{\Phi}(k)\boldsymbol{x}(h)+\sum_{j=h}^{k-1}\boldsymbol{\Phi}(k-j-1)\boldsymbol{Hu}(j) \tag{2-75}$$

将离散时间系统状态方程的解代入离散时间系统的输出方程式(2-69)，可得离散时间系统的输出响应为

$$\begin{aligned}\boldsymbol{y}(k)&=\boldsymbol{Cx}(k)+\boldsymbol{Du}(k)\\&=\boldsymbol{C\Phi}(k)\boldsymbol{x}(0)+\boldsymbol{C}\sum_{j=0}^{k-1}\boldsymbol{\Phi}(k-j-1)\boldsymbol{Hu}(j)+\boldsymbol{Du}(k)\end{aligned} \tag{2-76}$$

式中，右边第一项为离散系统的零输入响应，第二、三项为离散系统的零状态响应。

2.5.2 z 变换法

对于线性定常离散系统，其状态方程为

$$\boldsymbol{x}(k+1)=\boldsymbol{Gx}(k)+\boldsymbol{Hu}(k) \tag{2-77}$$

对上式两边进行 z 变换，有

$$z\boldsymbol{X}(z)-z\boldsymbol{x}(0)=\boldsymbol{GX}(z)+\boldsymbol{HU}(z) \tag{2-78}$$

$$\boldsymbol{X}(z)=(z\boldsymbol{I}-\boldsymbol{G})^{-1}z\boldsymbol{x}(0)+(z\boldsymbol{I}-\boldsymbol{G})^{-1}\boldsymbol{HU}(z) \tag{2-79}$$

对上式取 z 反变换，可得

$$\boldsymbol{x}(k)=\mathcal{Z}^{-1}[(z\boldsymbol{I}-\boldsymbol{G})^{-1}z]\boldsymbol{x}(0)+\mathcal{Z}^{-1}[(z\boldsymbol{I}-\boldsymbol{G})^{-1}\boldsymbol{HU}(z)] \tag{2-80}$$

比较式(2-80)与式(2-74)有

$$\boldsymbol{\Phi}(k)=\mathcal{Z}^{-1}[(z\boldsymbol{I}-\boldsymbol{G})^{-1}z]$$

$$\sum_{j=0}^{k-1}\boldsymbol{\Phi}(k-j-1)\boldsymbol{Hu}(j)=\mathcal{Z}^{-1}[(z\boldsymbol{I}-\boldsymbol{G})^{-1}\boldsymbol{HU}(z)]$$

将离散系统状态方程的解代入离散系统输出方程，可得离散系统的输出响应为

$$\begin{aligned}\boldsymbol{y}(k)&=\boldsymbol{Cx}(k)+\boldsymbol{Du}(k)\\&=\boldsymbol{C}\mathcal{Z}^{-1}[(z\boldsymbol{I}-\boldsymbol{G})^{-1}z]\boldsymbol{x}(0)+\boldsymbol{C}\,\mathcal{Z}^{-1}[(z\boldsymbol{I}-\boldsymbol{G})^{-1}\boldsymbol{HU}(z)]+\boldsymbol{Du}(k)\end{aligned} \tag{2-81}$$

2.5.3 离散系统状态转移矩阵的求解

离散系统状态转移矩阵 $\boldsymbol{\Phi}(k)$ 的求取与连续系统状态转移矩阵 $\boldsymbol{\Phi}(t)$ 极为类似。

1. 直接法

直接根据离散系统递推迭代法中定义的

$$\boldsymbol{\Phi}(k)=\boldsymbol{\Phi}(kT)=\boldsymbol{G}^{k} \tag{2-82}$$

来计算，该方法简单，易于计算机求解，但不易得到状态转移矩阵的解析表达式。

2. z 变换法

根据 z 变换法求取线性定常离散系统状态方程解中的对应关系，状态转移矩阵为

$$\boldsymbol{\Phi}(k)=\mathcal{Z}^{-1}[(z\boldsymbol{I}-\boldsymbol{G})^{-1}z] \tag{2-83}$$

3. 化 $\boldsymbol{G}$ 为标准型法

(1) 当离散系统的特征值均为单根时

当离散系统状态方程的特征值均为单根时，经过线性变换可将系统矩阵 $\boldsymbol{G}$ 化为对角线标准型，即

$$\boldsymbol{P}^{-1}\boldsymbol{G}\boldsymbol{P}=\boldsymbol{\Lambda}$$

那么，离散系统状态转移矩阵为

$$\boldsymbol{\Phi}(k)=\boldsymbol{G}^k=\boldsymbol{P}\boldsymbol{\Lambda}^k\boldsymbol{P}^{-1} \tag{2-84}$$

式中，Λ 为对角线标准型。

若特征方程的特征根为 $\lambda_1,\lambda_2,\cdots,\lambda_n$，则有

$$\boldsymbol{\Lambda}=\begin{bmatrix}\lambda_1 & & & \boldsymbol{0}\\ & \lambda_2 & & \\ & & \ddots & \\ \boldsymbol{0} & & & \lambda_n\end{bmatrix},\quad \boldsymbol{\Lambda}^k=\begin{bmatrix}\lambda_1^k & & & \boldsymbol{0}\\ & \lambda_2^k & & \\ & & \ddots & \\ \boldsymbol{0} & & & \lambda_n^k\end{bmatrix}$$

$$\boldsymbol{\Phi}(k)=\boldsymbol{P}\boldsymbol{\Lambda}^k\boldsymbol{P}^{-1}=\boldsymbol{P}\begin{bmatrix}\lambda_1^k & & & \boldsymbol{0}\\ & \lambda_2^k & & \\ & & \ddots & \\ \boldsymbol{0} & & & \lambda_n^k\end{bmatrix}\boldsymbol{P}^{-1}$$

式中，$\boldsymbol{P}$ 为化离散系统状态方程的系统矩阵为对角线标准型的变换矩阵。

例 2-10 已知系统的状态方程为

$$\boldsymbol{x}(k+1)=\boldsymbol{G}\boldsymbol{x}(k)+\boldsymbol{H}\boldsymbol{u}(k)$$

其中

$$\boldsymbol{G}=\begin{bmatrix}0 & 1\\ -0.16 & -1\end{bmatrix},\quad \boldsymbol{H}=\begin{bmatrix}0\\ 0\end{bmatrix},\quad \boldsymbol{x}(0)=\begin{bmatrix}1\\ -1\end{bmatrix}$$

试求 $u(k)=1$ 时状态方程的解。

解 方法一：根据迭代法

$$\boldsymbol{x}(k)=\boldsymbol{G}^k\boldsymbol{x}(0)+\sum_{j=0}^{k-1}\boldsymbol{G}^{k-j-1}\boldsymbol{H}\boldsymbol{u}(j)=\boldsymbol{\Phi}(k)\boldsymbol{x}(0)+\sum_{j=0}^{k-1}\boldsymbol{\Phi}(k-j-1)\boldsymbol{H}\boldsymbol{u}(j)$$

式中，$\boldsymbol{\Phi}(k)=\boldsymbol{G}^k=\begin{bmatrix}0 & 1\\-0.16 & -1\end{bmatrix}^k$

$$k=1,\boldsymbol{\Phi}(1)=\boldsymbol{G}=\begin{bmatrix}0 & 1\\-0.16 & -1\end{bmatrix}$$

$$k=2,\boldsymbol{\Phi}(2)=\boldsymbol{G}^2=\begin{bmatrix}0 & 1\\-0.16 & -1\end{bmatrix}^2=\begin{bmatrix}-0.16 & -1\\0.16 & 0.84\end{bmatrix}$$

$$k=3,\boldsymbol{\Phi}(3)=\boldsymbol{G}^3=\begin{bmatrix}0 & 1\\-0.16 & -1\end{bmatrix}^3=\begin{bmatrix}0.16 & 0.84\\-0.13 & -0.68\end{bmatrix}$$

$$\vdots$$

状态方程的解 $\boldsymbol{x}(k)$ 为

$$\boldsymbol{x}(1)=\boldsymbol{\Phi}(1)\boldsymbol{x}(0)=\begin{bmatrix}-1\\0.84\end{bmatrix}$$

$$\boldsymbol{x}(2)=\boldsymbol{\Phi}(2)\boldsymbol{x}(0)=\begin{bmatrix}0.84\\-0.68\end{bmatrix}$$

$$\boldsymbol{x}(3)=\boldsymbol{\Phi}(3)\boldsymbol{x}(0)=\begin{bmatrix}-0.68\\0.55\end{bmatrix}$$

$$\vdots$$

方法二：根据 z 变换法

$$(z\boldsymbol{I}-\boldsymbol{G})^{-1}=\begin{bmatrix}z & -1\\0.16 & z+1\end{bmatrix}^{-1}=\begin{bmatrix}\dfrac{z+1}{(z+0.2)(z+0.8)} & \dfrac{1}{(z+0.2)(z+0.8)}\\ \dfrac{-0.16}{(z+0.2)(z+0.8)} & \dfrac{z}{(z+0.2)(z+0.8)}\end{bmatrix}$$

$$\begin{aligned}\boldsymbol{\Phi}(k)&=\mathcal{Z}^{-1}[(z\boldsymbol{I}-\boldsymbol{G})^{-1}z]\\&=\begin{bmatrix}\dfrac{4}{3}(-0.2)^k-\dfrac{1}{3}(-0.8)^k & \dfrac{5}{3}(-0.2)^k-\dfrac{5}{3}(-0.8)^k\\ \dfrac{-4}{15}(-0.2)^k+\dfrac{4}{15}(-0.8)^k & -\dfrac{1}{3}(-0.2)^k+\dfrac{4}{3}(-0.8)^k\end{bmatrix}\end{aligned}$$

则状态方程的解 $\boldsymbol{x}(k)$ 为

$$\begin{aligned}\boldsymbol{x}(k)&=\boldsymbol{\Phi}(k)\boldsymbol{x}(0)\\&=\begin{bmatrix}\dfrac{4}{3}(-0.2)^k-\dfrac{1}{3}(-0.8)^k & \dfrac{5}{3}(-0.2)^k-\dfrac{5}{3}(-0.8)^k\\ \dfrac{-4}{15}(-0.2)^k+\dfrac{4}{15}(-0.8)^k & -\dfrac{1}{3}(-0.2)^k+\dfrac{4}{3}(-0.8)^k\end{bmatrix}\begin{bmatrix}1\\-1\end{bmatrix}\end{aligned}$$

$$= \begin{bmatrix} -\frac{1}{3}(-0.2)^k + \frac{4}{3}(-0.8)^k \\ \frac{1}{15}(-0.2)^k - \frac{16}{15}(-0.8)^k \end{bmatrix}$$

方法三：根据标准型法

根据特征方程

$$|\lambda\boldsymbol{I} - \boldsymbol{G}| = \begin{vmatrix} \lambda & -1 \\ 0.16 & \lambda+1 \end{vmatrix} = (\lambda+0.2)(\lambda+0.8) = 0$$

可得特征值为 $\lambda_1 = -0.2, \lambda_2 = -0.8$。

取线性变换阵

$$\boldsymbol{P} = \begin{bmatrix} 1 & 1 \\ -0.2 & -0.8 \end{bmatrix}, \quad \boldsymbol{P}^{-1} = \frac{1}{3}\begin{bmatrix} 4 & 5 \\ -1 & -5 \end{bmatrix}$$

可得

$$\boldsymbol{P}^{-1}\boldsymbol{G}\boldsymbol{P} = \frac{1}{3}\begin{bmatrix} 4 & 5 \\ -1 & -5 \end{bmatrix}\begin{bmatrix} 0 & 1 \\ -0.16 & -1 \end{bmatrix}\begin{bmatrix} 1 & 1 \\ -0.2 & -0.8 \end{bmatrix} = \begin{bmatrix} -0.2 & 0 \\ 0 & -0.8 \end{bmatrix} = \boldsymbol{\Lambda}$$

则

$$\boldsymbol{\Phi}(k) = \boldsymbol{G}^k = \boldsymbol{P}\boldsymbol{\Lambda}^k\boldsymbol{P}^{-1}$$

$$\boldsymbol{\Phi}(k) = \frac{1}{3}\begin{bmatrix} 1 & 1 \\ -0.2 & -0.8 \end{bmatrix}\begin{bmatrix} (-0.2)^k & 0 \\ 0 & (-0.8)^k \end{bmatrix}\begin{bmatrix} 4 & 5 \\ -1 & -5 \end{bmatrix}$$

$$= \frac{1}{3}\begin{bmatrix} 4(-0.2)^k - (-0.8)^k & 5(-0.2)^k - 5(-0.8)^k \\ -0.8(-0.2)^k + 0.8(-0.8)^k & -(-0.2)^k + 4(-0.8)^k \end{bmatrix}$$

状态方程的解 $\boldsymbol{x}(k)$ 为

$$\boldsymbol{x}(k) = \boldsymbol{\Phi}(k)\boldsymbol{x}(0) = \frac{1}{3}\begin{bmatrix} -(-0.2)^k + 4(-0.8)^k \\ 0.2(-0.2)^k - 3.2(-0.8)^k \end{bmatrix}$$

（2）当离散系统的特征值有重根时

离散系统的特征方程式 $|\lambda\boldsymbol{I} - \boldsymbol{G}| = 0$ 有重根时，经线性变换可化系统矩阵 $\boldsymbol{G}$ 为约当标准型，即

$$\boldsymbol{P}^{-1}\boldsymbol{G}\boldsymbol{P} = \boldsymbol{J}$$

此时离散系统状态转移矩阵为

$$\boldsymbol{\Phi}(k) = \boldsymbol{G}^k = \boldsymbol{P}\boldsymbol{J}^k\boldsymbol{P}^{-1} \tag{2-85}$$

式中，$\boldsymbol{J}$——约当标准型；

$\boldsymbol{P}$——化 $\boldsymbol{G}$ 为约当标准型的变换矩阵。

4. 化 $\boldsymbol{G}^k$ 为 $\boldsymbol{G}$ 的有限项法

应用凯莱-哈密顿定理，系统矩阵 $\boldsymbol{G}$ 满足其自身的化零多项式。离散系统状态转移矩阵可化为 $\boldsymbol{G}$ 的有限项。即

$$\boldsymbol{\Phi}(k) = \boldsymbol{G}^k = \alpha_0(k)\boldsymbol{I} + \alpha_1(k)\boldsymbol{G} + \alpha_2(k)\boldsymbol{G}^2 + \cdots + \alpha_{n-1}(k)\boldsymbol{G}^{n-1} \tag{2-86}$$

式中，$\alpha_0(k),\alpha_1(k),\alpha_2(k),\cdots,\alpha_{n-1}(k)$为与采样时刻有关的待定系数，可仿照连续系统的方法来求取。

例 2-11 线性定常离散系统的状态方程为

$$\begin{bmatrix} x_1(k+1) \\ x_2(k+1) \end{bmatrix} = \begin{bmatrix} 0 & 1 \\ -2 & -3 \end{bmatrix} \begin{bmatrix} x_1(k) \\ x_2(k) \end{bmatrix}$$

试求 $\boldsymbol{x}(0)=[1 \quad 0]^{\mathrm{T}}$ 时系统状态方程的解。

解 离散系统特征方程为

$$|\lambda \boldsymbol{I} - \boldsymbol{G}| = \begin{vmatrix} \lambda & -1 \\ 2 & \lambda+3 \end{vmatrix} = (\lambda+1)(\lambda+2) = 0$$

可得特征值为 $\lambda_1=-1,\lambda_2=-2$。

仿照式(2-32)，将特征值 $\lambda_1=-1,\lambda_2=-2$ 分别代入以下待定系数方程中

$$\begin{cases} (\lambda_1)^k = \alpha_0(k) + \alpha_1(k)\lambda_1 \\ (\lambda_2)^k = \alpha_0(k) + \alpha_1(k)\lambda_2 \end{cases}$$

有

$$\begin{cases} (-1)^k = \alpha_0(k) - \alpha_1(k) \\ (-2)^k = \alpha_0(k) - 2\alpha_1(k) \end{cases}$$

可得

$$\begin{cases} \alpha_0(k) = 2(-1)^k - (-2)^k \\ \alpha_1(k) = (-1)^k - (-2)^k \end{cases}$$

则离散系统状态转移矩阵为

$$\begin{aligned} \boldsymbol{\Phi}(k) &= \boldsymbol{G}^k = \alpha_0(k)\boldsymbol{I} + \alpha_1(k)\boldsymbol{G} \\ &= \alpha_0(k)\begin{bmatrix} 1 & 0 \\ 0 & 1 \end{bmatrix} + \alpha_1(k)\begin{bmatrix} 0 & 1 \\ -2 & -3 \end{bmatrix} \\ &= \begin{bmatrix} 2(-1)^k - (-2)^k & (-1)^k - (-2)^k \\ -2(-1)^k + 2(-2)^k & -(-1)^k + 2(-2)^k \end{bmatrix} \end{aligned}$$

离散系统状态方程的解为

$$\boldsymbol{x}(k) = \boldsymbol{\Phi}(k)\boldsymbol{x}(0) = \begin{bmatrix} 2(-1)^k - 2(-2)^k \\ -2(-1)^k + 2(-2)^k \end{bmatrix}$$

2.6 线性连续时间系统的离散化

线性连续时间系统的状态方程为一阶向量微分方程。采用解析法求解，可得连续时间状态变量 $\boldsymbol{x}(t)$。也可采用数值解法求解，此时对微分方程作近似解，给出离散采样时刻状态方程解的近似值。利用数字计算机对线性定常连续系统求数值解是现代科学技术研究中常用的一种方法，它不仅方便，而且精确。由于实际工业生产中线性定常连续系统需要在线控制等，必须将连续时间系统的状态方

程化为离散系统状态方程，即将矩阵微分方程化成矩阵差分方程，这就是连续系统的离散化。

在此假定：

(1) 离散化按等采样周期 T 采样处理，采样时刻为 $kT, k=0,1,2,\cdots$；采样脉冲为理想采样脉冲。

(2) 输入向量 $\boldsymbol{u}(t)$ 只在采样时刻发生变化，在相邻两采样时刻之间的数值通过零阶保持器保持不变，即

$$\boldsymbol{u}(t) = \boldsymbol{u}(kT), \quad kT \leqslant t \leqslant (k+1)T$$

(3) 采样周期的选择满足香农(Shannon)采样定理。

2.6.1　线性定常系统状态方程式的离散化

线性定常连续系统的状态方程为

$$\dot{\boldsymbol{x}}(t) = \boldsymbol{A}\boldsymbol{x}(t) + \boldsymbol{B}\boldsymbol{u}(t)$$

状态方程的解为

$$\boldsymbol{x}(t) = \mathrm{e}^{\boldsymbol{A}(t-t_0)}\boldsymbol{x}(t_0) + \int_{t_0}^{t} \mathrm{e}^{\boldsymbol{A}(t-\tau)}\boldsymbol{B}\boldsymbol{u}(\tau)\mathrm{d}\tau$$

当考虑在两相邻采样时刻 $t_0=kT$ 和 $t=(k+1)T$ 之间状态方程的解时，其输入向量 $\boldsymbol{u}(t)=\boldsymbol{u}(kT)$，初始时刻 $t_0=kT$，则状态方程的解为

$$\boldsymbol{x}(t) = \mathrm{e}^{\boldsymbol{A}(t-kT)}\boldsymbol{x}(kT) + \int_{kT}^{t} \mathrm{e}^{\boldsymbol{A}(t-\tau)}\boldsymbol{B}\boldsymbol{u}(\tau)\mathrm{d}\tau \tag{2-87}$$

考虑采样时刻的状态，令 $t=(k+1)T$，代入式(2-87)，得

$$\boldsymbol{x}[(k+1)T] = \mathrm{e}^{\boldsymbol{A}[(k+1)T-kT]}\boldsymbol{x}(kT) + \int_{kT}^{(k+1)T} \mathrm{e}^{\boldsymbol{A}[(k+1)T-\tau]}\boldsymbol{B}\boldsymbol{u}(\tau)\mathrm{d}\tau \tag{2-88}$$

对上式进行积分变换，即令 $t=(k+1)T-\tau$，则式(2-88)变为

$$\begin{aligned}\boldsymbol{x}[(k+1)T] &= \mathrm{e}^{\boldsymbol{A}T}\boldsymbol{x}(kT) + \int_{0}^{T} \mathrm{e}^{\boldsymbol{A}t}\boldsymbol{B}\boldsymbol{u}[(k+1)T-t]\mathrm{d}t \\ &= \mathrm{e}^{\boldsymbol{A}T}\boldsymbol{x}(kT) + \int_{0}^{T} \mathrm{e}^{\boldsymbol{A}t}\boldsymbol{B}\mathrm{d}t \cdot \boldsymbol{u}(kT)\end{aligned}$$

令

$$\boldsymbol{G}(T) = \mathrm{e}^{\boldsymbol{A}T} \tag{2-89}$$

$$\boldsymbol{H}(T) = \int_{0}^{T} \mathrm{e}^{\boldsymbol{A}t}\boldsymbol{B}\mathrm{d}t \tag{2-90}$$

可得线性定常连续系统状态方程的离散化方程

$$\boldsymbol{x}[(k+1)T] = \boldsymbol{G}(T)\boldsymbol{x}(kT) + \boldsymbol{H}(T)\boldsymbol{u}(kT) \tag{2-91}$$

由于输出方程是一个线性方程，离散化后，在采样时刻 kT 系统的离散输出 $\boldsymbol{y}(kT)$、离散状态 $\boldsymbol{x}(kT)$ 和离散输入 $\boldsymbol{u}(kT)$ 之间仍保持原来的线性关系。因此，离散化前后的矩阵 C 和 D 均不改变。离散化后的系统输出方程为

$$\boldsymbol{y}(kT)=\boldsymbol{C}\boldsymbol{x}(kT)+\boldsymbol{D}\boldsymbol{u}(kT) \tag{2-92}$$

考虑式(2-91)和式(2-92)，对线性定常连续系统

$$\begin{cases}\dot{\boldsymbol{x}}(t)=\boldsymbol{A}\boldsymbol{x}(t)+\boldsymbol{B}\boldsymbol{u}(t)\\ \boldsymbol{y}(t)=\boldsymbol{C}\boldsymbol{x}(t)+\boldsymbol{D}\boldsymbol{u}(t)\end{cases} \tag{2-93}$$

离散化后的状态空间表达式为

$$\begin{cases}\boldsymbol{x}[(k+1)T]=\boldsymbol{G}(T)\boldsymbol{x}(kT)+\boldsymbol{H}(T)\boldsymbol{u}(kT)\\ \boldsymbol{y}(kT)=\boldsymbol{C}\boldsymbol{x}(kT)+\boldsymbol{D}\boldsymbol{u}(kT)\end{cases} \tag{2-94}$$

式中，$\boldsymbol{G}(T)=\mathrm{e}^{\boldsymbol{A}T}$，$\boldsymbol{H}(T)=\int_0^T \mathrm{e}^{\boldsymbol{A}t}\boldsymbol{B}\mathrm{d}t$。

例 2-12 线性定常连续系统的状态方程为

$$\begin{bmatrix}\dot{x}_1(t)\\ \dot{x}_2(t)\end{bmatrix}=\begin{bmatrix}0 & 1\\ 0 & 1\end{bmatrix}\begin{bmatrix}x_1(t)\\ x_2(t)\end{bmatrix}+\begin{bmatrix}0\\ 1\end{bmatrix}u(t)$$

求离散化状态方程式。

解 根据

$$\mathrm{e}^{\boldsymbol{A}t}=\mathcal{L}^{-1}[(s\boldsymbol{I}-\boldsymbol{A})^{-1}]=\mathcal{L}^{-1}\left\{\begin{bmatrix}s & -1\\ 0 & s-1\end{bmatrix}^{-1}\right\}=\begin{bmatrix}1 & \mathrm{e}^t-1\\ 0 & \mathrm{e}^t\end{bmatrix}$$

可得

$$\boldsymbol{G}(T)=\mathrm{e}^{\boldsymbol{A}t}\big|_{t=T}=\begin{bmatrix}1 & \mathrm{e}^t-1\\ 0 & \mathrm{e}^t\end{bmatrix}\Bigg|_{t=T}=\begin{bmatrix}1 & \mathrm{e}^T-1\\ 0 & \mathrm{e}^T\end{bmatrix}$$

$$\boldsymbol{H}(T)=\int_0^T \mathrm{e}^{\boldsymbol{A}t}\boldsymbol{B}\mathrm{d}t=\int_0^T\begin{bmatrix}1 & \mathrm{e}^t-1\\ 0 & \mathrm{e}^t\end{bmatrix}\begin{bmatrix}0\\ 1\end{bmatrix}\mathrm{d}t=\begin{bmatrix}\mathrm{e}^T-T-1\\ \mathrm{e}^T-1\end{bmatrix}$$

离散系统状态方程为

$$\begin{bmatrix}x_1[(k+1)T]\\ x_2[(k+1)T]\end{bmatrix}=\begin{bmatrix}1 & \mathrm{e}^T-1\\ 0 & \mathrm{e}^T\end{bmatrix}\begin{bmatrix}x_1(kT)\\ x_2(kT)\end{bmatrix}+\begin{bmatrix}\mathrm{e}^T-T-1\\ \mathrm{e}^T-1\end{bmatrix}u(kT)$$

2.6.2 线性时变系统状态方程式的离散化

设线性时变连续系统状态方程为

$$\dot{\boldsymbol{x}}(t)=\boldsymbol{A}(t)\boldsymbol{x}(t)+\boldsymbol{B}(t)\boldsymbol{u}(t) \tag{2-95}$$

状态方程的解为

$$\boldsymbol{x}(t)=\boldsymbol{\Phi}(t,t_0)\boldsymbol{x}(t_0)+\int_{t_0}^{t}\boldsymbol{\Phi}(t,\tau)\boldsymbol{B}\boldsymbol{u}(\tau)\mathrm{d}\tau \tag{2-96}$$

令 $t=(k+1)T$ 和 $t_0=kT$，则有

$$\boldsymbol{x}[(k+1)T]=\boldsymbol{\Phi}[(k+1)T,kT]\boldsymbol{x}(kT)+\int_{kT}^{(k+1)T}\boldsymbol{\Phi}[(k+1)T,\tau]\boldsymbol{B}\boldsymbol{u}(\tau)\mathrm{d}\tau \tag{2-97}$$

令

$$\begin{cases} \boldsymbol{G}(T) = \boldsymbol{\Phi}[(k+1)T, kT] \\ \boldsymbol{H}(kT) = \int_{kT}^{(k+1)T} \boldsymbol{\Phi}[(k+1)T, \tau]\boldsymbol{B}(\tau)\mathrm{d}\tau \end{cases} \tag{2-98}$$

同时考虑 $\boldsymbol{u}(\tau)=\boldsymbol{u}(kT), kT \leqslant \tau \leqslant (k+1)T$，则式(2-97)可写为

$$\boldsymbol{x}[(k+1)T] = \boldsymbol{G}(kT)\boldsymbol{x}(kT) + \boldsymbol{H}(kT)\boldsymbol{u}(kT) \tag{2-99}$$

式(2-99)就是线性时变连续系统的离散化状态方程。

线性时变连续系统的输出方程为

$$\boldsymbol{y}(t) = \boldsymbol{C}(t)\boldsymbol{x}(t) + \boldsymbol{D}(t)\boldsymbol{u}(t)$$

令 $t=kT$ 代入上式，即可得线性时变连续系统的离散化输出方程

$$\boldsymbol{y}(kT) = \boldsymbol{C}(kT)\boldsymbol{x}(kT) + \boldsymbol{D}(kT)\boldsymbol{u}(kT) \tag{2-100}$$

式中

$$\begin{cases} \boldsymbol{C}(kT) = \boldsymbol{C}(t)\big|_{t=kT} \\ \boldsymbol{D}(kT) = \boldsymbol{D}(t)\big|_{t=kT} \end{cases}$$

2.6.3 近似离散化

对于线性连续时变系统，在采样周期 T 较小(一般为被控对象中的最小时间常数 $T_{\min}$ 的 1/10 左右)时，即

$$T \leqslant \frac{1}{10}T_{\min} \tag{2-101}$$

可采用近似离散化方法。

设线性时变连续系统状态方程为

$$\dot{\boldsymbol{x}}(t) = \boldsymbol{A}(t)\boldsymbol{x}(t) + \boldsymbol{B}(t)\boldsymbol{u}(t) \tag{2-102}$$

根据导数定义

$$\dot{\boldsymbol{x}}(t) = \lim_{\Delta t \to 0}\frac{\boldsymbol{x}(t+\Delta t) - \boldsymbol{x}(t)}{\Delta t} \approx \frac{\boldsymbol{x}(t+\Delta t) - \boldsymbol{x}(t)}{\Delta t} \tag{2-103}$$

求取 $[kT,(k+1)T]$ 区间的导数，则有

$$\dot{\boldsymbol{x}}(kT) = \lim_{T \to 0}\frac{\boldsymbol{x}[(k+1)T] - \boldsymbol{x}(kT)}{T} \approx \frac{\boldsymbol{x}[(k+1)T] - \boldsymbol{x}(kT)}{T} \tag{2-104}$$

当 $t=kT$ 时，线性时变连续系统状态方程式(2-102)可表示为

$$\dot{\boldsymbol{x}}(kT) = \boldsymbol{A}(kT)\boldsymbol{x}(kT) + \boldsymbol{B}(kT)\boldsymbol{u}(kT) \tag{2-105}$$

将式(2-104)代入式(2-105)中得

$$\boldsymbol{x}[(k+1)T] = [T\boldsymbol{A}(kT) + \boldsymbol{I}]\boldsymbol{x}(kT) + T\boldsymbol{B}(kT)\boldsymbol{u}(kT) \tag{2-106}$$

令

$$\begin{cases} \boldsymbol{G}(kT) = T\boldsymbol{A}(kT) + \boldsymbol{I} \\ \boldsymbol{H}(kT) = T\boldsymbol{B}(kT) \end{cases} \tag{2-107}$$

则可得到近似离散化的系统状态方程为

$$\boldsymbol{x}[(k+1)T]=\boldsymbol{G}(kT)\boldsymbol{x}(kT)+\boldsymbol{H}(kT)\boldsymbol{u}(kT) \tag{2-108}$$

该方程仅能描述系统在采样时刻 $kT(k=0,1,2,\cdots)$ 状态方程的近似特性。采样周期 T 越小，近似的离散化状态方程越精确。

例 2-13 设线性时变系统的状态方程为

$$\begin{bmatrix}\dot{x}_1(t)\\ \dot{x}_2(t)\end{bmatrix}=\begin{bmatrix}0 & \dfrac{1}{(t+1)^2}\\ 0 & 0\end{bmatrix}\begin{bmatrix}x_1(t)\\ x_2(t)\end{bmatrix}+\begin{bmatrix}1\\ 1\end{bmatrix}u(t)$$

$$\boldsymbol{x}(0)=\begin{bmatrix}0\\ 0\end{bmatrix},\quad u(t)=1(t)$$

试求其离散化状态方程及状态向量 $\boldsymbol{x}(kT)$ 在采样时刻 $kT(k=0,1,2,\cdots)$ 的近似值。

解 根据式(2-107)，可求得

$$\begin{cases}\boldsymbol{G}(kT)=T\boldsymbol{A}(kT)+\boldsymbol{I}=\begin{bmatrix}1 & \dfrac{T}{(kT+1)^2}\\ 0 & 1\end{bmatrix}\\ \boldsymbol{H}(kT)=T\boldsymbol{B}(kT)=\begin{bmatrix}T\\ T\end{bmatrix}\end{cases}$$

代入式(2-108)，可得近似离散化系统状态方程为

$$\begin{bmatrix}x_1[(k+1)T]\\ x_2[(k+1)T]\end{bmatrix}=\begin{bmatrix}1 & \dfrac{T}{(kT+1)^2}\\ 0 & 1\end{bmatrix}\begin{bmatrix}x_1(kT)\\ x_2(kT)\end{bmatrix}+\begin{bmatrix}T\\ T\end{bmatrix}u(kT)$$

选取采样周期 $T=1\text{s}$，递推求解状态方程

$$\begin{bmatrix}x_1[(k+1)T]\\ x_2[(k+1)T]\end{bmatrix}=\begin{bmatrix}1 & \dfrac{1}{(k+1)^2}\\ 0 & 1\end{bmatrix}\begin{bmatrix}x_1(kT)\\ x_2(kT)\end{bmatrix}+\begin{bmatrix}1\\ 1\end{bmatrix}u(kT)$$

$$k=0,\begin{bmatrix}x_1(T)\\ x_2(T)\end{bmatrix}=\begin{bmatrix}1 & 1\\ 0 & 1\end{bmatrix}\begin{bmatrix}x_1(0)\\ x_2(0)\end{bmatrix}+\begin{bmatrix}1\\ 1\end{bmatrix}u(0)=\begin{bmatrix}1\\ 1\end{bmatrix}$$

$$k=1,\begin{bmatrix}x_1(2T)\\ x_2(2T)\end{bmatrix}=\begin{bmatrix}1 & \dfrac{1}{4}\\ 0 & 1\end{bmatrix}\begin{bmatrix}x_1(T)\\ x_2(T)\end{bmatrix}+\begin{bmatrix}1\\ 1\end{bmatrix}u(T)=\begin{bmatrix}\dfrac{9}{4}\\ 2\end{bmatrix}$$

$$k=2,\begin{bmatrix}x_1(3T)\\ x_2(3T)\end{bmatrix}=\begin{bmatrix}1 & \dfrac{1}{9}\\ 0 & 1\end{bmatrix}\begin{bmatrix}x_1(2T)\\ x_2(2T)\end{bmatrix}+\begin{bmatrix}1\\ 1\end{bmatrix}u(2T)=\begin{bmatrix}\dfrac{125}{36}\\ 3\end{bmatrix}$$

$$\vdots$$

选取采样周期 $T=0.1\text{s}$，递推求解状态方程

$$\begin{bmatrix}x_1[(k+1)T]\\ x_2[(k+1)T]\end{bmatrix}=\begin{bmatrix}1 & \dfrac{0.1}{(0.1k+1)^2}\\ 0 & 1\end{bmatrix}\begin{bmatrix}x_1(kT)\\ x_2(kT)\end{bmatrix}+\begin{bmatrix}0.1\\ 0.1\end{bmatrix}u(kT)$$

$$k=0,\begin{bmatrix}x_1(T)\\x_2(T)\end{bmatrix}=\begin{bmatrix}1&0.1\\0&1\end{bmatrix}\begin{bmatrix}x_1(0)\\x_2(0)\end{bmatrix}+\begin{bmatrix}0.1\\0.1\end{bmatrix}u(0)=\begin{bmatrix}0.1\\0.1\end{bmatrix}$$

$$k=1,\begin{bmatrix}x_1(2T)\\x_2(2T)\end{bmatrix}=\begin{bmatrix}1&0.08\\0&1\end{bmatrix}\begin{bmatrix}x_1(T)\\x_2(T)\end{bmatrix}+\begin{bmatrix}0.1\\0.1\end{bmatrix}u(T)=\begin{bmatrix}0.208\\1.1\end{bmatrix}$$

$$k=2,\begin{bmatrix}x_1(3T)\\x_2(3T)\end{bmatrix}=\begin{bmatrix}1&0.07\\0&1\end{bmatrix}\begin{bmatrix}x_1(2T)\\x_2(2T)\end{bmatrix}+\begin{bmatrix}0.1\\0.1\end{bmatrix}u(2T)=\begin{bmatrix}0.385\\1.2\end{bmatrix}$$

$$\vdots$$

例 2-14　已知系统如图 2-2 所示，试求系统离散化状态空间表达式。

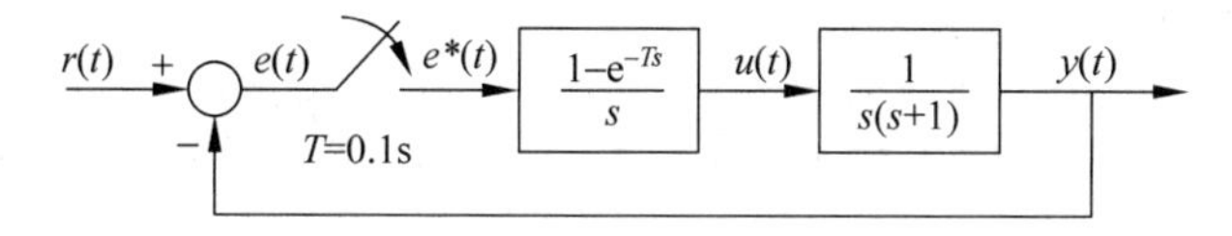

图 2-2　系统方框图

解　系统中连续时间被控对象的传递函数为

$$G(s)=\frac{Y(s)}{U(s)}=\frac{1}{s(s+1)}$$

连续时间被控对象的状态空间表达式为

$$\begin{cases}\dot{x}_1=x_2\\\dot{x}_2=-x_2+u\end{cases}$$

写成向量矩阵形式

$$\begin{bmatrix}\dot{x}_1(t)\\\dot{x}_2(t)\end{bmatrix}=\begin{bmatrix}0&1\\0&-1\end{bmatrix}\begin{bmatrix}x_1(t)\\x_2(t)\end{bmatrix}+\begin{bmatrix}0\\1\end{bmatrix}u(t)$$

输出方程为

$$y(t)=x_1(t)=\begin{bmatrix}1&0\end{bmatrix}\begin{bmatrix}x_1(t)\\x_2(t)\end{bmatrix}$$

下面分别用两种方法进行离散化。

方法一：线性定常系统状态方程式的离散化

根据

$$\mathrm{e}^{\boldsymbol{A}t}=\mathcal{L}^{-1}[(s\boldsymbol{I}-\boldsymbol{A})^{-1}]=\mathcal{L}^{-1}\left\{\begin{bmatrix}s&-1\\0&s+1\end{bmatrix}^{-1}\right\}=\begin{bmatrix}1&1-\mathrm{e}^{-t}\\0&\mathrm{e}^{-t}\end{bmatrix}$$

可得

$$\boldsymbol{G}(T)=\mathrm{e}^{\boldsymbol{A}t}\big|_{t=T}=\begin{bmatrix}1&1-\mathrm{e}^{-t}\\0&\mathrm{e}^{-t}\end{bmatrix}\Bigg|_{t=T}=\begin{bmatrix}1&1-\mathrm{e}^{-T}\\0&\mathrm{e}^{-T}\end{bmatrix}$$

$$\boldsymbol{H}(T)=\int_0^T\mathrm{e}^{\boldsymbol{A}t}\boldsymbol{b}\,\mathrm{d}t=\int_0^T\begin{bmatrix}1&1-\mathrm{e}^{-t}\\0&\mathrm{e}^{-t}\end{bmatrix}\begin{bmatrix}0\\1\end{bmatrix}\mathrm{d}t=\begin{bmatrix}T+\mathrm{e}^{-T}-1\\1-\mathrm{e}^{-T}\end{bmatrix}$$

则被控对象的离散化状态方程为

$$\begin{bmatrix} x_1[(k+1)T] \\ x_2[(k+1)T] \end{bmatrix} = \begin{bmatrix} 1 & 1-e^{-T} \\ 0 & e^{-T} \end{bmatrix} \begin{bmatrix} x_1(kT) \\ x_2(kT) \end{bmatrix} + \begin{bmatrix} T+e^{-T}-1 \\ 1-e^{-T} \end{bmatrix} u(kT)$$

根据系统结构图可知，在采用零阶保持器时，被控对象的离散化输入 $u(kT)=r(kT)-y(kT)=r(kT)-x_1(kT)$，所以可得系统的离散化状态方程为

$$\begin{aligned} \begin{bmatrix} x_1[(k+1)T] \\ x_2[(k+1)T] \end{bmatrix} &= \begin{bmatrix} 1 & 1-e^{-T} \\ 0 & e^{-T} \end{bmatrix} \begin{bmatrix} x_1(kT) \\ x_2(kT) \end{bmatrix} + \begin{bmatrix} T+e^{-T}-1 \\ 1-e^{-T} \end{bmatrix} [r(kT)-x_1(kT)] \\ &= \begin{bmatrix} 2-T-e^{-T} & 1-e^{-T} \\ e^{-T}-1 & e^{-T} \end{bmatrix} \begin{bmatrix} x_1(kT) \\ x_2(kT) \end{bmatrix} + \begin{bmatrix} T+e^{-T}-1 \\ 1-e^{-T} \end{bmatrix} r(kT) \end{aligned}$$

系统的离散化输出方程为

$$y(kT) = x_1(kT) = \begin{bmatrix} 1 & 0 \end{bmatrix} \begin{bmatrix} x_1(kT) \\ x_2(kT) \end{bmatrix}$$

令 $T=0.1\text{s}$，可得离散化状态方程为

$$\begin{bmatrix} x_1[(k+1)T] \\ x_2[(k+1)T] \end{bmatrix} = \begin{bmatrix} 0.995 & 0.095 \\ -0.095 & 0.905 \end{bmatrix} \begin{bmatrix} x_1(kT) \\ x_2(kT) \end{bmatrix} + \begin{bmatrix} 0.005 \\ 0.095 \end{bmatrix} r(kT)$$

$$y(kT) = \begin{bmatrix} 1 & 0 \end{bmatrix} \begin{bmatrix} x_1(kT) \\ x_2(kT) \end{bmatrix}$$

方法二：近似离散化

根据式(2-107)，可求得

$$\begin{cases} \boldsymbol{G}(kT) = T\boldsymbol{A}(kT) + \boldsymbol{I} = \begin{bmatrix} 1 & T \\ 0 & 1-T \end{bmatrix} \\ \boldsymbol{H}(kT) = T\boldsymbol{B}(kT) = \begin{bmatrix} 0 \\ T \end{bmatrix} \end{cases}$$

代入式(2-108)，可得近似离散化系统状态方程为

$$\begin{bmatrix} x_1[(k+1)T] \\ x_2[(k+1)T] \end{bmatrix} = \begin{bmatrix} 1 & T \\ 0 & 1-T \end{bmatrix} \begin{bmatrix} x_1(kT) \\ x_2(kT) \end{bmatrix} + \begin{bmatrix} 0 \\ T \end{bmatrix} u(kT)$$

则系统的离散化状态方程为

$$\begin{aligned} \begin{bmatrix} x_1[(k+1)T] \\ x_2[(k+1)T] \end{bmatrix} &= \begin{bmatrix} 1 & T \\ 0 & 1-T \end{bmatrix} \begin{bmatrix} x_1(kT) \\ x_2(kT) \end{bmatrix} + \begin{bmatrix} 0 \\ T \end{bmatrix} [r(kT)-x_1(kT)] \\ &= \begin{bmatrix} 1-T & T \\ -T & 1-T \end{bmatrix} \begin{bmatrix} x_1(kT) \\ x_2(kT) \end{bmatrix} + \begin{bmatrix} 0 \\ T \end{bmatrix} r(kT) \end{aligned}$$

令 $T=0.1\text{s}$，可得离散化状态方程为

$$\begin{bmatrix} x_1[(k+1)T] \\ x_2[(k+1)T] \end{bmatrix} = \begin{bmatrix} 0.9 & 0.1 \\ -0.1 & 0.9 \end{bmatrix} \begin{bmatrix} x_1(kT) \\ x_2(kT) \end{bmatrix} + \begin{bmatrix} 0 \\ 0.1 \end{bmatrix} r(kT)$$

系统的离散化输出方程为

$$y(kT) = \begin{bmatrix} 1 & 0 \end{bmatrix} \begin{bmatrix} x_1(kT) \\ x_2(kT) \end{bmatrix}$$

由以上两种方法可看出，当采样周期 T 较小时，系统离散化的状态空间表达式近似相等。

2.7　利用 MATLAB 求解系统状态空间表达式

MATLAB 控制系统工具箱中提供了很多函数用来求解系统状态空间表达式，相关函数见参考文献[6]。

2.7.1　连续时间系统状态方程式的解

例 2-15　求状态方程

$$\dot{\boldsymbol{x}}(t)=\begin{bmatrix}0 & 1 & 0\\0 & 0 & 1\\-6 & -11 & -6\end{bmatrix}\boldsymbol{x}(t)$$

在初始条件 $\boldsymbol{x}(0)=[1\quad 1\quad 1]^{\mathrm{T}}$ 下的解。

解　因矩阵指数函数 $\mathrm{e}^{\boldsymbol{A}t}$ 和系统状态方程解的数学表达式分别为

$$\mathrm{e}^{\boldsymbol{A}t}=\boldsymbol{I}+\boldsymbol{A}t+\frac{1}{2!}\boldsymbol{A}^2t^2+\cdots+\frac{1}{k!}\boldsymbol{A}^kt^k+\cdots$$

$$\boldsymbol{x}(t)=\mathrm{e}^{\boldsymbol{A}t}\boldsymbol{x}(0)$$

根据以上表达式和初始条件 $\boldsymbol{x}(0)=[1\quad 1\quad 1]^{\mathrm{T}}$ 可得以下 MATLAB 程序。

```
A = [0 1 0; 0 0 1; -6 -11 -6]; x0 = [1; 1; 1];
t = 0:0.1:10
for i = 1:length(t)
  x(:,i) = expm(A * t(i)) * x0;
end
plot(t,x(1,:),t,x(2,:),t,x(3,:))
```

利用以上程序可得在初始条件 $\boldsymbol{x}(0)=[1\quad 1\quad 1]^{\mathrm{T}}$ 下，系统状态方程的解如图 2-3 所示。

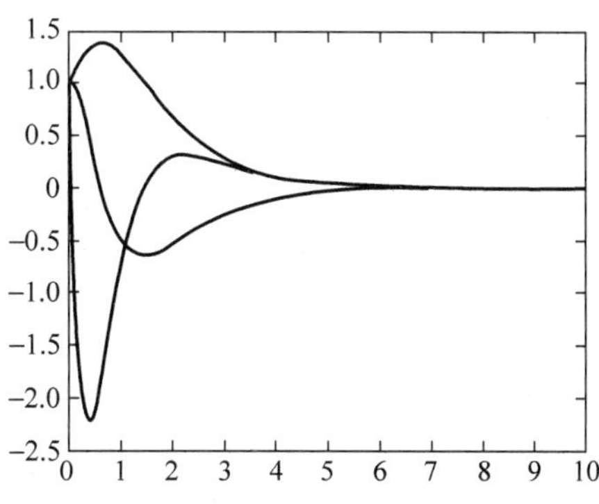

图 2-3　例 2-15 状态变量曲线图

2.7.2 离散时间系统状态方程式的解

例 2-16 已知系统的状态方程为

$$\boldsymbol{x}(k+1)=\boldsymbol{G}\boldsymbol{x}(k)+\boldsymbol{H}\boldsymbol{u}(k)$$

其中

$$\boldsymbol{G}=\begin{bmatrix}0 & 1\\ -0.16 & -1\end{bmatrix},\quad \boldsymbol{H}=\begin{bmatrix}0\\0\end{bmatrix},\quad \boldsymbol{x}(0)=\begin{bmatrix}1\\-1\end{bmatrix}$$

试求 $u(k)=1$ 时状态方程的解。

解 根据迭代法和系统的已知条件可得如下 MATLAB 程序。

```
G=[0 1; -0.16 -1]; H=[0; 0];
x0=[1; -1]; u=1;
for k=1:5
x1=G*x0+H*u;
x=[x x1]; x0=x1;
end
x
```

执行以上程序可得

```
x =
      1.0000   -1.0000    0.8400   -0.6800    0.5456   -0.4368
     -1.0000    0.8400   -0.6800    0.5456   -0.4368    0.3495
```

以上即为系统状态方程在 $k=0,k=1,k=2,k=3,k=4,k=5$ 时的解，它与例 2-10 中所求得的结果完全相同。

2.7.3 线性系统状态方程式的离散化

利用 MATLAB 控制系统工具箱中提供的函数可将连续系统的模型离散化，也可将离散系统的模型连续化。

1. 连续系统的离散化

已知连续系统的状态空间表达式

$$\begin{cases}\dot{\boldsymbol{x}}(t)=\boldsymbol{A}\boldsymbol{x}(t)+\boldsymbol{B}\boldsymbol{u}(t)\\ \boldsymbol{y}(t)=\boldsymbol{C}\boldsymbol{x}(t)+\boldsymbol{D}\boldsymbol{u}(t)\end{cases}\tag{2-109}$$

在采样周期 T 下离散化后的状态空间表达式可表示为

$$\begin{cases}\boldsymbol{x}[(k+1)T]=\boldsymbol{G}\boldsymbol{x}(kT)+\boldsymbol{H}\boldsymbol{u}(kT)\\ \boldsymbol{y}(kT)=\boldsymbol{C}\boldsymbol{x}(kT)+\boldsymbol{D}\boldsymbol{u}(kT)\end{cases}\tag{2-110}$$

其中
$$G = e^{AT}, \quad H = \int_0^T e^{At} B \, dt$$

在 MATLAB 中若已知连续系统的状态模型 $\Sigma(\boldsymbol{A},\boldsymbol{B})$ 和采样周期 T，便可利用函数

```
[G,H] = c2d (A,B,T)
```

方便地求得系统离散化后的系数矩阵 $\boldsymbol{G}$ 和 $\boldsymbol{H}$。

对具有输入纯延时 τ 的连续时间系统。

$$\begin{cases} \dot{\boldsymbol{x}}(t) = \boldsymbol{A}\boldsymbol{x}(t) + \boldsymbol{B}\boldsymbol{u}(t-\tau) \\ \boldsymbol{y}(t) = \boldsymbol{C}\boldsymbol{x}(t) + \boldsymbol{D}\boldsymbol{u}(t) \end{cases} \tag{2-111}$$

在采样周期 T 下离散化后的状态空间表达式也可表示为

$$\begin{cases} \boldsymbol{x}[(k+1)T] = \boldsymbol{G}\boldsymbol{x}(kT) + \boldsymbol{H}\boldsymbol{u}(kT) \\ \boldsymbol{y}(kT) = \boldsymbol{C}_d\boldsymbol{x}(kT) + \boldsymbol{D}_d\boldsymbol{u}(kT) \end{cases} \tag{2-112}$$

相应地 MATLAB 的转换函数 c2dt( )的调用格式为

```
[G,H,Cd,Dd]=c2dt(A,B,C,D ,T,t)
```

其中，A,B,C,D 为连续的系数矩阵，T 为采样周期，t 为输入纯延时，返回值 G,H,Cd,Dd 为离散化后的系数矩阵。

MATLAB 控制系统工具箱中还给出了功能更强的求取连续系统离散化矩阵的函数 c2dm( )，其调用格式为

```
[G,H,C,D]=c2dm (A,B,C,D,T,'选项')
```

或

```
[numd,dend] = c2dm(num,den,T,'选项')
```

式中，num，den 为连续系统传递函数的分子分母系数，numd，dend 为离散化后脉冲传递函数的分子分母系数，其余参数定义同前。可见此函数即可用于状态空间形式又可用于传递函数。

例 2-17 对连续系统

$$G(s) = \frac{6(s+3)}{(s+1)(s+2)(s+5)}$$

在采样周期 $T=0.1$ 时进行离散化。

解 MATLAB 命令如下

```
>>K = 6; Z = [ - 3]; P = [ - 1; - 2; - 5]; T = 0.1;
>>[A,B,C,D] = zp2ss(Z,P,K)
>>[G1 ,H1] = c2d(A,B,T),[G2,H2,C2,D2] = c2dm(A,B,C,D,T,'zoh')
>>[G3,H3,C3,D3] = c2dm(A,B,C,D,T,'foh'),[G4,H4,C4,D4] = c2dm(A,B,C,D,T,'tustin')
```

结果如下

```
A =
   -1.0000         0         0
    2.0000   -7.0000   -3.1623
         0    3.1623         0
B =
    1
    1
    0
C =
    0   0   1.8974
D =
    0
G1 =
    0.9048        0          0
    0.1338   0.4651    -0.2237
    0.0243   0.2237     0.9602
H1 =
    0.0952
    0.0782
    0.0135
G2 =
    0.9048        0          0
    0.1338   0.4651    -0.2237
    0.0243   0.2237     0.9602
H2 =
    0.0952
    0.0782
    0.0135
C2 =
    0   0   1.8972
D2 =
    0
G3 =
    0.9048        0          0
    0.1338   0.4651    -0.2237
    0.0243   0.2237    -0.9602
H3 =
    0.0906
    0.0611
    0.0240
C3 =
    0   0   1.8974
D3 =
    0.0089
G4 =
    0.9048        0          0
```

```
    0.1385  0.4545   -0.2300
    0.0219  0.2300    0.9636
H4 =
    0.9524
    0.7965
    0.1259
C4 =
    0.0021  0.0218  0.1863
D4 =
    0.0119
```

2. 离散函数的连续化

在MATLAB中也提供了从离散化系统转换为连续系统各系数矩阵求取的功能函数,其调用格式为

```
[A,B] = d2c(G,H,T)
```

或

```
[A,B,C,D] = d2cm (G,H,C,D,T,'选项')
```

小结

1. 基本概念

(1) 线性定常连续系统非齐次状态方程的解分为零输入的状态转移和零状态的状态转移;系统的输出响应由零输入响应和零状态响应两部分组成。

$$\boldsymbol{x}(t)=\boldsymbol{\Phi}(t-t_0)\boldsymbol{x}(t_0)+\int_{t_0}^{t}\boldsymbol{\Phi}(t-\tau)\boldsymbol{B}\boldsymbol{u}(\tau)\mathrm{d}\tau$$

(2) 线性定常连续系统齐次状态方程的解可表示为

$$\boldsymbol{x}(t)=\boldsymbol{\Phi}(t-t_0)\boldsymbol{x}(t_0)$$

(3) 状态转移矩阵包含了系统运动的全部信息,它可以完全表征系统的动态特性。

(4) 线性时变系统非齐次状态方程的解在形式上类似于线性定常系统,即

$$\boldsymbol{x}(t)=\boldsymbol{\Phi}(t,t_0)\boldsymbol{x}(t_0)+\int_{t_0}^{t}\boldsymbol{\Phi}(t,\tau)\boldsymbol{B}\boldsymbol{u}(\tau)\mathrm{d}\tau$$

式中,$\boldsymbol{\Phi}(t,t_0)$为线性时变系统的状态转移矩阵,与线性定常系统状态转移矩阵$\boldsymbol{\Phi}(t-t_0)$有着显著区别。

(5) 离散系统状态方程可以采用迭代法和z变换法来求解。

(6) 线性定常连续系统的离散化,离散化的状态空间表达式为

$$\begin{cases} \boldsymbol{x}[(k+1)T] = \boldsymbol{G}(T)\boldsymbol{x}(kT) + \boldsymbol{H}(T)\boldsymbol{u}(kT) \\ \boldsymbol{y}(kT) = \boldsymbol{C}\boldsymbol{x}(kT) + \boldsymbol{D}\boldsymbol{u}(kT) \end{cases}$$

式中

$$\boldsymbol{G}(T) = \mathrm{e}^{\boldsymbol{A}T}, \quad \boldsymbol{H}(T) = \int_0^T \mathrm{e}^{\boldsymbol{A}t}\boldsymbol{B}\,\mathrm{d}t$$

（7）线性时变连续系统的离散化，离散化的状态空间表达式为

$$\boldsymbol{x}[(k+1)T] = \boldsymbol{G}(kT)\boldsymbol{x}(kT) + \boldsymbol{H}(kT)\boldsymbol{u}(kT)$$
$$\boldsymbol{y}(kT) = \boldsymbol{C}(kT)\boldsymbol{x}(kT) + \boldsymbol{D}(kT)\boldsymbol{u}(kT)$$

式中

$$\begin{cases} \boldsymbol{C}(kT) = \boldsymbol{C}(t)\mid_{t=kT} \\ \boldsymbol{D}(kT) = \boldsymbol{D}(t)\mid_{t=kT} \end{cases}$$

2. 基本要求

（1）熟练掌握状态转移矩阵的求解方法、性质、线性定常连续系统齐次状态方程的解；

（2）熟练掌握线性定常连续系统非齐次状态方程的解；

（3）熟练掌握离散系统状态方程求解的迭代法和 z 变换法；

（4）掌握线性连续系统的离散化方法。

习题

2-1 试求下列系统矩阵 $\boldsymbol{A}$ 对应的状态转移矩阵。

（1）$\boldsymbol{A}=\begin{bmatrix} 0 & 1 \\ 0 & -2 \end{bmatrix}$　　（2）$\boldsymbol{A}=\begin{bmatrix} 0 & -1 \\ 4 & 0 \end{bmatrix}$

（3）$\boldsymbol{A}=\begin{bmatrix} 0 & 1 \\ -1 & -2 \end{bmatrix}$　　（4）$\boldsymbol{A}=\begin{bmatrix} 0 & 1 & 0 \\ 0 & 0 & 1 \\ 2 & -5 & 4 \end{bmatrix}$

（5）$\boldsymbol{A}=\begin{bmatrix} 0 & 1 & 0 & 0 \\ 0 & 0 & 1 & 0 \\ 0 & 0 & 0 & 1 \\ 0 & 0 & 0 & 0 \end{bmatrix}$　　（6）$\boldsymbol{A}=\begin{bmatrix} \lambda & 0 & 0 & 0 \\ 0 & \lambda & 1 & 0 \\ 0 & 0 & \lambda & 1 \\ 0 & 0 & 0 & \lambda \end{bmatrix}$

2-2 试判断下列矩阵是否满足状态转移矩阵的条件。如果满足，试求对应的矩阵 $\boldsymbol{A}$。

（1）$\boldsymbol{\Phi}(t)=\begin{bmatrix} 1 & 0 & 0 \\ 0 & \sin t & \cos t \\ 0 & -\cos t & \sin t \end{bmatrix}$　　（2）$\boldsymbol{\Phi}(t)=\begin{bmatrix} 1 & \frac{1}{2}(1-\mathrm{e}^{-2t}) \\ 0 & \mathrm{e}^{-2t} \end{bmatrix}$

（3）$\boldsymbol{\Phi}(t)=\begin{bmatrix} 2\mathrm{e}^{-t}-\mathrm{e}^{-2t} & -2\mathrm{e}^{-t}+2\mathrm{e}^{-2t} \\ \mathrm{e}^{-t}-\mathrm{e}^{-2t} & -\mathrm{e}^{-t}+2\mathrm{e}^{-2t} \end{bmatrix}$

(4) $\boldsymbol{\Phi}(t)=\begin{bmatrix}\frac{1}{2}(\mathrm{e}^{-t}+\mathrm{e}^{3t}) & \frac{1}{4}(-\mathrm{e}^{-t}+\mathrm{e}^{3t})\\ -\mathrm{e}^{-t}+\mathrm{e}^{3t} & \frac{1}{2}(\mathrm{e}^{-t}+\mathrm{e}^{3t})\end{bmatrix}$

2-3　考虑下列矩阵

$$\boldsymbol{A}-\begin{bmatrix}0 & 1\\ -2 & -3\end{bmatrix}$$

试利用三种方法计算 $\mathrm{e}^{\boldsymbol{A}t}$。

2-4　线性定常系统的齐次状态方程为

$$\dot{\boldsymbol{x}}=\boldsymbol{A}\boldsymbol{x}(t)$$

已知当 $\boldsymbol{x}(0)=\begin{bmatrix}1\\ -2\end{bmatrix}$时，状态方程的解为 $\boldsymbol{x}(t)=\begin{bmatrix}\mathrm{e}^{-2t}\\ -2\mathrm{e}^{-2t}\end{bmatrix}$；而当 $\boldsymbol{x}(0)=\begin{bmatrix}1\\ -1\end{bmatrix}$时，状态方程的解为 $\boldsymbol{x}(t)=\begin{bmatrix}\mathrm{e}^{-t}\\ -\mathrm{e}^{-t}\end{bmatrix}$。试求

(1) 系统的状态转移矩阵 $\boldsymbol{\Phi}(t)$；

(2) 系统的系统矩阵 $\boldsymbol{A}$。

2-5　已知系统的齐次状态方程和初始条件

$$\begin{bmatrix}\dot{x}_1\\ \dot{x}_2\\ \dot{x}_3\end{bmatrix}=\begin{bmatrix}1 & 0 & 0\\ 0 & 1 & 0\\ 0 & 1 & 2\end{bmatrix}\begin{bmatrix}x_1\\ x_2\\ x_3\end{bmatrix},\quad \boldsymbol{x}(0)=\begin{bmatrix}1\\ 0\\ 1\end{bmatrix}$$

(1) 试用拉普拉斯变换法求状态转移矩阵；

(2) 试用化标准型法求状态转移矩阵；

(3) 试用化有限项法求状态转移矩阵；

(4) 求齐次状态方程的解。

2-6　给定线性定常系统的齐次状态方程和初始条件

$$\dot{\boldsymbol{x}}=\begin{bmatrix}0 & 1\\ -3 & -2\end{bmatrix}\boldsymbol{x},\quad \boldsymbol{x}(0)=\begin{bmatrix}1\\ -1\end{bmatrix}$$

试求该齐次状态方程的解 $\boldsymbol{x}(t)$。

2-7　已知线性定常系统的状态方程为

$$\begin{bmatrix}\dot{x}_1(t)\\ \dot{x}_2(t)\end{bmatrix}=\begin{bmatrix}0 & 1\\ -2 & -3\end{bmatrix}\begin{bmatrix}x_1(t)\\ x_2(t)\end{bmatrix}+\begin{bmatrix}0\\ 1\end{bmatrix}u(t)$$

初始状态为

$$\begin{bmatrix}x_1(0)\\ x_2(0)\end{bmatrix}=\begin{bmatrix}1\\ -1\end{bmatrix}$$

试求 $u(t)$为单位阶跃函数时系统状态方程的解。

2-8　已知线性定常系统的状态空间表达式为

$$\begin{bmatrix}\dot{x}_1(t)\\ \dot{x}_2(t)\end{bmatrix}=\begin{bmatrix}0 & 1\\ -5 & -6\end{bmatrix}\begin{bmatrix}x_1(t)\\ x_2(t)\end{bmatrix}+\begin{bmatrix}2\\ 0\end{bmatrix}u(t)$$

$$y(t)=\begin{bmatrix}1 & 2\end{bmatrix}\begin{bmatrix}x_1(t)\\x_2(t)\end{bmatrix}$$

且初始状态 $\boldsymbol{x}(0)=[0\quad 1]^{\mathrm{T}}$，输入量 $u(t)=\mathrm{e}^{-t}(t\geqslant 0)$，试求系统的输出响应。

2-9　已知线性时变系统为

$$\begin{bmatrix}\dot{x}_1(t)\\\dot{x}_2(t)\end{bmatrix}=\begin{bmatrix}-2t & 1\\1 & -2t\end{bmatrix}\begin{bmatrix}x_1(t)\\x_2(t)\end{bmatrix}$$

试求系统的状态转移矩阵。

2-10　已知线性时变系统的状态方程为

$$\begin{bmatrix}\dot{x}_1(t)\\\dot{x}_2(t)\end{bmatrix}=\begin{bmatrix}0 & 1\\0 & t\end{bmatrix}\begin{bmatrix}x_1(t)\\x_2(t)\end{bmatrix}$$

初始状态为

$$\begin{bmatrix}x_1(0)\\x_2(0)\end{bmatrix}=\begin{bmatrix}1\\-1\end{bmatrix}$$

试求系统状态方程的解。

2-11　已知离散系统的状态方程式为

$$\boldsymbol{x}(k+1)=\begin{bmatrix}0 & 1\\-0.1 & -0.7\end{bmatrix}\boldsymbol{x}(k)+\begin{bmatrix}0\\1\end{bmatrix}u(k)$$

求系统的状态转移矩阵。

2-12　已知线性定常离散时间系统的状态方程式为

$$\boldsymbol{x}(k+1)=\begin{bmatrix}0 & 1\\-0.08 & -0.6\end{bmatrix}\boldsymbol{x}(k)+\begin{bmatrix}0\\1\end{bmatrix}u(k)$$

求系统的状态转移矩阵。

2-13　采样系统的结构图如习题 2-13 图所示。

(1) 试求系统离散化的状态空间表达式；

(2) 试求当采样周期 $T=0.1\mathrm{s}$，输入为单位阶跃函数，且初始状态为零时，离散系统的输出 $y(kT)$。

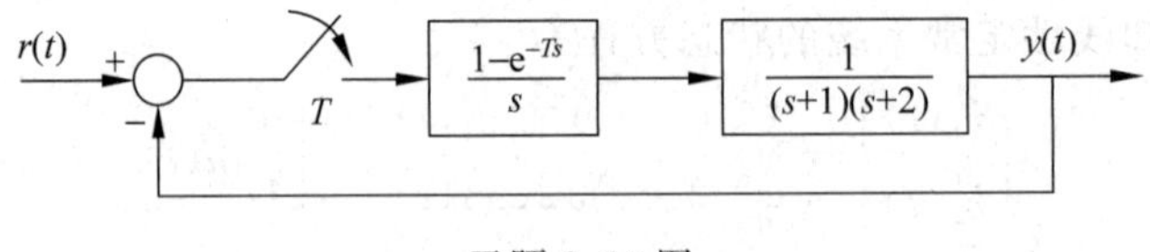

习题 2-13 图

2-14　线性时变系统的状态方程为

$$\begin{bmatrix}\dot{x}_1(t)\\\dot{x}_2(t)\end{bmatrix}=\begin{bmatrix}0 & 5(1-\mathrm{e}^{-5t})\\0 & 5\mathrm{e}^{-5t}\end{bmatrix}\begin{bmatrix}x_1(t)\\x_2(t)\end{bmatrix}+\begin{bmatrix}5\\0\end{bmatrix}u(t)$$

试求采样周期 $T=0.2\mathrm{s}$ 时，系统的离散化方程。

第3章 线性控制系统的能控性和能观测性

能控性和能观测性是现代控制理论中两个重要的基本概念，它是卡尔曼在1960年首先提出的。在现代控制理论中，分析和设计一个控制系统时，必须研究这个系统的能控性和能观测性。

状态方程描述了输入 $\boldsymbol{u}(t)$ 引起状态 $\boldsymbol{x}(t)$ 的变化过程；输出方程则描述了由状态变化引起的输出 $\boldsymbol{y}(t)$ 的变化。能控性和能观测性正是分别分析 $\boldsymbol{u}(t)$ 对状态 $\boldsymbol{x}(t)$ 的控制能力以及 $\boldsymbol{y}(t)$ 对状态 $\boldsymbol{x}(t)$ 的反映能力。显然，这两个概念是与状态空间表达式对系统分段内部描述相对应的。

3.1 系统的能控性

3.1.1 线性时变连续系统的能控性

1. 状态的能控性

状态的能控性是指系统的输入能否控制状态的变化。

设线性时变系统的状态方程为

$$\dot{\boldsymbol{x}}(t)=\boldsymbol{A}(t)\boldsymbol{x}(t)+\boldsymbol{B}(t)\boldsymbol{u}(t) \tag{3-1}$$

式中，$\boldsymbol{x}(t)$——n 维状态向量；

$\boldsymbol{u}(t)$——r 维输入向量；

$\boldsymbol{A}(t)$——$n\times n$ 系统矩阵；

$\boldsymbol{B}(t)$——$n\times r$ 输入矩阵。

定义 3-1 若存在输入信号 $\boldsymbol{u}(t)$，能在有限时间 $t_f>t_0$ 内，将系统从任意非零初始状态 $\boldsymbol{x}(t_0)$ 转移到终端状态 $\boldsymbol{x}(t_f)=\boldsymbol{0}$，那么，称该系统的状态在时刻 t_0 是完全能控的，或简称系统是能控的。否则，系统就是不完全能控的，或简称不能控的。若系统在任意一个初始时刻都是能控的，则称系统是一致完全能控的。

定理 3-1 线性时变系统 $\Sigma[\boldsymbol{A}(t),\boldsymbol{B}(t)]$，在时间区间 $[t_0,t_f]$ 内，状态完全能控的充要条件是格拉姆(Gram)矩阵

$$W_c(t_0,t_f)=\int_{t_0}^{t_f}\boldsymbol{\Phi}(t_0,\tau)\boldsymbol{B}(\tau)\boldsymbol{B}^{\mathrm{T}}(\tau)\boldsymbol{\Phi}^{\mathrm{T}}(t_0,\tau)\mathrm{d}\tau \tag{3-2}$$

为非奇异阵。式中$\boldsymbol{\Phi}(t,t_0)$为时变系统的状态转移矩阵。

证明 充分性：即由$\boldsymbol{W}_c(t_0,t_f)$为非奇异来推证系统$\Sigma[\boldsymbol{A}(t),\boldsymbol{B}(t)]$是能控的。

因为$\boldsymbol{W}_c(t_0,t_f)$是非奇异的，则其逆阵$\boldsymbol{W}_c^{-1}(t_0,t_f)$一定存在。

对于某个任意指定的初始状态$\boldsymbol{x}(t_0)$，按照下式

$$\boldsymbol{u}(t)=-\boldsymbol{B}^{\mathrm{T}}(t)\boldsymbol{\Phi}^{\mathrm{T}}(t_0,t)\boldsymbol{W}_c^{-1}(t_0,t_f)\boldsymbol{x}(t_0) \tag{3-3}$$

选择输入信号$\boldsymbol{u}(t)$。

下面分析在它的作用下能否使初始状态$\boldsymbol{x}(t_0)$在$[t_0,\ t_f]$内转移到原点。如果可以，则说明系统是能控的。由状态转移方程知，系统在t_f时刻的状态为

$$\boldsymbol{x}(t_f)=\boldsymbol{\Phi}(t_f,t_0)\boldsymbol{x}(t_0)+\int_{t_0}^{t_f}\boldsymbol{\Phi}(t_f,\tau)\boldsymbol{B}(\tau)\boldsymbol{u}(\tau)\mathrm{d}\tau \tag{3-4}$$

将式(3-3)代入上式，得

$$\begin{aligned}\boldsymbol{x}(t_f)&=\boldsymbol{\Phi}(t_f,t_0)\boldsymbol{x}(t_0)-\int_{t_0}^{t_f}\boldsymbol{\Phi}(t_f,\tau)\boldsymbol{B}(\tau)\boldsymbol{B}^{\mathrm{T}}(\tau)\boldsymbol{\Phi}^{\mathrm{T}}(t_0,\tau)\boldsymbol{W}_c^{-1}(t_0,t_f)\boldsymbol{x}(t_0)\mathrm{d}\tau\\&=\boldsymbol{\Phi}(t_f,t_0)\left\{\boldsymbol{x}(t_0)-\int_{t_0}^{t_f}\boldsymbol{\Phi}(t_0,\tau)\boldsymbol{B}(\tau)\boldsymbol{B}^{\mathrm{T}}(\tau)\boldsymbol{\Phi}^{\mathrm{T}}(t_0,\tau)\mathrm{d}\tau\cdot\boldsymbol{W}_c^{-1}(t_0,t_f)\boldsymbol{x}(t_0)\right\}\\&=\boldsymbol{0}\end{aligned}$$

结果表明，只要$\boldsymbol{W}_c(t_0,t_f)$非奇异，则系统完全能控。充分性得证。

必要性：即证明若系统完全能控，则$\boldsymbol{W}_c(t_0,t_f)$必定是非奇异的。

采用反证法，假设系统完全能控，而$\boldsymbol{W}_c(t_0,t_f)$为奇异的。

因为$\boldsymbol{W}_c(t_0,t_f)$为奇异的，则必存在非零的常值向量$\boldsymbol{a}$，使$\boldsymbol{a}\boldsymbol{W}_c(t_0,t_f)\boldsymbol{a}^{\mathrm{T}}=\boldsymbol{0}$成立。根据

$$\begin{aligned}\boldsymbol{a}\boldsymbol{W}_c(t_0,t_f)\boldsymbol{a}^{\mathrm{T}}&=\int_{t_0}^{t_f}\boldsymbol{a}\boldsymbol{\Phi}(t_0,\tau)\boldsymbol{B}(\tau)\boldsymbol{B}^{\mathrm{T}}(\tau)\boldsymbol{\Phi}^{\mathrm{T}}(t_0,\tau)\boldsymbol{a}^{\mathrm{T}}\mathrm{d}\tau\\&=\int_{t_0}^{t_f}\boldsymbol{a}\boldsymbol{\Phi}(t_0,\tau)\boldsymbol{B}(\tau)[\boldsymbol{a}\boldsymbol{\Phi}(t_0,\tau)\boldsymbol{B}(\tau)]^{\mathrm{T}}\mathrm{d}\tau=\boldsymbol{0}\end{aligned}$$

可得

$$\boldsymbol{a}\boldsymbol{\Phi}(t_0,t)\boldsymbol{B}(t)=\boldsymbol{0} \tag{3-5}$$

也就是说，矩阵$\boldsymbol{\Phi}(t_0,t)\boldsymbol{B}(t)$是行线性相关的。

设初始时刻的状态变量为$\boldsymbol{x}(t_0)=\boldsymbol{x}_0=\boldsymbol{a}^{\mathrm{T}}$，终端状态$\boldsymbol{x}(t_f)=\boldsymbol{0}$，则根据

$$\begin{aligned}\boldsymbol{x}(t_f)&=\boldsymbol{\Phi}(t_f,t_0)\boldsymbol{x}(t_0)+\int_{t_0}^{t_f}\boldsymbol{\Phi}(t_f,\tau)\boldsymbol{B}(\tau)\boldsymbol{u}(\tau)\mathrm{d}\tau\\&=\boldsymbol{\Phi}(t_f,t_0)\left[\boldsymbol{a}^{\mathrm{T}}+\int_{t_0}^{t_f}\boldsymbol{\Phi}(t_0,\tau)\boldsymbol{B}(\tau)\boldsymbol{u}(\tau)\mathrm{d}\tau\right]=\boldsymbol{0}\end{aligned}$$

可得

$$\boldsymbol{a}^{\mathrm{T}}+\int_{t_0}^{t_f}\boldsymbol{\Phi}(t_0,\tau)\boldsymbol{B}(\tau)\boldsymbol{u}(\tau)\mathrm{d}\tau=\boldsymbol{0}$$

或

$$\boldsymbol{a}\boldsymbol{a}^{\mathrm{T}} + \int_{t_0}^{t_f} \boldsymbol{a}\boldsymbol{\Phi}(t_0,\tau)\boldsymbol{B}(\tau)\boldsymbol{u}(\tau)\mathrm{d}\tau = \boldsymbol{0}$$

考虑到关系式(3-5)，要使上式成立，只有 $\boldsymbol{a}\boldsymbol{a}^{\mathrm{T}}=\boldsymbol{0}$。

但这与假设相矛盾，因此，$\boldsymbol{W}_c(t_0,t_f)$为奇异的假设不成立，必要性得证。

推论　线性时变系统 $\Sigma[\boldsymbol{A}(t),\boldsymbol{B}(t)]$状态在 t_0 时刻完全能控的另一个充要条件为：矩阵$\boldsymbol{\Phi}(t_0,t)\boldsymbol{B}(t)$是行线性无关的。

例 3-1　试判别下列时变系统的能控性：

$$\begin{bmatrix}\dot{x}_1(t)\\ \dot{x}_2(t)\end{bmatrix} = \begin{bmatrix}0 & t\\ 0 & 0\end{bmatrix}\begin{bmatrix}x_1(t)\\ x_2(t)\end{bmatrix} + \begin{bmatrix}0\\ 1\end{bmatrix}u(t)$$

解　(1) 首先求系统的状态转移矩阵，考虑到该系统的系统矩阵 $\boldsymbol{A}(t)$满足

$$\boldsymbol{A}(t_1)\boldsymbol{A}(t_2) = \boldsymbol{A}(t_2)\boldsymbol{A}(t_1)$$

故状态转移矩阵$\boldsymbol{\Phi}(0,t)$可写成封闭形式

$$\boldsymbol{\Phi}(0,t) = I + \int_0^t \begin{bmatrix}0 & \tau\\ 0 & 0\end{bmatrix}\mathrm{d}\tau + \frac{1}{2!}\left\{\int_0^t \begin{bmatrix}0 & \tau\\ 0 & 0\end{bmatrix}\mathrm{d}\tau\right\}^2 + \cdots = \begin{bmatrix}1 & -\frac{1}{2}t^2\\ 0 & 1\end{bmatrix}$$

(2) 计算能控性判别阵 $\boldsymbol{W}_c(0,t_f)$

$$\boldsymbol{W}_c(0,t_f) = \int_0^{t_f} \begin{bmatrix}1 & -\frac{1}{2}t^2\\ 0 & 1\end{bmatrix}\begin{bmatrix}0\\ 1\end{bmatrix}\begin{bmatrix}0 & 1\end{bmatrix}\begin{bmatrix}1 & 0\\ -\frac{1}{2}t^2 & 1\end{bmatrix}\mathrm{d}t$$

$$= \int_0^{t_f} \begin{bmatrix}-\frac{1}{4}t^4 & -\frac{1}{2}t^2\\ -\frac{1}{2}t^2 & 1\end{bmatrix}\mathrm{d}t = \begin{bmatrix}\frac{1}{20}t_f^5 & -\frac{1}{6}t_f^3\\ -\frac{1}{6}t_f^3 & t_f\end{bmatrix}$$

(3) 判别 $\boldsymbol{W}_c(0,t_f)$是否为非奇异阵

$$\det \boldsymbol{W}_c(0,t_f) = \frac{1}{20}t_f^6 - \frac{1}{36}t_f^6 = \frac{1}{45}t_f^6$$

当 $t_f>0$，$\det \boldsymbol{W}_c(0,t_f)>0$。所以系统在$[0,\ t_f]$上是能控的。

从例 3-1 可以看出，根据定理 3-1 判别系统的能控性，必须首先计算出时变系统的状态转移矩阵，计算量是很大的，倘若时变系统的状态转移矩阵无法写成封闭解时，上述方法就失去了工程意义。

下面介绍一种实用的判别准则，该准则只需利用 $\boldsymbol{A}(t)$和 $\boldsymbol{B}(t)$阵的信息就可判别系统的能控性。

设线性时变系统的状态方程为

$$\dot{\boldsymbol{x}}(t) = \boldsymbol{A}(t)\boldsymbol{x}(t) + \boldsymbol{B}(t)\boldsymbol{u}(t)$$

其中，$\boldsymbol{A}(t)$、$\boldsymbol{B}(t)$的元素对时间 t 分别是 $n-2$ 和 $n-1$ 次连续可微的，记

$$\boldsymbol{B}_1(t) = \boldsymbol{B}(t)$$

$$\boldsymbol{B}_i(t) = -\boldsymbol{A}(t)\boldsymbol{B}_{i-1}(t) + \dot{\boldsymbol{B}}(t), \quad i = 2,3,\cdots,n$$

令 $\boldsymbol{Q}_C(t) \equiv [\boldsymbol{B}_1(t), \boldsymbol{B}_2(t), \cdots, \boldsymbol{B}_n(t)]$

如果存在某个时刻 $t_f>0$，使得 $\text{rank}\boldsymbol{Q}_C(t)=n$，则该系统在$[0,t_f]$上是状态完全能控的。

需要指出，这只是一个充分条件，即不满足这个条件的系统并不一定是不能控的。

例如，应用上述方法判别例 3-1 中系统的能控性，根据以上有

$$\boldsymbol{B}_1(t) = \boldsymbol{B}(t) = \begin{bmatrix} 0 \\ 1 \end{bmatrix}$$

$$\boldsymbol{B}_2(t) = -\boldsymbol{A}(t)\boldsymbol{B}_1(t) + \dot{\boldsymbol{B}}_1(t) = -\begin{bmatrix} 0 & t \\ 0 & 0 \end{bmatrix}\begin{bmatrix} 0 \\ 1 \end{bmatrix} = \begin{bmatrix} -t \\ 0 \end{bmatrix}$$

$$\boldsymbol{Q}_C(t) = [\boldsymbol{B}_1(t) \quad \boldsymbol{B}_2(t)] = \begin{bmatrix} 0 & -t \\ 1 & 0 \end{bmatrix}$$

$$\det\boldsymbol{Q}_C(t) = t$$

显然，只要满足 $t\neq0$，就有 $\text{rank}\boldsymbol{Q}_C(t)=n=2$，则系统在时间区间$[0, t_f]$上是状态完全能控的。

2. 输出的能控性

系统的被控量往往不是系统的状态，而是系统的输出，因此系统的输出量是否能控就成为一个重要的问题。

输出的能控性是指系统的输入能否控制系统的输出。设线性时变系统的状态空间表达式为

$$\begin{cases} \dot{\boldsymbol{x}}(t) = \boldsymbol{A}(t)\boldsymbol{x}(t) + \boldsymbol{B}(t)\boldsymbol{u}(t) \\ \boldsymbol{y}(t) = \boldsymbol{C}(t)\boldsymbol{x}(t) \end{cases} \tag{3-6}$$

式中，$\boldsymbol{y}(t)$——m 维输出向量；

$\boldsymbol{C}(t)$——$m\times n$ 输出矩阵；

其余同式(3-1)。

定义 3-2 若系统存在一个输入信号 $\boldsymbol{u}(t)$，在有限时间 $t_f>t_0$ 内，能将输出 $\boldsymbol{y}(t_0)=\boldsymbol{0}$ 转移到任意的输出 $\boldsymbol{y}(t_f)=\boldsymbol{y}_f$，则称系统在时刻 t_0 是输出完全能控的。如果系统在所有的初始时刻都是输出能控的，则称系统是输出一致完全能控的。

定理 3-2 系统在 t_0 时刻输出能控的充要条件是，在一个有限时间 $t_f>t_0$ 内使得属于时间区间$[t_0, t_f]$ 内的 τ，连续脉冲响应矩阵 $\boldsymbol{G}(t,\tau)$的所有行向量是线性无关的。

证明 充分性：若 $\boldsymbol{G}(t,\tau)$所有行向量线性无关，则存在 $\boldsymbol{u}(t)$，使得输出量$\boldsymbol{y}(t)$由 $\boldsymbol{y}(t_0)=\boldsymbol{0}$ 达到 $\boldsymbol{y}(t_f)=\boldsymbol{y}_f$。

因为 $\boldsymbol{G}(t,\tau)$是行线性无关的，那么，对应的格拉姆矩阵

$$W(t_0,t_f)=\int_{t_0}^{t_f}G(t,\tau)G^{T}(t,\tau)d\tau \tag{3-7}$$

是非奇异的，从而$W(t_0,t_f)$的逆也一定存在。令

$$u(\tau)=G^{T}(t,\tau)W^{-1}(t_0,t_f)y_f$$

则输出量

$$\begin{aligned}y(t_f)&=\int_{-\infty}^{t_f}G(t,\tau)u(\tau)d\tau\\&=\int_{-\infty}^{t_0}G(t,\tau)u(\tau)d\tau+\int_{t_0}^{t_f}G(t,\tau)u(\tau)d\tau\\&=\int_{t_0}^{t_f}G(t,\tau)G^{T}(t,\tau)\cdot W^{-1}(t_0,t_f)y_f d\tau=y_f\end{aligned}$$

充分性证毕。

必要性：采用反证法来证明。假设输出是能控的，而$G(t,\tau)$在$[t_0, t_f]$内是行线性相关的。

若$G(t,\tau)$在区间$[t_0, t_f]$内是行线性相关的，那么，存在非零常值行向量a，在$[t_0, t_f]$内有

$$aG(t,\tau)=0$$

则

$$ay(t_f)=\alpha\int_{-\infty}^{t_f}G(t,\tau)u(\tau)d\tau=\int_{-\infty}^{t_f}aG(t,\tau)u(\tau)d\tau=0$$

得

$$y(t_f)=0$$

该结论与原假设相矛盾，故必要性得证。

3.1.2 线性定常连续系统的能控性

1. 状态的能控性

设线性定常系统的状态方程为

$$\dot{x}(t)=Ax(t)+Bu(t) \tag{3-8}$$

式中，A——$n\times n$矩阵；

B——$n\times r$矩阵。

定义 3-3 如果存在一个分段连续的输入信号$u(t)$，能在有限时间区间$[t_0, t_f]$内，将系统从任一初始状态$x(t_0)$转移到终端状态$x(t_f)$，那么称此系统的状态是完全能控的，或简称系统是能控的，若系统n个状态变量中，至少有一个状态变量不能控时，则称此系统是状态不完全能控的，或简称系统是不能控的。

定理 3-3 线性定常系统$\Sigma[A,B]$状态能控的充分必要条件为下列等价条件之一：

(1) 矩阵 $e^{-\boldsymbol{A}t}\boldsymbol{B}$ 是行线性无关的。

(2) 矩阵$(s\boldsymbol{I}-\boldsymbol{A})^{-1}\boldsymbol{B}$ 是行线性无关的。

(3) 格拉姆矩阵

$$\boldsymbol{W}_c = \int_0^t e^{\boldsymbol{A}\tau}\boldsymbol{B} \cdot \boldsymbol{B}^T e^{\boldsymbol{A}^T\tau} d\tau \tag{3-9}$$

是非奇异的。

(4) $n\times nr$ 能控性矩阵

$$\boldsymbol{U}_c = [\boldsymbol{B} \quad \boldsymbol{AB} \quad \cdots \quad \boldsymbol{A}^{n-1}\boldsymbol{B}]$$

的秩是 n。

证明 (1) 线性定常系统是线性时变系统的特例，而对线性定常系统，状态转移矩阵为

$$\boldsymbol{\Phi}(t_0-t) = e^{\boldsymbol{A}(t_0-t)}$$

令 $t_0=0$，便有

$$\boldsymbol{\Phi}(-t) = e^{-\boldsymbol{A}t}$$

或

$$\boldsymbol{\Phi}(-t)\boldsymbol{B} = e^{-\boldsymbol{A}t}\boldsymbol{B}$$

根据 3.1.1 节的推论，便可得到(1)中的结论。

(2) 因为$\mathcal{L}[e^{\boldsymbol{A}t}]=(s\boldsymbol{I}-\boldsymbol{A})^{-1}$，而拉氏变换是线性变换，同时考虑到矩阵指数函数上的符号，并不影响线性相关性，故当 $e^{\boldsymbol{A}t}\boldsymbol{B}$ 是行线性无关时，$(s\boldsymbol{I}-\boldsymbol{A})^{-1}\boldsymbol{B}$ 也是行线性无关的；反之亦然。证毕。

(3) 将$\boldsymbol{\Phi}(-t)=e^{-\boldsymbol{A}t}$，$\boldsymbol{B}(t)=\boldsymbol{B}$，代入(3-2)式中，并再次考虑矩阵指数函数上的符号不影响线性相关性，则可得到(3)中的结论。

(4) 已知状态方程式(3-8)的解为

$$\boldsymbol{x}(t_f) = e^{\boldsymbol{A}(t_f-t_0)}\boldsymbol{x}(t_0) + \int_{t_0}^{t_f} e^{\boldsymbol{A}(t_f-\tau)}\boldsymbol{Bu}(\tau)d\tau$$

不失一般性，假设 $t_0=0$，$\boldsymbol{x}(t_f)=\boldsymbol{0}$，则有

$$\boldsymbol{x}(0) = -\int_0^{t_f} e^{-\boldsymbol{A}\tau}\boldsymbol{Bu}(\tau)d\tau \tag{3-10}$$

利用凯莱-哈密顿定理，可将 $e^{-\boldsymbol{A}t}$ 表示为

$$e^{-\boldsymbol{A}t} = \alpha_0(t)\boldsymbol{I} + \alpha_1(t)\boldsymbol{A} + \cdots + \alpha_{n-1}(t)\boldsymbol{A}^{n-1} = \sum_{i=0}^{n-1}\alpha_i(t)\boldsymbol{A}^i$$

将此式代入式(3-10)，并加以整理得

$$\boldsymbol{x}(0) = -\sum_{i=0}^{n-1}\boldsymbol{A}^i\boldsymbol{B}\int_0^{t_f}\alpha_i(\tau)\boldsymbol{u}(\tau)d\tau = -\sum_{i=0}^{n-1}\boldsymbol{A}^i\boldsymbol{B}\boldsymbol{f}_i(t_f)$$

$$= [\boldsymbol{B} \quad \boldsymbol{AB} \quad \cdots \quad \boldsymbol{A}^{n-1}\boldsymbol{B}]\begin{bmatrix} \boldsymbol{f}_0(t_f) \\ \boldsymbol{f}_1(t_f) \\ \vdots \\ \boldsymbol{f}_{n-1}(t_f) \end{bmatrix} \tag{3-11}$$

式中

$$\boldsymbol{f}_i(t_f)=\int_0^{t_f}\alpha_i(\tau)\boldsymbol{u}(\tau)\mathrm{d}\tau,\quad i=0,1,\cdots,n-1$$

$\boldsymbol{f}_i(t_f)$为输入信号 $\boldsymbol{u}(t)$的函数。

显然，当给定 $\boldsymbol{x}(0)$后，只有在 $n\times(nm)$矩阵 $\boldsymbol{U}_c=[\boldsymbol{B}\quad \boldsymbol{AB}\quad\cdots\quad \boldsymbol{A}^{n-1}\boldsymbol{B}]$满秩时，才能从式(3-11)解得 $\boldsymbol{f}_i(t_f)$，进而找到相应的输入信号 $\boldsymbol{u}(t)$，于是便得，使线性定常系统状态完全能控的充要条件为：矩阵 $\boldsymbol{U}_c=[\boldsymbol{B}\quad \boldsymbol{AB}\quad\cdots\quad \boldsymbol{A}^{n-1}\boldsymbol{B}]$是满秩的，或表示成

$$\mathrm{rank}\boldsymbol{U}_c=\mathrm{rank}[\boldsymbol{B}\quad \boldsymbol{AB}\quad\cdots\quad \boldsymbol{A}^{n-1}\boldsymbol{B}]=n \tag{3-12}$$

需要强调指出：

(1) 在时变系统中，$\boldsymbol{A}(t)$、$\boldsymbol{B}(t)$是随时间变化的，状态变量 $\boldsymbol{x}(t)$的转移与初始时刻 t_0 的选取有关，故要强调在一定时间区间$[t_0,t_f]$内系统的能控性。而在定常系统中，系统的能控性和 t_0 的选取是无关的，即它是时变系统的一种特殊情况。

(2) 在线性定常系统中，为简单起见，可以假设初始时刻 $t_0=0$，初始状态为 $\boldsymbol{x}(0)$，而终端状态就指定为零状态，即 $\boldsymbol{x}(t_f)=\boldsymbol{0}$。

(3) 若假设 $\boldsymbol{x}(t_0)=\boldsymbol{0}$，而 $\boldsymbol{x}(t_f)$为任意终端状态时，若存在一个无约束控制信号 $\boldsymbol{u}(t)$，在有限区间$[t_0,t_f]$内，能将 $\boldsymbol{x}(t)$由零状态转移到任意终端状态 $\boldsymbol{x}(t_f)$，则称之为状态的能达性。在线性定常系统中，能控性和能达性是等价的。而在线性时变系统中，严格地说，能控不一定能达，反之亦然。

(4) 在讨论能控性问题时，输入信号从理论上说是无约束的，其取值并非惟一的，因为关心的只是它能否将 $\boldsymbol{x}(t_0)$驱动到 $\boldsymbol{x}(t_f)$，而不计较 $\boldsymbol{x}(t)$的轨迹如何。

例 3-2 若系统为

$$\begin{bmatrix}\dot{x}_1(t)\\ \dot{x}_2(t)\\ \dot{x}_3(t)\end{bmatrix}=\begin{bmatrix}1&3&2\\0&2&0\\0&1&3\end{bmatrix}\begin{bmatrix}x_1(t)\\x_2(t)\\x_3(t)\end{bmatrix}+\begin{bmatrix}2&1\\1&1\\-1&-1\end{bmatrix}\begin{bmatrix}u_1(t)\\u_2(t)\end{bmatrix}$$

试判断系统的状态能控性。

解 系统的能控性矩阵

$$\boldsymbol{U}_c=[\boldsymbol{B}\quad \boldsymbol{AB}\quad \boldsymbol{A}^2\boldsymbol{B}]=\begin{bmatrix}2&1&3&2&5&4\\1&1&2&2&4&4\\-1&-1&-2&-2&-4&-4\end{bmatrix}$$

其秩

$$\mathrm{rank}\boldsymbol{U}_c=\mathrm{rank}\begin{bmatrix}2&1&3&2&5&4\\1&1&2&2&4&4\\-1&-1&-2&-2&-4&-4\end{bmatrix}=2<n$$

所以该系统不能控。

顺便指出，在计算行数比列数少的矩阵秩时，有时可使用下列关系式，即

$$\mathrm{rank}\boldsymbol{U}_c = \mathrm{rank}[\boldsymbol{U}_c\boldsymbol{U}_c^{\mathrm{T}}]$$

上式右端是一个 $n\times n$ 阵，计算方阵的秩会简单一些。

2. 输出的能控性

设线性定常系统的状态空间表达式为

$$\begin{cases}\dot{\boldsymbol{x}}(t) = \boldsymbol{A}\boldsymbol{x}(t) + \boldsymbol{B}\boldsymbol{u}(t)\\ \boldsymbol{y}(t) = \boldsymbol{C}\boldsymbol{x}(t) + \boldsymbol{D}\boldsymbol{u}(t)\end{cases} \tag{3-13}$$

式中，$\boldsymbol{A}$——$n\times n$ 矩阵；

$\boldsymbol{B}$——$n\times r$ 矩阵；

$\boldsymbol{C}$——$m\times n$ 矩阵；

$\boldsymbol{D}$——$m\times r$ 矩阵。

定义 3-4 若存在一分段连续的输入信号 $\boldsymbol{u}(t)$，在有限的时间 $[t_0, t_f]$ 内，能把任意给定的初始输出 $\boldsymbol{y}(t_0)$ 转移到任意指定的最终输出 $\boldsymbol{y}(t_f)$，则称系统是输出完全能控的。

定理 3-4 线性定常系统 $\Sigma[\boldsymbol{A},\boldsymbol{B},\boldsymbol{C},\boldsymbol{D}]$，其输出完全能控的充要条件是，$m\times(nr+r)$ 矩阵

$$[\boldsymbol{D}\quad \boldsymbol{CB}\quad \boldsymbol{CAB}\quad \boldsymbol{CA}^2\boldsymbol{B}\quad \cdots\quad \boldsymbol{CA}^{n-1}\boldsymbol{B}]$$

的秩为 m。

证明 根据式(3-11)和式(3-13)，有

$$\boldsymbol{y}(0) = \boldsymbol{C}\boldsymbol{x}(0) + \boldsymbol{D}\boldsymbol{u}(0) = -[\boldsymbol{CB}\quad \boldsymbol{CAB}\quad \cdots\quad \boldsymbol{CA}^{n-1}\boldsymbol{B}]\begin{bmatrix} \boldsymbol{f}_0(t_f)\\ \boldsymbol{f}_1(t_f)\\ \vdots\\ \boldsymbol{f}_{n-1}(t_f)\end{bmatrix} + \boldsymbol{D}\boldsymbol{u}(0)$$

$$= -[\boldsymbol{D}\quad \boldsymbol{CB}\quad \boldsymbol{CAB}\quad \boldsymbol{CA}^2\boldsymbol{B}\quad \cdots\quad \boldsymbol{CA}^{n-1}\boldsymbol{B}]\begin{bmatrix} -\boldsymbol{u}(0)\\ \boldsymbol{f}_0(t_f)\\ \boldsymbol{f}_1(t_f)\\ \vdots\\ \boldsymbol{f}_{n-1}(t_f)\end{bmatrix}$$

显然，给定 $\boldsymbol{y}(0)$ 后，只有当 $m\times(nr+r)$ 矩阵 $[\boldsymbol{D}\quad \boldsymbol{CB}\quad \boldsymbol{CAB}\quad \boldsymbol{CA}^2\boldsymbol{B}\quad \cdots\quad \boldsymbol{CA}^{n-1}\boldsymbol{B}]$ 满秩，即

$$\mathrm{rank}[\boldsymbol{D}\quad \boldsymbol{CB}\quad \boldsymbol{CAB}\quad \boldsymbol{CA}^2\boldsymbol{B}\quad \cdots\quad \boldsymbol{CA}^{n-1}\boldsymbol{B}] = m \tag{3-14}$$

时，才能从上式解得 $\boldsymbol{f}_i(t_f)$，从而找到相应的控制信号 $\boldsymbol{u}(t)$，定理证毕。

例 3-3 若系统为

$$\begin{cases}\begin{bmatrix}\dot{x}_1(t)\\\dot{x}_2(t)\end{bmatrix}=\begin{bmatrix}-4 & 5\\1 & 0\end{bmatrix}\begin{bmatrix}x_1(t)\\x_2(t)\end{bmatrix}+\begin{bmatrix}-5\\1\end{bmatrix}u(t)\\y(t)=\begin{bmatrix}1 & -1\end{bmatrix}\begin{bmatrix}x_1(t)\\x_2(t)\end{bmatrix}\end{cases}$$

试分析系统的输出能控性和状态能控性。

解　(1) 因 $\operatorname{rank}[\boldsymbol{cb}\quad \boldsymbol{cAb}]=\operatorname{rank}[-6\quad 30]=1=m$，所以系统是输出能控的。

(2) 因 $\operatorname{rank}\boldsymbol{U}_c=\operatorname{rank}[\boldsymbol{b}\quad \boldsymbol{Ab}]=\operatorname{rank}\begin{bmatrix}-5 & 25\\1 & -5\end{bmatrix}=1<n$，所以系统是状态不能控的。

由此例可见，系统的输出能控性和状态能控性之间是不等价的，即输出能控不一定状态能控，状态能控也不一定输出能控。

最后给出输出能控的一个必要条件是系统的输出矩阵 $\boldsymbol{c}$ 必须是满秩的，且应小于或等于系统维数 n，即 $\operatorname{rank}\boldsymbol{c}=m\leqslant n$。

当满足上述条件时，若系统是状态能控的，输出必然能控，但反之不成立。

3. 标准型的能控性判据

当线性定常系统的系统矩阵 $\boldsymbol{A}$ 为对角线标准型或约当标准型时，判定系统的能控性有比较简便的办法。

定理 3-5　若系统矩阵 $\boldsymbol{A}$ 为对角线型且特征值互不相同，则系统能控的充要条件是输入矩阵 $\boldsymbol{B}$ 没有任何一行的元素全部为零。

定理 3-6　若系统矩阵 $\boldsymbol{A}$ 为约当型且一个特征值只对应一个约当块，则系统能控的充要条件是：

(1) 输入矩阵 $\boldsymbol{B}$ 中对应于互异的单特征值的各行，没有一行的元素全为零；

(2) 输入矩阵 $\boldsymbol{B}$ 中与每个约当块最后一行相对应的各行，没有一行的元素全为零。

例 3-4　判断下列系统的能控性：

(1) $$\begin{bmatrix}\dot{x}_1(t)\\\dot{x}_2(t)\\\dot{x}_3(t)\end{bmatrix}=\begin{bmatrix}-7 & 0 & 0\\0 & -5 & 0\\0 & 0 & -1\end{bmatrix}\begin{bmatrix}x_1(t)\\x_2(t)\\x_3(t)\end{bmatrix}+\begin{bmatrix}0 & 1\\4 & 0\\7 & 5\end{bmatrix}\begin{bmatrix}u_1(t)\\u_2(t)\end{bmatrix}$$

(2) $$\begin{bmatrix}\dot{x}_1(t)\\\dot{x}_2(t)\\\dot{x}_3(t)\end{bmatrix}=\begin{bmatrix}-3 & 1 & 0\\0 & -3 & 0\\0 & 0 & 1\end{bmatrix}\begin{bmatrix}x_1(t)\\x_2(t)\\x_3(t)\end{bmatrix}+\begin{bmatrix}0 & 0\\2 & -1\\0 & 3\end{bmatrix}\begin{bmatrix}u_1(t)\\u_2(t)\end{bmatrix}$$

(3) $\begin{bmatrix}\dot{x}_1(t)\\\dot{x}_2(t)\\\dot{x}_3(t)\end{bmatrix}=\begin{bmatrix}3&0&0\\0&-1&0\\0&0&-2\end{bmatrix}\begin{bmatrix}x_1(t)\\x_2(t)\\x_3(t)\end{bmatrix}+\begin{bmatrix}2\\1\\0\end{bmatrix}u(t)$

(4) $\begin{bmatrix}\dot{x}_1(t)\\\dot{x}_2(t)\\\dot{x}_3(t)\end{bmatrix}=\begin{bmatrix}-4&1&0\\0&-4&0\\0&0&-2\end{bmatrix}\begin{bmatrix}x_1(t)\\x_2(t)\\x_3(t)\end{bmatrix}+\begin{bmatrix}4&2\\0&0\\3&0\end{bmatrix}\begin{bmatrix}u_1(t)\\u_2(t)\end{bmatrix}$

解 根据定理 3-5 和定理 3-6 可知，(1)和(2)系统为能控的，(3)和(4)系统则是不能控的。

例 3-5 判断下列系统的能控性：

(1) $\begin{bmatrix}\dot{x}_1(t)\\\dot{x}_2(t)\end{bmatrix}=\begin{bmatrix}1&0\\0&1\end{bmatrix}\begin{bmatrix}x_1(t)\\x_2(t)\end{bmatrix}+\begin{bmatrix}1\\1\end{bmatrix}u(t)$

(2) $\begin{bmatrix}\dot{x}_1(t)\\\dot{x}_2(t)\\\dot{x}_3(t)\end{bmatrix}=\begin{bmatrix}-4&1&0\\0&-4&0\\0&0&-4\end{bmatrix}\begin{bmatrix}x_1(t)\\x_2(t)\\x_3(t)\end{bmatrix}+\begin{bmatrix}0\\1\\2\end{bmatrix}u(t)$

解 (1) $\boldsymbol{A}$ 为对角阵，但含有相同的元素，$\boldsymbol{b}$ 阵虽无全为零的行，系统仍是不能控的，因

$$\text{rank}\boldsymbol{U}_c=\text{rank}[\boldsymbol{b}\quad \boldsymbol{Ab}]=\text{rank}\begin{bmatrix}1&1\\1&1\end{bmatrix}=1<2$$

(2) $\boldsymbol{A}$ 为约当阵，但有两个相同特征值的约当块，$\boldsymbol{B}$ 阵虽无对应于约当块最后一行全为零元素的行，但系统仍是不能控的，因 $\text{rank}\boldsymbol{U}_c<3$。

3.1.3 线性离散时间系统的能控性

设离散系统的状态方程为

$$\boldsymbol{x}(k+1)=\boldsymbol{Gx}(k)+\boldsymbol{Hu}(k)$$

式中，$\boldsymbol{x}(k)$——n 维状态向量；

$\boldsymbol{u}(k)$——r 维输入向量；

$\boldsymbol{G}$——$n\times n$ 系统矩阵；

$\boldsymbol{H}$——$n\times r$ 输入矩阵。

定义 3-5 如果存在输入信号序列 $\boldsymbol{u}(k),\boldsymbol{u}(k+1),\cdots,\boldsymbol{u}(N-1)$，使得系统从第 k 步的状态 $\boldsymbol{x}(k)$ 开始，能在第 N 步上达到零状态即 $\boldsymbol{x}(N)=\boldsymbol{0}$，其中 N 为大于 k 的某一个有限正整数，那么就称此系统在第 k 步上是能控的，$\boldsymbol{x}(k)$ 称为第 k 步上的能控状态，如果每一个第 k 步上的状态 $\boldsymbol{x}(k)$ 都是能控状态，那么就称系统在第 k 步上是完全能控的。如果对于每一个 k，系统都是完全能控的，那么就称系统是完

全能控的。

定理 3-7　线性定常离散系统 $\Sigma(\boldsymbol{G},\boldsymbol{H})$，若 $\boldsymbol{G}$ 为非奇异，则其状态能控的充要条件是 $n\times nr$ 能控性矩阵 $\boldsymbol{M}_c=[\boldsymbol{H}\quad \boldsymbol{G}\boldsymbol{H}\cdots\quad \boldsymbol{G}^{n-1}\boldsymbol{H}]$ 的秩为 n。若 $\boldsymbol{G}$ 奇异，则此仅为状态能控的充分条件。

证明　根据离散状态方程的解

$$\boldsymbol{x}(k)=\boldsymbol{G}^k\boldsymbol{x}(0)+\sum_{i=0}^{k-1}\boldsymbol{G}^{k-i-1}\boldsymbol{H}\boldsymbol{u}(i)$$

若系统是能控的，则在 $k=n$ 时，由上式可解出 $\boldsymbol{u}(0),\boldsymbol{u}(1),\cdots,\boldsymbol{u}(n-1)$，使得 $\boldsymbol{x}(k)$ 在第 n 个采样时刻为零，即 $\boldsymbol{x}(n)=0$，从而有

$$\sum_{i=0}^{n-1}\boldsymbol{G}^{n-i-1}\boldsymbol{H}\boldsymbol{u}(i)=-\boldsymbol{G}^n\boldsymbol{x}(0)$$

即

$$\boldsymbol{G}^{n-1}\boldsymbol{H}\boldsymbol{u}(0)+\boldsymbol{G}^{n-2}\boldsymbol{H}\boldsymbol{u}(1)+\cdots+\boldsymbol{G}\boldsymbol{H}\boldsymbol{u}(n-2)+\boldsymbol{H}\boldsymbol{u}(n-1)=-\boldsymbol{G}^n\boldsymbol{x}(0)$$

按照矩阵乘法可写成

$$[\boldsymbol{H}\quad \boldsymbol{G}\boldsymbol{H}\quad \cdots\quad \boldsymbol{G}^{n-2}\boldsymbol{H}\quad \boldsymbol{G}^{n-1}\boldsymbol{H}]\begin{bmatrix}\boldsymbol{u}(n-1)\\ \boldsymbol{u}(n-2)\\ \vdots\\ \boldsymbol{u}(1)\\ \boldsymbol{u}(0)\end{bmatrix}=-\boldsymbol{G}^n\boldsymbol{x}(0)$$

由此可知，当且仅当

$$\operatorname{rank}[\boldsymbol{H}\quad \boldsymbol{G}\boldsymbol{H}\quad \cdots\quad \boldsymbol{G}^{n-1}\boldsymbol{H}]=n \tag{3-15}$$

成立，任意非零 $\boldsymbol{G}^n\boldsymbol{x}(0)$ 为完全能控。当 $\boldsymbol{G}$ 非奇异时，任意非零 $\boldsymbol{G}^n\boldsymbol{x}(0)$ 完全能控等价于任意非零 $\boldsymbol{x}(0)$ 即系统完全能控。但当 $\boldsymbol{G}$ 奇异时，式(3-15)成立可使任意非零 $\boldsymbol{x}(0)$ 完全能控，但任意非零 $\boldsymbol{x}(0)$ 完全能控并不要求式(3-15)成立。因此，对 $\boldsymbol{G}$ 奇异，式(3-15)成立仅为系统完全能控的充分而非必要条件。定理证毕。

例 3-6　设线性定常离散系统状态方程为

$$\boldsymbol{x}(k+1)=\begin{bmatrix}3 & 2\\ 6 & 4\end{bmatrix}\boldsymbol{x}(k)+\begin{bmatrix}1\\ 2\end{bmatrix}u(k)$$

试判断系统状态的能控性。

解　因为本题 $\boldsymbol{G}$ 阵为奇异，所以利用系统能控性矩阵的秩

$$\operatorname{rank}\boldsymbol{M}_c=\operatorname{rank}[\boldsymbol{h}\quad \boldsymbol{G}\boldsymbol{h}]=\operatorname{rank}\begin{bmatrix}1 & 7\\ 2 & 14\end{bmatrix}=1<2=n$$

说明不了系统是否能控。

实际上，这个系统在第 1 步上的状态为

$$\boldsymbol{x}(1)=\begin{bmatrix}3 & 2\\ 6 & 4\end{bmatrix}\boldsymbol{x}(0)+\begin{bmatrix}1\\ 2\end{bmatrix}u(0)$$

如果假设 $\boldsymbol{x}(1)=0$，则可导出

$$3x_1(0)+2x_2(0)+u(0)=0$$

这意味着，对任意 $x_1(0)\neq0$ 和 $x_2(0)\neq0$，一定可以构成相应输入

$$u(0)=-3x_1(0)-2x_2(0)$$

并在其作用下有 $\boldsymbol{x}(1)=0$。

以上表明，当 $\boldsymbol{G}$ 阵为奇异时，系统能控并不一定要求式(3-15)成立。

3.2 系统的能观测性

控制系统的状态反馈信息，是由系统的状态变量组合而成的。但并非所有系统的状态变量在物理上都能测取到，于是提出能否通过对输出的测量获得全部状态变量的信息。

系统的能观测性是指系统状态的变化能否由系统的输出反映出来。

3.2.1 线性时变连续系统的能观测性

设线性时变系统的状态空间表达式为

$$\begin{cases}\dot{\boldsymbol{x}}(t)=\boldsymbol{A}(t)\boldsymbol{x}(t)+\boldsymbol{B}(t)\boldsymbol{u}(t)\\ \boldsymbol{y}(t)=\boldsymbol{C}(t)\boldsymbol{x}(t)\end{cases}$$

定义 3-6 若系统在初始时刻 t_0 的任意状态 $\boldsymbol{x}(t_0)$，在 $t_f>t_0$ 时，可由 $[t_0,t_f]$ 内系统的输出 $\boldsymbol{y}(t)$ 惟一地确定出来，那么，称该系统的状态在时刻 t_0 是完全能观测的，或简称系统是能观测的；否则，系统便是不完全能观测的，或简称不能观测的。若系统在任意一个初始时刻都是能观测的，则称系统是一致完全能观测的。

定理 3-8 线性时变系统 $\Sigma[\boldsymbol{A}(t),\boldsymbol{C}(t)]$，在时间区间 $[t_0,\ t_f]$ 内，状态完全能观测的充要条件是格拉姆矩阵

$$\boldsymbol{W}_o(t_0,t_f)=\int_{t_0}^{t_f}\boldsymbol{\Phi}^{\mathrm{T}}(\tau,t_0)\boldsymbol{C}^{\mathrm{T}}(\tau)\boldsymbol{C}(\tau)\boldsymbol{\Phi}(\tau,t_0)\mathrm{d}\tau \tag{3-16}$$

为非奇异的。

证明 充分性：即由 $\boldsymbol{W}_o(t_0,t_f)$ 非奇异，推证系统 $\Sigma[\boldsymbol{A}(t),\boldsymbol{C}(t)]$ 是能观测的。

由定义知，系统的能观测性和输入信号 $\boldsymbol{u}(t)$ 是无关的，故在研究系统的能观测性时，可不考虑输入信号 $\boldsymbol{u}(t)$ 的影响，此时，根据齐次状态转移方程有

$$\boldsymbol{x}(t)=\boldsymbol{\Phi}(t,t_0)\boldsymbol{x}(t_0)$$

则

$$\boldsymbol{y}(t)=\boldsymbol{C}(t)\boldsymbol{x}(t)=\boldsymbol{C}(t)\boldsymbol{\Phi}(t,t_0)\boldsymbol{x}(t_0) \tag{3-17}$$

对上式两边左乘 $\boldsymbol{\Phi}^{\mathrm{T}}(t,t_0)\boldsymbol{C}^{\mathrm{T}}(t)$，并在 $[t_0,t_f]$ 区间积分，有

$$\int_{t_0}^{t_f} \boldsymbol{\Phi}^{\mathrm{T}}(\tau,t_0)\boldsymbol{C}^{\mathrm{T}}(\tau)\boldsymbol{y}(\tau)\mathrm{d}\tau = \int_{t_0}^{t_f} \boldsymbol{\Phi}^{\mathrm{T}}(\tau,t_0)\boldsymbol{C}^{\mathrm{T}}(\tau)\boldsymbol{C}(\tau)\boldsymbol{\Phi}(\tau,t_0)\boldsymbol{x}(t_0)\mathrm{d}\tau$$

$$= \int_{t_0}^{t_f} \boldsymbol{\Phi}^{\mathrm{T}}(\tau,t_0)\boldsymbol{C}^{\mathrm{T}}(\tau)\boldsymbol{C}(\tau)\boldsymbol{\Phi}(\tau,t_0)\mathrm{d}\tau \cdot \boldsymbol{x}(t_0)$$

$$= \boldsymbol{W}_{\mathrm{o}}(t_0,t_f)\boldsymbol{x}(t_0)$$

因为格拉姆矩阵 $\boldsymbol{W}_{\mathrm{o}}(t_0,t_f)$是非奇异的，于是

$$\boldsymbol{x}(t_0) = \boldsymbol{W}_{\mathrm{o}}^{-1}(t_0,t_f)\int_{t_0}^{t_f} \boldsymbol{\Phi}^{\mathrm{T}}(\tau,t_0)\boldsymbol{C}^{\mathrm{T}}(\tau)y(\tau)\mathrm{d}\tau$$

可见，在已知 $\boldsymbol{y}(t)$的条件下，便可由上式惟一地确定 $\boldsymbol{x}(t_0)$。充分性得证。

必要性：即证若系统完全能观测，则 $\boldsymbol{W}_{\mathrm{o}}(t_0,t_f)$必定是非奇异的。

用反证法，假设系统完全能观测，则 $\boldsymbol{W}_{\mathrm{o}}(t_0,t_f)$为奇异的。

因为

$$\boldsymbol{y}(t) = \boldsymbol{C}(t)\boldsymbol{\Phi}(t,t_0)\boldsymbol{x}(t_0)$$
$$\boldsymbol{y}^{\mathrm{T}}(t) = \boldsymbol{x}^{\mathrm{T}}(t_0)\boldsymbol{\Phi}^{\mathrm{T}}(t,t_0)\boldsymbol{C}^{\mathrm{T}}(t)$$

则有

$$\int_{t_0}^{t_f} \boldsymbol{y}^{\mathrm{T}}(\tau)\boldsymbol{y}(\tau)\mathrm{d}\tau = \int_{t_0}^{t_f} \boldsymbol{x}^{\mathrm{T}}(t_0)\boldsymbol{\Phi}^{\mathrm{T}}(\tau,t_0)\boldsymbol{C}^{\mathrm{T}}(\tau)\boldsymbol{C}(\tau)\boldsymbol{\Phi}(\tau,t_0)\boldsymbol{x}(t_0)\mathrm{d}\tau$$

$$= \boldsymbol{x}^{\mathrm{T}}(t_0)\boldsymbol{W}_{\mathrm{o}}(t_0,t_f)\boldsymbol{x}(t_0)$$

由于 $\boldsymbol{W}_{\mathrm{o}}(t_0,t_f)$是奇异的，那么，必存在非零初始状态 $\boldsymbol{x}(t_0)$，使得

$$\boldsymbol{x}^{\mathrm{T}}(t_0)\boldsymbol{W}_{\mathrm{o}}(t_0,t_f)\boldsymbol{x}(t_0) = 0$$

也就是

$$\boldsymbol{y}^{\mathrm{T}}(t)\boldsymbol{y}(t) = |\ \boldsymbol{y}(t)\ |^2 = 0$$

或

$$\boldsymbol{y}(t) = \boldsymbol{C}(t)\boldsymbol{\Phi}(t,t_0)\boldsymbol{x}(t_0) = \boldsymbol{0}$$

显然 $\boldsymbol{x}(t_0)$无法从 $\boldsymbol{y}(t)$测得，这和系统完全能观测性条件是矛盾的，因此，反设 $\boldsymbol{W}_{\mathrm{o}}(t_0,t_f)$为奇异不成立。必要性得证。

推论　线性时变系统 $\Sigma[\boldsymbol{A}(t),\boldsymbol{C}(t)]$在 t_0 时刻状态完全能观测的另一个充要条件为矩阵 $\boldsymbol{C}(t)\boldsymbol{\Phi}(t,t_0)$是列线性无关的。

设系统 $\Sigma[\boldsymbol{A}(t),\boldsymbol{C}(t)]$中 $\boldsymbol{A}(t)$阵和 $\boldsymbol{C}(t)$阵的元对时间变量 t 分别是 $n-2$ 和 $n-1$ 次连续可微，记

$$\boldsymbol{C}_1(t) = \boldsymbol{C}(t)$$

$$\boldsymbol{C}_i(t) = \boldsymbol{C}_{i-1}(t)\boldsymbol{A}(t) + \dot{\boldsymbol{C}}_{i-1}(t) \quad i = 2,3,\cdots,n$$

令

$$\boldsymbol{R}(t) \equiv \begin{bmatrix} \boldsymbol{C}_1(t) \\ \boldsymbol{C}_2(t) \\ \vdots \\ \boldsymbol{C}_n(t) \end{bmatrix}$$

如果存在某个时刻 $t_f>0$，使 $\operatorname{rank}\boldsymbol{R}(t_f)=n$，则系统在$[0,t_f]$区间上是能观测的。

例 3-7 设系统 $\Sigma[\boldsymbol{A}(t),\boldsymbol{C}(t)]$的 $\boldsymbol{A}(t)$，$\boldsymbol{C}(t)$阵分别为

$$\boldsymbol{A}(t)=\begin{bmatrix} t & 1 & 0 \\ 0 & t & 0 \\ 0 & 0 & t^2 \end{bmatrix},\quad \boldsymbol{C}(t)=\begin{bmatrix} 1 & 0 & 1 \end{bmatrix}$$

试判别其能观测性。

解

$$\boldsymbol{C}_1(t)=\boldsymbol{C}(t)=\begin{bmatrix} 1 & 0 & 1 \end{bmatrix}$$

$$\boldsymbol{C}_2(t)=\boldsymbol{C}_1(t)\boldsymbol{A}(t)+\dot{\boldsymbol{C}}_1(t)=\begin{bmatrix} t & 1 & t^2 \end{bmatrix}$$

$$\boldsymbol{C}_3(t)=\boldsymbol{C}_2(t)\boldsymbol{A}(t)+\dot{\boldsymbol{C}}_2(t)=\begin{bmatrix} t^2+1 & 2t & t^4+2t \end{bmatrix}$$

$$\boldsymbol{R}(t)=\begin{bmatrix} \boldsymbol{C}_1(t) \\ \boldsymbol{C}_2(t) \\ \boldsymbol{C}_3(t) \end{bmatrix}=\begin{bmatrix} 1 & 0 & 1 \\ t & 1 & t^2 \\ t^2+1 & 2t & t^4+2t \end{bmatrix}$$

显然，$t>0$ 时，$\operatorname{rank}\boldsymbol{R}(t_f)=3=n$，所以，该系统在 $t>0$ 时间区间上是状态完全能观测的。

3.2.2 线性定常连续系统的能观测性

1. 状态的能观测性

设线性定常系统的状态空间表达式为

$$\begin{cases} \dot{\boldsymbol{x}}(t)=\boldsymbol{A}\boldsymbol{x}(t)+\boldsymbol{B}\boldsymbol{u}(t) \\ \boldsymbol{y}(t)=\boldsymbol{C}\boldsymbol{x}(t) \end{cases} \tag{3-18}$$

定义 3-7 如果对初始时刻 t_0 的任意初始状态 $\boldsymbol{x}(t_0)$，在有限观测时间$t_f>t_0$，能够根据输出 $\boldsymbol{y}(t)$在$[t_0,t_f]$内的测量值，惟一地确定系统在 t_0 时刻的初始状态 $\boldsymbol{x}(t_0)$，则称此系统的状态是完全能观测的，或简称系统是能观测的。

定理 3-9 线性定常系统 $\Sigma[\boldsymbol{A},\boldsymbol{C}]$ 状态能观测的充分必要条件为下列等价条件之一：

(1) 矩阵 $\boldsymbol{C}\mathrm{e}^{-\boldsymbol{A}t}$是列线性无关的。

(2) 矩阵 $\boldsymbol{C}(s\boldsymbol{I}-\boldsymbol{A})^{-1}$是列线性无关的。

(3) 格拉姆矩阵

$$\boldsymbol{W}_o=\int_{t_0}^{t_f}\mathrm{e}^{\boldsymbol{A}^{\mathrm{T}}\tau}\boldsymbol{C}^{\mathrm{T}}\boldsymbol{C}\mathrm{e}^{\boldsymbol{A}\tau}\mathrm{d}\tau \tag{3-19}$$

是非奇异的。

(4) $nm\times n$ 能观测性矩阵

$$\boldsymbol{V}_{\mathrm{o}} = \begin{bmatrix} \boldsymbol{C} \\ \boldsymbol{CA} \\ \vdots \\ \boldsymbol{CA}^{n-1} \end{bmatrix}$$

的秩是 n。

证明 (1)，(2)，(3)略。

(4) 在不考虑输入信号 $\boldsymbol{u}(t)$时，根据状态转移方程有

$$\boldsymbol{x}(t) = \mathrm{e}^{\boldsymbol{A}(t-t_0)}\boldsymbol{x}(t_0)$$

不失一般性，假设 $t_0=0$，则

$$\boldsymbol{x}(t) = \mathrm{e}^{\boldsymbol{A}t}\boldsymbol{x}(0)$$

$$\boldsymbol{y}(t) = \boldsymbol{C}\mathrm{e}^{\boldsymbol{A}t}\boldsymbol{x}(0)$$

利用凯莱-哈密顿定理，可将 $\mathrm{e}^{\boldsymbol{A}t}$ 表示成

$$\mathrm{e}^{\boldsymbol{A}t} = \sum_{i=0}^{n-1}\alpha_i(t)\boldsymbol{A}^i$$

则

$$\boldsymbol{y}(t) = \boldsymbol{C}\sum_{i=0}^{n-1}\alpha_i(t)\boldsymbol{A}^i\boldsymbol{x}(0) = [\alpha_0(t)\boldsymbol{I} \quad \alpha_1(t)\boldsymbol{I} \quad \cdots \quad \alpha_{n-1}(t)\boldsymbol{I}]\begin{bmatrix} \boldsymbol{C} \\ \boldsymbol{CA} \\ \vdots \\ \boldsymbol{CA}^{n-1} \end{bmatrix}\boldsymbol{x}(0)$$

上式表明，根据在$[0, t_{\mathrm{f}}]$时间区间的量测值 $\boldsymbol{y}(t)$，能将初始状态 $\boldsymbol{x}(0)$ 惟一确定下来的充要条件是能观测性矩阵 $\boldsymbol{V}_{\mathrm{o}}$ 满秩，或表示成

$$\mathrm{rank}\boldsymbol{V}_{\mathrm{o}} = \mathrm{rank}\begin{bmatrix} \boldsymbol{C} \\ \boldsymbol{CA} \\ \vdots \\ \boldsymbol{CA}^{n-1} \end{bmatrix} = n \tag{3-20}$$

需要强调指出：

(1) 在能观测性定义中之所以把能观测性规定为对初始状态的确定，是因为一旦确定了初始状态，便可根据给定的输入信号 $\boldsymbol{u}(t)$，利用状态转移方程

$$\boldsymbol{x}(t) = \boldsymbol{\Phi}(t-t_0)\boldsymbol{x}(t_0) + \int_{t_0}^{t}\boldsymbol{\Phi}(t-\tau)\boldsymbol{Bu}(\tau)\mathrm{d}\tau$$

求出系统在各个瞬时的状态。

(2) 能观测性表示的是 $\boldsymbol{y}(t)$反映状态向量 $\boldsymbol{x}(t)$的能力，考虑到输入信号 $\boldsymbol{u}(t)$所引起的输出是可计算出的，所以在分析能观测性问题时，常令 $\boldsymbol{u}(t)=\boldsymbol{0}$，这样只需从齐次状态方程和输出方程出发来考虑能观测性问题。

(3) 从输出方程可以看出，如果输出量 $\boldsymbol{y}(t)$的维数等于状态变量的维数，即 $m=n$，并且 $\boldsymbol{C}$ 阵是非奇异的，则求解状态将是十分简单的，即

$$\boldsymbol{x}(t) = \boldsymbol{C}^{-1}\boldsymbol{y}(t)$$

显然，这是不需要观测时间的。而在一般情况下，输出量的维数总是小于状态变量的维数，即 $m<n$。为了能惟一的求出 n 个状态变量，应在不同的时刻多测量几组输出数据 $\boldsymbol{y}(t_0),\boldsymbol{y}(t_1),\cdots,\boldsymbol{y}(t_f)$，使之能构成 n 个方程式。倘若 $t_0,t_1,\cdots,t_f$ 相隔太近，则 $\boldsymbol{y}(t_0),\boldsymbol{y}(t_1),\cdots,\boldsymbol{y}(t_f)$ 几个方程虽然在结构上是独立的，但其数值可能相差无几，且破坏了其独立性。因此，在能观测性定义中，观测时间应满足 $t_f>t_0$ 的要求。

例 3-8 若系统为

$$\begin{cases}\dot{\boldsymbol{x}}(t)=\begin{bmatrix}0 & 1\\ -3 & -4\end{bmatrix}\boldsymbol{x}(t)+\begin{bmatrix}1 & 2\\ -3 & -4\end{bmatrix}\boldsymbol{u}(t)\\ \boldsymbol{y}(t)=\begin{bmatrix}1 & 1\\ -2 & -2\end{bmatrix}\boldsymbol{x}(t)\end{cases}$$

试判断系统的能观测性。

解 系统的能观测性矩阵

$$\boldsymbol{V}_o=\begin{bmatrix}\boldsymbol{C}\\ \boldsymbol{CA}\end{bmatrix}=\begin{bmatrix}1 & 1\\ -2 & -2\\ -3 & -3\\ 6 & 6\end{bmatrix}$$

$$\mathrm{rank}\boldsymbol{V}_o=1<m=2$$

所以该系统是不能观测的。

2. 标准型的能观测性判据

当线性定常系统的系统矩阵 $\boldsymbol{A}$ 为对角线标准型或约当标准型时，判定系统的能观测性也有比较简便的办法。

定理 3-10 若系统矩阵 $\boldsymbol{A}$ 为对角线型且特征值互不相同，则系统能观测的充要条件是输出矩阵 $\boldsymbol{C}$ 没有任何一列的元素全部为零。

定理 3-11 若系统矩阵 $\boldsymbol{A}$ 为约当型且一个特征值只对应一个约当块，则系统能观测的充要条件是

(1) 输出矩阵 $\boldsymbol{C}$ 中对应于互异的单特征值的各列，没有一列的元素全为零。

(2) 输出矩阵 $\boldsymbol{C}$ 中与每个约当块的第一列相对应的各列，没有一列的元素全为零。

例 3-9 判断下列系统的能观测性

(1) $$\begin{cases}\dot{\boldsymbol{x}}(t)=\begin{bmatrix}-2 & 0\\ 0 & 5\end{bmatrix}\boldsymbol{x}(t)\\ \boldsymbol{y}(t)=\begin{bmatrix}1 & 3\end{bmatrix}\boldsymbol{x}(t)\end{cases}$$

(2) $$\begin{cases}\dot{\boldsymbol{x}}(t)=\begin{bmatrix}2 & 1 & 0 & 0\\ 0 & 2 & 0 & 0\\ 0 & 0 & 3 & 1\\ 0 & 0 & 0 & 3\end{bmatrix}\boldsymbol{x}(t)\\ \boldsymbol{y}(t)=\begin{bmatrix}0 & 1 & 1 & 0\\ 0 & 1 & 1 & 1\end{bmatrix}\boldsymbol{x}(t)\end{cases}$$

(3) $\begin{cases}\dot{\boldsymbol{x}}(t)=\begin{bmatrix}-3 & 1 & 0\\ 0 & -3 & 0\\ 0 & 0 & 1\end{bmatrix}\boldsymbol{x}(t)\\ \boldsymbol{y}(t)=\begin{bmatrix}1 & 0 & 0\\ 0 & 0 & -1\end{bmatrix}\boldsymbol{x}(t)\end{cases}$

解　(1),(3)所代表的系统是状态能观测的;(2)所代表的系统是状态不能观测的。

3.2.3　线性离散时间系统的能观测性

设离散系统的状态空间表达式为

$$\begin{cases}\boldsymbol{x}(k+1)=\boldsymbol{G}\boldsymbol{x}(k)+\boldsymbol{H}\boldsymbol{u}(k)\\ \boldsymbol{y}(k)=\boldsymbol{C}\boldsymbol{x}(k)\end{cases} \tag{3-21}$$

式中,$\boldsymbol{y}(k)$——m 维输出向量;

$\boldsymbol{C}$——$m\times n$ 输出矩阵。

定义 3-8　如果根据第 k 步及以后的观测值 $\boldsymbol{y}(k),\boldsymbol{y}(k+1),\cdots,\boldsymbol{y}(N)$,能惟一的确定出第 k 步的状态 $\boldsymbol{x}(k)$,则称系统在第 k 步是能观测的,$\boldsymbol{x}(k)$称为第 k 步上的能观测状态。如果对于每一个 k,系统都是完全能观测的,那么就称系统是完全能观测的。

定理 3-12　线性定常离散系统 $\Sigma(\boldsymbol{G},\boldsymbol{C})$状态能观测的充要条件是 $nm\times n$ 的能观测性矩阵

$$\boldsymbol{N}_{\mathrm{o}}=\begin{bmatrix}\boldsymbol{C}\\ \boldsymbol{C}\boldsymbol{G}\\ \vdots\\ \boldsymbol{C}\boldsymbol{G}^{n-1}\end{bmatrix}$$

的秩为 n。

证明　由于所研究的系统是线性定常系统,所以可假设观测是从第 0 步开始,并认为输入 $\boldsymbol{u}(k)=\boldsymbol{0}$,此时系统表示为

$$\begin{cases}\boldsymbol{x}(k+1)=\boldsymbol{G}\boldsymbol{x}(k)\\ \boldsymbol{y}(k)=\boldsymbol{C}\boldsymbol{x}(k)\end{cases}$$

利用递推方法,可得

$$\begin{aligned}\boldsymbol{y}(0)&=\boldsymbol{C}\boldsymbol{x}(0)\\ \boldsymbol{y}(1)&=\boldsymbol{C}\boldsymbol{G}\boldsymbol{x}(0)\\ &\vdots\\ \boldsymbol{y}(n-1)&=\boldsymbol{C}\boldsymbol{G}^{n-1}\boldsymbol{x}(0)\end{aligned}$$

写成矩阵形式

$$\begin{bmatrix} \boldsymbol{y}(0) \\ \boldsymbol{y}(1) \\ \vdots \\ \boldsymbol{y}(n-1) \end{bmatrix} = \begin{bmatrix} \boldsymbol{C} \\ \boldsymbol{CG} \\ \vdots \\ \boldsymbol{CG}^{n-1} \end{bmatrix} \boldsymbol{x}(0)$$

若系统能观测，那么当知道 $\boldsymbol{y}(0),\boldsymbol{y}(1),\cdots,\boldsymbol{y}(n-1)$时，就能确定出 $\boldsymbol{x}(0)$，由上式可知，$\boldsymbol{x}(0)$有惟一解的充要条件是

$$\operatorname{rank}\begin{bmatrix} \boldsymbol{C} \\ \boldsymbol{CG} \\ \vdots \\ \boldsymbol{CG}^{n-1} \end{bmatrix} = n \tag{3-22}$$

例 3-10 设线性定常离散系统的状态空间表达式为

$$\begin{cases} \boldsymbol{x}(k+1) = \begin{bmatrix} 1 & 0 & -1 \\ 0 & -2 & 1 \\ 3 & 0 & 2 \end{bmatrix} \boldsymbol{x}(k) + \begin{bmatrix} 2 \\ -1 \\ 1 \end{bmatrix} u(k) \\ \boldsymbol{y}(k) = \begin{bmatrix} 0 & 0 & 1 \\ 1 & 0 & 0 \end{bmatrix} \boldsymbol{x}(k) \end{cases}$$

试判断系统是否能观测。

解 因为能观测矩阵的秩

$$\operatorname{rank}\boldsymbol{N}_{\mathrm{o}} = \operatorname{rank}\begin{bmatrix} \boldsymbol{C} \\ \boldsymbol{CG} \\ \boldsymbol{CG}^2 \end{bmatrix} = \operatorname{rank}\begin{bmatrix} 0 & 0 & 1 \\ 1 & 0 & 0 \\ 3 & 0 & 2 \\ 1 & 0 & -1 \\ 9 & 0 & 1 \\ -2 & 0 & -3 \end{bmatrix} = 2 < n = 3$$

所以该系统是不能观测的。

对于线性连续系统离散化后的能观测性(或能控性)有如下几点说明。如果连续系统 $\Sigma[\boldsymbol{A},\boldsymbol{B},\boldsymbol{C}]$是不能观测的(或不能控的)，则其离散化后的系统 $\Sigma[\boldsymbol{G},\boldsymbol{H},\boldsymbol{C}]$也一定是不能观测的(或不能控的)；如果连续系统 $\Sigma[\boldsymbol{A},\boldsymbol{B},\boldsymbol{C}]$是能观测的(或能控的)，则其离散化后的系统 $\Sigma[\boldsymbol{G},\boldsymbol{H},\boldsymbol{C}]$不一定是能观测的(或能控的)；离散化后的系统 $\Sigma[\boldsymbol{G},\boldsymbol{H},\boldsymbol{C}]$能否保持能观测性(或能控性)，将取决于采样周期 T。

3.3 能控性和能观测性的对偶关系

对偶原理是现代控制理论中一个十分重要的概念，利用对偶原理可以把系统能控性分析方面所得到的结论用于对偶系统，从而可以很容易地得到其对偶系统能观测性方面的结论。

3.3.1 线性系统的对偶原理

若系统 $\Sigma_1(\boldsymbol{A},\boldsymbol{B},\boldsymbol{C})$的状态空间表达式为

$$\begin{cases}\dot{\boldsymbol{x}}_1(t)=\boldsymbol{A}\boldsymbol{x}_1(t)+\boldsymbol{B}\boldsymbol{u}_1(t)\\ \boldsymbol{y}_1(t)=\boldsymbol{C}\boldsymbol{x}_1(t)\end{cases}$$

式中，$\boldsymbol{A}$——$n\times n$ 矩阵；

$\boldsymbol{B}$——$n\times r$ 矩阵；

$\boldsymbol{C}$——$m\times n$ 矩阵。

系统 $\Sigma_2(\boldsymbol{A}^{\mathrm{T}},\boldsymbol{C}^{\mathrm{T}},\boldsymbol{B}^{\mathrm{T}})$的状态空间表达式为

$$\begin{cases}\dot{\boldsymbol{x}}_2(t)=\boldsymbol{A}^{\mathrm{T}}\boldsymbol{x}_2(t)+\boldsymbol{C}^{\mathrm{T}}\boldsymbol{u}_2(t)\\ \boldsymbol{y}_2(t)=\boldsymbol{B}^{\mathrm{T}}\boldsymbol{x}_2(t)\end{cases}$$

式中，$\boldsymbol{A}^{\mathrm{T}}$——$n\times n$ 矩阵；

$\boldsymbol{C}^{\mathrm{T}}$——$n\times m$ 矩阵；

$\boldsymbol{B}^{\mathrm{T}}$——$r\times n$ 矩阵。

称系统 Σ_1 和 Σ_2 是互为对偶的，即系统 Σ_2 是系统 Σ_1 的对偶系统；反之，系统 Σ_1 是系统 Σ_2 的对偶系统。

(1) 系统 Σ_1 和 Σ_2 的结构图如图 3-1(a)和图 3-1(b)所示。

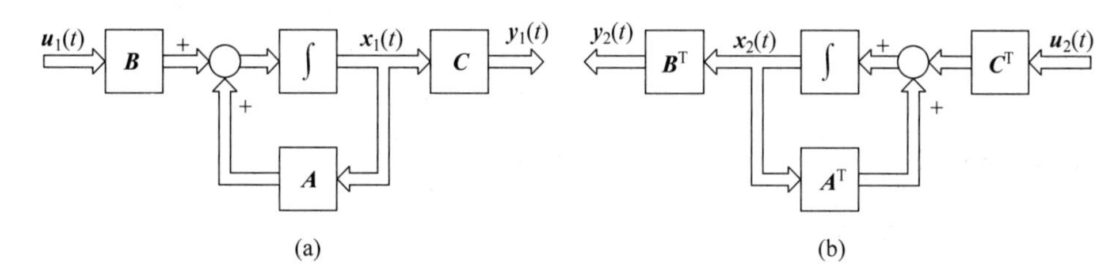

图 3-1　对偶系统结构图

从结构图看，系统 Σ_1 和其对偶系统 Σ_2 的输入端和输出端互换，信号传递方向相反；信号引出点和综合点互换，各矩阵转置。换句话说，图 3-1(a)表示用 $\boldsymbol{u}_1(t)$来控制 $\boldsymbol{y}_1(t)$，而图 3-1(b)表示的却是用“输出量”去求得“输入量”。前者是控制问题，后者称之为估计问题。所以，对偶原理同样也揭示了最优控制和最优估计之间的内在关系。

(2) 对偶系统的传递函数阵互为转置。

系统 Σ_1 的传递函数阵为

$$\boldsymbol{G}_1(s)=\boldsymbol{C}(s\boldsymbol{I}-\boldsymbol{A})^{-1}\boldsymbol{B}$$

系统 Σ_2 的传递函数阵为

$$\boldsymbol{G}_2(s)=\boldsymbol{B}^{\mathrm{T}}(s\boldsymbol{I}-\boldsymbol{A}^{\mathrm{T}})^{-1}\boldsymbol{C}^{\mathrm{T}}$$

而

$$G_2^{\mathrm{T}}(s)=\boldsymbol{C}(s\boldsymbol{I}-\boldsymbol{A})^{-1}\boldsymbol{B}=\boldsymbol{G}_1(s)$$

(3) 对偶系统的特征方程是相同的。

$$|s\boldsymbol{I}-\boldsymbol{A}|=|s\boldsymbol{I}-\boldsymbol{A}^{\mathrm{T}}|$$

3.3.2 能控性和能观测性的对偶关系

系统 Σ_1 状态完全能控的充要条件是对偶系统 Σ_2 的状态完全能观测；系统 Σ_1 状态完全能观测的充要条件是对偶系统 Σ_2 的状态完全能控。

证明 系统 Σ_1 的能控性和能观测性判据分别为

$$\mathrm{rank}\boldsymbol{U}_{c1}=\mathrm{rank}[\boldsymbol{B}\quad \boldsymbol{AB}\quad \cdots\quad \boldsymbol{A}^{n-1}\boldsymbol{B}]=n$$

$$\mathrm{rank}\boldsymbol{V}_{o1}=\mathrm{rank}\begin{bmatrix}\boldsymbol{C}\\ \boldsymbol{CA}\\ \vdots\\ \boldsymbol{CA}^{n-1}\end{bmatrix}=n$$

系统 Σ_2 的能控性和能观测性判据分别为

$$\mathrm{rank}\boldsymbol{U}_{c2}=\mathrm{rank}[\boldsymbol{C}^{\mathrm{T}}\quad \boldsymbol{A}^{\mathrm{T}}\boldsymbol{C}^{\mathrm{T}}\quad \cdots\quad (\boldsymbol{A}^{\mathrm{T}})^{n-1}\boldsymbol{C}^{\mathrm{T}}]=\mathrm{rank}\begin{bmatrix}\boldsymbol{C}\\ \boldsymbol{CA}\\ \vdots\\ \boldsymbol{CA}^{n-1}\end{bmatrix}^{\mathrm{T}}=\mathrm{rank}\begin{bmatrix}\boldsymbol{C}\\ \boldsymbol{CA}\\ \vdots\\ \boldsymbol{CA}^{n-1}\end{bmatrix}=n$$

$$\begin{aligned}\mathrm{rank}\boldsymbol{V}_{o2}&=\mathrm{rank}\begin{bmatrix}\boldsymbol{B}^{\mathrm{T}}\\ \boldsymbol{B}^{\mathrm{T}}\boldsymbol{A}^{\mathrm{T}}\\ \vdots\\ \boldsymbol{B}^{\mathrm{T}}(\boldsymbol{A}^{\mathrm{T}})^{n-1}\end{bmatrix}=\mathrm{rank}[\boldsymbol{B}\quad \boldsymbol{AB}\quad \cdots\quad \boldsymbol{A}^{n-1}\boldsymbol{B}]^{\mathrm{T}}\\ &=\mathrm{rank}[\boldsymbol{B}\quad \boldsymbol{AB}\quad \cdots\quad \boldsymbol{A}^{n-1}\boldsymbol{B}]\end{aligned}$$

由此可得系统 Σ_1 的能控性等价于其对偶系统 Σ_2 的能观测性；系统 Σ_1 的能观测性等价于其对偶系统 Σ_2 的能控性。

3.4 单输入单输出系统的能控标准型和能观测标准型

由于状态变量选择的非惟一性,系统的状态空间表达式也不是惟一的。在实际应用中,常常根据所研究问题的需要,将状态空间表达式化成相应的几种标准形式。由于单输入单输出系统的能控性矩阵和能观测性矩阵只有惟一的一组 n 个线性无关向量,所以当原系统状态空间表达式变换为标准型时,其表示方法也将是惟一的。为了简单起见,本节将主要讨论单输入单输出系统的能控标准型和能观测标准型问题。

3.4.1 能控标准型

定理 3-13　如果系统的状态空间表达式为

$$\begin{cases}\dot{\tilde{\boldsymbol{x}}}(t)=A_c\,\tilde{\boldsymbol{x}}(t)+\boldsymbol{b}_c u(t)\\ y(t)=\boldsymbol{c}_c\,\tilde{\boldsymbol{x}}(t)\end{cases}\tag{3-23}$$

其中

$$\boldsymbol{A}_c=\begin{bmatrix}0 & 1 & \cdots & 0\\ \vdots & \vdots & & \vdots\\ 0 & 0 & \cdots & 1\\ -a_n & -a_{n-1} & \cdots & -a_1\end{bmatrix},\quad \boldsymbol{b}_c=\begin{bmatrix}0\\ \vdots\\ 0\\ 1\end{bmatrix},\quad \boldsymbol{c}_c=[c_1\quad c_2\quad \cdots\quad c_n]$$

则称式(3-23)为系统的能控标准型，且该系统一定是完全能控的。

证明　因为

$$\boldsymbol{A}_c\boldsymbol{b}_c=\begin{bmatrix}0\\ \vdots\\ 0\\ 1\\ -a_1\end{bmatrix},\boldsymbol{A}_c^2\boldsymbol{b}_c=\begin{bmatrix}0\\ \vdots\\ 0\\ 1\\ -a_1\\ -a_2+a_1^2\end{bmatrix},\cdots,\boldsymbol{A}_c^{n-1}\boldsymbol{b}_c=\begin{bmatrix}1\\ -a_1\\ \vdots\\ e_{n-1}\end{bmatrix}$$

或更一般的形式

$$\boldsymbol{A}_c\boldsymbol{b}_c=\begin{bmatrix}0\\ \vdots\\ 0\\ 1\\ e_1\end{bmatrix},\boldsymbol{A}_c^2\boldsymbol{b}_c=\begin{bmatrix}0\\ \vdots\\ 0\\ 1\\ e_1\\ e_2\end{bmatrix},\cdots,\boldsymbol{A}_c^{n-1}\boldsymbol{b}_c=\begin{bmatrix}1\\ e_1\\ \vdots\\ e_{n-1}\end{bmatrix}$$

式中

$$e_k=-\sum_{i=0}^{k-1}\alpha_{i+1}e_{k-i-1},\quad e_0=1$$

于是

$$\operatorname{rank}[\boldsymbol{b}_c\quad \boldsymbol{A}_c\boldsymbol{b}_c\quad \cdots\quad \boldsymbol{A}_c^{n-1}\boldsymbol{b}_c]=n$$

所以，该系统完全能控。定理得证。

定理 3-14　设线性定常系统的状态空间表达式为

$$\begin{cases}\dot{\boldsymbol{x}}(t)=\boldsymbol{A}\boldsymbol{x}(t)+\boldsymbol{b}\boldsymbol{u}(t)\\ \boldsymbol{y}(t)=\boldsymbol{c}\boldsymbol{x}(t)\end{cases}\tag{3-24}$$

如果系统是能控的,那么就一定存在一个非奇异线性变换 $\boldsymbol{x}(t)=\boldsymbol{P}\tilde{\boldsymbol{x}}(t)$,能将系统(3-24)变换成能控标准型

$$\begin{cases}\dot{\tilde{\boldsymbol{x}}}(t)=\boldsymbol{A}_c\tilde{\boldsymbol{x}}(t)+\boldsymbol{b}_c\boldsymbol{u}(t)\\ y(t)=\boldsymbol{c}_c\tilde{\boldsymbol{x}}(t)\end{cases}$$

式中

$$\boldsymbol{A}_c=\boldsymbol{P}^{-1}\boldsymbol{A}\boldsymbol{P}=\begin{bmatrix}0&1&\cdots&0\\ \vdots&\vdots&&\vdots\\ 0&0&\cdots&1\\ -a_n&-a_{n-1}&\cdots&-a_1\end{bmatrix},\quad \boldsymbol{b}_c=\boldsymbol{P}^{-1}\boldsymbol{b}=\begin{bmatrix}0\\ \vdots\\ 0\\ 1\end{bmatrix},$$

$$\boldsymbol{c}_c=\boldsymbol{c}\boldsymbol{P}=\begin{bmatrix}c_1 & c_2 & \cdots & c_n\end{bmatrix}$$

其中,$a_1,a_2,\cdots a_n$ 为系统特征多项式 $|s\boldsymbol{I}-\boldsymbol{A}|=s^n+a_1s^{n-1}+\cdots+a_n$ 的系数。

变换矩阵 $\boldsymbol{P}$ 的逆阵可由下式确定:

$$\boldsymbol{P}^{-1}=\begin{bmatrix}\boldsymbol{p}_1\\ \boldsymbol{p}_1\boldsymbol{A}\\ \vdots\\ \boldsymbol{p}_1\boldsymbol{A}^{n-1}\end{bmatrix}\tag{3-25}$$

式中

$$\boldsymbol{p}_1=\begin{bmatrix}0&\cdots&0&1\end{bmatrix}\begin{bmatrix}\boldsymbol{b}&\boldsymbol{A}\boldsymbol{b}&\cdots&\boldsymbol{A}^{n-1}\boldsymbol{b}\end{bmatrix}^{-1}=\begin{bmatrix}0&\cdots&0&1\end{bmatrix}\boldsymbol{U}_c^{-1}\tag{3-26}$$

证明 假设下式成立

$$\boldsymbol{P}^{-1}\boldsymbol{A}\boldsymbol{P}=\boldsymbol{A}_c=\begin{bmatrix}0&1&\cdots&0\\ \vdots&\vdots&&\vdots\\ 0&0&\cdots&1\\ -a_n&-a_{n-1}&\cdots&-a_1\end{bmatrix}$$

则

$$\boldsymbol{P}^{-1}\boldsymbol{A}=\begin{bmatrix}0&1&\cdots&0\\ \vdots&\vdots&&\vdots\\ 0&0&\cdots&1\\ -a_n&-a_{n-1}&\cdots&-a_1\end{bmatrix}\boldsymbol{P}^{-1}$$

令

$$\boldsymbol{P}^{-1}=\begin{bmatrix}\boldsymbol{p}_1\\ \boldsymbol{p}_2\\ \vdots\\ \boldsymbol{p}_n\end{bmatrix}$$

则

$$\begin{bmatrix}\boldsymbol{p}_1\boldsymbol{A}\\ \boldsymbol{p}_2\boldsymbol{A}\\ \vdots\\ \boldsymbol{p}_n\boldsymbol{A}\end{bmatrix}=\begin{bmatrix}0&1&\cdots&0\\ \vdots&\vdots&&\vdots\\ 0&0&\cdots&1\\ -a_n&-a_{n-1}&\cdots&-a_1\end{bmatrix}\begin{bmatrix}\boldsymbol{p}_1\\ \boldsymbol{p}_2\\ \vdots\\ \boldsymbol{p}_n\end{bmatrix}$$

因此

$$\begin{aligned} \boldsymbol{p}_1\boldsymbol{A} &= \boldsymbol{p}_2 \\ \boldsymbol{p}_2\boldsymbol{A} &= \boldsymbol{p}_1\boldsymbol{A}^2 = \boldsymbol{p}_3 \\ &\vdots \\ \boldsymbol{p}_{n-1}\boldsymbol{A} &= \boldsymbol{p}_1\boldsymbol{A}^{n-1} = \boldsymbol{p}_n \end{aligned}$$

于是

$$\boldsymbol{P}^{-1} = \begin{bmatrix} \boldsymbol{p}_1 \\ \boldsymbol{p}_1\boldsymbol{A} \\ \vdots \\ \boldsymbol{p}_1\boldsymbol{A}^{n-1} \end{bmatrix}$$

又因为

$$\boldsymbol{P}^{-1}\boldsymbol{b} = \begin{bmatrix} \boldsymbol{p}_1\boldsymbol{b} \\ \boldsymbol{p}_1\boldsymbol{A}\boldsymbol{b} \\ \vdots \\ \boldsymbol{p}_1\boldsymbol{A}^{n-1}\boldsymbol{b} \end{bmatrix} = \begin{bmatrix} 0 \\ \vdots \\ 0 \\ 1 \end{bmatrix}$$

将等式两边转置后有

$$\boldsymbol{p}_1[\boldsymbol{b} \quad \boldsymbol{A}\boldsymbol{b} \quad \cdots \quad \boldsymbol{A}^{n-1}\boldsymbol{b}] = [0 \quad \cdots \quad 0 \quad 1]$$

由此可得

$$\boldsymbol{p}_1 = [0 \quad \cdots \quad 0 \quad 1][\boldsymbol{b} \quad \boldsymbol{A}\boldsymbol{b} \quad \cdots \quad \boldsymbol{A}^{n-1}\boldsymbol{b}]^{-1}$$

定理证毕。

例 3-11　若系统的状态空间表达式为

$$\begin{cases} \dot{\boldsymbol{x}}(t) = \begin{bmatrix} 0 & 2 & -2 \\ 1 & 1 & -2 \\ 2 & -2 & 1 \end{bmatrix}\boldsymbol{x}(t) + \begin{bmatrix} 2 \\ 1 \\ 1 \end{bmatrix}u(t) \\ y(t) = [1 \quad 1 \quad 1]\boldsymbol{x}(t) \end{cases}$$

问系统是否能控？若系统是能控的，将它变换成能控标准型。

解　因

$$\text{rank}\boldsymbol{U}_c = \text{rank}[\boldsymbol{b} \quad \boldsymbol{A}\boldsymbol{b} \quad \boldsymbol{A}^2\boldsymbol{b}] = \text{rank}\begin{bmatrix} 2 & 0 & -4 \\ 1 & 1 & -5 \\ 1 & 3 & 1 \end{bmatrix} = 3 = n$$

所以，系统是能控的。根据

$$\boldsymbol{p}_1 = [0 \quad 0 \quad 1]\boldsymbol{U}_c^{-1} = [0 \quad 0 \quad 1]\begin{bmatrix} 2 & 0 & -4 \\ 1 & 1 & -5 \\ 1 & 3 & 1 \end{bmatrix}^{-1} = \begin{bmatrix} \frac{1}{12} & -\frac{1}{4} & \frac{1}{12} \end{bmatrix}$$

得

$$P^{-1}=\begin{bmatrix}p_1\\p_1A\\p_1A^2\end{bmatrix}=\begin{bmatrix}\frac{1}{12}&-\frac{1}{4}&\frac{1}{12}\\-\frac{1}{12}&-\frac{1}{4}&\frac{5}{12}\\\frac{7}{12}&-\frac{15}{12}&\frac{13}{12}\end{bmatrix},\quad P=\begin{bmatrix}-6&-4&2\\-8&-1&1\\-6&1&1\end{bmatrix}$$

故有

$$A_c=P^{-1}AP=\begin{bmatrix}0&1&0\\0&0&1\\-2&1&2\end{bmatrix},b_c=P^{-1}b=\begin{bmatrix}0\\0\\1\end{bmatrix},c_c=cP=[-20\quad -4\quad 4]$$

从而得能控标准型为

$$\begin{cases}\dot{\tilde{x}}(t)=\begin{bmatrix}0&1&0\\0&0&1\\-2&1&2\end{bmatrix}\tilde{x}(t)+\begin{bmatrix}0\\0\\1\end{bmatrix}u(t)\\y(t)=[-20\quad -4\quad 4]\tilde{x}(t)\end{cases}$$

3.4.2 能观测标准型

定理 3-15 如果系统的状态空间表达式为

$$\begin{cases}\dot{\tilde{x}}(t)=A_o\tilde{x}(t)+b_ou(t)\\y(t)=c_o\tilde{x}(t)\end{cases}\tag{3-27}$$

其中

$$A_o=\begin{bmatrix}0&\cdots&0&-a_n\\1&\cdots&0&-a_{n-1}\\\vdots&&\vdots&\vdots\\0&\cdots&1&-a_1\end{bmatrix},\quad b_o=\begin{bmatrix}b_1\\b_2\\\vdots\\b_n\end{bmatrix},\quad c_o=[0\quad\cdots\quad 0\quad 1]$$

则称式(3-27)为系统的能观测标准型,且该系统一定是完全能观测的。

证明 因为

$$c_oA_o=[0\quad\cdots\quad 1\quad -a_1]=[0\quad\cdots\quad 1\quad e_1]$$

$$c_oA_o^2=[0\quad\cdots\quad 1\quad -a_1\quad -a_2+a_1^2]=[0\quad\cdots\quad 0\quad 1\quad e_1\quad e_2]$$

$$\vdots$$

$$c_oA_o^{n-1}=[1\quad e_1\quad\cdots\quad e_{n-1}]$$

式中,$e_0=1,e_k=-\sum_{i=0}^{k-1}\alpha_{i+1}e_{k-i-1}$。

于是

$$\operatorname{rank}\begin{bmatrix} \boldsymbol{c}_o \\ \boldsymbol{c}_o\boldsymbol{A}_o \\ \vdots \\ \boldsymbol{c}_o\boldsymbol{A}_o^{n-1} \end{bmatrix} = n$$

所以,该系统完全能观测。

定理 3-16 设线性定常系统的状态空间表达式为

$$\begin{cases} \dot{\boldsymbol{x}}(t) = \boldsymbol{A}\boldsymbol{x}(t) + \boldsymbol{b}u(t) \\ y(t) = \boldsymbol{c}\boldsymbol{x}(t) \end{cases} \tag{3-28}$$

如果系统是能观测的,那么就一定存在一个非奇异线性变换 $\boldsymbol{x}(t)=\boldsymbol{T}\tilde{\boldsymbol{x}}(t)$,能将系统(3-28)变换成能观测标准型

$$\begin{cases} \dot{\tilde{\boldsymbol{x}}}(t) = \boldsymbol{A}_o\tilde{\boldsymbol{x}}(t) + \boldsymbol{b}_o u(t) \\ y(t) = \boldsymbol{c}_o\tilde{\boldsymbol{x}}(t) \end{cases} \tag{3-29}$$

式中

$$\boldsymbol{A}_o = \boldsymbol{T}^{-1}\boldsymbol{A}\boldsymbol{T} = \begin{bmatrix} & 0 & \cdots & 0 & -a_n \\ \cdots & 1 & \cdots & 0 & -a_{n-1} \\ & \vdots & & \vdots & \vdots \\ & 0 & \cdots & 1 & -a_1 \end{bmatrix},$$

$$\boldsymbol{b}_o = \boldsymbol{T}^{-1}\boldsymbol{b} = \begin{bmatrix} b_1 \\ b_2 \\ \vdots \\ b_n \end{bmatrix},\quad \boldsymbol{c}_o = \boldsymbol{c}\boldsymbol{T} = [0 \quad \cdots \quad 0 \quad 1]$$

其中,$a_1,a_2,\cdots,a_n$ 为系统特征多项式

$$|s\boldsymbol{I}-\boldsymbol{A}| = s^n + a_1 s^{n-1} + \cdots + a_n$$

的系数。变换矩阵 $\boldsymbol{T}$ 为

$$\boldsymbol{T} = [\boldsymbol{t}_1 \quad \boldsymbol{A}\boldsymbol{t}_1 \quad \cdots \quad \boldsymbol{A}^{n-1}\boldsymbol{t}_1] \tag{3-30}$$

式中

$$\boldsymbol{t}_1 = \begin{bmatrix} \boldsymbol{c} \\ \boldsymbol{c}\boldsymbol{A} \\ \vdots \\ \boldsymbol{c}\boldsymbol{A}^{n-1} \end{bmatrix}^{-1} \begin{bmatrix} 0 \\ \vdots \\ 0 \\ 1 \end{bmatrix} = \boldsymbol{V}_o^{-1}\begin{bmatrix} 0 \\ \vdots \\ 0 \\ 1 \end{bmatrix} \tag{3-31}$$

证明从略。

例 3-12 若系统的状态空间表达式为

$$\begin{cases} \dot{\boldsymbol{x}}(t) = \begin{bmatrix} 1 & -1 \\ 0 & 2 \end{bmatrix}\boldsymbol{x}(t) \\ y(t) = [-1 \quad -0.5]\boldsymbol{x}(t) \end{cases}$$

问系统是否能观测？如果系统是能观测的，将它变换成能观测标准型。

解 因

$$\operatorname{rank}\boldsymbol{V}_{\mathrm{o}}=\operatorname{rank}\begin{bmatrix}\boldsymbol{c}\\ \boldsymbol{cA}\end{bmatrix}=\operatorname{rank}\begin{bmatrix}-1 & -\frac{1}{2}\\ -1 & 0\end{bmatrix}=2=n$$

所以，系统是能观测的。

根据

$$\boldsymbol{t}_1=\boldsymbol{V}_{\mathrm{o}}^{-1}\begin{bmatrix}0\\1\end{bmatrix}=\begin{bmatrix}-1 & -\frac{1}{2}\\ -1 & 0\end{bmatrix}^{-1}\begin{bmatrix}0\\1\end{bmatrix}=\begin{bmatrix}-1\\2\end{bmatrix}$$

得

$$\boldsymbol{T}=[\boldsymbol{t}_1\quad \boldsymbol{At}_1]=\begin{bmatrix}-1 & -3\\ 2 & 4\end{bmatrix},\quad \boldsymbol{T}^{-1}=\begin{bmatrix}2 & \frac{3}{2}\\ -1 & -\frac{1}{2}\end{bmatrix}$$

故有

$$\boldsymbol{A}_{\mathrm{o}}=\boldsymbol{T}^{-1}\boldsymbol{AT}=\begin{bmatrix}0 & -2\\ 1 & 3\end{bmatrix},\quad \boldsymbol{c}_{\mathrm{o}}=\boldsymbol{cT}=[0\quad 1]$$

从而得到观测标准型为

$$\begin{cases}\dot{\tilde{\boldsymbol{x}}}(t)=\begin{bmatrix}0 & -2\\ 1 & 3\end{bmatrix}\tilde{\boldsymbol{x}}(t)\\ y(t)=[0\quad 1]\tilde{\boldsymbol{x}}(t)\end{cases}$$

3.5 系统的结构分解

系统不能控或不能观测时，并不意味着系统的所有状态变量全部都不能控或不能观测，在这种情况下可通过坐标变换的方法对状态空间进行分解，将系统划分成能控(能观测)部分与不能控(不能观测)部分。把线性系统的状态空间按能控性和能观测性进行结构分解是状态空间分析中的一个重要的内容和方法。在理论上，它揭示了状态空间的本质特性，为最小实现问题提供了理论依据；在实践上，它与系统的状态反馈、系统镇定等问题都有密切的关系。

3.5.1 系统按能控性分解

定理 3-17 设有状态不完全能控 n 维线性定常系统 $\Sigma(\boldsymbol{A},\boldsymbol{B},\boldsymbol{C})$，若其能控性矩阵 $\boldsymbol{U}_{\mathrm{c}}=[\boldsymbol{B}\ \boldsymbol{AB}\cdots\boldsymbol{A}^{n-1}\boldsymbol{B}]$ 的秩为 $n_1<n$，则存在一个非奇异线性变换 $\boldsymbol{x}(t)=\boldsymbol{T}_{\mathrm{c}}\tilde{\boldsymbol{x}}(t)$，能将系统变换为(在不引起混淆的情况下，为书写简单，后面各式中省略时间 t)

$$\begin{cases}\dot{\tilde{x}} = \tilde{A}\tilde{x} + \tilde{B}u \\ y = \tilde{C}\tilde{x}\end{cases} \tag{3-32}$$

式中

$$\tilde{A} = T_c^{-1}AT_c = \begin{bmatrix}\tilde{A}_{11} & \tilde{A}_{12} \\ 0 & \tilde{A}_{22}\end{bmatrix}, \tilde{B} = T_c^{-1}B = \begin{bmatrix}\tilde{B}_1 \\ 0\end{bmatrix}, \tilde{C} = CT_c = \begin{bmatrix}\tilde{C}_1 & \tilde{C}_2\end{bmatrix}$$

非奇异变换矩阵 T_c 为

$$T_c = \begin{bmatrix}t_1 & t_2 & \cdots & t_{n_1} & t_{n_1+1} & \cdots & t_n\end{bmatrix} \tag{3-33}$$

其中，$t_1, t_2, \cdots, t_n$ 是矩阵 T_c 的 n 个列向量，并且 $t_1, t_2, \cdots, t_{n_1}$ 是能控性矩阵 U_c 中的任意 n_1 个线性无关的列，另外 $n-n_1$ 个列向量 $t_{n_1+1}, \cdots, t_n$ 在确保 T_c 为非奇异的情况下，完全是任意的。

可以看出，系统按能控性分解后，系统就被分解成能控和不能控的两部分，其中 n_1 维子系统

$$\begin{cases}\dot{\tilde{x}}_1 = \tilde{A}_{11}\tilde{x}_1 + \tilde{A}_{12}\tilde{x}_2 + \tilde{B}_1 u \\ y_1 = \tilde{C}_1\tilde{x}_1\end{cases} \tag{3-34}$$

是能控子系统，而 $n-n_1$ 维子系统

$$\begin{cases}\dot{\tilde{x}}_2 = \tilde{A}_{22}\tilde{x}_2 \\ y_2 = \tilde{C}_2\tilde{x}_2\end{cases} \tag{3-35}$$

为不能控子系统。

系统分解后的结构图如图3-2所示。从图中明显看出，输入信号 $u(t)$ 是通过能控子系统传递到系统输出量 $y(t)$，而对不能控子系统却毫无影响。

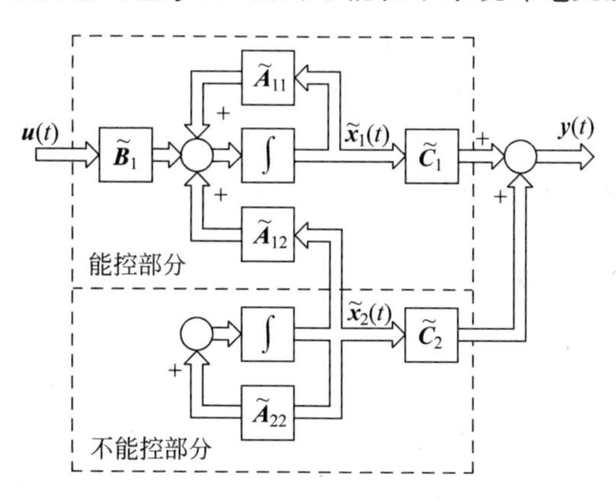

图3-2　系统按能控性分解后的结构图

需要指出两点：

(1) 系统按能控性分解后，其不完全能控程度不变。

系统分解后的能控性矩阵

$$\begin{aligned}\widetilde{\boldsymbol{U}}_c &= [\widetilde{\boldsymbol{B}} \quad \widetilde{\boldsymbol{A}}\widetilde{\boldsymbol{B}} \quad \cdots \quad \widetilde{\boldsymbol{A}}^{n-1}\widetilde{\boldsymbol{B}}] \\ &= [\boldsymbol{T}_c^{-1}\boldsymbol{B} \quad (\boldsymbol{T}_c^{-1}\boldsymbol{A}\boldsymbol{T}_c)\boldsymbol{T}_c^{-1}\boldsymbol{B} \quad \cdots \quad (\boldsymbol{T}_c^{-1}\boldsymbol{A}\boldsymbol{T}_c)^{n-1}\boldsymbol{T}_c^{-1}\boldsymbol{B}] \\ &= \boldsymbol{T}_c^{-1}[\boldsymbol{B} \quad \boldsymbol{A}\boldsymbol{B} \quad \cdots \quad \boldsymbol{A}^{n-1}\boldsymbol{B}] = \boldsymbol{T}_c^{-1}\boldsymbol{U}_c\end{aligned}$$

可以看出其秩与原系统的能控性矩阵 $\boldsymbol{U}_c$ 的秩相同。

(2) 系统按能控性分解后,传递函数阵不变。

因为分解后系统的传递函数阵

$$\widetilde{\boldsymbol{G}}(s) = \widetilde{\boldsymbol{C}}(s\boldsymbol{I} - \widetilde{\boldsymbol{A}})^{-1}\widetilde{\boldsymbol{B}} = \boldsymbol{C}\boldsymbol{T}_c(s\boldsymbol{I} - \boldsymbol{T}_c^{-1}\boldsymbol{A}\boldsymbol{T}_c)^{-1}\boldsymbol{T}_c^{-1}\boldsymbol{B} = \boldsymbol{C}(s\boldsymbol{I} - \boldsymbol{A})^{-1}\boldsymbol{B} = \boldsymbol{G}(s)$$

例 3-13 若系统状态空间表达式为

$$\begin{cases}\dot{\boldsymbol{x}} = \begin{bmatrix}0 & 0 & -1\\1 & 0 & -3\\0 & 1 & -3\end{bmatrix}\boldsymbol{x} + \begin{bmatrix}1\\1\\0\end{bmatrix}u \\ y = \begin{bmatrix}0 & 1 & -2\end{bmatrix}\boldsymbol{x}\end{cases}$$

试判断系统是否为状态完全能控,否则将系统按能控性进行分解。

解 (1) 判断系统是否完全能控

因系统能控性矩阵的秩

$$\text{rank}\boldsymbol{U}_c = \text{rank}[\boldsymbol{b} \quad \boldsymbol{A}\boldsymbol{b} \quad \boldsymbol{A}^2\boldsymbol{b}] = \text{rank}\begin{bmatrix}1 & 0 & -1\\1 & 1 & -3\\0 & 1 & -2\end{bmatrix} = 2 < 3 = n$$

所以原系统是不完全能控的。

(2) 构造非奇异变换阵 $\boldsymbol{T}_c$

取

$$\boldsymbol{t}_1 = \boldsymbol{b} = \begin{bmatrix}1\\1\\0\end{bmatrix}, \quad \boldsymbol{t}_2 = \boldsymbol{A}\boldsymbol{b} = \begin{bmatrix}0\\1\\1\end{bmatrix}$$

在保证 $\boldsymbol{T}_c$ 非奇异的条件下,任选 $\boldsymbol{t}_3 = [0\ 0\ 1]^{\mathrm{T}}$,则

$$\boldsymbol{T}_c = [\boldsymbol{t}_1 \quad \boldsymbol{t}_2 \quad \boldsymbol{t}_3] = \begin{bmatrix}1 & 0 & 0\\1 & 1 & 0\\0 & 1 & 1\end{bmatrix}$$

(3) 求 $\widetilde{\boldsymbol{A}}$, $\widetilde{\boldsymbol{b}}$ 和 $\widetilde{\boldsymbol{c}}$ 阵

$$\widetilde{\boldsymbol{A}} = \boldsymbol{T}_c^{-1}\boldsymbol{A}\boldsymbol{T}_c = \begin{bmatrix}1 & 0 & 0\\1 & 1 & 0\\0 & 1 & 1\end{bmatrix}^{-1}\begin{bmatrix}0 & 0 & -1\\1 & 0 & -3\\0 & 1 & -3\end{bmatrix}\begin{bmatrix}1 & 0 & 0\\1 & 1 & 0\\0 & 1 & 1\end{bmatrix} = \left[\begin{array}{cc:c}0 & -1 & -1\\1 & -2 & -2\\ \hdashline 0 & 0 & -1\end{array}\right]$$

$$\widetilde{\boldsymbol{b}} = \boldsymbol{T}_c^{-1}\boldsymbol{b} = \begin{bmatrix}1 & 0 & 0\\1 & 1 & 0\\0 & 1 & 1\end{bmatrix}^{-1}\begin{bmatrix}1\\1\\0\end{bmatrix} = \left[\begin{array}{c}1\\0\\ \hdashline 0\end{array}\right]$$

$$\tilde{c} = cT_c = \begin{bmatrix} 0 & 1 & -2 \end{bmatrix} \begin{bmatrix} 1 & 0 & 0 \\ 1 & 1 & 0 \\ 0 & 1 & 1 \end{bmatrix} = \begin{bmatrix} 1 & -1 & \vdots & -2 \end{bmatrix}$$

(4) 按能控性分解后的系统状态空间表达式

$$\begin{cases} \dot{\tilde{x}} = \begin{bmatrix} 0 & -1 & -1 \\ 1 & -2 & -2 \\ 0 & 0 & -1 \end{bmatrix} \tilde{x} + \begin{bmatrix} 1 \\ 0 \\ 0 \end{bmatrix} u \\ y = \begin{bmatrix} 1 & -1 & \vdots & -2 \end{bmatrix} \tilde{x} \end{cases}$$

其中,二维子系统

$$\begin{cases} \dot{\tilde{x}}_1 = \begin{bmatrix} 0 & -1 \\ 1 & -2 \end{bmatrix} \tilde{x}_1 + \begin{bmatrix} 1 \\ 0 \end{bmatrix} u + \begin{bmatrix} -1 \\ -2 \end{bmatrix} \tilde{x}_2 \\ y_1 = \begin{bmatrix} 1 & -1 \end{bmatrix} \tilde{x}_1 \end{cases}$$

满足

$$\operatorname{rank}\begin{bmatrix} \tilde{b}_1 & \tilde{A}_{11}\tilde{b}_1 \end{bmatrix} = \operatorname{rank}\begin{bmatrix} 1 & 0 \\ 0 & 1 \end{bmatrix} = 2$$

故此二维子系统是能控的。

3.5.2　系统按能观测性分解

定理3-18　设有状态不完全能观测 n 维线性定常系统 $\Sigma(\boldsymbol{A},\boldsymbol{B},\boldsymbol{C})$,若其能观测性矩阵的秩为 $n_1<n$,则存在一个非奇异线性变换 $\boldsymbol{x}(t)=\boldsymbol{T}_o\tilde{\boldsymbol{x}}(t)$,能将系统变换为

$$\begin{cases} \dot{\tilde{\boldsymbol{x}}} = \bar{\boldsymbol{A}}\tilde{\boldsymbol{x}} + \bar{\boldsymbol{B}}\boldsymbol{u} \\ \boldsymbol{y} = \bar{\boldsymbol{C}}\tilde{\boldsymbol{x}} \end{cases} \tag{3-36}$$

式中

$$\bar{\boldsymbol{A}} = \boldsymbol{T}_o^{-1}\boldsymbol{A}\boldsymbol{T}_o = \begin{bmatrix} \bar{\boldsymbol{A}}_{11} & \boldsymbol{0} \\ \bar{\boldsymbol{A}}_{21} & \bar{\boldsymbol{A}}_{22} \end{bmatrix},\quad \bar{\boldsymbol{B}} = \boldsymbol{T}_o^{-1}\boldsymbol{B} = \begin{bmatrix} \bar{\boldsymbol{B}}_1 \\ \bar{\boldsymbol{B}}_2 \end{bmatrix},\quad \bar{\boldsymbol{C}} = \boldsymbol{C}\boldsymbol{T}_o = \begin{bmatrix} \bar{\boldsymbol{C}}_1 & \boldsymbol{0} \end{bmatrix}$$

非奇异变换矩阵 $\boldsymbol{T}_o$ 的逆阵可由下式确定

$$\boldsymbol{T}_o^{-1} = \begin{bmatrix} \boldsymbol{t}_1 \\ \boldsymbol{t}_2 \\ \vdots \\ \boldsymbol{t}_{n_1} \\ \boldsymbol{t}_{n_1+1} \\ \vdots \\ \boldsymbol{t}_n \end{bmatrix} \tag{3-37}$$

其中，$\boldsymbol{t}_1,\boldsymbol{t}_2,\cdots,\boldsymbol{t}_n$ 是矩阵 $\boldsymbol{T}_o^{-1}$ 的 n 个行向量，并且 $\boldsymbol{t}_1,\boldsymbol{t}_2,\cdots,\boldsymbol{t}_{n_1}$ 是能观测性矩阵 $\boldsymbol{V}_o$ 中的任意 n_1 个线性无关的行向量，另外 $n-n_1$ 个行向量 $\boldsymbol{t}_{n_1+1},\cdots,\boldsymbol{t}_n$ 在确保 $\boldsymbol{T}_o^{-1}$ 为非奇异的情况下，完全是任意的。

经上述变换后系统分解为能观测的 n_1 维子系统

$$\begin{cases}\dot{\tilde{\boldsymbol{x}}}_1=\bar{\boldsymbol{A}}_{11}\tilde{\boldsymbol{x}}_1+\bar{\boldsymbol{B}}_1\boldsymbol{u}\\ \boldsymbol{y}_1=\bar{\boldsymbol{C}}_1\tilde{\boldsymbol{x}}_1\end{cases}\tag{3-38}$$

和不能观测的 $n-n_1$ 维子系统

$$\dot{\tilde{\boldsymbol{x}}}_2=\bar{\boldsymbol{A}}_{21}\tilde{\boldsymbol{x}}_1+\bar{\boldsymbol{A}}_{22}\tilde{\boldsymbol{x}}_2+\bar{\boldsymbol{B}}_2\boldsymbol{u}\tag{3-39}$$

系统按能观测性分解后的结构图如图 3-3 所示。同理，系统按能观测性分解后，能观测性和传递函数阵不变。

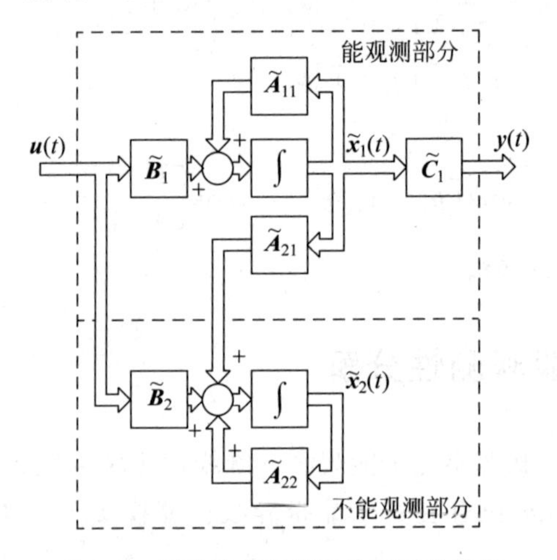

图 3-3 系统按能观测性分解后的结构

例 3-14 若系统的状态空间表达式为

$$\begin{cases}\dot{\boldsymbol{x}}=\begin{bmatrix}0&0&-1\\1&0&-3\\0&1&-3\end{bmatrix}\boldsymbol{x}+\begin{bmatrix}1\\1\\0\end{bmatrix}u\\ y=\begin{bmatrix}0&1&-2\end{bmatrix}\boldsymbol{x}\end{cases}$$

试判断系统是否为状态完全能观测，否则将系统按能观测性进行分解。

解 (1) 判断系统是否完全能观测

因为

$$\operatorname{rank}\boldsymbol{V}_o=\operatorname{rank}\begin{bmatrix}\boldsymbol{c}\\ \boldsymbol{cA}\\ \boldsymbol{cA}^2\end{bmatrix}=\operatorname{rank}\begin{bmatrix}0&1&-2\\1&-2&3\\-2&3&-4\end{bmatrix}=2<n$$

所以该系统是状态不完全能观测的。

(2) 构造非奇异变换阵 $\boldsymbol{T}_o^{-1}$

取

$$t_1 = c = [0 \quad 1 \quad -2], \quad t_2 = cA = [1 \quad -2 \quad 3]$$

任选 $t_3=[0\ 0\ 1]$,则

$$T_o^{-1} = \begin{bmatrix} t_1 \\ t_2 \\ t_3 \end{bmatrix} = \begin{bmatrix} 0 & 1 & -2 \\ 1 & -2 & 3 \\ 0 & 0 & 1 \end{bmatrix}, \quad T_o = \begin{bmatrix} 2 & 1 & 1 \\ 1 & 0 & 2 \\ 0 & 0 & 1 \end{bmatrix}$$

(3) 求分解后的状态空间表达式

$$\bar{A} = T_o^{-1} A T_o = \begin{bmatrix} 0 & 1 & -2 \\ 1 & -2 & 3 \\ 0 & 0 & 0 \end{bmatrix} \begin{bmatrix} 0 & 0 & -1 \\ 1 & 0 & -3 \\ 0 & 1 & -3 \end{bmatrix} \begin{bmatrix} 2 & 1 & 1 \\ 1 & 0 & 2 \\ 0 & 0 & 1 \end{bmatrix} = \left[\begin{array}{cc:c} 0 & 1 & 0 \\ -1 & -2 & 0 \\ \hdashline 1 & 0 & -1 \end{array}\right]$$

$$\bar{b} = T_o^{-1} b = \begin{bmatrix} 0 & 1 & -2 \\ 1 & -2 & 3 \\ 0 & 0 & 1 \end{bmatrix} \begin{bmatrix} 1 \\ 1 \\ 0 \end{bmatrix} = \left[\begin{array}{c} 1 \\ -1 \\ \hdashline 0 \end{array}\right]$$

$$\bar{c} = c T_o = [0 \quad 1 \quad -2] \begin{bmatrix} 2 & 1 & 1 \\ 1 & 0 & 2 \\ 0 & 0 & 1 \end{bmatrix} = [1 \quad 0 \,\vdots\, 0]$$

所以按能观测性分解后的系统状态空间表达式为

$$\begin{cases} \dot{\tilde{x}} = \left[\begin{array}{cc:c} 0 & 1 & 0 \\ -1 & -2 & 0 \\ \hdashline 1 & 0 & -1 \end{array}\right] \tilde{x} + \left[\begin{array}{c} 1 \\ -1 \\ \hdashline 0 \end{array}\right] u \\ y = [1 \quad 0 \,\vdots\, 0] \tilde{x} \end{cases}$$

其中,二维子系统

$$\begin{cases} \dot{\tilde{x}}_1 = \begin{bmatrix} 0 & 1 \\ -1 & -2 \end{bmatrix} \tilde{x}_1 + \begin{bmatrix} 1 \\ -1 \end{bmatrix} u \\ y_1 = [1 \quad 0] \tilde{x}_1 \end{cases}$$

满足

$$\operatorname{rank} \begin{bmatrix} \bar{c}_1 \\ \bar{c}_1 \bar{A}_{11} \end{bmatrix} = \operatorname{rank} \begin{bmatrix} 1 & 0 \\ 0 & 1 \end{bmatrix} = 2$$

故此二维子系统是能观测的。

3.5.3 系统按能控性和能观测性分解

定理 3-19 设有 n 维线性定常系统

$$\begin{cases} \dot{x} = Ax + Bu \\ y = Cx \end{cases}$$

是状态不完全能控和不完全能观测的，也就是该系统的能控性矩阵 $\boldsymbol{U}_c$ 和能观测性矩阵 $\boldsymbol{V}_o$ 的秩分别小于 n，那么必然存在一个非奇异线性变换 $\boldsymbol{x}(t)=\boldsymbol{T}\tilde{\boldsymbol{x}}(t)$，能将系统变换为

$$\begin{cases}\dot{\tilde{\boldsymbol{x}}}=\tilde{\boldsymbol{A}}\tilde{\boldsymbol{x}}+\tilde{\boldsymbol{B}}\boldsymbol{u}\\ \boldsymbol{y}=\tilde{\boldsymbol{C}}\tilde{\boldsymbol{x}}\end{cases}\tag{3-40}$$

式中

$$\tilde{\boldsymbol{A}}=\boldsymbol{T}^{-1}\boldsymbol{A}\boldsymbol{T}=\begin{bmatrix}\tilde{\boldsymbol{A}}_{11} & \boldsymbol{0} & \tilde{\boldsymbol{A}}_{13} & \boldsymbol{0}\\ \tilde{\boldsymbol{A}}_{21} & \tilde{\boldsymbol{A}}_{22} & \tilde{\boldsymbol{A}}_{23} & \tilde{\boldsymbol{A}}_{24}\\ \boldsymbol{0} & \boldsymbol{0} & \tilde{\boldsymbol{A}}_{33} & \boldsymbol{0}\\ \boldsymbol{0} & \boldsymbol{0} & \tilde{\boldsymbol{A}}_{43} & \tilde{\boldsymbol{A}}_{44}\end{bmatrix},\quad \tilde{\boldsymbol{B}}=T^{-1}\boldsymbol{B}=\begin{bmatrix}\tilde{\boldsymbol{B}}_1\\ \tilde{\boldsymbol{B}}_2\\ \boldsymbol{0}\\ \boldsymbol{0}\end{bmatrix},$$

$$\tilde{\boldsymbol{C}}=\boldsymbol{C}\boldsymbol{T}=\begin{bmatrix}\tilde{\boldsymbol{C}}_1 & \boldsymbol{0} & \tilde{\boldsymbol{C}}_3 & \boldsymbol{0}\end{bmatrix}$$

这个形式是把系统分解为如下四个子系统：

(1) 能控又能观测的子系统 Σ_{co}

$$\begin{cases}\dot{\tilde{\boldsymbol{x}}}_1=\tilde{\boldsymbol{A}}_{11}\tilde{\boldsymbol{x}}_1+\tilde{\boldsymbol{A}}_{13}\tilde{\boldsymbol{x}}_3+\tilde{\boldsymbol{B}}_1\boldsymbol{u}\\ \boldsymbol{y}_1=\tilde{\boldsymbol{C}}_1\tilde{\boldsymbol{x}}_1\end{cases}\tag{3-41}$$

(2) 能控但不能观测的子系统 $\Sigma_{c\bar{o}}$

$$\begin{cases}\dot{\tilde{\boldsymbol{x}}}_2=\tilde{\boldsymbol{A}}_{21}\tilde{\boldsymbol{x}}_1+\tilde{\boldsymbol{A}}_{22}\tilde{\boldsymbol{x}}_2+\tilde{\boldsymbol{A}}_{23}\tilde{\boldsymbol{x}}_3+\tilde{\boldsymbol{A}}_{24}\tilde{\boldsymbol{x}}_4+\tilde{\boldsymbol{B}}_2\boldsymbol{u}\\ \boldsymbol{y}_2=\boldsymbol{0}\cdot\tilde{\boldsymbol{x}}_2\end{cases}\tag{3-42}$$

(3) 不能控但能观测的子系统 $\Sigma_{\bar{c}o}$

$$\begin{cases}\dot{\tilde{\boldsymbol{x}}}_3=\tilde{\boldsymbol{A}}_{33}\tilde{\boldsymbol{x}}_3\\ \boldsymbol{y}_3=\tilde{\boldsymbol{C}}_3\tilde{\boldsymbol{x}}_3\end{cases}\tag{3-43}$$

(4) 不能控也不能观测的子系统 $\Sigma_{\bar{c}\bar{o}}$

$$\begin{cases}\dot{\tilde{\boldsymbol{x}}}_4=\tilde{\boldsymbol{A}}_{43}\tilde{\boldsymbol{x}}_3+\tilde{\boldsymbol{A}}_{44}\tilde{\boldsymbol{x}}_4\\ \boldsymbol{y}_4=\boldsymbol{0}\cdot\tilde{\boldsymbol{x}}_4\end{cases}\tag{3-44}$$

这四个式子可以用图 3-4 来表示。

关于变换矩阵 $\boldsymbol{T}$ 的选择计算，由于涉及较多的线性空间概念，比较复杂，这里就不做阐述了。下面重点介绍两种工程上对于线性定常系统常用的结构分解方法。

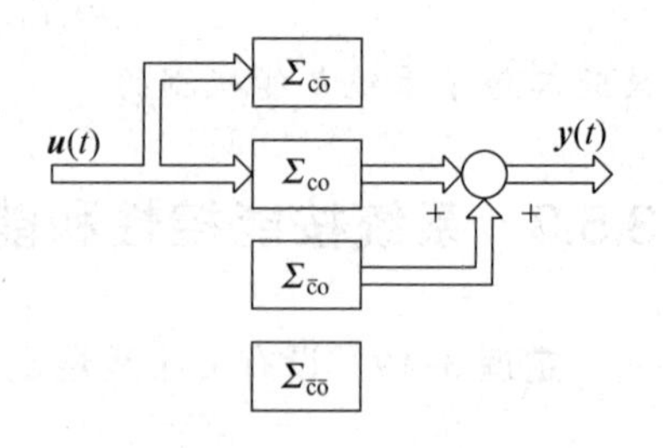

图 3-4 系统按能控性和能观测性分解后的结构图

1. 逐步分解法

逐步分解法的运用步骤如下：

(1) 首先将系统 $\Sigma(\boldsymbol{A},\boldsymbol{B},\boldsymbol{C})$按能控性分解

取状态变换

$$\boldsymbol{x}=\boldsymbol{T}_{c}\begin{bmatrix}\boldsymbol{x}_{c}\\ \boldsymbol{x}_{\bar{c}}\end{bmatrix}$$

将系统变换为

$$\begin{cases}\begin{bmatrix}\dot{\boldsymbol{x}}_{c}\\ \dot{\boldsymbol{x}}_{\bar{c}}\end{bmatrix}=\boldsymbol{T}_{c}^{-1}\boldsymbol{A}\boldsymbol{T}_{c}\begin{bmatrix}\boldsymbol{x}_{c}\\ \boldsymbol{x}_{\bar{c}}\end{bmatrix}+\boldsymbol{T}_{c}^{-1}\boldsymbol{B}\boldsymbol{u}=\begin{bmatrix}\boldsymbol{A}_{1} & \boldsymbol{A}_{2}\\ \boldsymbol{0} & \boldsymbol{A}_{4}\end{bmatrix}\begin{bmatrix}\boldsymbol{x}_{c}\\ \boldsymbol{x}_{\bar{c}}\end{bmatrix}+\begin{bmatrix}\boldsymbol{B}_{1}\\ \boldsymbol{0}\end{bmatrix}\boldsymbol{u}\\ \boldsymbol{y}=\boldsymbol{C}\boldsymbol{T}_{c}\begin{bmatrix}\boldsymbol{x}_{c}\\ \boldsymbol{x}_{\bar{c}}\end{bmatrix}=\begin{bmatrix}\boldsymbol{C}_{1} & \boldsymbol{C}_{2}\end{bmatrix}\begin{bmatrix}\boldsymbol{x}_{c}\\ \boldsymbol{x}_{\bar{c}}\end{bmatrix}\end{cases}$$

式中，$\boldsymbol{x}_{c}$——能控状态；

$\boldsymbol{x}_{\bar{c}}$——不能控状态；

$\boldsymbol{T}_{c}$——根据定理 3-17 按能控性分解的变换矩阵。

(2) 将不能控子系统 $\Sigma_{\bar{c}}(\boldsymbol{A}_{4},\boldsymbol{0},\boldsymbol{C}_{2})$按能观测性分解

对 $\boldsymbol{x}_{\bar{c}}$取状态变换

$$\boldsymbol{x}_{\bar{c}}=\boldsymbol{T}_{o2}\begin{bmatrix}\boldsymbol{x}_{\bar{c}o}\\ \boldsymbol{x}_{\bar{c}\bar{o}}\end{bmatrix}\tag{3-45}$$

将其代入不能控子系统 $\Sigma_{\bar{c}}(\boldsymbol{A}_{4},\boldsymbol{0},\boldsymbol{C}_{2})$，即

$$\begin{cases}\dot{\boldsymbol{x}}_{\bar{c}}=\boldsymbol{A}_{4}\boldsymbol{x}_{\bar{c}}\\ \boldsymbol{y}_{2}=\boldsymbol{C}_{2}\boldsymbol{x}_{\bar{c}}\end{cases}$$

中，经整理可得

$$\begin{cases}\begin{bmatrix}\dot{\boldsymbol{x}}_{\bar{c}o}\\ \dot{\boldsymbol{x}}_{\bar{c}\bar{o}}\end{bmatrix}=\boldsymbol{T}_{o2}^{-1}\boldsymbol{A}_{4}\boldsymbol{T}_{o2}\begin{bmatrix}\boldsymbol{x}_{\bar{c}o}\\ \boldsymbol{x}_{\bar{c}\bar{o}}\end{bmatrix}=\begin{bmatrix}\widetilde{\boldsymbol{A}}_{33} & \boldsymbol{0}\\ \widetilde{\boldsymbol{A}}_{43} & \widetilde{\boldsymbol{A}}_{44}\end{bmatrix}\begin{bmatrix}\boldsymbol{x}_{\bar{c}o}\\ \boldsymbol{x}_{\bar{c}\bar{o}}\end{bmatrix}\\ \boldsymbol{y}_{2}=\boldsymbol{C}_{2}\boldsymbol{T}_{o2}\begin{bmatrix}\boldsymbol{x}_{\bar{c}o}\\ \boldsymbol{x}_{\bar{c}\bar{o}}\end{bmatrix}=\begin{bmatrix}\widetilde{\boldsymbol{C}}_{3} & \boldsymbol{0}\end{bmatrix}\begin{bmatrix}\boldsymbol{x}_{\bar{c}o}\\ \boldsymbol{x}_{\bar{c}\bar{o}}\end{bmatrix}\end{cases}$$

式中，$\boldsymbol{x}_{\bar{c}o}$——不能控但能观测的状态；

$\boldsymbol{x}_{\bar{c}\bar{o}}$——不能控也不能观测的状态；

$\boldsymbol{T}_{o2}$——根据定理 3-18 构造对子系统 $\Sigma_{\bar{c}}(\boldsymbol{A}_{4},\boldsymbol{0},\boldsymbol{C}_{2})$按能观测性分解的变换矩阵。

(3) 将能控子系统 $\Sigma_{c}(\boldsymbol{A}_{1},\boldsymbol{B}_{1},\boldsymbol{C}_{1})$按能观测性分解

对 $\boldsymbol{x}_{c}$ 取状态变换

$$\boldsymbol{x}_{c}=\boldsymbol{T}_{o1}\begin{bmatrix}\boldsymbol{x}_{co}\\ \boldsymbol{x}_{c\bar{o}}\end{bmatrix}\tag{3-46}$$

将式(3-45)和式(3-46)代入能控子系统 $\Sigma_{c}(\boldsymbol{A}_{1},\boldsymbol{B}_{1},\boldsymbol{C}_{1})$，即

$$\begin{cases}\dot{\boldsymbol{x}}_{c}=\boldsymbol{A}_{1}\boldsymbol{x}_{c}+\boldsymbol{A}_{2}\boldsymbol{x}_{\bar{c}}+\boldsymbol{B}_{1}\boldsymbol{u}\\ \boldsymbol{y}_{1}=\boldsymbol{C}_{1}\boldsymbol{x}_{c}\end{cases}$$

中，经整理可得

$$\begin{cases}\begin{bmatrix}\dot{\boldsymbol{x}}_{co}\\ \dot{\boldsymbol{x}}_{c\bar{o}}\end{bmatrix}=\boldsymbol{T}_{o1}^{-1}\boldsymbol{A}_1\boldsymbol{T}_{o1}\begin{bmatrix}\boldsymbol{x}_{co}\\ \boldsymbol{x}_{c\bar{o}}\end{bmatrix}+\boldsymbol{T}_{o1}^{-1}\boldsymbol{A}_2\boldsymbol{T}_{o2}\begin{bmatrix}\boldsymbol{x}_{\bar{c}o}\\ \boldsymbol{x}_{\bar{c}\bar{o}}\end{bmatrix}+\boldsymbol{T}_{o1}^{-1}\boldsymbol{B}_1\boldsymbol{u}\\ \qquad=\begin{bmatrix}\widetilde{\boldsymbol{A}}_{11} & \boldsymbol{0}\\ \widetilde{\boldsymbol{A}}_{21} & \widetilde{\boldsymbol{A}}_{22}\end{bmatrix}\begin{bmatrix}\boldsymbol{x}_{co}\\ \boldsymbol{x}_{c\bar{o}}\end{bmatrix}+\begin{bmatrix}\widetilde{\boldsymbol{A}}_{13} & \boldsymbol{0}\\ \widetilde{\boldsymbol{A}}_{23} & \widetilde{\boldsymbol{A}}_{24}\end{bmatrix}\begin{bmatrix}\boldsymbol{x}_{\bar{c}o}\\ \boldsymbol{x}_{\bar{c}\bar{o}}\end{bmatrix}+\begin{bmatrix}\widetilde{\boldsymbol{B}}_1\\ \widetilde{\boldsymbol{B}}_2\end{bmatrix}\boldsymbol{u}\\ \boldsymbol{y}_1=\boldsymbol{C}_1\boldsymbol{T}_{o1}\begin{bmatrix}\boldsymbol{x}_{co}\\ \boldsymbol{x}_{c\bar{o}}\end{bmatrix}=\begin{bmatrix}\widetilde{\boldsymbol{C}}_1 & \boldsymbol{0}\end{bmatrix}\begin{bmatrix}\boldsymbol{x}_{co}\\ \boldsymbol{x}_{c\bar{o}}\end{bmatrix}\end{cases}$$

式中，$\boldsymbol{x}_{co}$——能控又能观测的状态；

$\boldsymbol{x}_{c\bar{o}}$——能控但不能观测的状态；

$\boldsymbol{T}_{o1}$——根据定理 3-18 构造对子系统 $\Sigma_c(\boldsymbol{A}_1,\boldsymbol{B}_1,\boldsymbol{C}_1)$按能观测性分解的变换矩阵。

综合以上三次变换，便可以导出系统同时按能控性和能观测性进行结构分解后的表达式

$$\begin{cases}\begin{bmatrix}\dot{\boldsymbol{x}}_{co}\\ \dot{\boldsymbol{x}}_{c\bar{o}}\\ \dot{\boldsymbol{x}}_{\bar{c}o}\\ \dot{\boldsymbol{x}}_{\bar{c}\bar{o}}\end{bmatrix}=\left[\begin{array}{cc:cc}\widetilde{\boldsymbol{A}}_{11} & \boldsymbol{0} & \widetilde{\boldsymbol{A}}_{13} & \boldsymbol{0}\\ \widetilde{\boldsymbol{A}}_{21} & \widetilde{\boldsymbol{A}}_{22} & \widetilde{\boldsymbol{A}}_{23} & \widetilde{\boldsymbol{A}}_{24}\\ \hdashline \boldsymbol{0} & \boldsymbol{0} & \widetilde{\boldsymbol{A}}_{33} & \boldsymbol{0}\\ \boldsymbol{0} & \boldsymbol{0} & \widetilde{\boldsymbol{A}}_{43} & \widetilde{\boldsymbol{A}}_{44}\end{array}\right]\begin{bmatrix}\boldsymbol{x}_{co}\\ \boldsymbol{x}_{c\bar{o}}\\ \boldsymbol{x}_{\bar{c}o}\\ \boldsymbol{x}_{\bar{c}\bar{o}}\end{bmatrix}+\begin{bmatrix}\widetilde{\boldsymbol{B}}_1\\ \widetilde{\boldsymbol{B}}_2\\ \boldsymbol{0}\\ \boldsymbol{0}\end{bmatrix}\boldsymbol{u}\\ \boldsymbol{y}=\left[\begin{array}{cc:cc}\widetilde{\boldsymbol{C}}_1 & \boldsymbol{0} & \widetilde{\boldsymbol{C}}_3 & \boldsymbol{0}\end{array}\right]\begin{bmatrix}\boldsymbol{x}_{co}\\ \boldsymbol{x}_{c\bar{o}}\\ \boldsymbol{x}_{\bar{c}o}\\ \boldsymbol{x}_{\bar{c}\bar{o}}\end{bmatrix}\end{cases}$$

例 3-15 若系统的状态空间表达式

$$\begin{cases}\dot{\boldsymbol{x}}=\begin{bmatrix}0 & 0 & -1\\ 1 & 0 & -3\\ 0 & 1 & -3\end{bmatrix}\boldsymbol{x}+\begin{bmatrix}1\\ 1\\ 0\end{bmatrix}u\\ y=\begin{bmatrix}0 & 1 & -2\end{bmatrix}\boldsymbol{x}\end{cases}$$

试判断系统的能控性和能观测性，若系统是不完全能控和不完全能观测的，将其按能控性和能观测性进行分解。

解 (1) 判断系统的能控性和能观测性

由例 3-13 和例 3-14 知

$$\text{rank}\boldsymbol{U}_c=2<n,\quad \text{rank}\boldsymbol{V}_o=2<n$$

所以该系统是状态不完全能控和不完全能观测的。

(2) 将系统 $\Sigma(\boldsymbol{A},\boldsymbol{b},\boldsymbol{c})$按能控性分解

根据例 3-13，取

$$\boldsymbol{T}_c=\begin{bmatrix}1 & 0 & 0\\ 1 & 1 & 0\\ 0 & 1 & 1\end{bmatrix}$$

经过线性变换 $\boldsymbol{x}=\boldsymbol{T}_{c}\begin{bmatrix}\boldsymbol{x}_{c}\\ \boldsymbol{x}_{\bar{c}}\end{bmatrix}$后，系统分解为

$$\begin{cases}\begin{bmatrix}\dot{\boldsymbol{x}}_{c}\\ \dot{\boldsymbol{x}}_{\bar{c}}\end{bmatrix}=\boldsymbol{T}_{c}^{-1}\boldsymbol{A}\boldsymbol{T}_{c}\begin{bmatrix}\boldsymbol{x}_{c}\\ \boldsymbol{x}_{\bar{c}}\end{bmatrix}+\boldsymbol{T}_{c}^{-1}\boldsymbol{b}u=\left[\begin{array}{cc:c}0 & -1 & -1\\ 1 & -2 & -2\\ \hdashline 0 & 0 & -1\end{array}\right]\begin{bmatrix}\boldsymbol{x}_{c}\\ \boldsymbol{x}_{\bar{c}}\end{bmatrix}+\left[\begin{array}{c}1\\ 0\\ \hdashline 0\end{array}\right]u\\ y=\boldsymbol{c}\boldsymbol{T}_{c}\begin{bmatrix}\boldsymbol{x}_{c}\\ \boldsymbol{x}_{\bar{c}}\end{bmatrix}=\left[\begin{array}{cc:c}1 & -1 & -2\end{array}\right]\begin{bmatrix}\boldsymbol{x}_{c}\\ \boldsymbol{x}_{\bar{c}}\end{bmatrix}\end{cases}$$

(3) 将不能控子系统 $\Sigma_{\bar{c}}$按能观测性分解

由上述可知，此系统的不能控子系统 $\Sigma_{\bar{c}}$是一维的，且容易看出，它也是能观测的，故无需再进行能观测性分解，这里直接选取 $\boldsymbol{x}_{\bar{c}}=\boldsymbol{x}_{\bar{c}o}$。

(4) 将能控子系统 Σ_{c} 按能观测性分解

根据式(3-34)构造能控子系统 Σ_{c}

$$\begin{cases}\dot{\boldsymbol{x}}_{c}=\begin{bmatrix}0 & -1\\ 1 & -2\end{bmatrix}\boldsymbol{x}_{c}+\begin{bmatrix}-1\\ -2\end{bmatrix}\boldsymbol{x}_{\bar{c}o}+\begin{bmatrix}1\\ 0\end{bmatrix}u\\ y_{1}=\begin{bmatrix}1 & -1\end{bmatrix}\boldsymbol{x}_{c}\end{cases}$$

因为能控子系统的 $\mathrm{rank}\boldsymbol{V}_{oc}=1<2$，故该能控子系统不完全能观测。为将其再按能观测性进行分解，取非奇异线性变换矩阵为

$$\boldsymbol{T}_{o1}=\begin{bmatrix}1 & -1\\ 0 & 1\end{bmatrix}^{-1}$$

将线性变换 $\boldsymbol{x}_{c}=\boldsymbol{T}_{o1}\begin{bmatrix}\boldsymbol{x}_{co}\\ \boldsymbol{x}_{c\bar{o}}\end{bmatrix}$代入能控子系统 Σ_{c}，并整理后得

$$\begin{cases}\begin{bmatrix}\dot{\boldsymbol{x}}_{co}\\ \dot{\boldsymbol{x}}_{c\bar{o}}\end{bmatrix}=\boldsymbol{T}_{o1}^{-1}\begin{bmatrix}0 & -1\\ 1 & -2\end{bmatrix}\boldsymbol{T}_{o1}\begin{bmatrix}\boldsymbol{x}_{co}\\ \boldsymbol{x}_{c\bar{o}}\end{bmatrix}+\boldsymbol{T}_{o1}^{-1}\begin{bmatrix}-1\\ -2\end{bmatrix}\boldsymbol{x}_{\bar{c}o}+\boldsymbol{T}_{o1}^{-1}\begin{bmatrix}1\\ 0\end{bmatrix}u\\ \qquad=\begin{bmatrix}-1 & 0\\ 1 & -1\end{bmatrix}\begin{bmatrix}\boldsymbol{x}_{co}\\ \boldsymbol{x}_{c\bar{o}}\end{bmatrix}+\begin{bmatrix}1\\ -2\end{bmatrix}\boldsymbol{x}_{\bar{c}o}+\begin{bmatrix}1\\ 0\end{bmatrix}u\\ y_{1}=\begin{bmatrix}1 & -1\end{bmatrix}\boldsymbol{T}_{o1}\begin{bmatrix}\boldsymbol{x}_{co}\\ \boldsymbol{x}_{c\bar{o}}\end{bmatrix}=\begin{bmatrix}1 & 0\end{bmatrix}\begin{bmatrix}\boldsymbol{x}_{co}\\ \boldsymbol{x}_{c\bar{o}}\end{bmatrix}\end{cases}$$

综合以上结果，系统按能控性和能观测性分解为

$$\begin{cases}\begin{bmatrix}\dot{\boldsymbol{x}}_{co}\\ \dot{\boldsymbol{x}}_{c\bar{o}}\\ \dot{\boldsymbol{x}}_{\bar{c}o}\end{bmatrix}=\left[\begin{array}{cc:c}-1 & 0 & 1\\ 1 & -1 & -2\\ \hdashline 0 & 0 & -1\end{array}\right]\begin{bmatrix}\boldsymbol{x}_{co}\\ \boldsymbol{x}_{c\bar{o}}\\ \boldsymbol{x}_{\bar{c}o}\end{bmatrix}+\left[\begin{array}{c}1\\ 0\\ \hdashline 0\end{array}\right]u\\ y=\left[\begin{array}{cc:c}1 & 0 & -2\end{array}\right]\begin{bmatrix}\boldsymbol{x}_{co}\\ \boldsymbol{x}_{c\bar{o}}\\ \boldsymbol{x}_{\bar{c}o}\end{bmatrix}\end{cases}$$

2. 排列变换法

排列变换法的运用步骤如下：

(1) 首先将待分解的系统化成标准型，即将系统的系统矩阵 $\boldsymbol{A}$ 化成对角线型或约当型，并得到新的状态空间表达式。

(2) 按能控性和能观测性的法则判别系统各状态变量的能控性和能观测性，并将系统的状态变量分为能控又能观测的状态变量 $\boldsymbol{x}_{co}$，能控但不能观测的状态变量 $\boldsymbol{x}_{c\bar{o}}$，不能控但能观测的状态变量 $\boldsymbol{x}_{\bar{c}o}$，不能控也不能观测的状态变量 $\boldsymbol{x}_{\bar{c}\bar{o}}$。

(3) 按照 $\boldsymbol{x}_{co}, \boldsymbol{x}_{c\bar{o}}, \boldsymbol{x}_{\bar{c}o}, \boldsymbol{x}_{\bar{c}\bar{o}}$ 的顺序重新排列各状态变量的关系，就可组成相应的子系统。

例 3-16 将下列不完全能控也不完全能观测的系统进行结构分解。

$$\begin{cases} \begin{bmatrix} \dot{x}_1 \\ \dot{x}_2 \\ \dot{x}_3 \\ \dot{x}_4 \end{bmatrix} = \begin{bmatrix} -3 & 0 & 0 & 0 \\ 0 & -1 & 0 & 0 \\ 0 & 0 & -2 & 0 \\ 0 & 0 & 0 & -4 \end{bmatrix} \begin{bmatrix} x_1 \\ x_2 \\ x_3 \\ x_4 \end{bmatrix} + \begin{bmatrix} 1 \\ 2 \\ 0 \\ 0 \end{bmatrix} u \\ y = \begin{bmatrix} 0 & 1 & 1 & 0 \end{bmatrix} \begin{bmatrix} x_1 \\ x_2 \\ x_3 \\ x_4 \end{bmatrix} \end{cases}$$

解 由于 $\boldsymbol{A}$ 为对角线矩阵，故可根据对角线标准型的能控性和能观测性判据，很容易判定：x_1 为能控但不能观测的状态变量 $x_{c\bar{o}}$；x_2 为能控又能观测的状态变量 x_{co}；x_3 为不能控但能观测的状态变量 $x_{\bar{c}o}$；x_4 为不能控也不能观测的状态变量 $x_{\bar{c}\bar{o}}$。

将上述方程的状态变量按 $\boldsymbol{x}_{co}, \boldsymbol{x}_{c\bar{o}}, \boldsymbol{x}_{\bar{c}o}, \boldsymbol{x}_{\bar{c}\bar{o}}$ 的顺序排列，则有

$$\begin{cases} \begin{bmatrix} \dot{x}_2 \\ \dot{x}_1 \\ \dot{x}_3 \\ \dot{x}_4 \end{bmatrix} = \begin{bmatrix} -1 & 0 & 0 & 0 \\ 0 & -3 & 0 & 0 \\ 0 & 0 & -2 & 0 \\ 0 & 0 & 0 & -4 \end{bmatrix} \begin{bmatrix} x_2 \\ x_1 \\ x_3 \\ x_4 \end{bmatrix} + \begin{bmatrix} 2 \\ 1 \\ 0 \\ 0 \end{bmatrix} u \\ y = \begin{bmatrix} 1 & 0 & 1 & 0 \end{bmatrix} \begin{bmatrix} x_2 \\ x_1 \\ x_3 \\ x_4 \end{bmatrix} \end{cases}$$

或写成

$$
\begin{cases}
\begin{bmatrix} \dot{x}_{co} \\ \dot{x}_{c\bar{o}} \\ \dot{x}_{\bar{c}o} \\ \dot{x}_{\bar{c}\bar{o}} \end{bmatrix} = \begin{bmatrix} -1 & 0 & 0 & 0 \\ 0 & -3 & 0 & 0 \\ 0 & 0 & -2 & 0 \\ 0 & 0 & 0 & -4 \end{bmatrix} \begin{bmatrix} x_{co} \\ x_{c\bar{o}} \\ x_{\bar{c}o} \\ x_{\bar{c}\bar{o}} \end{bmatrix} + \begin{bmatrix} 2 \\ 1 \\ 0 \\ 0 \end{bmatrix} u \\
y = \begin{bmatrix} 1 & 0 & 1 & 0 \end{bmatrix} \begin{bmatrix} x_{co} \\ x_{c\bar{o}} \\ x_{\bar{c}o} \\ x_{\bar{c}\bar{o}} \end{bmatrix}
\end{cases}
$$

3.6　系统的实现

3.6.1　实现问题的基本概念

所谓实现，就是根据给定的传递函数矩阵求其相应的状态空间表达式，而所求到的状态空间表达式就称传递函数阵的一个实现。

由于反映系统输入输出信息传递关系的传递函数阵只能反映系统中既能控又能观测的那部分子系统的动态特性，这样，对于某一个给定的传递函数阵来说，将有任意维数的状态空间表达式与之对应。从工程的观点，考虑在系统具体实现时，应该寻找运算电路最少的，即状态空间表达式维数最少的一种实现，这种实现就是最小实现。

对于给定的传递函数阵 $\boldsymbol{G}(s)$，若有一个状态空间表达式

$$
\begin{cases}
\dot{\boldsymbol{x}} = \boldsymbol{A}\boldsymbol{x} + \boldsymbol{B}\boldsymbol{u} \\
\boldsymbol{y} = \boldsymbol{C}\boldsymbol{x} + \boldsymbol{D}\boldsymbol{u}
\end{cases}
$$

使其满足

$$\boldsymbol{C}(s\boldsymbol{I}-\boldsymbol{A})^{-1}\boldsymbol{B}+\boldsymbol{D}=\boldsymbol{G}(s)$$

则称该状态空间表达式为传递函数阵 $\boldsymbol{G}(s)$ 的一个实现。

需要指出，并不是任意一个传递函数阵 $\boldsymbol{G}(s)$ 都能找到其实现，通常它必须满足物理可实现条件，即

(1) 传递函数阵 $\boldsymbol{G}(s)$ 中的每一个元素 $G_{ij}(s)(i=1,2,\cdots,m;\ j=1,2,\cdots,r)$ 的分子分母多项式的系数均为常数。

(2) 传递函数阵 $\boldsymbol{G}(s)$ 中的每一个元素 $G_{ij}(s)$ 均为 s 的严格真有理分式或真有理分式函数，即 $G_{ij}(s)$ 分子多项式的阶数低于或等于分母多项式的阶数。

当 $G_{ij}(s)$ 分子多项式的阶数低于分母多项式的阶数时，称 $G_{ij}(s)$ 为严格真有理分式。若 $\boldsymbol{G}(s)$ 阵中所有元素都为严格真有理分式时，则其实现具有 $\Sigma(\boldsymbol{A},\boldsymbol{B},\boldsymbol{C})$ 的形式；当 $\boldsymbol{G}(s)$ 阵中至少有一个元素 $G_{ij}(s)$ 的分子多项式的阶数等于分母多项式的阶数时，其实现形式就具有 $\Sigma(\boldsymbol{A},\boldsymbol{B},\boldsymbol{C},\boldsymbol{D})$ 的形式，并且有

$$\boldsymbol{D}=\lim_{s\to\infty}\boldsymbol{G}(s) \tag{3-47}$$

根据上述物理可实现条件，对于其元素不全是严格真有理分式的传递函数阵$\boldsymbol{G}(s)$，应首先按照式(3-47)计算出$\boldsymbol{D}$阵，使$\boldsymbol{G}(s)-\boldsymbol{D}$成为严格真有理分式函数的矩阵，即

$$\boldsymbol{C}(s\boldsymbol{I}-\boldsymbol{A})^{-1}\boldsymbol{B}=\boldsymbol{G}(s)-\boldsymbol{D} \tag{3-48}$$

然后再根据$(\boldsymbol{G}(s)-\boldsymbol{D})$寻求形式为$\Sigma(\boldsymbol{A},\boldsymbol{B},\boldsymbol{C})$的实现。

例 3-17 求传递函数阵

$$\boldsymbol{G}(s)=\begin{bmatrix}\dfrac{s+2}{s+1} & \dfrac{1}{s+3}\\ \dfrac{s}{s+1} & \dfrac{s+1}{s+2}\end{bmatrix}$$

的$\boldsymbol{D}$和$\boldsymbol{C}(s\boldsymbol{I}-\boldsymbol{A})^{-1}\boldsymbol{B}$。

解 根据式(3-47)和式(3-48)，可得出

$$\boldsymbol{D}=\lim_{s\to\infty}\boldsymbol{G}(s)=\begin{bmatrix}1 & 0\\ 1 & 1\end{bmatrix}$$

和

$$\boldsymbol{C}(s\boldsymbol{I}-\boldsymbol{A})^{-1}\boldsymbol{B}=\boldsymbol{G}(s)-\boldsymbol{D}=\begin{bmatrix}\dfrac{1}{s+1} & \dfrac{1}{s+3}\\ \dfrac{-1}{s+1} & \dfrac{-1}{s+2}\end{bmatrix}$$

3.6.2 单输入单输出系统的标准型实现

对于单输入单输出系统，一旦给出系统的传递函数，便可以直接写出其能控标准型实现和能观测标准型实现。

设单输入单输出系统的传递函数为

$$G(s)=\frac{b_1s^{n-1}+b_2s^{n-2}+\cdots+b_{n-1}s+b_n}{s^n+a_1s^{n-1}+\cdots+a_{n-1}s+a_n} \tag{3-49}$$

则其能控标准型实现的各系数矩阵为

$$\boldsymbol{A}_c=\begin{bmatrix}0 & 1 & \cdots & 0\\ \vdots & \vdots & & \vdots\\ 0 & 0 & \cdots & 1\\ -a_n & -a_{n-1} & \cdots & -a_1\end{bmatrix},\quad \boldsymbol{b}_c=\begin{bmatrix}0\\ \vdots\\ 0\\ 1\end{bmatrix},\quad \boldsymbol{c}_c=\begin{bmatrix}b_n & b_{n-1} & \cdots & b_1\end{bmatrix}$$

能观测标准型实现的各系数矩阵为

$$\boldsymbol{A}_o=\begin{bmatrix}0 & \cdots & 0 & -a_n\\ 1 & \cdots & 0 & -a_{n-1}\\ \vdots & & \vdots & \vdots\\ 0 & \cdots & 1 & -a_1\end{bmatrix},\quad \boldsymbol{b}_o=\begin{bmatrix}b_n\\ b_{n-1}\\ \vdots\\ b_1\end{bmatrix},\quad \boldsymbol{c}_o=\begin{bmatrix}0 & \cdots & 0 & 1\end{bmatrix}$$

例 3-18　试求传递函数

$$G(s)=\frac{s^2+4s+5}{s^3+6s^2+11s+6}$$

的能控标准型实现和能观测标准型实现。

解　根据式(3-49)知

$$a_1=6,\quad a_2=11,\quad a_3=6,\quad b_1=1,\quad b_2=4,\quad b_3=5$$

将上述各系数代入标准型实现的系数矩阵中,可得

(1) 能控标准型实现为

$$\begin{cases}\dot{\boldsymbol{x}}=\begin{bmatrix}0 & 1 & 0\\ 0 & 0 & 1\\ -6 & -11 & -6\end{bmatrix}\boldsymbol{x}+\begin{bmatrix}0\\0\\1\end{bmatrix}u\\ y=\begin{bmatrix}5 & 4 & 1\end{bmatrix}\boldsymbol{x}\end{cases}$$

(2) 能观测标准型实现为

$$\begin{cases}\dot{\boldsymbol{x}}=\begin{bmatrix}0 & 0 & -6\\ 1 & 0 & -11\\ 0 & 1 & -6\end{bmatrix}\boldsymbol{x}+\begin{bmatrix}5\\4\\1\end{bmatrix}u\\ y=\begin{bmatrix}0 & 0 & 1\end{bmatrix}\boldsymbol{x}\end{cases}$$

*3.6.3　多输入多输出系统的标准型实现

对具有 r 个输入和 m 个输出的多输入多输出系统,可把 $m\times r$ 的传递函数阵 $\boldsymbol{G}(s)$ 写成和单输入单输出系统传递函数相类似的形式,即

$$\boldsymbol{G}(s)=\frac{\boldsymbol{B}_1 s^{n-1}+\boldsymbol{B}_2 s^{n-2}+\cdots+\boldsymbol{B}_{n-1}s+\boldsymbol{B}_n}{s^n+a_1 s^{n-1}+\cdots+a_{n-1}s+a_n}\tag{3-50}$$

式中,$\boldsymbol{B}_1,\boldsymbol{B}_2,\cdots,\boldsymbol{B}_n$ 均为 $m\times r$ 实常数矩阵,分母多项式为该传递函数阵的特征多项式。

显然,$\boldsymbol{G}(s)$是一个严格真有理分式的矩阵,且当 $m=r=1$ 时,$\boldsymbol{G}(s)$对应的就是单输入单输出系统的传递函数。

对于式(3-50)形式的传递函数阵,其能控标准型实现的各系数矩阵为

$$\boldsymbol{A}_c=\begin{bmatrix}\boldsymbol{0}_r & \boldsymbol{I}_r & \cdots & \boldsymbol{0}_r\\ \vdots & \vdots & & \vdots\\ \boldsymbol{0}_r & \boldsymbol{0}_r & \cdots & \boldsymbol{I}_r\\ -a_n\boldsymbol{I}_r & -a_{n-1}\boldsymbol{I}_r & \cdots & -a_1\boldsymbol{I}_r\end{bmatrix},\quad \boldsymbol{B}_c=\begin{bmatrix}\boldsymbol{0}_r\\ \vdots\\ \boldsymbol{0}_r\\ \boldsymbol{I}_r\end{bmatrix},\quad \boldsymbol{C}_c=\begin{bmatrix}\boldsymbol{B}_n & \boldsymbol{B}_{n-1} & \cdots & \boldsymbol{B}_1\end{bmatrix}$$

其中,$\boldsymbol{0}_r$ 和 $\boldsymbol{I}_r$ 分别表示 $r\times r$ 零矩阵和单位阵。

其能观测标准型实现的各系数矩阵为

$$\boldsymbol{A}_o=\begin{bmatrix}\boldsymbol{0}_m & \cdots & \boldsymbol{0}_m & -a_n\boldsymbol{I}_m\\ \boldsymbol{I}_m & \cdots & \boldsymbol{0}_m & -a_{n-1}\boldsymbol{I}_m\\ \vdots & & \vdots & \vdots\\ \boldsymbol{0}_m & \cdots & \boldsymbol{I}_m & -a_1\boldsymbol{I}_m\end{bmatrix},\quad \boldsymbol{B}_o=\begin{bmatrix}\boldsymbol{B}_n\\ \boldsymbol{B}_{n-1}\\ \vdots\\ \boldsymbol{B}_1\end{bmatrix},\quad \boldsymbol{C}_o=[\boldsymbol{0}_m\quad \cdots\quad \boldsymbol{0}_m\quad \boldsymbol{I}_m]$$

式中，$\boldsymbol{0}_m$ 和 $\boldsymbol{I}_m$ 分别表示 $m\times m$ 零矩阵和单位阵。

显然，能控标准型实现的维数是 nr，能观测标准型实现的维数是 nm，为了保证实现维数较小，当 $m>r$，即输出的维数大于输入的维数时，应采用能控标准型实现；当 $m<r$ 时，应采用能观测标准型实现。

例 3-19 试求传递函数阵

$$\boldsymbol{G}(s)=\begin{bmatrix}\dfrac{1}{s+1} & \dfrac{1}{s+3}\\ \dfrac{-1}{s+1} & \dfrac{-1}{s+2}\end{bmatrix}$$

的能控标准型和能观测标准型实现。

解 将 $\boldsymbol{G}(s)$ 写成按 s 降幂排列的标准格式，即

$$\boldsymbol{G}(s)=\begin{bmatrix}\dfrac{1}{s+1} & \dfrac{1}{s+3}\\ \dfrac{-1}{s+1} & \dfrac{-1}{s+2}\end{bmatrix}=\frac{1}{s^3+6s^2+11s+6}\begin{bmatrix}s^2+5s+6 & s^2+3s+2\\ -(s^2+5s+6) & -(s^2+4s+3)\end{bmatrix}$$

$$=\frac{1}{s^3+6s^2+11s+6}\left\{\begin{bmatrix}1 & 1\\ -1 & -1\end{bmatrix}s^2+\begin{bmatrix}5 & 3\\ -5 & -4\end{bmatrix}s+\begin{bmatrix}6 & 2\\ -6 & -3\end{bmatrix}\right\}$$

对照式(3-50)，可得

$$a_1=6,\quad a_2=11,\quad a_3=6$$

$$\boldsymbol{B}_1=\begin{bmatrix}1 & 1\\ -1 & -1\end{bmatrix},\quad \boldsymbol{B}_2=\begin{bmatrix}5 & 3\\ -5 & -4\end{bmatrix},\quad \boldsymbol{B}_3=\begin{bmatrix}6 & 2\\ -6 & -3\end{bmatrix}$$

$$r=2,m=2$$

将上述各阵代入标准型矩阵中，便可得能控标准型实现的各系数矩阵为

$$\boldsymbol{A}_c=\begin{bmatrix}\boldsymbol{0}_2 & \boldsymbol{I}_2 & \boldsymbol{0}_2\\ \boldsymbol{0}_2 & \boldsymbol{0}_2 & \boldsymbol{I}_2\\ -a_3\boldsymbol{I}_2 & -a_2\boldsymbol{I}_2 & -a_1\boldsymbol{I}_2\end{bmatrix}=\begin{bmatrix}0 & 0 & 1 & 0 & 0 & 0\\ 0 & 0 & 0 & 1 & 0 & 0\\ 0 & 0 & 0 & 0 & 1 & 0\\ 0 & 0 & 0 & 0 & 0 & 1\\ -6 & 0 & -11 & 0 & -6 & 0\\ 0 & -6 & 0 & -11 & 0 & -6\end{bmatrix},$$

$$\boldsymbol{B}_c=\begin{bmatrix}\boldsymbol{0}_2\\ \boldsymbol{0}_2\\ \boldsymbol{I}_2\end{bmatrix}=\begin{bmatrix}0 & 0\\ 0 & 0\\ 0 & 0\\ 0 & 0\\ 1 & 0\\ 0 & 1\end{bmatrix},\quad \boldsymbol{C}_c=[\boldsymbol{B}_3\quad \boldsymbol{B}_2\quad \boldsymbol{B}_1]=\begin{bmatrix}6 & 2 & 5 & 3 & 1 & 1\\ -6 & -3 & -5 & -4 & -1 & -1\end{bmatrix}$$

能观测标准型实现的各系数矩阵为

$$A_o=\begin{bmatrix}\mathbf{0}_2 & \mathbf{0}_2 & -a_3\boldsymbol{I}_2\\ \boldsymbol{I}_2 & \mathbf{0}_2 & -a_2\boldsymbol{I}_2\\ \mathbf{0}_2 & \boldsymbol{I}_2 & -a_1\boldsymbol{I}_2\end{bmatrix}=\begin{bmatrix}0&0&0&0&-6&0\\0&0&0&0&0&-6\\1&0&0&0&-11&0\\0&1&0&0&0&-11\\0&0&1&0&-6&0\\0&0&0&1&0&-6\end{bmatrix},$$

$$\boldsymbol{B}_o=\begin{bmatrix}\boldsymbol{B}_3\\ \boldsymbol{B}_2\\ \boldsymbol{B}_1\end{bmatrix}=\begin{bmatrix}6&2\\-6&-3\\5&3\\-5&-4\\1&1\\-1&-1\end{bmatrix},\quad \boldsymbol{C}_o=[\mathbf{0}_2\quad \mathbf{0}_2\quad \boldsymbol{I}_2]=\begin{bmatrix}0&0&0&0&1&0\\0&0&0&0&0&1\end{bmatrix}$$

3.6.4　最小实现

传递函数 $\boldsymbol{G}(s)$的一个实现为

$$\begin{cases}\dot{\boldsymbol{x}}=\boldsymbol{A}\boldsymbol{x}+\boldsymbol{B}\boldsymbol{u}\\ \boldsymbol{y}=\boldsymbol{C}\boldsymbol{x}\end{cases}\tag{3-51}$$

如果 $\boldsymbol{G}(s)$不存在其他实现

$$\begin{cases}\dot{\tilde{\boldsymbol{x}}}=\widetilde{\boldsymbol{A}}\,\tilde{\boldsymbol{x}}+\widetilde{\boldsymbol{B}}\boldsymbol{u}\\ \boldsymbol{y}=\widetilde{\boldsymbol{C}}\,\tilde{\boldsymbol{x}}\end{cases}$$

使$\tilde{\boldsymbol{x}}$的维数小于 $\boldsymbol{x}$ 的维数，则称式(3-51)的实现为 $\boldsymbol{G}(s)$的一个最小实现。

定理 3-20　传递函数阵 $\boldsymbol{G}(s)$的一个实现：

$$\begin{cases}\dot{\boldsymbol{x}}=\boldsymbol{A}\boldsymbol{x}+\boldsymbol{B}\boldsymbol{u}\\ \boldsymbol{y}=\boldsymbol{C}\boldsymbol{x}\end{cases}$$

为最小实现的充要条件是 $\Sigma(\boldsymbol{A},\boldsymbol{B},\boldsymbol{C})$不但能控而且能观测。

根据这个定理，可以方便地确定任何一个具有严格真有理分式的传递函数阵 $\boldsymbol{G}(s)$的最小实现。其步骤如下：

(1) 对于给定的传递函数阵 $\boldsymbol{G}(s)$，首先初选出一个实现 $\Sigma(\boldsymbol{A},\boldsymbol{B},\boldsymbol{C})$。通常最方便的是选取能控标准型（或能观测标准型）实现，再检查其实现的能观测性（或能控性），若为能控又能观测的，则 $\Sigma(\boldsymbol{A},\boldsymbol{B},\boldsymbol{C})$便是最小实现；否则进行下一步。

(2) 对以上标准型实现 $\Sigma(\boldsymbol{A},\boldsymbol{B},\boldsymbol{C})$进行结构分解，找出其完全能控又完全能观测的子系统 $\Sigma_{co}(\widetilde{\boldsymbol{A}}_{11},\widetilde{\boldsymbol{B}}_1,\widetilde{\boldsymbol{C}}_1)$，这便是 $\boldsymbol{G}(s)$的一个最小实现。

例 3-20　试求传递函数阵

$$G(s)=\begin{bmatrix}\frac{1}{(s+1)(s+2)} & \frac{1}{(s+2)(s+3)}\end{bmatrix}$$

的最小实现。

解　因 $G(s)$是严格真有理分式，可以直接将它写成按 s 降幂排列的标准格式

$$G(s)=\frac{1}{(s+1)(s+2)(s+3)}[s+3 \quad s+1]$$
$$=\frac{1}{s^3+6s^2+11s+6}\{[1 \quad 1]s+[3 \quad 1]\}$$

对照式(3-51)，又因 $m<r$，故采用能观测标准型实现，由以上可知各系数矩阵分别为

$$A_o=\begin{bmatrix}\mathbf{0}_1 & \mathbf{0}_1 & -a_3I_1\\ I_1 & \mathbf{0}_1 & -a_2I_1\\ \mathbf{0}_1 & I_1 & -a_1I_1\end{bmatrix}=\begin{bmatrix}0&0&-6\\1&0&-11\\0&1&-6\end{bmatrix},\quad B_o=\begin{bmatrix}B_3\\B_2\\B_1\end{bmatrix}=\begin{bmatrix}3&1\\1&1\\0&0\end{bmatrix},$$

$$c_o=[\mathbf{0}_1 \quad \mathbf{0}_1 \quad I_1]=[0 \quad 0 \quad 1]$$

因为

$$\text{rank}U_c=\text{rank}[B_o \quad A_oB_o \quad A_o^2B_o]=\text{rank}\begin{bmatrix}3&1&0&0&-6&-6\\1&1&3&1&-11&-11\\0&0&1&1&-3&-5\end{bmatrix}=3=n$$

所以，系统 $\Sigma_o(A_o,B_o,C_o)$是既能控又能观测的，它为最小实现。

例 3-21　试求传递函数阵

$$G(s)=\begin{bmatrix}\frac{1}{s+1} & \frac{1}{s+3}\\ \frac{-1}{s+1} & \frac{-1}{s+2}\end{bmatrix}$$

的最小实现。

解　(1) 由例 3-19 可知，此系统的输入输出维数均为 2，即 $r=m=2$。故既可采用能控标准型，又可采用能观测标准型实现。

由例 3-19 可得采用能控标准型实现的各系数矩阵分别为

$$A_c=\begin{bmatrix}0&0&1&0&0&0\\0&0&0&1&0&0\\0&0&0&0&1&0\\0&0&0&0&0&1\\-6&0&-11&0&-6&0\\0&-6&0&-11&0&-6\end{bmatrix},\quad B_c=\begin{bmatrix}0&0\\0&0\\0&0\\0&0\\1&0\\0&1\end{bmatrix},$$

$$C_c=\begin{bmatrix}6&2&5&3&1&1\\-6&-3&-5&-4&-1&-1\end{bmatrix}$$

(2) 判断能控标准型实现的能观测性。因

$$\text{rank}\boldsymbol{V}_o = \text{rank}\begin{bmatrix} \boldsymbol{C}_c \\ \boldsymbol{C}_c\boldsymbol{A}_c \\ \vdots \\ \boldsymbol{C}_c\boldsymbol{A}_c^5 \end{bmatrix} = 3 < 6$$

所以,该能控标准型实现不是最小实现。

(3) 构造变换矩阵 $\boldsymbol{T}_o^{-1}$,将以上实现按能观测性进行分解。取

$$\boldsymbol{T}_o = \left[\begin{array}{ccc|ccc} 6 & 2 & 5 & 3 & 1 & 1 \\ -6 & -3 & -5 & -4 & -1 & -1 \\ -6 & -6 & -5 & -9 & -1 & -3 \\ \hline 1 & 0 & 0 & 0 & 0 & 0 \\ 0 & 1 & 0 & 0 & 0 & 0 \\ 0 & 0 & 1 & 0 & 0 & 0 \end{array}\right]^{-1}$$

利用分块矩阵求逆公式,可得

$$\boldsymbol{T}_o = \left[\begin{array}{ccc|ccc} 0 & 0 & 0 & 1 & 0 & 0 \\ 0 & 0 & 0 & 0 & 1 & 0 \\ 0 & 0 & 0 & 0 & 0 & 1 \\ \hline -1 & -1 & 0 & 0 & -1 & 0 \\ \frac{3}{2} & 0 & \frac{1}{2} & -6 & 0 & -5 \\ \frac{5}{2} & 3 & -\frac{1}{2} & 0 & 1 & 0 \end{array}\right]$$

于是可得变换后系统的各矩阵为

$$\widetilde{\boldsymbol{A}} = \boldsymbol{T}_o^{-1}\boldsymbol{A}_c\boldsymbol{T}_o = \left[\begin{array}{ccc|ccc} 0 & 0 & 1 & 0 & 0 & 0 \\ -\frac{3}{2} & -2 & -\frac{1}{2} & 0 & 0 & 0 \\ -3 & 0 & -4 & 0 & 0 & 0 \\ \hline 0 & 0 & 0 & 0 & 0 & 1 \\ -1 & -1 & 0 & 0 & -1 & 0 \\ \frac{3}{2} & 0 & \frac{1}{2} & 0 & 0 & 5 \end{array}\right] = \begin{bmatrix} \widetilde{\boldsymbol{A}}_{11} & \boldsymbol{0} \\ \widetilde{\boldsymbol{A}}_{12} & \widetilde{\boldsymbol{A}}_{22} \end{bmatrix}$$

$$\widetilde{\boldsymbol{B}} = \boldsymbol{T}_o^{-1}\boldsymbol{B}_c = \left[\begin{array}{cc} 1 & 1 \\ -1 & -1 \\ -1 & -3 \\ \hline 0 & 0 \\ 0 & 0 \\ 0 & 0 \end{array}\right] = \begin{bmatrix} \widetilde{\boldsymbol{B}}_1 \\ \boldsymbol{0} \end{bmatrix}, \widetilde{\boldsymbol{C}} = \boldsymbol{C}_c\boldsymbol{T}_o = \left[\begin{array}{ccc|ccc} 1 & 0 & 0 & 0 & 0 & 0 \\ 0 & 1 & 0 & 0 & 0 & 0 \end{array}\right] = \begin{bmatrix} \widetilde{\boldsymbol{C}}_1 & \boldsymbol{0} \end{bmatrix}$$

经检验,$\Sigma(\widetilde{\boldsymbol{A}}_{11}, \widetilde{\boldsymbol{B}}_1, \widetilde{\boldsymbol{C}}_1)$是能控能观测的子系统,因此 $\boldsymbol{G}(s)$ 的最小实现为

$\Sigma(\widetilde{\boldsymbol{A}}_{11},\widetilde{\boldsymbol{B}}_1,\widetilde{\boldsymbol{C}}_1)$，其中

$$\widetilde{\boldsymbol{A}}_{11}=\begin{bmatrix}0 & 0 & 1\\ -\frac{3}{2} & -2 & -\frac{1}{2}\\ -3 & 0 & -4\end{bmatrix},\quad \widetilde{\boldsymbol{B}}_1=\begin{bmatrix}1 & 1\\ -1 & -1\\ -1 & -3\end{bmatrix},\quad \widetilde{\boldsymbol{C}}_1=\begin{bmatrix}1 & 0 & 0\\ 0 & 1 & 0\end{bmatrix}$$

(4) 检验所得结果

$$\widetilde{\boldsymbol{C}}_1(s\boldsymbol{I}-\widetilde{\boldsymbol{A}}_{11})^{-1}\widetilde{\boldsymbol{B}}_1=\begin{bmatrix}1 & 0 & 0\\ 0 & 1 & 0\end{bmatrix}\begin{bmatrix}s & 0 & -1\\ \frac{2}{3} & s+2 & \frac{1}{2}\\ 3 & 0 & s+4\end{bmatrix}^{-1}\begin{bmatrix}1 & 1\\ -1 & -1\\ -1 & -3\end{bmatrix}$$

$$=\begin{bmatrix}\frac{1}{s+1} & \frac{1}{s+3}\\ \frac{-1}{s+1} & \frac{-1}{s+2}\end{bmatrix}$$

(5) 由于$r=m=2$，所以本例也可先写成能观测标准型实现$\Sigma(\boldsymbol{A}_o,\boldsymbol{B}_o,\boldsymbol{C}_o)$，各系数矩阵分别为

$$\boldsymbol{A}_o=\begin{bmatrix}0 & 0 & 0 & 0 & -6 & 0\\ 0 & 0 & 0 & 0 & 0 & -6\\ 1 & 0 & 0 & 0 & -11 & 0\\ 0 & 1 & 0 & 0 & 0 & -11\\ 0 & 0 & 1 & 0 & -6 & 0\\ 0 & 0 & 0 & 1 & 0 & -6\end{bmatrix},\quad \boldsymbol{B}_o=\begin{bmatrix}6 & 2\\ -6 & 3\\ 5 & 3\\ -5 & 4\\ 1 & 1\\ -1 & -1\end{bmatrix},\quad \boldsymbol{C}_o=\begin{bmatrix}0 & 0 & 0 & 0 & 1 & 0\\ 0 & 0 & 0 & 0 & 0 & 1\end{bmatrix}$$

因

$$\text{rank}\boldsymbol{U}_c=\text{rank}\begin{bmatrix}\boldsymbol{B}_o & \boldsymbol{A}_o\boldsymbol{B}_o & \cdots & \boldsymbol{A}_o^5\boldsymbol{B}_o\end{bmatrix}=3<6$$

故将$\Sigma(\boldsymbol{A}_o,\boldsymbol{B}_o,\boldsymbol{C}_o)$按能控性进行分解如下：

选择变换矩阵$\boldsymbol{T}_c$，即

$$\boldsymbol{T}_c=\left[\begin{array}{ccc:ccc}6 & 2 & -6 & 1 & 0 & 0\\ -6 & -3 & 6 & 0 & 1 & 0\\ 5 & 3 & -9 & 0 & 0 & 1\\ \hdashline -5 & -4 & 8 & 0 & 0 & 0\\ 1 & 1 & -3 & 0 & 0 & 0\\ -1 & -1 & 2 & 0 & 0 & 0\end{array}\right],\quad \boldsymbol{T}_c^{-1}=\left[\begin{array}{ccc:ccc}0 & 0 & 0 & -1 & 0 & 4\\ 0 & 0 & 0 & 1 & -2 & -7\\ 0 & 0 & 0 & 0 & -1 & -1\\ \hdashline 1 & 0 & 0 & 4 & -2 & -16\\ 0 & 1 & 0 & -3 & 0 & 9\\ 0 & 0 & 1 & 2 & -3 & 8\end{array}\right],$$

则有

$$\bar{\boldsymbol{A}}=\boldsymbol{T}_c^{-1}\boldsymbol{A}_o\boldsymbol{T}_c=\left[\begin{array}{ccc:ccc}1 & 0 & 0 & 0 & -1 & 0\\ 0 & 0 & -6 & 0 & 1 & -2\\ 0 & 1 & -5 & 0 & 0 & -1\\ \hdashline 0 & 0 & 0 & 0 & 4 & -2\\ 0 & 0 & 0 & 0 & -3 & 0\\ 0 & 0 & 0 & 1 & 2 & -3\end{array}\right]=\begin{bmatrix}\bar{\boldsymbol{A}}_{11} & \bar{\boldsymbol{A}}_{12}\\ \boldsymbol{0} & \bar{\boldsymbol{A}}_{22}\end{bmatrix},$$

$$\bar{\boldsymbol{B}}=\boldsymbol{T}_c^{-1}\boldsymbol{B}_o=\begin{bmatrix}1&0\\0&1\\0&0\\\hdashline 0&0\\0&0\\0&0\end{bmatrix}=\begin{bmatrix}\bar{\boldsymbol{B}}_1\\\boldsymbol{0}\end{bmatrix},$$

$$\bar{\boldsymbol{C}}=\boldsymbol{C}_o\boldsymbol{T}_c=\left[\begin{array}{ccc:ccc}1&1&-3&0&0&0\\-1&-1&2&0&0&0\end{array}\right]=[\bar{\boldsymbol{C}}_1\quad\boldsymbol{0}]$$

因 $\Sigma(\bar{\boldsymbol{A}}_{11},\bar{\boldsymbol{B}}_1,\bar{\boldsymbol{C}}_1)$是能控又能观测的子系统，故 $\boldsymbol{G}(s)$的最小实现为 $\Sigma(\bar{\boldsymbol{A}}_{11},\bar{\boldsymbol{B}}_1,\bar{\boldsymbol{C}}_1)$，其中

$$\bar{\boldsymbol{A}}_{11}=\begin{bmatrix}1&0&0\\0&0&-6\\0&1&-5\end{bmatrix},\quad\bar{\boldsymbol{B}}_1=\begin{bmatrix}1&0\\0&1\\0&0\end{bmatrix},\quad\bar{\boldsymbol{C}}_1=\begin{bmatrix}1&1&-3\\-1&-1&2\end{bmatrix}$$

通过上述计算，进一步说明了传递函数阵 $\boldsymbol{G}(s)$的实现不是惟一的，最小实现也不是惟一的，只有最小实现的维数才是惟一的。

最后指出，如果 $\Sigma(\boldsymbol{A}_m,\boldsymbol{B}_m,\boldsymbol{C}_m)$和 $\Sigma(\widetilde{\boldsymbol{A}}_m,\widetilde{\boldsymbol{B}}_m,\widetilde{\boldsymbol{C}}_m)$是同一传递函数 $\boldsymbol{G}(s)$的两个最小实现，那么它们之间必可构造一状态变换 $\boldsymbol{x}=\boldsymbol{P}\tilde{\boldsymbol{x}}$，使得

$$\widetilde{\boldsymbol{A}}_m=\boldsymbol{P}^{-1}\boldsymbol{A}_m\boldsymbol{P},\quad\widetilde{\boldsymbol{B}}_m=\boldsymbol{P}^{-1}\boldsymbol{B}_m,\quad\widetilde{\boldsymbol{C}}_m=\boldsymbol{C}_m\boldsymbol{P}$$

也就是说，同一传递函数阵 $\boldsymbol{G}(s)$的最小实现是代数等价的。

3.6.5 系统的约当标准型实现

假设系统存在一个 r 次幂的重特征值，此时系统的传递函数可表示成

$$G(s)=\frac{N(s)}{(s+\lambda_1)^r(s+\lambda_{r+1})\cdots(s+\lambda_n)}\tag{3-52}$$

用部分分式法将上式展开，有

$$G(s)=\frac{c_{11}}{s+\lambda_1}+\frac{c_{12}}{(s+\lambda_1)^2}+\cdots+\frac{c_{1r}}{(s+\lambda_1)^r}+\frac{c_{r+1}}{s+\lambda_{r+1}}+\cdots+\frac{c_n}{s+\lambda_n}\tag{3-53}$$

式中

$$c_{1i}=\frac{1}{(r-i)!}\lim_{s\to-\lambda_1}\frac{\mathrm{d}^{r-i}}{\mathrm{d}s^{r-i}}\{(s+\lambda_1)^rG(s)\},\quad i=1,2,\cdots,r$$

$$c_j=\lim_{s\to-\lambda_j}\{(s+\lambda_j)G(s)\},\quad j=r+1,\cdots,n$$

在求得各系数后，便可按照上式画出系统的状态变量图，进而写出其状态空间表达式，最后用标准型的判据来判别系统的能控性与能观测性。若为能控又能观测的，便是系统的一个最小实现，否则进行结构分解。

例 3-22 已知系统的传递函数为

$$G(s)=\frac{4s^2+17s+16}{s^3+7s^2+16s+12}$$

试用约当标准型实现其最小实现。

解 (1) 将 $G(s)$ 用部分分式法展开，有

$$G(s)=\frac{4s^2+17s+16}{(s+2)^2(s+3)}=\frac{c_{11}}{s+2}+\frac{c_{12}}{(s+2)^2}+\frac{c_3}{s+3}$$

其中

$$c_{11}=\lim_{s\to-2}\frac{\mathrm{d}}{\mathrm{d}s}\{(s+2)G(s)\}=3$$

$$c_{12}=\lim_{s\to-2}\{(s+2)^2G(s)\}=-2$$

$$c_3=\lim_{s\to-3}\{(s+3)G(s)\}=1$$

即

$$G(s)=\frac{3}{s+2}-\frac{2}{(s+2)^2}+\frac{1}{s+3}$$

(2) 根据上式可画出 $G(s)$ 的状态变量图如图 3-5 所示。

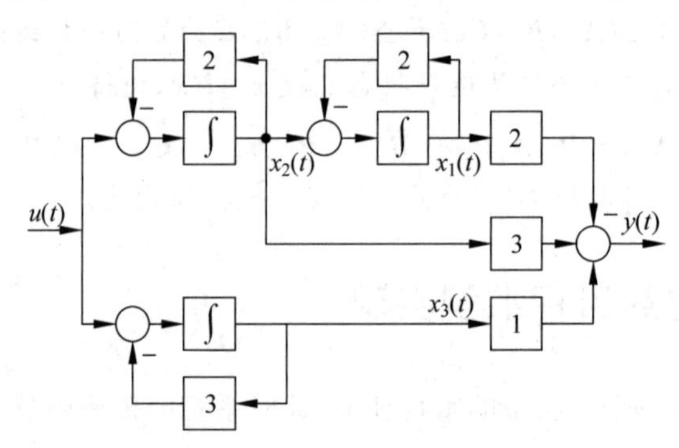

图 3-5 $G(s)$ 的状态变量图

(3) 根据状态变量图，可得到状态空间表达式为

$$\begin{cases}\dot{\boldsymbol{x}}=\begin{bmatrix}-2 & 1 & 0\\ 0 & -2 & 0\\ 0 & 0 & -3\end{bmatrix}\boldsymbol{x}+\begin{bmatrix}0\\1\\1\end{bmatrix}u\\ y=\begin{bmatrix}-2 & 3 & 1\end{bmatrix}\boldsymbol{x}\end{cases}$$

显而易见，上述表达式为能控又能观测的，所以它是 $G(s)$ 的一个最小实现。

3.7 传递函数阵与能控性和能观测性之间的关系

本书前面已讨论过状态表达式与传递函数阵之间的关系。以下两个定理给出了系统的能控性和能观测性与传递函数之间的关系。

3.7.1 单输入单输出系统

设系统的状态空间表达式为

$$\begin{cases}\dot{\boldsymbol{x}} = \boldsymbol{A}\boldsymbol{x} + \boldsymbol{b}u \\ y = \boldsymbol{c}\boldsymbol{x}\end{cases} \tag{3-54}$$

系统的传递函数为

$$G(s) = \boldsymbol{c}(s\boldsymbol{I} - \boldsymbol{A})^{-1}\boldsymbol{b} = \boldsymbol{c}\frac{\mathrm{adj}(s\boldsymbol{I} - \boldsymbol{A})}{|s\boldsymbol{I} - \boldsymbol{A}|}\boldsymbol{b} = \frac{N(s)}{D(s)} \tag{3-55}$$

式中，$|s\boldsymbol{I}-\boldsymbol{A}|$——系统的特征多项式，它等于 $D(s)$。

定理 3-21　单输入单输出系统能控又能观测的充要条件是传递函数 $\boldsymbol{G}(s)$中没有零极点对消现象。

证明　必要性：如果系统 $\Sigma(\boldsymbol{A},\boldsymbol{b},\boldsymbol{c})$为 $\boldsymbol{G}(s)$的最小实现，则 $\boldsymbol{G}(s)$没有零极点对消。

现假设系统式(3-54) 能控又能观测，但在传递函数 $\boldsymbol{G}(s)$中有零极点对消，即存在 $s=s_0$，使得 $N(s_0)=|s_0\boldsymbol{I}-\boldsymbol{A}|= D(s_0)=0$。

将 $s=s_0$ 代入$(s\boldsymbol{I}-\boldsymbol{A})^{-1}=\dfrac{\mathrm{adj}(s\boldsymbol{I}-\boldsymbol{A})}{|s\boldsymbol{I}-\boldsymbol{A}|}$中，再根据$|s_0\boldsymbol{I}-\boldsymbol{A}|=0$，并整理可得

$$\boldsymbol{A}\mathrm{adj}(s_0\boldsymbol{I} - \boldsymbol{A}) = s_0\boldsymbol{I}\mathrm{adj}(s_0\boldsymbol{I} - \boldsymbol{A}) \tag{3-56}$$

对式(3-56)左乘以 $\boldsymbol{c}$，右乘以 $\boldsymbol{b}$，得到

$$\boldsymbol{cA}\,\mathrm{adj}(s_0\boldsymbol{I} - \boldsymbol{A})\boldsymbol{b} = s_0\boldsymbol{c}\mathrm{adj}(s_0\boldsymbol{I} - \boldsymbol{A})\boldsymbol{b} = s_0\boldsymbol{N}(s_0) = 0 \tag{3-57}$$

再对式(3-56)左乘以 $\boldsymbol{cA}$，右乘以 $\boldsymbol{b}$，并利用式(3-57)可得

$$\boldsymbol{cA}^2\mathrm{adj}(s_0\boldsymbol{I} - \boldsymbol{A})\boldsymbol{b} = s_0\boldsymbol{cA}\,\mathrm{adj}(s_0\boldsymbol{I} - \boldsymbol{A})\boldsymbol{b} = s_0^2\boldsymbol{N}(s_0) = 0 \tag{3-58}$$

依次类推直至得到

$$\boldsymbol{cA}^{n-1}\mathrm{adj}(s_0\boldsymbol{I} - \boldsymbol{A})\boldsymbol{b} = 0 \tag{3-59}$$

将式(3-57)～式(3-59)表示成下面的形式

$$\begin{bmatrix}\boldsymbol{c} \\ \boldsymbol{cA} \\ \vdots \\ \boldsymbol{cA}^{n-1}\end{bmatrix}\mathrm{adj}(s_0\boldsymbol{I} - \boldsymbol{A})\boldsymbol{b} = 0 \tag{3-60}$$

由于系统能观测，则必有

$$\mathrm{adj}(s_0\boldsymbol{I} - \boldsymbol{A})\boldsymbol{b} = 0 \tag{3-61}$$

利用$(s\boldsymbol{I}-\boldsymbol{A})^{-1}$的最小多项式表示，即

$$(s\boldsymbol{I} - \boldsymbol{A})^{-1} = \sum_{k=0}^{n-1}\frac{p_k(s)}{|s\boldsymbol{I} - \boldsymbol{A}|}\boldsymbol{A}^k \tag{3-62}$$

可得

$$\mathrm{adj}(s\boldsymbol{I}-\boldsymbol{A})=(s\boldsymbol{I}-\boldsymbol{A})^{-1}\mid s\boldsymbol{I}-\boldsymbol{A}\mid=\sum_{k=0}^{n-1}p_k(s)\boldsymbol{A}^k \tag{3-63}$$

式中

$$\begin{bmatrix} p_0(s)\\ p_1(s)\\ \vdots\\ p_{n-2}(s)\\ p_{n-1}(s)\end{bmatrix}=\begin{bmatrix}1 & a_{n-1} & a_{n-2} & \cdots & a_1\\ & 1 & a_{n-1} & \ddots & \vdots\\ & & 1 & \ddots & a_{n-2}\\ & \boldsymbol{0} & & \ddots & a_{n-1}\\ & & & & 1\end{bmatrix}\begin{bmatrix}s^{n-1}\\ s^{n-2}\\ \vdots\\ s^1\\ s^0\end{bmatrix} \tag{3-64}$$

利用式(3-63)和式(3-61),得

$$\sum_{k=0}^{n-1}p_k(s_0)\boldsymbol{A}^k\boldsymbol{b}=0 \tag{3-65}$$

即

$$[\boldsymbol{b}\quad \boldsymbol{A}\boldsymbol{b}\quad \cdots\quad \boldsymbol{A}^{n-1}\boldsymbol{b}]\begin{bmatrix} p_0(s)\\ p_1(s)\\ \vdots\\ p_{n-1}(s)\end{bmatrix}=0 \tag{3-66}$$

由于从式(3-64)可看出 $p_{n-1}(s)\equiv1$,故由式(3-66)可得$[\boldsymbol{b}\quad \boldsymbol{A}\boldsymbol{b}\quad \cdots\quad \boldsymbol{A}^{n-1}\boldsymbol{b}]$必为奇异阵,这与假设系统能控是矛盾的,因此传递函数 $\boldsymbol{G}(s)$必定无零极点对消。必要性得证。

充分性:如果 $\boldsymbol{c}(s\boldsymbol{I}-\boldsymbol{A})^{-1}\boldsymbol{b}$ 的分子分母不出现零极点对消,系统 $\Sigma(\boldsymbol{A},\boldsymbol{b},\boldsymbol{c})$一定是能控又能观测的。

假设 $\boldsymbol{c}(s\boldsymbol{I}-\boldsymbol{A})^{-1}\boldsymbol{b}$ 的分子分母无零极点对消,系统 $\Sigma(\boldsymbol{A},\boldsymbol{b},\boldsymbol{c})$却不能控或不能观测,因而一定可对系统进行能控性或能观测性分解。如设系统 $\Sigma(\boldsymbol{A},\boldsymbol{b},\boldsymbol{c})$能控但不完全能观测,则将其按能观测性分解后可得

$$\begin{cases}\dot{\tilde{\boldsymbol{x}}}=\begin{bmatrix}\tilde{\boldsymbol{A}}_{11} & \boldsymbol{0}\\ \tilde{\boldsymbol{A}}_{21} & \tilde{\boldsymbol{A}}_{22}\end{bmatrix}\tilde{\boldsymbol{x}}+\begin{bmatrix}\tilde{\boldsymbol{b}}_1\\ \tilde{\boldsymbol{b}}_2\end{bmatrix}u\\ y=[\tilde{\boldsymbol{c}}_1\quad \boldsymbol{0}]\tilde{\boldsymbol{x}}\end{cases}$$

系统传递函数应满足

$$\tilde{\boldsymbol{c}}_1(s\boldsymbol{I}-\tilde{\boldsymbol{A}}_{11})^{-1}\tilde{\boldsymbol{b}}_1=\boldsymbol{G}(s)=\boldsymbol{c}(s\boldsymbol{I}-\boldsymbol{A})^{-1}\boldsymbol{b}$$

由于$\tilde{\boldsymbol{A}}_{11}$的维数低于 $\boldsymbol{A}$ 的维数,但又假设系统无零极点对消,故上式不可能成立,因此系统 $\Sigma(\boldsymbol{A},\boldsymbol{b},\boldsymbol{c})$的传递函数无零极点对消时,系统必定是能观测的。同理,可证明系统也必能控。充分性证毕。

从定理 3-21 可以得出以下两个结论:

(1) 一个系统的传递函数所表示的仅是该系统既能控又能观测的那一部分子系统,因而传递函数是系统的一个不完整的描述。

(2) 一个系统的传递函数若有零极点对消现象,则视状态变量的选择不同,系统或是不能控的,或是不能观测的,或是既不能控又不能观测的。

例 3-23　设系统的传递函数为

$$G(s)=\frac{s+2.5}{s^2+1.5s-2.5}$$

判断系统的能控性和能观测性。

解　(1) 因

$$G(s)=\frac{s+2.5}{s^2+1.5s-2.5}=\frac{s+2.5}{(s+2.5)(s-1)}=\frac{1}{s-1}$$

存在零极点对消现象,故系统是不能控或不能观测的,或是既不能控又不能观测的。这要视状态变量的选取而定。

(2) 上述传递函数的一个实现为

$$\begin{cases}\dot{\boldsymbol{x}}=\begin{bmatrix}1 & 0\\0 & -2.5\end{bmatrix}\boldsymbol{x}+\begin{bmatrix}1\\1\end{bmatrix}u\\ y=\begin{bmatrix}1 & 0\end{bmatrix}\boldsymbol{x}\end{cases}$$

可见此系统是能控但不能观测的。

(3) 上述传递函数的实现又可以是

$$\begin{cases}\dot{\boldsymbol{x}}=\begin{bmatrix}1 & 0\\0 & -2.5\end{bmatrix}\boldsymbol{x}+\begin{bmatrix}1\\0\end{bmatrix}u\\ y=\begin{bmatrix}1 & 1\end{bmatrix}\boldsymbol{x}\end{cases}$$

这时系统为不能控但却能观测的。

(4) 上述传递函数的实现还可以是

$$\begin{cases}\dot{\boldsymbol{x}}=\begin{bmatrix}1 & 0\\0 & -2.5\end{bmatrix}\boldsymbol{x}+\begin{bmatrix}1\\0\end{bmatrix}u\\ y=\begin{bmatrix}1 & 0\end{bmatrix}\boldsymbol{x}\end{cases}$$

这时系统为不能控也不能观测。

由此可见,在经典控制理论中基于传递函数零极点对消原则的设计方案虽然简单直观,但是,它破坏了系统状态的能控性或能观测性。

3.7.2　多输入多输出系统

设系统的状态空间表达式为

$$\begin{cases}\dot{\boldsymbol{x}}=\boldsymbol{A}\boldsymbol{x}+\boldsymbol{B}\boldsymbol{u}\\ \boldsymbol{y}=\boldsymbol{C}\boldsymbol{x}\end{cases}$$

其传递函数阵为

$$\boldsymbol{G}(s)=\boldsymbol{C}(s\boldsymbol{I}-\boldsymbol{A})^{-1}\boldsymbol{B}$$

定理 3-22 多输入多输出系统能控又能观测的充分条件是传递函数阵 $\boldsymbol{G}(s)$ 中的每个元素的分子分母多项式都不含相消的公因子。

与单输入单输出系统不同，定理 3-22 仅是多输入多输出系统能控能观测的充分条件，而不是必要条件。

例 3-24 设系统的状态空间表达式为

$$\begin{cases}\dot{\boldsymbol{x}} = \begin{bmatrix}1 & 0\\0 & 1\end{bmatrix}\boldsymbol{x} + \begin{bmatrix}1 & 0\\0 & 1\end{bmatrix}\boldsymbol{u}\\ \boldsymbol{y} = \begin{bmatrix}1 & 0\\0 & 1\end{bmatrix}\boldsymbol{x}\end{cases}$$

判断系统的能控性和能观测性。

解 系统显然能控也能观测，但其传递函数阵

$$\boldsymbol{G}(s) = \boldsymbol{C}(s\boldsymbol{I} - \boldsymbol{A})^{-1}\boldsymbol{B} = \frac{1}{(s-1)^2}\begin{bmatrix}s-1 & 0\\0 & s-1\end{bmatrix} = \begin{bmatrix}\dfrac{1}{s-1} & 0\\0 & \dfrac{1}{s-1}\end{bmatrix}$$

有零极点对消现象。

3.8 利用 MATLAB 分析系统的能控性和能观测性

MATLAB 控制系统工具箱中提供了很多函数用来分析系统的能控性和能观测性。

3.8.1 系统的能控性和能观测性分析

在 MATLAB 中，可利用 ctrb( )和 obsv( )函数直接求出能控性和能观测性矩阵，从而确定系统的状态能控性和能观测性。它们的调用格式分别为

```
Uc = ctrb(A,B)
Vo = obsv(A,C)
```

其中，A,B,C 为系统的各系数矩阵，Uc 和 Vo 分别为能控性矩阵和能观测性矩阵。

1. 系统的能控性分析

对式(3-8)所示的 n 维线性定常连续系统，状态向量完全能控的充分必要条件是满足式(3-12)。$n\times nr$ 维能控性矩阵 $\boldsymbol{U}_c$ 可以用 MATLAB 求能控性矩阵的函数 ctrb( )求。函数 ctrb( )中，输入参量 A 为连续系统的系统矩阵 $\boldsymbol{A}$ 或者离散系统的系统矩阵 $\boldsymbol{G}$，输入参量 B 为连续系统的控制矩阵 $\boldsymbol{B}$ 或者离散系统的控制矩阵 $\boldsymbol{H}$，函数返回的就是系统能控性矩阵 $\boldsymbol{U}_c$，可见函数 ctrb( )既适用于连续系统，

也适用于离散系统。

例 3-25　已知离散系统的状态空间表达式为

$$\begin{cases} \boldsymbol{x}(k+1) = \boldsymbol{G}\boldsymbol{x}(k) + \boldsymbol{h}u(k) \\ y(k) = \boldsymbol{c}\boldsymbol{x}(k) + du(k) \end{cases}$$

式中

$$\boldsymbol{G} = \begin{bmatrix} 0.9048 & 0 & 0 \\ 0.1338 & 0.4651 & -0.2237 \\ 0.0243 & 0.2237 & 0.9602 \end{bmatrix}, \quad \boldsymbol{h} = \begin{bmatrix} 0.0952 \\ 0.0784 \\ 0.0135 \end{bmatrix}$$

$$\boldsymbol{c} = \begin{bmatrix} 0 & 0 & 2.5298 \end{bmatrix}, \quad d = 0$$

采样周期 $T=0.1\text{s}$，试确定离散系统的能控性。

解　已知离散系统方程的常数矩阵 $\boldsymbol{G}$ 和 $\boldsymbol{h}$，计算系统的能控性矩阵，再计算能控性矩阵的秩，根据能控性矩阵的秩来确定系统的能控性，其程序 Example3_25.m 如下。

```
% Example3_25.m
G = [0.9048 0 0; 0.1338 0.4651 - 0.2237; 0.0243 0.2237 0.9602];
h = [0.0952; 0.0784; 0.0135];
n = size(G);
Uc = ctrb(G,h); rc = rank(Uc);
if rc == n
      disp('System is controlled.')
elseif rc<n
      disp('System is no controlled.')
end
```

执行结果显示：

```
System is controlled.
```

以上结果表明系统是完全能控的。

2. 系统的能观测性分析

对式(3-18)所示的 n 维线性定常连续系统，状态向量完全能观测性的充分必要条件是满足式(3-20)。$nm\times n$ 维能观测性矩阵 $\boldsymbol{V}_o$ 可以用 MATLAB 的求能观测性矩阵函数 obsv( )来计算。函数 obsv( )中，输入参量 A 即为连续系统的系统矩阵 $\boldsymbol{A}$ 或者离散系统的系统矩阵 $\boldsymbol{G}$，输入参量 C 即为连续系统的输出矩阵 $\boldsymbol{C}$ 或者离散系统的输出矩阵 $\boldsymbol{C}$，函数返回的就是系统能观测性矩阵 $\boldsymbol{V}_o$。可见函数 obsv( )既适用于连续系统，也适用于离散系统。

例 3-26　确定例 3-25 中系统的能观测性。

解　为确定系统的能观测性，给出调用函数 obsv( )的如下 MATLAB 程序 Example3_26.m。

```
% Example3_26.m
G=[0.9408 0 0; 0.1338 0.4651 -0.2237; 0.0243 0.2237 0.9602];
c=[0 0 2.5298];
n=size(G);
Vo=obsv(G,c); ro=rank(Vo);
if ro == n
      disp('System is observable.')
elseif ro <n
      disp('System is no observable.')
end
```

执行结果显示：

```
System is observable.
```

以上结果表明系统是能观测的。

例 3-27 已知线性系统状态空间表达式为

$$\begin{cases}\dot{\boldsymbol{x}}=\begin{bmatrix}-3 & 1\\ 1 & -3\end{bmatrix}\boldsymbol{x}+\begin{bmatrix}1 & 1\\ 1 & 1\end{bmatrix}\boldsymbol{u}\\ \boldsymbol{y}=\begin{bmatrix}1 & 1\\ 1 & -1\end{bmatrix}\boldsymbol{x}\end{cases}$$

试判别系统的能控性和能观测性。

解 为判别系统的能控性及能观测性，给出如下 MATLAB 程序 Example3_27.m。

```
% Example3_27.m
A=[-3 1; 1 -3]; B=[1 1; 1 1]; C=[1 1; 1 -1]; D=[0];
Uc=ctrb(A,B); rc=rank(Uc);
n= size(A);
if rc == n
      disp('System is controlled.')
elseif rc<n
      disp('System is no controlled.')
end
Vo=obsv(A,C);
ro=rank(Vo);
if ro == n
      disp('System is observable.')
elseif ro~=n
      disp('System is no observable.')
end
```

执行结果显示：

```
System is no controlled.
System is observable.
```

以上结果表明系统是不能控,但是能观测的。

3.8.2 线性系统的能控标准型和能观测标准型

在 MATLAB 中,可根据化系统为标准型的有关计算步骤将系统化为标准型,下面介绍具体应用。

例 3-28 已知系统状态方程为

$$\dot{\boldsymbol{x}} = \begin{bmatrix} -2 & 2 & -1 \\ 0 & -2 & 0 \\ 1 & -4 & 0 \end{bmatrix}\boldsymbol{x} + \begin{bmatrix} 0 \\ 1 \\ 1 \end{bmatrix}u$$

试将系统状态方程化为能控标准型。

解 针对以上问题,根据化系统为能控标准型的有关计算步骤,可编写以下 MATLAB 程序 Example3_28.m

```
% Example3_28.m
A = [ - 2 2  - 1; 0  - 2 0; 1  - 4 0]; b = [0 1 1]';
Uc = ctrb(A,b); n = rank(A);
if det(Uc)~ = 0
      p1 = inv(Uc);
end
p1 = p1(n,: )
P = [p1; p1 * A; p1 * A * A];
Ac = P * A *  inv(P)
bc = P * b
```

执行结果显示:

```
Ac =
     0     1     0
     0     0     1
    - 2   - 5   - 4
bc =
     0
     0
     1
```

根据以上结果,系统的能控标准型的矩阵可表示为

$$\boldsymbol{A}_c = \begin{bmatrix} 0 & 1 & 0 \\ 0 & 0 & 1 \\ -2 & -5 & -4 \end{bmatrix}, \quad \boldsymbol{b}_c = \begin{bmatrix} 0 \\ 0 \\ 1 \end{bmatrix}$$

例 3-29 已知系统状态空间表达式为

$$\begin{cases}\begin{bmatrix}\dot{x}_1\\ \dot{x}_2\end{bmatrix}=\begin{bmatrix}1 & -1\\ 1 & 1\end{bmatrix}\begin{bmatrix}x_1\\ x_2\end{bmatrix}+\begin{bmatrix}-1\\ 1\end{bmatrix}u\\ y=\begin{bmatrix}1 & 1\end{bmatrix}\begin{bmatrix}x_1\\ x_2\end{bmatrix}\end{cases}$$

试将系统的动态方程化为能观测标准型,并求出其变换矩阵 $\boldsymbol{T}$。

解 针对以上问题,根据化系统为能观测标准型的有关计算步骤,可编写以下 MATLAB 程序 Example3_29. m

```
% Example3_29.m
A = [1 -1; 1 1]; b = [-1; 1]; c = [1 1];
Vo = obsv(A,c); n = rank(A);
T1 = inv(Vo); T1 = T1(:,n);
T = [T1 A * T1]
Ao = inv(T) * A * T,
bo = inv(T) * b
co = c * T
```

执行结果显示:

```
T =
      0.5000   1.0000
    - 0.5000        0
Ao =
      0   - 2
      1     2
bo =
      - 2
        0
co =
      0   1
```

根据以上结果,系统能观测标准型的各矩阵和变换矩阵可表示为

$$\boldsymbol{A}_o=\begin{bmatrix}0 & -2\\ 1 & 2\end{bmatrix},\quad \boldsymbol{b}_o=\begin{bmatrix}-2\\ 0\end{bmatrix},\quad \boldsymbol{c}_o=\begin{bmatrix}0 & 1\end{bmatrix},\quad \boldsymbol{T}=\begin{bmatrix}0.5 & 1\\ -0.5 & 0\end{bmatrix}$$

3.8.3 将系统按能控和不能控进行分解

在 MATLAB 中,也可利用能控性分解的有关步骤将系统按能控和不能控进行分解,下面介绍具体应用。

例 3-30 对例 3-13 中的系统进行能控性分解。

解　针对例 3-13 中的问题,根据系统按能控性分解的有关步骤,可编写以下 MATLAB 程序 Example3_30.m

```
% Example3_30.m
A=[0 0 -1; 1 0 -3; 0 1 -3]; b=[1; 1; 0]; c=[0 1 -2];
Uc=ctrb(A,b); rc=rank(Uc);
n=size(A);
if rc==n
      disp('System is controlled.')
elseif rc<n
      T1=b; T2=A*b; T3=[0 0 1]';
      Tc=[T1 T2 T3];
      A1=inv(Tc)*A*Tc
      b1=inv(Tc)*b
      c1=c*Tc
end
```

执行结果显示:

```
A1 =
     0   -1   -1
     1   -2   -2
     0    0   -1
b1 =
     1
     0
     0
c1 =
     1   -1   -2
```

根据以上结果,系统分解后的各矩阵可表示如下,它与例 3-13 中的结果一致。

$$\tilde{\boldsymbol{A}}=\begin{bmatrix}0 & -1 & -1\\ 1 & -2 & -2\\ 0 & 0 & -1\end{bmatrix},\quad \tilde{\boldsymbol{b}}=\begin{bmatrix}1\\ 0\\ 0\end{bmatrix},\quad \tilde{\boldsymbol{c}}=\begin{bmatrix}1 & -1 & -2\end{bmatrix}$$

3.8.4 将系统按能观测和不能观测进行分解

在 MATLAB 中,也可利用按能观测性分解的有关步骤将系统按能观测和不能观测进行分解,下面介绍具体应用。

例 3-31　将例 3-14 中的系统进行能观测性分解。

解　针对例 3-14 中的问题,根据系统按能观测性分解的有关步骤,可编写以下 MATLAB 程序：

```
% Example3_31.m
A = [0 0 -1; 1 0 -3; 0 1 -3]; b = [1; 1; 0]; c = [0 1 -2];
Vo = obsv(A,c); ro = rank(Vo);
n = size(A);
if ro == n
       disp('System is observable.')
elseif ro<n
       T1 = c; T2 = c * A; T3 = [0 0 1];
       T = [T1; T2; T3]; To = inv(T)
       A1 = T * A * To
       b1 = T * b
       c1 = c * To
end
```

执行结果显示：

```
A1 =
        0     1     0
       -1    -2     0
        1     0    -1
b1 =
        1
       -1
        0
c1 =
        1   0   0
```

根据以上结果，系统分解后的各矩阵可表示如下，它与例 3-14 中的结果一致。

$$\bar{\boldsymbol{A}} = \begin{bmatrix} 0 & 1 & 0 \\ -1 & -2 & 0 \\ 1 & 0 & -1 \end{bmatrix}, \quad \bar{\boldsymbol{b}} = \begin{bmatrix} 1 \\ -1 \\ 0 \end{bmatrix}, \quad \bar{\boldsymbol{c}} = \begin{bmatrix} 1 & 0 & 0 \end{bmatrix}$$

小结

1. 基本概念

1) 系统的状态能控性

(1) 若线性定常连续系统 $\Sigma(\boldsymbol{A},\boldsymbol{B})$ 在有限时间间隔 $[t_0, t_f]$ 内存在无约束的分段连续输入信号 $\boldsymbol{u}(t)$，能使系统以任意初始状态 $\boldsymbol{x}(t_0)$ 转移到终止状态 $\boldsymbol{x}(t_f)$，则称系统是状态完全能控的。

(2) 线性定常连续系统常用的能控性判据：

① $\mathrm{rank}\boldsymbol{U}_{\mathrm{c}}=\mathrm{rank}[\boldsymbol{B}\quad \boldsymbol{AB}\quad \cdots\quad \boldsymbol{A}^{n-1}\boldsymbol{B}]=n$。

② 当 $\boldsymbol{A}$ 为对角线阵且特征根互异时，输入矩阵 $\boldsymbol{B}$ 中无全零行；当 $\boldsymbol{A}$ 为约当阵且相同特征值分布在一个约当块内时，$\boldsymbol{B}$ 中与约当块最后一行对应的行不全为零，且 $\boldsymbol{B}$ 中相异特征值对应的行不全为零。

③ $(s\boldsymbol{I}-\boldsymbol{A})^{-1}\boldsymbol{B}$ 的行向量线性无关。

④ 单输入单输出系统 $\Sigma(\boldsymbol{A},\boldsymbol{b})$ 为能控标准型。

⑤ 单输入单输出系统，由状态空间表达式导出的传递函数没有零极点对消。

(3) 连续系统状态方程离散化后的能控性：连续系统不能控，离散化后的系统一定不能控；连续系统能控，离散化后的系统也不一定能控(与采样周期的选择有关)。

2) 系统的输出能控性

(1) 若系统 $\Sigma(\boldsymbol{A},\boldsymbol{B},\boldsymbol{C})$ 在有限时间间隔 $[t_0,t_f]$ 内，存在无约束的分段连续输入函数，能使系统从任意初始输出 $\boldsymbol{y}(t_0)$ 转移到最终输出 $\boldsymbol{y}(t_f)$，则称系统是输出完全能控的。

(2) 输出能控性判据为

$$\mathrm{rank}[\boldsymbol{CB}\quad \boldsymbol{CAB}\quad \cdots\quad \boldsymbol{CA}^{n-1}\boldsymbol{B}\quad \boldsymbol{D}]=m\text{(输出的维数)}$$

(3) 状态能控性和输出能控性是两个不同的概念，其间没有必然的联系。

(4) 单输入单输出系统，若输出不能控，则系统或状态不能控或状态不能观测。

3) 系统的状态能观测性

(1) 若线性连续定常系统能根据有限时间间隔 $[t_0,t_f]$ 内测量到的输出 $\boldsymbol{y}(t)$，惟一确定初始状态 $\boldsymbol{x}(t_0)$，则称系统是状态完全能观测的。

(2) 线性定常连续系统常用的能观测性判据：

① $\mathrm{rank}\boldsymbol{V}_{\mathrm{o}}=\mathrm{rank}\begin{bmatrix}\boldsymbol{C}\\ \boldsymbol{CA}\\ \vdots\\ \boldsymbol{CA}^{n-1}\end{bmatrix}=n$。

② 当 $\boldsymbol{A}$ 为对角线阵且特征根互异时，矩阵 $\boldsymbol{C}$ 无全零列；当 $\boldsymbol{A}$ 为约当阵且相同特征值分布在一个约当块内时，$\boldsymbol{C}$ 中与约当块第一列对应的列不全为零，$\boldsymbol{C}$ 中相异特征值对应的列不全为零。

③ $\boldsymbol{C}(s\boldsymbol{I}-\boldsymbol{A})^{-1}$ 的列向量线性无关。

④ 单输入单输出系统 $\Sigma(\boldsymbol{A},\boldsymbol{C})$ 为能观测标准型。

⑤ 单输入单输出系统，由状态空间表达式导出的传递函数没有零极点对消。

(3) 连续系统状态方程离散化后的能观测性：连续系统不能观测，离散化后的系统一定不能观测；连续系统能观测，离散化后的系统也不一定能观测(与采样周期的选择有关)。

4) 对偶原理

线性系统 $\Sigma_1(\boldsymbol{A},\boldsymbol{B},\boldsymbol{C})$ 与 $\Sigma_2(\boldsymbol{A}^{\mathrm{T}},\boldsymbol{C}^{\mathrm{T}},\boldsymbol{B}^{\mathrm{T}})$ 互为对偶系统。若系统 Σ_1 能控,则 Σ_2 能观测;若系统 Σ_1 能观测,则 Σ_2 能控。

5) 线性定常系统的结构分解

从能控性和能观测性出发,状态变量可分解为能控能观测 $\boldsymbol{x}_{co}$,能控不能观测 $\boldsymbol{x}_{c\bar{o}}$,不能控能观测 $\boldsymbol{x}_{\bar{c}o}$ 和不能控不能观测 $\boldsymbol{x}_{\bar{c}\bar{o}}$ 四类。以此对应,将状态空间划分为四个子空间,系统也对应分解为四个子系统。研究结构分解能更明显地揭示系统的结构特性和传递特性。

6) 最小实现

已知传递函数阵 $\boldsymbol{G}(s)$,找一个系统 $\Sigma(\boldsymbol{A},\boldsymbol{B},\boldsymbol{C},\boldsymbol{D})$ 满足关系

$$\boldsymbol{C}(s\boldsymbol{I}-\boldsymbol{A})^{-1}\boldsymbol{B}+\boldsymbol{D}=\boldsymbol{G}(S)$$

则称系统 $\Sigma(\boldsymbol{A},\boldsymbol{B},\boldsymbol{C},\boldsymbol{D})$ 为 $\boldsymbol{G}(s)$ 的一个实现。当系统阶数等于传递函数阵的阶数时,称该系统为 $\boldsymbol{G}(s)$ 的一个最小实现。

传递函数阵 $\boldsymbol{G}(s)$ 的实现并不惟一,最小实现也不惟一,仅最小实现的维数惟一。

最小实现的常用标准形式有能控标准型实现、能观测标准型实现等。

2. 基本要求

(1) 正确理解能控性、能观测性的基本概念;

(2) 熟练掌握判定系统能控性、能观测性的充要条件及有关方法;

(3) 理解能控性、能观测性与系统传递函数阵的关系;

(4) 掌握状态空间表达式向能控、能观测等标准型变换的基本方法;

(5) 理解线性系统结构分解的作用和意义,了解结构分解的一般方法;

(6) 掌握传递函数阵的实现及最小实现的基本方法;

(7) 会利用 MATLAB 对系统的能控性和能观测性进行分析;

(8) 利用 MATLAB 能够对系统进行结构分解。

习题

3-1 判断下列系统的状态能控性。

(1) $\dot{\boldsymbol{x}}=\begin{bmatrix}1 & 0\\ -1 & 0\end{bmatrix}\boldsymbol{x}+\begin{bmatrix}1\\ 0\end{bmatrix}u$

(2) $\dot{\boldsymbol{x}}=\begin{bmatrix}0 & 1 & 0\\ 0 & 0 & 1\\ -2 & -4 & -3\end{bmatrix}\boldsymbol{x}+\begin{bmatrix}1 & 0\\ 0 & 1\\ -1 & 1\end{bmatrix}\boldsymbol{u}$

(3) $\dot{\boldsymbol{x}}=\begin{bmatrix}\lambda_1 & 1 & 0 & 0\\ 0 & \lambda_1 & 0 & 0\\ 0 & 0 & \lambda_1 & 0\\ 0 & 0 & 0 & \lambda_1\end{bmatrix}\boldsymbol{x}+\begin{bmatrix}0\\1\\1\\1\end{bmatrix}u$

3-2　判断下列系统的输出能控性。

(1) $\begin{cases}\dot{\boldsymbol{x}}=\begin{bmatrix}-3 & 1 & 0\\ 0 & -3 & 0\\ 0 & 0 & -1\end{bmatrix}\boldsymbol{x}+\begin{bmatrix}1 & -1\\ 0 & 0\\ 2 & 0\end{bmatrix}\boldsymbol{u}\\ \boldsymbol{y}=\begin{bmatrix}1 & 0 & 1\\ -1 & 1 & 0\end{bmatrix}\boldsymbol{x}\end{cases}$

(2) $\begin{cases}\dot{\boldsymbol{x}}=\begin{bmatrix}0 & 1 & 0\\ 0 & 0 & 1\\ -6 & -11 & -6\end{bmatrix}\boldsymbol{x}+\begin{bmatrix}0\\0\\1\end{bmatrix}u\\ y=\begin{bmatrix}1 & 0 & 0\end{bmatrix}\boldsymbol{x}\end{cases}$

3-3　判断下列系统的能观测性。

(1) $\begin{cases}\dot{\boldsymbol{x}}=\begin{bmatrix}0 & 1 & 0\\ 0 & 0 & 1\\ -2 & -4 & -3\end{bmatrix}\boldsymbol{x}\\ \boldsymbol{y}=\begin{bmatrix}0 & 0 & -1\\ 1 & 2 & 1\end{bmatrix}\boldsymbol{x}\end{cases}$

(2) $\begin{cases}\dot{\boldsymbol{x}}=\begin{bmatrix}-4 & 0 & 0\\ 0 & -4 & 0\\ 0 & 0 & 1\end{bmatrix}\boldsymbol{x}\\ y=\begin{bmatrix}1 & 1 & 4\end{bmatrix}\boldsymbol{x}\end{cases}$

3-4　设系统状态方程为

$$\dot{\boldsymbol{x}}=\boldsymbol{Ax}+\boldsymbol{Bu}$$

若 x_1 及 x_2 是系统的能控状态，试证状态 $\alpha x_1+\beta x_2$ 也是能控的，其中 α,β 为任意非零常数。

3-5　设系统 Σ_1 和系统 Σ_2 的状态表达式为

$$\Sigma_1:\begin{cases}\dot{\boldsymbol{x}}_1=\begin{bmatrix}0 & 1\\ -3 & -4\end{bmatrix}\boldsymbol{x}_1+\begin{bmatrix}0\\1\end{bmatrix}u_1\\ y_1=\begin{bmatrix}2 & 1\end{bmatrix}\boldsymbol{x}_1\end{cases}$$

$$\Sigma_2:\begin{cases}\dot{\boldsymbol{x}}_2=-2x_2+u_2\\ y_2=x_2\end{cases}$$

(1) 试分析系统 Σ_1 和 Σ_2 的能控性和能观测性，并写出传递函数。

(2) 试分析由 Σ_1 和 Σ_2 所组成的串联系统的能控性和能观测性，并写出传递函数。

(3) 试分析由 Σ_1 和 Σ_2 所组成的并联系统的能控性和能观测性，并写出传递函数。

3-6 已知系统的传递函数为

$$G(s)=\frac{s+a}{s^3+10s^2+27s+18}$$

(1) 试确定 a 的取值，使系统成为不能控，或为不能观测；

(2) 在上述 a 的取值下，求使系统为能控的状态空间表达式；

(3) 在上述 a 的取值下，求使系统为能观测的状态空间表达式。

3-7 已知系统的状态空间表达式为

$$\begin{cases}\dot{\boldsymbol{x}}=\begin{bmatrix}\lambda & 1 & 0\\ 0 & \lambda & 0\\ 0 & 0 & \lambda\end{bmatrix}\boldsymbol{x}+\begin{bmatrix}a\\ b\\ c\end{bmatrix}u\\ y=\begin{bmatrix}a & b & c\end{bmatrix}\boldsymbol{x}\end{cases}$$

试问能否选择常数 a,b,c 使系统具有能控性和能观测性。

3-8 系统结构图如习题 3-8 图所示，图中 a,b,c,d 均为实常数。试建立系统的状态空间表达式，并分别确定当系统状态能控及能观测时 a,b,c,d 应满足的条件。

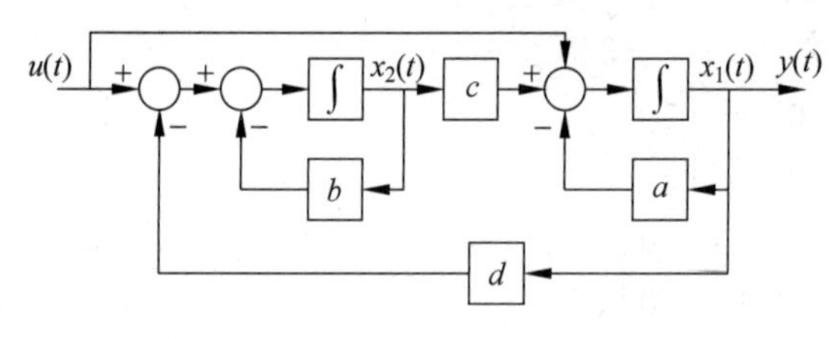

习题 3-8 图

3-9 设系统 $\Sigma(\boldsymbol{A},\boldsymbol{c})$ 的系数矩阵为

$$\boldsymbol{A}=\begin{bmatrix}-a_1 & -a_2 & -a_3\\ 1 & 0 & 0\\ 0 & 1 & 0\end{bmatrix},\quad \boldsymbol{c}=\begin{bmatrix}c_1 & 0 & 0\end{bmatrix}$$

其中，a_1,a_2,a_3,c_1 为实数。试问系统 $\Sigma(\boldsymbol{A},\boldsymbol{c})$ 能观测的充要条件是什么？要求用 $\boldsymbol{A}$ 和 $\boldsymbol{c}$ 中的参数具体表示。

3-10 已知系统状态空间表达式为

$$\begin{cases}\dot{\boldsymbol{x}}=\begin{bmatrix}0 & 1\\ -2 & -3\end{bmatrix}\boldsymbol{x}+\begin{bmatrix}b_1\\ b_2\end{bmatrix}u\\ y=\begin{bmatrix}c_1 & c_2\end{bmatrix}\boldsymbol{x}\end{cases}$$

欲使系统中有一个状态既能控又能观测，另一个状态既不能控也不能观测，试确定 b_1,b_2 和 c_1,c_2 应满足的关系。

3-11　设 n 阶单输入单输出系统的状态空间表达式为

$$\begin{cases} \dot{\boldsymbol{x}} = \boldsymbol{A}\boldsymbol{x} + \boldsymbol{b}u \\ y = \boldsymbol{c}\boldsymbol{x} \end{cases}$$

试证：(1) 若 $\boldsymbol{cb}=0, \boldsymbol{cAb}=0, \boldsymbol{cA}^2\boldsymbol{b}=0, \cdots, \boldsymbol{cA}^{n-1}\boldsymbol{b}=0$，则系统不能同时满足能控性和能观测性的条件。

(2) 如果满足 $\boldsymbol{cb}=0, \boldsymbol{cAb}=0, \boldsymbol{cA}^2\boldsymbol{b}=0, \cdots, \boldsymbol{cA}^{n-2}\boldsymbol{b}=0, \boldsymbol{cA}^{n-1}\boldsymbol{b}\neq 0$，则系统总是既能控又能观测的。

3-12　已知系统的微分方程为

$$\dddot{y} + 6\ddot{y} + 11\dot{y} + 6y = 6u$$

试写出其对偶系统的状态空间表达式及其传递函数。

3-13　已知系统的状态方程为

$$\dot{\boldsymbol{x}} = \begin{bmatrix} -1 & 0 \\ 1 & -2 \end{bmatrix}\boldsymbol{x} + \begin{bmatrix} 1 \\ -1 \end{bmatrix}u$$

试求出它的能控标准型。

3-14　已知系统的状态空间表达式为

$$\begin{cases} \dot{\boldsymbol{x}} = \begin{bmatrix} 1 & 0 \\ -2 & 4 \end{bmatrix}\boldsymbol{x} \\ y = \begin{bmatrix} -1 & 1 \end{bmatrix}\boldsymbol{x} \end{cases}$$

试求出它的能观测标准型。

3-15　已知系统的传递函数为

$$G(s) = \frac{s^2 + 6s + 8}{s^2 + 4s + 3}$$

试求其能控标准性和能观测标准型。

3-16　已知完全能控系统的状态方程为

$$\dot{\boldsymbol{x}} = \begin{bmatrix} 0 & 1 \\ -1 & 0 \end{bmatrix}\boldsymbol{x} + \begin{bmatrix} 0 \\ 1 \end{bmatrix}u$$

试问与它相应的离散化方程

$$\boldsymbol{x}(k+1) = \begin{bmatrix} \cos T & \sin T \\ -\sin T & \cos T \end{bmatrix}\boldsymbol{x}(k) + \begin{bmatrix} 1-\cos T \\ \sin T \end{bmatrix}u(k)$$

是否一定能控。

3-17　试将下列系统按能控性和能观测性进行结构分解。

(1) $\boldsymbol{A}=\begin{bmatrix} 1 & 0 & 0 & 0 \\ 2 & -3 & 0 & 0 \\ 1 & 0 & -2 & 0 \\ 4 & -1 & -2 & 4 \end{bmatrix}$，$\boldsymbol{b}=\begin{bmatrix} 0 \\ 0 \\ 1 \\ 2 \end{bmatrix}$，$\boldsymbol{c}=\begin{bmatrix} 3 & 0 & 1 & 0 \end{bmatrix}$

(2) $\boldsymbol{A}=\begin{bmatrix}1 & 0 & 0\\ 2 & 2 & 3\\ -2 & 0 & 1\end{bmatrix}$， $\boldsymbol{b}=\begin{bmatrix}1\\ 2\\ 2\end{bmatrix}$， $\boldsymbol{c}=\begin{bmatrix}1 & 1 & 2\end{bmatrix}$

3-18 已知系统的微分方程为

$$\ddot{y}+4\dot{y}+3y=\ddot{u}+6\dot{u}+8u$$

试分别求出满足下述要求的状态空间表达式

(1) 系统为能控能观测的对角线标准型；

(2) 系统为能控不能观测的；

(3) 系统为不能控但能观测的；

(4) 系统为不能控也不能观测的。

3-19 已知系统的状态空间表达式为

$$\begin{cases}\dot{\boldsymbol{x}}=\begin{bmatrix}1 & 0 & 0\\ 2 & 2 & 3\\ -2 & 0 & 1\end{bmatrix}\boldsymbol{x}+\begin{bmatrix}0\\ 2\\ -2\end{bmatrix}u\\ y=\begin{bmatrix}1 & 1 & 2\end{bmatrix}\boldsymbol{x}\end{cases}$$

利用线性变换

$$\tilde{\boldsymbol{x}}=\boldsymbol{T}\boldsymbol{x}$$

式中

$$\boldsymbol{T}=\begin{bmatrix}2 & 0 & -1\\ 2 & 0 & 0\\ -4 & 1 & 3\end{bmatrix}$$

对系统进行结构分解。试回答以下问题：

(1) 不能控但能观测的状态变量以 x_1,x_2,x_3 的线性组合表示；

(2) 能控且能观测的状态变量以 x_1,x_2,x_3 的线性组合表示；

(3) 试求这个系统的传递函数。

3-20 已知系统的微分方程为

$$\begin{cases}2\dot{y}_1+2y_1+\dot{y}_2+y_2=\dot{u}_1+u_2\\ \dot{y}_1+y_1+\dot{y}_2+y_2=\dot{u}_1-u_2\end{cases}$$

试求出该系统的最小实现。

第4章 控制系统的稳定性

系统运动稳定性可分为基于输入输出描述的外部稳定性和基于状态空间描述的内部稳定性。在一定条件下,外部稳定和内部稳定才能存在等价关系。1892年俄国数学家李雅普诺夫(A. M. Lyapunov)就如何判别系统的稳定性问题,提出了李雅普诺夫稳定性理论方法。该方法分为李雅普诺夫第一法和李雅普诺夫第二法。第一法的基本思路是先求解系统的线性化微分方程,然后根据解的性质来判定系统的稳定性。这种思想与经典控制理论基本是一致的,称为间接法。第二法的基本思路是不需要求解系统的微分方程式(或状态方程式)就可以对系统的稳定性进行分析和判断,称为直接法。它通过构造一个李雅普诺夫函数,根据这个函数的性质来判别系统的稳定性,不但能用来分析线性定常系统的稳定性,而且也能用来判别非线性系统和时变系统的稳定性。

4.1 系统稳定的基本概念

本节重点介绍系统稳定的基本概念,主要包括内部稳定和外部稳定、内部稳定和外部稳定的关系、平衡点、范数以及李雅普诺夫稳定性理论。

4.1.1 外部稳定性和内部稳定性

依据系统的输入输出描述来研究系统的稳定性属于外部稳定性分析,依据系统的状态空间描述来研究系统的稳定性属于内部稳定性分析。

1. 外部稳定性

系统的输入和输出间的描述就是外部描述,当初始状态为零时,单输入单输出的线性时变系统,其输入输出描述可表示为

$$y(t)=\int_{t_0}^{t} g(t,\tau)u(\tau)\mathrm{d}\tau,\quad t\geqslant t_0 \tag{4-1}$$

式中，$g(t,\tau)$是系统的脉冲响应函数，它是在时刻τ加入δ函数后，系统在时刻t的输出，$u(t)$是系统的输入信号，$y(t)$是系统的输出信号。

对于线性定常系统，式(4-1)可以写成

$$y(t)=\int_{t_0}^{t} g(t-\tau)u(\tau)\mathrm{d}\tau,\quad t\geqslant t_0 \tag{4-2}$$

相应的拉氏变换表达式为

$$Y(s)=G(s)U(s)$$

$G(s)$就是单输入单输出线性定常系统的传递函数。

对多输入多输出的线性时变系统，系统的初始条件为零，在时刻τ每一个输入端加入一个δ函数，对应的每一个输出端在时刻t都有一个脉冲响应，比如在第j个输入端加入一个δ函数，在第i个输出端就有一个脉冲响应$g_{ij}(t,\tau)$，$(i=1,2,\cdots,m,j=1,2,\cdots,r)$，将这些脉冲响应函数组成一个矩阵，就是多输入多输出线性时变系统的脉冲响应矩阵$\boldsymbol{G}(t,\tau)$，即

$$\boldsymbol{G}(t,\tau)=\begin{bmatrix} g_{11}(t,\tau) & g_{12}(t,\tau) & \cdots & g_{1r}(t,\tau) \\ g_{21}(t,\tau) & g_{22}(t,\tau) & \cdots & g_{2r}(t,\tau) \\ \vdots & \vdots & & \vdots \\ g_{m1}(t,\tau) & g_{m2}(t,\tau) & \cdots & g_{mr}(t,\tau) \end{bmatrix}$$

当初始条件为零，系统在输入向量$\boldsymbol{u}(t)$的作用下，输入输出描述可表示为

$$\boldsymbol{y}(t)=\int_{t_0}^{t} \boldsymbol{G}(t,\tau)\boldsymbol{u}(\tau)\mathrm{d}\tau,\quad t\geqslant t_0 \tag{4-3}$$

其中，$\boldsymbol{y}(t)$——系统的输出向量。

对于线性定常系统，其初始状态为零的输入输出描述可表示为

$$\boldsymbol{y}(t)=\int_{t_0}^{t} \boldsymbol{G}(t-\tau)\boldsymbol{u}(\tau)\mathrm{d}\tau,\quad t\geqslant t_0 \tag{4-4}$$

相应的拉氏变换表达式为

$$\boldsymbol{Y}(s)=\boldsymbol{G}(s)\boldsymbol{U}(s)$$

其中，$\boldsymbol{G}(t-\tau)$——系统的脉冲响应函数阵；

$\boldsymbol{G}(s)$——传递函数矩阵。

根据系统的输入和输出研究系统的稳定性时，对输入$\boldsymbol{u}(t)$的不同性质可以引出系统的各种不同的稳定性定义，这里仅介绍在线性系统中普遍应用的系统有界输入有界输出(BIBO)稳定。有关内部稳定性和外部稳定性更详细的内容可参阅参考文献[12]。

定义 4-1 一个零初始状态的线性系统称之为BIBO稳定的充分必要条件为，对于任意有界输入，其输出是有界的。

注意，这里必须假定系统的初始条件为零。因为只有在这种假定下，系统的

输入输出描述才是惟一的和有意义的。下面，给出一些常用的判据。

定理 4-1　对零初始状态 r 维输入和 m 维输出的连续时间线性时变系统，t_0 时刻系统 BIBO 稳定的充分必要条件为，存在一个有限正常数 k，使对一切 $t\in[t_0,\infty)$，$\boldsymbol{G}(t,\tau)$ 中所有元 $g_{ij}(t,\tau)$ 均满足关系式

$$\int_{t_0}^{t} |g_{ij}(t,\tau)\mathrm{d}\tau| \leqslant k < \infty,\quad i=1,2,\cdots,m, j=1,2,\cdots,r \tag{4-5}$$

证明　(1) 单输入单输出情形

充分性证明：令输入 $u(t)$ 为有界函数，即满足 $|u(t)|\leqslant k_1<\infty, t\in[t_0,\infty)$，则由基于脉冲响应的输出 $y(t)$ 关系式，可以得到

$$\begin{aligned} |y(t)| &= \left|\int_{t_0}^{t} g(t,\tau)u(\tau)\mathrm{d}\tau\right| \leqslant \int_{t_0}^{t} |g(t,\tau)||u(t)|\mathrm{d}\tau \\ &\leqslant k_1\int_{t_0}^{t} |g(t,\tau)|\mathrm{d}\tau \leqslant k_1 k = k_2 < \infty \end{aligned}$$

由定义可知系统 BIBO 稳定。

必要性证明：采用反证法，已知系统 BIBO 稳定，设存在某个 $t_1\in[t_0,\infty)$，使有

$$\int_{t_0}^{t_1} |g(t_1,\tau)|\mathrm{d}\tau = \infty \tag{4-6}$$

则可构造如下一个有界输入

$$u(t) = \mathrm{sgn}\, g(t_1,t) = \begin{cases} +1, & g(t_1,t)>0 \\ 0, & g(t_1,t)=0 \\ -1, & g(t_1,t)<0 \end{cases} \tag{4-7}$$

其对应的输出 $y(t)$ 如下

$$y(t_1) = \int_{t_0}^{t_1} g(t_1,\tau)u(\tau)\mathrm{d}\tau = \int_{t_0}^{t_1} |g(t_1,\tau)|\mathrm{d}\tau = \infty \tag{4-8}$$

即输出 $y(t)$ 为无界，与已知系统 BIBO 稳定的假设矛盾。因此，反设不成立，证得

$$\int_{t_0}^{t} |g(t,\tau)|\mathrm{d}\tau \leqslant k < \infty,\quad \forall t\in[t_0,\infty) \tag{4-9}$$

(2) 多输入多输出情形

注意此时系统输出 $\boldsymbol{y}(t)$ 的任一分量 $y_i(t)$，均有

$$\begin{aligned} |y_i(t)| &= \left|\int_{t_0}^{t} [g_{i1}(t,\tau)u_1(\tau)+\cdots+g_{ip}(t,\tau)u_r(\tau)]\mathrm{d}\tau\right| \\ &\leqslant \left|\int_{t_0}^{t} g_{i1}(t,\tau)u_1(\tau)\mathrm{d}\tau\right| + \cdots + \left|\int_{t_0}^{t} g_{ip}(t,\tau)u_r(\tau)\mathrm{d}\tau\right| \\ i &= 1,2,\cdots,m \end{aligned} \tag{4-10}$$

且有限个有界函数之和仍为有界。因此，利用单输入单输出情形讨论，即可证得结论。定理得证。

定理 4-2 对零初始状态 r 维输入和 m 维输出连续时间线性定常系统,令初始时刻 $t_0=0$,则系统 BIBO 稳定的充分必要条件为,存在一个有限正常数 k,使脉冲响应矩阵 $\boldsymbol{G}(t)$ 所有元 $g_{ij}(t)$ 均满足关系式

$$\int_0^{\infty} |g_{ij}(t)\mathrm{d}t| \leqslant k < \infty, \quad i=1,2,\cdots,m;\ j=1,2,\cdots,r \tag{4-11}$$

或等价地,传递函数矩阵 $\boldsymbol{G}(s)$ 为真或严格真有理分式阵时,$\boldsymbol{G}(s)$ 的每一元素 $g_{ij}(s)$ 的所有极点均具有负实部。

2. 内部稳定性

稳定性问题是系统自身运动的一种动态属性,在研究运动稳定性问题时,常限于研究无外部输入作用时的系统,这类系统通常称为自治系统。

连续时间线性时变系统的状态方程为

$$\dot{\boldsymbol{x}} = \boldsymbol{A}(t)\boldsymbol{x} + \boldsymbol{B}(t)\boldsymbol{u}(t)$$

其中,$\boldsymbol{A}(t)$——$n\times n$ 时变矩阵;当输入 $\boldsymbol{u}(t)$ 为零,任给初始状态 $\boldsymbol{x}(t_0)$,自治状态方程

$$\dot{\boldsymbol{x}} = \boldsymbol{A}(t)\boldsymbol{x},\boldsymbol{x}(t_0) = \boldsymbol{x}_0, \quad t\in[t_0,\infty) \tag{4-12}$$

的解为

$$\boldsymbol{x}_{\mathrm{ou}}(t) = \boldsymbol{\Phi}(t,t_0)\boldsymbol{x}_0, \quad \forall t\in[t_0,\infty)$$

其中,$\boldsymbol{x}_{\mathrm{ou}}(t)$——状态由任意非零初始状态 $\boldsymbol{x}_0$ 引起的零输入响应。

定义 4-2 如果由时刻 t_0 任意非零初始状态 $\boldsymbol{x}(t_0)=\boldsymbol{x}_0$ 引起状态的零输入响应 $\boldsymbol{x}_{\mathrm{ou}}(t)$ 对所有 $t\in[t_0,\infty)$ 为有界,且满足渐近属性,即

$$\lim_{t\to\infty}\boldsymbol{x}_{\mathrm{ou}}(t) = \boldsymbol{0} \tag{4-13}$$

成立,则称连续时间线性时变系统在时刻 t_0 为内部稳定。

对连续时间线性系统,内部稳定性可根据状态转移矩阵直接判别。

定理 4-3 对 n 维连续时间线性时变自治系统(4-12),系统在时刻 t_0 是内部稳定即渐近稳定的充分必要条件为:状态转移矩阵 $\boldsymbol{\Phi}(t,t_0)$ 对所有 $t\in[t_0,\infty)$ 为有界,并满足渐近属性,即下式成立

$$\lim_{t\to\infty}\boldsymbol{\Phi}(t,t_0) = \boldsymbol{0} \tag{4-14}$$

证明 对时刻 t_0 任意非零状态 $\boldsymbol{x}(t_0)=\boldsymbol{x}_0$,状态零输入响应 $\boldsymbol{x}_{\mathrm{ou}}(t)$ 为

$$\boldsymbol{x}_{\mathrm{ou}}(t) = \boldsymbol{\Phi}(t,t_0)\boldsymbol{x}_0, \quad \forall t\in[t_0,\infty) \tag{4-15}$$

容易看出,$\boldsymbol{x}_{\mathrm{ou}}(t)$ 有界当且仅当 $\boldsymbol{\Phi}(t,t_0)$ 有界,$\lim_{t\to\infty}\boldsymbol{x}_{\mathrm{ou}}(t)=\boldsymbol{0}$ 当且仅当 $\lim_{t\to\infty}\boldsymbol{\Phi}(t,t_0)=\boldsymbol{0}$。定理得证。

定理 4-4 对 n 维连续时间线性定常自治系统

$$\dot{\boldsymbol{x}} = \boldsymbol{A}\boldsymbol{x}, \quad \boldsymbol{x}(0) = \boldsymbol{x}_0, \quad t\geqslant 0 \tag{4-16}$$

系统是内部稳定即渐近稳定的充分必要条件为,矩阵指数函数 $\mathrm{e}^{\boldsymbol{A}t}$ 满足渐近属性

$$\lim_{t\to\infty}\mathrm{e}^{\boldsymbol{A}t} = \boldsymbol{0} \tag{4-17}$$

证明　对线性定常系统，状态转移矩阵 $\boldsymbol{\Phi}(t)=\mathrm{e}^{\boldsymbol{A}t}$，且 $\mathrm{e}^{\boldsymbol{A}t}$ 对所有 $t>0$ 为有界。于是，由定理 4-3 即可得证。

内部稳定实际上是研究系统内部状态的稳定性，它和后面将要介绍的李雅普诺夫稳定性分析是一致的。定理 4-3 和定理 4-4 仅给出了状态转移矩阵有界的判别方法，关于内部稳定的其他判据将在李雅普诺夫稳定性分析中介绍。

3. 内部稳定性和外部稳定性的关系

系统外部稳定性反映了输出的稳定性，内部稳定性则反映了系统内部状态的稳定性，它们之间有什么样的内在关系，这对工程应用是有实际意义的。本节限于连续时间线性定常系统，讨论和给出内部稳定性和外部稳定性的等价条件。

定理 4-5　对连续时间线性定常系统

$$\begin{cases}\dot{\boldsymbol{x}}=\boldsymbol{A}\boldsymbol{x}+\boldsymbol{B}\boldsymbol{u}\\ \boldsymbol{y}=\boldsymbol{C}\boldsymbol{x}+\boldsymbol{D}\boldsymbol{u}\end{cases}\quad \boldsymbol{x}(0)=\boldsymbol{x}_0,\quad t\geqslant 0 \tag{4-18}$$

其中，$\boldsymbol{x}$——n 维状态向量；

$\boldsymbol{u}$——r 维输入向量；

$\boldsymbol{y}$——m 维输出向量。

若系统为内部稳定即渐近稳定，则系统必为 BIBO 稳定即外部稳定。

证明　对线性定常系统式(4-18)，由系统运动分析知，脉冲响应矩阵 $\boldsymbol{G}(t)$ 的关系式为

$$\boldsymbol{G}(t)=\boldsymbol{C}\mathrm{e}^{\boldsymbol{A}t}\boldsymbol{B}+\boldsymbol{D}\delta(t) \tag{4-19}$$

再由定理 4-4 可知，若系统为内部稳定，必有 $\mathrm{e}^{\boldsymbol{A}t}$ 为有界，且

$$\lim_{t\to\infty}\mathrm{e}^{\boldsymbol{A}t}=\boldsymbol{0} \tag{4-20}$$

从而，由式(4-19)和式(4-20)可以导出，脉冲响应矩阵 $\boldsymbol{G}(t)$ 所有元

$$g_{ij}(t),\quad i=1,2,\cdots,r,j=1,2,\cdots,m \tag{4-21}$$

均满足关系式

$$\int_0^{\infty}|g_{ij}(t)|\mathrm{d}t\leqslant\beta<\infty \tag{4-22}$$

据定理 4-2，系统为 BIBO 稳定。

证明完毕。

定理 4-6　对连续时间线性定常系统式(4-18)，系统为 BIBO 稳定即外部稳定不能保证系统必为内部稳定即渐近稳定。

在系统结构分解中指出，传递函数矩阵 $\boldsymbol{G}(s)$ 只能反映系统结构中能控能观测部分。因此，系统为 BIBO 稳定即 $\boldsymbol{G}(s)$ 极点均具有负实部的事实，只能保证系统的能控能观测部分特征值均具有负实部，不能保证系统的能控不能观测、不能控能观测和不能控不能观测各部分特征值均具有负实部。由此，系统为 BIBO 稳定不能保证系统为内部稳定。

由定理4-5知，系统内部稳定意味着系统外部稳定。而由定理4-6可知，在系统完全能控和完全能观测条件下，系统外部稳定意味着系统内部稳定。从而，系统外部稳定和系统内部稳定相等价。

4.1.2 李雅普诺夫稳定性

系统的李雅普诺夫稳定性指的是系统在平衡状态下受到扰动时，经过“足够长”的时间以后，系统恢复到平衡状态的能力。因此，系统的稳定性是相对系统的平衡状态而言的。为此，首先给出关于平衡状态的定义，然后讨论其稳定性的有关问题。

自治系统的静止状态就是系统的平衡状态。自治系统的一般形式可用显含时间变量 t 的状态方程来描述

$$\dot{\boldsymbol{x}} = \boldsymbol{f}(\boldsymbol{x},t), \quad \boldsymbol{x}(t_0) = \boldsymbol{x}_0, t > t_0 \tag{4-23}$$

式中，$\boldsymbol{x}$——n 维状态向量；

$\boldsymbol{f}(\boldsymbol{x},t)$——线性或非线性、定常或时变的 n 维向量函数

初始状态　　$\boldsymbol{x}(t_0) = \boldsymbol{x}_0$

相应的解　　$\boldsymbol{x}(t) = \boldsymbol{\Phi}(t,\boldsymbol{x}_0,t_0)$

式中，$\boldsymbol{x}_0$——状态向量的初始值；

t_0——初始时刻。

在状态空间中，必存在一些状态点 $\boldsymbol{x}_e$，当系统运动到达该点时，系统状态各分量将维持平衡，不再随时间发生变化，即 $\dot{\boldsymbol{x}}|_{x=x_e}=\boldsymbol{0}$，该类状态点 $\boldsymbol{x}_e$ 即为系统的平衡状态。

1. 平衡状态

设系统状态方程为 $\dot{\boldsymbol{x}}=\boldsymbol{f}(\boldsymbol{x},t)$，若对所有 t，状态 $\boldsymbol{x}$ 满足 $\dot{\boldsymbol{x}}=\boldsymbol{0}$，则称该状态 $\boldsymbol{x}$ 为平衡状态，记为 $\boldsymbol{x}_e$。故有下式成立

$$\boldsymbol{f}(\boldsymbol{x}_e,t) = \boldsymbol{0} \tag{4-24}$$

由式(4-24)在状态空间中所确定的点，称为平衡点。

由定义式可见，平衡状态 $\boldsymbol{x}_e$ 将包含在 $\boldsymbol{f}(\boldsymbol{x},t)=\boldsymbol{0}$ 这样一个代数方程组中。对不同类型的系统平衡点求解如下。

(1) 线性定常系统的平衡点

方程式(4-23)化成 $\dot{\boldsymbol{x}}=\boldsymbol{A}\boldsymbol{x}$，其平衡状态 $\boldsymbol{x}_e$ 应满足代数方程 $\boldsymbol{A}\boldsymbol{x}=\boldsymbol{0}$。解此方程，当 $\boldsymbol{A}$ 是非奇异时，则系统存在惟一的一个平衡点 $\boldsymbol{x}_e=\boldsymbol{0}$。当 $\boldsymbol{A}$ 是奇异时，则系统的平衡点可能不止一个。

(2) 非线性系统的平衡点

方程 $\boldsymbol{f}(\boldsymbol{x},t)=\boldsymbol{0}$ 的解可能有多个，视系统方程而定。如

$$\begin{cases}\dot{x}_1 = -x_1 \\ \dot{x}_2 = x_1 + x_2 - x_2^3\end{cases}$$

其平衡状态应满足式(4-24)，即

$$\begin{cases}-x_1 = 0 \\ x_1 + x_2 - x_2^3 = 0\end{cases}$$

得

$$\begin{cases}x_1 = 0 \\ x_2 = 0,1,-1\end{cases}$$

该系统存在三个平衡状态：

$$\boldsymbol{x}_{e_1} = \begin{bmatrix}0\\0\end{bmatrix},\quad \boldsymbol{x}_{e_2} = \begin{bmatrix}0\\1\end{bmatrix},\quad \boldsymbol{x}_{e_3} = \begin{bmatrix}0\\-1\end{bmatrix}$$

由于非零平衡点总可以通过坐标变换将其移到状态空间的坐标原点，故为讨论方便又不失一般性，我们今后只取坐标原点作为平衡点进行研究。

2. 范数的概念

李雅普诺夫稳定性定义中采用了范数的概念，因此在介绍李氏稳定性定义之前，首先复习一下范数的定义。

(1) 范数

在 n 维状态空间中，向量 $\boldsymbol{x}$ 的长度称为向量 $\boldsymbol{x}$ 的范数，用 $\|\boldsymbol{x}\|$ 表示，则

$$\|\boldsymbol{x}\| = \sqrt{x_1^2 + x_2^2 + \cdots + x_n^2} = (\boldsymbol{x}^{\mathrm{T}}\boldsymbol{x})^{\frac{1}{2}} \tag{4-25}$$

(2) 向量的距离

长度 $\|\boldsymbol{x}-\boldsymbol{x}_e\|$ 称为向量 $\boldsymbol{x}$ 与 $\boldsymbol{x}_e$ 的距离，写成

$$\|\boldsymbol{x}-\boldsymbol{x}_e\| = \sqrt{(x_1 - x_{e_1})^2 + \cdots + (x_n - x_{e_n})^2}$$

当 $\boldsymbol{x}-\boldsymbol{x}_e$ 的范数限定在某一范围之内时，则记

$$\|\boldsymbol{x}-\boldsymbol{x}_e\| \leqslant \varepsilon,\quad \varepsilon > 0$$

上式有其几何意义，在三维状态空间中表示以 $\boldsymbol{x}_e$ 为球心、以 ε 为半径的一个球域，可记为 $S(\varepsilon)$，如图 4-1 所示。

3. 李雅普诺夫稳定性

李雅普诺夫稳定性定义与工程上经典的定义不完全一致，在概念上有一些区别。下面分别介绍这些定义并指出它们之间的联系与差异。

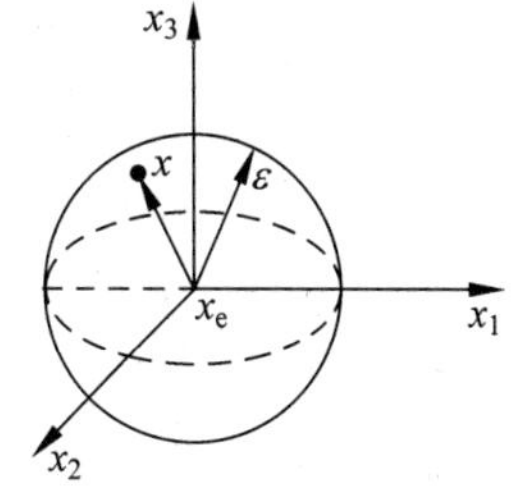

图 4-1　球域 $S(\varepsilon)$

(1) 李雅普诺夫意义下的稳定性

定义 4-3　对于系统 $\dot{\boldsymbol{x}} = \boldsymbol{f}(\boldsymbol{x},t)$，若任意给定实数 $\varepsilon>0$，都存在另一实数 $\delta(\varepsilon,t_0)>0$，使当 $\|\boldsymbol{x}_0-\boldsymbol{x}_e\| \leqslant\delta$ 时，从任意初态 $\boldsymbol{x}_0$ 出发的解

$\boldsymbol{\Phi}(t,\boldsymbol{x}_0,t_0)$满足

$$\|\boldsymbol{\Phi}(t,\boldsymbol{x}_0,t_0)-\boldsymbol{x}_e\|\leqslant\varepsilon,\quad t\geqslant t_0 \tag{4-26}$$

则称系统的平衡状态 $\boldsymbol{x}_e$ 是稳定的，其中 $\delta(\varepsilon,t_0)$是与 t_0 有关的实数；若 δ 与 t_0 无关，则称 $\boldsymbol{x}_e$ 是一致稳定的。

几何意义　上述定义中，范数 $\|\boldsymbol{\Phi}(t,\boldsymbol{x}_0,t_0)-\boldsymbol{x}_e\|\leqslant\varepsilon$ 划出了一个球域 $S(\varepsilon)$，它能将$\dot{\boldsymbol{x}}=\boldsymbol{f}(\boldsymbol{x},t)$的解 $\boldsymbol{\Phi}(t,\boldsymbol{x}_0,t_0)$的所有各点都包围在内。由此可以找到另一个对应球域 $S(\delta)$，它的范数为 $\|\boldsymbol{x}_0-\boldsymbol{x}_e\|\leqslant\delta$，其中包含了初始状态 $\boldsymbol{x}_0$ 允许取值的范围。李雅普诺夫意义下的稳定性是指从 $S(\delta)$发出的轨线，在 $t>t_0$ 的任何时刻总不会超出 $S(\varepsilon)$。在二维空间中，上述几何解释和轨线变化如图 4-2 所示。

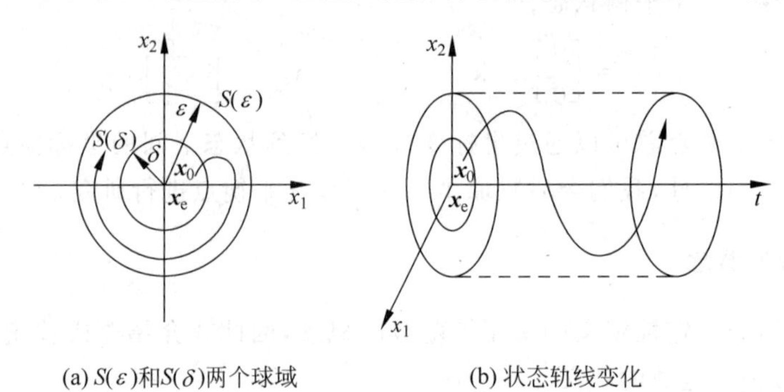

图 4-2　李氏稳定性示意图

对于定常系统，δ 与 t_0 无关，此时稳定的平衡状态一定是一致稳定的。

(2) 渐近稳定性

定义 4-4　对于系统$\dot{\boldsymbol{x}}=\boldsymbol{f}(\boldsymbol{x},t)$，若任意给定实数 $\varepsilon>0$，存在 $\delta(\varepsilon,t_0)>0$，使当 $\|\boldsymbol{x}_0-\boldsymbol{x}_e\|\leqslant\delta$时，从任意初态 $\boldsymbol{x}_0$ 出发的解 $\boldsymbol{\Phi}(t,\boldsymbol{x}_0,t_0)$满足

$$\|\boldsymbol{\Phi}(t,\boldsymbol{x}_0,t_0)-\boldsymbol{x}_e\|\leqslant\varepsilon,\quad t\geqslant t_0 \tag{4-27}$$

且对于实数 $\delta(\varepsilon,t_0)>0$ 和任意给定的实数 $\mu>0$，对应地存在实数 $T(\mu,\delta,t_0)>0$，总有

$$\lim_{t\to\infty}\|\boldsymbol{\Phi}(t,\boldsymbol{x}_0,t_0)-\boldsymbol{x}_e\|\leqslant\mu,\quad t\geqslant t_0+T(\mu,\delta,t_0) \tag{4-28}$$

则称平衡状态 $\boldsymbol{x}_e$ 是渐近稳定的。

几何意义　定义 4-4 指出，如果 $\boldsymbol{x}_e$ 满足李雅普诺夫意义下的稳定性，并且从球域 $S(\delta)$内出发的任意一个解，当 $t\to\infty$时，不仅不会超出球域 $S(\varepsilon)$之外，而且最终收敛于 $\boldsymbol{x}_e$，则为渐近稳定。渐近稳定在二维空间中的几何解释和变化轨线，如图 4-3 所示。

显然，渐近稳定比稳定性有更强的性质，工程上常常要求渐近稳定，而把不是渐近稳定的运动与不稳定的运动同样看待。

(3) 大范围渐近稳定性

定义 4-5　如果系统$\dot{\boldsymbol{x}}=\boldsymbol{f}(\boldsymbol{x},t)$在任意初态 $\boldsymbol{x}_0$ 下的每一个解，当 $t\to\infty$时，都

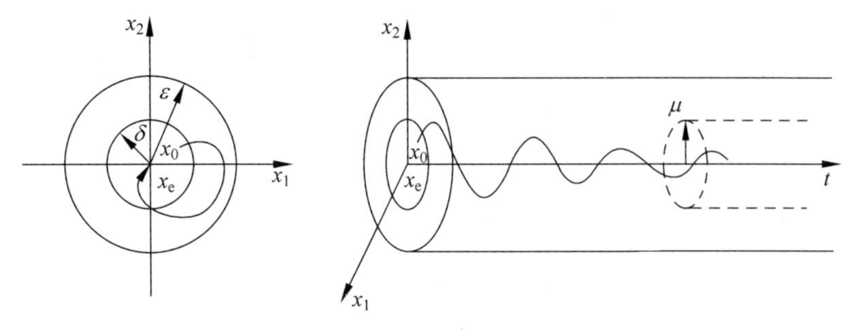

(a) $S(\varepsilon)$和$S(\delta)$球域　　(b) 状态轨迹变化

图 4-3　渐近稳定性的几何解释和变化轨迹

收敛于 $\boldsymbol{x}_e$，那么系统的平衡状态 $\boldsymbol{x}_e$ 叫做大范围渐近稳定的。

实质上，大范围渐近稳定是把状态解的运动范围 $S(\varepsilon)$ 和初始状态的取值范围 $S(\delta)$ 扩展到了整个状态空间。对于状态空间中的所有各点，如果由这些状态出发的轨迹都具有渐近稳定性，则该平衡状态称为大范围渐近稳定的。显然，由各状态点 $\boldsymbol{x}_0$ 出发的轨迹都收敛于 $\boldsymbol{x}_e$，这类系统的状态空间中不存在其他渐近稳定的平衡状态，这也是大范围渐近稳定系统的必要条件。

对于线性系统，由于其满足叠加原理，所以系统若是渐近稳定的，则一定是大范围渐近稳定的。在此验证了线性系统稳定性与初始条件大小无关的特性。一般来说，渐近稳定是个局部的性质。在控制工程中，通常总是希望系统具有大范围稳定的特性。

(4) 不稳定性

定义 4-6　如果对于某个实数 $\varepsilon>0$ 和任一实数 $\delta>0$，当 $\|\boldsymbol{x}_0-\boldsymbol{x}_e\|\leqslant\delta$ 时，总存在一个初始状态 $\boldsymbol{x}_0$，使

$$\|\boldsymbol{\Phi}(t,\boldsymbol{x}_0,t_0)-\boldsymbol{x}_e\|>\varepsilon,\quad t\geqslant t_0 \tag{4-29}$$

则称平衡状态 $\boldsymbol{x}_e$ 是不稳定的。

几何意义　对于某个给定的球域 $S(\varepsilon)$，无论球域 $S(\delta)$ 取得多么小，内部总存在着一个初始状态 $\boldsymbol{x}_0$，使得从这一状态出发的轨迹最终会超出球域 $S(\varepsilon)$。在二维空间中，不稳定的几何解释和轨线变化如图 4-4 所示。

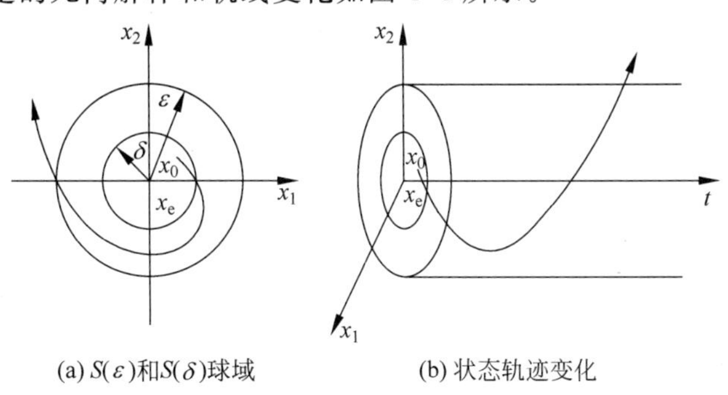

(a) $S(\varepsilon)$和$S(\delta)$球域　　(b) 状态轨迹变化

图 4-4　不稳定几何解释和轨线

对于不稳定平衡状态的轨迹，虽然越出了 $S(\varepsilon)$，但是并不意味着轨迹一定趋向无穷远处。例如对于非线性系统，轨迹还可能趋于 $S(\varepsilon)$ 以外的某个稳定平衡点。当然，对于线性系统，从不稳定平衡状态出发的轨迹，理论上一定趋于无穷远。

以不受外力的小球为例，在几种典型情况下，可从能量观点来说明其稳定性。图 4-5(a)平衡点所具有的势能是最小的，其附近的势能都比它大，也就是说，平衡点附近的势能变化率为负，所以该平衡点是稳定的，而且是大范围渐近稳定的。图 4-5(b)平衡点所具有的势能最大，其附近各点的势能都比它小。换句话说，平衡点附近的能量对平衡点的变化率是增加的，为正，所以该平衡点是不稳定的。图 4-5(c)各点所具有的能量都相同，这就是通常说的随遇平衡，在李雅普诺夫意义下，任意点都是大范围稳定。同理，图 4-5(d)是局部渐近稳定的，图 4-5(e)为局部不稳定。

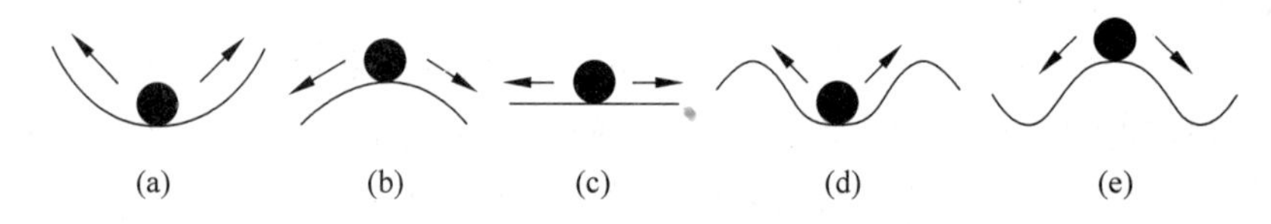

图 4-5　平衡状态稳定性示意图

在经典控制理论中，只有线性系统稳定性才有明确的意义，对于非线性系统，只能研究一些局部具体问题。李雅普诺夫给运动稳定性下了严格的定义，概括了线性及非线性等各类系统的一般情况。

4.2　李雅普诺夫稳定性理论

前面介绍的李氏稳定理论，主要给出系统稳定的几种定义，本节讨论李雅普诺夫第一法和第二法，以及普遍意义的稳定性判别定理。

4.2.1　李雅普诺夫第一法

李雅普诺夫第一法又称间接法。它的基本思路是通过系统状态方程的解来判别系统的稳定性。对于线性定常系统，只需解出特征方程的根即可作出稳定性判断。对于非线性不很严重的系统，则可通过线性化处理，取其一次近似得到线性化方程，然后再根据其特征根来判断系统的稳定性。

1. 线性定常系统

状态方程解的特性取决于系统的状态转移矩阵，在讨论线性定常系统的稳定性时，按照经典理论的思路，可以不必求出状态转移矩阵，而直接由系统矩阵 $\boldsymbol{A}$ 的特性值判断系统的稳定性。

定理 4-7 线性定常系统$\dot{\boldsymbol{x}}=\boldsymbol{A}\boldsymbol{x}$,渐近稳定的充要条件是系统矩阵 $\boldsymbol{A}$ 的特征值λ 均具有负实部,即

$$\mathrm{Re}\,(\lambda_i) < 0, \quad i = 1,2,\cdots,n \tag{4-30}$$

2. 线性时变系统

对于系统$\dot{\boldsymbol{x}}=\boldsymbol{A}(t)\boldsymbol{x}$,由于矩阵$\boldsymbol{A}(t)$不再是常数矩阵,故不能应用特征值判据,需用状态转移矩阵 $\boldsymbol{\Phi}(t,t_0)$中各元素均趋于零,不论 $\boldsymbol{x}(0)$取何值,当 $t\to\infty$时,$\boldsymbol{x}(t)$中每项均趋于零,因此系统是渐近稳定的。若采用范数的概念来分析稳定性问题,则将带来极大方便,故首先引出矩阵范数的定义。

定义 4-7 如果把 $m\times n$ 矩阵$\boldsymbol{A}$ 的全体看作是一个向量空间,那么也可把每一个 $m\times n$ 矩阵视为向量空间中的一个向量。这样,矩阵 $\boldsymbol{A}$ 的范数可定义为

$$\|\boldsymbol{A}\| \overset{\text{def}}{=} \left[\sum_{j=1}^{n}\sum_{i=1}^{m} a_{ij}^2\right]^{\frac{1}{2}} \tag{4-31}$$

上式的结果也是一个标量,表示将矩阵中每个元素取平方和后再开方。

应用范数的概念讨论系统稳定性时,可以这样叙述:如果$\lim\limits_{t\to\infty}\|\boldsymbol{\Phi}(t,t_0)\|$ 趋近于零,即矩阵 $\boldsymbol{\Phi}(t,t_0)$中各元素均趋近于零,则系统在原点处是渐近稳定的。

定理 4-8 线性时变系统$\dot{\boldsymbol{x}}=\boldsymbol{A}(t)\boldsymbol{x}$,其状态解为 $\boldsymbol{x}(t)=\boldsymbol{\Phi}(t,t_0)\boldsymbol{x}(t_0)$,根据李氏稳定性定义,有下列稳定性充分条件:

若存在某正常数 $N(t_0)$,对于任意 t_0 和 $t\geqslant t_0$,有

$$\|\boldsymbol{\Phi}(t,t_0)\| \leqslant N(t_0) \tag{4-32}$$

则系统稳定;有

$$\|\boldsymbol{\Phi}(t,t_0)\| \leqslant N \tag{4-33}$$

则系统一致稳定;有

$$\lim_{t\to\infty}\|\boldsymbol{\Phi}(t,t_0)\| \to 0 \tag{4-34}$$

则系统渐近稳定。

若存在某常数 $N>0,C>0$,则对任意 t_0 和 $t\geqslant t_0$,有

$$\|\boldsymbol{\Phi}(t,t_0)\| \leqslant N\mathrm{e}^{-C(t-t_0)} \tag{4-35}$$

则称系统一致渐近稳定。

按照李雅普诺夫关于稳定性的诸定义证明前三项结论是很容易的。对于最后一项,实际上是二、三两项的组合,因为

$$\|\boldsymbol{\Phi}(t,t_0)\| \leqslant N\mathrm{e}^{-C(t-t_0)} \leqslant N \tag{4-36}$$

满足了一致稳定条件;又因为

$$\lim_{t\to\infty}\mathrm{e}^{-C(t-t_0)} \to 0 \tag{4-37}$$

所以有

$$\lim_{t\to\infty}\|\boldsymbol{\Phi}(t,t_0)\| \to 0 \tag{4-38}$$

满足了渐近稳定条件。

3. 非线性定常系统

实际系统常常是非线性的，为了便于研究，常常用微偏线性化的方法处理，也就是用与它近似的线性系统代替它。但是，运动的稳定性有严格的定义，不是一个可以用某种近似计算来处理的工程问题。那么，用一个线性系统近似地代替非线性系统，会不会在运动稳定性问题上得出错误的结论呢？这是一个需要严格论证的问题。李雅普诺夫经过缜密的研究，回答了这个问题，得出了如下几点结论。

定理 4-9 设非线性定常系统的自治状态方程为$\dot{\boldsymbol{x}}=\boldsymbol{f}(\boldsymbol{x})$，$\boldsymbol{f}(\boldsymbol{x})$对状态向量$\boldsymbol{x}$有连续的偏导数，在平衡状态$\boldsymbol{x}_e=\boldsymbol{0}$处展成泰勒级数，则得

$$\dot{\boldsymbol{x}}=\boldsymbol{A}\boldsymbol{x}+\boldsymbol{R}(\boldsymbol{x}) \tag{4-39}$$

式中，$\boldsymbol{A}$——$n\times n$雅可比矩阵，定义为

$$\boldsymbol{A}=\frac{\partial \boldsymbol{f}(\boldsymbol{x})}{\partial \boldsymbol{x}^{\mathrm{T}}}=\begin{bmatrix}\frac{\partial f_1}{\partial x_1} & \frac{\partial f_1}{\partial x_2} & \cdots & \frac{\partial f_1}{\partial x_n}\\ \frac{\partial f_2}{\partial x_1} & \frac{\partial f_2}{\partial x_2} & \cdots & \frac{\partial f_2}{\partial x_n}\\ \vdots & \vdots & & \vdots\\ \frac{\partial f_n}{\partial x_1} & \frac{\partial f_n}{\partial x_2} & \cdots & \frac{\partial f_n}{\partial x_n}\end{bmatrix}_{\boldsymbol{x}=0} \tag{4-40}$$

其中，$\boldsymbol{R}(\boldsymbol{x})$包含对$\boldsymbol{x}$的二次及二次以上的高阶导数项。

取展开式的一次近似式，得线性化方程

$$\dot{\boldsymbol{x}}=\boldsymbol{A}\boldsymbol{x}$$

(1) 若$\boldsymbol{A}$的特征值都具有负实部，则系统是在$\boldsymbol{x}_e$的足够小邻域内渐近稳定的。线性化过程中被忽略的高于一阶的项不会使运动变成不稳定。

(2) 若$\boldsymbol{A}$的特征值中，至少有一个具有正的实部，则不论被忽略的高阶导数项$\boldsymbol{R}(\boldsymbol{x})$如何，系统的平衡状态总是不稳定的。

(3) 若$\boldsymbol{A}$的特征值中，至少有一个实部为零，此时原非线性系统不能用线性化方程来判断其稳定性，平衡状态$\boldsymbol{x}_e$小范围局部稳定性取决于被忽略的高阶项，若要研究原系统稳定性，必须分析原始非线性方程。

例 4-1 设非线性系统方程为

$$\begin{cases}\dot{x}_1=-x_2+ax_1^3\\ \dot{x}_2=x_1+ax_2^3\end{cases}$$

则

$$\begin{cases}f_1(\boldsymbol{x})=ax_1^3-x_2\\ f_2(\boldsymbol{x})=x_1+ax_2^3\end{cases}$$

在 $\boldsymbol{x}_e=\boldsymbol{0}$ 的平衡点，其线性化方程的矩阵 $\boldsymbol{A}$ 为

$$\boldsymbol{A}=\begin{bmatrix}\dfrac{\partial f_1(\boldsymbol{x})}{\partial x_1} & \dfrac{\partial f_1(\boldsymbol{x})}{\partial x_2}\\ \dfrac{\partial f_2(\boldsymbol{x})}{\partial x_1} & \dfrac{\partial f_2(\boldsymbol{x})}{\partial x_2}\end{bmatrix}_{\substack{x_1=0\\x_2=0}}=\begin{bmatrix}3ax_1^2 & -1\\ 1 & 3ax_2^2\end{bmatrix}_{\substack{x_1=0\\x_2=0}}=\begin{bmatrix}0 & -1\\ 1 & 0\end{bmatrix}$$

特征方程为

$$|\lambda\boldsymbol{I}-\boldsymbol{A}|=\begin{vmatrix}\lambda & 1\\ -1 & \lambda\end{vmatrix}=\lambda^2+1=0$$

特征根为一对虚根，$\lambda=\pm\mathrm{j}$，对应临界情况，它不代表原非线性系统稳定性。

李雅普诺夫第一法的意义和贡献在于它使线性化研究方法有了坚实可靠的理论基础，从而使线性化研究方法在工程上成为现实可行的。

4.2.2 李雅普诺夫第二法

李雅普诺夫第二法又称李雅普诺夫直接法。运用此法可以在不求出状态方程解的条件下，直接确定系统的稳定性。通常，求非线性系统和时变系统的状态方程的解是很困难的，所以直接法显出更大的优越性，它不但适用于任意阶系统，而且是确定非线性系统和时变系统稳定性的更为一般的方法。

1. 李雅普诺夫第二法中的二次型函数

在李雅普诺夫第二法理论分析中，用到了一类重要的标量函数，即二次型函数。在给出李雅普诺夫第二法稳定性判据之前，先介绍一些有关的预备知识。

1）二次型函数的定义及其表达式

（1）二次型函数的定义

代数式中常见的一种多项式函数为

$$\boldsymbol{f}(x,y)=ax^2+2bxy+cy^2$$

其中每项的次数都是二次的，这样的多项式称为二次齐次多项式或二次型。以上是对只含有两个变量 x 和 y 的二次函数来说的；如果将变量个数扩展到 n，仍具有相同的含义。

定义 4-8　设 $\boldsymbol{R}$ 是 n 维实空间，$e_1,e_2,\cdots,e_n$ 是它的一组基，$\boldsymbol{x}\in\boldsymbol{R}$，且

$$\boldsymbol{x}=x_1e_1+x_2e_2+\cdots+x_ne_n$$

则变量 $x_1,x_2,\cdots,x_n$ 的二次齐次多项式

$$\begin{aligned}v(x_1,x_2,\cdots,x_n)=&a_{11}x_1^2+a_{12}x_1x_2+\cdots+a_{1n}x_1x_n+a_{21}x_2x_1+a_{22}x_2^2+\cdots+a_{2n}x_2x_n\\&+\cdots+a_{n1}x_nx_1+a_{n2}x_nx_2+\cdots+a_{nn}x_n^2=\sum_{i,j=1}^{n}a_{ij}x_ix_j\end{aligned}\qquad(4\text{-}41)$$

称为 $\boldsymbol{R}$ 内关于基 $e_1,e_2,\cdots,e_n$ 的一个二次齐次式或称二次型。

由于多项式的同类项可以合并，在式(4-41)中，当 $i\neq j$ 时，$a_{ij}x_ix_j$ 与 $a_{ji}x_jx_i$

为同类项，合并后可再平分系数分项，整理成对称系数，即

$$a'_{ij}=a'_{ji}=\frac{1}{2}(a_{ij}+a_{ji})$$

例如 $ax^2+2bxy+cy^2=ax^2+bxy+byx+cy^2$，可见，任一二次型都可以整理成相应交叉项系数相等的对称形式。

(2) 二次型的矩阵表达式

将二次型式(4-41)写成

$$\begin{aligned}v(x_1,x_2,\cdots,x_n)&=x_1(a_{11}x_1+a_{12}x_2+\cdots+a_{1n}x_n)+x_2(a_{21}x_1+a_{22}x_2+\cdots+a_{2n}x_n)\\&\quad+\cdots+x_n(a_{n1}x_1+a_{n2}x_2+\cdots+a_{nn}x_n)\\&=\begin{bmatrix}x_1 & x_2 & \cdots & x_n\end{bmatrix}\begin{bmatrix}a_{11}x_1+a_{12}x_2+\cdots+a_{1n}x_n\\a_{21}x_1+a_{22}x_2+\cdots+a_{2n}x_n\\ \vdots \\a_{n1}x_1+a_{n2}x_2+\cdots+a_{nn}x_n\end{bmatrix}\\&=\begin{bmatrix}x_1 & x_2 & \cdots & x_n\end{bmatrix}\begin{bmatrix}a_{11} & a_{12} & \cdots & a_{1n}\\a_{21} & a_{22} & \cdots & a_{2n}\\ \vdots & \vdots & & \vdots\\a_{n1} & a_{n2} & \cdots & a_{nn}\end{bmatrix}\begin{bmatrix}x_1\\x_2\\ \vdots\\x_n\end{bmatrix}=\boldsymbol{x}^{\mathrm{T}}\boldsymbol{A}\boldsymbol{x}\end{aligned}\qquad(4\text{-}42)$$

其中

$$\boldsymbol{A}=\begin{bmatrix}a_{11} & a_{12} & \cdots & a_{1n}\\a_{21} & a_{22} & \cdots & a_{2n}\\ \vdots & \vdots & & \vdots\\a_{n1} & a_{n2} & \cdots & a_{nn}\end{bmatrix}$$

$\boldsymbol{A}$ 是由各项系数排成的一个 $n\times n$ 矩阵，称为二次型式(4-42)的矩阵。因为 $a_{ij}=a_{ji}$，故 $\boldsymbol{A}=\boldsymbol{A}^{\mathrm{T}}$ 为一对称矩阵。显然，二次型 $v(x_1,x_2,\cdots,x_n)$完全由矩阵 $\boldsymbol{A}$ 确定。因此，二次型和它的矩阵是相互惟一决定的。矩阵 $\boldsymbol{A}$ 的秩称为二次型的秩。

例 4-2

$$\begin{aligned}v(x_1,x_2)&=10x_1^2+4x_2^2+2x_1x_2\\&=10x_1^2+x_1x_2+x_1x_2+4x_2^2\\&=\begin{bmatrix}x_1 & x_2\end{bmatrix}\begin{bmatrix}10 & 1\\1 & 4\end{bmatrix}\begin{bmatrix}x_1\\x_2\end{bmatrix}\end{aligned}$$

可见，任一二次型通过整理，都可以化成式(4-42)的矩阵形式，但它们代表一个标量函数。

(3) 二次型的标准型

只含有平方项的二次型称为二次型的标准型，如

$$v(\boldsymbol{x})=a_1x_1^2+a_2x_2^2+\cdots+a_nx_n^2$$

它是二次型中最简单的一种形式。根据线性代数理论，二次型具有以下性质：

① 二次型经线性非奇异变换后变成另一个二次型，但它们的矩阵都是对称矩阵，且秩相同。

② 任意一个二次型都可以经过非奇异线性变换化成标准型，标准型的矩阵是对角线阵。

③ 二次型的标准型不是惟一的，与所做的非奇异线性变换有关。

④ 二次型函数 $\boldsymbol{x}^{\mathrm{T}}\boldsymbol{A}\boldsymbol{x}$（设 $\boldsymbol{A}$ 是实对称矩阵），必存在一个正交矩阵 $\boldsymbol{P}$，通过变换 $\boldsymbol{x}=\boldsymbol{P}\tilde{\boldsymbol{x}}$，使之化为

$$v(\boldsymbol{x})=\boldsymbol{x}^{\mathrm{T}}\boldsymbol{A}\boldsymbol{x}=\tilde{\boldsymbol{x}}^{\mathrm{T}}\boldsymbol{P}^{\mathrm{T}}\boldsymbol{A}\boldsymbol{P}\tilde{\boldsymbol{x}}=\tilde{\boldsymbol{x}}^{\mathrm{T}}\boldsymbol{\Lambda}\tilde{\boldsymbol{x}}$$

$$=\tilde{\boldsymbol{x}}^{\mathrm{T}}\begin{bmatrix}\lambda_1 & & & 0\\ & \lambda_2 & & \\ & & \ddots & \\ 0 & & & \lambda_n\end{bmatrix}\tilde{\boldsymbol{x}}=\sum_{i=1}^{n}\lambda_i\tilde{x}_i^2 \tag{4-43}$$

其中，$\lambda_i(i=1,2,\cdots,n)$——对称阵 $\boldsymbol{A}$ 的特征值，且均为实数。

2）标量函数 $v(\boldsymbol{x})$ 的定号性

设 $\boldsymbol{x}$ 是欧氏状态空间中非零向量，$v(\boldsymbol{x})$ 是向量 $\boldsymbol{x}$ 的标量函数。

(1) 如果对所有在域 $\boldsymbol{\Omega}$ 中的非零向量 $\boldsymbol{x}$，有 $v(\boldsymbol{x})>0$，且在 $\boldsymbol{x}=\boldsymbol{0}$ 处有 $v(\boldsymbol{x})=0$，则在域 $\boldsymbol{\Omega}$ 内称 $v(\boldsymbol{x})$ 为正定的，即

$$\begin{cases}v(\boldsymbol{x})>0, & \boldsymbol{x}\neq\boldsymbol{0}\\ v(\boldsymbol{x})=0, & \boldsymbol{x}=\boldsymbol{0}\end{cases} \tag{4-44}$$

例如，$v(\boldsymbol{x})=x_1^2+2x_2^2$，$v(\boldsymbol{x})$ 正定。

(2) 如果标量函数 $v(\boldsymbol{x})$ 除了在原点以及某些状态处等于零外，在域 $\boldsymbol{\Omega}$ 内其余状态处都是正的，则 $v(\boldsymbol{x})$ 称为正半定的，即

$$\begin{cases}v(\boldsymbol{x})\geqslant 0, & \boldsymbol{x}\neq\boldsymbol{0}\\ v(\boldsymbol{x})=0, & \boldsymbol{x}=\boldsymbol{0}\end{cases} \tag{4-45}$$

例如，$v(\boldsymbol{x})=(x_1+x_2)^2$，$v(\boldsymbol{x})$ 正半定。

(3) 如果 $-v(\boldsymbol{x})$ 是正定的，则称 $v(\boldsymbol{x})$ 为负定的，即

$$\begin{cases}v(\boldsymbol{x})<0, & \boldsymbol{x}\neq\boldsymbol{0}\\ v(\boldsymbol{x})=0, & \boldsymbol{x}=\boldsymbol{0}\end{cases} \tag{4-46}$$

例如，$v(\boldsymbol{x})=-(x_1^2+2x_2^2)$，$v(\boldsymbol{x})$ 负定。

(4) 如果 $-v(\boldsymbol{x})$ 是正半定的，则称 $v(\boldsymbol{x})$ 为负半定的，即

$$\begin{cases}v(\boldsymbol{x})\leqslant 0, & \boldsymbol{x}\neq\boldsymbol{0}\\ v(\boldsymbol{x})=0, & \boldsymbol{x}=\boldsymbol{0}\end{cases} \tag{4-47}$$

例如，$v(\boldsymbol{x})=-(x_1+x_2)^2$，$v(\boldsymbol{x})$ 负半定

(5) 如果在域 $\boldsymbol{\Omega}$ 内，$v(\boldsymbol{x})$ 即可正也可负，则 $v(\boldsymbol{x})$ 称为不定的。

例如，$v(\boldsymbol{x})=x_1x_2+x_2^2$，$v(\boldsymbol{x})$ 不定。

3）二次型标量函数定号性判别准则

对于 $\boldsymbol{A}$ 为实对称矩阵的二次型函数 $v(\boldsymbol{x})$ 的定号性，可以用赛尔维斯特（Sylvester）准则来判定。

（1）正定：二次型函数 $v(\boldsymbol{x})$ 为正定的充要条件是，$\boldsymbol{A}$ 阵的所有各阶首主子行列式均大于零，即

$$\Delta_1 = a_{11} > 0, \Delta_2 = \begin{vmatrix} a_{11} & a_{12} \\ a_{21} & a_{22} \end{vmatrix}, \cdots, \Delta_n = \begin{vmatrix} a_{11} & \cdots & a_{1n} \\ \vdots & & \vdots \\ a_{n1} & \cdots & a_{nn} \end{vmatrix} > 0 \tag{4-48}$$

（2）负定：二次型函数 $v(\boldsymbol{x})$ 为负定的充要条件是 $\boldsymbol{A}$ 阵的各阶首主子行列式满足 $(-1)^k\Delta_k>0, k=1,2,\cdots,n$，即

$$\Delta_k \begin{cases} > 0, & k \text{ 为偶数} \\ < 0, & k \text{ 为奇数} \end{cases} \quad k = 1,2,\cdots,n$$

（3）正半定：二次型函数 $v(\boldsymbol{x})$ 为正半定的充要条件是 $\boldsymbol{A}$ 阵的各阶首主子行列式满足

$$\Delta_k \begin{cases} \geqslant 0, & k = 1,2,\cdots,n-1 \\ = 0, & k = n \end{cases}$$

（4）负半定：二次型函数 $v(\boldsymbol{x})$ 为负半定的充要条件是 $\boldsymbol{A}$ 阵的各阶首主子行列式满足

$$\Delta_k \begin{cases} \geqslant 0, & k \text{ 为偶数} \\ \leqslant 0, & k \text{ 为奇数} \end{cases} \quad k = 1,2,\cdots,n-1 \\ = 0, \qquad\qquad k = n \end{cases}$$

（5）实对称矩阵 $\boldsymbol{A}$ 的定号性，由赛尔维斯特准则知，二次型 $v(\boldsymbol{x})$ 的定号性由 $\boldsymbol{A}$ 阵的主子式来判别，故定义 $\boldsymbol{A}$ 阵的定号性与 $v(\boldsymbol{x})$ 一致，则 $\boldsymbol{A}$ 阵定号性的讨论可代表 $v(\boldsymbol{x})$ 定号性的讨论。设二次型函数 $v(\boldsymbol{x})=\boldsymbol{x}^{\mathrm{T}}\boldsymbol{A}\boldsymbol{x}$，则定义如下：

当 $v(\boldsymbol{x})$ 是正定的，称 $\boldsymbol{A}$ 是正定的，记为 $\boldsymbol{A}>0$；

当 $v(\boldsymbol{x})$ 是负定的，称 $\boldsymbol{A}$ 是负定的，记为 $\boldsymbol{A}<0$；

当 $v(\boldsymbol{x})$ 是正半定的，称 $\boldsymbol{A}$ 是正半定的，记为 $\boldsymbol{A}\geqslant 0$；

当 $v(\boldsymbol{x})$ 是负半定的，称 $\boldsymbol{A}$ 是负半定的，记为 $\boldsymbol{A}\leqslant 0$。

例 4-3 已知 $v(\boldsymbol{x})=10x_1^2+4x_2^2+2x_1x_2$，试判定 $v(\boldsymbol{x})$ 是否正定。

解

$$\begin{aligned} v(x_1,x_2) &= 10x_1^2 + x_1x_2 + x_1x_2 + 4x_2^2 \\ &= [x_1 \quad x_2]\begin{bmatrix} 10 & 1 \\ 1 & 4 \end{bmatrix}\begin{bmatrix} x_1 \\ x_2 \end{bmatrix} \end{aligned}$$

$\boldsymbol{A}$ 阵的各阶主子式为

$$\Delta_1 = 10 > 0, \quad \Delta_2 = \begin{vmatrix} 10 & 1 \\ 1 & 4 \end{vmatrix} > 0$$

所以 $v(\boldsymbol{x})$是正定的。

4）李雅普诺夫函数

李氏第二法是从能量观点出发得来的，它的基本思想是建立在古典力学振动系统中一个直观的物理事实上。如果系统的总能量（含动能和势能）随时间增长而连续地衰减，直到平衡状态为止，那么振动系统是稳定的。

李雅普诺夫第二法是建立在更为普遍的情况之上的，即：如果系统有一个渐近稳定的平衡状态，那么当它运动到平衡状态的邻域内时，系统积蓄的能量随时间的增长而衰减，直到平衡状态处达到最小值。若能找到一个完全描述上述过程的所谓能量函数，则系统的稳定性问题也就容易解决了。可是，由于系统的形式是多种多样的，不能找到一种定义“能量函数”的统一形式和简便方法。为了克服这一困难，李雅普诺夫引出了一个虚构的广义能量函数，这个函数具有能量的含义，但比能量更为一般，它有如下一些基本特征：

(1) 能量函数一定是状态变量 $\boldsymbol{x}$ 的函数。因为状态变量 $\boldsymbol{x}$ 可以对系统的动态行为进行完全描述，因此能量函数也一定是状态变量 $\boldsymbol{x}$ 的函数。

(2) $v(\boldsymbol{x})$是正定的。

(3) $v(\boldsymbol{x})$具有连续的一阶偏导数。

根据以上特征构造一个正定的标量函数 $v(\boldsymbol{x})$，作为虚构的广义能量函数，然后根据$\dot{v}(\boldsymbol{x})$的符号特征来判断平衡状态处的稳定性。对于一个给定的系统，如果能找到一个正定的标量函数 $v(\boldsymbol{x})$，直接利用 $v(\boldsymbol{x})$及$\dot{v}(\boldsymbol{x})$的符号特征判别出平衡状态处的稳定性，则这标量函数 $v(\boldsymbol{x})$就称为李雅普诺夫函数。

2. 李雅普诺夫第二法

定理 4-10　设系统的状态方程为$\dot{\boldsymbol{x}}=\boldsymbol{f}(\boldsymbol{x},t)$，其平衡状态为 $\boldsymbol{f}(\boldsymbol{0},t)=\boldsymbol{0}$。如果存在一个具有连续的一阶偏导数的标量函数 $v(\boldsymbol{x},t)$，在围绕状态空间原点的一个域 $\boldsymbol{\Omega}$ 内，使得对于非零状态 $\boldsymbol{x}(t_0)\in\boldsymbol{\Omega}$ 和所有 $t\in[t_0,\infty)$，满足条件：①$v(\boldsymbol{x},t)$是正定且有界，②$\dot{v}(\boldsymbol{x},t)$是负定且有界，则系统原点的平衡状态在域 $\boldsymbol{\Omega}$ 内是一致渐近稳定的。

如果对状态空间中所有非零初始状态 $\boldsymbol{x}(t_0)$满足上述条件，且当 $\|\boldsymbol{x}\|\to\infty$时，有 $v(\boldsymbol{x},t)\to\infty$，则在原点处的平衡状态是在大范围一致渐近稳定的。

定理的几点解释：

(1) 定理的物理意义：一个系统的自由运动过程，是因为其内部储存能量的缘故。例如，位移动能$\dfrac{mv^2}{2}$、旋转动能$\dfrac{J\omega^2}{2}$、电能$\dfrac{cu^2}{2}$、磁能$\dfrac{Li^2}{2}$。李雅普诺夫函数 $v(\boldsymbol{x})$实际上是参照了物理系统的一般能量函数形式而构成的，它突出了两个特点：一是物理系统储存的能量显然总是正值，即 $v(\boldsymbol{x})>0$；二是若能量是在不停地消耗，则$\dot{v}(\boldsymbol{x})<0$。当能量最终耗尽，此时系统又回到平衡状态。此观点明显符合

渐近稳定性的定义。

(2) 定义的几何意义：设 $\boldsymbol{x}$ 是 n 维向量，若存在表征能量的函数 $v(\boldsymbol{x})>0$，取一常值 $c>0$，显然 $v(\boldsymbol{x})=c$ 在状态 $\boldsymbol{x}$ 所处的 n 维空间中围成一个封闭的超曲面。当 $\|\boldsymbol{x}\|\to\infty$ 时，$v(\boldsymbol{x})\to\infty$，于是这时的 $v(\boldsymbol{x})=c$ 也使封闭超曲面扩展到整个状态空间，而将 $\boldsymbol{x}$ 的所有状态均包含在内。讨论二维空间的情况，设李氏函数为二次标准型，则有

$$v(\boldsymbol{x}) = x_1^2 + x_2^2$$

若令 $v(\boldsymbol{x})=c_i$，取一系列常值 $0<c_1<c_2<\cdots$，则能量函数 $v(\boldsymbol{x})=c_i$ 代表了不同能量的等值线，其几何形状为以原点为中心、以 $\sqrt{c_i}$ 为半径的同心圆族。越逼近圆心，半径越小，代表的能量越小，当 $c_i\to 0$ 时，$v(\boldsymbol{x})=c_i$ 收敛于原点。当 $\|\boldsymbol{x}\|\to\infty$ 时，有 $v(\boldsymbol{x})\to\infty$，所以圆族可以扩展到整个状态平面。若 $\dot{v}(\boldsymbol{x})<0$，表示随着时间的推移，状态轨线与等值线不断相交，且从每个圆外向圆内穿过，最后当 $t\to\infty$ 时，收敛于原点，如图 4-6 所示。

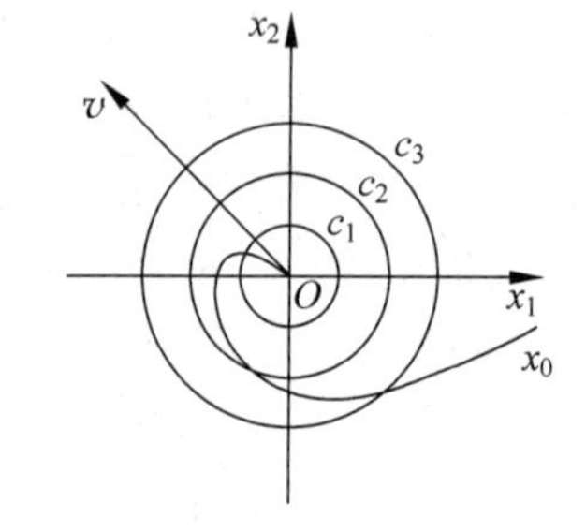

图 4-6 能量等值线族与典型轨线

(3) 该定理给出了渐近稳定的充分条件，即如果能找到满足定理条件的 $v(\boldsymbol{x})$，则系统一定是一致渐近稳定的。但如果找不到这样的 $v(\boldsymbol{x})$，也并不意味着系统是不稳定的，何况对于复杂的系统。要想找到一个李雅普诺夫函数可能是十分困难的。退一步说，即使能否定李氏函数的存在，也不能就此断定系统不稳定。

(4) 李雅普诺夫函数的存在形式并不是惟一的，其中最简单的形式是二次型函数

$$v(\boldsymbol{x}) = \boldsymbol{x}^{\mathrm{T}}\boldsymbol{A}\boldsymbol{x}$$

二次型的形式一定适合线性系统，但对非线性系统，$v(\boldsymbol{x})$ 不一定都是这种简单形式。

(5) 此定理的适用范围十分广泛，对于线性系统、非线性系统、时变系统及定常系统都具有同等作用，是一个最基本的稳定性判据定理。

例 4-4 设系统的状态方程为

$$\begin{cases}\dot{x}_1 = x_2 - x_1(x_1^2 + x_2^2) \\ \dot{x}_2 = - x_1 - x_2(x_1^2 + x_2^2)\end{cases}$$

试确定其平衡状态的稳定性。

解 由平衡点方程得

$$\begin{cases}x_2 - x_1(x_1^2 + x_2^2) = 0 \\ - x_1 - x_2(x_1^2 + x_2^2) = 0\end{cases}$$

解出惟一平衡点 $(x_1=0, x_2=0)$ 为坐标原点。

选取标准二次型为李氏函数，即

$$v(\boldsymbol{x}) = x_1^2 + x_2^2 > 0\text{(正定)}$$

则沿任意轨迹 $v(\boldsymbol{x})$ 对时间的导数

$$\dot{v}(\boldsymbol{x}) = 2x_1\dot{x}_1 + 2x_2\dot{x}_2 = -2(x_1^2 + x_2^2)^2\text{(负定)}$$

又由于当 $\|\boldsymbol{x}\| \to \infty$ 时，$v(\boldsymbol{x}) \to \infty$，故根据定理 4-10，平衡点($x_1 = 0$，$x_2 = 0$)是大范围内渐近稳定的。

例 4-5　设系统的状态方程为

$$\begin{cases} \dot{x}_1 = x_2 \\ \dot{x}_2 = -x_1 - x_2 \end{cases}$$

试确定平衡状态的稳定性。

解　方程为线性方程，写成矩阵形式为

$$\begin{bmatrix} \dot{x}_1 \\ \dot{x}_2 \end{bmatrix} = \begin{bmatrix} 0 & 1 \\ -1 & -1 \end{bmatrix} \begin{bmatrix} x_1 \\ x_2 \end{bmatrix}$$

由于矩阵 $\boldsymbol{A}$ 为非奇异常数矩阵，所以系统的平衡状态是惟一的，位于原点($x_1 = 0$，$x_2 = 0$)。现在也选取标准二次型为李氏函数，即

$$v(\boldsymbol{x}) = x_1^2 + x_2^2 > 0\text{(正定)}$$

$$\dot{v}(\boldsymbol{x}) = 2x_1\dot{x}_1 + 2x_2\dot{x}_2 = -2x_2^2 \leqslant 0\text{(负半定)}$$

按定理 4-10 要求，不能作为该系统的李氏函数，也就是说，应用这个 $v(\boldsymbol{x})$ 来判别，由定理 4-10 得不出系统稳定性的结论。其原因在于要求 $\dot{v}(\boldsymbol{x})$ 是负定的，这就提出了一个问题：能否根据 $\dot{v}(\boldsymbol{x})$ 负半定的条件，直接判定系统稳定性？李雅普诺夫给出定理 4-11 的形式。

定理 4-11　设系统的状态方程为 $\dot{\boldsymbol{x}} = \boldsymbol{f}(\boldsymbol{x}, t)$，假定平衡状态 $\boldsymbol{f}(\boldsymbol{0}, t) = \boldsymbol{0}$，如果存在一个具有连续一阶偏导数的标量函数 $v(\boldsymbol{x}, t)$，在围绕状态空间原点的一个域 $\boldsymbol{\Omega}$ 内，使得对于非零状态 $\boldsymbol{x}(t_0) \in \boldsymbol{\Omega}$ 和所有 $t \in [t_0, \infty)$，满足条件：① $v(\boldsymbol{x}, t)$ 是正定且有界，② $\dot{v}(\boldsymbol{x}, t)$ 是负半定且有界，③对任意 $\boldsymbol{x}(t_0) \in \boldsymbol{\Omega}$ 和所有 $t \in [t_0, \infty)$，$\dot{v}(\boldsymbol{x}, t)$ 在 $\boldsymbol{x} \neq \boldsymbol{0}$ 时不恒等于零，则系统原点的平衡状态在域 $\boldsymbol{\Omega}$ 内是一致渐近稳定的。

如果对状态空间中所有非零初始状态 $\boldsymbol{x}(t_0)$ 满足上述条件，且当 $\|\boldsymbol{x}\| \to \infty$ 时，有 $v(\boldsymbol{x}, t) \to \infty$，则在原点处的平衡状态是在大范围一致渐近稳定的。

定理 4-11 的证明从略。但强调说明如下。

定理 4-11 中为什么附加了条件③就可以满足渐近稳定的要求呢？这是因为 $\dot{v}(\boldsymbol{x})$ 是描述能量函数 $v(\boldsymbol{x})$ 的衰减变化速率的，系统若要稳定，负的变化率就必须保持，直至衰减到 0。若条件②只要求是 $\dot{v}(\boldsymbol{x})$ 负半定的，则在 $\boldsymbol{x} \neq \boldsymbol{0}$ 时，可能会出现 $\dot{v}(\boldsymbol{x}) = 0$，此时对应于 $\dot{v}(\boldsymbol{x}) = 0$ 有两种可能的情况：

(1) $\dot{v}(\boldsymbol{x})$ 恒等于零，此时 $v(\boldsymbol{x}) \equiv c$，表示能量保持常量不再变化，即意味着状态运动轨迹保持在等值线上不会趋向原点。非线性系统中的极限环便属于这种情况(二维相平面)。此时系统一定不是渐近稳定的，见图 4-7(a)。

(2) $\dot{v}(\boldsymbol{x})$不恒等于零，只在某个时刻暂时为零，而其他时刻均为负值。这表示能量的衰减不会终止，故状态 $\boldsymbol{x}$ 的运动轨线不会停留在某一定值 $v(\boldsymbol{x})=c$ 上，必须要趋向于原点，所以系统一定是渐近稳定的，见图 4-7(b)。

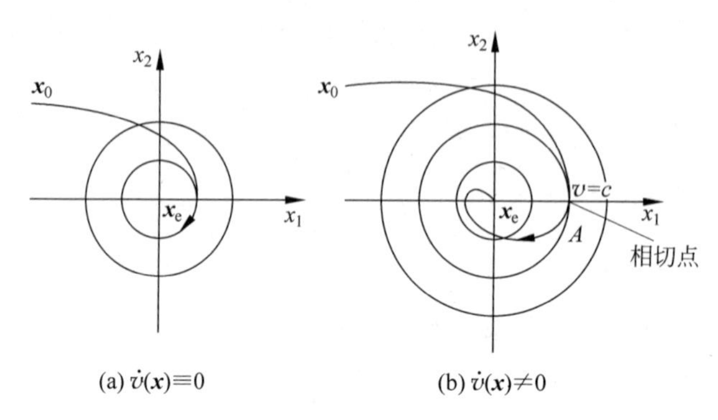

图 4-7　轨线相切于能量等值线

按照定理 4-11 条件③讨论例 4-5 中$\dot{v}(\boldsymbol{x})$负半定的情况，即$\dot{v}(\boldsymbol{x})=-2x_2^2$。

当 $\boldsymbol{x}\neq\boldsymbol{0}$，即当$\begin{bmatrix}x_1\\x_2\end{bmatrix}=\begin{bmatrix}*\\0\end{bmatrix}$时，会出现

$$\dot{v}(\boldsymbol{x})=0$$

式中，* 表示任意非零值。由于

$$\dot{x}_2=-x_1-x_2$$

此时有

$$\dot{x}_2=-x_1=*\neq 0$$

上式说明，由于 x_2 的变化率不等于零，即 x_2 的值不会停留在某一常值上，故 $\boldsymbol{x}=[*\quad 0]^{\mathrm{T}}$ 中$x_2=0$ 是暂时的[见图 4-7(b)中切点 A]，不会恒等于零。因此，$\dot{v}(\boldsymbol{x})=-2x_2^2$ 也不会恒等于零。按照定理 4-11，系统是大范围渐近稳定的。

定理 4-12　设系统的状态方程为$\dot{\boldsymbol{x}}=\boldsymbol{f}(\boldsymbol{x},t)$，假定平衡状态 $\boldsymbol{f}(\boldsymbol{0},t)=\boldsymbol{0}$，如果存在一个具有连续一阶偏导数的标量函数 $v(\boldsymbol{x},t)$，满足条件：①$v(\boldsymbol{x},t)$是正定且有界，②$\dot{v}(\boldsymbol{x},t)$是负半定且有界，则系统原点的平衡状态在域 $\boldsymbol{\Omega}$ 内是李雅普诺夫意义下的一致稳定。

定理 4-12 的证明从略，但强调说明如下。

由于定理包含了$\dot{v}(\boldsymbol{x})$在某一值 $\boldsymbol{x}$ 恒等于零的情况，其含义同定理 4-11 中的说明“(1)”，此时的 $v(\boldsymbol{x})\equiv c$，系统的能量不再变化，故系统的运动不会趋于原点，而保留在某个极限环上，处于稳定的等幅振荡状态。故系统满足李氏意义下的一致稳定，但不是渐近稳定。

例 4-6　设系统的状态方程为

$$\begin{cases}\dot{x}_1=4x_2\\ \dot{x}_2=-x_1\end{cases}$$

试确定系统平衡状态的稳定性。

解　显然，原点为系统的平衡状态。选二次型正定函数为李氏函数，即

$$v(\boldsymbol{x}) = x_1^2 + 4x_2^2 > 0$$

$$\dot{v}(\boldsymbol{x}) = 2x_1\dot{x}_1 + 8x_2\dot{x}_2 = 8x_1x_2 - 8x_2x_1 \equiv 0$$

可见，$\dot{v}(\boldsymbol{x})$在任意给定的值 $\boldsymbol{x}$ 上均保持为零。系统在李雅普诺夫意义下是稳定的，但非渐近稳定。

定理 4-13　设系统的状态方程为$\dot{\boldsymbol{x}}=\boldsymbol{f}(\boldsymbol{x},t)$，且平衡点 $\boldsymbol{f}(\boldsymbol{0},t)=\boldsymbol{0}$，如果存在一个具有连续一阶偏导数的标量函数 $v(\boldsymbol{x},t)$。且满足条件：①$v(\boldsymbol{x},t)$是正定的，②$\dot{v}(\boldsymbol{x},t)$是正定的，则系统在原点处的平衡状态是不稳定的。

定理 4-13 的证明从略，但强调说明如下。

当存在$\dot{v}(\boldsymbol{x})$是正定的，表示系统的能量在不断增大，故系统的运动状态必将发散至无穷大，系统是不稳定的。

例 4-7　设系统的状态方程为

$$\begin{cases}\dot{x}_1 = x_1 + x_2\\ \dot{x}_2 = -x_1 + x_2\end{cases}$$

试判断系统平衡状态的稳定性。

解　显然，原点为系统的平衡状态。选二次型标量函数为可能的李氏函数，即

$$v(\boldsymbol{x}) = x_1^2 + x_2^2 > 0$$

则有

$$\dot{v}(\boldsymbol{x}) = 2x_1\dot{x}_1 + 2x_2\dot{x}_2 = 2x_1^2 + 2x_2^2 > 0$$

所以系统满足定理 4-13 的条件，故为不稳定系统。

仿照定理 4-11，不稳定的判定定理还可以在$\dot{v}(\boldsymbol{x})$为正半定的情况下判别不稳定性。

定理 4-14　设系统的状态方程为$\dot{\boldsymbol{x}}=\boldsymbol{f}(\boldsymbol{x},t)$，且平衡点为 $\boldsymbol{f}(\boldsymbol{0},t)=\boldsymbol{0}$，如果存在一个具有连续一阶偏导数的标量函数 $v(\boldsymbol{x},t)$，且满足条件：①$v(\boldsymbol{x},t)$是正定的，②$\dot{v}(\boldsymbol{x},t)$是正半定的，③$\dot{v}(\boldsymbol{x},t)$在 $\boldsymbol{x}\neq\boldsymbol{0}$ 时不恒等于零，则系统在原点处的平衡状态是不稳定的。

例 4-8　设系统的状态方程为

$$\begin{cases}\dot{x}_1 = x_2\\ \dot{x}_2 = -x_1 + x_2\end{cases}$$

试确定系统平衡状态的稳定性。

解　显然，原点为系统平衡状态，选二次型函数作为李氏函数，即

$$v(\boldsymbol{x}) = x_1^2 + x_2^2 > 0$$

则有

$$\dot{v}(\boldsymbol{x}) = 2x_1\dot{x}_1 + 2x_2\dot{x}_2 = 2x_2^2 \geqslant 0 (\text{正半定})$$

由于当

$$\begin{bmatrix} x_1 \\ x_2 \end{bmatrix} = \begin{bmatrix} * \\ 0 \end{bmatrix} (* \text{ 为任意非零值})$$

时，$\dot{v}(\boldsymbol{x})=0$，而

$$\dot{x}_2 = -x_1 + x_2 = -x_1 = * \neq 0$$

所以 x_2 不会保持常值不变，故 $x_2=0$ 也是暂时的，不会恒等于零。因此，$\dot{v}(\boldsymbol{x})=2x_2^2$ 也不会恒等于零。按定理 4-14，系统是不稳定的。

综上所述，李雅普诺夫第二法分析系统的稳定性，关键是如何构造一个合适的李氏函数，而李氏第二法本身并没有提供构造李氏函数的一般方法。所以，尽管李雅普诺夫第二法在原理上是最简单的，但实际应用并不是一件易事。尤其对复杂的系统更是如此，需要有相当的经验和技巧。任意地选取一个正定标量函数未必一定是系统的李氏函数，究竟是否为系统的李氏函数，需经具体分析加以判断。不过，对于线性系统和某些非线性系统，已经有了一些可行的方法来构造李氏函数。我们在后面的章节中将分别做进一步的讨论。

4.3 线性系统的李雅普诺夫稳定性分析

李雅普诺夫当时不仅给运动稳定性下了严格的定义，而且给出了系统稳定的判别定理。这些定义和定理适合于任何系统，但判别定理只给出了系统稳定与不稳定的充分条件，只有在线性系统的情况下才能给出充分必要条件。在下面的讨论中，我们重点介绍李氏第二法在线性系统中的应用。

4.3.1 李雅普诺夫第二法在线性连续系统中的应用

1. 线性定常连续系统

在高阶系统或者特征多项式中有待定参数时，利用求特征值的方法来判断系统的稳定性是比较困难的。在这种情况下，利用劳斯判据比较方便，采用李雅普诺夫第二法也比较有效。

1）渐近稳定的判别方法

定理 4-15 线性定常连续自治系统

$$\dot{\boldsymbol{x}} = \boldsymbol{A}\boldsymbol{x}$$

式中，$\boldsymbol{x}$——n 为状态向量；

$\boldsymbol{A}$——$n\times n$ 常数矩阵；且是非奇异的。

在平衡状态 $\boldsymbol{x}_e=\boldsymbol{0}$ 处，大范围渐近稳定的充要条件是：

对任给的一个正定实对称矩阵 $\boldsymbol{Q}$,存在一个正定的对称矩阵 $\boldsymbol{P}$,且满足矩阵方程

$$\boldsymbol{A}^{\mathrm{T}}\boldsymbol{P}+\boldsymbol{P}\boldsymbol{A}=-\boldsymbol{Q} \tag{4-49}$$

而标量函数 $v(\boldsymbol{x})=\boldsymbol{x}^{\mathrm{T}}\boldsymbol{P}\boldsymbol{x}$ 是这个系统的一个二次型形式的李雅普诺夫函数。

证明

充分性:如果满足上述要求的 $\boldsymbol{P}$ 存在,则系统在 $\boldsymbol{x}_{\mathrm{e}}=\boldsymbol{0}$ 处是渐近稳定的。

设 $\boldsymbol{P}$ 是存在的,且 $\boldsymbol{P}$ 是正定的,即 $\boldsymbol{P}>0$,故选 $v(\boldsymbol{x})=\boldsymbol{x}^{\mathrm{T}}\boldsymbol{P}\boldsymbol{x}$,由赛尔维斯特判据知

$$v(\boldsymbol{x})>0\ (\text{正定})$$

另外,$v(\boldsymbol{x})$沿 $\boldsymbol{x}$ 轨线对时间 t 的全导数为

$$\begin{aligned}\dot{v}(\boldsymbol{x})&=\frac{\mathrm{d}}{\mathrm{d}t}(\boldsymbol{x}^{\mathrm{T}}\boldsymbol{P}\boldsymbol{x})=\dot{\boldsymbol{x}}^{\mathrm{T}}\boldsymbol{P}\boldsymbol{x}+\boldsymbol{x}^{\mathrm{T}}\boldsymbol{P}\dot{\boldsymbol{x}}=(\boldsymbol{A}\boldsymbol{x})^{\mathrm{T}}\boldsymbol{P}\boldsymbol{x}+\boldsymbol{x}^{\mathrm{T}}\boldsymbol{P}(\boldsymbol{A}\boldsymbol{x})\\&=\boldsymbol{x}^{\mathrm{T}}\boldsymbol{A}^{\mathrm{T}}\boldsymbol{P}\boldsymbol{x}+\boldsymbol{x}^{\mathrm{T}}\boldsymbol{P}\boldsymbol{A}\boldsymbol{x}=\boldsymbol{x}^{\mathrm{T}}(\boldsymbol{A}^{\mathrm{T}}\boldsymbol{P}+\boldsymbol{P}\boldsymbol{A})\boldsymbol{x}=\boldsymbol{x}^{\mathrm{T}}(-\boldsymbol{Q})\boldsymbol{x}\end{aligned} \tag{4-50}$$

已知 $\boldsymbol{Q}>0$,故 $-\boldsymbol{Q}<0$,即 $\dot{v}(\boldsymbol{x})$是负定的。因此,由定理 4-10 知,系统在原点处是渐近稳定的。

必要性:如果系统在 $\boldsymbol{x}_{\mathrm{e}}=\boldsymbol{0}$ 是渐近稳定的,则必存在矩阵 $\boldsymbol{P}$ 满足矩阵方程 $\boldsymbol{A}^{\mathrm{T}}\boldsymbol{P}+\boldsymbol{P}\boldsymbol{A}=-\boldsymbol{Q}$。因为若系统是渐近稳定的,矩阵 $\boldsymbol{A}$ 的特征值 $\lambda_i(i=1,2,\cdots,n)$满足 $\mathrm{Re}(\lambda_i)<0$,若所取矩阵 $\boldsymbol{P}$ 具有下面的形式:

$$\boldsymbol{P}=\int_0^{\infty}\mathrm{e}^{\boldsymbol{A}^{\mathrm{T}}t}\boldsymbol{Q}\mathrm{e}^{\boldsymbol{A}t}\,\mathrm{d}t \tag{4-51}$$

其中被积函数 $\mathrm{e}^{\boldsymbol{A}^{\mathrm{T}}t}\boldsymbol{Q}\mathrm{e}^{\boldsymbol{A}t}$ 一定具有 $t^k\mathrm{e}^{\lambda t}$ 形式的诸项之和,故积分一定存在。

将式(4-51)代入 $\boldsymbol{A}^{\mathrm{T}}\boldsymbol{P}+\boldsymbol{P}\boldsymbol{A}$ 中,即

$$\begin{aligned}\boldsymbol{A}^{\mathrm{T}}\boldsymbol{P}+\boldsymbol{P}\boldsymbol{A}&=\int_0^{\infty}\boldsymbol{A}^{\mathrm{T}}\mathrm{e}^{\boldsymbol{A}^{\mathrm{T}}t}\boldsymbol{Q}\mathrm{e}^{\boldsymbol{A}t}\,\mathrm{d}t+\int_0^{\infty}\mathrm{e}^{\boldsymbol{A}^{\mathrm{T}}t}\boldsymbol{Q}\mathrm{e}^{\boldsymbol{A}t}\boldsymbol{A}\,\mathrm{d}t=\int_0^{\infty}(\boldsymbol{A}^{\mathrm{T}}\mathrm{e}^{\boldsymbol{A}^{\mathrm{T}}t}\boldsymbol{Q}\mathrm{e}^{\boldsymbol{A}t}+\mathrm{e}^{\boldsymbol{A}^{\mathrm{T}}t}\boldsymbol{Q}\mathrm{e}^{\boldsymbol{A}t}\boldsymbol{A})\,\mathrm{d}t\\&=\int_0^{\infty}\frac{\mathrm{d}}{\mathrm{d}t}(\mathrm{e}^{\boldsymbol{A}^{\mathrm{T}}t}\boldsymbol{Q}\mathrm{e}^{\boldsymbol{A}t})\,\mathrm{d}t=\mathrm{e}^{\boldsymbol{A}^{\mathrm{T}}t}\boldsymbol{Q}\mathrm{e}^{\boldsymbol{A}t}\big|_0^{\infty}=-\boldsymbol{Q}\end{aligned}$$

这说明满足矩阵方程式(4-49)的 $\boldsymbol{P}$ 存在。

证明 $\boldsymbol{P}$ 阵的正定性,因为 $\boldsymbol{Q}$ 为对称的正定阵,故 $\boldsymbol{x}^{\mathrm{T}}\boldsymbol{Q}\boldsymbol{x}$ 为正定函数,则有 $\int_0^{\infty}\boldsymbol{x}^{\mathrm{T}}\boldsymbol{Q}\boldsymbol{x}\,\mathrm{d}t>0$。

$$\begin{aligned}\int_0^{\infty}\boldsymbol{x}^{\mathrm{T}}\boldsymbol{Q}\boldsymbol{x}\,\mathrm{d}t&=\int_0^{\infty}\boldsymbol{x}^{\mathrm{T}}(-\boldsymbol{A}^{\mathrm{T}}\boldsymbol{P}-\boldsymbol{P}\boldsymbol{A})\boldsymbol{x}\,\mathrm{d}t=\int_0^{\infty}(-\boldsymbol{x}^{\mathrm{T}}\boldsymbol{A}^{\mathrm{T}}\boldsymbol{P}\boldsymbol{x}-\boldsymbol{x}^{\mathrm{T}}\boldsymbol{P}\boldsymbol{A}\boldsymbol{x})\,\mathrm{d}t\\&=\int_0^{\infty}(-\dot{\boldsymbol{x}}^{\mathrm{T}}\boldsymbol{P}\boldsymbol{x}-\boldsymbol{x}^{\mathrm{T}}\boldsymbol{P}\dot{\boldsymbol{x}})\,\mathrm{d}t=\int_0^{\infty}\frac{\mathrm{d}}{\mathrm{d}t}(-\boldsymbol{x}^{\mathrm{T}}\boldsymbol{P}\boldsymbol{x})\,\mathrm{d}t\\&=[-\boldsymbol{x}^{\mathrm{T}}\boldsymbol{P}\boldsymbol{x}]_0^{\infty}=\boldsymbol{x}^{\mathrm{T}}(0)\boldsymbol{P}\boldsymbol{x}(0)>0\end{aligned}$$

所以,$\boldsymbol{P}$ 为正定阵。

证明 $\boldsymbol{P}$ 阵的对称性,当 $\boldsymbol{Q}$ 为对称的正定阵,有

$$\boldsymbol{P}=\int_0^{\infty}\mathrm{e}^{\boldsymbol{A}^{\mathrm{T}}t}\boldsymbol{Q}\mathrm{e}^{\boldsymbol{A}t}\,\mathrm{d}t$$

$$\boldsymbol{P}^{\mathrm{T}}=\int_{0}^{\infty}[\mathrm{e}^{\boldsymbol{A}^{\mathrm{T}}t}\boldsymbol{Q}\mathrm{e}^{\boldsymbol{A}t}]^{\mathrm{T}}\mathrm{d}t=\int_{0}^{\infty}(\mathrm{e}^{\boldsymbol{A}t})^{\mathrm{T}}\boldsymbol{Q}^{\mathrm{T}}(\mathrm{e}^{\boldsymbol{A}^{\mathrm{T}}t})^{\mathrm{T}}\mathrm{d}t=\int_{0}^{\infty}\mathrm{e}^{\boldsymbol{A}^{\mathrm{T}}t}\boldsymbol{Q}\mathrm{e}^{\boldsymbol{A}t}\mathrm{d}t=\boldsymbol{P}$$

故 $\boldsymbol{P}$ 为对称阵。

证明 $\boldsymbol{P}$ 阵的惟一性，设 $\bar{\boldsymbol{P}}$ 是 $\boldsymbol{A}^{\mathrm{T}}\boldsymbol{P}+\boldsymbol{P}\boldsymbol{A}=-\boldsymbol{Q}$ 的任意解，则 $\boldsymbol{A}^{\mathrm{T}}\bar{\boldsymbol{P}}+\bar{\boldsymbol{P}}\boldsymbol{A}=-\boldsymbol{Q}$ 成立。

$$\begin{aligned}\boldsymbol{P}&=\int_{0}^{\infty}\mathrm{e}^{\boldsymbol{A}^{\mathrm{T}}t}\boldsymbol{Q}\mathrm{e}^{\boldsymbol{A}t}\mathrm{d}t=-\int_{0}^{\infty}\mathrm{e}^{\boldsymbol{A}^{\mathrm{T}}t}(\boldsymbol{A}^{\mathrm{T}}\bar{\boldsymbol{P}}+\bar{\boldsymbol{P}}\boldsymbol{A})\mathrm{e}^{\boldsymbol{A}t}\mathrm{d}t\\&=-\int_{0}^{\infty}\frac{\mathrm{d}}{\mathrm{d}t}(\mathrm{e}^{\boldsymbol{A}^{\mathrm{T}}t}\bar{\boldsymbol{P}}\mathrm{e}^{\boldsymbol{A}^{\mathrm{T}}})\mathrm{d}t=-[\mathrm{e}^{\boldsymbol{A}^{\mathrm{T}}t}\bar{\boldsymbol{P}}\mathrm{e}^{\boldsymbol{A}^{\mathrm{T}}}]_{0}^{\infty}=\bar{\boldsymbol{P}}\end{aligned}$$

故在系统稳定的前提下，任给 $\boldsymbol{Q}>0$，满足 $\boldsymbol{A}^{\mathrm{T}}\boldsymbol{P}+\boldsymbol{P}\boldsymbol{A}=-\boldsymbol{Q}$ 矩阵方程的正定对称惟一的 $\boldsymbol{P}$ 阵是存在的，必要性证毕。

需要着重指出：

(1) 如果任取一个正定矩阵 $\boldsymbol{Q}$，则满足矩阵方程 $\boldsymbol{A}^{\mathrm{T}}\boldsymbol{P}+\boldsymbol{P}\boldsymbol{A}=-\boldsymbol{Q}$ 的实对称矩阵 $\boldsymbol{P}$ 是惟一的，若 $\boldsymbol{P}$ 是正定的，系统在平衡状态 $\boldsymbol{x}_{\mathrm{e}}=\boldsymbol{0}$ 是渐近稳定的。$\boldsymbol{P}$ 的正定性是一个充要条件。

(2) 如果 $\dot{v}(\boldsymbol{x})=\boldsymbol{x}^{\mathrm{T}}(-\boldsymbol{Q})\boldsymbol{x}$ 沿任意一条轨迹不恒等于零，则 $\boldsymbol{Q}$ 可取正半定，结论不变。

(3) 为计算方便，在选用正定实对称矩阵 $\boldsymbol{Q}$ 时，常取 $\boldsymbol{Q}=\boldsymbol{I}$，于是矩阵 $\boldsymbol{P}$ 可按下式确定

$$\boldsymbol{A}^{\mathrm{T}}\boldsymbol{P}+\boldsymbol{P}\boldsymbol{A}=-\boldsymbol{I}\tag{4-52}$$

然后检验 $\boldsymbol{P}$ 是不是正定的。

2) 判断的一般步骤

定理 4-15 的内容给出了构造线性定常系统渐近稳定的李氏函数的通用方法：

(1) 确定系统的平衡状态。

(2) 取正定矩阵 $\boldsymbol{Q}=\boldsymbol{I}$，且设实对称阵 $\boldsymbol{P}$ 为以下形式：

$$\boldsymbol{P}=\begin{bmatrix}p_{11}&p_{12}&\cdots&p_{1n}\\\vdots&\vdots&&\vdots\\p_{n1}&p_{n2}&\cdots&p_{nn}\end{bmatrix}$$

(3) 解矩阵方程 $\boldsymbol{A}^{\mathrm{T}}\boldsymbol{P}+\boldsymbol{P}\boldsymbol{A}=-\boldsymbol{I}$，求出 $\boldsymbol{P}$。

(4) 利用赛尔维斯特判据，判断 $\boldsymbol{P}$ 的正定性。若 $\boldsymbol{P}>0$，正定，系统渐近稳定，且

$$v(\boldsymbol{x})=\boldsymbol{x}^{\mathrm{T}}\boldsymbol{P}\boldsymbol{x}$$

例 4-9 设系统的状态方程为

$$\begin{bmatrix}\dot{x}_1\\\dot{x}_2\end{bmatrix}=\begin{bmatrix}0&1\\-1&-1\end{bmatrix}\begin{bmatrix}x_1\\x_2\end{bmatrix}$$

其平衡状态在坐标原点处，试判断该系统的稳定性。

解　设李氏函数为

$$v(\boldsymbol{x}) = \boldsymbol{x}^{\mathrm{T}}\boldsymbol{P}\boldsymbol{x}$$

$$\dot{v}(\boldsymbol{x}) = \boldsymbol{x}^{\mathrm{T}}(-\boldsymbol{Q})\boldsymbol{x}$$

取 $\boldsymbol{Q}=\boldsymbol{I}$，则 $\boldsymbol{P}$ 矩阵由下式确定：

$$\boldsymbol{A}^{\mathrm{T}}\boldsymbol{P} + \boldsymbol{P}\boldsymbol{A} = -\boldsymbol{I}$$

即

$$\begin{bmatrix} 0 & -1 \\ 1 & -1 \end{bmatrix}\begin{bmatrix} p_{11} & p_{12} \\ p_{21} & p_{22} \end{bmatrix} + \begin{bmatrix} p_{11} & p_{12} \\ p_{21} & p_{22} \end{bmatrix}\begin{bmatrix} 0 & 1 \\ -1 & -1 \end{bmatrix} = \begin{bmatrix} -1 & 0 \\ 0 & -1 \end{bmatrix}$$

$$\begin{bmatrix} -p_{21} & -p_{22} \\ p_{11}-p_{21} & p_{12}-p_{22} \end{bmatrix} + \begin{bmatrix} -p_{12} & p_{11}-p_{12} \\ -p_{22} & p_{21}-p_{22} \end{bmatrix} = \begin{bmatrix} -1 & 0 \\ 0 & -1 \end{bmatrix}$$

将矩阵方程展成联立方程组

$$\begin{cases} -p_{21}-p_{12} = -1 \\ p_{11}-p_{12}-p_{22} = 0 \\ p_{12}+p_{21}-2p_{22} = -1 \\ p_{12} = p_{21} \end{cases}$$

解出

$$\boldsymbol{P} = \begin{bmatrix} p_{11} & p_{12} \\ p_{21} & p_{22} \end{bmatrix} = \begin{bmatrix} \dfrac{3}{2} & \dfrac{1}{2} \\ \dfrac{1}{2} & 1 \end{bmatrix}$$

用赛尔维斯特判据检验 $\boldsymbol{P}$ 的正定性：

$$\Delta_1 = p_{11} = \frac{3}{2} > 0$$

$$\Delta_2 = \begin{vmatrix} p_{11} & p_{12} \\ p_{21} & p_{22} \end{vmatrix} = \begin{vmatrix} \dfrac{3}{2} & \dfrac{1}{2} \\ \dfrac{1}{2} & 1 \end{vmatrix} > 0$$

可见 $\boldsymbol{P}>0$，正定，系统在原点处的平衡状态是渐近稳定的。而系统的李氏函数及其导函数分别为

$$v(\boldsymbol{x}) = \boldsymbol{x}^{\mathrm{T}}\boldsymbol{P}\boldsymbol{x} = \frac{1}{2}(3x_1^2 + 2x_1x_2 + 2x_2^2) > 0$$

$$\dot{v}(\boldsymbol{x}) = \boldsymbol{x}^{\mathrm{T}}(-\boldsymbol{I})\boldsymbol{x} = -(x_1^2 + x_2^2) < 0$$

例 4-10　试确定图 4-8 所示系统增益 K 的稳定范围。

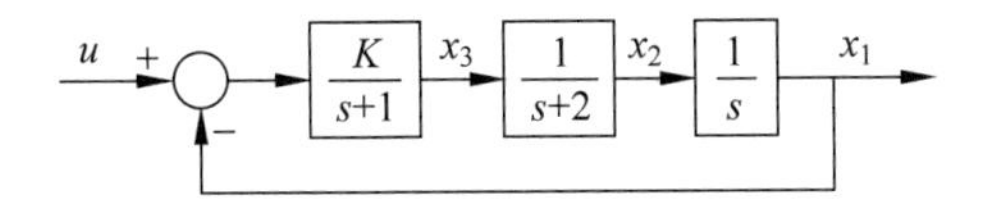

图 4-8　系统结构图

解 选取如图 4-8 所示的一组状态变量 x_1,x_2 和 x_3,可写出系统的状态方程

$$\begin{bmatrix}\dot{x}_1\\\dot{x}_2\\\dot{x}_3\end{bmatrix}=\begin{bmatrix}0&1&0\\0&-2&1\\-K&0&-1\end{bmatrix}\begin{bmatrix}x_1\\x_2\\x_3\end{bmatrix}+\begin{bmatrix}0\\0\\K\end{bmatrix}u$$

研究系统的稳定性时,可令 $u=0$。显然 $|\mathbf{A}|\neq 0$,故原点是系统的平衡状态。

假设选取正半定的实对称矩阵 $\boldsymbol{Q}$ 为

$$\boldsymbol{Q}=\begin{bmatrix}0&0&0\\0&0&0\\0&0&1\end{bmatrix}$$

则

$$\dot{v}(\boldsymbol{x})=-\boldsymbol{x}^{\mathrm{T}}\boldsymbol{Q}\boldsymbol{x}=-x_3^2$$

若取 $\dot{v}\equiv 0$,则有 $x_3\equiv 0$,从而 x_1 和 x_2 亦恒等于零。可见,$\dot{v}(\boldsymbol{x})$ 只是在原点处才恒等于零,故可取 $\boldsymbol{Q}$ 为正半定阵。

由下式解出矩阵 $\boldsymbol{P}$

$$\begin{bmatrix}0&0&-K\\1&-2&0\\0&1&-1\end{bmatrix}\begin{bmatrix}p_{11}&p_{12}&p_{13}\\p_{21}&p_{22}&p_{23}\\p_{31}&p_{32}&p_{33}\end{bmatrix}+\begin{bmatrix}p_{11}&p_{12}&p_{13}\\p_{21}&p_{22}&p_{23}\\p_{31}&p_{32}&p_{33}\end{bmatrix}\begin{bmatrix}0&1&0\\0&-2&1\\-K&0&-1\end{bmatrix}=\begin{bmatrix}0&0&0\\0&0&0\\0&0&-1\end{bmatrix}$$

结果为

$$\boldsymbol{P}=\begin{bmatrix}\dfrac{K^2+12K}{12-2K}&\dfrac{6K}{12-2K}&0\\\dfrac{6K}{12-2K}&\dfrac{3K}{12-2K}&\dfrac{K}{12-2K}\\0&\dfrac{K}{12-2K}&\dfrac{6}{12-2K}\end{bmatrix}$$

使 $\boldsymbol{P}$ 成为正定矩阵的充要条件为

$$12-2K>0 \quad 和 \quad K>0$$

即

$$0<K<6$$

因此得出结论:当 $0<K<6$ 时,系统是大范围渐近稳定的。

2. 线性时变连续系统

1) 渐近稳定的判断方法

定理 4-16 线性时变连续系统

$$\begin{cases}\dot{\boldsymbol{x}}(t)=\boldsymbol{A}(t)\boldsymbol{x}(t)\\\boldsymbol{x}_{\mathrm{e}}=\boldsymbol{0}\end{cases}\tag{4-53}$$

式中,$\boldsymbol{x}(t)$——n 维状态向量;

$\boldsymbol{A}(t)$——$n\times n$ 系统矩阵，且为时间的函数。

该系统在平衡点 $\boldsymbol{x}_e=\boldsymbol{0}$ 处，大范围一致渐近稳定的充要条件是：对于任意给定的连续实对称、一致有界和一致正定的时变矩阵 $\boldsymbol{Q}(t)$，存在一个连续的实对称、一致有界和一致正定的矩阵 $\boldsymbol{P}(t)$，使得

$$\dot{\boldsymbol{P}}(t)=-\boldsymbol{A}^{\mathrm{T}}(t)\boldsymbol{P}(t)-\boldsymbol{P}(t)\boldsymbol{A}(t)-\boldsymbol{Q}(t) \tag{4-54}$$

并且

$$v[\boldsymbol{x}(t),t]=\boldsymbol{x}^{\mathrm{T}}(t)\boldsymbol{P}(t)\boldsymbol{x}(t) \tag{4-55}$$

是系统的李氏函数。

证明　仅证明充分性。选取李氏函数为

$$v[\boldsymbol{x}(t),t]=\boldsymbol{x}^{\mathrm{T}}(t)\boldsymbol{P}(t)\boldsymbol{x}(t) \tag{4-56}$$

则 $\boldsymbol{P}(t)$ 必为正定的，且是对称矩阵。于是

$$\begin{aligned}\dot{v}[\boldsymbol{x}(t),t]&=\dot{\boldsymbol{x}}^{\mathrm{T}}(t)\boldsymbol{P}(t)\boldsymbol{x}(t)+\boldsymbol{x}^{\mathrm{T}}(t)\dot{\boldsymbol{P}}(t)\boldsymbol{x}(t)+\boldsymbol{x}^{\mathrm{T}}(t)\boldsymbol{P}(t)\dot{\boldsymbol{x}}(t)\\&=[\boldsymbol{A}(t)\boldsymbol{x}(t)]^{\mathrm{T}}\boldsymbol{P}(t)\boldsymbol{x}(t)+\boldsymbol{x}^{\mathrm{T}}(t)\dot{\boldsymbol{P}}(t)\boldsymbol{x}(t)+\boldsymbol{x}^{\mathrm{T}}\boldsymbol{P}(t)[\boldsymbol{A}(t)\boldsymbol{x}(t)]\\&=\boldsymbol{x}^{\mathrm{T}}(t)[\boldsymbol{A}^{\mathrm{T}}(t)\boldsymbol{P}(t)+\dot{\boldsymbol{P}}(t)+\boldsymbol{P}(t)\boldsymbol{A}(t)]\boldsymbol{x}(t)\\&=-\boldsymbol{x}^{\mathrm{T}}(t)\boldsymbol{Q}(t)\boldsymbol{x}(t)\end{aligned}$$

故

$$\boldsymbol{Q}(t)=-\boldsymbol{A}^{\mathrm{T}}(t)\boldsymbol{P}(t)-\dot{\boldsymbol{P}}(t)-\boldsymbol{P}(t)\boldsymbol{A}(t)$$

由李氏稳定性定理 4-10 知，当 $\boldsymbol{P}(t)$ 是正定的对称矩阵时，若 $\boldsymbol{Q}(t)$ 也是一个正定对称矩阵，则

$$\dot{v}(t)[\boldsymbol{x}(t),t]=-\boldsymbol{x}^{\mathrm{T}}(t)\boldsymbol{Q}(t)\boldsymbol{x}(t)$$

是负定的，系统便是渐近稳定的。

上式可写成矩阵方程

$$\dot{\boldsymbol{P}}(t)=-\boldsymbol{A}^{\mathrm{T}}(t)\boldsymbol{P}(t)-\boldsymbol{P}(t)\boldsymbol{A}(t)-\boldsymbol{Q}(t) \tag{4-57}$$

定理得证。

2）判断的一般步骤

与定常系统相似，定理 4-16 给出了判断线性时变系统渐近稳定的通用方法。该方法指出了对时变线性系统李氏函数的一般求法。

(1) 确定系统的平衡状态。

(2) 任选正定对称矩阵 $\boldsymbol{Q}(t)$，代入矩阵方程

$$\dot{\boldsymbol{P}}(t)=-\boldsymbol{A}^{\mathrm{T}}(t)\boldsymbol{P}(t)-\boldsymbol{P}(t)\boldsymbol{A}(t)-\boldsymbol{Q}(t) \tag{4-58}$$

解出矩阵 $\boldsymbol{P}(t)$。

(3) 判断矩阵 $\boldsymbol{P}(t)$ 是否满足连续、有界对称正定性。若满足，则线性时变系统是渐近稳定的，且

$$v[\boldsymbol{x}(t),t]=\boldsymbol{x}^{\mathrm{T}}(t)\boldsymbol{P}(t)\boldsymbol{x}(t) \tag{4-59}$$

4.3.2 李雅普诺夫第二法在线性离散系统中的应用

1. 线性定常离散系统

1) 渐近稳定的判断方式

定理 4-17 设线性定常离散系统为

$$\begin{cases} \boldsymbol{x}(k+1)=\boldsymbol{G}\boldsymbol{x}(k) \\ \boldsymbol{x}_e=\boldsymbol{0} \end{cases} \tag{4-60}$$

式中，$\boldsymbol{x}$——n 维状态向量；

$\boldsymbol{G}$——$n\times n$ 常系数非奇异矩阵。

系统在平衡点处大范围渐近稳定的充要条件是：对任意给定的正定实对称矩阵 $\boldsymbol{Q}$，存在一个正定的实对称矩阵 $\boldsymbol{P}$，且满足如下矩阵方程：

$$\boldsymbol{G}^{\mathrm{T}}\boldsymbol{P}\boldsymbol{G}-\boldsymbol{P}=-\boldsymbol{Q} \tag{4-61}$$

并且

$$v[\boldsymbol{x}(k)]=\boldsymbol{x}^{\mathrm{T}}(k)\boldsymbol{P}\boldsymbol{x}(k) \tag{4-62}$$

是这个系统的李氏函数。

证明 (1) 充分性证明 任给正定实对称矩阵 $\boldsymbol{Q}$，满足式(4-61)的方程的解阵 $\boldsymbol{P}$ 为正定实对称矩阵，则系统渐近稳定。其李氏函数为

$$v[\boldsymbol{x}(k)]=\boldsymbol{x}^{\mathrm{T}}(k)\boldsymbol{P}\boldsymbol{x}(k)$$

对于离散系统，变量的变化率用差分来表示，故用 $\Delta v[\boldsymbol{x}(k)]=v[\boldsymbol{x}(k+1)]-v[\boldsymbol{x}(k)]$来代替线性连续系统中的$\dot{v}(\boldsymbol{x})$。因此

$$\begin{aligned}\Delta v[\boldsymbol{x}(k)] &= v[\boldsymbol{x}(k+1)]-v[\boldsymbol{x}(k)] \\ &= \boldsymbol{x}^{\mathrm{T}}(k+1)\boldsymbol{P}\boldsymbol{x}(k+1)-\boldsymbol{x}^{\mathrm{T}}(k)\boldsymbol{P}\boldsymbol{x}(k) \\ &= [\boldsymbol{G}\boldsymbol{x}(k)]^{\mathrm{T}}\boldsymbol{P}[\boldsymbol{G}\boldsymbol{x}(k)]-\boldsymbol{x}^{\mathrm{T}}(k)\boldsymbol{P}\boldsymbol{x}(k) \\ &= \boldsymbol{x}^{\mathrm{T}}(k)\boldsymbol{G}^{\mathrm{T}}\boldsymbol{P}\boldsymbol{G}\boldsymbol{x}(k)-\boldsymbol{x}^{\mathrm{T}}(k)\boldsymbol{P}\boldsymbol{x}(k) \\ &= \boldsymbol{x}^{\mathrm{T}}(k)[\boldsymbol{G}^{\mathrm{T}}\boldsymbol{P}\boldsymbol{G}-\boldsymbol{P}]\boldsymbol{x}(k) \\ &= \boldsymbol{x}^{\mathrm{T}}(k)[-\boldsymbol{Q}]\boldsymbol{x}(k)\end{aligned}$$

$$\Delta v[\boldsymbol{x}(k)]=-\boldsymbol{x}^{\mathrm{T}}(k)\boldsymbol{Q}\boldsymbol{x}(k) \quad (负定)$$

$v[\boldsymbol{x}(k)]$正定，$\Delta v[\boldsymbol{x}(k)]$负定，满足定理 4-10 的条件，系统渐近稳定。

(2) 必要性证明 假设系统渐近稳定，当给定一个正定的实对称矩阵 $\boldsymbol{Q}$ 时，满足方程式(4-61)的正定的实对称矩阵 $\boldsymbol{P}$ 存在。

设 $\boldsymbol{P}$ 存在且为 $\boldsymbol{P}=\sum_{k=0}^{\infty}(\boldsymbol{G}^{\mathrm{T}})^k\boldsymbol{Q}\boldsymbol{G}^k$，其中 $\boldsymbol{G}^k$ 是离散状态转移矩阵，由于系统渐近稳定，所以当 $k\to\infty$ 时，$\boldsymbol{G}^k\to\boldsymbol{0}$。则有，

$$\boldsymbol{G}^{\mathrm{T}}\boldsymbol{P}\boldsymbol{G}-\boldsymbol{P}=\sum_{k=0}^{\infty}(\boldsymbol{G}^{\mathrm{T}})^{k+1}\boldsymbol{Q}\boldsymbol{G}^{k+1}-\sum_{k=0}^{\infty}(\boldsymbol{G}^{\mathrm{T}})^k\boldsymbol{Q}\boldsymbol{G}^k$$

$$= (\boldsymbol{G}^{\mathrm{T}})^{\infty}\boldsymbol{Q}\boldsymbol{G}^{\infty} - (\boldsymbol{G}^{\mathrm{T}})^{0}\boldsymbol{Q}\boldsymbol{G}^{0} = -\boldsymbol{Q}$$

关于 $\boldsymbol{P}$ 的对称性和正定性仿照定理 4-15 即可得证。

故系统是渐近稳定时，给定一个正定的实对称矩阵 $\boldsymbol{Q}$，则满足方程式(4-61)的正定的对称矩阵 $\boldsymbol{P}$ 一定存在。

定理得证。

值得指出，与连续定常系统类似，若

$$\Delta v[\boldsymbol{x}(k)] = -\boldsymbol{x}^{\mathrm{T}}(k)\boldsymbol{Q}\boldsymbol{x}(k)$$

沿任一解的序列不恒等于零时，那么 $\boldsymbol{Q}$ 可取正半定矩阵。

2）判断的一般步骤

（1）确定系统的平衡状态。

（2）选正定矩阵 $\boldsymbol{Q}$，一般选 $\boldsymbol{Q}=\boldsymbol{I}$，则矩阵方程为

$$\boldsymbol{G}^{\mathrm{T}}\boldsymbol{P}\boldsymbol{G} - \boldsymbol{P} = -\boldsymbol{I} \tag{4-63}$$

由此解出 $\boldsymbol{P}$。

（3）判断 $\boldsymbol{P}$ 的正定性，若 $\boldsymbol{P}>0$，系统渐近稳定，且 $v[\boldsymbol{x}(k)]=\boldsymbol{x}^{\mathrm{T}}(k)\boldsymbol{P}\boldsymbol{x}(k)$ 为系统的李氏函数。

例 4-11　离散时间系统的状态方程为

$$\boldsymbol{x}(k+1) = \begin{bmatrix} \lambda_1 & 0 \\ 0 & \lambda_2 \end{bmatrix}\boldsymbol{x}(k)$$

试确定系统在平衡点处渐近稳定的条件。

解　选 $\boldsymbol{Q}=\boldsymbol{I}$，代入矩阵方程

$$\boldsymbol{G}^{\mathrm{T}}\boldsymbol{P}\boldsymbol{G} - \boldsymbol{P} = -\boldsymbol{I}$$

即

$$\begin{bmatrix} \lambda_1 & 0 \\ 0 & \lambda_2 \end{bmatrix}\begin{bmatrix} p_{11} & p_{12} \\ p_{21} & p_{22} \end{bmatrix}\begin{bmatrix} \lambda_1 & 0 \\ 0 & \lambda_2 \end{bmatrix} - \begin{bmatrix} p_{11} & p_{12} \\ p_{21} & p_{22} \end{bmatrix} = \begin{bmatrix} -1 & 0 \\ 0 & -1 \end{bmatrix}$$

上式可化简为

$$\begin{bmatrix} p_{11}(1-\lambda_1^2) & p_{12}(1-\lambda_1\lambda_2) \\ p_{21}(1-\lambda_1\lambda_2) & p_{22}(1-\lambda_2^2) \end{bmatrix} = \begin{bmatrix} 1 & 0 \\ 0 & 1 \end{bmatrix}$$

于是可得

$$\begin{cases} p_{11}(1-\lambda_1^2) = 1 \\ p_{12}(1-\lambda_1\lambda_2) = 0 \\ p_{22}(1-\lambda_2^2) = 1 \end{cases}$$

解出

$$\begin{cases} p_{11} = \dfrac{1}{1-\lambda_1^2} \\ p_{12} = p_{21} = 0 \\ p_{22} = \dfrac{1}{1-\lambda_2^2} \end{cases}$$

即

$$P=\begin{bmatrix}\dfrac{1}{1-\lambda_1^2} & 0\\ 0 & \dfrac{1}{1-\lambda_2^2}\end{bmatrix}$$

要使 $\boldsymbol{P}$ 为正定的实对称矩阵，则要求

$$|\lambda_1|<1,\quad |\lambda_2|<1$$

以上说明，当系统的特征根位于单位圆内时，系统的平衡点处才是大范围渐近稳定的。显然，这一结论与经典理论中采样系统稳定判据结论一致。

2. 线性时变离散系统

1）渐近稳定的判断方法

定理 4-18 设线性时变离散系统方程为

$$\begin{cases}\boldsymbol{x}(k+1)=\boldsymbol{G}(k+1,k)\boldsymbol{x}(k)\\ \boldsymbol{x}_e=\boldsymbol{0}\end{cases}\tag{4-64}$$

系统在平衡状态 $\boldsymbol{x}_e=\boldsymbol{0}$ 处是大范围内一致渐近稳定的充要条件是：对于任意给定连续实对称、一致有界和一致正定的时变矩阵 $\boldsymbol{Q}(k)$，存在一个连续的实对称、一致有界和一致正定的矩阵 $\boldsymbol{P}(k+1)$，使得

$$\boldsymbol{G}^{\mathrm{T}}(k+1,k)\boldsymbol{P}(k+1)\boldsymbol{G}(k+1,k)-\boldsymbol{P}(k)=-\boldsymbol{Q}(k)\tag{4-65}$$

成立，且标量函数

$$v[\boldsymbol{x}(k),k]=\boldsymbol{x}^{\mathrm{T}}(k)[\boldsymbol{P}(k)]\boldsymbol{x}(k)\tag{4-66}$$

即为系统的李氏函数。

证明 只证明充分性。选取李氏函数为

$$v[\boldsymbol{x}(k),k]=\boldsymbol{x}^{\mathrm{T}}(k)[\boldsymbol{P}(k)]\boldsymbol{x}(k)$$

式中，$\boldsymbol{P}(k)$必为正定的，且是时间的函数。

取李氏函数的一阶差分为

$$\begin{aligned}\Delta v[\boldsymbol{x}(k),k]&=v[\boldsymbol{x}(k+1),k+1]-v[\boldsymbol{x}(k),k]\\&=\boldsymbol{x}^{\mathrm{T}}(k+1)\boldsymbol{P}(k+1)\boldsymbol{x}(k+1)-\boldsymbol{x}^{\mathrm{T}}(k)\boldsymbol{P}(k)\boldsymbol{x}(k)\\&=\boldsymbol{x}^{\mathrm{T}}(k)\boldsymbol{G}^{\mathrm{T}}(k+1,k)\boldsymbol{P}(k+1)\boldsymbol{G}(k+1,k)\boldsymbol{x}(k)-\boldsymbol{x}^{\mathrm{T}}(k)\boldsymbol{P}(k)\boldsymbol{x}(k)\\&=\boldsymbol{x}^{\mathrm{T}}(k)[\boldsymbol{G}^{\mathrm{T}}(k+1,k)\boldsymbol{P}(k+1)\boldsymbol{G}(k+1,k)-\boldsymbol{P}(k)]\boldsymbol{x}(k)\\&=\boldsymbol{x}^{\mathrm{T}}(k)[-\boldsymbol{Q}(k)]\boldsymbol{x}(k)\end{aligned}$$

故

$$\boldsymbol{Q}(k)=-[\boldsymbol{G}^{\mathrm{T}}(k+1,k)\boldsymbol{P}(k+1)\boldsymbol{G}(k+1,k)-\boldsymbol{P}(k)]$$

由渐近稳定的条件要求，当 $\boldsymbol{P}(k)>0$ 正定时，$\boldsymbol{Q}(k)$必须是正定的，才能使

$$\Delta v[\boldsymbol{x}(k),k]=-\boldsymbol{x}^{\mathrm{T}}(k)\boldsymbol{Q}(k)\boldsymbol{x}(k)\text{ 为负定。}$$

定理得证。

2）判断的一般步骤

（1）确定系统的平衡状态；

（2）任选正定对称矩阵 $\boldsymbol{Q}(k)$，代入矩阵方程

$$\boldsymbol{G}^{\mathrm{T}}(k+1,k)\boldsymbol{P}(k+1)\boldsymbol{G}(k+1,k)-\boldsymbol{P}(k)=-\boldsymbol{Q}(k)$$

解出矩阵 $\boldsymbol{P}(k+1)$。

以上为矩阵差分方程，其解的形式为

$$\boldsymbol{P}(k+1)=\boldsymbol{G}^{\mathrm{T}}(0,k+1)\boldsymbol{P}(0)\boldsymbol{G}(0,k+1)-\sum_{i=0}^{k}\boldsymbol{G}^{\mathrm{T}}(i,k+1)\boldsymbol{Q}(i)\boldsymbol{G}(i,k+1) \tag{4-67}$$

式中，$\boldsymbol{P}(0)$——初始条件；

$\boldsymbol{G}(i,\ k+1)$——转移矩阵。

当 $\boldsymbol{Q}(i)=\boldsymbol{I}$ 时，有

$$\boldsymbol{P}(k+1)=\boldsymbol{G}^{\mathrm{T}}(0,k+1)\boldsymbol{P}(0)\boldsymbol{G}(0,k+1)-\sum_{i=0}^{k}\boldsymbol{G}^{\mathrm{T}}(i,k+1)\boldsymbol{G}(i,k+1) \tag{4-68}$$

（3）判断 $\boldsymbol{P}(k+1)$的正定性，若正定，则系统是渐近稳定的，且李氏函数为

$$v[\boldsymbol{x}(k),k]=\boldsymbol{x}^{\mathrm{T}}(k)\boldsymbol{P}(k)\boldsymbol{x}(k)$$

4.4　非线性系统的李雅普诺夫稳定性分析

在线性系统中，如果平衡状态是局部渐近稳定的，那么它在大范围内也是渐近稳定的。但是，在非线性系统中，在大范围内不是渐近稳定的平衡状态却可能是局部稳定的。与此相反，在线性系统中，局部不稳定的平衡状态必然也是在大范围内不稳定的；然而在非线性系统中，局部不稳定的状态并不能说明系统就是不稳定的。因此，非线性系统的特性和线性系统完全不同，必须特别地加以对待。

对于线性系统，有求李雅普诺夫函数的方法，但对于非线性系统，尚无统一的求李雅普诺夫函数的方法，特别是二次型形式的函数，不一定适用于繁杂的非线性系统。人们针对非线性的多样性，具体问题具体处理，研究出许多建立在李雅普诺夫第二法基础上的判断稳定性的特殊方法，给出了一些非线性系统构造李氏函数的方法。

下面主要介绍判断渐近稳定性充分条件的克拉索夫斯基法（Krasovskii）和构成李氏函数的舒尔茨-基布逊（Schultz-Gibson）的变量梯度法，以及在分析非线性系统稳定性方面应用很广泛的阿捷尔曼线性近似法。

4.4.1　克拉索夫斯基法

针对非线性系统，克拉索夫斯基仿照线性系统用状态 $\boldsymbol{x}$ 构成李氏函数的形式，提出了以状态变量的导数 $\dot{\boldsymbol{x}}$ 来写李氏函数。

定理 4-19 设非线性系统方程为$\dot{\boldsymbol{x}}=\boldsymbol{f}(\boldsymbol{x})$，已知系统平衡状态为坐标原点，即$\boldsymbol{f}(\boldsymbol{0})=\boldsymbol{0}$，且$\boldsymbol{f}(\boldsymbol{x})$对$x_i(i=1,2,\cdots,n)$是可微的，系统的雅可比矩阵为

$$\boldsymbol{F}(\boldsymbol{x})=\frac{\partial \boldsymbol{f}(\boldsymbol{x})}{\partial \boldsymbol{x}^{\mathrm{T}}}=\begin{bmatrix}\frac{\partial f_1}{\partial x_1} & \frac{\partial f_1}{\partial x_2} & \cdots & \frac{\partial f_1}{\partial x_n}\\ \frac{\partial f_2}{\partial x_1} & \frac{\partial f_2}{\partial x_2} & \cdots & \frac{\partial f_2}{\partial x_n}\\ \vdots & \vdots & & \vdots\\ \frac{\partial f_n}{\partial x_1} & \frac{\partial f_n}{\partial x_2} & \cdots & \frac{\partial f_n}{\partial x_n}\end{bmatrix} \tag{4-69}$$

则该系统在平衡状态$\boldsymbol{x}_{\mathrm{e}}=\boldsymbol{0}$是渐近稳定的充分条件是，下列矩阵：

$$\hat{\boldsymbol{F}}(\boldsymbol{x})=\boldsymbol{F}^{\mathrm{T}}(\boldsymbol{x})+\boldsymbol{F}(\boldsymbol{x}) \tag{4-70}$$

在所有$\boldsymbol{x}$下都是负定的，而且$v(\boldsymbol{x})$是李雅普诺夫函数，即

$$v(\boldsymbol{x})=\dot{\boldsymbol{x}}^{\mathrm{T}}\dot{\boldsymbol{x}}=\boldsymbol{f}^{\mathrm{T}}(\boldsymbol{x})\boldsymbol{f}(\boldsymbol{x}) \tag{4-71}$$

如果当$\|\boldsymbol{x}\|\to\infty$，有$\boldsymbol{f}^{\mathrm{T}}(\boldsymbol{x})\boldsymbol{f}(\boldsymbol{x})\to\infty$，则平衡状态是大范围渐近稳定的。

证明 先证明在$\hat{\boldsymbol{F}}(\boldsymbol{x})$是负定时，$v(\boldsymbol{x})$是正定的。

对任意n维状态向量$\boldsymbol{x}$，有

$$\begin{aligned}\boldsymbol{x}^{\mathrm{T}}\hat{\boldsymbol{F}}(\boldsymbol{x})\boldsymbol{x}&=\boldsymbol{x}^{\mathrm{T}}[\boldsymbol{F}^{\mathrm{T}}(\boldsymbol{x})+\boldsymbol{F}(\boldsymbol{x})]\boldsymbol{x}=\boldsymbol{x}^{\mathrm{T}}\boldsymbol{F}^{\mathrm{T}}(\boldsymbol{x})\boldsymbol{x}+\boldsymbol{x}^{\mathrm{T}}\boldsymbol{F}(\boldsymbol{x})\boldsymbol{x}\\&=[\boldsymbol{x}^{\mathrm{T}}\boldsymbol{F}(\boldsymbol{x})\boldsymbol{x}]^{\mathrm{T}}+\boldsymbol{x}^{\mathrm{T}}\boldsymbol{F}(\boldsymbol{x})\boldsymbol{x}=2\boldsymbol{x}^{\mathrm{T}}\boldsymbol{F}(\boldsymbol{x})\boldsymbol{x}\end{aligned}$$

式中，$\boldsymbol{x}^{\mathrm{T}}\boldsymbol{F}(\boldsymbol{x})\boldsymbol{x}$为标量函数，它等于自身的转置值。

上式表明，当$\hat{\boldsymbol{F}}(\boldsymbol{x})$是负定的，$\boldsymbol{F}(\boldsymbol{x})$也是负定的，也就有$\boldsymbol{x}\neq\boldsymbol{0}$时，$\boldsymbol{F}(\boldsymbol{x})\neq\boldsymbol{0}$，而且其行列式除$\boldsymbol{x}=\boldsymbol{0}$这一点外，处处不为零。进一步，由于

$$\boldsymbol{F}(\boldsymbol{x})=\frac{\partial \boldsymbol{f}(x)}{\partial \boldsymbol{x}^{\mathrm{T}}}$$

显然在$\boldsymbol{x}\neq\boldsymbol{0}$时，$\boldsymbol{f}(\boldsymbol{x})\neq\boldsymbol{0}$，说明在整个状态空间中，除$\boldsymbol{x}=\boldsymbol{0}$一点外，没有其他平衡点。从而得

$$v(\boldsymbol{x})=\boldsymbol{f}^{\mathrm{T}}(\boldsymbol{x})\boldsymbol{f}(\boldsymbol{x})=\begin{cases}0, & \boldsymbol{x}=\boldsymbol{0}\\ \text{正数}, & \boldsymbol{x}\neq\boldsymbol{0}\end{cases}$$

这就表明，当$\hat{\boldsymbol{F}}(\boldsymbol{x})$为负定时，$v(\boldsymbol{x})$是正定的。

其次，可证明当$\hat{\boldsymbol{F}}(\boldsymbol{x})$为负定时，$\dot{v}(\boldsymbol{x})$是负定的。

由于

$$\dot{\boldsymbol{f}}(\boldsymbol{x})=\frac{\mathrm{d}\boldsymbol{f}(\boldsymbol{x})}{\mathrm{d}t}=\frac{\partial \boldsymbol{f}(\boldsymbol{x})}{\partial \boldsymbol{x}^{\mathrm{T}}}\frac{\mathrm{d}\boldsymbol{x}}{\mathrm{d}t}=\boldsymbol{F}(\boldsymbol{x})\cdot\dot{\boldsymbol{x}}=\boldsymbol{F}(\boldsymbol{x})\boldsymbol{f}(\boldsymbol{x})$$

因此有

$$\begin{aligned}\dot{v}(\boldsymbol{x})&=\dot{\boldsymbol{f}}^{\mathrm{T}}(\boldsymbol{x})\boldsymbol{f}(\boldsymbol{x})+\boldsymbol{f}^{\mathrm{T}}(\boldsymbol{x})\dot{\boldsymbol{f}}(\boldsymbol{x})=[\boldsymbol{F}(\boldsymbol{x})\boldsymbol{f}(\boldsymbol{x})]^{\mathrm{T}}\boldsymbol{f}(\boldsymbol{x})+\boldsymbol{f}^{\mathrm{T}}(\boldsymbol{x})\boldsymbol{F}(\boldsymbol{x})\boldsymbol{f}(x)\\&=\boldsymbol{f}^{\mathrm{T}}(\boldsymbol{x})\boldsymbol{F}^{\mathrm{T}}(\boldsymbol{x})\boldsymbol{f}(\boldsymbol{x})+\boldsymbol{f}^{\mathrm{T}}(\boldsymbol{x})\boldsymbol{F}(\boldsymbol{x})\boldsymbol{f}(\boldsymbol{x})=\boldsymbol{f}^{\mathrm{T}}(\boldsymbol{x})[\boldsymbol{F}^{\mathrm{T}}(\boldsymbol{x})+\boldsymbol{F}(\boldsymbol{x})]\boldsymbol{f}(\boldsymbol{x})\\&=\boldsymbol{f}^{\mathrm{T}}(\boldsymbol{x})\hat{\boldsymbol{F}}(\boldsymbol{x})\boldsymbol{f}(\boldsymbol{x})\end{aligned}$$

如果$\hat{\boldsymbol{F}}(\boldsymbol{x})$是负定的，那么$\dot{v}(\boldsymbol{x})$也是负定的。所以 $v(\boldsymbol{x})$是一个李氏函数，且原点是渐近稳定的。如果随着 $\|\boldsymbol{x}\| \to\infty$，$v(\boldsymbol{x})=\boldsymbol{f}^{\mathrm{T}}(\boldsymbol{x})\boldsymbol{f}(\boldsymbol{x})$也趋于无穷大，则由定理 4-10知，平衡状态是大范围渐近稳定的。

例 4-12　设系统状态方程为

$$\begin{cases}\dot{x}_1 = -3x_1 + x_2 \\ \dot{x}_2 = x_1 - x_2 - x_2^3\end{cases}$$

试用克拉索夫斯基法确定系统在平衡状态 $\boldsymbol{x}_{\mathrm{e}}=\boldsymbol{0}$ 的稳定性。

解　对系统方程，有

$$\boldsymbol{f}(\boldsymbol{x})=\begin{bmatrix}-3x_1+x_2\\ x_1-x_2-x_2^3\end{bmatrix},\quad \boldsymbol{f}(\boldsymbol{0})=\boldsymbol{0}$$

$$\begin{aligned}\hat{\boldsymbol{F}}(\boldsymbol{x}) &= \boldsymbol{F}(\boldsymbol{x})+\boldsymbol{F}^{\mathrm{T}}(\boldsymbol{x})\\ &=\begin{bmatrix}-3 & 1\\ 1 & -1-3x_2^2\end{bmatrix}+\begin{bmatrix}-3 & 1\\ 1 & -1-3x_2^2\end{bmatrix}\\ &=\begin{bmatrix}-6 & 2\\ 2 & -2-6x_2^2\end{bmatrix}\end{aligned}$$

由赛尔维斯特准则，有

$$\Delta_1=-6<0$$

$$\Delta_2=\begin{vmatrix}-6 & 2\\ 2 & -2-6x_2^2\end{vmatrix}=36x_2^2+8>0$$

所以，$\hat{\boldsymbol{F}}(\boldsymbol{x})$是负定的，平衡状态 $\boldsymbol{x}_{\mathrm{e}}=\boldsymbol{0}$ 是渐近稳定的。此外，当 $\|\boldsymbol{x}\| \to\infty$时，有

$$\begin{aligned}\boldsymbol{f}^{\mathrm{T}}(\boldsymbol{x})\boldsymbol{f}(\boldsymbol{x}) &= [-3x_1+x_2 \quad x_1-x_2-x_2^3]\begin{bmatrix}-3x_1+x_2\\ x_1-x_2-x_2^3\end{bmatrix}\\ &=(-3x_1+x_2)^2+(x_1-x_2-x_2^3)^2\to\infty\end{aligned}$$

则系统在平衡状态 $\boldsymbol{x}_{\mathrm{e}}=\boldsymbol{0}$ 处是大范围渐近稳定的。

关于定理的几点说明：

(1) 该定理对非线性系统的一个平衡状态只给出了稳定的充分条件，若$\hat{\boldsymbol{F}}(\boldsymbol{x})$不是负定的，则不能得出任何结论，此时该种方法无效。

(2) 使$\hat{\boldsymbol{F}}(\boldsymbol{x})$为负定的必要条件是，$\boldsymbol{F}(\boldsymbol{x})$主对角线上的所有元素不为零，即

$$\frac{\partial f_i(\boldsymbol{x})}{\partial x_i}\neq 0,\quad i=1,2,\cdots,n$$

这实际上要求状态方程中第 i 个方程要含有 x_i 这个对应分量，否则$\hat{\boldsymbol{F}}(\boldsymbol{x})$就不可能是负定的。这就是该定理的局限性。

例 4-13　设系统状态方程

$$\begin{cases}\dot{x}_1 = -3x_1 + x_2 \\ \dot{x}_2 = x_1^2\end{cases}$$

采用克拉索夫斯基法判断平衡状态 $\boldsymbol{x}_e=\boldsymbol{0}$ 的稳定性。

解 由

$$\boldsymbol{f}(\boldsymbol{x}) = \begin{bmatrix} -3x_1 + x_2 \\ x_1^2 \end{bmatrix}$$

得

$$\boldsymbol{F}(\boldsymbol{x}) = \begin{bmatrix} \dfrac{\partial f_1(x)}{\partial x_1} & \dfrac{\partial f_1(x)}{\partial x_2} \\ \dfrac{\partial f_2(x)}{\partial x_1} & \dfrac{\partial f_2(x)}{\partial x_2} \end{bmatrix} = \begin{bmatrix} -3 & 1 \\ 2x_1 & 0 \end{bmatrix}$$

$$\hat{\boldsymbol{F}}(\boldsymbol{x}) = \boldsymbol{F}(\boldsymbol{x}) + \boldsymbol{F}^{\mathrm{T}}(x) = \begin{bmatrix} -3 & 1 \\ 2x_1 & 0 \end{bmatrix} + \begin{bmatrix} -3 & 2x_1 \\ 1 & 0 \end{bmatrix} = \begin{bmatrix} -6 & 1+2x_1 \\ 1+2x_1 & 0 \end{bmatrix}$$

由赛尔维斯特准则，有

$$\Delta_1 = -6 < 0, \quad \Delta_2 = -(1+2x_1)^2 \leqslant 0$$

故 $\hat{\boldsymbol{F}}(\boldsymbol{x})$ 不是负定的，这是源于 $\boldsymbol{f}(\boldsymbol{x})$ 中第二个分量 $f_2(\boldsymbol{x})=x_1^2$ 中不含有 x_2。此情况下不能用该定理。

(3) 线性系统可看作非线性系统的特殊情况，故该定理也适用于线性定常系统。即设 $\dot{\boldsymbol{x}}=\boldsymbol{A}\boldsymbol{x}$，此时，雅可比矩阵为

$$\boldsymbol{F}(\boldsymbol{x}) = \boldsymbol{A}, \quad \hat{\boldsymbol{F}}(\boldsymbol{x}) = \boldsymbol{A} + \boldsymbol{A}^{\mathrm{T}}$$

若 $\boldsymbol{A}$ 为非奇异的，则当 $\hat{\boldsymbol{F}}(\boldsymbol{x})$ 为负定时，系统的平衡状态 $\boldsymbol{x}_e=\boldsymbol{0}$ 是渐近稳定的。李氏函数为

$$v(\boldsymbol{x}) = \dot{\boldsymbol{x}}^{\mathrm{T}}\dot{\boldsymbol{x}} = \boldsymbol{x}^{\mathrm{T}}(\boldsymbol{A}^{\mathrm{T}}\boldsymbol{A})\boldsymbol{x}$$

证明 由于 $\boldsymbol{A}$ 是非奇异的，$|\boldsymbol{A}|\neq 0$，则系统只有惟一平衡点 $\boldsymbol{x}=\boldsymbol{0}$，则当 $\boldsymbol{x}\neq\boldsymbol{0}$ 时，显然有

$$\dot{\boldsymbol{x}} = \boldsymbol{A}\boldsymbol{x} \neq \boldsymbol{0}$$

所以

$$v(\boldsymbol{x}) = \dot{\boldsymbol{x}}^{\mathrm{T}}\dot{\boldsymbol{x}} = \|\dot{\boldsymbol{x}}\|^2 > 0, \quad \boldsymbol{x} \neq \boldsymbol{0}$$

故 $v(\boldsymbol{x})$ 是正定的。从而

$$\dot{v}(\boldsymbol{x}) = \dot{\boldsymbol{x}}^{\mathrm{T}}\boldsymbol{A}^{\mathrm{T}}\dot{\boldsymbol{x}} + \dot{\boldsymbol{x}}^{\mathrm{T}}\boldsymbol{A}\dot{\boldsymbol{x}} = \dot{\boldsymbol{x}}^{\mathrm{T}}(\boldsymbol{A}^{\mathrm{T}} + \boldsymbol{A})\dot{\boldsymbol{x}}$$

当 $\boldsymbol{A}^{\mathrm{T}}+\boldsymbol{A}$ 是负定的，则 $\dot{v}(\boldsymbol{x})$ 是负定的，系统的平衡状态 $\boldsymbol{x}_e=\boldsymbol{0}$ 是渐近稳定的。

(4) 克拉索夫斯基法的适用范围，主要针对可线性化表示的函数，即

① 非线性特性可用解析表达式表示的单值函数；

② 非线性函数 $\boldsymbol{f}(\boldsymbol{x})$ 对 $x_i(i=1,2,\cdots,n)$ 是可导的；

③ $\dfrac{\partial f_i(\boldsymbol{x})}{\partial x_i}\neq 0$。

4.4.2　变量-梯度法

这个方法首先是由舒尔茨和基布逊提出来的，对于非线性系统的分析，可以较方便地给出求李氏函数的方法，是一种比较实用的方法。

该方法用到了数学中场论部分的一些概念，我们首先介绍一下这些数学原理，然后再举例说明这一方法的具体应用。

1. 梯度的概念

从数学中知道，对一个多元函数 $v(x_1,x_2,\cdots,x_n)$ 求导数时，必有偏导出现，也就是说要分别对其中每个变量 x_i 求导。在控制问题中，偏导的含义是指，在 n 维空间中的某一个运动点，当运动至某一位置时沿各个坐标方向的变化率。因此，偏导是带有方向性的，我们把反映这一运动点变化率的各偏导数作为分量，构成一个 n 维向量，称该向量为函数 $v(x_1,x_2,\cdots,x_n)$ 的梯度。习惯上用符号"$\nabla\mathbf{V}$"表示，即

$$\nabla\mathbf{V}=\begin{bmatrix}\dfrac{\partial v}{\partial x_1}\\ \vdots\\ \dfrac{\partial v}{\partial x_n}\end{bmatrix}=\begin{bmatrix}\nabla V_1\\ \vdots\\ \nabla V_n\end{bmatrix}\tag{4-72}$$

可见，一个标量函数沿给定方向的变化率（偏导数），就是这个标量函数的梯度在这个方向的投影。

2. 向量的曲线积分

从力学中我们知道，变力 $\boldsymbol{F}$（它是个向量）沿着给定路程 L 所做的功，可以用曲线积分 $\int_L \boldsymbol{F}\mathrm{d}L$ 来计算，L 为积分路径。该曲线积分的结果与积分路径无关。在控制问题中，也就是说，对于向量 $\boldsymbol{F}$，在状态空间中从原点出发，不论沿什么路径达到任一点$(x_1,x_2,\cdots,x_n)$，积分$\int_0^x \boldsymbol{F}\mathrm{d}\boldsymbol{x}$ 的结果都相同。这里的积分上限并不意味着积分结果是一个向量值，确切地说，它只是对整个状态空间中任意点$(x_1,x_2,\cdots,x_n)$的线积分。假如用下列的标准正交组作为 n 维状态空间的基底向量，即

$$e_1=\begin{bmatrix}1\\0\\0\\ \vdots\\0\end{bmatrix},\quad e_2=\begin{bmatrix}0\\1\\0\\ \vdots\\0\end{bmatrix},\quad\cdots,\quad e_n=\begin{bmatrix}0\\0\\0\\ \vdots\\1\end{bmatrix}$$

最简单的积分路径是从原点开始，沿着向量 e_1 到 x_1，再由这一点沿着向量 e_2 到 x_2，然后沿着 e_3 到 x_3，如此积分路线最终到达点$(x_1,x_2,\cdots,x_n)$。积分展开式为

$$\int_0^{x_1(x_2=x_3=\cdots=x_n=0)} F_1\mathrm{d}x_1+\int_0^{x_2(x_1=x_1,x_3=x_4=\cdots=x_n=0)} F_2\mathrm{d}x_2+\cdots$$
$$+\int_0^{x_n(x_1=x_1,x_2=x_2,\cdots,x_{n-1}=x_{n-1})} F_n\mathrm{d}x_n \tag{4-73}$$

若以三维空间为例，积分路径如图 4-9 所示。

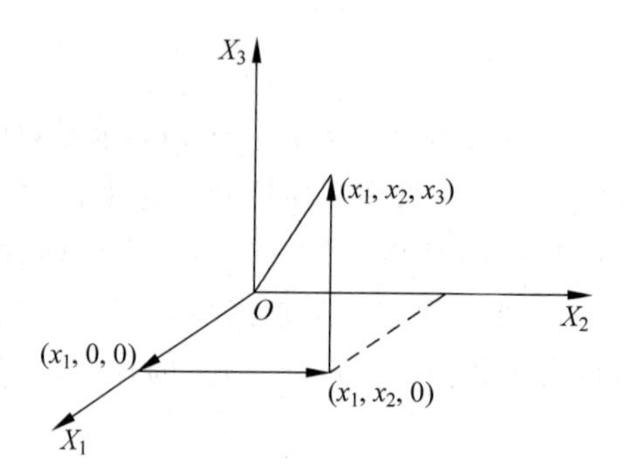

图 4-9 三维状态空间的积分路径

3. 旋度方程

从场论中知道，如果一个向量的曲线积分与积分路径无关，那么这个向量的旋度必为零，即

$$\mathrm{rot}(\boldsymbol{F})=\boldsymbol{0}$$

由此结果可得出由$\dfrac{\partial F_i}{\partial x_i}$所组成的雅可比矩阵

$$\frac{\partial \boldsymbol{F}}{\partial \boldsymbol{x}^{\mathrm{T}}}=\begin{bmatrix}\dfrac{\partial F_1}{\partial x_1} & \dfrac{\partial F_1}{\partial x_2} & \cdots & \dfrac{\partial F_1}{\partial x_n}\\ \dfrac{\partial F_2}{\partial x_1} & \dfrac{\partial F_2}{\partial x_2} & \cdots & \dfrac{\partial F_2}{\partial x_n}\\ \vdots & \vdots & & \vdots\\ \dfrac{\partial F_n}{\partial x_1} & \dfrac{\partial F_n}{\partial x_2} & \cdots & \dfrac{\partial F_n}{\partial x_n}\end{bmatrix}$$

必是对称的。故可得到 $n(n-1)/2$ 个旋度方程为

$$\frac{\partial F_i}{\partial x_j}=\frac{\partial F_j}{\partial x_i},\quad i,j=1,2,\cdots,n \tag{4-74}$$

例如在 $n=3$ 的情况下，可得到三个方程：

$$\frac{\partial F_2}{\partial x_1}=\frac{\partial F_1}{\partial x_2},\quad \frac{\partial F_3}{\partial x_1}=\frac{\partial F_1}{\partial x_3},\quad \frac{\partial F_3}{\partial x_2}=\frac{\partial F_2}{\partial x_3}$$

4. 变量-梯度法求李氏函数

设系统的方程为$\dot{\boldsymbol{x}}=\boldsymbol{f}(\boldsymbol{x},t)$，假如平衡状态是状态空间的原点，即 $\boldsymbol{x}_e=\boldsymbol{0}$。若要寻找的李氏函数为

$$v(\boldsymbol{x}) = v(x_1,x_2,\cdots,x_n)$$

它是 $\boldsymbol{x}$ 的显函数，而不是 t 的显函数，则

$$\dot{v}(\boldsymbol{x}) = \frac{\partial \boldsymbol{v}}{\partial x_1}\dot{x}_1 + \frac{\partial \boldsymbol{v}}{\partial x_2}\dot{x}_2 + \cdots + \frac{\partial \boldsymbol{v}}{\partial x_n}\dot{x}_n$$

写成矩阵形式为

$$\dot{v}(\boldsymbol{x}) = (\nabla \mathbf{V})^{\mathrm{T}}\dot{\boldsymbol{x}} \tag{4-75}$$

式(4-75)表明，若能得到 v 函数的梯度向量$\nabla\mathbf{V}$，则可容易求出$\dot{v}(\boldsymbol{x})$。同时，对$\nabla\mathbf{V}$ 进行线积分，又可求出相应的李氏函数，即

$$v(\boldsymbol{x}) = \int_0^x (\nabla \mathbf{V})^{\mathrm{T}}\mathrm{d}\boldsymbol{x}$$

由此可知，寻求李氏函数的问题，变成了寻找一个合适的梯度向量$\nabla\mathbf{V}$ 的问题。那么$\nabla\mathbf{V}$ 又如何求取呢？通常是先设定一个具有一系列待定系数的向量函数作为李氏函数的梯度$\nabla\mathbf{V}$，然后根据以下两个方面的约束条件来确定这些待定系数，完成$\nabla\mathbf{V}$ 的模式。

条件一 由于$\nabla\mathbf{V}$ 是个向量，则 n 维广义旋度为 $\mathbf{0}$，故$\nabla\mathbf{V}$ 必须满足式(4-74)表示的旋度方程；

条件二 由$\nabla\mathbf{V}$ 计算出来的 $v(\boldsymbol{x})$和$\dot{v}(\boldsymbol{x})$必须满足李雅普诺夫稳定性的要求。

总结上述分析，如果非线性系统的平衡状态 $\boldsymbol{x}_e=\boldsymbol{0}$ 是渐近稳定的，可将确定李雅普诺夫函数的步骤概括如下：

(1) 假定$\nabla\mathbf{V}$ 为一个任意列向量，即

$$\nabla\mathbf{V} = \begin{bmatrix} a_{11}x_1 + a_{12}x_2 + \cdots + a_{1n}x_n \\ a_{21}x_1 + a_{22}x_2 + \cdots + a_{2n}x_n \\ \vdots \\ a_{n1}x_1 + a_{n2}x_2 + \cdots + a_{nn}x_n \end{bmatrix} \tag{4-76}$$

式中，$a_{ij}(i,j=1,2,\cdots,n)$为待定系数，它可是常数，也可以是时间 t 的函数或状态变量的函数。

(2) 由$\nabla\mathbf{V}$ 写出$\dot{v}(\boldsymbol{x})$，即

$$\dot{v}(\boldsymbol{x}) = (\nabla \mathbf{V})^{\mathrm{T}}\dot{\boldsymbol{x}}$$

(3) 限定$\dot{v}(\boldsymbol{x})$是负定的或至少是半负定的，并用 $n(n-1)/2$ 个旋度方程式(4-74)，确定待定系数 a_{ij}。

(4) 将得出的$\dot{v}(\boldsymbol{x})$重新校验负定性，因为旋度方程确定系数可能会使它改变。

(5) 由$\nabla \boldsymbol{V}$的线积分求出$v(\boldsymbol{x})$，积分路径按式(4-73)给出。

(6) 确定在平衡点处的渐近稳定性范围。必须指出，用这种方法不能构造出一个合适的李雅普诺夫函数时，并不意味着平衡状态是不稳定的。

例 4-14 设系统方程为

$$\begin{cases} \dot{x}_1 = -x_1 + 2x_1^2 x_2 \\ \dot{x}_2 = -x_2 \end{cases}$$

利用变量-梯度法构造李雅普诺夫函数，并分析系统的稳定性。

解 (1) 假定$v(\boldsymbol{x})$的梯度为

$$\nabla \boldsymbol{V} = \begin{bmatrix} a_{11}x_1 + a_{12}x_2 \\ a_{21}x_1 + 2x_2 \end{bmatrix} = \begin{bmatrix} \nabla V_1 \\ \nabla V_2 \end{bmatrix}$$

在此令$a_{22}=2$，以保证$v(\boldsymbol{x})$中具有x_2^2项。

(2) 写出$\dot{v}(\boldsymbol{x})$的形式

$$\begin{aligned} \dot{v}(\boldsymbol{x}) = (\nabla \boldsymbol{V})^{\mathrm{T}} \dot{\boldsymbol{x}} &= (a_{11}x_1 + a_{12}x_2)\dot{x}_1 + (a_{21}x_1 + 2x_2)\dot{x}_2 \\ &= -a_{11}x_1^2 + 2a_{11}x_1^3 x_2 + 2a_{12}x_1^2 x_2^2 - a_{21}x_1 x_2 - 2x_2^2 - a_{12}x_1 x_2 \end{aligned}$$

(3) 确定待定系数a_{ij}。试探选取

$$a_{12} = a_{21} = 0$$

$$a_{11} = 1$$

则

$$\dot{v} = -x_1^2(1 - 2x_1 x_2) - 2x_2^2$$

如果$1-2x_1x_2>0$，则$\dot{v}$是负定的。因此，$2x_1x_2<1$是x_1和x_2的限制条件。

(4) 求出李氏函数。梯度$\nabla \boldsymbol{V}$为

$$\nabla \boldsymbol{V} = \begin{bmatrix} \nabla V_1 \\ \nabla V_2 \end{bmatrix} = \begin{bmatrix} x_1 \\ 2x_2 \end{bmatrix}$$

注意到

$$\frac{\partial\, \nabla V_1}{\partial x_2} = \frac{\partial\, \nabla V_2}{\partial x_1} = 0$$

满足旋度方程条件，所以

$$v = \int_0^{x_1} \nabla V_1 \mathrm{d}x_1 + \int_0^{x_2} \nabla V_2 \mathrm{d}x_2 = \frac{1}{2}x_1^2 + x_2^2$$

由上式看出李雅普诺夫函数是正定的，因此，在$2x_1x_2<1$的范围内，系统是渐近稳定的。

4.4.3 阿捷尔曼法

阿捷尔曼法也叫线性近似法，该方法的特点是先将非线性系统中的非线性元件特性做线性近似，然后按照李雅普诺夫第二法的原理，对该线性化了的系统求

$v(\boldsymbol{x})$函数，然后代入到非线性系统中，根据渐近稳定的要求条件，得出非线性元件允许变化的区域，以保证系统的稳定性。

设非线性控制系统如图 4-10 所示。图中 $G(s)$为线性部分传递函数。对于非线性环节，要求其非线性特性属于单值函数，且满足下列条件：

$$\begin{cases} f(0)=0, & e=0 \\ k_1<\dfrac{f(e)}{e}<k_2, & e\neq 0 \end{cases} \tag{4-77}$$

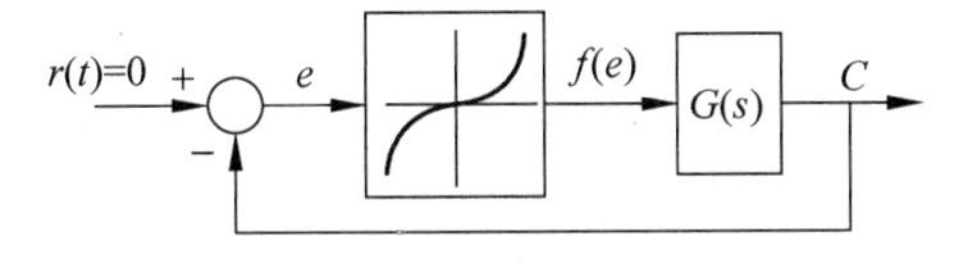

图 4-10　非线性系统结构图

上述非线性函数 $f(e)$显然是通过坐标原点且介于直线 k_1e 和 k_2e 之间的任意函数曲线，如图 4-11 所示。

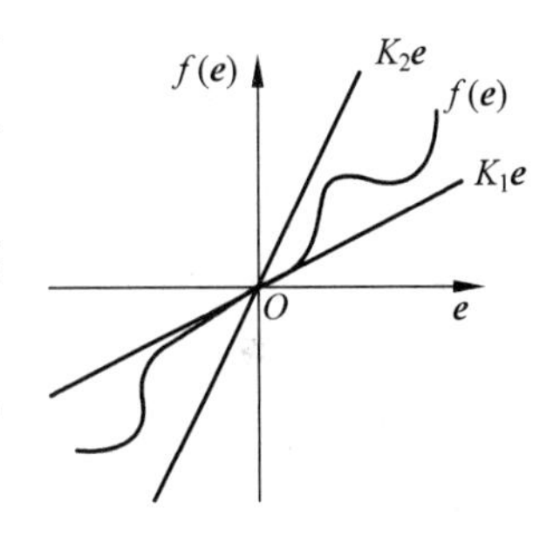

图 4-11　非线性系统曲线

图 4-10 表示一般非线性系统的结构图，其状态方程可写为

$$\dot{\boldsymbol{x}}=\boldsymbol{A}\boldsymbol{x}+\boldsymbol{b}f(e) \tag{4-78}$$

式中，$\boldsymbol{x}$——n 维状态向量；

$\boldsymbol{A}$——$n\times n$ 非奇异矩阵；

$\boldsymbol{b}$——n 维常数向量。

显然，当 $\boldsymbol{x}=\boldsymbol{0}$ 时，$\dot{\boldsymbol{x}}=\boldsymbol{0}$，所以状态空间的原点，就是系统的平衡状态。

对于上述系统，阿捷尔曼提出：把式(4-78)中的非线性函数用线性关系取代，即令 $f(e)=ke$，如果这个线性化后的系统对于满足 $k_1<k<k_2$ 的所有 k 值是渐近稳定的，那么，所选的李氏函数 $v(\boldsymbol{x})$，使它在满足

$$k_1<\frac{f(e)}{e}=k(e)<k_2$$

的范围内，对时间的全导数$\dot{v}(\boldsymbol{x})$是负定的，则式(4-78)所描述的系统在 $\boldsymbol{x}=\boldsymbol{0}$ 处的平衡状态是大范围渐近稳定的。

因此，应用阿捷尔曼法判定非线性系统渐近稳定性的步骤如下：

(1) 将系统中非线性函数 $f(e)$用线性关系 $f(e)=ke$ 代替。

(2) 写出线性化后的系统方程，根据李雅普诺夫第二法稳定性的要求，确定正定矩阵 $\boldsymbol{Q}$ 和 $\boldsymbol{P}$，得出李氏函数 $v(\boldsymbol{x})$。

(3) 将系统中非线性函数 $f(e)$，表示成一个斜率在一定范围内可变的线性关系，即

$$f(e)=k(e)e \tag{4-79}$$

用以上得到的李氏函数 $v(\boldsymbol{x})$，对关系式(4-79)下系统方程再进行 $\dot{v}(\boldsymbol{x})$ 的计算，目的是根据 $\dot{v}(\boldsymbol{x})$ 是负定的要求，确定出系统在满足渐近稳定条件下 $k(e)$ 值的范围。

(4) 检验原非线性特性的变化区域，若没有超出这个允许的范围，则系统的平衡状态便是大范围渐近稳定的。

例 4-15 设非线性系统如图 4-12 所示。当参考输入 $r(t)=0(t>0)$ 时，试用阿捷尔曼法分析系统的稳定性。

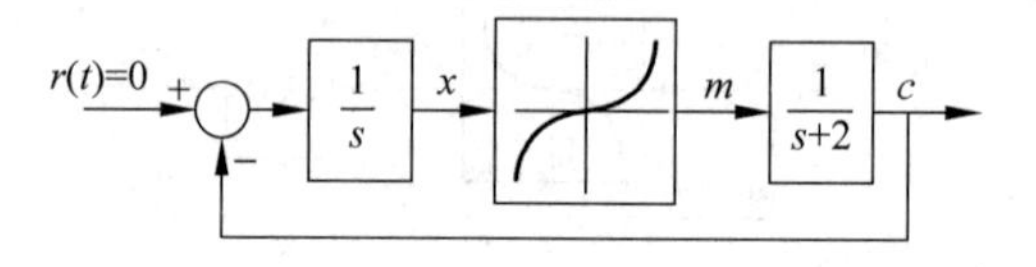

图 4-12 控制系统结构图

解 当输入为零时，非线性系统方程可写为

$$\begin{cases}\ddot{x}+2\dot{x}+m=0\\ m=f(x)\end{cases}$$

式中，$f(x)$ 为单值非线性函数，其特性曲线如图 4-13 所示。

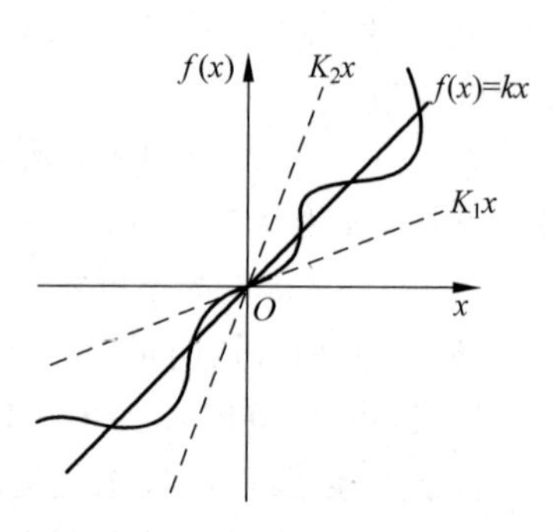

图 4-13 非线性环节特性

若选取状态变量：$x_1=x, x_2=\dot{x}$，那么系统的状态方程即为

$$\begin{cases}\dot{x}_1=x_2\\ \dot{x}_2=-2x_2-f(x_1)\end{cases}$$

(1) 将非线性环节输入输出特性用一直线近似，即

$$m=f(x_1)\approx kx$$

若取 $k=2$，则线性化方程为

$$\begin{cases}\dot{x}_1=x_2\\ \dot{x}_2=-2x_2-2x_1\end{cases}$$

(2) 取二次型函数作为系统的李氏函数，则有

$$v(\boldsymbol{x})=\boldsymbol{x}^{\mathrm{T}}\boldsymbol{P}\boldsymbol{x}$$

$$\dot{v}(\boldsymbol{x})=-\boldsymbol{x}^{\mathrm{T}}\boldsymbol{Q}\boldsymbol{x}$$

令 $\boldsymbol{Q}=\boldsymbol{I}$，则 $\boldsymbol{P}$ 可由下式求得：

$$\boldsymbol{A}^{\mathrm{T}}\boldsymbol{P}+\boldsymbol{P}\boldsymbol{A}=-\boldsymbol{Q}$$

设

$$\boldsymbol{P}=\begin{bmatrix}p_{11} & p_{12}\\ p_{12} & p_{22}\end{bmatrix}$$

将 $\boldsymbol{P}$ 代入上式，得

$$\begin{bmatrix}0 & -2\\1 & -2\end{bmatrix}\begin{bmatrix}p_{11} & p_{12}\\p_{12} & p_{22}\end{bmatrix}+\begin{bmatrix}p_{11} & p_{12}\\p_{12} & p_{22}\end{bmatrix}\begin{bmatrix}0 & 1\\-2 & -2\end{bmatrix}=\begin{bmatrix}-1 & 0\\0 & -1\end{bmatrix}$$

整理后可得方程组

$$\begin{cases}4p_{12}=1\\2p_{11}-4p_{12}-4p_{22}=0\\2p_{12}-4p_{22}=-1\end{cases}$$

解出

$$p_{12}=\frac{1}{4},\quad p_{22}=\frac{3}{8},\quad p_{11}=\frac{5}{4}$$

即

$$\boldsymbol{P}=\begin{bmatrix}\frac{5}{4} & \frac{1}{4}\\\frac{1}{4} & \frac{3}{8}\end{bmatrix}$$

因此

$$v(\boldsymbol{x})=\boldsymbol{x}^{\mathrm{T}}\boldsymbol{P}\boldsymbol{x}=\frac{5}{4}x_1^2+\frac{1}{2}x_1x_2+\frac{3}{8}x_2^2 \tag{4-80}$$

由赛尔维斯特准则可以判定 $\boldsymbol{P}$ 是正定的，故 $v(\boldsymbol{x})$ 为正定标量函数。

(3) 将求出的 $v(\boldsymbol{x})$，用于非线性环节按变斜率关系式 $f(x_1)=k(x_1)x_1$ 表示的系统方程，计算当 $\dot{v}(\boldsymbol{x})$ 负定时，变参数 $k(x_1)$ 可变化的范围。

按式(4-80)，有

$$\begin{aligned}\dot{v}(\boldsymbol{x})&=\frac{5}{2}x_1\dot{x}_1+\frac{1}{2}(\dot{x}_1x_2+x_1\dot{x}_2)+\frac{3}{4}x_2\dot{x}_2\\&=\frac{5}{2}x_1x_2+\frac{1}{2}\{x_2^2+x_1[-2x_2-k(x_1)x_1]\}+\frac{3}{4}x_2[-2x_2-k(x_1)x_1]\\&=-\left\{\frac{1}{2}k(x_1)x_1^2+\left[\frac{3}{4}k(x_1)-\frac{3}{2}\right]x_1x_2+x_2^2\right\}\\&=-\begin{bmatrix}x_1 & x_2\end{bmatrix}\begin{bmatrix}\frac{1}{2}k(x_1) & \frac{3}{8}k(x_1)-\frac{3}{4}\\\frac{3}{8}k(x_1)-\frac{3}{4} & 1\end{bmatrix}\begin{bmatrix}x_1\\x_2\end{bmatrix}\end{aligned}$$

根据赛尔维斯特准则可知，当

$$k(x_1)>0,\quad \begin{vmatrix}\frac{1}{2}k(x_1) & \frac{3}{8}k(x_1)-\frac{3}{4}\\\frac{3}{8}k(x_1)-\frac{3}{4} & 1\end{vmatrix}>0$$

时，$\dot{v}(\boldsymbol{x})$ 为负定，从而可求得

$$0.573 < k(x_1) = \frac{f(x)}{x} < 6.982$$

这就确定了系统中单值非线性函数允许变化的范围为 $m = 6.982x$ 和 $m=0.573x$两直线所夹的两个扇形区域。只要非线性环节的曲线在此范围内变化,原非线性控制系统就是大范围渐近稳定的。

综上所述,阿捷尔曼法不仅方程简便,适用面广,而且有以下优点:

(1) 这种线性近似法与泰勒级数在平衡点附近展开方法的不同之处,在于它取过原点的直线全局近似代替,因此可以用来判断系统在大范围内的稳定性,而不受平衡点领域的限制。

(2) 非线性特性近似直线可由解析法取得,也可以由实验数据取得。

(3) 李雅普诺夫函数的选取可用方便的二次型函数。

(4) 对于包含 n 个非线性函数和具有多个变量的非线性系统的情况,此法也是适用的。

4.5 利用 MATLAB 分析系统的稳定性

在 MATLAB 工具箱中,提供了求解线性定常系统李雅普诺夫方程的函数 lyap()。lyap()的调用格式为

```
x = lyap(A, C)
```

其中,输入变量 A 是系统的系统矩阵,C 就是给定的正定实对称矩阵 $\boldsymbol{Q}$。返回的输出变量 x 就是李雅普诺夫方程的解,即正定实对称矩阵 $\boldsymbol{P}$。

4.5.1 利用特征值判断系统的稳定性

在 MATLAB 工具箱中提供了求解矩阵特征值的函数: poly(),roots()。

例 4-16 已知线性定常连续系统状态方程为

$$\dot{x}_1 = x_2, \quad \dot{x}_2 = 2x_1 - x_2$$

试用特征值判据判断系统的渐近稳定性。

解 系统状态方程为

$$\dot{\boldsymbol{x}} = \begin{bmatrix} 0 & 1 \\ 2 & -1 \end{bmatrix}\boldsymbol{x}, \quad \boldsymbol{A} = \begin{bmatrix} 0 & 1 \\ 2 & -1 \end{bmatrix}$$

函数 poly()用来求矩阵特征多项式系数,roots()用来求取特征值。

MATLAB 程序如下:

```
% ex4_16.m
A = [0 1; 2 -1];
P = poly(A),V = roots(P)
```

运行以上程序可得：

```
P =
      1     1     -2
V =
    -2
     1
```

特征值−2,1,故系统不稳定。

4.5.2　利用李雅普诺夫第二法判断系统的稳定性

求解李雅普诺夫函数的方程还有 dlyap(),lyap2(),函数 dlyap()用来求解离散的李雅普诺夫方程。函数 lyap2()是采用特征值分解技术来求解李雅普诺夫方程,其运算速度比函数 lyap()快很多。它们的调用格式为

```
x = dlyap(A,C)
x = lyap2(A,C)
```

例 4-17　已知线性定常系统如图 4-14 所示。试求系统的状态方程；选择正定的实对称矩阵 $\boldsymbol{Q}$ 后计算李雅普诺夫方程的解并利用李雅普诺夫函数确定系统的稳定性。

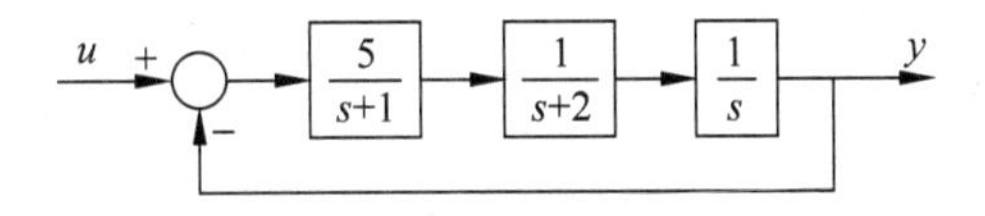

图 4-14　已知的线性定常系统

解　讨论系统的稳定性时可令给定输入 $u=0$。根据题目要求,因为需调用函数 lyap(),故首先将系统转换成状态空间模型。选择半正定矩阵 $\boldsymbol{Q}$ 为

$$\boldsymbol{Q}=\begin{bmatrix}0&0&0\\0&0&0\\0&0&1\end{bmatrix}$$

为了确定系统的稳定性,需验证 $\boldsymbol{P}$ 阵的正定性,这可以对各主子行列式进行校验。综合以上考虑,给出调用函数 lyap()的程序：

```
% ex4_17.m
n1 = 5; d1 = [1 1]; s1 = tf(n1,d1);
n2 = 1; d2 = [1 2]; s2 = tf(n2,d2);
n3 = 1; d3 = [1 0]; s3 = tf(n3,d3);
s123 = s1 * s2 * s3; sb = feedback(s123,1);
[a] = tf2ss(sb.num{1},sb.den{1});
q = [0 0 0; 0 0 0; 0 0 1];
```

```
if det (a)~ = 0
    p = lyap(a,q)
    det1 = det(p(1,1))
    det2 = det(p(2,2))
    detp = det(p)
end
```

运行程序后可得：

```
p =
    12.5000    0.0000    -7.5000
     0.0000    7.5000    -0.5000
    -7.5000   -0.5000     4.7000
det1 =
     12.5000
det2 =
     12.5×7.5 = 93.75
detp =
     15.6250
```

即系统的状态方程为

$$\begin{bmatrix}\dot{x}_1\\\dot{x}_2\\\dot{x}_3\end{bmatrix}=\begin{bmatrix}-3 & -2 & -5\\1 & 0 & 0\\0 & 1 & 0\end{bmatrix}\begin{bmatrix}x_1\\x_2\\x_3\end{bmatrix}$$

李雅普诺夫方程解为

$$\boldsymbol{P}=\begin{bmatrix}12.5 & 0 & -7.5\\0 & 7.5 & -0.5\\-7.5 & -0.5 & 4.7\end{bmatrix}$$

因为

$$\boldsymbol{Q}=\begin{bmatrix}0 & 0 & 0\\0 & 0 & 0\\0 & 0 & 1\end{bmatrix}$$

是正半定阵，由式

$$\dot{v}(\boldsymbol{x})=-\boldsymbol{x}^{\mathrm{T}}\boldsymbol{Q}\boldsymbol{x}=-x_3^2$$

可知，$\dot{v}(\boldsymbol{x})$是负半定的，最后，各主子行列式(det1，det2，detp)进行校验说明 $\boldsymbol{P}$ 阵确是正定阵，因此本系统在坐标原点的平衡状态是稳定的，而且是大范围渐近稳定的。

例 4-18 已知线性系统动态方程为

$$\begin{bmatrix}\dot{x}_1\\\dot{x}_2\end{bmatrix}=\begin{bmatrix}0 & 1\\-1 & -1\end{bmatrix}\begin{bmatrix}x_1\\x_2\end{bmatrix}$$

试计算李雅普诺夫方程的解，并利用李雅普诺夫函数确定系统的稳定性并求李雅普诺夫函数。

解 首先选择正定实对称矩阵 $\boldsymbol{Q}$ 为单位矩阵，即

$$\boldsymbol{Q}=\begin{bmatrix}1 & 0\\0 & 1\end{bmatrix}$$

根据题意，给出调用函数 lyap()的程序。

```
% ex4_18.m
a=[0 1; -1 -1]; q=[1 0; 0 1];
if det (a)~=0
      p=lyap(a,q)
      det1=det(p(1,1))
      detp=det(p)
end
```

运行程序可得

```
p =
        1.5000   -0.5000
      -0.5000    1.0000
det1 =
     1.5000
detp =
     1.2500
```

即李雅普诺夫方程的解为

$$\boldsymbol{P}=\begin{bmatrix}1.5 & -0.5\\-0.5 & 1\end{bmatrix}$$

程序已对各主子行列式(det1,detp)进行计算，计算结果说明 $\boldsymbol{P}$ 阵确是正定阵。李雅普诺夫函数为

$$v(\boldsymbol{x})=\boldsymbol{x}^{\mathrm{T}}\boldsymbol{P}\boldsymbol{x}=[x_1\quad x_2]\begin{bmatrix}1.5 & -0.5\\-0.5 & 1\end{bmatrix}\begin{bmatrix}x_1\\x_2\end{bmatrix}=\frac{1}{2}(3x_1^2-2x_1x_2+2x_2^2)$$

在状态空间内，$v(\boldsymbol{x})$是正定的，而

$$\dot{v}(\boldsymbol{x})=\boldsymbol{x}^{\mathrm{T}}(\boldsymbol{A}^{\mathrm{T}}\boldsymbol{P}+\boldsymbol{P}\boldsymbol{A})\boldsymbol{x}=\boldsymbol{x}^{\mathrm{T}}(-\boldsymbol{I})\boldsymbol{x}=[x_1\quad x_2]\begin{bmatrix}-1 & 0\\0 & -1\end{bmatrix}\begin{bmatrix}x_1\\x_2\end{bmatrix}=-(x_1^2+x_2^2)$$

在状态空间内，$\dot{v}(\boldsymbol{x})$是负定的。另有，当 $\|\boldsymbol{x}\|\to\infty$ 时，有 $v(\boldsymbol{x})\to\infty$，因此系统原点处的平衡状态是大范围内渐近稳定的。

小结

1. 基本概念

1) 稳定性的四个定义

(1) 李氏稳定；

(2) 渐近稳定；

(3) 大范围渐近稳定；

(4) 不稳定。

这四种定义全面地概括了古典理论和现代理论中对系统运动稳定性的描述，使稳定性分析有了一种严格的理论依据。

2) 李氏第二法的五个基本判据

李氏第二法的显著优点就在于：不仅对于线性系统，而且对于非线性系统，它都能给出关于在大范围内稳定性的信息。

五个判据的区别主要集中在对于$\dot{v}(\boldsymbol{x},t)$定号性判别上，可以简述为以下过程：

可知系统　　　　构造 v 函数　　　　充分条件

$$\begin{cases}\dot{\boldsymbol{x}}=\boldsymbol{f}(\boldsymbol{x},t)\\ \boldsymbol{x}_e=\boldsymbol{0}\end{cases}\Rightarrow v(\boldsymbol{x},t)>0\Rightarrow\begin{cases}\left.\begin{array}{l}\text{定理 4-10 } \dot{v}<0\\ \text{定理 4-11 } \dot{v}\leqslant 0 \text{ 且 } \dot{v}\neq 0(\boldsymbol{x}\neq\boldsymbol{0})\end{array}\right\}\text{渐近稳定}\\ \text{定理 4-12 } \dot{v}\leqslant 0 \qquad\qquad\qquad\qquad \text{李氏稳定}\\ \left.\begin{array}{l}\text{定理 4-13 } \dot{v}>0\\ \text{定理 4-14 } \dot{v}\geqslant 0 \text{ 且 } \dot{v}\neq 0(\boldsymbol{x}\neq\boldsymbol{0})\end{array}\right\}\text{不稳定}\end{cases}$$

定理的形式简单而有规律，在定理的应用中，要注意以下几点：

(1) 构造一个合理的李雅普诺夫函数，是李氏第二法的关键，李氏函数具有几个突出性质：

① 李雅普诺夫函数是一个标量函数。

② 李雅普诺夫函数是一个正定函数，至少在原点的邻域是如此。

③ 对于一个给定的系统，李雅普诺夫函数不是惟一的。

(2) 如果在包含状态空间原点在内的邻域 $\boldsymbol{\Omega}$ 内，可以找到一个李雅普诺夫函数，那么，就可以用它来判断原点的稳定性或渐近稳定性。然而这并不一定意味着，从 $\boldsymbol{\Omega}$ 邻域外的一个状态出发的轨迹都趋于无穷大，这是因为李雅普诺夫第二法确定的仅仅是稳定性的充分条件。

3) 线性系统李雅普诺夫函数的求法

线性系统的研究，在以往的诸多方法中都有较统一的规律可循，在李雅普诺夫第二法中同样如此。对于线性定常系统，李氏第二法具有以下几个特点：

(1) 线性系统的稳定范围，均属于大范围的。

(2) 线性定常系统的李雅普诺夫函数，可用简单的二次型函数来构成，即

$$v(\boldsymbol{x})=\boldsymbol{x}^{\mathrm{T}}\boldsymbol{P}\boldsymbol{x}$$

(3) 线性定常系统的二次型李雅普诺夫函数，可通过统一的公式来确定：

线性定常连续系统 $v(\boldsymbol{x})=\boldsymbol{x}^{\mathrm{T}}\boldsymbol{P}\boldsymbol{x}$ 满足

$$\boldsymbol{A}^{\mathrm{T}}\boldsymbol{P}+\boldsymbol{P}\boldsymbol{A}=-\boldsymbol{Q}$$

线性定常离散系统 $v[\boldsymbol{x}(k)]=\boldsymbol{x}^{\mathrm{T}}(k)\boldsymbol{P}\boldsymbol{x}(k)$满足

$$\boldsymbol{G}^{\mathrm{T}}\boldsymbol{P}\boldsymbol{G}-\boldsymbol{P}=-\boldsymbol{Q}$$

4）非线性系统李雅普诺夫函数的求法

非线性系统的问题比较复杂，不像线性系统有那么多规律可循，也没有一个统一的公式可用，只能针对具体问题进行具体分析。目前，许多人基于李雅普诺夫第二法理论，研究出一些切实可行的方法。本章所介绍的几种方法，在工程实用上较为广泛，具有以下几个显著特点：

（1）非线性关系是可用解析式表达的单值函数。

（2）系统的阶次不是太高。

克拉索夫斯基法和阿捷尔曼法实际上属于线性化的方法，或称一次近似法，由此构造出的李氏函数还具有二次型的形式，计算较方便。变量-梯度法构造的李氏函数，不属于二次型的，但所取的梯度向量模式，可较好地满足各种约束条件，也是一种应用性很强的方法。

值得注意的是，以上几种方法都是李氏第二法的具体应用，若采用这些方法找不到一个合适的李雅普诺夫函数，这并不意味着平衡状态是不稳定的，此时不能作出任何结论。目前，工程上还有许多非线性问题难以用解析式表达，因此寻找李雅普诺夫函数可能非常困难，这也是这种方法在工程应用上的一个障碍。

如何克服这个障碍使李雅普诺夫方法更加实用，看来是个进一步研究的问题。

2. 基本要求

（1）理解和掌握有关系统稳定性的基本概念和定理，包括：

系统的内部稳定性和外部稳定性的定义、相关定理及两者的关系；

李雅普诺夫意义下的稳定性、渐近稳定性、大范围渐近稳定性和不稳定性的定义。

（2）理解和掌握李雅普诺夫稳定性理论，重点掌握李雅普诺夫第二法有关线性系统稳定性的判别方法和一般步骤，了解非线性系统的李雅普诺夫分析方法。

（3）学会并掌握利用 MATLAB 判断系统的稳定性。

习题

4-1　试确定下列二次型是否正定。

$$v(\boldsymbol{x})=x_1^2+4x_2^2+x_3^2+2x_1x_2-6x_2x_3-2x_1x_3$$

$$v(\boldsymbol{x})=-x_1^2-10x_2^2-4x_3^2+6x_1x_2+2x_2x_3$$

$$v(\boldsymbol{x})=10x_1^2+4x_2^2+x_3^2+2x_1x_2-2x_2x_3-4x_1x_3$$

4-2　试确定下述二次型为正定时，待定常数的取值范围

$$v(\boldsymbol{x}) = a_1 x_1^2 + b_1 x_2^2 + c_1 x_3^2 + 2x_1 x_2 - 4x_2 x_3 - 2x_1 x_3$$

4-3　试用李雅普诺夫第二法判断下列线性系统的稳定性。

(1) $\begin{bmatrix} \dot{x}_1 \\ \dot{x}_2 \end{bmatrix} = \begin{bmatrix} 0 & 1 \\ -1 & -1 \end{bmatrix} \begin{bmatrix} x_1 \\ x_2 \end{bmatrix}$　　(2) $\begin{bmatrix} \dot{x}_1 \\ \dot{x}_2 \end{bmatrix} = \begin{bmatrix} -1 & 1 \\ 2 & -3 \end{bmatrix} \begin{bmatrix} x_1 \\ x_2 \end{bmatrix}$

(3) $\begin{bmatrix} \dot{x}_1 \\ \dot{x}_2 \end{bmatrix} = \begin{bmatrix} -1 & 1 \\ -1 & -1 \end{bmatrix} \begin{bmatrix} x_1 \\ x_2 \end{bmatrix}$　　(4) $\begin{bmatrix} \dot{x}_1 \\ \dot{x}_2 \end{bmatrix} = \begin{bmatrix} 1 & 0 \\ 0 & -1 \end{bmatrix} \begin{bmatrix} x_1 \\ x_2 \end{bmatrix}$

4-4　试确定下列系统平衡状态的稳定性

$$\begin{cases} x_1(k+1) = x_1(k) + 3x_2(k) \\ x_2(k+1) = -3x_1(k) - 2x_2(k) - 3x_3(k) \\ x_3(k+1) = x_1(k) \end{cases}$$

4-5　设离散系统的状态方程为

$$\boldsymbol{x}(k+1) = \boldsymbol{G}\boldsymbol{x}(k)$$

$$\boldsymbol{G} = \begin{bmatrix} 0 & 1 & 0 \\ 0 & 0 & 1 \\ 0 & \dfrac{K}{2} & 0 \end{bmatrix}, \quad K > 0$$

求平衡点 $\boldsymbol{x}_e = \boldsymbol{0}$ 渐近稳定时 K 值范围。

4-6　试确定下列非线性系统在原点 $\boldsymbol{x}_e = \boldsymbol{0}$ 处的稳定性。

(1) $\begin{cases} \dot{x}_1 - x_1 - x_2 - x_1^3 \\ \dot{x}_2 = x_1 + x_2 - x_2^3 \end{cases}$

(2) $\begin{cases} \dot{x}_1 = -x_1 + x_2 + x_1(x_1^2 + x_2^2) \\ \dot{x}_2 = -x_1 - x_2 + x_2(x_1^2 + x_2^2) \end{cases}$

4-7　试确定下列非线性系统在 $\boldsymbol{x}_e = \boldsymbol{0}$ 处稳定时，参数 a 和 b 的取值范围。

$$\begin{cases} \dot{x}_1 = x_2 \\ \dot{x}_2 = -ax_2 - bx_2^3 - x_1 \end{cases}$$

其中，$a \geqslant 0$，$b \geqslant 0$，但两者不同时为零。

4-8　试证明系统

$$\begin{cases} \dot{x}_1 = x_2 \\ \dot{x}_2 = -(a_1 x_1 + a_2 x_1^2 x_2) \end{cases}$$

在 $a_1 > 0$，$a_2 > 0$ 时是全局渐近稳定的。

4-9　试用克拉索夫斯基法确定非线性系统

$$\begin{cases} \dot{x}_1 = ax_1 + x_2 \\ \dot{x}_2 = x_1 - x_2 + bx_2^3 \end{cases}$$

在原点 $\boldsymbol{x}_e=\mathbf{0}$ 处为大范围渐近稳定时，参数 a 和 b 的取值范围。

4-10　试用变量-梯度法构成下述非线性系统的李氏函数。

$$\begin{cases}\dot{x}_1=-x_1+2x_1^2x_2\\ \dot{x}_2=-x_2\end{cases}$$

4-11　已知非线性系统的状态方程为

$$\begin{cases}\dot{x}_1=-2x_1+2x_2^4\\ \dot{x}_2=-x_2\end{cases}$$

用李雅普诺夫第二法，判断系统的稳定性。

4-12　已知非线性系统的状态方程为

$$\begin{cases}\dot{x}_1=x_2\\ \dot{x}_2=-x_1-x_2-x_1^5\end{cases}$$

用李雅普诺夫第二法，判别系统的稳定性。

4-13　试用阿捷尔曼法分析下列非线性系统在原点 $\boldsymbol{x}_e=\mathbf{0}$ 处的稳定性。结构如习题 4-13 图所示。

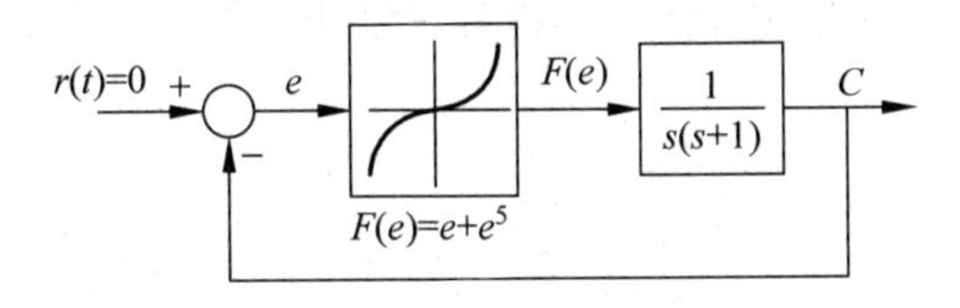

习题 4-13 图

第5章 状态反馈和状态观测器

控制系统的分析和综合是控制系统研究的两大课题。系统分析包括：已知系统的状态空间表达式，进行状态方程式的求解；能控性和能观测性分析；能控性和能观测性分解；稳定性分析；化成各种标准型等。系统综合包括：设计控制器，寻求改善系统性能的各种控制规律，以保证系统的各种性能指标要求都得到满足。

5.1 线性反馈控制系统的基本结构

无论是在经典控制理论中，还是在现代控制理论中，反馈都是系统设计的主要方式。由于经典控制理论是用传递函数来描述系统的，因此，只能从输出引出信号作为反馈量。而现代控制理论使用系统内部的状态来描述系统，所以除了可以从输出引出反馈信号外，还可以从系统的状态引出信号作为反馈量以实现状态反馈。采用状态反馈不但可以实现闭环系统的极点任意配置，而且它也是实现系统解耦和构成线性最优调节器的主要手段。

5.1.1 状态反馈

状态反馈就是将系统的状态向量通过线性反馈阵反馈到输入端，与参考输入向量进行比较，然后产生控制作用，形成闭环控制系统。

多输入多输出系统的状态反馈框图如图 5-1 所示。

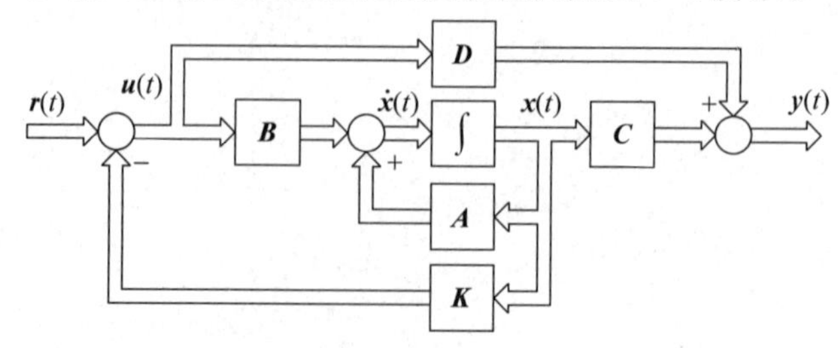

图 5-1 多输入多输出系统的状态反馈结构图

图 5-1 中被控系统 $\Sigma_0(\boldsymbol{A},\boldsymbol{B},\boldsymbol{C},\boldsymbol{D})$的状态空间表达式为

$$\begin{cases}\dot{\boldsymbol{x}} = \boldsymbol{A}\boldsymbol{x} + \boldsymbol{B}\boldsymbol{u} \\ \boldsymbol{y} = \boldsymbol{C}\boldsymbol{x} + \boldsymbol{D}\boldsymbol{u}\end{cases} \tag{5-1}$$

式中，$\boldsymbol{x}$——n 维状态向量；

$\boldsymbol{u}$——r 维输入向量；

$\boldsymbol{y}$——m 维输出向量；

$\boldsymbol{A}$——$n\times n$ 矩阵；

$\boldsymbol{B}$——$n\times r$ 矩阵；

$\boldsymbol{C}$——$m\times n$ 矩阵；

$\boldsymbol{D}$——$m\times r$ 矩阵。

状态反馈控制律为

$$\boldsymbol{u} = \boldsymbol{r} - \boldsymbol{K}\boldsymbol{x} \tag{5-2}$$

式中，$\boldsymbol{r}$——r 维参考输入向量；

$\boldsymbol{K}$——$r\times n$ 状态反馈矩阵。对于单输入系统，$\boldsymbol{K}$ 为 $1\times n$ 的矩阵。

把式(5-2)代入式(5-1)中整理后，可得状态反馈闭环系统的状态空间表达式为

$$\begin{cases}\dot{\boldsymbol{x}} = (\boldsymbol{A} - \boldsymbol{B}\boldsymbol{K})\boldsymbol{x} + \boldsymbol{B}\boldsymbol{r} \\ \boldsymbol{y} = (\boldsymbol{C} - \boldsymbol{D}\boldsymbol{K})\boldsymbol{x} + \boldsymbol{D}\boldsymbol{r}\end{cases} \tag{5-3}$$

若 $\boldsymbol{D}=\boldsymbol{0}$，则

$$\begin{cases}\dot{\boldsymbol{x}} = (\boldsymbol{A} - \boldsymbol{B}\boldsymbol{K})\boldsymbol{x} + \boldsymbol{B}\boldsymbol{r} \\ \boldsymbol{y} = \boldsymbol{C}\boldsymbol{x}\end{cases} \tag{5-4}$$

简记为 $\Sigma_K[(\boldsymbol{A}-\boldsymbol{B}\boldsymbol{K}),\boldsymbol{B},\boldsymbol{C}]$。

经过状态反馈后，系统的传递函数阵为

$$\boldsymbol{G}_K(s) = \boldsymbol{C}[s\boldsymbol{I} - (\boldsymbol{A} - \boldsymbol{B}\boldsymbol{K})]^{-1}\boldsymbol{B}$$

由此可见，经过状态反馈后，输入矩阵 $\boldsymbol{B}$ 和输出矩阵 $\boldsymbol{C}$ 没有变化，仅仅是系统矩阵 $\boldsymbol{A}$ 发生了变化，变成了 $\boldsymbol{A}-\boldsymbol{B}\boldsymbol{K}$；也就是说状态反馈阵 $\boldsymbol{K}$ 的引入，没有引入新的状态变量，也不增加系统的维数，但通过 $\boldsymbol{K}$ 的选择可以有条件自由改变系统的特征值，从而使系统获得所要求的性能。

5.1.2 输出反馈

输出反馈就是将系统的输出向量通过线性反馈阵反馈到输入端，与参考输入向量进行比较，然后产生控制作用，形成闭环控制系统。经典控制理论中所讨论的反馈就是这种反馈。

多输入多输出系统的输出反馈框图如图 5-2 所示。

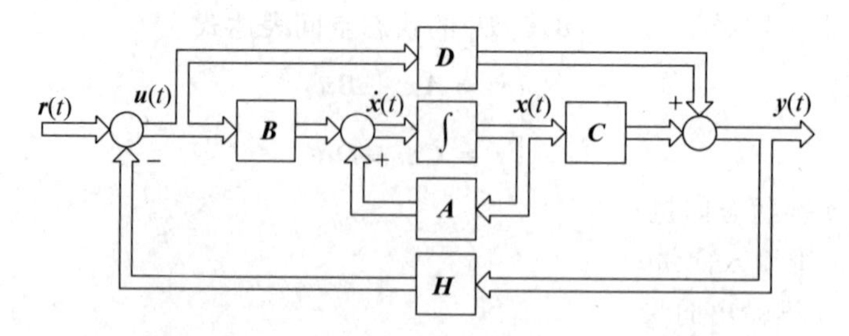

图 5-2 多输入多输出系统的输出反馈结构图

图 5-2 中被控系统 $\Sigma_0(\boldsymbol{A},\boldsymbol{B},\boldsymbol{C},\boldsymbol{D})$ 的状态空间表达式为

$$\begin{cases}\dot{\boldsymbol{x}}=\boldsymbol{A}\boldsymbol{x}+\boldsymbol{B}\boldsymbol{u}\\ \boldsymbol{y}=\boldsymbol{C}\boldsymbol{x}+\boldsymbol{D}\boldsymbol{u}\end{cases}\tag{5-5}$$

式中，$\boldsymbol{x}$——n 维状态向量；

$\boldsymbol{u}$——r 维输入向量；

$\boldsymbol{y}$——m 维输出向量；

$\boldsymbol{A}$——$n\times n$ 矩阵；

$\boldsymbol{B}$——$n\times r$ 矩阵；

$\boldsymbol{C}$——$m\times n$ 矩阵；

$\boldsymbol{D}$——$m\times r$ 矩阵。

输出反馈控制律为

$$\boldsymbol{u}=\boldsymbol{r}-\boldsymbol{H}\boldsymbol{y}\tag{5-6}$$

式中，$\boldsymbol{r}$——r 维参考输入向量；

$\boldsymbol{H}$——$r\times m$ 输出反馈矩阵。

把式(5-5)的输出方程代入式(5-6)中整理后，得

$$\boldsymbol{u}=(\boldsymbol{I}+\boldsymbol{H}\boldsymbol{D})^{-1}(\boldsymbol{r}-\boldsymbol{H}\boldsymbol{C}\boldsymbol{x})$$

再将上式代入式(5-5)，可得输出反馈闭环系统的状态空间表达式为

$$\begin{cases}\dot{\boldsymbol{x}}=[\boldsymbol{A}-\boldsymbol{B}(\boldsymbol{I}+\boldsymbol{H}\boldsymbol{D})^{-1}\boldsymbol{H}\boldsymbol{C}]\boldsymbol{x}+\boldsymbol{B}(\boldsymbol{I}+\boldsymbol{H}\boldsymbol{D})^{-1}\boldsymbol{r}\\ \boldsymbol{y}=[\boldsymbol{C}-\boldsymbol{D}(\boldsymbol{I}+\boldsymbol{H}\boldsymbol{D})^{-1}\boldsymbol{H}\boldsymbol{C}]\boldsymbol{x}+\boldsymbol{D}(\boldsymbol{I}+\boldsymbol{H}\boldsymbol{D})^{-1}\boldsymbol{r}\end{cases}\tag{5-7}$$

若 $\boldsymbol{D}=\boldsymbol{0}$，则

$$\begin{cases}\dot{\boldsymbol{x}}=(\boldsymbol{A}-\boldsymbol{B}\boldsymbol{H}\boldsymbol{C})\boldsymbol{x}+\boldsymbol{B}\boldsymbol{r}\\ \boldsymbol{y}=\boldsymbol{C}\boldsymbol{x}\end{cases}\tag{5-8}$$

简记为 $\Sigma_{\mathrm{H}}[(\boldsymbol{A}-\boldsymbol{B}\boldsymbol{H}\boldsymbol{C}),\boldsymbol{B},\boldsymbol{C}]$。

经过输出反馈后，系统的传递函数为

$$\boldsymbol{G}_{\mathrm{H}}(s)=\boldsymbol{C}[s\boldsymbol{I}-(\boldsymbol{A}-\boldsymbol{B}\boldsymbol{H}\boldsymbol{C})]^{-1}\boldsymbol{B}$$

若原被控系统的传递函数阵为

$$\boldsymbol{G}_0(s)=\boldsymbol{C}(s\boldsymbol{I}-\boldsymbol{A})^{-1}\boldsymbol{B}$$

则 $\boldsymbol{G}_0(s)$ 和 $\boldsymbol{G}_{\mathrm{H}}(s)$ 有如下关系

$$G_H(s) = G_0(s)[I + HG_0(s)]^{-1}$$

由此可见，经过输出反馈后，输入矩阵 $\boldsymbol{B}$ 和输出矩阵 $\boldsymbol{C}$ 没有变化，仅仅是系统矩阵 $\boldsymbol{A}$ 变成了 $\boldsymbol{A}-\boldsymbol{BHC}$；闭环系统同样没有引入新的状态变量，也不增加系统的维数。但由于系统输出所包含的信息不是系统的全部信息，即 $m<n$，所以输出反馈只能看成是一种部分状态反馈。只有当 $\mathrm{rank}\boldsymbol{C}=n$ 时，才能等同于全状态反馈。因此，在不增加补偿器的条件下，输出反馈的效果显然不如状态反馈系统好。但输出反馈在技术实现上的方便性则是其突出的优点。

5.1.3 从输出到状态向量导数 $\dot{x}$ 反馈

从系统输出到状态向量导数 $\dot{\boldsymbol{x}}$ 的线性反馈就是将系统的输出向量通过线性反馈阵，反馈到状态向量导数 $\dot{\boldsymbol{x}}$，形成闭环控制系统。这种反馈形式在状态观测器中获得应用。

多输入多输出系统从输出到 $\dot{\boldsymbol{x}}$ 反馈如图 5-3 所示。

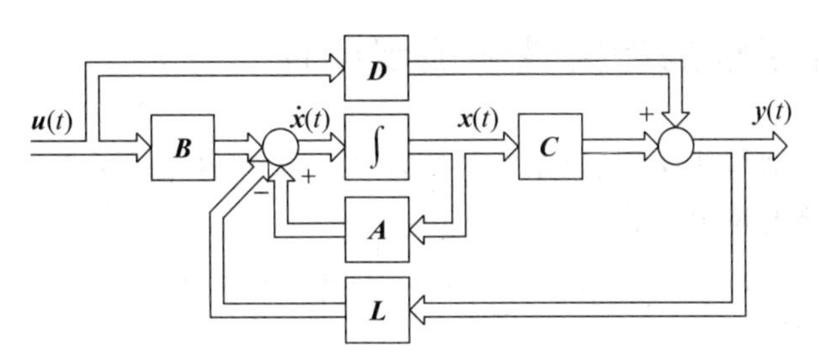

图 5-3 多输入多输出系统从输出到 $\dot{\boldsymbol{x}}$ 反馈结构图

图 5-3 中被控系统 $\Sigma_0(\boldsymbol{A},\boldsymbol{B},\boldsymbol{C},\boldsymbol{D})$ 的状态空间表达式为

$$\begin{cases}\dot{\boldsymbol{x}} = \boldsymbol{Ax} + \boldsymbol{Bu} \\ \boldsymbol{y} = \boldsymbol{Cx} + \boldsymbol{Du}\end{cases} \tag{5-9}$$

式中，$\boldsymbol{x}$——n 维状态向量；

$\boldsymbol{u}$——r 维输入向量；

$\boldsymbol{y}$——m 维输出向量；

$\boldsymbol{A}$——$n\times n$ 矩阵；

$\boldsymbol{B}$——$n\times r$ 矩阵；

$\boldsymbol{C}$——$m\times n$ 矩阵；

$\boldsymbol{D}$——$m\times r$ 矩阵。

加入输出到状态向量导数 $\dot{\boldsymbol{x}}$ 的线性反馈，可得闭环系统

$$\begin{cases}\dot{\boldsymbol{x}} = \boldsymbol{Ax} - \boldsymbol{Ly} + \boldsymbol{Bu} \\ \boldsymbol{y} = \boldsymbol{Cx} + \boldsymbol{Du}\end{cases} \tag{5-10}$$

式中，$\boldsymbol{L}$ 为 $n\times m$ 线性反馈矩阵。对单输出系统，$\boldsymbol{L}$ 为 $n\times 1$ 的矩阵。

把式(5-9)中 $\boldsymbol{y}$ 代入式(5-10)中整理后，得

$$\begin{cases}\dot{\boldsymbol{x}} = (\boldsymbol{A}-\boldsymbol{LC})\boldsymbol{x}+(\boldsymbol{B}-\boldsymbol{LD})\boldsymbol{u}\\ \boldsymbol{y}=\boldsymbol{Cx}+\boldsymbol{Du}\end{cases} \tag{5-11}$$

若 $\boldsymbol{D}=\boldsymbol{0}$，则

$$\begin{cases}\dot{\boldsymbol{x}} = (\boldsymbol{A}-\boldsymbol{LC})\boldsymbol{x}+\boldsymbol{Bu}\\ \boldsymbol{y}=\boldsymbol{Cx}\end{cases} \tag{5-12}$$

简记为 $\Sigma_{\mathrm{L}}[(\boldsymbol{A}-\boldsymbol{LC}),\boldsymbol{B},\boldsymbol{C}]$。

闭环系统的传递函数阵为

$$\boldsymbol{G}_{\mathrm{L}}(s)=\boldsymbol{C}[s\boldsymbol{I}-(\boldsymbol{A}-\boldsymbol{LC})]^{-1}\boldsymbol{B}$$

由此可见，从系统输出到状态向量导数 $\dot{\boldsymbol{x}}$ 的线性反馈，输入矩阵 $\boldsymbol{B}$ 和输出矩阵 $\boldsymbol{C}$ 没有变化，仅仅是系统矩阵 $\boldsymbol{A}$ 变成了 $\boldsymbol{A}-\boldsymbol{LC}$；闭环系统同样没有引入新的状态变量，也不增加系统的维数。

5.1.4 闭环系统的能控性和能观测性

引入各种反馈构成闭环后，系统的能控性与能观测性是关系到能否实现状态控制与状态观测的重要问题。

定理 5-1 状态反馈不改变被控系统 $\Sigma_0(\boldsymbol{A},\boldsymbol{B},\boldsymbol{C})$ 的能控性，但却不一定能保持系统的能观测性。

证明 因为被控系统 $\Sigma_0(\boldsymbol{A},\boldsymbol{B},\boldsymbol{C})$ 和状态反馈系统 $\Sigma_{\mathrm{K}}(\boldsymbol{A}-\boldsymbol{BK},\boldsymbol{B},\boldsymbol{C})$ 的能控性判别阵分别为

$$\boldsymbol{U}_{\mathrm{c0}}=[\boldsymbol{B}\quad \boldsymbol{AB}\quad \boldsymbol{A}^2\boldsymbol{B}\quad \cdots\quad \boldsymbol{A}^{n-1}\boldsymbol{B}]$$

和

$$\boldsymbol{U}_{\mathrm{cK}}=[\boldsymbol{B}\quad (\boldsymbol{A}-\boldsymbol{BK})\boldsymbol{B}\quad (\boldsymbol{A}-\boldsymbol{BK})^2\boldsymbol{B}\quad \cdots\quad (\boldsymbol{A}-\boldsymbol{BK})^{n-1}\boldsymbol{B}]$$

由于 $(\boldsymbol{A}-\boldsymbol{BK})\boldsymbol{B}=\boldsymbol{AB}-\boldsymbol{B}(\boldsymbol{KB})$，这表明 $(\boldsymbol{A}-\boldsymbol{BK})\boldsymbol{B}$ 的列向量可以由 $[\boldsymbol{B}\quad \boldsymbol{AB}]$ 的列向量的线性组合来表示。同理，$(\boldsymbol{A}-\boldsymbol{BK})^2\boldsymbol{B}$ 的列向量可以由 $[\boldsymbol{B}\quad \boldsymbol{AB}\quad \boldsymbol{A}^2\boldsymbol{B}]$ 的列向量的线性组合来表示。依次类推，于是就有 $[\boldsymbol{B}\quad (\boldsymbol{A}-\boldsymbol{BK})\boldsymbol{B}\quad \cdots\quad (\boldsymbol{A}-\boldsymbol{BK})^{n-1}\boldsymbol{B}]$ 的列向量可以由 $[\boldsymbol{B}\quad \boldsymbol{AB}\quad \cdots\quad \boldsymbol{A}^{n-1}\boldsymbol{B}]$ 的列向量的线性组合表示。因此，$\boldsymbol{U}_{\mathrm{cK}}$ 可看作是由 $\boldsymbol{U}_{\mathrm{c0}}$ 经初等变换得到的，而矩阵做初等变换并不改变矩阵的秩。所以 $\boldsymbol{U}_{\mathrm{cK}}$ 与 $\boldsymbol{U}_{\mathrm{c0}}$ 的秩相同，能控性不变得证。关于状态反馈不保持系统的能观测性可做如下解释。

例如，对单输入单输出系统，状态反馈会改变系统的极点，但不影响系统的零点。这样就可能会出现把闭环系统的极点配置在原系统的零点处，使传递函数出现零极点对消现象，因而破坏了系统的能观测性。

定理 5-2 输出反馈不改变被控系统 $\Sigma_0(\boldsymbol{A},\boldsymbol{B},\boldsymbol{C})$ 的能控性和能观测性。

证明　因为输出反馈中的 $\boldsymbol{HC}$ 等效于状态反馈中的 $\boldsymbol{K}$，那么输出反馈也保持了被控系统的能控性不变。

关于能观测性不变，可由能观测性判别矩阵

$$\boldsymbol{V}_{o0}=\begin{bmatrix}\boldsymbol{C}\\ \boldsymbol{CA}\\ \vdots\\ \boldsymbol{CA}^{n-1}\end{bmatrix}$$

和

$$\boldsymbol{V}_{oH}=\begin{bmatrix}\boldsymbol{C}\\ \boldsymbol{C}(\boldsymbol{A}-\boldsymbol{BHC})\\ \vdots\\ \boldsymbol{C}(\boldsymbol{A}-\boldsymbol{BHC})^{n-1}\end{bmatrix}$$

仿照定理 5-1 的证明方法，同样可以把 $\boldsymbol{V}_{oH}$ 看作是 $\boldsymbol{V}_{o0}$ 经初等变换的结果，而初等变换不改变矩阵的秩，因此能观测性不变。

定理 5-3　输出到状态向量导数 $\dot{\boldsymbol{x}}$ 反馈不改变被控系统 $\Sigma_0(\boldsymbol{A},\boldsymbol{B},\boldsymbol{C})$ 能观测性，但却不一定能保持系统的能控性。

关于这个定理的证明根据对偶原理，仿照定理 5-1 的证明不难获得。

例 5-1　设系统的状态空间表达式为

$$\begin{cases}\dot{\boldsymbol{x}}=\begin{bmatrix}1 & 2\\ 3 & 1\end{bmatrix}\boldsymbol{x}+\begin{bmatrix}0\\ 1\end{bmatrix}u\\ y=\begin{bmatrix}1 & 2\end{bmatrix}\boldsymbol{x}\end{cases}$$

试分析系统引入状态反馈 $\boldsymbol{K}=[3\quad 1]$ 后的能控性与能观测性。

解　容易验证原系统是能控且能观测的。引入 $\boldsymbol{K}=[3\quad 1]$ 后，闭环系统 $\Sigma_K(\boldsymbol{A}-\boldsymbol{bK},\boldsymbol{b},\boldsymbol{c})$ 的状态空间表达式根据式(5-4)可得

$$\begin{cases}\dot{\boldsymbol{x}}=\begin{bmatrix}1 & 2\\ 0 & 0\end{bmatrix}\boldsymbol{x}+\begin{bmatrix}0\\ 1\end{bmatrix}u\\ y=\begin{bmatrix}1 & 2\end{bmatrix}\boldsymbol{x}\end{cases}$$

不难判断，系统 $\Sigma_K(\boldsymbol{A}-\boldsymbol{bK},\boldsymbol{b},\boldsymbol{c})$ 是能控的，但不是能观测的。可见引入状态反馈 $\boldsymbol{K}=[3\quad 1]$ 后，闭环系统保持能控性不变，而不能保持能观测性。实际上这反映在传递函数上出现了零极点对消的现象。

5.2　系统的极点配置

控制系统的稳定性和各种品质指标，在很大程度上和该系统的极点在 s 平面的分布有关。在设计系统时，为了保证系统具有期望的特性，往往给定一组期望极点，或根据时域指标转换一组等价期望极点，然后进行极点配置。所谓极点配

置,就是通过选择反馈增益矩阵,将闭环系统的极点恰好配置在根平面上所期望的位置,以获得所期望的动态性能。

本节重点讨论单输入单输出系统在已知期望极点的情况下,如何设计反馈增益矩阵。

5.2.1 采用状态反馈实现极点配置

单输入单输出线性定常系统通过状态反馈,得闭环系统的状态空间表达式为

$$\begin{cases}\dot{\boldsymbol{x}} = (\boldsymbol{A} - \boldsymbol{bK})\boldsymbol{x} + \boldsymbol{b}r \\ y = \boldsymbol{cx}\end{cases} \tag{5-13}$$

式中,反馈矩阵 $\boldsymbol{K}$ 为 $1\times n$ 的矩阵。

为了求得状态反馈矩阵 $\boldsymbol{K}$,实现期望极点配置,有下面的极点配置定理。

定理 5-4 通过状态的线性反馈,可实现闭环系统 $\Sigma_K(\boldsymbol{A}-\boldsymbol{bK},\boldsymbol{b},\boldsymbol{c})$ 极点任意配置的充分必要条件是被控系统 $\Sigma_0(\boldsymbol{A},\boldsymbol{b},\boldsymbol{c})$ 的状态是完全能控的。

证明 (1) 充分性:若被控系统的状态是完全能控的,那么闭环系统必能任意配置极点。

因为被控系统的状态是完全能控的,则必然存在一个线性非奇异变换阵 $\boldsymbol{P}$,利用 $\boldsymbol{x}=\boldsymbol{P}\tilde{\boldsymbol{x}}$ 线性变换,将其化成能控标准型

$$\begin{cases}\dot{\tilde{\boldsymbol{x}}} = \widetilde{\boldsymbol{A}}\tilde{\boldsymbol{x}} + \tilde{\boldsymbol{b}}u \\ y = \tilde{\boldsymbol{c}}\tilde{\boldsymbol{x}}\end{cases} \tag{5-14}$$

式中

$$\widetilde{\boldsymbol{A}} = \boldsymbol{P}^{-1}\boldsymbol{AP} = \begin{bmatrix} 0 & 1 & \cdots & 0 \\ \vdots & \vdots & & \vdots \\ 0 & 0 & \cdots & 1 \\ -a_n & -a_{n-1} & \cdots & -a_1 \end{bmatrix},\quad \tilde{\boldsymbol{b}} = \boldsymbol{P}^{-1}\boldsymbol{b} = \begin{bmatrix} 0 \\ \vdots \\ 0 \\ 1 \end{bmatrix}$$

$$\tilde{\boldsymbol{c}} = \boldsymbol{cP} = [c_n \quad c_{n-1} \quad \cdots \quad c_1]$$

被控系统 $\Sigma_0(\boldsymbol{A},\boldsymbol{b},\boldsymbol{c})$ 的传递函数为

$$\boldsymbol{G}_0(s) = \boldsymbol{c}(s\boldsymbol{I} - \boldsymbol{A})^{-1}\boldsymbol{b} = \frac{c_1 s^{n-1} + \cdots + c_{n-1}s + c_n}{s^n + a_1 s^{n-1} + \cdots + a_{n-1}s + a_n} \tag{5-15}$$

因为线性变换不改变系统的特征值,故系统 $\Sigma_0(\boldsymbol{A},\boldsymbol{b},\boldsymbol{c})$ 的特征多项式为

$$f(s) = |s\boldsymbol{I} - \boldsymbol{A}| = |s\boldsymbol{I} - \widetilde{\boldsymbol{A}}| = s^n + a_1 s^{n-1} + \cdots + a_{n-1}s + a_n \tag{5-16}$$

在能控标准型的基础上,引入状态反馈

$$u = r - \widetilde{\boldsymbol{K}}\tilde{\boldsymbol{x}}$$

式中

$$\widetilde{\boldsymbol{K}} = [\tilde{k}_1 \quad \tilde{k}_2 \quad \cdots \quad \tilde{k}_n]$$

将上式代入式(5-14)中，可求得对$\tilde{x}$的闭环系统的状态空间表达式为

$$\begin{cases}\dot{\tilde{x}} = (\tilde{A} - \tilde{b}\tilde{K})\tilde{x} + \tilde{b}r \\ y = \tilde{c}\tilde{x}\end{cases}$$

式中

$$(\tilde{A} - \tilde{b}\tilde{K}) = \begin{bmatrix} 0 & 1 & \cdots & 0 \\ \vdots & \vdots & & 0 \\ 0 & 0 & \cdots & 1 \\ -(a_n + \tilde{k}_1) & -(a_{n-1} + \tilde{k}_2) & \cdots & -(a_1 + \tilde{k}_n) \end{bmatrix}$$

$\tilde{b}$和$\tilde{c}$阵不变。$\tilde{c}$阵不变表明增加状态反馈后，仅能改变系统传递函数的极点，而不能改变传递函数的零点。

其对应的特征多项式为

$$f_{\tilde{K}}(s) = s^n + (a_1 + \tilde{k}_n)s^{n-1} + \cdots + (a_{n-1} + \tilde{k}_2)s + (a_n + \tilde{k}_1) \tag{5-17}$$

闭环系统的传递函数为

$$\begin{aligned} G_{\tilde{K}}(s) &= \tilde{c}[sI - (\tilde{A} - \tilde{b}\tilde{K})]^{-1}\tilde{b} \\ &= \frac{c_1 s^{n-1} + \cdots + c_{n-1}s + c_n}{s^n + (a_1 + \tilde{k}_n)s^{n-1} + \cdots + (a_{n-1} + \tilde{k}_2)s + (a_n + \tilde{k}_1)} \end{aligned}$$

假如任意提出的 n 个期望闭环极点为$\lambda_1, \lambda_2, \cdots, \lambda_n$(注意期望的闭环极点可以是负实数也可以是具有负实部的共轭复数对)，则期望的闭环系统特征多项式为

$$\begin{aligned} f^*(s) &= (s - \lambda_1)(s - \lambda_2)\cdots(s - \lambda_n) \\ &= s^n + a_1^* s^{n-1} + a_2^* s^{n-2} + \cdots + a_n^* \end{aligned} \tag{5-18}$$

比较式(5-17)和式(5-18)，令 s 的同次幂的系数相等，则有

$$\tilde{k}_{n+1-i} = a_i^* - a_i \quad (i = 1, 2, \cdots, n)$$

于是得

$$\tilde{K} = [\tilde{k}_1 \quad \tilde{k}_2 \quad \cdots \quad \tilde{k}_n] = [a_n^* - a_n \quad a_{n-1}^* - a_{n-1} \quad \cdots \quad a_1^* - a_1] \tag{5-19}$$

该结果表明$\tilde{K}$是存在的。又根据状态反馈控制规律在等价变换前后的表达式

$$u = r - Kx = r - KP\tilde{x}$$

和

$$u = r - \tilde{K}\tilde{x}$$

可得到原系统 $\Sigma_0(A, b, c)$的状态反馈阵 K 的表达式为

$$K = \tilde{K}P^{-1}$$

由于 P 为非奇异变换阵，所以 K 阵是存在的，表明当被控系统的状态是完全能控时，可以实现闭环系统极点的任意配置。

(2) 必要性：如果被控系统通过状态的线性反馈可实现极点的任意配置，需证明被控系统的状态是完全能控的。

采用反证法，假设被控系统可实现极点的任意配置，但被控系统的状态不完全能控。

因为被控系统为不完全能控，必定可以采用非奇异线性变换，将系统分解为能控和不能控两部分，即

$$\begin{cases}\dot{\bar{\boldsymbol{x}}} = \begin{bmatrix}\bar{\boldsymbol{A}}_c & \bar{\boldsymbol{A}}_{12} \\ \boldsymbol{0} & \bar{\boldsymbol{A}}_{\bar{c}}\end{bmatrix}\bar{\boldsymbol{x}} + \begin{bmatrix}\bar{\boldsymbol{b}}_1 \\ \boldsymbol{0}\end{bmatrix}u \\ y = [\bar{\boldsymbol{c}}_1 \quad \bar{\boldsymbol{c}}_2]\,\bar{\boldsymbol{x}}\end{cases}$$

引入状态反馈

$$u = r - \bar{\boldsymbol{K}}\bar{\boldsymbol{x}}$$

式中

$$\bar{\boldsymbol{K}} = [\bar{\boldsymbol{K}}_c \quad \bar{\boldsymbol{K}}_{\bar{c}}]$$

系统变为

$$\begin{cases}\dot{\bar{\boldsymbol{x}}} = \begin{bmatrix}\bar{\boldsymbol{A}}_c - \bar{\boldsymbol{b}}_1\boldsymbol{K}_c & \bar{\boldsymbol{A}}_{12} - \bar{\boldsymbol{b}}_1\bar{\boldsymbol{K}}_{\bar{c}} \\ \boldsymbol{0} & \bar{\boldsymbol{A}}_{\bar{c}}\end{bmatrix}\bar{\boldsymbol{x}} + \begin{bmatrix}\bar{\boldsymbol{b}}_1 \\ \boldsymbol{0}\end{bmatrix}r \\ y = [\bar{\boldsymbol{c}}_1 \quad \bar{\boldsymbol{c}}_2]\,\bar{\boldsymbol{x}}\end{cases}$$

相应的特征多项式为

$$\begin{aligned}|s\boldsymbol{I} - (\bar{\boldsymbol{A}} - \bar{\boldsymbol{b}}\boldsymbol{K})| &= \begin{vmatrix}s\boldsymbol{I} - (\bar{\boldsymbol{A}}_c - \bar{\boldsymbol{b}}_1\bar{\boldsymbol{K}}_c) & -(\bar{\boldsymbol{A}}_{12} - \bar{\boldsymbol{b}}_1\bar{\boldsymbol{K}}_{\bar{c}}) \\ \boldsymbol{0} & s\boldsymbol{I} - \bar{\boldsymbol{A}}_{\bar{c}}\end{vmatrix} \\ &= |s\boldsymbol{I} - (\bar{\boldsymbol{A}}_c - \bar{\boldsymbol{b}}_1\bar{\boldsymbol{K}}_c)|\,|s\boldsymbol{I} - \bar{\boldsymbol{A}}_{\bar{c}}|\end{aligned}$$

由此可见，利用状态的线性反馈只能改变系统能控部分的极点，而不能改变系统不能控部分的极点，也就是说，在这种情况下不可能任意配置系统的全部极点，这与假设相矛盾，于是系统是完全能控的。必要性得证。

求取状态反馈阵 $\boldsymbol{K}$ 的方法

方法一

根据

$$f_K(s) = |s\boldsymbol{I} - (\boldsymbol{A} - \boldsymbol{b}\boldsymbol{K})|$$

和式(5-18)

$$f^*(s) = (s-\lambda_1)(s-\lambda_2)\cdots(s-\lambda_n)$$

使两个多项式 s 对应项的系数相等，得到 n 个代数方程，即可求出

$$\boldsymbol{K} = [k_1 \quad k_2 \quad \cdots \quad k_n]$$

方法二

在充分性的证明过程中，已得

$$\boldsymbol{K} = \widetilde{\boldsymbol{K}}\boldsymbol{P}^{-1}$$

其中，$\boldsymbol{P}$ 为将系统 $\Sigma_0(\boldsymbol{A},\boldsymbol{b},\boldsymbol{c})$ 化成能控标准型的非奇异变换阵，即

$$\boldsymbol{P}=\begin{bmatrix}\boldsymbol{p}_1\\ \boldsymbol{p}_1\boldsymbol{A}\\ \vdots\\ \boldsymbol{p}_1\boldsymbol{A}^{n-1}\end{bmatrix}^{-1},\quad \boldsymbol{p}_1=[0\ \ \cdots\ \ 0\ \ 1]\cdot[\boldsymbol{b}\ \ \boldsymbol{Ab}\ \ \cdots\ \ \boldsymbol{A}^{n-1}\boldsymbol{b}]^{-1}$$

代入上式，得

$$\begin{aligned}\boldsymbol{K}&=[a_n^*-a_n\quad a_{n-1}^*-a_{n-1}\quad\cdots\quad a_1^*-a_1]\begin{bmatrix}\boldsymbol{p}_1\\ \boldsymbol{p}_1\boldsymbol{A}\\ \vdots\\ \boldsymbol{p}_1\boldsymbol{A}^{n-1}\end{bmatrix}\\&=\boldsymbol{p}_1[a_n^*\boldsymbol{I}+a_{n-1}^*\boldsymbol{A}+\cdots+a_1^*\boldsymbol{A}^{n-1}]-\boldsymbol{p}_1[a_n\boldsymbol{I}+a_{n-1}\boldsymbol{A}+\cdots+a_1\boldsymbol{A}^{n-1}]\\&=\boldsymbol{p}_1[a_n^*\boldsymbol{I}+a_{n-1}^*\boldsymbol{A}+\cdots+a_1^*\boldsymbol{A}^{n-1}+\boldsymbol{A}^n]\\&=[0\ \ \cdots\ \ 0\ \ 1]U_c^{-1}f^*(\boldsymbol{A})\end{aligned}$$

即

$$\boldsymbol{K}=[0\ \ \cdots\ \ 0\ \ 1]\boldsymbol{U}_c^{-1}\boldsymbol{f}^*(\boldsymbol{A})\tag{5-20}$$

式中

$$\boldsymbol{f}^*(\boldsymbol{A})=a_n^*\boldsymbol{I}+a_{n-1}^*\boldsymbol{A}+\cdots+a_1^*\boldsymbol{A}^{n-1}+\boldsymbol{A}^n$$

是将式(5-18)中 s 换成系统矩阵 $\boldsymbol{A}$ 的矩阵多项式，$\boldsymbol{U}_c$ 为能控性矩阵。

例 5-2　已知系统的状态空间表达式为

$$\begin{cases}\dot{\boldsymbol{x}}=\begin{bmatrix}2&1\\-1&1\end{bmatrix}\boldsymbol{x}+\begin{bmatrix}1\\2\end{bmatrix}u\\ y=[1\ \ 0]\boldsymbol{x}\end{cases}$$

试求取状态反馈阵 $\boldsymbol{K}$，使闭环系统的极点配置在 -1 和 -2 上。

解　因

$$\text{rank}\boldsymbol{U}_c=\text{rank}[\boldsymbol{b}\ \ \boldsymbol{Ab}]=\text{rank}\begin{bmatrix}1&4\\2&1\end{bmatrix}=2=n$$

所以，被控系统的状态完全能控，通过状态的线性反馈可以实现闭环系统极点的任意配置。下面通过两种方法求解状态反馈阵 $\boldsymbol{K}$。

方法一

设 $\boldsymbol{K}=[k_1\ \ k_2]$，则

$$\begin{aligned}f_K(s)&=|s\boldsymbol{I}-(\boldsymbol{A}-\boldsymbol{bK})|\\&=\begin{vmatrix}s-2+k_1&-1+k_2\\1+2k_1&s-1+2k_2\end{vmatrix}\\&=s^2+(-3+k_1+2k_2)s+(k_1-5k_2+3)\end{aligned}$$

而期望的特征多项式为

$$f^*(s)=(s-\lambda_1)(s-\lambda_2)=(s+1)(s+2)=s^2+3s+2$$

比较以上两式的 s 同次幂系数，可求得

$$\boldsymbol{K}=[k_1 \quad k_2]=[4 \quad 1]$$

方法二

由 $f^*(s)=s^2+3s+2$，得

$$f^*(\boldsymbol{A})=\boldsymbol{A}^2+3\boldsymbol{A}+2\boldsymbol{I}$$

$$=\begin{bmatrix}2 & 1\\ -1 & 1\end{bmatrix}^2+3\begin{bmatrix}2 & 1\\ -1 & 1\end{bmatrix}+2\begin{bmatrix}1 & 0\\ 0 & 1\end{bmatrix}=\begin{bmatrix}11 & 6\\ -6 & 5\end{bmatrix}$$

根据式(5-20)有

$$\boldsymbol{K}=[0 \quad \cdots \quad 0 \quad 1]\boldsymbol{U}_c^{-1}\boldsymbol{f}^*(\boldsymbol{A})$$

$$=[0 \quad 1]\begin{bmatrix}1 & 4\\ 2 & 1\end{bmatrix}^{-1}\begin{bmatrix}11 & 6\\ -6 & 5\end{bmatrix}=[4 \quad 1]$$

根据被控系统的状态空间表达式和状态反馈阵 $\boldsymbol{K}$，可画出加状态反馈后闭环系统的结构图，如图 5-4 所示。

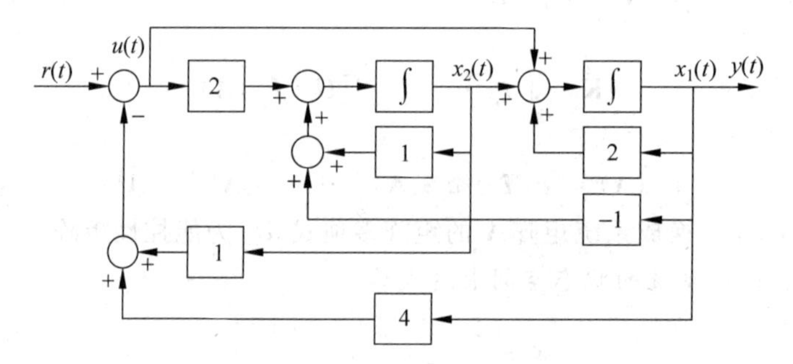

图 5-4 闭环系统的结构图

需要指出：

(1) 对于状态能控的单输入单输出系统，线性状态反馈只能配置系统的极点，不能配置系统的零点。

(2) 当系统不完全能控时，状态反馈阵只能改变系统能控部分的极点，而不能影响不能控部分的极点。

5.2.2 采用从输出到输入端反馈实现极点配置

定理 5-5 对完全能控的单输入单输出系统 $\Sigma_0(\boldsymbol{A},\boldsymbol{b},\boldsymbol{c})$，不能采用输出到输入端线性反馈来实现闭环系统极点的任意配置。

不能任意配置极点，正是输出线性反馈的弱点。为了克服这个弱点，在经典控制理论中，往往采取引入附加校正网络，通过增加开环零极点的方法改变根轨迹走向，从而使其落在指定的期望位置上。

在现代控制理论中，常常要通过引入一个动态子系统来改善系统性能，将这种动态子系统称为动态补偿器。它与被控系统的连接方式如图 5-5 所示，

图 5-5(a)为串联连接,图 5-5(b)为反馈连接。此类系统的维数等于被控系统与动态补偿器二者维数之和。闭环系统的零点,在串联连接的情况下,是被控系统零点与动态补偿器零点的总和,在反馈连接的情况下,则是被控系统零点与动态补偿器极点的总和。

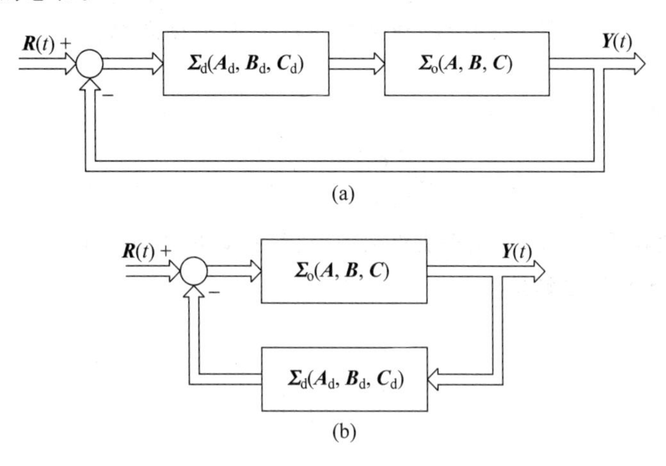

图 5-5　带动态补偿器的闭环系统结构图

定理 5-6　对完全能控的单输入单输出系统 $\Sigma_0(\boldsymbol{A},\boldsymbol{b},\boldsymbol{c})$,通过带动态补偿器的输出反馈实现极点任意配置的充要条件是

(1) 系统 $\Sigma_0(\boldsymbol{A},\boldsymbol{b},\boldsymbol{c})$完全能观测。

(2) 动态补偿器的阶数为 $n-1$。

动态补偿器的阶数等于 $n-1$ 是任意配置极点的条件之一。但在处理具体问题时,如果并不要求"任意"配置极点,那么,所选补偿器的阶数可进一步降低。

5.2.3　采用从输出到状态向量导数$\dot{x}$反馈实现极点配置

单输入单输出线性定常系统增加输出到状态向量导数$\dot{\boldsymbol{x}}$反馈后,闭环系统的状态空间表达式为

$$\begin{cases}\dot{\boldsymbol{x}} = (\boldsymbol{A}-\boldsymbol{L}\boldsymbol{c})\boldsymbol{x}+\boldsymbol{b}r\\ y=\boldsymbol{c}\boldsymbol{x}\end{cases}$$

式中,反馈矩阵 $\boldsymbol{L}$ 为 $n\times1$ 矩阵。

为了求得输出反馈矩阵 $\boldsymbol{L}$,实现期望极点配置,给出下面的极点配置定理。

定理 5-7　从输出到状态向量导数$\dot{\boldsymbol{x}}$反馈,可实现闭环系统 $\Sigma_L(\boldsymbol{A}-\boldsymbol{L}\boldsymbol{c},\boldsymbol{b},\boldsymbol{c})$极点任意配置的充分必要条件是被控系统 $\Sigma_0(\boldsymbol{A},\boldsymbol{b},\boldsymbol{c})$的状态是完全能观测的。

定理的证明,应用对偶原理,仿照定理 5-4 的证明过程即可得证。在后述的状态观测器的设计中有其具体应用。定理 5-7 同样适用于多输出系统,只是设计方法比较麻烦,因篇幅有限不做介绍。

例 5-3 已知系统的状态空间表达式为

$$\begin{cases}\dot{\boldsymbol{x}}=\begin{bmatrix}0 & 1\\ -2 & -3\end{bmatrix}\boldsymbol{x}+\begin{bmatrix}0\\ 1\end{bmatrix}u\\ y=\begin{bmatrix}2 & 0\end{bmatrix}\boldsymbol{x}\end{cases}$$

利用输出到状态向量导数$\dot{\boldsymbol{x}}$反馈，使闭环系统的两个极点配置都在-10上，求线性反馈阵$\boldsymbol{L}$。

解 由于

$$\mathrm{rank}V_o=\mathrm{rank}\begin{bmatrix}\boldsymbol{c}\\ \boldsymbol{cA}\end{bmatrix}=\mathrm{rank}\begin{bmatrix}2 & 0\\ 0 & 2\end{bmatrix}=2=n$$

所以，被控系统的状态完全能观测，通过输出到状态向量导数$\dot{\boldsymbol{x}}$反馈可以实现闭环系统极点的任意配置。

设

$$\boldsymbol{L}=\begin{bmatrix}l_1\\ l_2\end{bmatrix}$$

则

$$\begin{aligned}f_L(s)&=|\,s\boldsymbol{I}-(\boldsymbol{A}-\boldsymbol{Lc})\,|\\ &=\begin{vmatrix}s+2l_1 & -1\\ 2+2l_2 & s+3\end{vmatrix}=s^2+(3+2l_1)s+(6l_1+2l_2+2)\end{aligned}$$

而期望的特征多项式为

$$f^*(s)=(s-\lambda_1)(s-\lambda_2)=(s+10)(s+10)=s^2+20s+100$$

比较以上两式的s同次幂系数，可求得

$$\boldsymbol{L}=\begin{bmatrix}l_1\\ l_2\end{bmatrix}=\begin{bmatrix}8.5\\ 23.5\end{bmatrix}$$

闭环系统的状态空间表达式

$$\dot{\boldsymbol{x}}=\begin{bmatrix}-17 & 1\\ -49 & -3\end{bmatrix}\boldsymbol{x}+\begin{bmatrix}0\\ 1\end{bmatrix}u,\quad y=\begin{bmatrix}2 & 0\end{bmatrix}\boldsymbol{x}$$

*5.2.4 多输入多输出系统的极点配置

在介绍多输入多输出系统极点配置的设计方法之前，先介绍零化多项式、最小多项式和系统的循环性等概念。

1. 零化多项式和最小多项式

定义 5-1 设$\boldsymbol{A}$为$n\times n$矩阵，如果存在多项式$\varphi(s)$，使得$\varphi(\boldsymbol{A})=\boldsymbol{0}$，即$\varphi(\boldsymbol{A})$是零矩阵，则称$\varphi(s)$为$\boldsymbol{A}$的零化多项式。

对任何$n\times n$矩阵$\boldsymbol{A}$都存在零化多项式，且零化多项式不惟一，其最高幂次不

会超过 n。

凯莱-哈密顿定理指出，对于 $n\times n$ 矩阵 $\boldsymbol{A}$，必满足其本身的特征多项式。即 $\boldsymbol{A}$ 的特征多项式为

$$f(s)=|s\boldsymbol{I}-\boldsymbol{A}|=s^n+a_1s^{n-1}+\cdots+a_{n-1}s+a_n$$

则

$$\boldsymbol{f}(\boldsymbol{A})=\boldsymbol{A}^n+a_1\boldsymbol{A}^{n-1}+\cdots+a_{n-1}\boldsymbol{A}+a_n\boldsymbol{I}=\boldsymbol{0} \tag{5-21}$$

特征多项式是 $\boldsymbol{A}$ 的零化多项式，但并不一定就是 $\boldsymbol{A}$ 所满足的幂次最低的零化多项式。在所有的零化多项式中幂次最低的就是 $\boldsymbol{A}$ 的最小多项式。

定义 5-2　设 $\boldsymbol{A}$ 为 $n\times n$ 矩阵，$\phi(s)$ 是 $\boldsymbol{A}$ 的一个首一的零化多项式，而对 $\boldsymbol{A}$ 的任何零化多项式 $\varphi(s)$，都有

$$\deg\phi(s)\leqslant\deg\varphi(s) \tag{5-22}$$

则称 $\phi(s)$ 为矩阵 $\boldsymbol{A}$ 的最小多项式。

最小多项式 $\phi(s)$ 的计算方法：首先计算矩阵 $(s\boldsymbol{I}-\boldsymbol{A})$ 的伴随矩阵 $\mathrm{adj}[s\boldsymbol{I}-\boldsymbol{A}]$，再求其各个元的最大公因子，用 $d_1(s)$ 表示，$d_1(s)$ 的最高幂次项的系数为“1”，则矩阵 $\boldsymbol{A}$ 的最小多项式为

$$\phi(s)=\frac{|s\boldsymbol{I}-\boldsymbol{A}|}{d_1(s)} \tag{5-23}$$

如果 $\mathrm{adj}[s\boldsymbol{I}-\boldsymbol{A}]$ 的所有元中不存在最大公因式，即 $d_1(s)=1$，则 $\phi(s)$ 就是 $\boldsymbol{A}$ 的特征多项式。

例 5-4

$$\boldsymbol{A}=\begin{bmatrix}2&0&0\\0&2&0\\0&3&1\end{bmatrix}$$

试求其最小多项式。

解　特征多项式

$$|s\boldsymbol{I}-\boldsymbol{A}|=(s-2)^2(s-1)$$

伴随矩阵

$$\mathrm{adj}[s\boldsymbol{I}-\boldsymbol{A}]=\begin{bmatrix}(s-1)(s-2)&0&0\\0&(s-1)(s-2)&0\\0&3(s-2)&(s-2)^2\end{bmatrix}$$

最大公因式

$$d_1(s)=(s-2)$$

最小多项式

$$\phi(s)=\frac{|s\boldsymbol{I}-\boldsymbol{A}|}{d_1(s)}=(s-1)(s-2)$$

2. 系统的循环性

定义 5-3　对于线性定常系统 $\Sigma(\boldsymbol{A},\boldsymbol{B},\boldsymbol{C})$，系统矩阵 $\boldsymbol{A}$ 的特征多项式 $\det(s\boldsymbol{I}-\boldsymbol{A})$

等于其最小多项式$\phi(s)$时，称线性定常系统$\Sigma(\boldsymbol{A},\boldsymbol{B},\boldsymbol{C})$具有循环性，同时$\boldsymbol{A}$也称为循环矩阵。

当系统矩阵$\boldsymbol{A}$的特征值互不相同；或把$\boldsymbol{A}$化成约当标准型，且一个特征值只对应一个约当块时，此系统一定是循环系统。

如果一个系统不是循环系统，就无法使用下面介绍的多输入系统的极点配置方法，因此必须把一个非循环系统先循环化。我们不加证明地引入下列计算方法。

在系统中预加一个状态反馈，状态反馈阵为$\boldsymbol{K}_1$，$\boldsymbol{K}_1$可以人为地选择，然后检验$(\boldsymbol{A}-\boldsymbol{B}\boldsymbol{K}_1)$是否为循环阵，如果$(\boldsymbol{A}-\boldsymbol{B}\boldsymbol{K}_1)$不是循环阵，应重新选择$\boldsymbol{K}_1$直到$(\boldsymbol{A}-\boldsymbol{B}\boldsymbol{K}_1)$为循环阵为止。

3. 多输入系统的极点配置方法

本节只介绍多输入系统利用状态反馈实现极点配置的设计方法，对于多输出系统利用输出到状态向量导数$\dot{\boldsymbol{x}}$反馈的设计方法，可参照多输入系统状态反馈实现极点配置的设计方法利用对偶原理进行。

定理 5-8 对于n维多输入系统。系统实现极点任意配置的充分必要条件是，被控系统$\Sigma_0(\boldsymbol{A},\boldsymbol{B},\boldsymbol{C})$的状态是完全能控的。

给定一个n维多输入线性定常系统$\Sigma_0(\boldsymbol{A},\boldsymbol{B},\boldsymbol{C})$，系统的状态完全能控，并任意给定$n$个期望的特征值，计算$r\times n$的实常数阵$\boldsymbol{K}$可按下列方法进行。

(1) 检验$\boldsymbol{A}$的循环性，若$\boldsymbol{A}$循环，让$\bar{\boldsymbol{A}}=\boldsymbol{A}$；若$\boldsymbol{A}$非循环，选一个$r\times n$的实常数阵$\boldsymbol{K}_1$，让$\bar{\boldsymbol{A}}=\boldsymbol{A}-\boldsymbol{B}\boldsymbol{K}_1$为循环阵。

(2) 选取一个$r\times 1$实常数阵$\boldsymbol{\rho}$，令$\boldsymbol{b}=\boldsymbol{B}\boldsymbol{\rho}$，则$\boldsymbol{b}$为$n\times 1$的矩阵，使$\Sigma(\bar{\boldsymbol{A}},\boldsymbol{b})$完全能控。$\Sigma(\bar{\boldsymbol{A}},\boldsymbol{b})$就构成一个等效的状态完全能控单输入系统。

(3) 对等效的状态完全能控单输入系统$\Sigma(\bar{\boldsymbol{A}},\boldsymbol{b})$，采用前面介绍的单输入单输出系统极点配置方法设计状态反馈阵$\boldsymbol{k}$。

(4) 当$\boldsymbol{A}$为循环，状态反馈阵$\boldsymbol{K}=\boldsymbol{k}\boldsymbol{\rho}$；当$\boldsymbol{A}$非循环，状态反馈阵$\boldsymbol{K}=\boldsymbol{k}\boldsymbol{\rho}+\boldsymbol{K}_1$。

从以上计算方法可以看出，尽管系统给定，期望的特征值给定，由于$\boldsymbol{K}_1$和$\boldsymbol{\rho}$选择的任意性，使得状态反馈阵$\boldsymbol{K}$非惟一，通常总是通过$\boldsymbol{K}_1$和$\boldsymbol{\rho}$选择使$\boldsymbol{K}$中的元尽可能小。

关于多输入系统极点配置的设计方法，还有化多输入系统状态空间表达式为龙伯格标准型的设计方法；还有根据期望闭环特征值构造系统矩阵再解赛尔维斯特(Sylvester)方程的设计方法等，这里不一一介绍。

5.2.5 镇定问题

如果n维线性定常系统$\Sigma(\boldsymbol{A},\boldsymbol{B})$状态完全能控，在前面已经介绍了采用状态反馈可以任意配置$(\boldsymbol{A}-\boldsymbol{B}\boldsymbol{K})$的$n$个极点。这也说明，对于完全能控的不稳定系统，总可以求得线性状态反馈阵 $\boldsymbol{K}$，使系统变为渐近稳定，即 $(\boldsymbol{A}-\boldsymbol{BK})$ 的特征值均具有负实部，这就是系统的镇定问题。

假如 $\Sigma(\boldsymbol{A},\boldsymbol{B})$ 状态不完全能控，那么有多少个特征值可以配置？哪些特征值可以配置呢？系统在什么条件下是可以镇定的？

设 n 阶线性定常系统的状态空间表达式为

$$\begin{cases}\dot{\boldsymbol{x}}=\boldsymbol{A}\boldsymbol{x}+\boldsymbol{B}\boldsymbol{u}\\ \boldsymbol{y}=\boldsymbol{C}\boldsymbol{x}\end{cases} \tag{5-24}$$

当系统式(5-24)状态不完全能控时，其能控性矩阵的秩 $\text{rank}U_c=n_1<n$，可以对其状态方程进行能控性分解，经线性变换，其状态方程就变为

$$\begin{bmatrix}\dot{\bar{\boldsymbol{x}}}_1\\ \dot{\bar{\boldsymbol{x}}}_2\end{bmatrix}=\begin{bmatrix}\bar{\boldsymbol{A}}_{11} & \bar{\boldsymbol{A}}_{12}\\ \boldsymbol{0} & \bar{\boldsymbol{A}}_{22}\end{bmatrix}\begin{bmatrix}\bar{\boldsymbol{x}}_1\\ \bar{\boldsymbol{x}}_2\end{bmatrix}+\begin{bmatrix}\bar{\boldsymbol{B}}_1\\ \boldsymbol{0}\end{bmatrix}\boldsymbol{u} \tag{5-25}$$

或者变为约当型状态方程。其中的 n_1 维状态方程

$$\dot{\bar{\boldsymbol{x}}}_1=\bar{\boldsymbol{A}}_{11}\bar{\boldsymbol{x}}_1+\bar{\boldsymbol{A}}_{12}\bar{\boldsymbol{x}}_2+\bar{\boldsymbol{B}}_1\boldsymbol{u} \tag{5-26}$$

是状态完全能控的。

$n_1\times n_1$ 方阵 $\bar{\boldsymbol{A}}_{11}$ 的 n_1 个特征值为能控因子，而 $(n-n_1)\times(n-n_1)$ 方阵 $\bar{\boldsymbol{A}}_{22}$ 的 $(n-n_1)$ 个特征值为不能控因子。所以当状态 $\Sigma(\boldsymbol{A},\boldsymbol{B})$ 不完全能控时，其中的 n_1 维能控子系统 $\Sigma(\bar{\boldsymbol{A}}_{11},\bar{\boldsymbol{B}}_1)$ 采用状态反馈，可以配置 $(\bar{\boldsymbol{A}}_{11}-\bar{\boldsymbol{B}}_1\bar{\boldsymbol{K}}_1)$ 的 n_1 个特征值，计算出 $1\times n_1$ 状态反馈矩阵 $\bar{\boldsymbol{K}}_1$。而 $(n-n_1)$ 维不能控子系统 $\Sigma(\bar{\boldsymbol{A}}_{22},\boldsymbol{0})$ 的 $(n-n_1)$ 个状态是不能控的，显然不能采用状态反馈配置其特征值。

定理 5-9　假如不稳定的线性系统式(5-24)是状态完全能控的，则一定存在线性状态反馈阵 $\boldsymbol{K}$，实现系统的镇定。假如线性系统式(5-24)的状态是不完全能控的，则存在线性状态反馈阵 $\boldsymbol{K}$，实现系统镇定的充分必要条件是，系统的不能控部分为渐近稳定。

镇定问题实际上是极点配置问题的一种特殊情况，与 n 个极点配置的问题相比，镇定问题的条件是较弱的。

例 5-5　被控系统的状态方程为

$$\dot{\boldsymbol{x}}=\boldsymbol{A}\boldsymbol{x}+\boldsymbol{b}u=\begin{bmatrix}1 & 0 & 0\\ 0 & 2 & 0\\ 0 & 0 & -5\end{bmatrix}\boldsymbol{x}+\begin{bmatrix}1\\ 1\\ 0\end{bmatrix}u \tag{5-27}$$

被控系统的状态方程为对角型，$\boldsymbol{b}$ 中第三行的元素为 0，可直接得出 $\{\boldsymbol{A},\boldsymbol{b}\}$ 的状态不完全能控，有两个状态是能控的，即 $\boldsymbol{U}_c$ 的秩为 2，或者用下列计算获得

$$\text{rank}\boldsymbol{U}_c=\text{rank}[\boldsymbol{b}\quad \boldsymbol{A}\boldsymbol{b}]=\text{rank}\begin{bmatrix}1 & 1 & 1\\ 1 & 2 & 4\\ 0 & 0 & 0\end{bmatrix}=2$$

被控系统中的 2 维能控子系统的状态方程为

$$\dot{\bar{x}}_1 = \bar{A}_{11}\bar{x}_1 + \bar{A}_{12}\bar{x}_2 + \bar{b}_1 u = \begin{bmatrix} 1 & 0 \\ 0 & 2 \end{bmatrix}\bar{x} + \begin{bmatrix} 1 \\ 1 \end{bmatrix} u \tag{5-28}$$

由于不稳定的特征值 $\lambda_1=1,\lambda_2=2$，它们是属于 2 维能控子系统的特征值，而不能控子系统的特征值 $\lambda_3=-5$ 是稳定的，因此，被控系统式(5-27)是可镇定的，采用状态反馈可以将 2 维能控子系统的 2 个不稳定特征值配置为期望稳定的特征值。

设指定的期望特征值为 $\bar{\lambda}_{1,2}=-2\pm \mathrm{j}2$，则 2 维能控子系统的期望特征多项式为

$$D_c^*(\lambda) = (\lambda + 2 - \mathrm{j}2)(\lambda + 2 + \mathrm{j}2) = \lambda^2 + 4\lambda + 8 \tag{5-29}$$

引入状态反馈

$$u = r - \bar{K}_1 \bar{x}_1$$

1×2 状态反馈矩阵 $\bar{K}_1$ 为

$$\bar{K}_1 = [\bar{k}_1 \quad \bar{k}_2]$$

2 维状态反馈子系统的特征多项式为

$$D_{cK}(\lambda) = \det[\lambda I - (\bar{A}_{11} - \bar{b}_1\bar{K}_1)] = \begin{vmatrix} \lambda + \bar{k}_1 - 1 & \bar{k}_2 \\ \bar{k}_1 & \lambda + \bar{k}_2 - 2 \end{vmatrix}$$
$$= \lambda^2 + (\bar{k}_1 + \bar{k}_2 - 3)\lambda + (-2\bar{k}_1 - \bar{k}_2 + 2) \tag{5-30}$$

两特征多项式(5-29)和式(5-30)应相等，它们的同次幂项系数相等，得到

$$\begin{cases} -2\bar{k}_1 - \bar{k}_2 + 2 = 8 \\ \bar{k}_1 + \bar{k}_2 - 3 = 4 \end{cases}$$

求解得到 $\bar{k}_1=-13,\bar{k}_2=20$。于是，配置 2 维能控子系统的特征值为期望值时，其 1×2 状态反馈矩阵为

$$\bar{K}_1 = [\bar{k}_1 \quad \bar{k}_2] = [-13 \quad 20]$$

本例中的能控子系统是直接从原状态方程分解得来的，因此所得 $\bar{K}_1$ 就是 K_1。如果能控子系统是经过线性变换后分解得来的，对能控子系统加状态反馈实现极点配置和镇定后，再把不能控子系统和镇定后的能控子系统合起来，进行线性反变换，求得从原状态变量反馈的 K 和闭环系统的状态方程。

定理 5-10 假如不稳定的线性系统式(5-24)是状态完全能观测的，则一定存在从输出到状态向量导数 $\dot{x}$ 的线性反馈，实现系统的镇定。假如线性系统式(5-24)的状态是不完全能观测的，则从输出到状态向量导数 $\dot{x}$ 的线性反馈，实现系统镇定的充分必要条件是，系统的不能观测部分为渐近稳定的。

定理 5-10 和定理 5-9 具有对偶性，关于它的证明就不再赘述。

应用输出至输入的线性反馈，不一定能实现极点的任意配置，同样，也只能在一定条件下对某些系统实现镇定，不是对所有的能控和能观测的系统都能实现镇定。下面举例说明。

例 5-6　有单输入双输出系统

$$\dot{\boldsymbol{x}}=\begin{bmatrix}0&1&0\\0&0&-1\\-1&0&0\end{bmatrix}\boldsymbol{x}+\begin{bmatrix}0\\1\\0\end{bmatrix}u,\quad \boldsymbol{y}=\begin{bmatrix}1&0&0\\0&0&1\end{bmatrix}\boldsymbol{x}$$

其特征多项式为

$$|s\boldsymbol{I}-\boldsymbol{A}|=\begin{vmatrix}s&-1&0\\0&s&1\\1&0&s\end{vmatrix}=s^3-1$$

系统显然是不稳定的。

但系统是完全能控的，因为能控性矩阵

$$[\boldsymbol{b}\quad \boldsymbol{Ab}\quad \boldsymbol{A}^2\boldsymbol{b}]=\begin{bmatrix}0&1&0\\1&0&0\\0&0&-1\end{bmatrix}$$

其秩为 3，同时，能观测性矩阵

$$\begin{bmatrix}\boldsymbol{C}\\\boldsymbol{CA}\\\boldsymbol{CA}^2\end{bmatrix}=\begin{bmatrix}1&0&0\\0&0&1\\0&1&0\\-1&0&0\\0&0&-1\\0&-1&0\end{bmatrix}$$

能观测性矩阵的秩为 3，系统的状态完全能观测。

加入输出至输入的反馈，$u=r-\boldsymbol{Hy}$，反馈阵 $\boldsymbol{H}=[h_1\quad h_2]$，引入反馈后闭环系统式(5-8)的系统矩阵为

$$[\boldsymbol{A}-\boldsymbol{bHC}]=\begin{bmatrix}0&1&0\\0&0&-1\\-1&0&0\end{bmatrix}-\begin{bmatrix}0\\1\\0\end{bmatrix}[h_1\quad h_2]\begin{bmatrix}1&0&0\\0&0&1\end{bmatrix}=\begin{bmatrix}0&1&0\\-h_1&0&-1-h_2\\-1&0&0\end{bmatrix}$$

闭环系统的特征多项式为

$$|s\boldsymbol{I}-(\boldsymbol{A}-\boldsymbol{bHC})|=\begin{vmatrix}s&-1&0\\h_1&s&1+h_2\\1&0&s\end{vmatrix}=s^3+h_1s-(1+h_2)$$

它缺 s^2 项，所以无论怎么选择 $\boldsymbol{H}$，均不能使系统稳定，更谈不上极点的任意配置。

*5.3　解耦控制

对于一个多输入多输出的系统

$$\begin{cases}\dot{\boldsymbol{x}}=\boldsymbol{Ax}+\boldsymbol{Bu}\\\boldsymbol{y}=\boldsymbol{Cx}\end{cases}\tag{5-31}$$

假设输入向量和输出向量的维数相同(即 $r=m$),且 $m\leqslant n$,则输出和输入之间的传递关系为

$$\begin{bmatrix} y_1(s) \\ y_2(s) \\ \vdots \\ y_m(s) \end{bmatrix} = \begin{bmatrix} G_{11}(s) & G_{12}(s) & \cdots & G_{1m}(s) \\ G_{21}(s) & G_{22}(s) & \cdots & G_{2m}(s) \\ \vdots & \vdots & & \vdots \\ G_{m1}(s) & G_{m2}(s) & \cdots & G_{mm}(s) \end{bmatrix} \cdot \begin{bmatrix} u_1(s) \\ u_2(s) \\ \vdots \\ u_m(s) \end{bmatrix} \tag{5-32}$$

将其展开后有

$$y_i(s) = G_{i1}(s)u_1(s) + G_{i2}(s)u_2(s) + \cdots + G_{im}(s)u_m(s), \quad i = 1,2,\cdots,m \tag{5-33}$$

由式(5-33)可见,每一个输出都受着每一个输入的控制,也就是每一个输入都对每一个输出会产生控制作用。我们把这种输入和输出之间存在相互耦合关系的系统称作耦合系统。

耦合系统要想确定一个输入去调整一个输出,而不影响其他输出,几乎是不可能的,这就给系统的控制带来巨大的困难。因此,需要设法消除这种交叉耦合,以实现分离控制。即,寻求适当的控制规律,使输入输出相互关联的多变量系统,实现每一个输出仅受相应的一个输入的控制,每一个输入也仅能控制相应的一个输出,这样的问题就称为解耦控制。

系统达到解耦后,其传递函数矩阵就化为对角矩阵,即

$$\widetilde{\boldsymbol{G}}(s) = \begin{bmatrix} \widetilde{G}_{11}(s) & & & \boldsymbol{0} \\ & \widetilde{G}_{22}(s) & & \\ & & \ddots & \\ \boldsymbol{0} & & & \widetilde{G}_{mm}(s) \end{bmatrix} \tag{5-34}$$

由于对角矩阵中,主对角线上的元素都是线性无关的,因此,系统中只有相同序号的输入输出之间才存在传递关系,而非相同序号的输入输出之间是不存在传递关系的。多输入多输出系统达到解耦后,就可以认为是由多个独立的单输入单输出子系统组成,从而可实现自治控制,如图 5-6 所示。

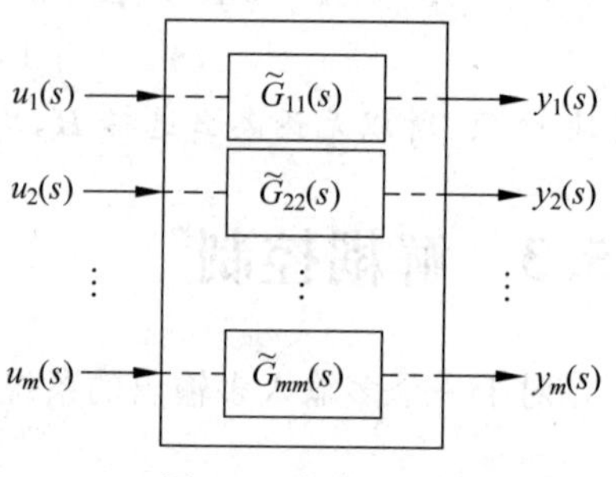

图 5-6 解耦系统

要完全解决上述解耦问题,必须解决两个方面的问题,一是确定系统能解耦的充要条件,二是确定解耦控制规律和系统的结构。这两个问题因解耦方法不同而不同。

线性系统解耦常用的方法有两种。一种方法是在被解耦系统中串联一个解耦器,此方法称为串联解耦,这种方法会增加系统的维数。另一种方法是状态反馈解耦,这种方

法不增加系统的维数，但其实现解耦的条件要比第一种方法苛刻得多。

5.3.1　串联解耦

对于具有耦合关系的多输入多输出系统，其输入和输出的维数相同。串联解耦就是采用输出反馈加补偿器的方法来使其得到解耦，其结构如图 5-7 所示。

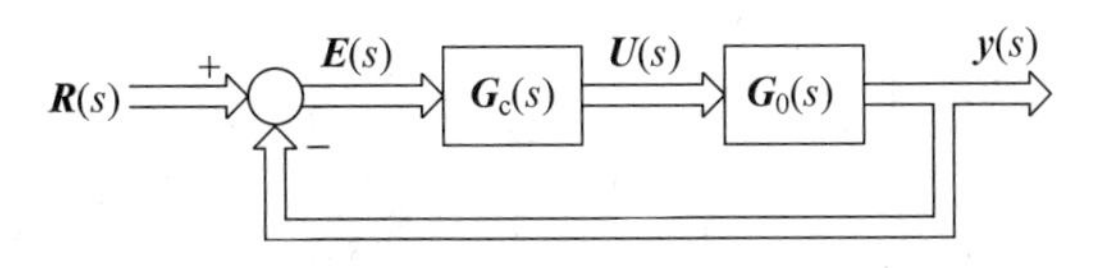

图 5-7　串联解耦系统的结构图

图中，$\boldsymbol{G}_0(s)$是被控对象的传递函数矩阵，$\boldsymbol{G}_c(s)$是串联解耦器的传递函数矩阵。

闭环系统有下列关系

$$\boldsymbol{G}_K(s)=\boldsymbol{G}_0(s)\boldsymbol{G}_c(s),\quad \boldsymbol{Y}(s)=\boldsymbol{G}_K(s)\boldsymbol{E}(s),\quad \boldsymbol{E}(s)=\boldsymbol{R}(s)-\boldsymbol{Y}(s)$$

$$\boldsymbol{Y}(s)=[\boldsymbol{I}+\boldsymbol{G}_K(s)]^{-1}\boldsymbol{G}_K(s)\boldsymbol{R}(s)=\widetilde{\boldsymbol{G}}(s)\boldsymbol{R}(s)$$

$$\widetilde{\boldsymbol{G}}(s)=[\boldsymbol{I}+\boldsymbol{G}_K(s)]^{-1}\boldsymbol{G}_K(s) \tag{5-35}$$

$\boldsymbol{G}_K(s)$为控制系统的开环传递函数矩阵。当系统达到解耦以后，$\widetilde{\boldsymbol{G}}(s)$就是一个非奇异的对角阵，其对角线上的元素就是在满足输入输出之间动静态关系的条件下所确定的传递函数，由式(5-35)求解出系统的开环传递函数矩阵 $\boldsymbol{G}_K(s)$为

$$\boldsymbol{G}_K(s)=\widetilde{\boldsymbol{G}}(s)[\boldsymbol{I}-\widetilde{\boldsymbol{G}}(s)]^{-1} \tag{5-36}$$

$\widetilde{\boldsymbol{G}}(s)$为对角阵，则$[\boldsymbol{I}-\widetilde{\boldsymbol{G}}(s)]$也是对角阵，一般情况下它的逆总是存在的，$\boldsymbol{G}_K(s)$是两个对角阵的乘积，它也必然是对角阵。

开环传递函数矩阵

$$\boldsymbol{G}_K(s)=\boldsymbol{G}_0(s)\boldsymbol{G}_c(s)$$

要想从中解出串联解耦器的传递函数矩阵 $\boldsymbol{G}_c(s)$，就必须要求 $\boldsymbol{G}_0(s)$的逆存在。当 $\boldsymbol{G}_0^{-1}(s)$存在时，则通过

$$\boldsymbol{G}_c(s)=\boldsymbol{G}_0^{-1}(s)\boldsymbol{G}_K(s) \tag{5-37}$$

即可解出串联解耦器的传递函数矩阵 $\boldsymbol{G}_c(s)$。但是，这种方法不能保证所导出的 $\boldsymbol{G}_c(s)$一定为真或严真，因而不具有物理可实现性。

例 5-7　已知双输入双输出系统被控对象的传递函数矩阵为 $\boldsymbol{G}_0(s)$。系统解耦后，要求闭环传递函数阵为$\widetilde{\boldsymbol{G}}(s)$。

$$\boldsymbol{G}_0(s)=\begin{bmatrix}\dfrac{1}{2s+1} & 0\\ 1 & \dfrac{1}{s+1}\end{bmatrix},\quad \widetilde{\boldsymbol{G}}(s)=\begin{bmatrix}\dfrac{1}{s+1} & 0\\ 0 & \dfrac{1}{5s+1}\end{bmatrix}$$

试求解耦器的传递函数矩阵 $\boldsymbol{G}_c(s)$。

解 由式(5-36)可得系统开环传递函数为

$$\begin{aligned}\boldsymbol{G}_K(s)&=\widetilde{\boldsymbol{G}}(s)[\boldsymbol{I}-\widetilde{\boldsymbol{G}}(s)]^{-1}\\&=\begin{bmatrix}\dfrac{1}{s+1}&0\\0&\dfrac{1}{5s+1}\end{bmatrix}\begin{bmatrix}1-\dfrac{1}{s+1}&0\\0&1-\dfrac{1}{5s+1}\end{bmatrix}^{-1}\\&=\begin{bmatrix}\dfrac{1}{s+1}&0\\0&\dfrac{1}{5s+1}\end{bmatrix}\begin{bmatrix}\dfrac{s+1}{s}&0\\0&\dfrac{5s+1}{5s}\end{bmatrix}=\begin{bmatrix}\dfrac{1}{s}&0\\0&\dfrac{1}{5s}\end{bmatrix}\end{aligned}$$

由式(5-37)可得解耦器的传递函数矩阵 $\boldsymbol{G}_c(s)$ 为

$$\begin{aligned}\boldsymbol{G}_c(s)&=\begin{bmatrix}\dfrac{1}{2s+1}&0\\1&\dfrac{1}{s+1}\end{bmatrix}^{-1}\begin{bmatrix}\dfrac{1}{s}&0\\0&\dfrac{1}{5s}\end{bmatrix}\\&=\begin{bmatrix}2s+1&0\\-(s+1)(2s+1)&s+1\end{bmatrix}\begin{bmatrix}\dfrac{1}{s}&0\\0&\dfrac{1}{5s}\end{bmatrix}=\begin{bmatrix}\dfrac{2s+1}{s}&0\\-\dfrac{(s+1)(2s+1)}{s}&\dfrac{s+1}{5s}\end{bmatrix}\\&=\begin{bmatrix}G_{c11}(s)&G_{c12}(s)\\G_{c21}(s)&G_{c22}(s)\end{bmatrix}\end{aligned}$$

上式所求出的解耦器的传递函数矩阵 $\boldsymbol{G}_c(s)$ 中，$G_{c11}(s)$ 和 $G_{c22}(s)$ 是比例积分(PI)控制器，$G_{c21}(s)$ 是比例积分微分(PID)控制器。串联解耦系统的结构图如图 5-8 所示。

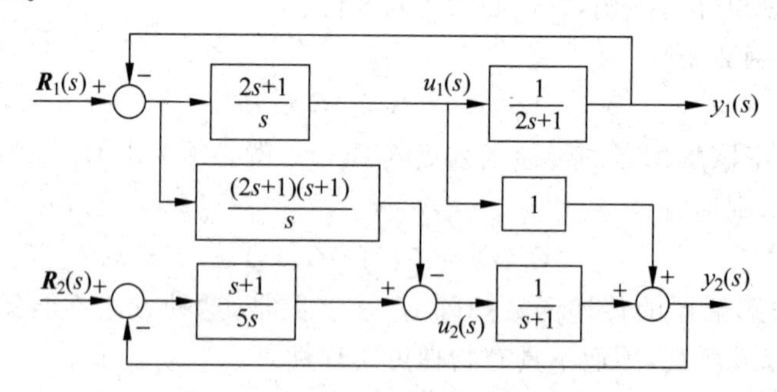

图 5-8 串联解耦系统的结构图

5.3.2 反馈解耦

对于输入和输出维数相同的具有相互耦合的多输入多输出系统，采用状态反馈结合输入变换也可以实现其解耦。

对于多输入多输出系统，如果采用输入变换的线性状态反馈控制，则

$$\boldsymbol{u}=-\boldsymbol{K}\boldsymbol{x}+\boldsymbol{F}\boldsymbol{r} \tag{5-38}$$

式中，$\boldsymbol{K}$——$m\times n$ 的实常数反馈阵；

　　$\boldsymbol{F}$——$m\times m$ 的实常数非奇异变换阵；

　　$\boldsymbol{r}$——m 维的输入向量。

其结构图如图 5-9 所示。图中，虚线框内为待解耦的系统。

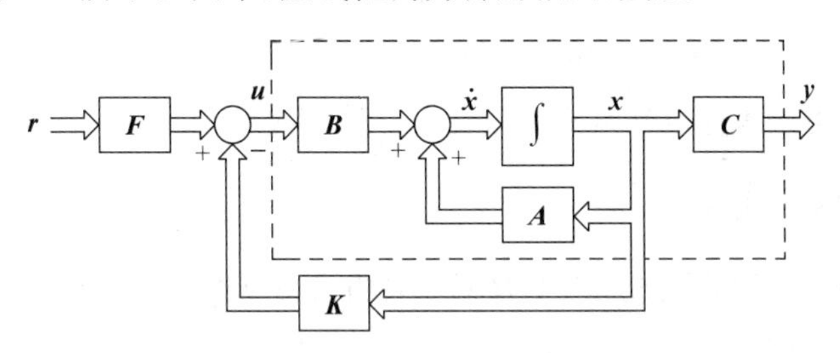

图 5-9　状态反馈解耦系统的结构图

将式(5-38)代入式(5-31)中，可得带输入变换状态反馈闭环控制系统的状态空间表达式为

$$\begin{cases}\dot{\boldsymbol{x}}=(\boldsymbol{A}-\boldsymbol{B}\boldsymbol{K})\boldsymbol{x}+\boldsymbol{B}\boldsymbol{F}\boldsymbol{r}\\ \boldsymbol{y}=\boldsymbol{C}\boldsymbol{x}\end{cases} \tag{5-39}$$

则闭环系统的传递函数矩阵为

$$\boldsymbol{G}_{\mathrm{KF}}(s)=\boldsymbol{C}(s\boldsymbol{I}-\boldsymbol{A}+\boldsymbol{B}\boldsymbol{K})^{-1}\boldsymbol{B}\boldsymbol{F} \tag{5-40}$$

如果能找到某个 $\boldsymbol{K}$ 阵和 $\boldsymbol{F}$ 阵，使 $\boldsymbol{G}_{\mathrm{KF}}(s)$ 变为形如式(5-34)的对角阵，就可实现系统的解耦。问题是如何求 $\boldsymbol{K}$ 阵和 $\boldsymbol{F}$ 阵，以及在什么条件下通过状态反馈可以实现解耦。

1. 传递函数矩阵的两个特征量

定义 5-4　若已知待解耦系统状态空间表达式，则 d_i 是 0 到$(n-1)$之间使下列不等式

$$\boldsymbol{c}_i\boldsymbol{A}^{d_i}\boldsymbol{B}\neq\boldsymbol{0} \tag{5-41}$$

成立的最小的整数。式中，$\boldsymbol{c}_i$ 是矩阵 $\boldsymbol{C}$ 的 i 行向量。当下式

$$\boldsymbol{c}_i\boldsymbol{A}^j\boldsymbol{B}=\boldsymbol{0},\quad j=1,2,\cdots,n-1 \tag{5-42}$$

成立时，则取

$$d_i=n-1 \tag{5-43}$$

若已知待解耦系统的传递函数矩阵 $\boldsymbol{G}(s)$，$\boldsymbol{g}_i(s)$为 $\boldsymbol{G}(s)$的第 i 行传递函数向量，即

$$\boldsymbol{g}_i(s)=[g_{i1}(s)\quad g_{i2}(s)\quad\cdots\quad g_{im}(s)] \tag{5-44}$$

再设 σ_{ij} 为 $g_{ij}(s)$的分母多项式的次数和 $g_{ij}(s)$的分子多项式的次数之差，则 d_i 定

义为

$$d_i = \min\{\sigma_{i1}, \sigma_{i2}, \cdots, \sigma_{im}\} - 1, \quad i = 1,2,\cdots,m \tag{5-45}$$

可以证明这两种定义具有一致性。

定义 5-5 若已知待解耦系统状态空间表达式，则 $\boldsymbol{E}_i$ 为

$$\boldsymbol{E}_i = \boldsymbol{c}_i\boldsymbol{A}^{d_i}\boldsymbol{B}, \quad i = 1,2,\cdots,m \tag{5-46}$$

若已知待解耦系统的传递函数矩阵 $\boldsymbol{G}(s)$，则 $\boldsymbol{E}_i$ 为

$$\boldsymbol{E}_i = \lim_{s\to\infty} s^{d_i+1}\boldsymbol{g}_i(s), \quad i = 1,2,\cdots,m \tag{5-47}$$

同样也可以证明这两种定义具有一致性。

2. 能解耦性判据

定理 5-11 待解耦系统 $\Sigma_o(\boldsymbol{A},\boldsymbol{B},\boldsymbol{C})$，采用状态反馈和输入变换进行解耦的充分必要条件，是如下 $m\times m$ 矩阵

$$\boldsymbol{E} = \begin{bmatrix} \boldsymbol{E}_1 \\ \boldsymbol{E}_2 \\ \vdots \\ \boldsymbol{E}_m \end{bmatrix} \tag{5-48}$$

为非奇异。

3. 积分型解耦

定理 5-12 若系统 $\Sigma_o(\boldsymbol{A},\boldsymbol{B},\boldsymbol{C})$ 满足状态解耦的条件，则闭环系统 $\Sigma_{\overline{K}\overline{F}}(\boldsymbol{A}-\boldsymbol{B}\overline{\boldsymbol{K}},\boldsymbol{B}\overline{\boldsymbol{F}},\boldsymbol{C})$ 是一个积分型解耦系统。状态反馈阵 $\overline{\boldsymbol{K}}$ 和输入变换阵 $\overline{\boldsymbol{F}}$ 分别为

$$\overline{\boldsymbol{K}} = \boldsymbol{E}^{-1}\boldsymbol{L}, \quad \overline{\boldsymbol{F}} = \boldsymbol{E}^{-1} \tag{5-49}$$

其中，$m\times n$ 维的矩阵 $\boldsymbol{L}$ 定义如下

$$\boldsymbol{L} = \begin{bmatrix} \boldsymbol{c}_1\boldsymbol{A}^{d_1+1} \\ \boldsymbol{c}_2\boldsymbol{A}^{d_2+1} \\ \vdots \\ \boldsymbol{c}_m\boldsymbol{A}^{d_m+1} \end{bmatrix} \tag{5-50}$$

闭环系统的传递函数矩阵 $\boldsymbol{G}_{\overline{K}\overline{F}}(s)$ 为

$$\boldsymbol{G}_{\overline{K}\overline{F}}(s) = \boldsymbol{C}(s\boldsymbol{I} - \boldsymbol{A} + \boldsymbol{B}\overline{\boldsymbol{K}})^{-1}\boldsymbol{B}\overline{\boldsymbol{F}}$$

$$= \begin{bmatrix} \frac{1}{s^{d_1+1}} & & & \boldsymbol{0} \\ & \frac{1}{s^{d_2+1}} & & \\ & & \ddots & \\ \boldsymbol{0} & & & \frac{1}{s^{d_m+1}} \end{bmatrix} \tag{5-51}$$

关于定理 5-11 和定理 5-12 的严格证明，由于比较复杂，在此不再赘述。

利用式(5-38)的控制规律可以使系统解耦。得到的只是积分型解耦，其每个子系统都相当于一个(d_i+1)阶积分器的独立子系统。由于积分解耦的极点都在s平面的原点，所以它是不稳定系统，无法在实际中使用。因此，在积分解耦的基础上，对每一个子系统按单输入单输出系统的极点配置方法，用状态反馈把位于原点的极点配置到期望的位置上。这样，不但使系统实现了解耦，而且也能满足性能指标的要求。

4. 解耦控制的综合设计

对于满足可解耦条件的多输入多输出系统，应用$\bar{\boldsymbol{F}}=\boldsymbol{E}^{-1}$和$\bar{\boldsymbol{K}}=\boldsymbol{E}^{-1}\boldsymbol{L}$的输入变换和状态反馈，已实现了积分解耦。下面介绍在此基础上根据性能要求配置各子系统的极点。

系统积分解耦后状态空间表达式为

$$\begin{cases}\dot{\boldsymbol{x}}=\bar{\boldsymbol{A}}\boldsymbol{x}+\bar{\boldsymbol{B}}\boldsymbol{r}\\ \boldsymbol{y}=\bar{\boldsymbol{C}}\boldsymbol{x}\end{cases}\tag{5-52}$$

式中，$\bar{\boldsymbol{A}}=\boldsymbol{A}-\boldsymbol{B}\boldsymbol{E}^{-1}\boldsymbol{L}$，$\bar{\boldsymbol{B}}=\boldsymbol{B}\boldsymbol{E}^{-1}$，$\bar{\boldsymbol{C}}=\boldsymbol{C}$。

当$\Sigma(\boldsymbol{A},\boldsymbol{B})$为完全能控时，$\Sigma(\bar{\boldsymbol{A}},\bar{\boldsymbol{B}})$仍保持完全能控性。但要判别系统的能观测性，当$\Sigma(\bar{\boldsymbol{A}},\bar{\boldsymbol{C}})$为完全能观测时，一定可以通过线性非奇异变换将$\Sigma(\bar{\boldsymbol{A}},\bar{\boldsymbol{B}},\bar{\boldsymbol{C}})$化为解耦标准型，即

$$\tilde{\boldsymbol{A}}=\boldsymbol{T}^{-1}\bar{\boldsymbol{A}}\boldsymbol{T}=\begin{bmatrix}\tilde{\boldsymbol{A}}_1 & & & \boldsymbol{0}\\ & \tilde{\boldsymbol{A}}_2 & & \\ & & \ddots & \\ \boldsymbol{0} & & & \tilde{\boldsymbol{A}}_m\end{bmatrix}$$

$$\tilde{\boldsymbol{B}}=\boldsymbol{T}^{-1}\bar{\boldsymbol{B}}=\begin{bmatrix}\tilde{\boldsymbol{b}}_1 & & & \boldsymbol{0}\\ & \tilde{\boldsymbol{b}}_2 & & \\ & & \ddots & \\ \boldsymbol{0} & & & \tilde{\boldsymbol{b}}_m\end{bmatrix},\quad \tilde{\boldsymbol{C}}=\bar{\boldsymbol{C}}\boldsymbol{T}=\begin{bmatrix}\tilde{\boldsymbol{c}}_1 & & & \boldsymbol{0}\\ & \tilde{\boldsymbol{c}}_2 & & \\ & & \ddots & \\ \boldsymbol{0} & & & \tilde{\boldsymbol{c}}_m\end{bmatrix}$$

其中，$\tilde{\boldsymbol{A}}_i=\left[\begin{array}{c:ccc}0 & 1 & & 0\\ \vdots & & \ddots & \\ 0 & 0 & & 1\\ \hdashline 0 & 0 & \cdots & 0\end{array}\right]_{m_i\times m_i}$，$\tilde{\boldsymbol{b}}_i=\begin{bmatrix}0\\ \vdots\\ 0\\ 1\end{bmatrix}_{m_i\times 1}$，$\tilde{\boldsymbol{c}}_i=\begin{bmatrix}1 & 0 & \cdots & 0\end{bmatrix}_{1\times m_i}$

$$m_i=d_i+1,\quad i=1,2,\cdots,m,\quad \sum_{i=1}^{m}m_i=n$$

线性变换阵 $\boldsymbol{T}$ 用下列公式计算

$$\boldsymbol{T}=\bar{\boldsymbol{U}}_c\tilde{\boldsymbol{U}}_c(\tilde{\boldsymbol{U}}_c\tilde{\boldsymbol{U}}_c^{\mathrm{T}})^{-1},\quad \boldsymbol{T}^{-1}=(\tilde{\boldsymbol{V}}_o\tilde{\boldsymbol{V}}_o^{\mathrm{T}})^{-1}\tilde{\boldsymbol{V}}_o^{\mathrm{T}}\bar{\boldsymbol{V}}_o \tag{5-53}$$

$$\bar{\boldsymbol{U}}_c=[\bar{\boldsymbol{B}}\quad \bar{\boldsymbol{A}}\bar{\boldsymbol{B}}\quad \cdots\quad \bar{\boldsymbol{A}}^{n-1}\bar{\boldsymbol{B}}],\quad \tilde{\boldsymbol{U}}_c=\left[\tilde{\boldsymbol{B}}\quad \tilde{\boldsymbol{A}}\tilde{\boldsymbol{B}}\quad \cdots\quad \tilde{\boldsymbol{A}}^{n-1}\tilde{\boldsymbol{B}}\right]$$

$$\bar{\boldsymbol{V}}_o=\begin{bmatrix}\bar{\boldsymbol{C}}\\ \overline{\boldsymbol{CA}}\\ \vdots\\ \overline{\boldsymbol{CA}}^{n-1}\end{bmatrix},\quad \tilde{\boldsymbol{V}}_o=\begin{bmatrix}\tilde{\boldsymbol{C}}\\ \tilde{\boldsymbol{C}}\tilde{\boldsymbol{A}}\\ \vdots\\ \tilde{\boldsymbol{C}}\tilde{\boldsymbol{A}}^{n-1}\end{bmatrix}$$

设状态反馈矩阵为

$$\tilde{\boldsymbol{K}}=\begin{bmatrix}\tilde{\boldsymbol{K}}_1 & & & \boldsymbol{0}\\ & \tilde{\boldsymbol{K}}_2 & & \\ & & \ddots & \\ \boldsymbol{0} & & & \tilde{\boldsymbol{K}}_m\end{bmatrix} \tag{5-54}$$

其中

$$\tilde{\boldsymbol{K}}_i=[\tilde{k}_{i0}\quad \tilde{k}_{i1}\quad \cdots\quad \tilde{k}_{id_i}],\quad i=1,2,\cdots,m$$

$\tilde{\boldsymbol{K}}_i$ 为对应于每一个独立的单输入单输出系统的状态反馈阵。

按照式(5-54)的形式选择$\tilde{\boldsymbol{K}}$，闭环系统的传递函数矩阵为

$$\tilde{\boldsymbol{C}}(s\boldsymbol{I}-\tilde{\boldsymbol{A}}+\tilde{\boldsymbol{B}}\tilde{\boldsymbol{K}})^{-1}\tilde{\boldsymbol{B}}=\begin{bmatrix}\tilde{\boldsymbol{c}}_1(s\boldsymbol{I}-\tilde{\boldsymbol{A}}_1+\tilde{\boldsymbol{b}}_1\tilde{\boldsymbol{K}}_1)^{-1}\tilde{\boldsymbol{b}}_1 & & \boldsymbol{0}\\ & \ddots & \\ \boldsymbol{0} & & \tilde{\boldsymbol{c}}_m(s\boldsymbol{I}-\tilde{\boldsymbol{A}}_m+\boldsymbol{b}_m\tilde{\boldsymbol{K}}_m)^{-1}\tilde{\boldsymbol{b}}_m\end{bmatrix}$$

仍然是解耦系统，其中

$$\tilde{\boldsymbol{A}}_i-\tilde{\boldsymbol{b}}_i\tilde{\boldsymbol{K}}_i=\begin{bmatrix}0 & 1 & & \\ \vdots & & \ddots & \\ 0 & & & 1\\ -\tilde{k}_{i0} & -\tilde{k}_{i1} & \cdots & -\tilde{k}_{id_i}\end{bmatrix}_{m_i\times m_i},\quad i=1,2,\cdots,m$$

则

$$f_{\tilde{K}_i}(s)=\left|s\boldsymbol{I}-\tilde{\boldsymbol{A}}_i+\tilde{\boldsymbol{b}}_i\tilde{\boldsymbol{K}}_i\right|=s^{d_i+1}+\tilde{k}_{id_i}s^{d_i}+\cdots+\tilde{k}_{i1}s+\tilde{k}_{i0}$$

当依据性能指标确定每一个子系统期望的极点，即已知 $\lambda_{i0}^*,\lambda_{i1}^*,\cdots,\lambda_{id_i}^*$ 时，各子系统期望的特征方程为

$$f_i^*(s)=\sum_{j=0}^{d_i}(s-\lambda_{ij}^*) \tag{5-55}$$

让 $f_i^*(s)$ 和 $f_{\widetilde{K}_i}(s)$ 对应系数相等，即可求出 $\widetilde{\boldsymbol{K}}_i$ 以及 $\widetilde{\boldsymbol{K}}$。

对原系统 $\Sigma(\boldsymbol{A},\boldsymbol{B},\boldsymbol{C})$，满足动态解耦和期望极点配置的输入变换 $\boldsymbol{F}$ 阵和状态反馈 $\boldsymbol{K}$ 阵分别为

$$\boldsymbol{K}=\boldsymbol{E}^{-1}\boldsymbol{L}+\boldsymbol{E}^{-1}\widetilde{\boldsymbol{K}}\boldsymbol{T}^{-1},\quad \boldsymbol{F}=\boldsymbol{E}^{-1} \tag{5-56}$$

当 $\Sigma(\bar{\boldsymbol{A}},\bar{\boldsymbol{C}})$ 为不完全能观测时，先进行能观测性结构分解，将能控能观测子系统化为解耦标准型，再进行极点配置。具体计算过程参阅参考文献[12]。

例 5-8　已知系统 $\Sigma(\boldsymbol{A},\boldsymbol{B},\boldsymbol{C})$

$$\boldsymbol{A}=\begin{bmatrix}0&1&0&0\\3&0&0&2\\0&0&0&1\\0&-2&0&0\end{bmatrix},\quad \boldsymbol{B}=\begin{bmatrix}0&0\\1&0\\0&0\\0&1\end{bmatrix},\quad \boldsymbol{C}=\begin{bmatrix}1&0&0&0\\0&0&1&0\end{bmatrix}$$

要求使系统解耦并将极点配置在 $-1,-1,-1,-1$ 上。

解　(1) 计算 $\{\boldsymbol{d}_1,\boldsymbol{d}_2\}$ 和 $\{\boldsymbol{E}_1,\boldsymbol{E}_2\}$

$$\boldsymbol{c}_1\boldsymbol{A}^0\boldsymbol{B}=[0\quad 0],\quad \boldsymbol{c}_1\boldsymbol{A}^1\boldsymbol{B}=[1\quad 0],\quad 则\quad d_1=1$$

$$\boldsymbol{c}_2\boldsymbol{A}^0\boldsymbol{B}=[0\quad 0],\quad \boldsymbol{c}_2\boldsymbol{A}^1\boldsymbol{B}=[0\quad 1],\quad 则\quad d_2=1$$

$$\boldsymbol{E}=\begin{bmatrix}\boldsymbol{c}_1\boldsymbol{A}\boldsymbol{B}\\\boldsymbol{c}_2\boldsymbol{A}\boldsymbol{B}\end{bmatrix}=\begin{bmatrix}1&0\\0&1\end{bmatrix},\quad \boldsymbol{L}=\begin{bmatrix}\boldsymbol{c}_1\boldsymbol{A}^2\\\boldsymbol{c}_2\boldsymbol{A}^2\end{bmatrix}=\begin{bmatrix}3&0&0&2\\0&-2&0&0\end{bmatrix}$$

(2) 判断可解耦性

由于

$$\boldsymbol{E}=\begin{bmatrix}1&0\\0&1\end{bmatrix}$$

是非奇异阵，因此该系统可以采用状态反馈实现解耦。

(3) 积分型解耦系统

依照定理 5-12 状态反馈阵为

$$\bar{\boldsymbol{K}}=\boldsymbol{E}^{-1}\boldsymbol{L}=\begin{bmatrix}3&0&0&2\\0&-2&0&0\end{bmatrix}$$

输入变换阵为

$$\bar{\boldsymbol{F}}=\boldsymbol{E}^{-1}=\begin{bmatrix}1&0\\0&1\end{bmatrix}$$

积分型解耦系统的系数矩阵为

$$\bar{\boldsymbol{A}}=\boldsymbol{A}-\boldsymbol{B}\boldsymbol{E}^{-1}\boldsymbol{L}=\begin{bmatrix}0&1&0&0\\0&0&0&0\\0&0&0&1\\0&0&0&0\end{bmatrix},\quad \bar{\boldsymbol{B}}=\boldsymbol{B}\boldsymbol{E}^{-1}\boldsymbol{L}=\begin{bmatrix}0&0\\1&0\\0&0\\0&1\end{bmatrix}$$

$$\bar{\boldsymbol{C}}=\boldsymbol{C}=\begin{bmatrix}1&0&0&0\\0&0&1&0\end{bmatrix}$$

(4) 判别$(\bar{A},\bar{C})$的能观测性

$$\begin{bmatrix} \bar{C} \\ \overline{CA} \\ \vdots \\ \overline{CA}^{n-1} \end{bmatrix} = \begin{bmatrix} 1 & 0 & 0 & 0 \\ 0 & 0 & 1 & 0 \\ 0 & 1 & 0 & 0 \\ 0 & 0 & 0 & 1 \\ * & * & * & * \end{bmatrix}$$

用*代表没必要再计算的其余行,由上式可知$\Sigma(\bar{A},\bar{C})$是完全能观测的。且$\Sigma(\bar{A},\bar{B},\bar{C})$已经是解耦标准型,则$\tilde{A}=\bar{A},\tilde{B}=\bar{B},\tilde{C}=\bar{C}$。

(5) 确定状态反馈阵$\tilde{K}$

基于上述$\{\tilde{A},\tilde{B},\tilde{C}\}$的计算结果,设2×4反馈阵$\tilde{K}$为两个分块对角阵,其结构形式为

$$\tilde{K} = \begin{bmatrix} \tilde{k}_{10} & \tilde{k}_{11} & 0 & 0 \\ 0 & 0 & \tilde{k}_{20} & \tilde{k}_{21} \end{bmatrix}$$

解耦后单输入单输出系统均为2阶系统。因此,期望的极点就分为两组

$$\lambda_{10}^* = -1, \quad \lambda_{11}^* = -1 \quad 和 \quad \lambda_{20}^* = -1, \quad \lambda_{21}^* = -1$$

两个期望的特征多项式为

$$f_1^*(s) = s^2 + 2s + 1, \quad f_2^*(s) = s^2 + 2s + 1$$

加上状态反馈$\tilde{K}$后,系统矩阵为

$$\tilde{A} - \tilde{B}\tilde{K} = \begin{bmatrix} 0 & 1 & 0 & 0 \\ -\tilde{k}_{10} & -\tilde{k}_{11} & 0 & 0 \\ 0 & 0 & 0 & 1 \\ 0 & 0 & -\tilde{k}_{20} & -\tilde{k}_{21} \end{bmatrix}$$

按照设计状态反馈矩阵的计算方法可求得

$$\tilde{k}_{10} = 1, \quad \tilde{k}_{11} = 2, \quad \tilde{k}_{20} = 1, \quad \tilde{k}_{21} = 2$$

(6) 计算原系统$\Sigma(A,B,C)$的输入变换F阵和状态反馈K

$$K = E^{-1}L + E^{-1}\tilde{K}T^{-1} = \begin{bmatrix} 3 & 0 & 0 & 2 \\ 0 & -2 & 0 & 0 \end{bmatrix} + \begin{bmatrix} 1 & 2 & 0 & 0 \\ 0 & 0 & 1 & 2 \end{bmatrix}$$

$$= \begin{bmatrix} 4 & 2 & 0 & 2 \\ 0 & -2 & 1 & 2 \end{bmatrix}$$

$$F = E^{-1} = \begin{bmatrix} 1 & 0 \\ 0 & 1 \end{bmatrix}$$

解耦系统的传递函数矩阵为

$$G_{KF}(s)=C(sI-A+BK)^{-1}BF=\begin{bmatrix}\dfrac{1}{s^2+2s+1} & 0\\ 0 & \dfrac{1}{s^2+2s+1}\end{bmatrix}$$

5.4　状态观测器的设计

由 5.3 节我们已知，当系统的状态完全能控时，可以通过状态的线性反馈实现极点的任意配置，但是系统状态变量的物理意义有时很不明确，不是都能用物理方法量测得到的，有些根本无法量测，给状态反馈的物理实现造成了困难。为此，人们就提出所谓状态观测或状态重构问题，就是想办法构造出一个系统来，这个系统是以原系统的输入和输出为输入，输出就是对原系统状态的估计。用来估计原系统状态的系统就称作状态估计器或状态观测器。

5.4.1　状态重构问题

设线性定常系统的状态空间表达式为

$$\begin{cases}\dot{x}=Ax+Bu\\ y=Cx\end{cases}\tag{5-57}$$

将输出方程对 t 逐次求导，代入状态方程并整理可得

$$\begin{aligned}&y=Cx\\&\dot{y}-CBu=CAx\\&\ddot{y}-CB\dot{u}-CABu=CA^2x\\&\quad\vdots\\&y^{(n-1)}-CBu^{(n-2)}-CABu^{(n-3)}-\cdots-CA^{(n-2)}Bu=CA^{n-1}x\end{aligned}$$

即

$$\begin{bmatrix}y\\ \dot{y}-CBu\\ \vdots\\ y^{(n-1)}-CBu^{(n-2)}-\cdots-CA^{(n-2)}Bu\end{bmatrix}=\begin{bmatrix}C\\ CA\\ \vdots\\ CA^{n-1}\end{bmatrix}x=V_{o}x$$

若系统完全能观测，即 $\operatorname{rank}V_{o}=n$，上式中的 x 才能有惟一解。即只有当系统是状态完全能观测时，其状态向量可以由它的输入、输出以及输入、输出的各阶导数的线性组合构造出来。也就是说，对于一个能观测的系统，它的状态变量尽管不能直接量测，但是通过其输入和输出以及它们的导数，可以把它重构出来。从理论上看，这种状态重构思想是合理的，而且是可行的，但是从工程实际观点出发，这种重构状态的办法是不可取的，因为它将用到输入、输出信号的微分，而当

其输入、输出信号中包含有噪声时，将会使状态向量的计算值产生很大的误差，这是不允许的。

为了避免使用微分器，一个直观的想法就是人为地构造一个结构和参数与原系统$\boldsymbol{\Sigma}(\boldsymbol{A},\boldsymbol{B},\boldsymbol{C})$相同的系统$\boldsymbol{\Sigma}_g(\boldsymbol{A},\boldsymbol{B},\boldsymbol{C})$，将原系统的状态 $\boldsymbol{x}$ 估计出来，如图 5-10 所示。

设估计系统的状态空间表达式为

$$\begin{cases}\dot{\hat{\boldsymbol{x}}} = \boldsymbol{A}\hat{\boldsymbol{x}} + \boldsymbol{B}\boldsymbol{u} \\ \boldsymbol{y} = \boldsymbol{C}\hat{\boldsymbol{x}}\end{cases} \tag{5-58}$$

式中变量 $\boldsymbol{x}$ 上的符号“∧”表示估计值。

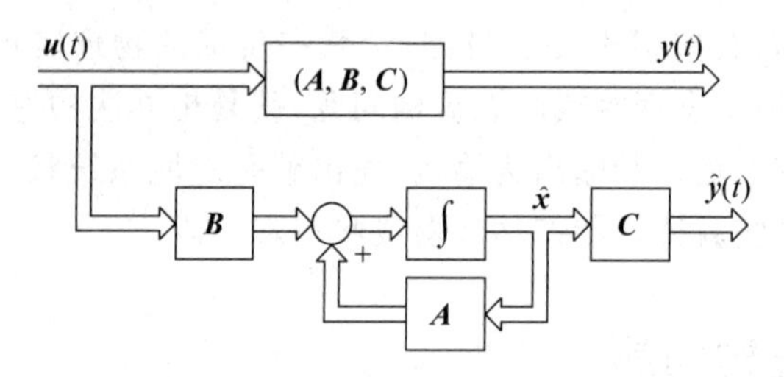

图 5-10　开环观测器结构图

比较式(5-57)和式(5-58)可得

$$\dot{\boldsymbol{x}} - \dot{\hat{\boldsymbol{x}}} = \boldsymbol{A}(\boldsymbol{x} - \hat{\boldsymbol{x}})$$

其解为

$$\boldsymbol{x} - \hat{\boldsymbol{x}} = \mathrm{e}^{\boldsymbol{A}t}[\boldsymbol{x}(0) - \hat{\boldsymbol{x}}(0)]$$

讨论：(1) 理想情况，新构造出系统的 $\boldsymbol{A}$、$\boldsymbol{B}$ 和原系统的 $\boldsymbol{A}$、$\boldsymbol{B}$ 完全一样，且设置$\hat{\boldsymbol{x}}(0)=\boldsymbol{x}(0)$时，观测器的输出$\hat{\boldsymbol{x}}$才能严格等于系统的实际状态 $\boldsymbol{x}$。但这一点是很难做到的，尤其是将$\hat{\boldsymbol{x}}(0)$和 $\boldsymbol{x}(0)$设置完全一致，实际上是不可能的。

(2) 当$\hat{\boldsymbol{x}}(0)\neq\boldsymbol{x}(0)$时，$\hat{\boldsymbol{x}}(0)-\boldsymbol{x}(0)$的变化就取决于 $\mathrm{e}^{\boldsymbol{A}t}$ 的情况，如果 $\boldsymbol{A}$ 的特征值都具有负实部时，$\mathrm{e}^{\boldsymbol{A}t}$ 的每一项都是衰减的，当过渡过程结束后$\hat{\boldsymbol{x}}(t)=\boldsymbol{x}(t)$；如果 $\boldsymbol{A}$ 的特征值只要有一个是正实部时，$\mathrm{e}^{\boldsymbol{A}t}$ 就是发散的，$\hat{\boldsymbol{x}}(t)$和 $\boldsymbol{x}(t)$什么时候都不会相等。再加上干扰和参数变化也将加大它们之间的差别，所以这种开环观测器是没有实际意义的。

如果利用输出偏差对状态进行校正，便可构成渐近状态观测器，其原理结构如图 5-11 所示。当观测器的状态$\hat{\boldsymbol{x}}$与系统的实际状态 $\boldsymbol{x}$ 不相等时，反映到它们的输出$\hat{\boldsymbol{y}}$和 $\boldsymbol{y}$ 也不相等，于是产生误差信号 $\boldsymbol{y}-\hat{\boldsymbol{y}}=\boldsymbol{y}-\boldsymbol{C}\hat{\boldsymbol{x}}$，经反馈矩阵 $\boldsymbol{L}_{n\times m}$ 加到观测器的$\dot{\hat{\boldsymbol{x}}}$上，参与调整观测器的状态$\hat{\boldsymbol{x}}$，使其以一定的速度趋近于系统的真实状态 $\boldsymbol{x}$。

观测器的方程就变为

$$\dot{\hat{\boldsymbol{x}}} = \boldsymbol{A}\hat{\boldsymbol{x}} + \boldsymbol{B}\boldsymbol{u} + \boldsymbol{L}(\boldsymbol{y} - \boldsymbol{C}\hat{\boldsymbol{x}}) = (\boldsymbol{A} - \boldsymbol{L}\boldsymbol{C})\hat{\boldsymbol{x}} + \boldsymbol{B}\boldsymbol{u} + \boldsymbol{L}\boldsymbol{y} \tag{5-59}$$

由上式可知这个观测器通过对原系统的输入 $\boldsymbol{u}$ 和原系统的输出 $\boldsymbol{y}$ 的检测，估

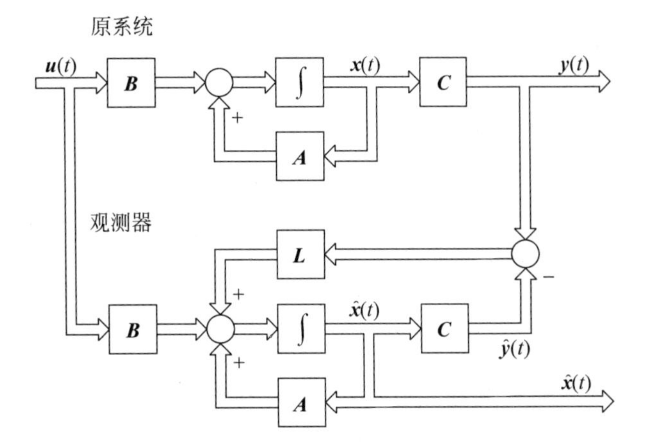

图 5-11　多变量系统的状态观测器

计出原系统的状态，这就是状态观测器。

下面分析观测器存在的条件。原系统的状态方程和观测器的状态方程为

$$\dot{\boldsymbol{x}} = \boldsymbol{A}\boldsymbol{x} + \boldsymbol{B}\boldsymbol{u}$$

$$\dot{\hat{\boldsymbol{x}}} = (\boldsymbol{A} - \boldsymbol{L}\boldsymbol{C})\,\hat{\boldsymbol{x}} + \boldsymbol{B}\boldsymbol{u} + \boldsymbol{L}\boldsymbol{y}$$

两式相减，得

$$\dot{\boldsymbol{x}} - \dot{\hat{\boldsymbol{x}}} = (\boldsymbol{A} - \boldsymbol{L}\boldsymbol{C})(\boldsymbol{x} - \hat{\boldsymbol{x}}) \tag{5-60}$$

该齐次方程式的解为

$$\boldsymbol{x} - \hat{\boldsymbol{x}} = \mathrm{e}^{(\boldsymbol{A}-\boldsymbol{L}\boldsymbol{C})t}(\boldsymbol{x}(0) - \hat{\boldsymbol{x}}(0)) \tag{5-61}$$

在式(5-61)中，只要选择观测器的系数矩阵$(\boldsymbol{A}-\boldsymbol{L}\boldsymbol{C})$的特征值都具有负实部，观测器就是稳定的，过渡过程结束后$\hat{\boldsymbol{x}}(t)$和$\boldsymbol{x}(t)$相等，即所谓的渐近状态观测器。这就要求通过$\boldsymbol{L}$阵的选择使得$(\boldsymbol{A}-\boldsymbol{L}\boldsymbol{C})$阵的特征值(即观测器的闭环极点)实现任意配置。现在观测器的反馈就是$\hat{\boldsymbol{y}}(t)$到$\dot{\hat{\boldsymbol{x}}}(t)$的反馈，前面已经讲过这种反馈实现极点任意配置的条件是原系统的状态必须是完全能观测的。

如果系统的状态不完全能观测，状态观测器存在的充要条件是不能观测子系统是渐近稳定的。因为通过结构分解之后，能观子系统的极点可以通过$\bar{\boldsymbol{L}}_1$阵的选择实现极点的任意配置。不能观子系统不能实现极点的任意配置，最低要求它是渐近稳定的，这种情况下只能保证观测器存在，但不能保证观测器极点的任意配置。观测器逼近$\boldsymbol{x}(t)$的速度将受到不能观子系统的限制。

5.4.2　全维观测器的设计

根据前面的分析，可得构造观测器的原则是：

(1) 观测器$\boldsymbol{\Sigma}_{\mathrm{L}}(\boldsymbol{A}-\boldsymbol{L}\boldsymbol{C},\boldsymbol{B},\boldsymbol{C})$应以$\boldsymbol{\Sigma}_{\mathrm{o}}(\boldsymbol{A},\boldsymbol{B},\boldsymbol{C})$的输入$\boldsymbol{u}$和输出$\boldsymbol{y}$为其输入量。

(2) 为满足$\lim\limits_{t\to\infty}|\boldsymbol{x}-\hat{\boldsymbol{x}}|=\boldsymbol{0}$，$\boldsymbol{\Sigma}_{\mathrm{o}}(\boldsymbol{A},\boldsymbol{B},\boldsymbol{C})$或为完全能观测，或其不能观测子系统是渐近稳定的。

(3) $\boldsymbol{\Sigma}_{\mathrm{L}}(\boldsymbol{A}-\boldsymbol{LC},\boldsymbol{B},\boldsymbol{C})$的输出$\hat{x}$应以足够快的速度渐近于 x，即$\boldsymbol{\Sigma}_{\mathrm{L}}(\boldsymbol{A}-\boldsymbol{LC},\boldsymbol{B},\boldsymbol{C})$应有足够宽的频带。

全维观测器的状态方程式

$$\dot{\hat{\boldsymbol{x}}} = (\boldsymbol{A} - \boldsymbol{LC})\,\hat{\boldsymbol{x}} + \boldsymbol{Bu} + \boldsymbol{Ly} \tag{5-62}$$

因为观测器状态的维数和原系统状态的维数相同，因此称全维观测器。全维观测器就是对原系统的所有状态都进行估计。

其特征多项式为

$$f_{\mathrm{o}}(s) = |\, s\boldsymbol{I} - (\boldsymbol{A} - \boldsymbol{LC})\,|$$

观测器的设计实际上就是 $\boldsymbol{L}$ 阵的确定，当观测器的极点给定之后，依据$\hat{\boldsymbol{y}}(t)$到$\dot{\hat{\boldsymbol{x}}}(t)$的反馈配置极点的方法，即可确定 $\boldsymbol{L}$ 阵。

在选择观测器的极点时，人们总是希望$\hat{\boldsymbol{x}}(t)$越快地逼近 $\boldsymbol{x}(t)$越好，即希望观测器的极点配置在 s 平面的很负的地方。但是，$\hat{\boldsymbol{x}}(t)$逼近 $\boldsymbol{x}(t)$太快了，也是不恰当的。因为误差 $\boldsymbol{x}(t)-\hat{\boldsymbol{x}}(t)$衰减的太快了，观测器的频带加宽，抗高频干扰的能力会下降，也会造成 $\boldsymbol{L}$ 阵实现上的困难。所以 $\boldsymbol{L}$ 阵的选择使观测器比被估计系统稍快一些就可以了。

下面利用对偶原理根据求单输入单输出系统状态反馈阵 $\boldsymbol{K}$ 的设计方法，介绍确定单输入单输出系统全维观测器的反馈阵 $\boldsymbol{L}$ 的设计方法。

若系统

$$\begin{cases} \dot{\boldsymbol{x}} = \boldsymbol{Ax} + \boldsymbol{b}u \\ y = \boldsymbol{cx} \end{cases}$$

是完全能观测的，那么它的对偶系统

$$\begin{cases} \dot{\boldsymbol{z}} = \boldsymbol{A}^{\mathrm{T}}\boldsymbol{z} + \boldsymbol{c}^{\mathrm{T}}\eta \\ w = \boldsymbol{b}^{\mathrm{T}}\boldsymbol{z} \end{cases}$$

便是完全能控的，这时采用状态反馈阵 $\boldsymbol{L}^{\mathrm{T}}$，有

$$\eta = r - \boldsymbol{L}^{\mathrm{T}}\boldsymbol{z}$$

闭环后的状态方程是

$$\dot{\boldsymbol{z}} = (\boldsymbol{A}^{\mathrm{T}} - \boldsymbol{c}^{\mathrm{T}}\boldsymbol{L}^{\mathrm{T}})\boldsymbol{z} + \boldsymbol{c}^{\mathrm{T}}r$$

根据式(5-20)，可得反馈阵 $\boldsymbol{L}^{\mathrm{T}}$ 的解为

$$\begin{aligned}\boldsymbol{L}^{\mathrm{T}} &= [0 \quad \cdots \quad 0 \quad 1]\boldsymbol{U}_{\mathrm{c}}^{-1}\boldsymbol{f}_{\mathrm{o}}^{*}(\boldsymbol{A}^{\mathrm{T}}) \\ &= [0 \quad \cdots \quad 0 \quad 1][\boldsymbol{c}^{\mathrm{T}} \quad \boldsymbol{A}^{\mathrm{T}}\boldsymbol{c}^{\mathrm{T}} \quad \cdots \quad (\boldsymbol{A}^{\mathrm{T}})^{n-1}\boldsymbol{c}^{\mathrm{T}}]^{-1}\boldsymbol{f}_{\mathrm{o}}^{*}(\boldsymbol{A}^{\mathrm{T}})\end{aligned}$$

由上面类比，可得观测器的反馈阵 $\boldsymbol{L}$ 为

$$\boldsymbol{L} = \boldsymbol{f}_{\mathrm{o}}^{*}(\boldsymbol{A})\begin{bmatrix} \boldsymbol{c} \\ \boldsymbol{cA} \\ \vdots \\ \boldsymbol{cA}^{n-1} \end{bmatrix}^{-1}\begin{bmatrix} 0 \\ \vdots \\ 0 \\ 1 \end{bmatrix} = \boldsymbol{f}_{\mathrm{o}}^{*}(\boldsymbol{A})\boldsymbol{V}_{\mathrm{o}}^{-1}\begin{bmatrix} 0 \\ \vdots \\ 0 \\ 1 \end{bmatrix} \tag{5-63}$$

式中，$\boldsymbol{f}_{\mathrm{o}}^{*}(\boldsymbol{A})$——将期望的特征多项式 $f_{\mathrm{o}}^{*}(s)$中的 s 换成 $\boldsymbol{A}$ 后的矩阵多项式。

另一种比较实用的求阵 $\boldsymbol{L}$ 的方法是根据观测器的特征多项式

$$f_o(s)=|s\boldsymbol{I}-(\boldsymbol{A}-\boldsymbol{L}\boldsymbol{c})|$$

和期望的特征多项式

$$f_o^*(s)=(s-\lambda_1)(s-\lambda_2)\cdots(s-\lambda_n)$$

使其多项式对应项的系数相等，得到 n 个代数方程，即可求出反馈阵

$$\boldsymbol{L}=\begin{bmatrix} l_1 \\ l_2 \\ \vdots \\ l_n \end{bmatrix}$$

例 5-9　已知系统的状态空间表达式为

$$\begin{cases} \dot{\boldsymbol{x}}=\begin{bmatrix} -1 & 1 \\ 0 & -2 \end{bmatrix}\boldsymbol{x}+\begin{bmatrix} 0 \\ 1 \end{bmatrix}u \\ y=\begin{bmatrix} 2 & 0 \end{bmatrix}\boldsymbol{x} \end{cases}$$

试设计一个状态观测器，使其极点为 -10，-10。

解　(1) 判断系统的能观测性。因

$$\operatorname{rank}\boldsymbol{V}_o=\operatorname{rank}\begin{bmatrix} \boldsymbol{c} \\ \boldsymbol{cA} \end{bmatrix}=2$$

所以系统是完全能观测的，可构造能任意配置极点的全维状态观测器。

(2) 观测器的期望特征多项式为

$$f_o^*(s)=(s+10)(s+10)=s^2+20s+100$$

(3) 计算 $\boldsymbol{f}_o^*(\boldsymbol{A})$。

$$\begin{aligned} \boldsymbol{f}_o^*(\boldsymbol{A}) &= \boldsymbol{A}^2+20\boldsymbol{A}+100\boldsymbol{I} \\ &= \begin{bmatrix} 1 & -3 \\ 0 & 4 \end{bmatrix}+\begin{bmatrix} -20 & 20 \\ 0 & -40 \end{bmatrix}+\begin{bmatrix} 100 & 0 \\ 0 & 100 \end{bmatrix}=\begin{bmatrix} 81 & 17 \\ 0 & 64 \end{bmatrix} \end{aligned}$$

(4) 求观测器的反馈阵 $\boldsymbol{L}=\begin{bmatrix} l_1 \\ l_2 \end{bmatrix}$。根据式(5-63)，可得

$$\boldsymbol{L}=\boldsymbol{f}_o^*(\boldsymbol{A})\boldsymbol{V}_o^{-1}\begin{bmatrix} 0 \\ 1 \end{bmatrix}=\boldsymbol{f}_o^*(\boldsymbol{A})\begin{bmatrix} \boldsymbol{C} \\ \boldsymbol{CA} \end{bmatrix}^{-1}\begin{bmatrix} 0 \\ 1 \end{bmatrix}=\begin{bmatrix} 8.5 \\ 32 \end{bmatrix}$$

(5) 带观测器的系统结构图如图 5-12 所示。

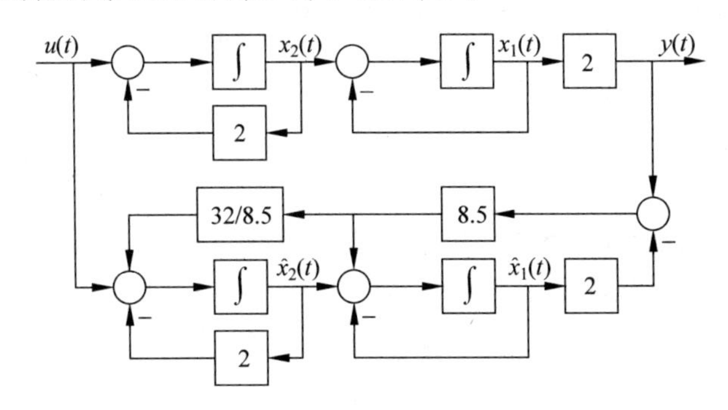

图 5-12　带观测器的系统结构图

5.4.3 降维观测器的设计

前面所讨论的状态观测器其维数和被控系统的维数相同,故称为全维观测器。实际上,系统的输出量 $\boldsymbol{y}$ 总是可以量测的。因此,可以利用系统的输出量 $\boldsymbol{y}$ 来直接产生部分状态变量,从而降低观测器的维数。可以证明,只要系统是能够观测的,若输出为 m 维,待观测的状态为 n 维,则当 $\mathrm{rank}\boldsymbol{C}=m$ 时,观测器状态的维数就可以减少为 $n-m$ 维,也就是说用 $n-m$ 维的状态观测器可以代替全维观测器,这样观测器的结构就是降维观测器。

定理 5-13 已知线性定常系统

$$\begin{cases}\dot{\boldsymbol{x}}=\boldsymbol{A}\boldsymbol{x}+\boldsymbol{B}\boldsymbol{u}\\ \boldsymbol{y}=\boldsymbol{C}\boldsymbol{x}\end{cases} \tag{5-64}$$

式中,$\boldsymbol{x}$——n 维状态向量;

$\boldsymbol{u}$——r 维输入向量;

$\boldsymbol{y}$——m 维输出向量;

$\boldsymbol{A}$——$n\times n$ 矩阵;

$\boldsymbol{B}$——$n\times r$ 矩阵;

$\boldsymbol{C}$——$m\times n$ 矩阵,假设系统状态完全能观测,且 $\mathrm{rank}\boldsymbol{C}=m$,则存在 $n-m$ 维降维观测器为

$$\begin{cases}\dot{\boldsymbol{z}}=(\bar{\boldsymbol{A}}_{22}-\bar{\boldsymbol{L}}\bar{\boldsymbol{A}}_{12})\boldsymbol{z}+[(\bar{\boldsymbol{A}}_{22}-\bar{\boldsymbol{L}}\bar{\boldsymbol{A}}_{12})\bar{\boldsymbol{L}}+(\bar{\boldsymbol{A}}_{21}-\bar{\boldsymbol{L}}\bar{\boldsymbol{A}}_{11})]\boldsymbol{y}+(\bar{\boldsymbol{B}}_2-\bar{\boldsymbol{L}}\bar{\boldsymbol{B}}_1)\boldsymbol{u}\\ \hat{\bar{\boldsymbol{x}}}_2=\boldsymbol{z}+\bar{\boldsymbol{L}}\boldsymbol{y}\end{cases}$$

此时,状态 $\boldsymbol{x}$ 的渐近估计为

$$\hat{\boldsymbol{x}}=\boldsymbol{T}\hat{\bar{\boldsymbol{x}}}=\boldsymbol{T}\begin{bmatrix}\hat{\bar{\boldsymbol{x}}}_1\\ \hat{\bar{\boldsymbol{x}}}_2\end{bmatrix}=\boldsymbol{T}\begin{bmatrix}\boldsymbol{y}\\ \boldsymbol{z}+\bar{\boldsymbol{L}}\boldsymbol{y}\end{bmatrix}$$

式中

$$\bar{\boldsymbol{A}}=\boldsymbol{T}^{-1}\boldsymbol{A}\boldsymbol{T}=\begin{bmatrix}\bar{\boldsymbol{A}}_{11} & \bar{\boldsymbol{A}}_{12}\\ \bar{\boldsymbol{A}}_{21} & \bar{\boldsymbol{A}}_{22}\end{bmatrix},\quad \bar{\boldsymbol{B}}=\boldsymbol{T}^{-1}\boldsymbol{B}=\begin{bmatrix}\bar{\boldsymbol{B}}_1\\ \bar{\boldsymbol{B}}_2\end{bmatrix}$$

$$\bar{\boldsymbol{C}}=\boldsymbol{C}\boldsymbol{T}=[\boldsymbol{I}_m \quad \boldsymbol{0}]$$

$\boldsymbol{T}^{-1}=\begin{bmatrix}\boldsymbol{C}\\ \boldsymbol{C}_2\end{bmatrix}$, C_2 为 $(n-m)\times n$ 且在保证 $\mathrm{rank}\boldsymbol{T}^{-1}=n$ 前提下任选。

证明 对原系统 $\boldsymbol{\Sigma}(\boldsymbol{A},\boldsymbol{B},\boldsymbol{C})$,为了构造 $n-m$ 维状态观测器,首先将和 m 个输出量相当的状态变量分离出来。为此,令

$$\boldsymbol{T}^{-1}=\begin{bmatrix}\boldsymbol{C}\\ \boldsymbol{C}_2\end{bmatrix}=\begin{bmatrix}\boldsymbol{C}_{11} & \boldsymbol{C}_{12}\\ \boldsymbol{C}_{21} & \boldsymbol{C}_{22}\end{bmatrix}$$

其中,$\boldsymbol{C}_{11}$ 和 $\boldsymbol{C}_{12}$ 分别为 $m\times m$ 和 $m\times(n-m)$ 矩阵,$\boldsymbol{C}_{21}$ 和 $\boldsymbol{C}_{22}$ 分别为 $(n-m)\times m$ 和

$(n-m)\times(n-m)$矩阵。令非奇异线性变换矩阵$\boldsymbol{T}$具有和$\boldsymbol{T}^{-1}$相同分块形式，即为

$$\boldsymbol{T}=\begin{bmatrix}\boldsymbol{E}_{11} & \boldsymbol{E}_{12}\\ \boldsymbol{E}_{21} & \boldsymbol{E}_{22}\end{bmatrix}$$

则

$$\boldsymbol{T}^{-1}\boldsymbol{T}=\begin{bmatrix}\boldsymbol{C}_{11} & \boldsymbol{C}_{12}\\ \boldsymbol{C}_{21} & \boldsymbol{C}_{22}\end{bmatrix}\cdot\begin{bmatrix}\boldsymbol{E}_{11} & \boldsymbol{E}_{12}\\ \boldsymbol{E}_{21} & \boldsymbol{E}_{22}\end{bmatrix}=\begin{bmatrix}\boldsymbol{C}_{11}\boldsymbol{E}_{11}+\boldsymbol{C}_{12}\boldsymbol{E}_{21} & \boldsymbol{C}_{11}\boldsymbol{E}_{12}+\boldsymbol{C}_{12}\boldsymbol{E}_{22}\\ \boldsymbol{C}_{21}\boldsymbol{E}_{11}+\boldsymbol{C}_{22}\boldsymbol{E}_{21} & \boldsymbol{C}_{21}\boldsymbol{E}_{12}+\boldsymbol{C}_{22}\boldsymbol{E}_{22}\end{bmatrix}$$

$$=\begin{bmatrix}\boldsymbol{I}_m & \boldsymbol{0}\\ \boldsymbol{0} & \boldsymbol{I}_{n-m}\end{bmatrix}$$

取线性变换

$$\boldsymbol{x}=\boldsymbol{T}\bar{\boldsymbol{x}}$$

则式(5-64)可变换为

$$\begin{cases}\dot{\bar{\boldsymbol{x}}}=\bar{\boldsymbol{A}}\bar{\boldsymbol{x}}+\bar{\boldsymbol{B}}\boldsymbol{u}\\ \boldsymbol{y}=\bar{\boldsymbol{C}}\bar{\boldsymbol{x}}\end{cases}\tag{5-65}$$

式中

$$\bar{\boldsymbol{A}}=\boldsymbol{T}^{-1}\boldsymbol{A}\boldsymbol{T}=\begin{bmatrix}\bar{\boldsymbol{A}}_{11} & \bar{\boldsymbol{A}}_{12}\\ \bar{\boldsymbol{A}}_{21} & \bar{\boldsymbol{A}}_{22}\end{bmatrix},\quad \bar{\boldsymbol{B}}=\boldsymbol{T}^{-1}\boldsymbol{B}=\begin{bmatrix}\bar{\boldsymbol{B}}_1\\ \bar{\boldsymbol{B}}_2\end{bmatrix}$$

$$\bar{\boldsymbol{C}}=\boldsymbol{C}\boldsymbol{T}=[\boldsymbol{C}_{11}\quad \boldsymbol{C}_{12}]\begin{bmatrix}\boldsymbol{E}_{11} & \boldsymbol{E}_{12}\\ \boldsymbol{E}_{21} & \boldsymbol{E}_{22}\end{bmatrix}=[\boldsymbol{I}_m\quad \boldsymbol{0}]$$

或

$$\begin{cases}\dot{\bar{\boldsymbol{x}}}_1=\bar{\boldsymbol{A}}_{11}\bar{\boldsymbol{x}}_1+\bar{\boldsymbol{A}}_{12}\bar{\boldsymbol{x}}_2+\bar{\boldsymbol{B}}_1\boldsymbol{u}\\ \dot{\bar{\boldsymbol{x}}}_2=\bar{\boldsymbol{A}}_{21}\bar{\boldsymbol{x}}_1+\bar{\boldsymbol{A}}_{22}\bar{\boldsymbol{x}}_2+\bar{\boldsymbol{B}}_2\boldsymbol{u}\\ \boldsymbol{y}=\bar{\boldsymbol{x}}_1\end{cases}\tag{5-66}$$

由式(5-66)可看出，状态$\bar{\boldsymbol{x}}_1$能够直接由输出量$\boldsymbol{y}$获得，不必再通过观测器观测，所以只要求估计$\bar{\boldsymbol{x}}_2$的值，现将$n-m$维状态变量$\bar{\boldsymbol{x}}_2$由观测器进行重构。由式(5-66)可得关于$\bar{\boldsymbol{x}}_2$的表达式为

$$\begin{cases}\dot{\bar{\boldsymbol{x}}}_2=\bar{\boldsymbol{A}}_{22}\bar{\boldsymbol{x}}_2+\bar{\boldsymbol{A}}_{21}\boldsymbol{y}+\bar{\boldsymbol{B}}_2\boldsymbol{u}\\ \dot{\boldsymbol{y}}=\bar{\boldsymbol{A}}_{11}\boldsymbol{y}+\bar{\boldsymbol{A}}_{12}\bar{\boldsymbol{x}}_2+\bar{\boldsymbol{B}}_1\boldsymbol{u}\end{cases}$$

如令

$$\begin{cases}\bar{\boldsymbol{u}}=\bar{\boldsymbol{A}}_{21}\boldsymbol{y}+\bar{\boldsymbol{B}}_2\boldsymbol{u}\\ \boldsymbol{w}=\dot{\boldsymbol{y}}-\bar{\boldsymbol{A}}_{11}\boldsymbol{y}-\bar{\boldsymbol{B}}_1\boldsymbol{u}\end{cases}\tag{5-67}$$

则有

$$\begin{cases}\dot{\bar{\boldsymbol{x}}}_2=\bar{\boldsymbol{A}}_{22}\bar{\boldsymbol{x}}_2+\bar{\boldsymbol{u}}\\ \boldsymbol{w}=\bar{\boldsymbol{A}}_{12}\bar{\boldsymbol{x}}_2\end{cases}\tag{5-68}$$

式(5-68)是 n 维系统式(5-66)的 $n-m$ 维子系统,其中$\bar{\boldsymbol{u}}$为输入量,$\boldsymbol{w}$ 为输出量。由于系统式(5-65)的状态变量是完全能观测的,其中部分状态变量当然也是能观测的,所以子系统式(5-68)就一定是能观测的。根据式(5-62),可写出子系统$\boldsymbol{\Sigma}(\bar{\boldsymbol{A}}_{22},\bar{\boldsymbol{A}}_{12})$的观测器方程为

$$\dot{\hat{\bar{\boldsymbol{x}}}}_2=(\bar{\boldsymbol{A}}_{22}-\bar{\boldsymbol{L}}\bar{\boldsymbol{A}}_{12})\hat{\bar{\boldsymbol{x}}}_2+\bar{\boldsymbol{u}}+\bar{\boldsymbol{L}}\boldsymbol{w}$$

将式(5-67)代入上式,得

$$\dot{\hat{\bar{\boldsymbol{x}}}}_2=(\bar{\boldsymbol{A}}_{22}-\bar{\boldsymbol{L}}\bar{\boldsymbol{A}}_{12})\hat{\bar{\boldsymbol{x}}}_2+\bar{\boldsymbol{A}}_{21}\boldsymbol{y}+\bar{\boldsymbol{B}}_2\boldsymbol{u}+\bar{\boldsymbol{L}}(\dot{\boldsymbol{y}}-\bar{\boldsymbol{A}}_{11}\boldsymbol{y}-\bar{\boldsymbol{B}}_1\boldsymbol{u}) \tag{5-69}$$

为了消去等式右边 $\boldsymbol{y}$ 的导数项,作变换

$$\boldsymbol{z}=\hat{\bar{\boldsymbol{x}}}_2-\bar{\boldsymbol{L}}\boldsymbol{y}$$

则式(5-69)可写成

$$\dot{\boldsymbol{z}}=(\bar{\boldsymbol{A}}_{22}-\bar{\boldsymbol{L}}\bar{\boldsymbol{A}}_{12})(\boldsymbol{z}+\bar{\boldsymbol{L}}\boldsymbol{y})+(\bar{\boldsymbol{A}}_{21}-\bar{\boldsymbol{L}}\bar{\boldsymbol{A}}_{11})\boldsymbol{y}+(\bar{\boldsymbol{B}}_2-\bar{\boldsymbol{L}}\bar{\boldsymbol{B}}_1)\boldsymbol{u} \tag{5-70}$$

即有

$$\begin{cases}\dot{\boldsymbol{z}}=(\bar{\boldsymbol{A}}_{22}-\bar{\boldsymbol{L}}\bar{\boldsymbol{A}}_{12})(\boldsymbol{z}+\bar{\boldsymbol{L}}\boldsymbol{y})+(\bar{\boldsymbol{A}}_{21}-\bar{\boldsymbol{L}}\bar{\boldsymbol{A}}_{11})\boldsymbol{y}+(\bar{\boldsymbol{B}}_2-\bar{\boldsymbol{L}}\bar{\boldsymbol{B}}_1)\boldsymbol{u}\\ \hat{\bar{\boldsymbol{x}}}_2=\boldsymbol{z}+\bar{\boldsymbol{L}}\boldsymbol{y}\end{cases}$$

以上两式为在 $\mathrm{rank}\boldsymbol{C}=m$ 下,降维观测器的计算公式。由上式可首先对状态变量 $\boldsymbol{z}$ 进行估计,在得到 $\boldsymbol{z}$ 之后,就可根据$\hat{\bar{\boldsymbol{x}}}_2=\boldsymbol{z}+\bar{\boldsymbol{L}}\boldsymbol{y}$ 得到$\hat{\bar{\boldsymbol{x}}}_2$,即状态变量$\bar{\boldsymbol{x}}_2$ 的估计值。其中 $\bar{\boldsymbol{L}}$ 就是要求选择的降维观测器的反馈阵,$\boldsymbol{u}$ 和 $\boldsymbol{y}$ 都是原系统的输入和输出。

经变换后系统状态变量的估计值可表示成

$$\hat{\bar{\boldsymbol{x}}}=\begin{bmatrix}\hat{\bar{\boldsymbol{x}}}_1\\ \hat{\bar{\boldsymbol{x}}}_2\end{bmatrix}=\begin{bmatrix}\boldsymbol{y}\\ \boldsymbol{z}+\bar{\boldsymbol{L}}\boldsymbol{y}\end{bmatrix}$$

而原系统的状态变量估计值为

$$\hat{\boldsymbol{x}}=\boldsymbol{T}\hat{\bar{\boldsymbol{x}}}=\boldsymbol{T}\begin{bmatrix}\boldsymbol{y}\\ \boldsymbol{z}+\bar{\boldsymbol{L}}\boldsymbol{y}\end{bmatrix}$$

最后讨论状态变量的估计值$\hat{\bar{\boldsymbol{x}}}_2$ 趋向$\bar{\boldsymbol{x}}_2$ 的速度。令

$$\boldsymbol{e}=\bar{\boldsymbol{x}}_2-\hat{\bar{\boldsymbol{x}}}_2$$

则

$$\begin{aligned}\dot{\boldsymbol{e}}&=\dot{\bar{\boldsymbol{x}}}_2-\dot{\hat{\bar{\boldsymbol{x}}}}_2\\ &=\dot{\bar{\boldsymbol{x}}}_2-(\dot{\boldsymbol{z}}+\bar{\boldsymbol{L}}\dot{\bar{\boldsymbol{x}}}_1)\\ &=\bar{\boldsymbol{A}}_{22}\bar{\boldsymbol{x}}_2+\bar{\boldsymbol{A}}_{21}\bar{\boldsymbol{x}}_1+\boldsymbol{B}_2\boldsymbol{u}-(\bar{\boldsymbol{A}}_{22}-\bar{\boldsymbol{L}}\bar{\boldsymbol{A}}_{12})(\boldsymbol{z}+\bar{\boldsymbol{L}}\bar{\boldsymbol{x}}_1)-(\bar{\boldsymbol{A}}_{21}-\bar{\boldsymbol{L}}\bar{\boldsymbol{A}}_{11})\bar{\boldsymbol{x}}_1\\ &\quad-(\bar{\boldsymbol{B}}_2-\bar{\boldsymbol{L}}\bar{\boldsymbol{B}}_1)\boldsymbol{u}-\bar{\boldsymbol{L}}\bar{\boldsymbol{A}}_{11}\bar{\boldsymbol{x}}_1-\bar{\boldsymbol{L}}\bar{\boldsymbol{A}}_{12}\bar{\boldsymbol{x}}_2-\bar{\boldsymbol{L}}\bar{\boldsymbol{B}}_1\boldsymbol{u}\\ &=(\bar{\boldsymbol{A}}_{22}-\bar{\boldsymbol{L}}\bar{\boldsymbol{A}}_{12})(\bar{\boldsymbol{x}}_2-\boldsymbol{z}-\bar{\boldsymbol{L}}\bar{\boldsymbol{x}}_1)\end{aligned}$$

因为子系统$\boldsymbol{\Sigma}(\bar{\boldsymbol{A}}_{22},\bar{\boldsymbol{A}}_{12})$是能观测的，便可以用观测器的反馈阵 $\boldsymbol{L}$ 任意配置$\bar{\boldsymbol{A}}_{22}-\bar{\boldsymbol{L}}\bar{\boldsymbol{A}}_{12}$特征值，或者说，能够使 $z+\bar{\boldsymbol{L}}\boldsymbol{y}$ 以任意的速度趋向$\bar{x}_2$，那么 $z+\bar{\boldsymbol{L}}\boldsymbol{y}$ 便成为$\bar{x}_2$ 的估计值。

以上结果表明，观测器的极点仅决定了状态变量估计值$\hat{\bar{x}}$以什么样的速度趋向真实状态变量$\bar{x}$，而对系统的输入输出特性没有影响。

例 5-10　已知系统的状态空间表达式为

$$\begin{cases}\dot{\boldsymbol{x}}=\begin{bmatrix}0 & 1 & 0\\0 & 0 & 1\\-6 & -11 & -6\end{bmatrix}\boldsymbol{x}+\begin{bmatrix}0\\0\\1\end{bmatrix}u\\ \boldsymbol{y}=\begin{bmatrix}1 & 0 & 0\\0 & 1 & 0\end{bmatrix}\boldsymbol{x}\end{cases}$$

试求降维观测器，并使它的极点位于-5处。

解　因系统完全能观测和 $\mathrm{rank}\boldsymbol{C}=m=2$，且 $n=3$，则 $n-m=1$，所以只要设计一个一维观测器即可。

(1) 系统的输出矩阵 $\boldsymbol{C}$ 为

$$\boldsymbol{C}=\begin{bmatrix}1 & 0 & 0\\0 & 1 & 0\end{bmatrix}$$

(2) 求线性变换阵 $\boldsymbol{T}$。由

$$\boldsymbol{T}^{-1}=\begin{bmatrix}\boldsymbol{C}\\\boldsymbol{C}_2\end{bmatrix}=\begin{bmatrix}1 & 0 & 0\\0 & 1 & 0\\0 & 0 & 1\end{bmatrix}$$

得

$$\boldsymbol{T}=\begin{bmatrix}1 & 0 & 0\\0 & 1 & 0\\0 & 0 & 1\end{bmatrix}$$

(3) 求 $\bar{\boldsymbol{A}}$ 和 $\bar{\boldsymbol{B}}$ 阵。

$$\bar{\boldsymbol{A}}=\boldsymbol{T}^{-1}\boldsymbol{A}\boldsymbol{T}=\begin{bmatrix}0 & 1 & 0\\0 & 0 & 1\\-6 & -11 & -6\end{bmatrix},\quad \bar{\boldsymbol{b}}=\boldsymbol{T}^{-1}\boldsymbol{b}=\begin{bmatrix}0\\0\\1\end{bmatrix}$$

将 $\bar{\boldsymbol{A}}$ 和 $\bar{\boldsymbol{B}}$ 分块得

$$\bar{\boldsymbol{A}}_{11}=\begin{bmatrix}0 & 1\\0 & 0\end{bmatrix},\quad \bar{\boldsymbol{A}}_{12}=\begin{bmatrix}0\\1\end{bmatrix},\quad \bar{\boldsymbol{A}}_{21}=[-6\quad -11],$$

$$\bar{\boldsymbol{A}}_{22}=[-6],\quad \boldsymbol{b}_1=\begin{bmatrix}0\\0\end{bmatrix},\quad \boldsymbol{b}_2=[1]$$

(4) 求降维观测器的反馈阵 $\bar{\boldsymbol{L}}=[\bar{l}_{11}\quad \bar{l}_{12}]$。降维观测器的特征多项式为

$$\begin{aligned}f_o(s)&=\det[s\boldsymbol{I}-(\bar{\boldsymbol{A}}_{22}-\bar{\boldsymbol{L}}\bar{\boldsymbol{A}}_{12})]\\&=\left|s-\left(-6-[l_{11}\quad l_{12}]\begin{bmatrix}0\\1\end{bmatrix}\right)\right|\end{aligned}$$

$$= s + 6 + \bar{l}_{12}$$

期望特征多项式为

$$f^*(s) = s + 5$$

比较以上两式的 s 同次幂可得 $\bar{l}_{12} = -1$，而 $\bar{l}_{11}$ 可以任意选，如取 $\bar{l}_{11} = 0$，则有

$$\bar{\boldsymbol{L}} = \begin{bmatrix} \bar{l}_{11} & \bar{l}_{12} \end{bmatrix} = \begin{bmatrix} 0 & -1 \end{bmatrix}$$

(5) 求降维观测器方程。根据式(5-70)，可得降维观测器的状态方程：

$$\dot{z} = (\bar{\boldsymbol{A}}_{22} - \bar{\boldsymbol{L}}\bar{\boldsymbol{A}}_{12})(z + \bar{\boldsymbol{L}}\boldsymbol{y}) + (\bar{\boldsymbol{A}}_{21} - \bar{\boldsymbol{L}}\bar{\boldsymbol{A}}_{11})\boldsymbol{y} + (\bar{\boldsymbol{b}}_2 - \bar{\boldsymbol{L}}\,\bar{\boldsymbol{b}}_1)u$$

$$= (-6+1)\left(z + \begin{bmatrix} 0 & -1 \end{bmatrix}\begin{bmatrix} y_1 \\ y_2 \end{bmatrix}\right) + \left(\begin{bmatrix} -6 & -11 \end{bmatrix} - \begin{bmatrix} 0 & 0 \end{bmatrix}\right)\begin{bmatrix} y_1 \\ y_2 \end{bmatrix} + (1-0)u$$

$$= -5z - 6y_1 - 6y_2 + u$$

(6) 求状态变量估计值。因变换后系统状态变量的估计值为

$$\hat{\bar{\boldsymbol{x}}} = \begin{bmatrix} \hat{\bar{\boldsymbol{x}}}_1 \\ \hat{\bar{\boldsymbol{x}}}_2 \end{bmatrix} = \begin{bmatrix} \boldsymbol{y} \\ z + \bar{\boldsymbol{L}}\boldsymbol{y} \end{bmatrix} = \begin{bmatrix} \boldsymbol{y} \\ z - y_2 \end{bmatrix} = \begin{bmatrix} y_1 \\ y_2 \\ z - y_2 \end{bmatrix}$$

则原系统的状态变量估计值为

$$\hat{\boldsymbol{x}} = \boldsymbol{T}\hat{\bar{\boldsymbol{x}}} = \hat{\bar{\boldsymbol{x}}} = \begin{bmatrix} y_1 \\ y_2 \\ z - y_2 \end{bmatrix}$$

(7) 系统相应的状态变量图如图 5-13 所示。

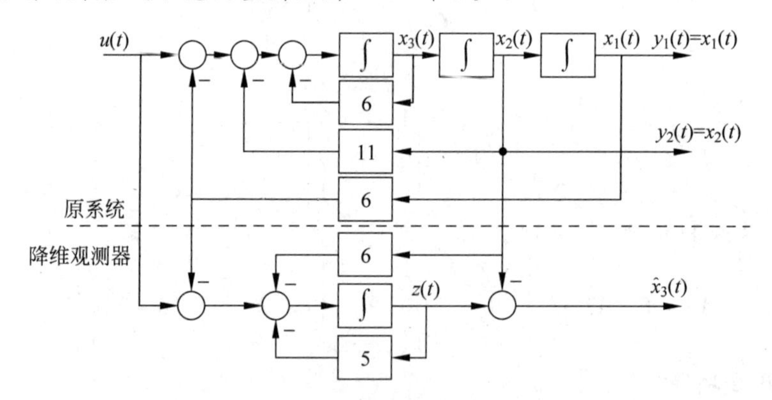

图 5-13 带降维观测器的系统结构图

5.5 带状态观测器的闭环控制系统

状态观测器解决了被控系统的状态重构问题，为那些状态变量不能直接量测的系统实现状态反馈创造了条件。然而，这种依靠状态观测器所构成的状态反馈系统和直接进行状态反馈的系统之间究竟有何异同，这正是本节要讨论的问题。

5.51　闭环控制系统的结构和状态空间表达式

现在要用状态反馈改善系统的性能，而状态变量信息是由观测器提供的，这时，整个系统便由三部分组成，即被控系统、观测器和控制器。图 5-14 是一个带有全维状态观测器的状态反馈系统。

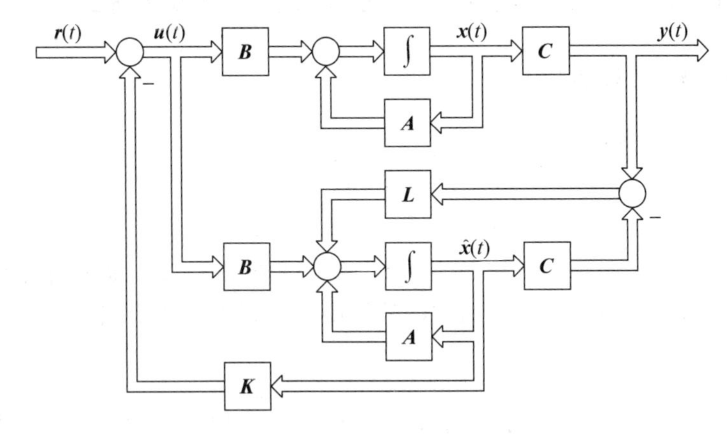

图 5-14　带状态观测器的状态反馈系统

设能控能观测的被控系统为

$$\begin{cases}\dot{\boldsymbol{x}} = \boldsymbol{A}\boldsymbol{x} + \boldsymbol{B}\boldsymbol{u} \\ \boldsymbol{y} = \boldsymbol{C}\boldsymbol{x}\end{cases}$$

状态反馈控制规律为

$$\boldsymbol{u} = \boldsymbol{r} - \boldsymbol{K}\hat{\boldsymbol{x}}$$

状态观测器方程为

$$\dot{\hat{\boldsymbol{x}}} = (\boldsymbol{A} - \boldsymbol{L}\boldsymbol{C})\hat{\boldsymbol{x}} + \boldsymbol{B}\boldsymbol{u} + \boldsymbol{L}\boldsymbol{y}$$

由以上三式可得整个闭环系统的状态空间表达式为

$$\begin{cases}\dot{\boldsymbol{x}} = \boldsymbol{A}\boldsymbol{x} - \boldsymbol{B}\boldsymbol{K}\hat{\boldsymbol{x}} + \boldsymbol{B}\boldsymbol{r} \\ \dot{\hat{\boldsymbol{x}}} = \boldsymbol{L}\boldsymbol{C}\boldsymbol{x} + (\boldsymbol{A} - \boldsymbol{L}\boldsymbol{C} - \boldsymbol{B}\boldsymbol{K})\hat{\boldsymbol{x}} + \boldsymbol{B}\boldsymbol{r} \\ \boldsymbol{y} = \boldsymbol{C}\boldsymbol{x}\end{cases}$$

将它写成分块矩阵的形式

$$\begin{cases}\begin{bmatrix}\dot{\boldsymbol{x}} \\ \dot{\hat{\boldsymbol{x}}}\end{bmatrix} = \begin{bmatrix}\boldsymbol{A} & -\boldsymbol{B}\boldsymbol{K} \\ \boldsymbol{L}\boldsymbol{C} & \boldsymbol{A} - \boldsymbol{L}\boldsymbol{C} - \boldsymbol{B}\boldsymbol{K}\end{bmatrix}\begin{bmatrix}\boldsymbol{x} \\ \hat{\boldsymbol{x}}\end{bmatrix} + \begin{bmatrix}\boldsymbol{B} \\ \boldsymbol{B}\end{bmatrix}\boldsymbol{r} \\ \boldsymbol{y} = \begin{bmatrix}\boldsymbol{C} & \boldsymbol{0}\end{bmatrix}\begin{bmatrix}\boldsymbol{x} \\ \hat{\boldsymbol{x}}\end{bmatrix}\end{cases} \tag{5-71}$$

或

$$\begin{cases}\begin{bmatrix}\dot{x}\\ \dot{x}-\dot{\hat{x}}\end{bmatrix}=\begin{bmatrix}A-BK & BK\\ 0 & A-LC\end{bmatrix}\begin{bmatrix}x\\ x-\hat{x}\end{bmatrix}+\begin{bmatrix}B\\ 0\end{bmatrix}r\\ y=\begin{bmatrix}C & 0\end{bmatrix}\begin{bmatrix}x\\ x-\hat{x}\end{bmatrix}\end{cases} \tag{5-72}$$

5.5.2 带状态观测器的闭环控制系统的基本特征

1. 闭环极点设计的分离性

由于式(5-71)和式(5-72)的状态变量之间的关系为

$$\begin{bmatrix}x\\ \hat{x}\end{bmatrix}=\begin{bmatrix}I & 0\\ I & -I\end{bmatrix}\begin{bmatrix}x\\ x-\hat{x}\end{bmatrix}$$

也就是说,将式(5-71)作非奇异线性变换,就能得到式(5-72),而非奇异线性变换并不改变系统的特征值,因此根据式(5-72)便可得到组合系统式(5-71)的特征多项式为

$$\begin{vmatrix}sI-(A-BK) & -BK\\ 0 & sI-(A-LC)\end{vmatrix}=|sI-(A-BK)|\,|sI-(A-LC)|$$

以上结果表明,由观测器构成状态反馈的闭环系统,其特征多项式等于状态反馈部分的特征多项式$|sI-(A-BK)|$和观测器部分的特征多项式$|sI-(A-LC)|$的乘积,而且两者相互独立。因此,只要系统$\Sigma_0(A,B,C)$能控能观测,则系统的状态反馈阵K和观测器反馈阵L可分别根据各自的要求,独立进行配置。这种性质被称为分离特性。

同样可以证明,用降维观测器构成的状态反馈系统也具有分离特性。

2. 传递函数矩阵的不变性

因非奇异线性变换同样不改变系统的输入和输出之间的关系,所以组合系统式(5-71)的传递函数阵同样可由式(5-72)求得,即

$$G(s)=\begin{bmatrix}C & 0\end{bmatrix}\begin{bmatrix}sI-(A-BK) & -BK\\ 0 & sI-(A-LC)\end{bmatrix}^{-1}\begin{bmatrix}B\\ 0\end{bmatrix}$$

根据分块矩阵的求逆公式

$$\begin{bmatrix}R & S\\ 0 & T\end{bmatrix}^{-1}=\begin{bmatrix}R^{-1} & -R^{-1}ST^{-1}\\ 0 & T^{-1}\end{bmatrix}$$

有

$$\begin{aligned}G(s)&=\begin{bmatrix}C & 0\end{bmatrix}\\ &\quad\times\begin{bmatrix}[sI-(A-BK)]^{-1} & [sI-(A-BK)]^{-1}BK[sI-(A-LC)]^{-1}\\ 0 & [sI-(A-LC)]^{-1}\end{bmatrix}\begin{bmatrix}B\\ 0\end{bmatrix}\\ &=C[sI-(A-BK)]^{-1}B\end{aligned}$$

上式表明，带观测器的状态反馈闭环系统的传递函数阵等于直接状态反馈闭环系统的传递函数阵。或者说，它与是否采用观测器反馈无关。因此，观测器渐近给出$\hat{\boldsymbol{x}}$并不影响组合系统的特性。

3. 观测器反馈与直接状态反馈的等效性

由式(5-61)可看出，通过选择$\boldsymbol{L}$阵，可使$\boldsymbol{A}-\boldsymbol{LC}$的特征值均具有负实部，所以必有$\lim\limits_{t\to\infty}|\boldsymbol{x}-\hat{\boldsymbol{x}}|=\boldsymbol{0}$，因此，当$t\to\infty$时，必有

$$\begin{cases}\dot{\boldsymbol{x}}=(\boldsymbol{A}-\boldsymbol{BK})\boldsymbol{x}+\boldsymbol{Br}\\ \boldsymbol{y}=\boldsymbol{Cx}\end{cases}$$

成立。这表明，带观测器的状态反馈系统，只有当$t\to\infty$，进入稳定时，才会与直接状态反馈系统完全等价。但是，可通过选择$\boldsymbol{L}$阵来加快$|\boldsymbol{x}-\hat{\boldsymbol{x}}|\to\boldsymbol{0}$，即加快$\hat{\boldsymbol{x}}$渐近于$\boldsymbol{x}$的速度。

例 5-11　被控系统的传递函数为

$$G_0(s)=\frac{1}{s(s+6)}$$

用状态反馈将闭环系统极点配置为$-4\pm\mathrm{j}6$，并设计实现这个反馈的全维及降维观测器。

解　(1) 由传递函数可知，此系统能控又能观测，因而存在状态反馈及状态观测器。下面根据分离特性分别设计$\boldsymbol{K}$阵和$\boldsymbol{L}$阵。

(2) 求状态反馈阵$\boldsymbol{K}$。为方便$\boldsymbol{K}$阵和降维观测器的设计，可直接写出系统的能控标准型实现，即

$$\begin{cases}\dot{\boldsymbol{x}}=\begin{bmatrix}0 & 1\\ 0 & -6\end{bmatrix}\boldsymbol{x}+\begin{bmatrix}0\\ 1\end{bmatrix}u\\ y=\begin{bmatrix}1 & 0\end{bmatrix}\boldsymbol{x}\end{cases}$$

令

$$\boldsymbol{K}=[k_1\quad k_2]$$

将闭环特征多项式

$$f(s)=|s\boldsymbol{I}-(\boldsymbol{A}-\boldsymbol{bK})|=\begin{vmatrix}s & -1\\ k_1 & s+6+k_2\end{vmatrix}=s^2+(6+k_2)s+k_1$$

与期望特征多项式

$$f^*(s)=(s+4-\mathrm{j}6)(s+4+\mathrm{j}6)=s^2+8s+52$$

比较s的同次幂系数，得

$$k_1=52,\quad k_2=2$$

即

$$\boldsymbol{K}=[52\quad 2]$$

(3) 求全维观测器。为了使观测器的状态变量$\hat{\boldsymbol{x}}$能较快地趋向原系统的状态变

量 $\boldsymbol{x}$,且又考虑到噪声过滤及 $\boldsymbol{L}$ 阵系数值不要太大,一般取观测器的极点离虚轴的距离比闭环系统期望极点的位置大 2～3 倍为宜。本例取观测器的极点位于－10 处。

$$\boldsymbol{L}=\begin{bmatrix}l_1\\l_2\end{bmatrix}$$

则观测器的特征多项式为

$$f_o(s)=|s\boldsymbol{I}-(\boldsymbol{A}-\boldsymbol{L}\boldsymbol{c})|=\begin{vmatrix}s+l_1 & -1\\ l_2 & s+6\end{vmatrix}$$

$$=s^2+(6+l_1)s+6l_1+l_2$$

与期望特征多项式

$$f_o^*(s)=(s+10)^2=s^2+20s+100$$

比较 s 的同次幂系数,得

$$l_1=14,\quad l_2=16$$

即

$$\boldsymbol{L}=\begin{bmatrix}14\\16\end{bmatrix}$$

全维观测器方程为

$$\dot{\hat{\boldsymbol{x}}}=(\boldsymbol{A}-\boldsymbol{L}\boldsymbol{c})\hat{\boldsymbol{x}}+\boldsymbol{L}y+\boldsymbol{b}u$$

$$=\begin{bmatrix}-14 & 1\\-16 & -6\end{bmatrix}\hat{\boldsymbol{x}}+\begin{bmatrix}14\\16\end{bmatrix}y+\begin{bmatrix}0\\1\end{bmatrix}u$$

其结构图如图 5-15 所示。

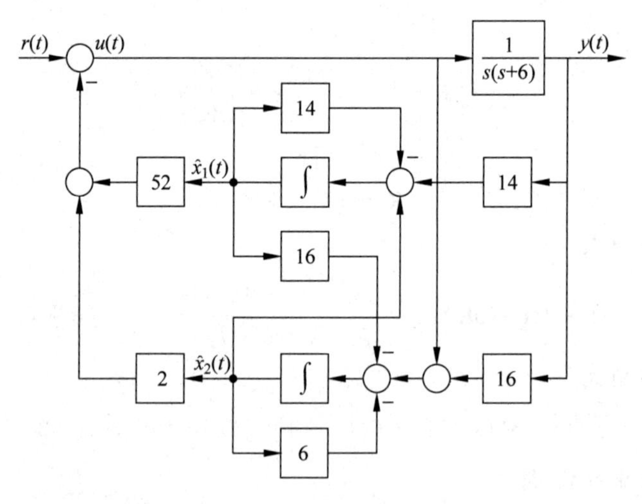

图 5-15 全维观测器结构图

(4) 求降维观测器。因 rank$\boldsymbol{c}=m=1$,$n=2$,$n-m=1$,所以只要设计一个一维观测器即可。

设降维观测器的极点为-10，$\bar{L}=\bar{l}_1$。因

$$\bar{A}_{11}=0,\quad \bar{A}_{12}=1,\quad \bar{A}_{21}=0,\quad \bar{A}_{22}=-6,\quad b_1=0,\quad b_2=1$$

故降维观测器的特征多项式为

$$f_o(s)=|s\boldsymbol{I}-(\bar{A}_{22}-\bar{L}\bar{A}_{12})|=S+6+\bar{l}_1$$

与期望特征多项式

$$f_o^*(s)=(s+10)$$

比较得

$$\bar{l}_1=4$$

即

$$\bar{L}=4$$

降维观测器方程为

$$\begin{cases}\dot{z}=(\bar{\boldsymbol{A}}_{22}-\bar{\boldsymbol{L}}\bar{\boldsymbol{A}}_{12})(z+\bar{\boldsymbol{L}}y)+(\bar{\boldsymbol{A}}_{21}-\bar{\boldsymbol{L}}\bar{\boldsymbol{A}}_{11})y+(\bar{\boldsymbol{b}}_2-\bar{\boldsymbol{L}}\bar{\boldsymbol{b}}_1)u\\ \quad=-10\boldsymbol{z}-40y+u\\ \hat{\boldsymbol{x}}_1=y\\ \hat{\boldsymbol{x}}_2=z+\bar{\boldsymbol{L}}y=z+4y\end{cases}$$

其结构图如图5-16所示。

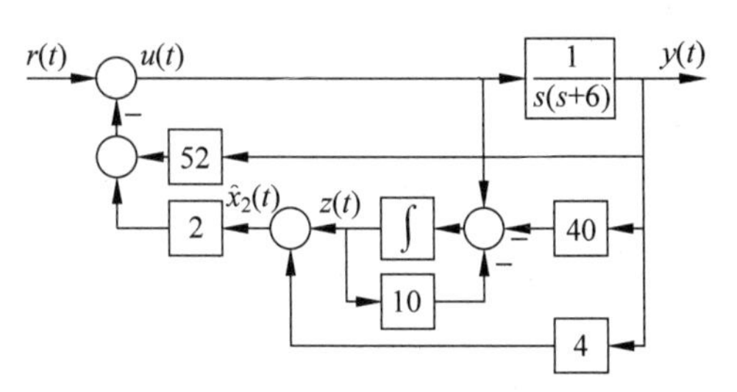

图5-16　降维观测器结构图

5.6　利用MATLAB实现系统的状态反馈和状态观测器

MATLAB控制系统工具箱中提供了很多函数用来进行系统的状态反馈和状态观测器的设计。

5.6.1　系统的极点配置

当系统完全能控时，通过状态反馈可实现闭环系统极点的任意配置。关键是求解状态反馈阵$\boldsymbol{K}$，当系统的阶数大于3以后，或为多输入多输出系统时，具体设计要困难得多。如果采用MATLAB的辅助设计问题就简单多了。

例5-12　已知系统的状态方程为

$$\dot{x}=\begin{bmatrix}-2 & -1 & 1\\ 1 & 0 & 1\\ -1 & 0 & 1\end{bmatrix}x+\begin{bmatrix}1\\1\\1\end{bmatrix}u$$

采用状态反馈，将系统的极点配置到-1，-2，-3，求状态反馈阵$\boldsymbol{K}$。

解 MATLAB程序为

```
%Example5_12.m
A=[-2 -1 1; 1 0 1; -1 0 1];
b=[1; 1; 1];
Uc=ctrb(A,b);
rc=rank(Uc);
f=conv([1,1],conv([1,2],[1,3]));
K=[zeros(1,length(A)-1) 1]*inv(Uc)*polyvalm(f,A)
```

执行后得

```
K=
   -1  2  4
```

其实，在MATLAB的控制系统工具箱中就提供了单变量系统极点配置函数acker()，该函数的调用格式为

```
K=acker(A,b,P)
```

式中，P为给定的极点，K为状态反馈阵。

对例5-12，采用下面命令可得同样结果。

```
>>A=[-2 -1 1; 1 0 1; -1 0 1]; b=[1; 1; 1];
>>rc=rank(ctrb(A,b));
>>p=[-1,-2,-3];
>>K=acker(A,b,p)
```

结果显示

```
K=
   -1  2  4
```

5.6.2 状态观测器的设计

1. 全维状态观测器的设计

极点配置是基于状态反馈，因此状态$\boldsymbol{x}$必须可量测，当状态不能量测时，则应设计状态观测器来估计状态。

对于系统

$$\begin{cases}\dot{\boldsymbol{x}} = \boldsymbol{A}\boldsymbol{x} + \boldsymbol{B}\boldsymbol{u} \\ \boldsymbol{y} = \boldsymbol{C}\boldsymbol{x}\end{cases} \tag{5-73}$$

若系统完全能观测，则可构造状态观测器。式(5-59)为状态观测器的方程，式(5-63)为反馈阵 $\boldsymbol{L}$ 的计算公式。

在 MATLAB 设计中，利用对偶原理，可使设计问题大为简化，求解过程如下：

首先构造系统式(5-73)的对偶系统

$$\begin{cases}\dot{\boldsymbol{z}} = \boldsymbol{A}^{\mathrm{T}}\boldsymbol{z} + \boldsymbol{C}^{\mathrm{T}}\boldsymbol{n} \\ \boldsymbol{w} = \boldsymbol{B}^{\mathrm{T}}\boldsymbol{z}\end{cases} \tag{5-74}$$

然后，对偶系统按极点配置求状态反馈阵 $\boldsymbol{K}$

$$\boldsymbol{K} = \mathrm{acker}(\boldsymbol{A}^{\mathrm{T}}, \boldsymbol{C}^{\mathrm{T}}, \boldsymbol{P})$$

或

$$\boldsymbol{K} = \mathrm{place}(\boldsymbol{A}^{\mathrm{T}}, \boldsymbol{C}^{\mathrm{T}}, \boldsymbol{P})$$

原系统的状态观测器的反馈阵 $\boldsymbol{L}$，为其对偶系统的状态反馈阵 $\boldsymbol{K}$ 的转置。即

$$\boldsymbol{L} = \boldsymbol{K}^{\mathrm{T}}$$

其中，**P** 为给定的极点，$\boldsymbol{L}$ 为状态观测器的反馈阵。

例 5-13　已知开环系统

$$\begin{cases}\dot{\boldsymbol{x}} = \boldsymbol{A}\boldsymbol{x} + \boldsymbol{b}u \\ y = \boldsymbol{c}\boldsymbol{x}\end{cases}$$

其中

$$\boldsymbol{A} = \begin{bmatrix} 0 & 1 & 0 \\ 0 & 0 & 1 \\ -6 & -11 & -6 \end{bmatrix}, \quad \boldsymbol{b} = \begin{bmatrix} 0 \\ 0 \\ 1 \end{bmatrix}, \quad \boldsymbol{c} = \begin{bmatrix} 1 & 0 & 0 \end{bmatrix}$$

设计全维状态观测器，使观测器的闭环极点为 $-2 \pm \mathrm{j}2\sqrt{3}$，$-5$。

解　为求出状态观测器的反馈阵 $\boldsymbol{L}$，先为原系统构造一对偶系统。

$$\begin{cases}\dot{\boldsymbol{z}} = \boldsymbol{A}^{\mathrm{T}}\boldsymbol{z} + \boldsymbol{C}^{\mathrm{T}}n \\ w = \boldsymbol{B}^{\mathrm{T}}\boldsymbol{z}\end{cases}$$

采用极点配置方法对对偶系统进行闭环极点的配置，得到反馈阵 $\boldsymbol{K}$，再由对偶原理得到原系统的状态观测器的反馈阵 $\boldsymbol{L}$。

MATLAB 程序为

```
%Example5_13.m
A=[0  1  0; 0  0  1; -6  -11  -6];
b=[0; 0; 1];
C=[1  0  0];
disp('The Rank of Obstrabilaty Matrix')
r0=rank(obsv(A,C))
```

```
A1 = A'; b1 = C'; C1 = b';
P = [ - 2 + 2 * sqrt(3) * j  - 2 - 2 * sqrt(3) * j  - 5];
K = acker(A1,b1,P);
L = K'
```

执行后得

```
The Rank of Obstrabilaty Matrix
r0 =
     3
L =
     3.0000
     7.0000
    - 1.0000
```

由于 $\text{rank}r_0=3$，所以系统能观测，因此可设计全维状态观测器。

2. 降维观测器的设计

已知线性定常系统

$$\begin{cases}\dot{\boldsymbol{x}}=\boldsymbol{A}\boldsymbol{x}+\boldsymbol{B}\boldsymbol{u}\\ \boldsymbol{y}=\boldsymbol{C}\boldsymbol{x}\end{cases} \tag{5-75}$$

完全能观测，则可将状态 $\boldsymbol{x}$ 分为可量测和不可量测两部分，通过特定线性非奇异变换可导出相应的系统方程为分块矩阵的形式

$$\begin{cases}\begin{bmatrix}\dot{\bar{\boldsymbol{x}}}_1\\ \dot{\bar{\boldsymbol{x}}}_2\end{bmatrix}=\begin{bmatrix}\bar{\boldsymbol{A}}_{11} & \bar{\boldsymbol{A}}_{12}\\ \bar{\boldsymbol{A}}_{21} & \bar{\boldsymbol{A}}_{22}\end{bmatrix}\begin{bmatrix}\bar{\boldsymbol{x}}_1\\ \bar{\boldsymbol{x}}_2\end{bmatrix}+\begin{bmatrix}\bar{\boldsymbol{B}}_1\\ \bar{\boldsymbol{B}}_2\end{bmatrix}\boldsymbol{u}\\ \boldsymbol{y}=\begin{bmatrix}\boldsymbol{I} & 0\end{bmatrix}\begin{bmatrix}\bar{\boldsymbol{x}}_1\\ \bar{\boldsymbol{x}}_2\end{bmatrix}\end{cases}$$

由上可看出，状态 $\bar{\boldsymbol{x}}_1$ 能够直接由输出量 $\boldsymbol{y}$ 获得，不必再通过观测器观测，所以只要求对 $n-m$ 维状态变量由观测器进行重构。由上式可得关于 $\bar{\boldsymbol{x}}_2$ 的状态方程

$$\begin{cases}\dot{\bar{\boldsymbol{x}}}_2=\bar{\boldsymbol{A}}_{22}\bar{\boldsymbol{x}}_2+\bar{\boldsymbol{A}}_{21}\boldsymbol{y}+\bar{\boldsymbol{B}}_2\boldsymbol{u}\\ \dot{\boldsymbol{y}}-\bar{\boldsymbol{A}}_{11}\boldsymbol{y}-\bar{\boldsymbol{B}}_1\boldsymbol{u}=\bar{\boldsymbol{A}}_{12}\bar{\boldsymbol{x}}_2\end{cases}$$

它与全维状态观测器方程进行对比，可得到两者之间的对应关系，如表 5-1 所示。

表 5-1 全维与降维状态观测器的对比关系

全维观测器	降维观测器	全维观测器	降维观测器
$\boldsymbol{x}$	$\bar{\boldsymbol{x}}_2$	$\boldsymbol{y}$	$\dot{\boldsymbol{y}}-\bar{\boldsymbol{A}}_{11}\boldsymbol{y}-\bar{\boldsymbol{B}}_1\boldsymbol{u}$
$\boldsymbol{A}$	$\bar{\boldsymbol{A}}_{22}$	$\boldsymbol{C}$	$\bar{\boldsymbol{A}}_{12}$
$\boldsymbol{B}\boldsymbol{u}$	$\bar{\boldsymbol{A}}_{21}\boldsymbol{y}+\bar{\boldsymbol{B}}_2\boldsymbol{u}$	$\boldsymbol{L}_{n\times 1}$	$\boldsymbol{L}_{(n-m)\times 1}$

由此可得降维状态观测器的等效方程

$$\begin{cases} \dot{\boldsymbol{z}} = \boldsymbol{A}_c \boldsymbol{z} + \boldsymbol{b}_c \eta \\ \boldsymbol{w} = \boldsymbol{C}_c \boldsymbol{z} \end{cases} \tag{5-76}$$

式中，$\boldsymbol{A}_c = \bar{\boldsymbol{A}}_{22}$，$\boldsymbol{b}_c \eta = \bar{\boldsymbol{A}}_{21} \boldsymbol{y} + \bar{\boldsymbol{B}}_2 u$，$\boldsymbol{C}_c = \bar{\boldsymbol{A}}_{12}$。

然后，使用 MATLAB 的函数 place()或 acker()，根据全维状态观测器的设计方法求解反馈阵 $\boldsymbol{L}$。

降维观测器的方程为

$$\begin{cases} \dot{\bar{\boldsymbol{x}}}_2 = \boldsymbol{z} + \bar{\boldsymbol{L}} \boldsymbol{y} \\ \dot{\boldsymbol{z}} = (\bar{\boldsymbol{A}}_{22} - \bar{\boldsymbol{L}} \bar{\boldsymbol{A}}_{12})(\boldsymbol{z} + \bar{\boldsymbol{L}} \boldsymbol{y}) + (\bar{\boldsymbol{A}}_{21} - \bar{\boldsymbol{L}} \bar{\boldsymbol{A}}_{11}) \boldsymbol{y} + (\bar{\boldsymbol{B}}_2 - \bar{\boldsymbol{L}} \bar{\boldsymbol{B}}_1) \boldsymbol{u} \end{cases} \tag{5-77}$$

例 5-14 设开环系统

$$\begin{cases} \dot{\boldsymbol{x}} = \boldsymbol{A}\boldsymbol{x} + \boldsymbol{b}u \\ y = \boldsymbol{c}\boldsymbol{x} \end{cases}$$

其中

$$\boldsymbol{A} = \begin{bmatrix} 0 & 1 & 0 \\ 0 & 0 & 1 \\ -6 & -11 & -6 \end{bmatrix}, \quad \boldsymbol{b} = \begin{bmatrix} 0 \\ 0 \\ 1 \end{bmatrix}, \quad \boldsymbol{c} = \begin{bmatrix} 1 & 0 & 0 \end{bmatrix}$$

设计降维状态观测器，使闭环极点为 $-2 \pm \mathrm{j}2\sqrt{3}$。

解 由于 x_1 可量测，因此只需设计 x_2 和 x_3 的状态观测器，故根据原系统可得不可量测部分的状态空间表达式为

$$\begin{cases} \dot{\bar{\boldsymbol{x}}}_2 = \bar{\boldsymbol{A}}_{22} \bar{\boldsymbol{x}}_2 + \bar{\boldsymbol{A}}_{21} \boldsymbol{y} + \bar{\boldsymbol{B}}_2 u \\ \dot{y} - \bar{\boldsymbol{A}}_{11} y - \bar{\boldsymbol{B}}_1 u = \bar{\boldsymbol{A}}_{12} \dot{\boldsymbol{x}}_2 \end{cases} \tag{5-78}$$

式中，

$$\bar{A}_{11} = 0, \quad \bar{A}_{12} = \begin{bmatrix} 1 & 0 \end{bmatrix}$$

$$\bar{A}_{21} = \begin{bmatrix} 0 \\ -6 \end{bmatrix}, \quad \bar{A}_{22} = \begin{bmatrix} 0 & 1 \\ -11 & -6 \end{bmatrix}$$

$$\bar{B}_1 = [0], \quad \bar{B}_2 = \begin{bmatrix} 0 \\ 1 \end{bmatrix}$$

等效系统为

$$\begin{cases} \dot{\boldsymbol{z}} = \boldsymbol{A}_c \boldsymbol{z} + \boldsymbol{b}_c \eta \\ \boldsymbol{w} = \boldsymbol{C}_c \boldsymbol{z} \end{cases} \tag{5-79}$$

式中，

$$\boldsymbol{A}_c = \bar{\boldsymbol{A}}_{22}, \quad \boldsymbol{b}_c \eta = \bar{\boldsymbol{A}}_{21} y + \bar{\boldsymbol{B}}_2 u, \quad \boldsymbol{C}_c = \bar{\boldsymbol{A}}_{12}$$

MATLAB 程序为

```
% Example5_14.m
A = [0 1 0; 0 0 1; -6 -11 -6]; b = [0; 0; 1]; C = [1 0 0];
```

```
A11 = [A(1,1)]; A12 = [A(1,2:3)];
A21 = [A(2:3,1)]; A22 = [A(2:3,2:3)];
B1 = b(1,1); B2 = b(2:3,1);
Ac = A22; Cc = A12;
r0 = rank(obsv(Ac,Cc))
P = [-2+2*sqrt(3)*j -2-2*sqrt(3)*j];
K = acker(Ac',Cc',P);
L = K'
```

执行后得

```
r0 =
    2
L =
   -2
   17
```

5.6.3 带状态观测器的系统极点配置

状态观测器解决了受控系统的状态重构问题，为那些状态变量不能直接量测的系统实现状态反馈创造了条件。带状态观测器的状态反馈系统由三部分组成，即被控系统、观测器和状态反馈。

设能控能观测的被控系统为

$$\begin{cases}\dot{\boldsymbol{x}}=\boldsymbol{A}\boldsymbol{x}+\boldsymbol{B}\boldsymbol{u}\\ \boldsymbol{y}=\boldsymbol{C}\boldsymbol{x}\end{cases}\tag{5-80}$$

状态反馈控制律为

$$\boldsymbol{u}=\boldsymbol{r}-\boldsymbol{K}\hat{\boldsymbol{x}}\tag{5-81}$$

状态观测器方程为

$$\dot{\hat{\boldsymbol{x}}}=(\boldsymbol{A}-\boldsymbol{L}\boldsymbol{C})\hat{\boldsymbol{x}}+\boldsymbol{B}\boldsymbol{u}+\boldsymbol{L}\boldsymbol{y}\tag{5-82}$$

由以上三式可得闭环系统的状态空间表达式为

$$\begin{cases}\dot{\boldsymbol{x}}=\boldsymbol{A}\boldsymbol{x}-\boldsymbol{B}\boldsymbol{K}\hat{\boldsymbol{x}}+\boldsymbol{B}\boldsymbol{r}\\ \dot{\hat{\boldsymbol{x}}}=\boldsymbol{L}\boldsymbol{C}\boldsymbol{x}+(\boldsymbol{A}-\boldsymbol{L}\boldsymbol{C}-\boldsymbol{B}\boldsymbol{K})\hat{\boldsymbol{x}}+\boldsymbol{B}\boldsymbol{r}\\ \boldsymbol{y}=\boldsymbol{C}\boldsymbol{x}\end{cases}\tag{5-83}$$

根据分离原理，系统的状态反馈阵 $\boldsymbol{K}$ 和观测器反馈阵 $\boldsymbol{L}$ 可分别设计。

例 5-15 已知开环系统

$$\begin{cases}\dot{\boldsymbol{x}}=\begin{bmatrix}0 & 1\\ 20.6 & 0\end{bmatrix}\boldsymbol{x}+\begin{bmatrix}0\\ 1\end{bmatrix}u\\ y=\begin{bmatrix}1 & 0\end{bmatrix}\boldsymbol{x}\end{cases}$$

设计状态反馈使闭环极点为 $-1.8\pm j2.4$，设计状态观测器使其闭环极点为 $-8,-8$。

解　状态反馈和状态观测器的设计分开进行，状态观测器的设计借助于对偶原理。在设计之前，应先判别系统的能控性和能观测性，MATLAB 的程序为

```
% Example5_15.m
A = [0 1; 20.6 0]; b = [0; 1]; C = [1 0];
% Check Contrillability and Observablity
disp ('The rank of Controllability Matrix')
rc = rank (ctrb(A,b))
disp ('The rank of Observability Matrix')
ro = rank(obsv(A,C))
% Design Regulator
P = [ - 1.8 + 2.4 * j  - 1.8 - 2.4 * j];
K = acker(A,b,P)
% Design State Observer
A1 = A'; b1 = C'; C1 = b'; P1 = [ - 8  - 8];
K1 = acker(A1,b1,P1); L = K1'
```

执行后得

```
The rank of Controllability Matrix
rc =
     2
The rank of Observability Matrix
ro =
     2
K =
     29.6000     3.6000
L =
     16.0000
     84.6000
```

小结

1. 基本概念

1）状态反馈和极点配置

（1）利用状态反馈实现闭环极点任意配置的充要条件是被控对象能控。

（2）状态反馈不改变系统的零点，只改变系统的极点。

（3）在引入状态反馈后，系统能控性不变，但却不一定能保持系统的能观测性。单输入无零点系统引入状态反馈不会出现零极相消，故其能观测性与原系统

保持一致。

(4) 多输入系统实现极点配置的状态反馈阵 $\boldsymbol{K}$ 不惟一。

2) 输出反馈和极点配置

(1) 利用输出到 $\dot{\boldsymbol{x}}$ 的反馈实现闭环极点任意配置的充要条件是被控对象能观测。

(2) 在引入输出到 $\dot{\boldsymbol{x}}$ 的反馈后,系统能观测性不变,但却不一定能保持系统的能控性。单输入单输出无零点的系统引入输出反馈不会出现零极相消,故其能控性与原系统保持一致。

(3) 利用输出到输入端的线性反馈一般不能实现闭环极点任意配置。

(4) 在引入输出到输入端的线性反馈后,系统的能控性和能观测性不变。

(5) 两种输出反馈都不改变系统的零点,只改变系统的极点。

3) 解耦控制

(1) 输入和输出维数相同的线性定常系统,串联解耦的条件是被控系统的传递函数阵的逆存在。

(2) 输入和输出维数相同的线性定常系统,反馈解耦的条件是能解耦性判别阵的逆存在。

4) 系统的镇定

(1) 假如不稳定的线性定常系统是状态完全能控的,则一定存在线性状态反馈阵 $\boldsymbol{K}$,实现系统的镇定。

(2) 假如线性定常系统的状态是不完全能控的,则存在线性状态反馈阵 $\boldsymbol{K}$,实现系统镇定的充分必要条件是,系统的不能控部分为渐近稳定。

(3) 假如不稳定的线性定常系统是状态完全能观测的,则一定存在从输出到状态向量 $\dot{\boldsymbol{x}}$ 的线性反馈,实现系统的镇定。

(4) 假如线性定常系统的状态是不完全能观测的,则存在从输出到状态向量导数 $\dot{\boldsymbol{x}}$ 的线性反馈,实现系统镇定的充分必要条件是,系统的不能观测部分为渐近稳定的。

5) 状态观测器的设计

若被控系统 $\boldsymbol{\Sigma}(\boldsymbol{A},\boldsymbol{B},\boldsymbol{C})$ 能观测,则其状态可用

$$\dot{\hat{\boldsymbol{x}}} = (\boldsymbol{A}-\boldsymbol{LC})\hat{\boldsymbol{x}} + \boldsymbol{Bu} + \boldsymbol{Ly}$$

的全维状态观测器给出估计值,矩阵 $\boldsymbol{L}$ 按任意配置极点的需要来选择,以决定状态误差衰减的速度。

6) 分离定理

若被控系统能控能观测,当用状态观测器估计值构成状态反馈时,其系统的极点配置和观测器设计可分别独立进行,即矩阵 $\boldsymbol{K}$ 和 $\boldsymbol{L}$ 的设计可分别独立进行。

2. 基本要求

(1) 正确理解利用状态反馈任意配置系统极点的有关概念,熟练掌握按系统

指标要求确定状态反馈阵 $\boldsymbol{K}$ 的方法。

(2) 理解用输出到 $\dot{\boldsymbol{x}}$ 反馈任意配置观测器极点的有关概念，熟练掌握按系统指标要求确定反馈阵 $\boldsymbol{L}$ 的方法。

(3) 正确理解串联解耦和反馈解耦的可解耦性条件，掌握解耦控制的设计方法和步骤。

(4) 正确理解分离定理，熟练掌握分别独立设计矩阵 $\boldsymbol{K}$ 和 $\boldsymbol{L}$，以构成状态反馈的闭环控制系统。

习题

5-1 已知系统结构图如习题 5-1 图所示。

(1) 写出系统状态空间表达式。

(2) 试设计一个状态反馈阵，将闭环系统特征值配置在 $-3\pm \mathrm{j}5$ 上。

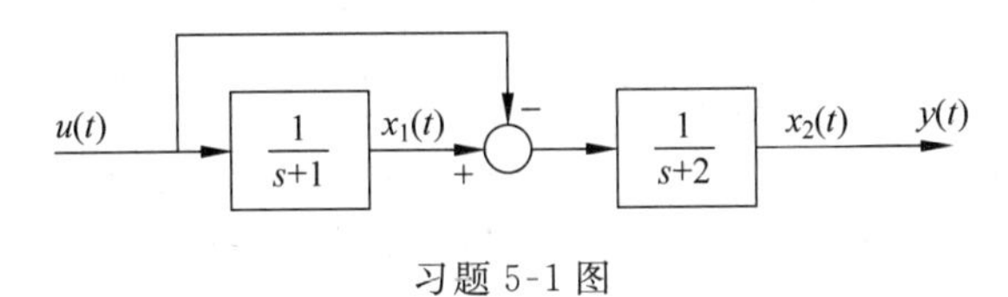

习题 5-1 图

5-2 已知系统的传递函数为

$$\frac{y(s)}{u(s)}=\frac{10}{s(s+1)(s+2)}$$

试设计一个状态反馈阵，使闭环系统的极点为 $-2,-1\pm \mathrm{j}$。

5-3 已知系统的传递函数为

$$G(s)=\frac{(s-1)(s+2)}{(s+1)(s-2)(s+3)}$$

试问能否利用状态反馈，将传递函数变为

$$G_{\mathrm{K}}(s)=\frac{(s-1)}{(s+2)(s+3)} \quad 和 \quad G_{\mathrm{K}}(s)=\frac{(s+2)}{(s+1)(s+3)}$$

若有可能，试分别求出状态反馈阵 $\boldsymbol{K}$，并画出结构图。

5-4 已知系统的状态空间表达式为

$$\begin{cases}\dot{\boldsymbol{x}}=\begin{bmatrix}0 & 0 & -1\\ 1 & 0 & -3\\ 0 & 1 & -3\end{bmatrix}\boldsymbol{x}+\begin{bmatrix}1\\ 1\\ 0\end{bmatrix}u\\ y=\begin{bmatrix}0 & 1 & -2\end{bmatrix}\boldsymbol{x}\end{cases}$$

试判断系统的能控性和能观测性。若不完全能控，用结构分解将系统分解为能控和不能控的子系统，并讨论能否用状态反馈使闭环系统镇定。

5-5 已知系统的传递函数为

$$G(s)=\frac{(s+1)}{s^2(s+3)}$$

试设计一个状态反馈阵，将闭环系统的极点配置在-2，-2和-1。并说明所得的闭环系统是否能观测。

5-6 已知系统的状态方程为

$$\dot{\boldsymbol{x}}=\begin{bmatrix}-1 & 0 & 0\\ 0 & 0 & 1\\ 0 & -3 & 1\end{bmatrix}\boldsymbol{x}+\begin{bmatrix}0\\0\\1\end{bmatrix}u$$

试判定系统是否可采用状态反馈分别配置以下两组闭环特征值：$\{-2,-2,-1\}$；$\{-2,-2,-3\}$。若能配置，求出反馈阵$\boldsymbol{K}$。

5-7 试判断下列系统通过状态反馈能否镇定。

(1) $\dot{\boldsymbol{x}}=\begin{bmatrix}-1 & -2 & -2\\ 0 & -1 & 1\\ 1 & 0 & -1\end{bmatrix}\boldsymbol{x}+\begin{bmatrix}2\\0\\1\end{bmatrix}u$

(2) $\dot{\boldsymbol{x}}=\left[\begin{array}{ccc|cc}-2 & 1 & 0 & & \\ 0 & -2 & 1 & & \boldsymbol{0}\\ 0 & 0 & -2 & & \\ \hline & & & -5 & 1\\ & \boldsymbol{0} & & 0 & -5\end{array}\right]\boldsymbol{x}+\begin{bmatrix}4\\5\\0\\7\\0\end{bmatrix}u$

5-8 已知系统状态空间表达式为

$$\dot{\boldsymbol{x}}=\begin{bmatrix}1 & 0 & 1\\ 1 & 0 & 0\\ 0 & 1 & 0\end{bmatrix}\boldsymbol{x}+\begin{bmatrix}1\\1\\0\end{bmatrix}u,\quad \boldsymbol{y}=\begin{bmatrix}1 & 0 & 0\\ 0 & 1 & 0\end{bmatrix}\boldsymbol{x}$$

(1) 应用状态反馈镇定系统；

(2) 应用线性输出反馈可否镇定，为什么？

5-9 已知系统状态空间表达式为

$$\begin{cases}\dot{\boldsymbol{x}}=\begin{bmatrix}0 & 1\\ 0 & 0\end{bmatrix}\boldsymbol{x}+\begin{bmatrix}0\\1\end{bmatrix}u\\ y=\begin{bmatrix}1 & 0\end{bmatrix}\boldsymbol{x}\end{cases}$$

试设计一状态观测器，使观测器的极点为$-r$，$-2r(r>0)$。

5-10 已知系统的状态空间表达式为

$$\begin{cases}\dot{\boldsymbol{x}}=\begin{bmatrix}0 & 1 & 0\\ 0 & 0 & 1\\ 0 & 0 & 0\end{bmatrix}\boldsymbol{x}+\begin{bmatrix}0\\0\\1\end{bmatrix}u\\ y=\begin{bmatrix}1 & 0 & 0\end{bmatrix}\boldsymbol{x}\end{cases}$$

(1) 设计一个降维状态观测器，将观测器的极点配置在-4，-5处；

(2) 画出其结构图。

5-11　已知系统的传递函数为

$$G(s)=\frac{1}{s(s+1)(s+2)}$$

(1) 确定一个状态反馈阵$\boldsymbol{K}$,使闭环系统的极点为-3和$-\frac{1}{2}\pm \mathrm{j}\frac{\sqrt{3}}{2}$;

(2) 确定一个全维状态观测器,并使观测器的极点全配置在-5处;

(3) 确定一个降维状态观测器,并使观测器的极点配置在-5处;

(4) 分别画出闭环系统的结构图;

(5) 求出闭环传递函数。

5-12　设系统的状态空间表达式为

$$\begin{cases}\dot{\boldsymbol{x}}=\boldsymbol{A}\boldsymbol{x}+\boldsymbol{B}\boldsymbol{u}\\ \boldsymbol{y}=\boldsymbol{C}\boldsymbol{x}\end{cases}$$

现引入状态反馈$\boldsymbol{u}=\boldsymbol{r}-\boldsymbol{K}\hat{\boldsymbol{x}}$构成闭环系统,$\hat{\boldsymbol{x}}$为$\boldsymbol{x}$的估计值。

(1) 写出该系统状态变量的全维渐近观测器的状态方程;

(2) 写出带状态反馈全维观测器的闭环系统的状态方程,并画出包括状态反馈及全维观测器的闭环系统结构图。

5-13　已知系统的状态空间表达式为

$$\begin{cases}\dot{\boldsymbol{x}}=\begin{bmatrix}-5 & -1\\ 6 & 0\end{bmatrix}\boldsymbol{x}+\begin{bmatrix}0\\ 2\end{bmatrix}u\\ y=\begin{bmatrix}0 & 1\end{bmatrix}\boldsymbol{x}\end{cases}$$

(1) 画出系统结构图;

(2) 求系统的传递函数;

(3) 判定系统能控性和能观测性;

(4) 求系统状态转移矩阵$\boldsymbol{\Phi}(t)$;

(5) 当$\boldsymbol{x}(0)=\begin{bmatrix}0\\ 3\end{bmatrix}$,$u(t)=0$时,求系统输出$y(t)$;

(6) 设计全维状态观测器,将观测器极点配置在$-10\pm \mathrm{j}10$处;

(7) 在(6)的基础上,设计状态反馈阵$\boldsymbol{K}$,使系统闭环极点配置在$-5\pm \mathrm{j}5$处;

(8) 画出系统总体结构图。

5-14　对题5-11所示系统

(1) 用MATLAB仿真确定一个状态反馈阵$\boldsymbol{K}$使闭环系统的极点为-3和$-\frac{1}{2}\pm \mathrm{j}\frac{\sqrt{3}}{2}$;

(2) 用MATLAB仿真确定一个全维状态观测器,并使观测器的极点全配置在-5处;

(3) 用MATLAB仿真确定一个降维状态观测器,并使观测器的极点配置在-5处。

第6章 最优控制

最优控制研究的主要问题是根据已建立的被控对象的数学模型，选择一个容许的控制律，使得被控对象按预定要求运行，并使给定的某一性能指标达到极小值(或极大值)。

6.1 最优控制的基本概念

6.1.1 最优控制问题

最优控制是一门工程背景很强的学科分支，其研究的问题都是从大量实际问题中提炼出来的，它尤其与航空、航天、航海的制导、导航和控制技术密不可分。例如关于飞船的月球软着陆问题。

飞船靠其发动机产生一与月球重力方向相反的推力 $f(t)$，赖以控制飞船实现软着陆(落到月球上时速度为零)。问题要求选择一最好发动机推力 $f(t)$，使燃料消耗最少。

设飞船质量为 $m(t)$，它的高度和垂直速度分别为 $h(t)$和 $v(t)$，月球的重力加速度可视为常数 g，飞船自身质量及所带燃料分别是 M 和 $F(t)$。

若飞船在 $t=0$ 时刻开始进入着陆过程，其运动方程为

$$\begin{cases} \dot{h}(t) = v(t) \\ \dot{v}(t) = \dfrac{f(t)}{m(t)} - g \\ \dot{m}(t) = -kf(t) \end{cases} \tag{6-1}$$

式中，k 是一常数。

要求控制飞船从初始状态

$$h(0) = h_0, \quad v(0) = v_0, \quad m(0) = M + F(0) \tag{6-2}$$

出发，在某一终端 t_f 时刻实现软着陆，即

$$h(t_f) = 0, \quad v(t_f) = 0 \tag{6-3}$$

控制过程中推力 $f(t)$不能超过发动机所能提供的最大推力 $f_{\max}$，即

$$0 \leqslant f(t) \leqslant f_{\max} \tag{6-4}$$

满足上述约束，使飞船实现软着陆的推力程序 $f(t)$不止一种，其中消耗燃料最少的才是问题所要求的最好推力程序，即问题可归纳为求性能指标

$$J = m(t_f) \tag{6-5}$$

最大的数学问题。

最优控制任务是在满足方程式(6-1)和式(6-4)的推力约束条件下，寻求发动机推力的最优变化律 $f^*(t)$，使飞船由已知初态转移到要求的终端状态，并使性能指标 $J=m(t_f)=\max$，从而使飞船软着陆过程中燃料消耗量最小。

通过对飞船的燃耗最优控制的分析可知，凡属最优控制问题的数学描述，应包含以下几方面的内容。

1. 受控系统的数学模型

受控系统的数学模型即系统的微分方程，它反映了动态系统在运动过程中所应遵循的物理或化学规律。在集中参数情况下，动态系统的运动规律可以用一组一阶常微分方程即状态方程来描述

$$\dot{\boldsymbol{x}}(t) = \boldsymbol{f}[\boldsymbol{x}(t), \boldsymbol{u}(t), t] \tag{6-6}$$

式中，$\boldsymbol{x}(t)$——n 维状态向量；

$\boldsymbol{u}(t)$——r 维控制向量；

$\boldsymbol{f}(\cdot)$——是关于 $\boldsymbol{x}(t)$，$\boldsymbol{u}(t)$和 t 的 n 维函数向量；

t——实数自变量。

式(6-6)不仅能概括式(6-1)所述飞船的方程，而且它还可以概括一切具有集中参数的受控系统数学模型。如定常非线性系统、线性时变系统和线性定常系统

$$\dot{\boldsymbol{x}}(t) = \boldsymbol{f}[\boldsymbol{x}(t), \boldsymbol{u}(t)]$$

$$\dot{\boldsymbol{x}}(t) = \boldsymbol{A}(t)\boldsymbol{x}(t) + \boldsymbol{B}(t)\boldsymbol{u}(t)$$

$$\dot{\boldsymbol{x}}(t) = \boldsymbol{A}\boldsymbol{x}(t) + \boldsymbol{B}\boldsymbol{u}(t)$$

都是式(6-6)系统的一种特例。

2. 边界条件与目标集

动态系统的运动过程，是系统从状态空间的一个状态到另一个状态的转移，其运动轨迹在状态空间中形成曲线 $\boldsymbol{x}(t)$。为了确定要求的曲线 $\boldsymbol{x}(t)$，需要确定初始状态 $\boldsymbol{x}(t_0)$和终端状态 $\boldsymbol{x}(t_f)$，这是求解状态方程式(6-6)必需的边界条件。

在最优控制问题中，初始时刻 t_0 和初始状态 $\boldsymbol{x}(t_0)$通常是已知的，但是终端时刻 t_f 和终端状态 $\boldsymbol{x}(t_f)$可以固定，也可以不固定。

一般来说，对终端的要求可以用如下的终端等式或不等式约束条件来表示，即

$$\begin{cases} N_1[\boldsymbol{x}(t_f), t_f] = 0 \\ N_2[\boldsymbol{x}(t_f), t_f] \leqslant 0 \end{cases} \tag{6-7}$$

它们概括了对终端的一般要求。实际上,终端约束规定了状态空间的一个时变或非时变的集合,此种满足终端约束的状态集合称为目标集,即为 M,并可表示为

$$M = \{\boldsymbol{x}(t_f) \mid \boldsymbol{x}(t_f) \in R^n, \quad N_1[\boldsymbol{x}(t_f), t_f] = 0, \quad N_2 = [\boldsymbol{x}(t_f), t_f] \leqslant 0\}$$

3. 容许控制

控制向量 $\boldsymbol{u}(t)$ 的各个分量 $u_i(t)$ 往往是具有不同物理属性的控制量。在实际控制问题中,大多数控制量受客观条件限制只能取值于一定范围,如式(6-4)。这种限制范围,通常可用如下不等式的约束条件来表示

$$0 \leqslant \boldsymbol{u}(t) \leqslant \boldsymbol{u}_{\max} \tag{6-8}$$

或

$$|u_i| \leqslant m_i, \quad i = 1, 2, \cdots, r \tag{6-9}$$

式(6-8)和式(6-9)规定了控制空间 R^r 中的一个闭集。

由控制约束条件所规定的点集称为控制域,并记为 R_u。凡在闭区间 $[t_0, t_f]$ 上有定义,且在控制域 R_u 内取值的每一个控制函数 $\boldsymbol{u}(t)$ 均成为容许控制,并记为 $\boldsymbol{u}(t) \in R_u$。

通常假定容许控制 $\boldsymbol{u}(t) \in R_u$ 是一有界连续函数或者是分段连续函数。

需要指出,控制域为开集或闭集,其处理方法有很大差别。后者的处理较难,结果也很复杂。

4. 性能指标

从给定初态 $\boldsymbol{x}(t_0)$ 到目标集 M 的转移可通过不同的控制律 $\boldsymbol{u}(t)$ 来实现,为了在各种可行的控制律中找出一种效果最好的控制,这就需要首先建立一种评价控制效果好坏或控制品质优劣的性能指标函数。性能指标的内容与形式,取决于最优控制问题所完成的任务,不同的最优控制问题,有不同的性能指标,即使是同一问题其性能指标也可能不同。通常情况下,对连续系统时间函数性能指标可以归纳为以下三种类型。

(1) 综合型或波尔扎(Bolza)型性能指标

$$J[\boldsymbol{u}(\cdot)] = F[\boldsymbol{x}(t_f), t_f] + \int_{t_0}^{t_f} L[\boldsymbol{x}(t), \boldsymbol{u}(t), t] \mathrm{d}t \tag{6-10}$$

式中,$L(\cdot)$——标量函数,它是向量 $\boldsymbol{x}(t)$ 和 $\boldsymbol{u}(t)$ 的函数,称为动态性能指标;

F——标量函数,与终端时间 t_f 及终端状态 $\boldsymbol{x}(t_f)$ 有关,$F[\boldsymbol{x}(t_f), t_f]$ 称为终端性能指标;

$J(\cdot)$——标量,对每个控制函数都有一个对应值;

$\boldsymbol{u}(\cdot)$——控制函数整体,而 $\boldsymbol{u}(t)$ 表示 t 时刻的控制向量。

式(6-10)类型的性能指标称为综合型或波尔扎型问题,它可以用来描述具有终端约束下的最小积分控制,或在积分约束下的终端最小时间控制。

(2) 积分型或拉格朗日(Lagrange)型性能指标

若不计终端性能指标,则式(6-10)成为如下形式

$$J[\boldsymbol{u}(\cdot)] = \int_{t_0}^{t_f} L[\boldsymbol{x}(t),\boldsymbol{u}(t),t]\mathrm{d}t \tag{6-11}$$

这时的性能指标称为积分型或拉格朗日问题,它更强调系统的过程要求。在自动控制中,要求调节过程的某种积分评价为最小(或最大)就属于这一类问题。

(3) 终端型或麦耶尔(Mager)型性能指标

若不计动态性能指标,式(6-10)成为如下形式:

$$J[\boldsymbol{u}(\cdot)] = F[\boldsymbol{x}(t_f),t_f] \tag{6-12}$$

这时的性能指标称为终端型或麦耶尔型问题,它要求找出使终端的某一函数为最小(或最大)值的 $\boldsymbol{u}(t)$,终端处某些变量的最终值不是预先规定的。

以上讨论表明,所有最优控制可以用上述三种类型的性能指标之一来表示,而综合性问题是更普遍的情况。通过一些简单的数学处理,即引入适合的辅助变量,它们三者可以互相转换。

综上所述,性能指标与系统所受的控制作用和系统的状态有关,但是它不仅取决于某个固定时刻的控制变量和状态变量,而且与状态转移过程中的控制向量 $\boldsymbol{u}(t)$ 和状态曲线 $\boldsymbol{x}(t)$ 有关,因此性能指标是一个泛函。

6.1.2　最优控制的提法

所谓最优控制的提法,就是将通常的最优控制问题抽象成一个数学问题,并用数学语言严格地表示出来。最优控制可分为静态最优和动态最优两类。

静态最优是指在稳定工况下实现最优,它反映系统达到稳态后的静态关系。大多数的生产过程受控对象可以用静态最优控制来处理,并且具有足够的精度。

静态最优控制一般可用一个目标函数 $J=f(\boldsymbol{x})$ 和若干个等式约束条件或不等式约束条件来描述。要求在满足约束条件下,使目标函数 J 为最大或最小。

例 6-1　已知函数 $f(\boldsymbol{x})=x_1^2+x_2^2$,约束条件为 $x_1+x_2=3$。求函数的条件极值。

解　求解此类问题有多种方法,如消元法和拉格朗日乘子法。

方法一:消元法

根据题意,由约束条件得

$$x_2 = 3 - x_1$$

将上式的 x_2 代入已知函数,得

$$f(\boldsymbol{x}) = x_1^2 + (3-x_1)^2$$

为了求极值,现将 f 对 x_1 微分,并令微分结果等于零,得

$$\frac{\partial f}{\partial x_1} = 2x_1 - 2(3-x_1) = 0$$

求解上式得

$$x_1 = 3/2$$

则

$$x_2 = 3 - 3/2 = 3/2$$

方法二：拉格朗日乘子法

首先引入一个拉格朗日乘子λ，得到一个可调整的新函数

$$H(x_1, x_2, \lambda) = x_1^2 + x_2^2 + \lambda(x_1 + x_2 - 3)$$

此时，H已成为没有约束条件的三元函数，它与x_1，x_2和λ有关。这样求H极值的问题即为求无条件极值的问题，其极值条件为

$$\frac{\partial H}{\partial x_1} = 2x_1 + \lambda = 0, \quad \frac{\partial H}{\partial x_2} = 2x_2 + \lambda = 0, \quad \frac{\partial H}{\partial \lambda} = x_1 + x_2 - 3 = 0$$

联立求解上式，则得

$$x_1 = x_2 = 3/2, \quad \lambda = -3$$

计算结果表明，两种方法所得结果一样。但消元法只适用于简单的情况，而拉格朗日乘子法具有普遍意义。

由例6-1可见，静态最优是一个函数求极值问题，求解静态最优控制问题常用的方法有经典微分法、线性规划、分割法（优选法）和插值法等。而关于静态最优问题的其他求解方法，本节不作介绍，具体方法可参考其他有关书籍。

动态最优是指系统从一个工况变化到另一个工况的过程中，应满足最优要求。动态最优控制要求寻找出控制作用的一个或一组函数而不是一个或一组数值，使性能指标在满足约束条件下为最优值，在数学上这是属于泛函求极值的问题。

根据以上最优控制问题的基本组成部分，动态最优控制问题的数学描述为：在一定的约束条件下，受控系统的状态方程

$$\dot{\boldsymbol{x}}(t) = \boldsymbol{f}[\boldsymbol{x}(t), \boldsymbol{u}(t), t] \tag{6-13}$$

和目标函数

$$J[\boldsymbol{u}(\cdot)] = F[\boldsymbol{x}(t_f), t_f] + \int_{t_0}^{t_f} L[\boldsymbol{x}(t), \boldsymbol{u}(t), t]\mathrm{d}t \tag{6-14}$$

为最小的最优控制向量$\boldsymbol{u}^*(t)$。

求解动态最优控制问题有经典变分法、极大（极小）值原理、动态规划和线性二次型最优控制法等。对于动态系统，当控制无约束时，采用经典微分法或经典变分法；当控制有约束时，采用极大值原理或动态规划；如果系统是线性的，性能指标是二次型形式的，则可采用线性二次型最优控制问题求解。

应当指出，在求解动态最优问题中，若将时域$[t_0, t_f]$分成许多有限区域段，在每一分段内，将变量近似看作常量，那么动态最优化问题可近似按分段静态最优化问题处理，这就是离散时间最优化问题，显然分段越多，近似的精确程度越大。所以静态最优和动态最优问题不是截然分立，毫无联系的。

6.2　最优控制中的变分法

变分法是研究泛函极值的一种经典方法。本节先介绍变分法的基本概念，然后再讲它在动态最优控制中的应用。

6.2.1　变分法

1. 变分法的基本概念

求泛函的极大值和极小值问题称为变分问题，求泛函极值的方法称为变分法。变分法是研究分析泛函极值的一种方法，它的任务是求泛函的极大值和极小值。

1) 泛函

设对自变量 t，存在一类函数 $\{x(t)\}$。如果对于每个函数 $x(t)$，有一个 J 值与之对应，则变量 J 称为依赖于函数 $x(t)$ 的泛函数，简称泛函，记作

$$J = J[x(t)]$$

如同函数 $x(t)$ 规定了数 x 对应于数 t 一样，泛函规定了数 J 与函数 $x(t)$ 的对应关系。需要指出，$J[x(t)]$ 中的 $x(t)$ 应理解为某一特定函数的整体，而不是对应于 t 的函数值 $x(t)$。函数 $x(t)$ 称泛函 J 的宗量（自变量），为强调泛函的宗量 $x(t)$ 是函数的整体，有时将泛函表示为

$$J = J[x(\cdot)]$$

由上述泛函定义可见，泛函为标量，其值由函数的选取而定。

2) 泛函的变分

变分在泛函研究中的作用，如同微分在函数研究中的作用一样。泛函的变分与函数的微分，其定义式几乎完全相当。

(1) 泛函变分的定义

若连续泛函 $J[x(t)]$ 的增量可以表示为

$$\Delta J = J[x(t) + \delta x(t)] - J[x(t)] = L[x(t), \delta x(t)] + r[x(t), \delta x(t)] \tag{6-15}$$

其中，$L[x(t), \delta x(t)]$ 是泛函增量的线性主部，它是 $\delta x(t)$ 的线性连续泛函；$r[x(t), \delta x(t)]$ 是关于 $\delta x(t)$ 的高阶无穷小。把第一项 $L[x(t), \delta x(t)]$ 称为泛函的变分，并记为

$$\delta J = L[x(t), \delta x(t)]$$

由于泛函的变分是泛函增量的线性主部，所以泛函的变分也可以称为泛函的微分。当泛函具有微分时，即其增量 ΔJ 可用式(6-15)表达时，则称泛函是可微的。

(2) 泛函变分的求法

定理 6-1 连续泛函 $J[x(t)]$ 的变分等于泛函 $J[x(t)+\alpha\delta x(t)]$ 对 α 的导数在 $\alpha=0$ 时的值，即

$$\delta J=\frac{\partial}{\partial\alpha}J[x(t)+\alpha\delta x(t)]\bigg|_{\alpha=0}=L[x(t),\delta x(t)] \tag{6-16}$$

证明 因为可微泛函的增量

$$\Delta J=J[x(t)+\alpha\delta x(t)]-J[x(t)]=L[x(t),\alpha\delta x(t)]+r[x(t),\alpha\delta x(t)]$$

由于 $L[x(t),\alpha\delta x(t)]$ 是 $\alpha\delta x(t)$ 的线性连续函数，因此有

$$L[x(t),\alpha\delta x(t)]=\alpha L[x(t),\delta x(t)]$$

又由于 $r[x(t),\alpha\delta x(t)]$ 是 $\alpha\delta x(t)$ 的高阶无穷小量，所以有

$$\lim_{\alpha\to 0}\frac{r[x(t),\alpha\delta x(t)]}{\alpha}=\lim_{\alpha\to 0}\frac{r[x(t),\alpha\delta x(t)]}{\alpha\delta x(t)}\delta x(t)=0$$

于是

$$\begin{aligned}\delta J&=\frac{\partial}{\partial\alpha}J[x(t)+\alpha\delta x(t)]\bigg|_{\alpha=0}=\lim_{\Delta\alpha\to 0}\frac{\Delta J}{\Delta\alpha}=\lim_{\alpha\to 0}\frac{\Delta J}{\alpha}\\&=\lim_{\alpha\to 0}\frac{L[x(t),\alpha\delta x(t)]}{\alpha}+\lim_{\alpha\to 0}\frac{r[x(t),\alpha\delta x(t)]}{\alpha}=L[x(t),\delta x(t)]\end{aligned}$$

由此可见，利用函数的微分法则，可以方便地计算泛函的变分。

3) 泛函的极值

(1) 泛函极值的定义

如果泛函 $J[x(t)]$ 在任何一条与 $x=x_0(t)$ 接近的曲线上的值不小于 $J[x_0(t)]$，即

$$J[x(t)]-J[x_0(t)]\geqslant 0$$

则称泛函 $J[x(t)]$ 在曲线 $x_0(t)$ 上达到极小值。反之，若

$$J[x(t)]-J[x_0(t)]\leqslant 0$$

则称泛函 $J[x(t)]$ 在曲线 $x_0(t)$ 上达到极大值。

(2) 泛函极值的必要条件

定理 6-2 可微泛函 $J[x(t)]$ 在 $x_0(t)$ 上达到极小(大)值，则在 $x=x_0(t)$ 上有

$$\delta J=0$$

证明 因为对于给定的 δx 来说，$J[x_0+\alpha\delta x]$ 是实变量 α 的函数，根据假设可知，若泛函 $J[x_0(t)+\alpha\delta x(t)]$ 在 $\alpha=0$ 时达到极值，则在 $\alpha=0$ 时导数为零，即

$$\frac{\partial}{\partial\alpha}J[x_0(t)+\alpha\delta x(t)]\bigg|_{\alpha=0}=0 \tag{6-17}$$

式(6-17)的左边部分就等于泛函 $J[x(t)]$ 的变分，加之 $\delta x(t)$ 是任意给定的，所以上述假设是成立的。

上式表明，泛函一次变分为零，是泛函达到极值的必要条件。

需要指出，本节对泛函性质问题的分析讨论，稍加变动就能用于包含多变量

函数的泛函

$$J = J[x_1(t), x_2(t), \cdots, x_n(t)] \tag{6-18}$$

例 6-2　试求泛函 $J = \int_{t_1}^{t_2} x^2(t)\mathrm{d}t$ 的变分。

解　根据式(6-15)和题意可得

$$\Delta J = J[x(t) + \delta x(t)] - J[x(t)] = \int_{t_1}^{t_2} [x(t) + \delta x(t)]^2 \mathrm{d}t - \int_{t_1}^{t_2} x^2(t)\mathrm{d}t$$

$$= \int_{t_1}^{t_2} 2x(t)\delta x(t)\mathrm{d}t + \int_{t_1}^{t_2} [\delta x(t)]^2 \mathrm{d}t$$

泛函增量的线性主部

$$L[x(t), \delta x(t)] = \int_{t_1}^{t_2} 2x(t)\delta x(t)\mathrm{d}t$$

所以

$$\delta J = \int_{t_1}^{t_2} 2x(t)\delta x(t)\mathrm{d}t$$

若按式(6-16),则泛函的变分为

$$\delta J = \frac{\partial}{\partial \alpha} J[x(t) + \alpha\delta x(t)]\bigg|_{\alpha=0} = \frac{\partial}{\partial \alpha}\int_{t_1}^{t_2} [x(t) + \alpha\delta x(t)]^2 \mathrm{d}t\bigg|_{\alpha=0}$$

$$= \int_{t_1}^{t_2} 2[x(t) + \alpha\delta x(t)]\delta x(t)\mathrm{d}t\bigg|_{\alpha=0} = \int_{t_1}^{t_2} 2x(t)\delta x(t)\mathrm{d}t$$

从上面的求解可知,两种方法的结果是一样的。

2. 固定端点的变分问题

在这种情况下,因为终端的状态已固定,即 $x(t_f) = x_f$,其性能指标中的终值项就没有存在的必要了。故在此种情况下仅需讨论积分型性能指标泛函,并给出以下定理。

定理 6-3　已知容许曲线 $x(t)$的始端状态 $x(t_0) = x_0$ 和终端状态 $x(t_f) = x_f$,则使积分型性能指标泛函

$$J = \int_{t_0}^{t_f} L[x(t), \dot{x}(t), t]\mathrm{d}t$$

取极值的必要条件是容许极值曲线 $x^*(t)$满足如下欧拉方程

$$\frac{\partial L}{\partial x} - \frac{\mathrm{d}}{\mathrm{d}t}\frac{\partial L}{\partial \dot{x}} = 0$$

及边界条件

$$x(t_0) = x_0 \text{ 和 } x(t_f) = x_f$$

其中,$L[x(t), \dot{x}(t), t]$及 $x(t)$在$[t_0, t_f]$上至少二次连续可微。

证明　设 $x^*(t)$是满足条件 $x(t_0) = x_0, x(t_f) = x_f$,使泛函 J 达到极值的极值

曲线，$x(t)$是$x^*(t)$在无穷小$\delta x(t)$邻域内的一条容许曲线(如图6-1所示)，则$x(t)$和$x^*(t)$之间有如下关系

$$x(t)=x^*(t)+\delta x(t),\dot{x}(t)=\dot{x}^*(t)+\delta\dot{x}(t)$$

取泛函增量

$$\begin{aligned}\Delta J&=J[x^*(t)+\delta x(t)]-J[x^*(t)]\\&=\int_{t_0}^{t_f}\{L[x^*(t)+\delta x(t),\dot{x}^*(t)+\delta\dot{x}(t),t]\\&\quad-L[x^*(t),\dot{x}^*(t),t]\}\mathrm{d}t\end{aligned}$$

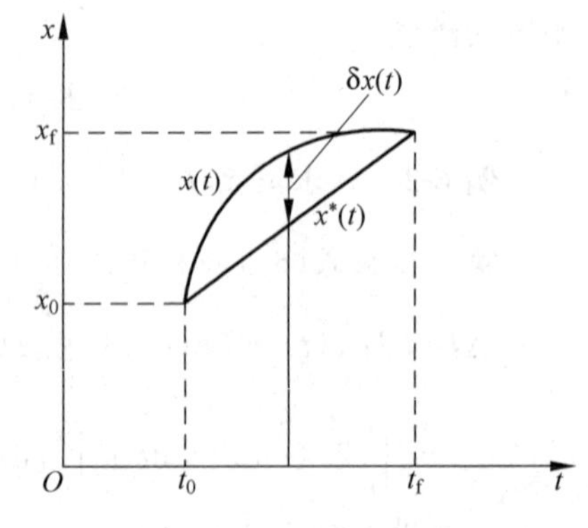

图6-1 固定端点的情况

对于泛函$L[x(t),\dot{x}(t),t]$，若它具有连续偏导数，则在$\delta x(t)$邻域内，就有如下泰勒(Taylor)级数展开式，即

$$\Delta J=\int_{t_0}^{t_f}\left\{\frac{\partial L}{\partial x}\delta x(t)+\frac{\partial L}{\partial \dot{x}}\delta\dot{x}(t)+r[x^*(t),\dot{x}^*(t),t]\right\}\mathrm{d}t \tag{6-19}$$

其中，$r[x^*(t),\dot{x}^*(t),t]$为泰勒展开式中的高次项。

由变分定义可知，取式(6-19)主部可得泛函J的变分为

$$\delta J=\int_{t_0}^{t_f}\left[\frac{\partial L}{\partial x}\delta x(t)+\frac{\partial L}{\partial \dot{x}}\delta\dot{x}(t)\right]\mathrm{d}t \tag{6-20}$$

对式(6-20)的右边第二项利用分部积分法，可得

$$\delta J=\int_{t_0}^{t_f}\left[\frac{\partial L}{\partial x}-\frac{\mathrm{d}}{\mathrm{d}t}\frac{\partial L}{\partial \dot{x}}\right]\delta x(t)\mathrm{d}t+\frac{\partial L}{\partial \dot{x}}\delta x(t)\Big|_{t=t_0}^{t=t_f}$$

令$\delta J=0$，并考虑到$\delta x(t)$是一个满足$\delta x(t_0)=\delta x(t_f)=0$的任意可微函数，故可得如下欧拉方程(欧拉-拉格朗日方程)

$$\frac{\partial L}{\partial x}-\frac{\mathrm{d}}{\mathrm{d}t}\frac{\partial L}{\partial \dot{x}}=0 \tag{6-21}$$

及横截条件

$$\frac{\partial L}{\partial \dot{x}}\Big|_{t=t_f}\delta x(t_f)-\frac{\partial L}{\partial \dot{x}}\Big|_{t=t_0}\delta x(t_0)=0 \tag{6-22}$$

式(6-21)是无约束及有约束泛函存在极值的必要条件之一，它与函数的性质有关。式(6-22)所示的横截条件方程则与函数性质和边界条件有关。由于在t_0和t_f固定，$x(t_0)$和$x(t_f)$不变的情况下，必有$\delta x(t_0)=0$和$\delta x(t_f)=0$，因此式(6-22)所示的横截条件方程，在两端固定的情况下，就退化为已知边界条件

$$x(t_0)=x_0\text{ 和 }x(t_f)=x_f$$

定理证毕。

因为欧拉方程是一个二阶微分方程，所以其通解有两个任意常数，它可由式(6-22)横截条件给出的两点边界值来确定。

需要指出，欧拉方程是泛函极值的必要条件，而不是充分条件。

例6-3 设有泛函

$$J[x]=\int_0^{\pi/2}[\dot{x}^2(t)-x^2(t)]\mathrm{d}t$$

已知边界条件为 $x(0)=0, x(\pi/2)=2$。求使泛函达到极值的最优曲线 $x^*(t)$。

解 本例 $L(x,\dot{x})=\dot{x}^2-x^2$,因

$$\frac{\partial L}{\partial x}=-2x,\quad \frac{\partial L}{\partial \dot{x}}=2\dot{x},\quad \frac{\mathrm{d}}{\mathrm{d}t}\frac{\partial L}{\partial \dot{x}}=2\ddot{x},$$

故欧拉方程为

$$\ddot{x}(t)+x(t)=0$$

其通解为

$$x(t)=c_1\cos t+c_2\sin t$$

在上式中,分别代入已知边界条件:$x(0)=0$ 和 $x(\pi/2)=2$,可求出

$$c_1=0,\quad c_2=2$$

于是求出

$$x^*(t)=2\sin t$$

以上所阐述的问题都属于单变量的欧拉问题,但是它可以很容易地推广到多变量系统中。设多变量系统的积分型性能指标泛函为

$$J=\int_{t_0}^{t_f}L[\boldsymbol{x}(t),\dot{\boldsymbol{x}}(t),t]\mathrm{d}t$$

式中,$\boldsymbol{x}(t)$——系统的 n 维状态向量,$\boldsymbol{x}(t_0)=\boldsymbol{x}_0$。

求多变量泛函 J 的极值,如同单变量时一样,可推导出极值存在的必要条件为满足如下欧拉方程

$$\frac{\partial L}{\partial \boldsymbol{x}}-\frac{\mathrm{d}}{\mathrm{d}t}\frac{\partial L}{\partial \dot{\boldsymbol{x}}}=0 \tag{6-23}$$

及横截条件

$$\left(\frac{\partial L}{\partial \dot{\boldsymbol{x}}}\right)^{\mathrm{T}}\bigg|_{t=t_f}\delta\boldsymbol{x}(t_f)-\left(\frac{\partial L}{\partial \dot{\boldsymbol{x}}}\right)^{T}\bigg|_{t=t_0}\delta\boldsymbol{x}(t_0)=0$$

式中,$\frac{\partial L}{\partial \boldsymbol{x}}=\left[\frac{\partial L}{\partial x_1},\frac{\partial L}{\partial x_2},\cdots,\frac{\partial L}{\partial x_n}\right]^{\mathrm{T}}$,$\frac{\partial L}{\partial \dot{\boldsymbol{x}}}=\left[\frac{\partial L}{\partial \dot{x}_1},\frac{\partial L}{\partial \dot{x}_2},\cdots,\frac{\partial L}{\partial \dot{x}_n}\right]^{\mathrm{T}}$。

式(6-23)为多变量的欧拉方程,它是一个二阶矩阵微分方程,其解就是极值曲线 $\boldsymbol{x}^*(t)$。

3. 可变端点的变分问题

求解欧拉方程,需要由横截条件提供两点边界值。前面讨论的是固定端点的变分问题。在实际工程问题中,经常碰到可变端点的变分问题,即曲线的始端或终端是变动的。为使问题简单,又不失一般性,假定始端时刻 t_0 和始端状态 $\boldsymbol{x}(t_0)$ 都是固定的,即 $\boldsymbol{x}(t_0)=\boldsymbol{x}_0$;终端时刻 t_f 可变,终端状态 $\boldsymbol{x}(t_f)$受到终端边界线的约束。假设沿着目标曲线$\boldsymbol{\varphi}(t_f)$变动,即应满足 $\boldsymbol{x}(t_f)=\boldsymbol{\varphi}(t_f)$,所以终端状态$\boldsymbol{x}(t_f)$是终端时刻 t_f 的函数,如图 6-2 所示。

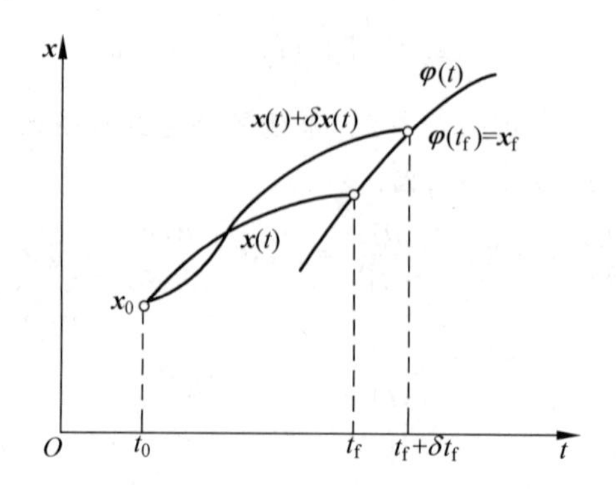

图 6-2　终端为可动边界的情况

由图 6-2 可知，当状态曲线的终端时间 t_f 是可变时，变分 δt_f 不等于零。终端为可变的典型例子是导弹的拦截问题。拦截器为了完成拦截导弹的任务，在某一时刻拦截器的运动曲线的终端必须与导弹的运动曲线相遇。如果导弹的运动曲线已知为$\boldsymbol{\varphi}(t)$，而假设拦截器的运动曲线为 $\boldsymbol{x}(t)$，则在 $t=t_f$ 时刻必须有 $\boldsymbol{x}(t_f)=\boldsymbol{\varphi}(t_f)$，即拦截器的状态位置与导弹的状态位置相重合。

因此，这类问题的提法是：寻找一条连续可微的极值曲线 $\boldsymbol{x}^*(t)$，它由给定的点$(t_0,\boldsymbol{x}_0)$到给定曲线 $\boldsymbol{x}(t_f)=\boldsymbol{\varphi}(t_f)$上的点$[t_f,\boldsymbol{\varphi}(t_f)]$，使性能指标泛函

$$J=\int_{t_0}^{t_f}L[\boldsymbol{x}(t),\dot{\boldsymbol{x}}(t),t]\mathrm{d}t \tag{6-24}$$

达到极值。其中，$\boldsymbol{x}(t)$是 n 维状态向量；t_f 是一待定的量，如图 6-3 所示。

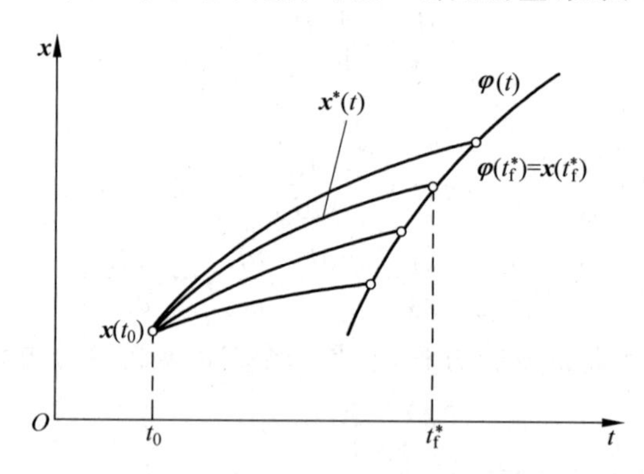

图 6-3　最优状态曲线和最优终端时间

定理 6-4　设容许曲线 $\boldsymbol{x}(t)$自一给定的点$(t_0,\boldsymbol{x}_0)$到达给定的曲线 $\boldsymbol{x}(t_f)=\boldsymbol{\varphi}(t_f)$上某一点$[t_f,\boldsymbol{\varphi}(t_f)]$，则使性能函数

$$J=\int_{t_0}^{t_f}L[\boldsymbol{x}(t),\dot{\boldsymbol{x}}(t),t]\mathrm{d}t$$

取极值的必要条件是极值曲线 $\boldsymbol{x}^*(t)$满足欧拉方程

$$\frac{\partial L}{\partial \boldsymbol{x}}-\frac{\mathrm{d}}{\mathrm{d}t}\frac{\partial L}{\partial \dot{\boldsymbol{x}}}=0$$

及始端边界条件和终端横截条件

$$\boldsymbol{x}(t_0)=\boldsymbol{x}_0$$

$$\left\{L[\boldsymbol{x},\dot{\boldsymbol{x}},t]+(\dot{\boldsymbol{\varphi}}-\dot{\boldsymbol{x}})^{\mathrm{T}}\frac{\partial L}{\partial \dot{\boldsymbol{x}}}\right\}\bigg|_{t=t_{\mathrm{f}}}=\boldsymbol{0}$$

$$\boldsymbol{x}(t_{\mathrm{f}})=\boldsymbol{\varphi}(t_{\mathrm{f}})$$

其中,$\boldsymbol{x}(t)$应有连续的二阶导数,L 至少应两次连续可微,而$\boldsymbol{\varphi}(t)$则应有连续的一次导数。

证明　在始端固定,终端时刻 t_{f} 可变,终端状态受约束条件 $\boldsymbol{x}(t_{\mathrm{f}})=\boldsymbol{\varphi}(t_{\mathrm{f}})$时的变分问题可用图 6-4 来表示。图中 $\boldsymbol{x}^*(t)$为极值曲线,$\boldsymbol{x}(t)$为 $\boldsymbol{x}^*(t)$邻域内的任一条容许曲线,$(t_0,\boldsymbol{x}_0)$表示始点,点$(\boldsymbol{x}_{\mathrm{f}},t_{\mathrm{f}})$到点$(\boldsymbol{x}_{\mathrm{f}}+\delta\boldsymbol{x}_{\mathrm{f}},t_{\mathrm{f}}+\delta t_{\mathrm{f}})$表示变动端,$\boldsymbol{\varphi}(t)$表示终端约束曲线,要求 $\boldsymbol{x}(t_{\mathrm{f}})=\boldsymbol{\varphi}(t_{\mathrm{f}})$,$\delta t_{\mathrm{f}}$ 和 $\delta\boldsymbol{x}_{\mathrm{f}}$ 表示微变量,分别表示终端时刻 t_{f} 的变分和在终端时刻容许曲线 $\boldsymbol{x}(t)$的变分;$\delta\boldsymbol{x}(t_{\mathrm{f}})$表示容许曲线$\boldsymbol{x}(t)$的变分在 t_{f} 时刻的值。由图可知它们之间存在如下近似关系式

$$\delta\boldsymbol{x}_{\mathrm{f}}=\delta\boldsymbol{x}(t_{\mathrm{f}})+\dot{\boldsymbol{x}}(t_{\mathrm{f}})\delta t_{\mathrm{f}} \tag{6-25}$$

$$\delta\boldsymbol{x}_{\mathrm{f}}=\dot{\boldsymbol{\varphi}}(t_{\mathrm{f}})\delta t_{\mathrm{f}} \tag{6-26}$$

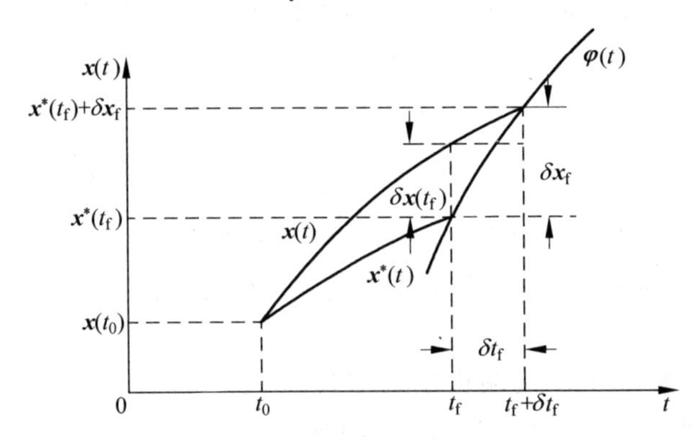

图 6-4　终端时刻可变时的变分问题

不难理解,如果某一极值曲线 $\boldsymbol{x}^*(t)$能使式(6-24)所示的泛函,在端点可变的情况下取极值,那么对于和极值曲线 $\boldsymbol{x}^*(t)$有同样边界点的更窄的函数类来说,自然也能使泛函式(6-24)达到极值。因此,$\boldsymbol{x}^*(t)$必能满足端点固定时的泛函极值必要条件,即 $\boldsymbol{x}^*(t)$应当满足欧拉方程

$$\frac{\partial L}{\partial \boldsymbol{x}}-\frac{\mathrm{d}}{\mathrm{d}t}\frac{\partial L}{\partial \dot{\boldsymbol{x}}}=\boldsymbol{0}$$

此时欧拉方程通解中的任意常数不能再用边界条件 $\boldsymbol{x}(t_0)=\boldsymbol{x}_0$ 和 $\boldsymbol{x}(t_{\mathrm{f}})=\boldsymbol{x}_{\mathrm{f}}$ 确定。因为终端可变时,终端边界条件 $\boldsymbol{x}(t_{\mathrm{f}})=\boldsymbol{x}_{\mathrm{f}}$ 不再成立。所缺少的条件应改

由极值的必要条件 $\delta J=0$ 导出。

若对 $\boldsymbol{x},\dot{\boldsymbol{x}}$ 和 t_f 取变分，则泛函的增量为

$$\Delta J=\int_{t_0}^{t_f+\delta t_f}L[\boldsymbol{x}+\delta\boldsymbol{x},\dot{\boldsymbol{x}}+\delta\dot{\boldsymbol{x}},t]\mathrm{d}t-\int_{t_0}^{t_f}L[\boldsymbol{x},\dot{\boldsymbol{x}},t]\mathrm{d}t$$

$$=\int_{t_f}^{t_f+\delta t_f}L[\boldsymbol{x}+\delta\boldsymbol{x},\dot{\boldsymbol{x}}+\delta\dot{\boldsymbol{x}},t]\mathrm{d}t+\int_{t_0}^{t_f}\{L[\boldsymbol{x}+\delta\boldsymbol{x},\dot{\boldsymbol{x}}+\delta\dot{\boldsymbol{x}},t]-L[\boldsymbol{x},\dot{\boldsymbol{x}},t]\}\mathrm{d}t$$

一阶变分为

$$\delta J=\int_{t_f}^{t_f+\delta t_f}L[\boldsymbol{x}+\delta\boldsymbol{x},\dot{\boldsymbol{x}}+\delta\dot{\boldsymbol{x}},t]\mathrm{d}t+\int_{t_0}^{t_f}\left[\left(\frac{\partial L}{\partial\boldsymbol{x}}\right)^{\mathrm{T}}\delta\boldsymbol{x}+\left(\frac{\partial L}{\partial\dot{\boldsymbol{x}}}\right)^{\mathrm{T}}\delta\dot{\boldsymbol{x}}\right]\mathrm{d}t \tag{6-27}$$

对式(6-27)等号右边的第一项利用积分中值定理，第二项利用分部积分公式，并令 $\delta J=0$ 可得

$$\delta J=L[\boldsymbol{x},\dot{\boldsymbol{x}},t]\Big|_{t=t_f}\delta t_f+\int_{t_0}^{t_f}\left[\frac{\partial L}{\partial\boldsymbol{x}}-\frac{\mathrm{d}}{\mathrm{d}t}\frac{\partial L}{\partial\dot{\boldsymbol{x}}}\right]^{\mathrm{T}}\delta\boldsymbol{x}\,\mathrm{d}t+\left(\frac{\partial L}{\partial\dot{\boldsymbol{x}}}\right)^{\mathrm{T}}\delta\boldsymbol{x}\Bigg|_{t=t_0}^{t=t_f}=0 \tag{6-28}$$

式(6-28)就是终端为可变边界时极值解的必要条件。

前已指出，在所述情况下，欧拉方程

$$\frac{\partial L}{\partial\boldsymbol{x}}-\frac{\mathrm{d}}{\mathrm{d}t}\frac{\partial L}{\partial\dot{\boldsymbol{x}}}=\mathbf{0}$$

仍然成立。又因为始端固定，$\delta\boldsymbol{x}(t_0)=0$，根据式(6-28)可得边界条件和横截条件为

$$\boldsymbol{x}(t_0)=\boldsymbol{x}_0 \tag{6-29}$$

$$L[\boldsymbol{x},\dot{\boldsymbol{x}},t]\,|_{t=t_f}\delta t_f+\left(\frac{\partial L}{\partial\dot{\boldsymbol{x}}}\right)^{\mathrm{T}}\Bigg|_{t=t_f}\delta\boldsymbol{x}(t_f)=\mathbf{0} \tag{6-30}$$

其中，式(6-29)称为始端边界条件，式(6-30)称为终端横截条件。

在始端固定的情况下，对于终端横截条件问题，可以按以下两种情况进行讨论。

(1) 终端时刻 t_f 可变，终端状态 $\boldsymbol{x}(t_f)$ 自由

在这种情况下，关系式(6-25)成立，即有

$$\delta\boldsymbol{x}(t_f)=\delta\boldsymbol{x}_f-\dot{\boldsymbol{x}}(t_f)\delta t_f$$

将上式代入式(6-30)整理得

$$\left\{L[\boldsymbol{x},\dot{\boldsymbol{x}},t]-\dot{\boldsymbol{x}}^{\mathrm{T}}(t)\frac{\partial L}{\partial\dot{\boldsymbol{x}}}\right\}\Bigg|_{t=t_f}\delta t_f+\left(\frac{\partial L}{\partial\dot{\boldsymbol{x}}}\right)^{\mathrm{T}}\Bigg|_{t=t_f}\delta\boldsymbol{x}_f=\mathbf{0}$$

因为 $\delta\boldsymbol{x}_f$ 和 δt_f 均任意，故 t_f 可变，$\boldsymbol{x}(t_f)$ 自由时的终端横截条件为

$$\left\{L[\boldsymbol{x},\dot{\boldsymbol{x}},t]-\dot{\boldsymbol{x}}^{\mathrm{T}}\frac{\partial L}{\partial\dot{\boldsymbol{x}}}\right\}\Bigg|_{t=t_f}=\mathbf{0}$$

$$\left(\frac{\partial L}{\partial\dot{\boldsymbol{x}}}\right)\Bigg|_{t=t_f}=\mathbf{0}$$

(2) 终端时刻 t_f 可变，终端状态 $\boldsymbol{x}(t_f)$ 有约束

设终端约束方程为

$$\boldsymbol{x}(t_f) = \boldsymbol{\varphi}(t_f)$$

在这种情况下，由于 $\delta\boldsymbol{x}_f$ 不能任意，它受以上条件的约束，同时满足式(6-25)和式(6-26)，即有

$$\begin{cases}\delta\boldsymbol{x}(t_f) = \delta\boldsymbol{x}_f - \dot{\boldsymbol{x}}(t_f)\delta t_f \\ \delta\boldsymbol{x}_f = \dot{\boldsymbol{\varphi}}(t_f)\delta t_f\end{cases}$$

将以上两式代入式(6-30)，整理得

$$\left\{L[\boldsymbol{x},\dot{\boldsymbol{x}},t] + [\dot{\boldsymbol{\varphi}}(t) - \dot{\boldsymbol{x}}(t)]^{\mathrm{T}}\frac{\partial L}{\partial \dot{\boldsymbol{x}}}\right\}\bigg|_{t=t_f}\delta t_f = 0$$

由于 δt_f 的任意性，即 $\delta t_f \neq 0$，所以可得终端横截条件为

$$\left\{L[\boldsymbol{x},\dot{\boldsymbol{x}},t] + [\dot{\boldsymbol{\varphi}}(t) - \dot{\boldsymbol{x}}(t)]^{\mathrm{T}}\frac{\partial L}{\partial \dot{\boldsymbol{x}}}\right\}\bigg|_{t=t_f} = 0 \tag{6-31}$$

式(6-31)建立了极值曲线的终端斜率 $\dot{\boldsymbol{x}}(t)$ 与给定的约束曲线的斜率 $\dot{\boldsymbol{\varphi}}(t)$ 之间的关系，这种关系也称为终端可变边界的终端横截条件。

定理证毕。

在控制工程中，目标曲线大多都是平行于 t 轴的一条直线。它相当于终端状态 $\boldsymbol{x}(t_f)$ 固定，终端时间 t_f 可变的情况。在这种情况下，$\dot{\boldsymbol{\varphi}}(t)=0$，因此式(6-31)的终端横截条件可简化为

$$\left\{L[\boldsymbol{x},\dot{\boldsymbol{x}},t] - [\dot{\boldsymbol{x}}(t)]^{\mathrm{T}}\frac{\partial L}{\partial \dot{\boldsymbol{x}}}\right\}\bigg|_{t=t_f} = 0$$

如果终端目标曲线 $\boldsymbol{\varphi}(t)$ 为垂直于 t 轴的直线，如图 6-5 所示，则 $\dot{\boldsymbol{\varphi}}(t)=\infty$，式(6-31)可写成

$$\left\{\frac{L[\boldsymbol{x},\dot{\boldsymbol{x}},t]}{[\dot{\boldsymbol{\varphi}}(t) - \dot{\boldsymbol{x}}(t)]^{\mathrm{T}}} + \frac{\partial L}{\partial \dot{\boldsymbol{x}}}\right\}\bigg|_{t=t_f} = 0$$

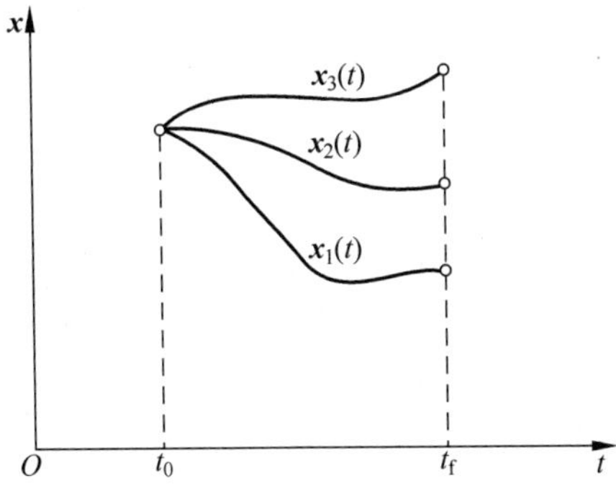

图 6-5　始端固定终端可变的边界条件

故终端横截条件变为

$$\left.\frac{\partial L}{\partial \dot{\boldsymbol{x}}}\right|_{t=t_f} = 0 \tag{6-32}$$

此种情况，相当于终端时刻 t_f 固定，终端状态 $\boldsymbol{x}(t_f)$ 自由，这时 $\delta t_f=0$，$\delta\boldsymbol{x}(t_f)\neq 0$，将其代入终端边界条件式(6-30)中，也可得式(6-32)所得结果。

如果终端状态 $\boldsymbol{x}(t_f)$ 也固定，即 $\delta\boldsymbol{x}(t_f)=0$，这时系统就变成了固定端点的问题，式(6-30)就退化为终端边界条件

$$\boldsymbol{x}(t_f) = \boldsymbol{x}_f$$

若状态曲线 $\boldsymbol{x}(t)$ 的始端可变，终端固定，例如始端状态 $\boldsymbol{x}(t_0)$ 只能沿着给定的目标曲线 $\dot{\boldsymbol{\psi}}(t)$ 变化时，则可用上面类似的推证求出始端横截条件为

$$\left.\left\{[\dot{\boldsymbol{\psi}}(t) - \dot{\boldsymbol{x}}(t)]^{\mathrm{T}} \frac{\partial L}{\partial \dot{\boldsymbol{x}}} + L[\boldsymbol{x}, \dot{\boldsymbol{x}}, t]\right\}\right|_{t=t_0} = 0$$

终端边界条件为

$$\boldsymbol{x}(t_f) = \boldsymbol{x}_f$$

例 6-4 设性能指标泛函

$$J = \int_0^{t_f} (1 + \dot{x}^2)^{1/2} \mathrm{d}t$$

其中终端时刻 t_f 未给定。已知 $x(0)=1$，要求

$$x(t_f) = \varphi(t_f) = 2 - t_f$$

求使泛函为极值的最优曲线 $x^*(t)$ 及相应的 t_f^* 和 J^*。

解 本例所给出的指标泛函就是 $x(t)$ 的弧长，约束方程 $\varphi(t)=2-t$ 为平面上的斜直线，如图 6-6 所示。本例问题的实质是求从 $x(0)$ 到直线 $\varphi(t)$ 并使弧长最短的曲线 $x^*(t)$。图中，$x(t)$ 为一条任意的容许曲线。

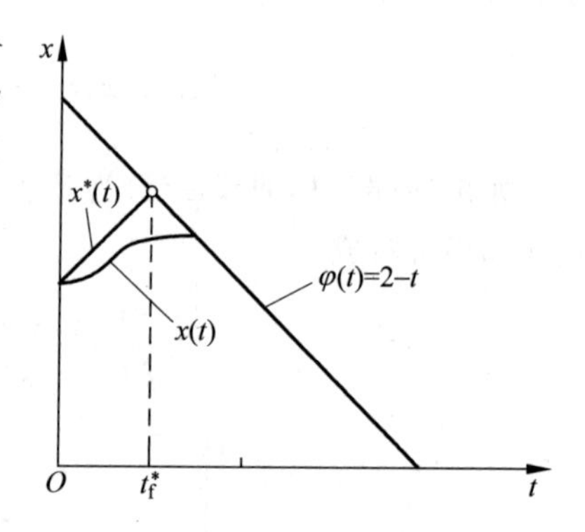

图 6-6 点到直线的最优曲线

由题意

$$L(x, \dot{x}, t) = (1 + \dot{x}^2)^{1/2}$$

其偏导数为

$$\frac{\partial L}{\partial x} = 0, \quad \frac{\partial L}{\partial \dot{x}} = \frac{\dot{x}}{(1 + \dot{x}^2)^{1/2}}$$

根据欧拉方程

$$\frac{\partial L}{\partial x} - \frac{\mathrm{d}}{\mathrm{d}t}\frac{\partial L}{\partial \dot{x}} = -\frac{\mathrm{d}}{\mathrm{d}t}\left[\frac{\dot{x}}{\sqrt{1 + \dot{x}^2}}\right] = 0$$

求得

$$\frac{\dot{x}}{\sqrt{1 + \dot{x}^2}} = c, \quad \dot{x}^2 = \frac{c^2}{1 - c^2} = a^2$$

其中，c——积分常数，

a——待定常数。因而

$$\dot{x}(t) = a, \quad x(t) = at + b$$

其中，b 也是待定常数。

由 $x(0)=1$，求得 $b=1$。

由横截条件

$$\left[L + (\dot{\boldsymbol{\varphi}} - \dot{x})^{\mathrm{T}} \frac{\partial L}{\partial \dot{x}}\right]\Bigg|_{t=t_f} = \left[\sqrt{1+\dot{x}^2} + (-1-\dot{x})\frac{\dot{x}}{\sqrt{1+\dot{x}^2}}\right]\Bigg|_{t=t_f} = 0$$

解得 $\dot{x}(t_f)=1$。

因为 $\dot{x}(t)=a$，所以 $a=1$。从而最优曲线为

$$x^*(t) = t + 1$$

当 $t=t_f$ 时，$x(t_f)=\varphi(t_f)$，即

$$t_f + 1 = 2 - t_f$$

求出最优终端时刻 $t_f^*=0.5$。

将 $x^*(t)$ 及 t_f^* 代入指标泛函，可得最优性能指标

$$J^* = 0.707$$

6.2.2　应用变分法求解最优控制问题

前面讨论的泛函极值问题研究的是无约束条件的变分问题。而在最优控制中，为了对系统实现最优控制，首先应该有描述系统特性的状态方程，其次要提出目标。也就是说，在最优控制中，容许函数 $\boldsymbol{x}(t)$ 除了要满足前面已讨论的端点限制条件外，还应满足某些约束条件如系统的状态方程，它可以看成是一种等式约束条件。在这种情况下，可采用拉格朗日乘子法将具有状态方程约束（等式约束）的变分问题，转化成一种等价的无约束变分问题。从而在等式约束下将对泛函 J 求极值的最优控制问题，转化为在无约束条件下求哈密顿（Hamilton）函数 H 的极值问题。这种方法也称为哈密顿方法，它只适用于对控制变量和状态变量均没有约束的情况，亦即无约束优化问题。

1. 固定端点的最优控制问题

设系统的状态方程为

$$\dot{\boldsymbol{x}}(t) = \boldsymbol{f}[\boldsymbol{x}(t), \boldsymbol{u}(t), t] \tag{6-33}$$

式中，$\boldsymbol{x}(t)$——n 维状态向量；

$\boldsymbol{u}(t)$——r 维控制向量；

$\boldsymbol{f}(\cdot)$——n 维向量函数。

系统的始端和终端满足

$$\boldsymbol{x}(t_0)=\boldsymbol{x}_0,\quad \boldsymbol{x}(t_f)=\boldsymbol{x}_f$$

系统的性能指标泛函

$$J=\int_{t_0}^{t_f}L[\boldsymbol{x}(t),\boldsymbol{u}(t),t]\mathrm{d}t \tag{6-34}$$

试确定最优控制向量 $\boldsymbol{u}^*(t)$ 和最优曲线 $\boldsymbol{x}^*(t)$，使系统式(6-33)由已知初态 $\boldsymbol{x}_0$ 转移到终态 $\boldsymbol{x}_f$，并使给定的指标泛函式(6-34)达到极值。

显然，上述问题是一个有等式约束的泛函极值问题，采用拉格朗日乘子法后，就把有约束泛函极值问题转化为无约束泛函极值问题。即

$$J=\int_{t_0}^{t_f}\{L[\boldsymbol{x},\boldsymbol{u},t]+\boldsymbol{\lambda}^{\mathrm{T}}(t)[\boldsymbol{f}[\boldsymbol{x},\boldsymbol{u},t]-\dot{\boldsymbol{x}}(t)]\}\mathrm{d}t \tag{6-35}$$

式中，$\boldsymbol{\lambda}(t)=[\lambda_1(t),\lambda_2(t),\cdots,\lambda_n(t)]^{\mathrm{T}}$ 为拉格朗日乘子向量。

现引入一个标量函数

$$H[\boldsymbol{x}(t),\boldsymbol{u}(t),\boldsymbol{\lambda}(t),t]=L[\boldsymbol{x}(t),\boldsymbol{u}(t),t]+\boldsymbol{\lambda}^{\mathrm{T}}(t)\boldsymbol{f}[\boldsymbol{x}(t),\boldsymbol{u}(t),t] \tag{6-36}$$

其中，H——哈密顿函数，它是 $\boldsymbol{x}(t)$，$\boldsymbol{u}(t)$，$\boldsymbol{\lambda}(t)$ 和 t 的函数。

由式(6-35)和式(6-36)，得

$$J=\int_{t_0}^{t_f}\{H[\boldsymbol{x}(t),\boldsymbol{u}(t),\boldsymbol{\lambda}(t),t]-\boldsymbol{\lambda}^{\mathrm{T}}\dot{\boldsymbol{x}}(t)\}\mathrm{d}t \tag{6-37}$$

将式(6-37)的最后一项，利用分部积分变换后，得

$$J=\int_{t_0}^{t_f}\{H[\boldsymbol{x}(t),\boldsymbol{u}(t),\boldsymbol{\lambda}(t),t]+\dot{\boldsymbol{\lambda}}^{\mathrm{T}}(t)\boldsymbol{x}(t)\}\mathrm{d}t-\boldsymbol{\lambda}^{\mathrm{T}}(t)\boldsymbol{x}(t)\Big|_{t=t_0}^{t=t_f} \tag{6-38}$$

根据泛函极值存在的必要条件，上式取极值的必要条件是一阶变分为零，即 $\delta J=0$。在式(6-38)中引起泛函 J 变分的是控制变量 $\boldsymbol{u}(t)$ 和状态变量 $\boldsymbol{x}(t)$ 的变分 $\delta\boldsymbol{u}(t)$ 和 $\delta\boldsymbol{x}(t)$，将式(6-38)对它们分别取变分，则得

$$\delta J=\int_{t_0}^{t_f}\left[\left(\frac{\partial H}{\partial \boldsymbol{u}}\right)^{\mathrm{T}}\delta\boldsymbol{u}+\left(\frac{\partial H}{\partial \boldsymbol{x}}\right)^{\mathrm{T}}\delta\boldsymbol{x}+\dot{\boldsymbol{\lambda}}^{\mathrm{T}}\delta\boldsymbol{x}\right]\mathrm{d}t-\boldsymbol{\lambda}^{\mathrm{T}}\delta\boldsymbol{x}\Big|_{t=t_0}^{t=t_f}=0 \tag{6-39}$$

式中，$\delta\boldsymbol{x}=[\delta x_1,\delta x_2,\cdots,\delta x_n]^{\mathrm{T}}$，$\delta\boldsymbol{u}=[\delta u_1,\delta u_2,\cdots,\delta u_n]^{\mathrm{T}}$。

由于应用了拉格朗日乘子法后，$\boldsymbol{x}(t)$ 和 $\boldsymbol{u}(t)$ 可看作彼此独立的，$\delta\boldsymbol{x}$ 和 $\delta\boldsymbol{u}$ 不受约束，即 $\delta\boldsymbol{x}$ 和 $\delta\boldsymbol{u}$ 是任意的。换言之，$\delta\boldsymbol{x}\neq 0$，$\delta\boldsymbol{u}\neq 0$，因此从式(6-39)可得泛函极值存在的必要条件是

伴随方程：

$$\dot{\boldsymbol{\lambda}}=-\frac{\partial H}{\partial \boldsymbol{x}} \tag{6-40}$$

控制方程：

$$\frac{\partial H}{\partial \boldsymbol{u}}=0 \tag{6-41}$$

横截条件：

$$\boldsymbol{\lambda}^{\mathrm{T}}\delta\boldsymbol{x}\Big|_{t=t_0}^{t=t_f}=0 \tag{6-42}$$

根据哈密顿函数式(6-36)，可得

状态方程：

$$\dot{\boldsymbol{x}}=\frac{\partial H}{\partial \boldsymbol{\lambda}}=\boldsymbol{f}[\boldsymbol{x}(t),\boldsymbol{u}(t),t] \tag{6-43}$$

通常称式(6-40)为伴随方程(或协状态方程)。

式(6-41)称为控制方程。因为从$\frac{\partial H}{\partial \boldsymbol{u}}=0$可求出$\boldsymbol{u}(t)$与$\boldsymbol{x}(t)$和$\boldsymbol{\lambda}(t)$的关系，它把状态方程与伴随方程联系起来，故亦称为耦合方程。

同时由式(6-39)还可知，伴随方程和耦合方程实质上就是变分法中的欧拉方程。

上述四式就是最优控制问题式(6-34)的最优解的必要条件。这些式亦可从欧拉方程导出。若将式(6-37)中的被积分部分改写成

$$G[\boldsymbol{x}(t),\boldsymbol{u}(t),\boldsymbol{\lambda}(t),t]=H[\boldsymbol{x}(t),\boldsymbol{u}(t),\boldsymbol{\lambda}(t),t]-\boldsymbol{\lambda}^{\mathrm{T}}(t)\dot{\boldsymbol{x}}(t)$$

则

$$J=\int_{t_0}^{t_f}G[\boldsymbol{x}(t),\boldsymbol{u}(t),\boldsymbol{\lambda}(t),t]\mathrm{d}t$$

由此可得

$$\frac{\partial G}{\partial \boldsymbol{x}}-\frac{\mathrm{d}}{\mathrm{d}t}\frac{\partial G}{\partial \dot{\boldsymbol{x}}}=0$$

即$\frac{\partial H}{\partial \boldsymbol{x}}+\frac{\mathrm{d}}{\mathrm{d}t}\boldsymbol{\lambda}(t)=0,\dot{\boldsymbol{\lambda}}=-\frac{\partial H}{\partial \boldsymbol{x}}$，

$$\frac{\partial G}{\partial \boldsymbol{\lambda}}-\frac{\mathrm{d}}{\mathrm{d}t}\frac{\partial G}{\partial \dot{\boldsymbol{\lambda}}}=0$$

即$\dot{\boldsymbol{x}}=\frac{\partial H}{\partial \boldsymbol{\lambda}}=f[\boldsymbol{x},\boldsymbol{u},t]$，

$$\frac{\partial G}{\partial \boldsymbol{u}}-\frac{\mathrm{d}}{\mathrm{d}t}\frac{\partial G}{\partial \dot{\boldsymbol{u}}}=0$$

即$\frac{\partial H}{\partial \boldsymbol{u}}=0$。

状态方程与伴随方程通常合称为正则方程，其标量形式为

$$\frac{\mathrm{d}x_i}{\mathrm{d}t}=\frac{\partial H}{\partial \lambda_i}=f_i[\boldsymbol{x},\boldsymbol{u},t],\quad i=1,2,\cdots,n$$

$$\frac{\mathrm{d}\lambda_i}{\mathrm{d}t}=-\frac{\partial H}{\partial x_i},\quad i=1,2,\cdots,n$$

式中，$x_i(t)$——第 i 个状态变量；

$\lambda_i(t)$——第 i 个伴随向量。

故共有 $2n$ 个变量 $x_i(t)$ 和 $\lambda_i(t)$，同时就有 $2n$ 个边界条件

$$x_i(t_0)=x_{i0}\text{ 和 }x_i(t_f)=x_{if},\quad i=1,2,\cdots,n$$

在固定端点的问题中，正则方程的边界条件是给定始端状态 $\boldsymbol{x}_0$ 和终端状态 $\boldsymbol{x}_f$。由联立方程可解得两个未知函数，称为混合边界问题。但是在微分方程求解中，这类问题称为两点边值问题。

从$\frac{\partial H}{\partial \boldsymbol{u}}=0$可求得最优控制 $\boldsymbol{u}^*(t)$与$\boldsymbol{x}(t)$和$\boldsymbol{\lambda}(t)$的函数关系，将其代入正则方程组消去$\boldsymbol{u}(t)$，就可求得 $\boldsymbol{x}^*(t)$和$\boldsymbol{\lambda}^*(t)$的惟一解，它们被称为最优曲线和最优伴随

向量。

综上所述，用哈密顿方法求解最优控制问题是将求泛函 J 的极值问题转化为求哈密顿函数 H 的极值问题。

鉴于上述内容极为重要，我们把它归纳成下列定理。

定理 6-5 设系统的状态方程是

$$\dot{\boldsymbol{x}}(t)=\boldsymbol{f}[\boldsymbol{x}(t),\boldsymbol{u}(t),t]$$

则把状态 $\boldsymbol{x}(t)$ 自始端 $\boldsymbol{x}(t_0)=\boldsymbol{x}_0$，转移到终端 $\boldsymbol{x}(t_f)=\boldsymbol{x}_f$，并使性能指标泛函

$$J=\int_{t_0}^{t_f}L[\boldsymbol{x}(t),\boldsymbol{u}(t),t]\mathrm{d}t$$

取极值，以实现最优控制的必要条件是

(1) 最优曲线 $\boldsymbol{x}^*(t)$ 和最优伴随向量 $\boldsymbol{\lambda}^*(t)$ 满足正则方程

$$\dot{\boldsymbol{x}}(t)=\frac{\partial H}{\partial \boldsymbol{\lambda}}$$

$$\dot{\boldsymbol{\lambda}}(t)=-\frac{\partial H}{\partial \boldsymbol{x}}$$

其中，$H[\boldsymbol{x}(t),\boldsymbol{u}(t),t]=L[\boldsymbol{x},\boldsymbol{u},t]+\boldsymbol{\lambda}^{\mathrm{T}}(t)\boldsymbol{f}(\boldsymbol{x},\boldsymbol{u},t)$。

(2) 最优控制 $\boldsymbol{u}^*(t)$ 满足控制方程

$$\frac{\partial H}{\partial \boldsymbol{u}}=0$$

(3) 边界条件

$$\boldsymbol{x}(t_0)=\boldsymbol{x}_0,\quad \boldsymbol{x}(t_f)=\boldsymbol{x}_f$$

当然对于以上等式约束（状态方程约束）问题，也可首先利用状态方程得到 $\boldsymbol{u}(t)$ 与 $\boldsymbol{x}(t)$ 和 $\dot{\boldsymbol{x}}(t)$ 的关系，然后将其代入性能指标泛函中，可得如下形式

$$J=\int_{t_0}^{t_f}L[\boldsymbol{x}(t),\dot{\boldsymbol{x}}(t),t]\mathrm{d}t$$

此时就变成无约束的最优控制问题，它完全可利用前面所述的欧拉方程求解。

例 6-5 设人造地球卫星姿态控制系统的状态方程为

$$\dot{\boldsymbol{x}}(t)=\begin{bmatrix}0&1\\0&0\end{bmatrix}\boldsymbol{x}(t)+\begin{bmatrix}0\\1\end{bmatrix}u(t)$$

指标函数取

$$J=\frac{1}{2}\int_0^2 u^2(t)\mathrm{d}t$$

边界条件为

$$\boldsymbol{x}(0)=\begin{bmatrix}1\\1\end{bmatrix},\quad \boldsymbol{x}(2)=\begin{bmatrix}0\\0\end{bmatrix}$$

试求使指标函数取极值的最优曲线 $\boldsymbol{x}^*(t)$ 和最优控制 $u^*(t)$。

解 由题意

$$L=\frac{1}{2}u^2,\quad \boldsymbol{\lambda}^{\mathrm{T}}=[\lambda_1\quad \lambda_2],\quad \boldsymbol{f}=\begin{bmatrix}f_1\\f_2\end{bmatrix}=\begin{bmatrix}x_2\\u\end{bmatrix}$$

故标量函数

$$H=L+\boldsymbol{\lambda}^{\mathrm{T}}\boldsymbol{f}=\frac{1}{2}u^2+\lambda_1x_2+\lambda_2u$$

$$G=H-\boldsymbol{\lambda}^{\mathrm{T}}\,\dot{\boldsymbol{x}}(t)=\frac{1}{2}u^2+\lambda_1(x_2-\dot{x}_1)+\lambda_2(u-\dot{x}_2)$$

欧拉方程

$$\frac{\partial L}{\partial x_1}-\frac{\mathrm{d}}{\mathrm{d}t}\frac{\partial L}{\partial \dot{x}_1}=\dot{\lambda}_1=0,\qquad \lambda_1=a$$

$$\frac{\partial L}{\partial x_2}-\frac{\mathrm{d}}{\mathrm{d}t}\frac{\partial L}{\partial \dot{x}_2}=\lambda_1+\dot{\lambda}_2=0,\quad \lambda_2=-at+b$$

$$\frac{\partial L}{\partial u}-\frac{\mathrm{d}}{\mathrm{d}t}\frac{\partial L}{\partial \dot{u}}=u+\lambda_2=0,\qquad u=at-b$$

其中,常数 a,b 待定。

由状态约束方程

$$\dot{x}_2=u=at-b,\qquad x_2=\frac{1}{2}at^2-bt+c$$

$$\dot{x}_1=x_2=\frac{1}{2}at^2-bt+c,\quad x_1=\frac{1}{6}at^3-\frac{1}{2}bt^2+ct+d$$

其中,常数 c,d 待定。

代入已知边界条件

$$x_1(0)=1,\quad x_2(0)=1;\quad x_1(2)=0,\quad x_2(2)=0$$

可求得

$$a=3,\quad b=3.5,\quad c=d=1$$

于是最优曲线

$$x_1^*(t)=0.5t^3-1.75t^2+t+1$$

$$x_2^*(t)=1.5t^2-3.5t+1$$

最优控制

$$u^*(t)=3t-3.5$$

2. 可变端点的最优控制问题

不失一般性,对可变端点的最优控制问题,假定始端固定,终端可变。

设系统的状态方程为

$$\dot{\boldsymbol{x}}(t)=\boldsymbol{f}[\boldsymbol{x}(t),\boldsymbol{u}(t),t]\tag{6-44}$$

式中,$\boldsymbol{x}(t)$——n 维状态向量;

$\boldsymbol{u}(t)$——r 维控制向量;

$\boldsymbol{f}(\cdot)$——n 维向量函数。

系统的始端满足

$$x(t_0)=x_0$$

而系统的性能指标为

$$J=F[x(t_f),t_f]+\int_{t_0}^{t_f}L[x(t),u(t),t]\mathrm{d}t \tag{6-45}$$

试确定最优控制向量 $u^*(t)$ 和最优曲线 $x^*(t)$，使系统式(6-44)由已知初态 x_0 转移到要求的终端，并使给定的指标泛函式(6-45)达到极值。

对于终端边界条件可分为三种情况进行讨论。

1) 终端时刻 t_f 固定，终端状态 $x(t_f)$ 自由

首先引入拉格朗日乘子向量，将问题转化成无约束变分问题，然后再定义一个如式(6-36)所示的哈密顿函数，则可得

$$\begin{aligned}J&=F[x(t_f),t_f]+\int_{t_0}^{t_f}\{H[x(t),u(t),\lambda(t),t]-\lambda^{\mathrm{T}}(t)\dot{x}(t)\}\mathrm{d}t\\&=F[x(t_f),t_f]+\int_{t_0}^{t_f}\{H[x(t),u(t),\lambda(t),t]+\dot{\lambda}^{\mathrm{T}}(t)x(t)\}\mathrm{d}t-\lambda^{\mathrm{T}}(t)x(t)\Big|_{t=t_0}^{t=t_f}\end{aligned} \tag{6-46}$$

系统性能指标 J 的一次变分为

$$\delta J=\left(\frac{\partial F}{\partial x}\right)^{\mathrm{T}}\delta x\Big|_{t=t_f}+\int_{t_0}^{t_f}\left[\left(\frac{\partial H}{\partial u}\right)^{\mathrm{T}}\delta u+\left(\frac{\partial H}{\partial x}\right)^{\mathrm{T}}\delta x+\dot{\lambda}^{\mathrm{T}}\delta x\right]\mathrm{d}t-\lambda^{\mathrm{T}}\delta x\Big|_{t=t_0}^{t=t_f}$$

泛函极值存在的必要条件为 $\delta J=0$，并考虑到 $\delta x(t_0)=0$，则可得

$$\delta J=\left[\left(\frac{\partial F}{\partial x}\right)^{\mathrm{T}}-\lambda^{\mathrm{T}}\right]\delta x\Big|_{t=t_f}+\int_{t_0}^{t_f}\left[\left(\frac{\partial H}{\partial x}\right)^{\mathrm{T}}+\dot{\lambda}^{\mathrm{T}}\right]\delta x\,\mathrm{d}t+\int_{t_0}^{t_f}\left(\frac{\partial H}{\partial u}\right)^{\mathrm{T}}\delta u\,\mathrm{d}t=0 \tag{6-47}$$

因此由式(6-47)可得式(6-45)存在极值的必要条件为

$$\left.\begin{aligned}&\text{状态方程：}\quad \dot{x}=\frac{\partial H}{\partial \lambda}=f[x,u,t]\\&\text{伴随方程：}\quad \dot{\lambda}=-\frac{\partial H}{\partial x}\\&\text{控制方程：}\quad \frac{\partial H}{\partial u}=0\\&\text{横截条件：}\quad \lambda(t_f)=\frac{\partial F}{\partial x}\Big|_{t=t_f}\end{aligned}\right\} \tag{6-48}$$

2) 终端时刻 t_f 固定，终端状态 $x(t_f)$ 有约束

假设终端状态的约束条件为

$$N_1[x(t_f),t_f]=0 \tag{6-49}$$

式中，$N_1=[N_{11},N_{12},\cdots,N_{1m}]^{\mathrm{T}}$。

引用拉格朗日乘子向量 $v=[v_1,v_2,\cdots,v_m]^{\mathrm{T}}$，将式(6-49)与式(6-46)中的泛函相联系，于是有

$$J = F[\boldsymbol{x}(t_f), t_f] + \boldsymbol{v}^T \boldsymbol{N}_1[\boldsymbol{x}(t_f), t_f] + \int_{t_0}^{t_f} [H - \boldsymbol{\lambda}^T \dot{\boldsymbol{x}}(t)] dt \tag{6-50}$$

令

$$F_1[\boldsymbol{x}(t_f), t_f] = F[\boldsymbol{x}(t_f), t_f] + \boldsymbol{v}^T \boldsymbol{N}_1[\boldsymbol{x}(t_f), t_f]$$

则有

$$J = F_1[\boldsymbol{x}(t_f), t_f] + \int_{t_0}^{t_f} [H - \boldsymbol{\lambda}^T \dot{\boldsymbol{x}}(t)] dt \tag{6-51}$$

将式(6-51)与式(6-46)相比较,可知泛函数极值存在的必要条件式(6-48)只是横截条件$\boldsymbol{\lambda}(t_f) = \left.\frac{\partial F}{\partial \boldsymbol{x}}\right|_{t_f}$发生了变化。因此,只要将 F 变换成 F_1,其他方程均不改变。这样终端状态有约束的泛函数极值存在的必要条件为

状态方程：　$\dot{\boldsymbol{x}} = \frac{\partial H}{\partial \boldsymbol{\lambda}} = \boldsymbol{f}[\boldsymbol{x}, \boldsymbol{u}, t]$

伴随方程：　$\dot{\boldsymbol{\lambda}} = -\frac{\partial H}{\partial \boldsymbol{x}}$

控制方程：　$\frac{\partial H}{\partial \boldsymbol{u}} = 0$

横截条件：　$\boldsymbol{\lambda}(t_f) = \left.\left[\frac{\partial F}{\partial \boldsymbol{x}} + \left(\frac{\partial \boldsymbol{N}_1^T}{\partial \boldsymbol{x}}\right)\boldsymbol{v}\right]\right|_{t=t_f}$

终端约束：　$\boldsymbol{N}_1[\boldsymbol{x}(t_f), t_f] = 0$

例 6-6　设系统方程为

$$\begin{cases} \dot{x}_1(t) = x_2(t) \\ \dot{x}_2(t) = u(t) \end{cases}$$

求从已知初态 $x_1(0)=0$ 和 $x_2(0)=0$,在 $t_f=1$ 时转移到目标集(终端约束)

$$x_1(1) + x_2(1) = 1$$

且使性能指标

$$J = \frac{1}{2}\int_0^1 u^2(t) dt$$

为最小的最优控制 $u^*(t)$和相应的最优曲线 $\boldsymbol{x}^*(t)$。

解　由题意

$$F[x(t_f), t_f] = 0, \quad L(\cdot) = \frac{1}{2}u^2$$

$$N_1[x(t_f)] = x_1(1) + x_2(1) - 1$$

构造哈密顿函数

$$H = \frac{1}{2}u^2 + \lambda_1 x_2 + \lambda_2 u$$

由伴随方程

$$\dot{\lambda}_1 = -\frac{\partial H}{\partial x_1} = 0, \quad \lambda_1(t) = c_1, \quad \dot{\lambda}_2 = -\frac{\partial H}{\partial x_2} = -\lambda_1, \quad \lambda_2(t) = -c_1 t + c_2$$

由极值条件

$$\frac{\partial H}{\partial u}=u+\lambda_2=0,\quad u(t)=-\lambda_2(t)=c_1t-c_2$$

由状态方程

$$\dot{x}_2=u=c_1t-c_2,\quad x_2(t)=\frac{1}{2}c_1t^2-c_2t+c_3$$

$$\dot{x}_1=x_2=\frac{1}{2}c_1t^2-c_2t+c_3,\quad x_1(t)=\frac{1}{6}c_1t^3-\frac{1}{2}c_2t^2+c_3t+c_4$$

根据已知初态 $x_1(0)=x_2(0)=0$

求出 $c_3=c_4=0$

再由目标集条件 $x_1(1)+x_2(1)=1$

求得

$$4c_1-9c_2=6$$

根据横截条件

$$\lambda_1(1)=\frac{\partial \boldsymbol{N}_1^{\mathrm{T}}}{\partial x_1(t)}v\bigg|_{t=1}=v,\quad \lambda_2(1)=\frac{\partial \boldsymbol{N}_1^{\mathrm{T}}}{\partial x_2(t)}v\bigg|_{t=1}=v$$

得到 $\lambda_1(1)=\lambda_2(1)$，故有 $c_1=\frac{1}{2}c_2$。

于是解出

$$c_1=-\frac{3}{7},\quad c_2=-\frac{6}{7}$$

从而，本例最优解为

$$u^*(t)=-\frac{3}{7}(t-2),\quad x_1^*(t)=-\frac{1}{14}t^2(t-6),\quad x_2^*(t)=-\frac{3}{14}t(t-4)$$

3) 终端时刻 t_f 可变，终端状态 $\boldsymbol{x}(t_f)$ 有约束

假设系统终端满足约束

$$\boldsymbol{N}_1[\boldsymbol{x}(t_f),t_f]=0$$

式中，$\boldsymbol{N}_1=[N_{11},N_{12},\cdots,N_{1m}]^{\mathrm{T}}$。

引用拉格朗日乘子法，可得到无约束条件下的泛函，它与式(6-50)具有相同的形式，即

$$J=F[\boldsymbol{x}(t_f),t_f]+\boldsymbol{v}^{\mathrm{T}}\boldsymbol{N}_1[\boldsymbol{x}(t_f),t_f]+\int_{t_0}^{t_f}\{H[\boldsymbol{x}(t),\boldsymbol{u}(t),\boldsymbol{\lambda}(t),t]-\boldsymbol{\lambda}^{\mathrm{T}}(t)\dot{\boldsymbol{x}}(t)\}\mathrm{d}t$$

由于 t_f 是可变的，故这时不仅有最优控制、最优曲线，而且还有最优终端时间需要确定，取泛函增量

$$\begin{aligned}\Delta J=&F[\boldsymbol{x}(t_f)+\delta\boldsymbol{x}_f,t_f+\delta t_f]-F[\boldsymbol{x}(t_f),t_f]+\boldsymbol{v}^{\mathrm{T}}\{N_1[\boldsymbol{x}(t_f)+\delta\boldsymbol{x}_f,t_f+\delta t_f]\\&-N_1[\boldsymbol{x}(t_f),t_f]\}+\int_{t_0}^{t_f+\delta t_f}\{H[\boldsymbol{x}(t)+\delta\boldsymbol{x},\boldsymbol{u}(t)+\delta\boldsymbol{u},\boldsymbol{\lambda}(t),t]\\&-\boldsymbol{\lambda}^{\mathrm{T}}(t)[\dot{\boldsymbol{x}}(t)+\delta\dot{\boldsymbol{x}}]\}\mathrm{d}t-\int_{t_0}^{t_f}\{H[\boldsymbol{x}(t),\boldsymbol{u}(t),\boldsymbol{\lambda}(t),t]\\&-\boldsymbol{\lambda}^{\mathrm{T}}(t)\dot{\boldsymbol{x}}(t)\}\mathrm{d}t\end{aligned}\tag{6-52}$$

对式(6-52)利用泰勒级数展开并取主部，以及应用积分中值定理，并考虑到 $\delta\boldsymbol{x}(\boldsymbol{t}_0)=0$，可得泛函的一次变分为

$$
\begin{aligned}
\delta J =& \left(\frac{\partial F}{\partial \boldsymbol{x}(t_f)}\right)^{\mathrm{T}}\delta\boldsymbol{x}_f+\frac{\partial F}{\partial t_f}\delta t_f+\boldsymbol{v}^{\mathrm{T}}\left[\left(\frac{\partial \boldsymbol{N}_1^{\mathrm{T}}}{\partial \boldsymbol{x}(t_f)}\right)^{\mathrm{T}}\delta\boldsymbol{x}_f+\frac{\partial \boldsymbol{N}_1}{\partial t_f}\delta t_f\right]+(H-\boldsymbol{\lambda}^{\mathrm{T}}\dot{\boldsymbol{x}})\Big|_{t=t_f}\delta t_f \\
&+\int_{t_0}^{t_f}\left[\left(\frac{\partial H}{\partial \boldsymbol{u}}\right)^{\mathrm{T}}\delta\boldsymbol{u}+\left(\frac{\partial H}{\partial \boldsymbol{x}}\right)^{\mathrm{T}}\delta\boldsymbol{x}+\dot{\boldsymbol{\lambda}}^{\mathrm{T}}\delta\boldsymbol{x}\right]\mathrm{d}t-\boldsymbol{\lambda}^{\mathrm{T}}\delta\boldsymbol{x}\Big|_{t=t_f} \\
=& \left(\frac{\partial F}{\partial \boldsymbol{x}(t_f)}\right)^{\mathrm{T}}\delta\boldsymbol{x}_f+\boldsymbol{v}^{\mathrm{T}}\left(\frac{\partial \boldsymbol{N}_1^{\mathrm{T}}}{\partial \boldsymbol{x}(t_f)}\right)^{\mathrm{T}}\delta\boldsymbol{x}_f+\frac{\partial F}{\partial t_f}\delta t_f+\boldsymbol{v}^{\mathrm{T}}\frac{\partial \boldsymbol{N}_1}{\partial t_f}\delta t_f+H\delta t_f \\
&-\boldsymbol{\lambda}^{\mathrm{T}}(t_f)[\dot{\boldsymbol{x}}(t_f)\delta t_f+\delta\boldsymbol{x}(t_f)]+\int_{t_0}^{t_f}\left[\left(\frac{\partial H}{\partial \boldsymbol{u}}\right)^{\mathrm{T}}\partial\boldsymbol{u}+\left(\frac{\partial H}{\partial \boldsymbol{x}}\right)^{\mathrm{T}}\partial\boldsymbol{x}+\dot{\boldsymbol{\lambda}}^{\mathrm{T}}\delta\boldsymbol{x}\right]\mathrm{d}t
\end{aligned}
\tag{6-53}
$$

将终端受约束时的条件式(6-25)

$$\delta\boldsymbol{x}_f=\delta\boldsymbol{x}(t_f)+\dot{\boldsymbol{x}}(t_f)\delta t_f$$

代入式(6-53)，整理得

$$
\begin{aligned}
\delta J =& \left[\frac{\partial F}{\partial \boldsymbol{x}(t_f)}+\frac{\partial \boldsymbol{N}_1^{\mathrm{T}}}{\partial \boldsymbol{x}(t_f)}\boldsymbol{v}-\boldsymbol{\lambda}(t_f)\right]^{\mathrm{T}}\delta\boldsymbol{x}_f+\left[\frac{\partial F}{\partial t_f}+\boldsymbol{v}^{\mathrm{T}}\frac{\partial \boldsymbol{N}_1}{\partial t_f}+H\right]\delta t_f \\
&+\int_{t_0}^{t_f}\left[\left(\frac{\partial H}{\partial \boldsymbol{x}}+\dot{\boldsymbol{\lambda}}\right)^{\mathrm{T}}\delta\boldsymbol{x}+\left(\frac{\partial H}{\partial \boldsymbol{u}}\right)^{\mathrm{T}}\delta\boldsymbol{u}\right]\mathrm{d}t
\end{aligned}
\tag{6-54}
$$

令式(6-54)等于零，考虑到式中各微变量 δt_f，$\delta\boldsymbol{x}_f$，$\delta\boldsymbol{x}$ 和 $\delta\boldsymbol{u}$ 均是任意的，在这种情况下泛函极值存在的必要条件为

状态方程： $\dot{\boldsymbol{x}}=\dfrac{\partial H}{\partial \boldsymbol{\lambda}}=f[\boldsymbol{x},\boldsymbol{u},\boldsymbol{t}]$

伴随方程： $\dot{\boldsymbol{\lambda}}=-\dfrac{\partial H}{\partial \boldsymbol{x}}$

控制方程： $\dfrac{\partial H}{\partial \boldsymbol{u}}=0$

横截条件： $\boldsymbol{\lambda}(t_f)=\left[\dfrac{\partial F}{\partial \boldsymbol{x}}+\left(\dfrac{\partial \boldsymbol{N}_1^{\mathrm{T}}}{\partial \boldsymbol{x}}\right)\boldsymbol{v}\right]\Big|_{t=t_f}$

$\left[H+\dfrac{\partial F}{\partial t}+\boldsymbol{v}^{\mathrm{T}}\dfrac{\partial \boldsymbol{N}_1}{\partial t}\right]\Big|_{t=t_f}=0$

终端约束： $\boldsymbol{N}_1[\boldsymbol{x}(t_f),t_f]=0$

总结以上结论，可得如下定理。

定理 6-6 设系统的状态方程是

$$\dot{\boldsymbol{x}}(t)=\boldsymbol{f}[\boldsymbol{x}(t),\boldsymbol{u}(t),t]$$

则为把状态 $\boldsymbol{x}(t)$ 自初始状态 $\boldsymbol{x}(t_0)=\boldsymbol{x}_0$，转移到满足约束条件 $\boldsymbol{N}_1[\boldsymbol{x}(t_f),t_f]=0$ 的终端状态 $\boldsymbol{x}(t_f)$，其中 t_f 固定或可变，并使性能泛函

$$J=F[\boldsymbol{x}(t_f),t_f]+\int_{t_0}^{t_f}L[\boldsymbol{x}(t),\boldsymbol{u}(t),t]\mathrm{d}t$$

取极值，实现最优控制的必要条件是

(1) 最优曲线 $\boldsymbol{x}^*(t)$和最优伴随向量$\boldsymbol{\lambda}^*(t)$满足以下正则方程

$$\dot{\boldsymbol{x}}(t) = \frac{\partial H}{\partial \boldsymbol{\lambda}}$$

$$\dot{\boldsymbol{\lambda}}(t) = -\frac{\partial H}{\partial \boldsymbol{x}}$$

其中,$H[\boldsymbol{x}(t),\boldsymbol{u}(t),\boldsymbol{\lambda}(t),t]=L[\boldsymbol{x}(t),\boldsymbol{u}(t),t]+\boldsymbol{\lambda}^{\mathrm{T}}(t)\boldsymbol{f}[\boldsymbol{x}(t),\boldsymbol{u}(t),t]$。

(2) 最优控制 $\boldsymbol{u}^*(t)$满足控制方程

$$\frac{\partial H}{\partial \boldsymbol{u}} = 0$$

(3) 始端边界条件与终端横截条件

$$\boldsymbol{x}(t_0) = \boldsymbol{x}_0$$

$$\boldsymbol{N}_1[\boldsymbol{x}(t_{\mathrm{f}}),t_{\mathrm{f}}] = 0$$

$$\boldsymbol{\lambda}(t_{\mathrm{f}}) = \left[\frac{\partial F}{\partial \boldsymbol{x}} + \frac{\partial \boldsymbol{N}_1^{\mathrm{T}}}{\partial \boldsymbol{x}}\boldsymbol{v}\right]\bigg|_{t=t_{\mathrm{f}}}$$

其中,$\boldsymbol{\lambda}=[\lambda_1,\lambda_2,\cdots,\lambda_n]^{\mathrm{T}}$,$\boldsymbol{v}=[v_1,v_2,\cdots,v_m]^{\mathrm{T}}$ 为拉格朗日乘子向量。

$$\boldsymbol{N}_1 = [N_{11},N_{12},\cdots,N_{1m}]^{\mathrm{T}}$$

(4) 当终端时间 t_{f} 可变,则还需利用以下终端横截条件确定 t_{f}

$$\left[H + \frac{\partial F}{\partial t} + \boldsymbol{v}^{\mathrm{T}}\frac{\partial \boldsymbol{N}_1}{\partial t}\right]\bigg|_{t=t_{\mathrm{f}}} = 0 \quad (t_{\mathrm{f}}\text{ 时间可变})$$

例 6-7 设一阶系统方程为

$$\dot{x}(t) = u(t)$$

已知 $x(0)=1$,要求 $x(t_{\mathrm{f}})=0$,试求使性能指标

$$J = t_{\mathrm{f}} + \frac{1}{2}\int_0^{t_{\mathrm{f}}} u^2(t)\mathrm{d}t$$

为极小的最优控制 $u^*(t)$,以及相应的最优曲线 $x^*(t)$、最优终端时刻 t_{f}^*、最小指标 J^*,其中,终端时刻 t_{f} 未给定。

解 由题意知

$$F[x(t_{\mathrm{f}}),t_{\mathrm{f}}] = t_{\mathrm{f}}, \quad L(\cdot) = \frac{1}{2}u^2, \quad N_1[x(t_{\mathrm{f}})] = 0$$

构造哈密顿函数

$$H = \frac{1}{2}u^2 + \lambda u$$

由$\dot{\lambda}(t)=-\dfrac{\partial H}{\partial x}=0$,得 $\lambda(t)=a$。

再由

$$\frac{\partial H}{\partial u} = u + \lambda = 0, \quad \frac{\partial^2 H}{\partial u^2} = 1 > 0$$

得

$$u(t) = -\lambda(t) = -a$$

根据状态方程

$$\dot{x}(t)=u=-a$$

得
$$x(t)=-at+b$$

代入 $x(0)=1$，解出

$$x(t)=1-at$$

利用已知的终态条件

$$x(t_f)=1-at_f=0$$

得
$$t_f=1/a$$

最后，根据横截条件

$$H(t_f)=-\frac{\partial F}{\partial t_f}=-1,\quad \frac{1}{2}u^2(t_f)+\lambda(t_f)u(t_f)=-1$$

求得

$$\frac{1}{2}a^2-a^2=-1,\quad a=\sqrt{2}$$

于是最优解如下

$$u^*=-\sqrt{2},\quad x^*(t)=1-\sqrt{2}t$$

$$t_f^*=\sqrt{2}/2,\quad J^*=\sqrt{2}$$

6.3 极大值原理

极大值原理又称为极小值原理，这是由在解最优控制问题中哈密顿函数时求极大值或是极小值而异。所谓极大值原理或极小值原理是求当控制向量受到约束时的最优控制原则，这是经典变分法求泛函极值的扩充，因为用经典变分法不能处理这类问题，所以这种方法又称为现代变分法。

6.3.1 连续系统的极大值原理

在实际的控制系统中，有很多问题要求控制变量或状态变量在某一范围内，不允许它们超出规定的范围，这就对控制变量或状态变量构成不等式约束。例如，$\alpha\leqslant u(t)\leqslant\beta$。在这种情况下，连续系统最优控制问题可描述为

设 n 维系统状态方程

$$\dot{\boldsymbol{x}}(t)=\boldsymbol{f}[\boldsymbol{x}(t),\boldsymbol{u}(t),t] \tag{6-55}$$

式中，$\boldsymbol{x}(t)$——n 维状态向量；

$\boldsymbol{u}(t)$——r 维控制向量；

$\boldsymbol{f}(\cdot)$——n 维向量函数。

始端时间和始端状态

$$\boldsymbol{x}(t_0)=\boldsymbol{x}_0$$

终端时间和终端状态满足约束方程

$$\boldsymbol{N}_1[\boldsymbol{x}(t_f), t_f] = \boldsymbol{0} \tag{6-56}$$

控制向量取值于

$$g[\boldsymbol{x}(t), \boldsymbol{u}(t), t] \geqslant 0 \tag{6-57}$$

满足式(6-55)和式(6-56)的状态曲线 $\boldsymbol{x}(t)$ 称为容许曲线。满足式(6-57)，并使 $\boldsymbol{x}(t)$ 成为容许曲线的分段连续函数 $\boldsymbol{u}(t)$ 称为容许控制，所有的容许控制函数构成容许控制集。

极大值原理讨论的问题就是在容许控制集合中找一个容许控制 $\boldsymbol{u}(t)$，让它与其对应的容许曲线 $\boldsymbol{x}(t)$ 一起使下列性能指标泛函 J 为极小值，即

$$\min J = F[\boldsymbol{x}(t_f), t_f] + \int_{t_0}^{t_f} L[\boldsymbol{x}(t), \boldsymbol{u}(t), t]\mathrm{d}t$$

定理 6-7 设 n 维系统的状态方程为

$$\dot{\boldsymbol{x}}(t) = \boldsymbol{f}[\boldsymbol{x}(t), \boldsymbol{u}(t), t]$$

控制向量 $\boldsymbol{u}(t)$ 是分段连续函数，属于 r 维空间中的有界闭集，应满足

$$g[\boldsymbol{x}(t), \boldsymbol{u}(t), t] \geqslant 0$$

则为把状态 $\boldsymbol{x}(t)$ 的初态

$$\boldsymbol{x}(t_0) = \boldsymbol{x}_0$$

转移到满足终端边界条件

$$\boldsymbol{N}_1[\boldsymbol{x}(t_f), t_f] = \boldsymbol{0}$$

的终端，其中 t_f 可变或固定，并使性能指标泛函

$$J = F[\boldsymbol{x}(t_f), t_f] + \int_{t_0}^{t_f} L[\boldsymbol{x}(t), \boldsymbol{u}(t), t]\mathrm{d}t$$

达极小值。实现最优控制的必要条件是：

(1) 设 $\boldsymbol{u}^*(t)$ 是最优控制，$\boldsymbol{x}^*(t)$ 为由此产生的最优曲线，则存在一与 $\boldsymbol{u}^*(t)$ 和 $\boldsymbol{x}^*(t)$ 对应的最优伴随向量 $\boldsymbol{\lambda}^*(t)$，使 $\boldsymbol{x}^*(t)$ 和 $\boldsymbol{\lambda}^*(t)$ 满足正则方程：

$$\dot{\boldsymbol{x}}(t) = \frac{\partial H}{\partial \boldsymbol{\lambda}} = \boldsymbol{f}[\boldsymbol{x}(t), \boldsymbol{u}(t), t]$$

$$\dot{\boldsymbol{\lambda}}(t) = -\frac{\partial H}{\partial \boldsymbol{x}}$$

其中，哈密顿函数 $H[\boldsymbol{x}(t), \boldsymbol{u}(t), \boldsymbol{\lambda}(t), t] = L[\boldsymbol{x}(t), \boldsymbol{u}(t), t] + \boldsymbol{\lambda}^{\mathrm{T}}\boldsymbol{f}[\boldsymbol{x}(t), \boldsymbol{u}(t), t]$。

(2) 在最优曲线 $\boldsymbol{x}^*(t)$ 上与最优控制 $\boldsymbol{u}^*(t)$ 对应的哈密顿函数为极小值的条件

$$H[\boldsymbol{x}^*(t), \boldsymbol{u}^*(t), \boldsymbol{\lambda}^*(t), t] = \min_{u(t) \in R_u} H[\boldsymbol{x}^*(t), \boldsymbol{u}(t), \boldsymbol{\lambda}^*(t), t]$$

(3) 始端边界条件与终端横截条件：

$$\boldsymbol{x}(t_0) = \boldsymbol{x}_0$$

$$\boldsymbol{N}_1[\boldsymbol{x}(t_f), t_f] = \boldsymbol{0}$$

$$\boldsymbol{\lambda}(t_f) = \left[\frac{\partial F}{\partial \boldsymbol{x}} + \left(\frac{\partial \boldsymbol{N}_1^{\mathrm{T}}}{\partial \boldsymbol{x}}\right)\boldsymbol{v}\right]\Bigg|_{t=t_f}$$

(4) 终端时刻 t_f 可变时，用来确定 t_f 的终端横截条件

$$\left[H+\frac{\partial F}{\partial t}+\boldsymbol{v}^{\mathrm{T}}\frac{\partial \boldsymbol{N}_1}{\partial t}\right]\Bigg|_{t=t_f}=0 \quad (t_f \text{ 可变时使用})$$

极大值原理表明，使性能指标泛函 J 为极小值的控制必定使哈密顿函数 H 为极小值。即最优控制 $\boldsymbol{u}^*(t)$ 使哈密顿函数 H 取极小值，所谓“极小值原理”一词正源于此。这一原理首先是由前苏联学者庞特里雅金等人提出，随后加以严格证明的。在证明过程中 $\boldsymbol{\lambda}$ 和 H 的符号恰好与这里的定义相反，即 $\overline{H}=-H$。因此，

$$\overline{H}[\boldsymbol{x}^*(t),\boldsymbol{u}^*(t),\boldsymbol{\lambda}^*(t),t]=\max_{u(t)\in R_u}\overline{H}[\boldsymbol{x}^*(t),\boldsymbol{u}(t),\boldsymbol{\lambda}^*(t),t]$$

从表面上看极大值原理和经典的变分法对解同类问题只在条件(2)上有差别，前者为

$$\overline{H}[\boldsymbol{x}^*(t),\boldsymbol{u}^*(t),\boldsymbol{\lambda}^*(t),t]=\min_{u(t)\in R_u}H[\boldsymbol{x}^*(t),\boldsymbol{u}(t),\boldsymbol{\lambda}^*(t),t]$$

即对一切 $t\in[t_0,t_f]$，$\boldsymbol{u}(t)$ 取遍 R_u 中的所有点，$\boldsymbol{u}^*(t)$ 使 H 为绝对极小值。而后者的相应条件为 $\frac{\partial H}{\partial \boldsymbol{u}}=0$，即哈密顿函数 H 为 $\boldsymbol{u}^*(t)$ 取驻值。它只能给出 H 函数的局部极值点，对于边界上的极值点无能为力，它仅是前者的一种特例。也就是说在极大值原理中，容许控制条件放宽了。另外，极大值原理不要求哈密顿函数对控制向量的可微性，因而扩大了应用范围。由此可见，极大值原理比经典变分法更具实用价值。

例 6-8　设一阶系统方程为

$$\dot{x}(t)=x(t)-u(t),\quad x(0)=5$$

其中控制约束：$0.5\leqslant u(t)\leqslant 1$。试求使性能指标

$$J=\int_0^1[x(t)+u(t)]\mathrm{d}t$$

为极小的最优控制 $u^*(t)$ 及最优曲线 $x^*(t)$。

解　令哈密顿函数

$$H=x+u+\lambda(x-u)=x(1+\lambda)+u(1-\lambda)$$

由于 H 是 u 的线性函数，根据极大值原理知，使 H 绝对极小就相当于使性能指标极小，因此要求 $u(1-\lambda)$ 极小。因 u 的取值上限为 1，下限为 0.5，故应取

$$u^*(t)=\begin{cases}1, & \lambda>1\\ 0.5, & \lambda<1\end{cases}$$

由协态方程

$$\dot{\lambda}(t)=-\frac{\partial H}{\partial x}=-(1+\lambda)$$

得其解为

$$\lambda(t)=c\mathrm{e}^{-t}-1$$

其中常数 c 待定。

由横截条件

$$\lambda(1) = ce^{-1} - 1 = 0$$

求出

$$c = e$$

于是

$$\lambda(t) = e^{1-t} - 1$$

显然，当 $\lambda(t_s)=1$ 时，$u^*(t)$ 产生切换，其中 t_s 为切换时间。

令 $\lambda(t_s)=e^{1-t_s}-1=1$，得 $t_s=0.307$。故最优控制

$$u^*(t) = \begin{cases} 1, & 0 \leqslant t < 0.307 \\ 0.5, & 0.307 \leqslant t \leqslant 1 \end{cases}$$

将 $u^*(t)$ 代入状态方程，有

$$\dot{x}(t) = \begin{cases} x(t) - 1, & 0 \leqslant t < 0.307 \\ x(t) - 0.5, & 0.307 \leqslant t \leqslant 1 \end{cases}$$

解得

$$x(t) = \begin{cases} c_1 e^t + 1, & 0 \leqslant t < 0.307 \\ c_2 e^t + 0.5, & 0.307 \leqslant t \leqslant 1 \end{cases}$$

代入 $x(0)=5$，求出 $c_1=4$，因而：$x^*(t)=4e^t+1, 0\leqslant t<0.307$。

在上式中，令 $t=0.307$，可以求出 $0.307\leqslant t\leqslant 1$ 时 $x(t)$ 的初态 $x(0.307)=6.44$，从而求得 $c_2=4.37$。于是，最优曲线为

$$x^*(t) = \begin{cases} 4e^t + 1, & 0 \leqslant t < 0.307 \\ 4.37e^t + 0.5, & 0.307 \leqslant t \leqslant 1 \end{cases}$$

6.3.2 离散系统的极大值原理

离散系统最优化问题是最优控制理论和应用的重要部分，一方面是有些实际问题本身就是离散的。比如，数字滤波、经济和资源系统的最优化等问题；另一方面，即使实际问题本身是连续的，但是为了对连续过程实行计算机控制，就需要把时间离散化，从而得到一离散化系统。

为简便起见，可把采样周期 T 当作计时单位。这样一来，采样时刻 $0, T, 2T, \cdots$，可表示成一系列 $0, 1, 2, \cdots$。在这种情况下，设离散系统的状态方程为

$$\boldsymbol{x}(k+1) = \boldsymbol{f}[\boldsymbol{x}(k), \boldsymbol{u}(k), k] \quad k = 0, 1, \cdots, N-1$$

其始端状态满足

$$\boldsymbol{x}(0) = \boldsymbol{x}_0$$

终端时刻和终端状态满足约束方程

$$\boldsymbol{N}_1[\boldsymbol{x}(N), N] = 0$$

控制向量取值于

$$\boldsymbol{u}(k) \in R_u$$

式中，R_u 为容许控制域。

寻找控制序列 $\boldsymbol{u}^*(k),k=0,1,2,\cdots,N-1$,使性能指标

$$J=F[\boldsymbol{x}(N),N]+\sum_{k=0}^{N-1}L[\boldsymbol{x}(k),\boldsymbol{u}(k),k]$$

取极小值。

比较一下连续系统和离散系统中最优控制问题的提法,可以看出,对于连续系统是在时间区间$[t_0,t_f]$上寻求最优控制 $\boldsymbol{u}^*(t)$和相应的最优曲线 $\boldsymbol{x}^*(t)$,使性能指标为最小值。而对于离散系统是在离散时刻 $0,1,\cdots,N$ 上寻求 N 个最优控制向量序列 $\boldsymbol{u}^*(0),\boldsymbol{u}^*(1),\cdots,\boldsymbol{u}^*(N-1)$和相应的 N 个最优状态向量 $\boldsymbol{x}^*(1),\boldsymbol{x}^*(2),\cdots,\boldsymbol{x}^*(N)$,以使性能指标为最小值。和连续系统一样,简称 $\boldsymbol{u}^*(k)(k=0,1,2,\cdots,N-1)$为最优控制,$\boldsymbol{x}^*(k)(k=1,2,\cdots,N)$为最优曲线。

定理 6-8 设离散系统的状态方程为

$$\boldsymbol{x}(k+1)=\boldsymbol{f}[\boldsymbol{x}(k),\boldsymbol{u}(k),k] \tag{6-58}$$

控制向量 $\boldsymbol{u}(k)$有如下不等式约束

$$\boldsymbol{u}(k)\in R_u$$

式中 R_u 为容许控制域。为把状态 $\boldsymbol{x}(k)$自始端状态

$$\boldsymbol{x}(0)=\boldsymbol{x}_0$$

转移到满足终端边界条件

$$\boldsymbol{N}_1[\boldsymbol{x}(N),N]=\boldsymbol{0} \tag{6-59}$$

的终端状态,并使性能指标

$$J=F[\boldsymbol{x}(N),N]+\sum_{k=0}^{N-1}L[\boldsymbol{x}(k),\boldsymbol{u}(k),k] \tag{6-60}$$

取极小值实现最优控制的必要条件是:

(1) 最优状态向量序列 $\boldsymbol{x}^*(k)$和最优伴随向量序列$\boldsymbol{\lambda}^*(k)$满足下列差分方程,即正则方程

$$\boldsymbol{x}(k+1)=\frac{\partial H[\boldsymbol{x}(k),\boldsymbol{u}(k),\boldsymbol{\lambda}(k+1),k]}{\partial\boldsymbol{\lambda}(k+1)}=\boldsymbol{f}[\boldsymbol{x}(k),\boldsymbol{u}(k),k]$$

$$\boldsymbol{\lambda}(k)=\frac{\partial H[\boldsymbol{x}(k),\boldsymbol{u}(k),\boldsymbol{\lambda}(k+1),k]}{\partial\boldsymbol{x}(k)}$$

其中,离散哈密顿函数

$$H[\boldsymbol{x}(k),\boldsymbol{u}(k),\boldsymbol{\lambda}(k+1),k]=L[\boldsymbol{x}(k),\boldsymbol{u}(k),k]+\boldsymbol{\lambda}^{\mathrm{T}}(k+1)\boldsymbol{f}[\boldsymbol{x}(k),\boldsymbol{u}(k),k] \tag{6-61}$$

(2) 始端边界条件与终端横截条件

$$\boldsymbol{x}(0)=\boldsymbol{x}_0$$

$$\boldsymbol{N}_1[\boldsymbol{x}(N),N]=\boldsymbol{0}$$

$$\boldsymbol{\lambda}(N)=\frac{\partial F}{\partial\boldsymbol{x}(N)}+\frac{\partial\boldsymbol{N}_1^{\mathrm{T}}}{\partial\boldsymbol{x}(N)}\boldsymbol{v}$$

(3) 离散哈密顿函数对最优控制 $\boldsymbol{u}^*(k)(k=0,1,2,\cdots,N-1)$取极小值

$$H[\boldsymbol{x}^*(k),\boldsymbol{u}^*(k),\boldsymbol{\lambda}^*(k+1),k]=\min_{u(k)\in R_u}H[\boldsymbol{x}^*(k),\boldsymbol{u}(k),\boldsymbol{\lambda}^*(k+1),k] \quad (6\text{-}62)$$

若控制向量序列$\boldsymbol{u}(k)$无约束,即没有容许控制域的约束,$\boldsymbol{u}(k)$可在整个控制域中取值,则上述的必要条件(3)的极值条件为

$$\frac{\partial H[\boldsymbol{x}(k),\boldsymbol{u}(k),\boldsymbol{\lambda}(k+1),k]}{\partial \boldsymbol{u}(k)}=0$$

其中,上列各式中,$k=0,1,2,\cdots,N-1$。

若始端状态给定$\boldsymbol{x}(0)=\boldsymbol{x}_0$,而终端状态自由,此时定理6-8中始端边界条件与终端横截条件变为

$$\boldsymbol{x}(0)=\boldsymbol{x}_0$$

$$\boldsymbol{\lambda}(N)=\frac{\partial F}{\partial \boldsymbol{x}(N)}$$

该定理表明,离散系统最优化问题归结为求解一个离散两点边值问题,且使离散性能指标泛函式(6-60)为极小与使哈密顿函数式(6-61)为极小是等价的,因为$\boldsymbol{u}^*(k)$是在所有容许控制域$\boldsymbol{u}(k)$中能使H为最小值的最优控制。因此,对上述离散极大值定理的理解与连续极大值原理一样。

例 6-9 设离散系统状态方程为

$$\boldsymbol{x}(k+1)=\begin{bmatrix}1 & 0.1\\0 & 1\end{bmatrix}\boldsymbol{x}(k)+\begin{bmatrix}0\\0.1\end{bmatrix}u(k)$$

已知边界条件

$$\boldsymbol{x}(0)=\begin{bmatrix}1\\0\end{bmatrix},\quad \boldsymbol{x}(2)=\begin{bmatrix}0\\0\end{bmatrix}$$

试用离散极大值原理求最优控制序列,使性能指标

$$J=0.05\sum_{k=0}^{1}u^2(k)$$

取极小值,并求最优曲线序列。

解 构造离散哈密顿函数

$$H(k)=0.05u^2(k)+\lambda_1(k+1)[x_1(k)+0.1x_2(k)]+\lambda_2(k+1)[x_2(k)+0.1u(k)]$$

其中,$\lambda_1(k+1)$和$\lambda_2(k+1)$为待定拉格朗日乘子序列。

由伴随方程,有

$$\lambda_1(k)=\frac{\partial H(k)}{\partial x_1(k)}=\lambda_1(k+1),\lambda_2(k)=\frac{\partial H(k)}{\partial x_2(k)}=0.1\lambda_1(k+1)+\lambda_2(k+1)$$

所以

$$\lambda_1(0)=\lambda_1(1),\quad \lambda_2(0)=0.1\lambda_1(1)+\lambda_2(1)$$

$$\lambda_1(1)=\lambda_1(2),\quad \lambda_2(1)=0.1\lambda_1(2)+\lambda_2(2)$$

由极值条件

$$\frac{\partial H(k)}{\partial u(k)}=0.1u(k)+0.1\lambda_2(k+1)=0,\frac{\partial^2 H(k)}{\partial u^2(k)}=0.1>0$$

故

$$u(k)=-\lambda_2(k+1)$$

可使 $H(k)=\min$。令 $k=0$ 和 $k=1$，得

$$u(0)=-\lambda_2(1),\quad u(1)=-\lambda_2(2)$$

将 $u(k)$ 表达式代入状态方程，可得

$$x_1(k+1)=x_1(k)+0.1x_2(k),x_2(k+1)=x_2(k)-0.1\lambda_2(k+1)$$

令 k 分别等于 0 和 1，有

$$x_1(1)=x_1(0)+0.1x_2(0),\quad x_2(1)=x_2(0)-0.1\lambda_2(1)$$

$$x_1(2)=x_1(1)+0.1x_2(1),\quad x_2(2)=x_2(1)-0.1\lambda_2(2)$$

由已知边界条件

$$x_1(0)=1,\quad x_2(0)=0$$

$$x_1(2)=0,\quad x_2(2)=0$$

不难解出最优解

$$u^*(0)=-100,\quad u^*(1)=100$$

$$\boldsymbol{x}^*(0)=\begin{bmatrix}1\\0\end{bmatrix},\quad \boldsymbol{x}^*(1)=\begin{bmatrix}1\\-10\end{bmatrix},\quad \boldsymbol{x}^*(2)=\begin{bmatrix}0\\0\end{bmatrix}$$

$$\boldsymbol{\lambda}(0)=\begin{bmatrix}2000\\300\end{bmatrix},\quad \boldsymbol{\lambda}(1)=\begin{bmatrix}2000\\100\end{bmatrix},\quad \boldsymbol{\lambda}(2)=\begin{bmatrix}2000\\-100\end{bmatrix}$$

6.4　线性二次型最优控制问题

对于线性系统，若取状态变量和控制变量的二次型函数的积分作为性能指标函数，则这种动态系统最优问题称为线性系统二次型性能指标的最优控制问题，简称线性二次型问题。由于线性二次型问题的最优解具有统一的解析表达式，且可导致一个简单的线性状态反馈控制律，构成闭环最优反馈控制，便于工程实现，因而在实际工程问题中得到了广泛应用。

6.4.1　线性二次型问题

设线性时变系统的状态空间表达式为

$$\begin{cases}\dot{\boldsymbol{x}}(t)=\boldsymbol{A}(t)\boldsymbol{x}(t)+\boldsymbol{B}(t)\boldsymbol{u}(t),\quad \boldsymbol{x}(t_0)=\boldsymbol{x}_0\\ \boldsymbol{y}(t)=\boldsymbol{C}(t)\boldsymbol{x}(t)\end{cases}\tag{6-63}$$

式中，$\boldsymbol{x}(t)$——n 维状态向量；

$\boldsymbol{u}(t)$——r 维控制向量，且不受约束；

$\boldsymbol{y}(t)$——m 维输出向量；$0<m\leqslant r\leqslant n$；

$\boldsymbol{A}(t),\boldsymbol{B}(t),\boldsymbol{C}(t)$——分别是 $n\times n,n\times r,m\times n$ 维时变矩阵，在特殊情况下可

以是常数矩阵。若无特别指明，本节中沿用此定义。

在工程实践中，总希望设计一个系统，使其输出 $\boldsymbol{y}(t)$尽量接近理想输出$\boldsymbol{y}_r(t)$，为此定义误差向量

$$\boldsymbol{e}(t)=\boldsymbol{y}_r(t)-\boldsymbol{y}(t) \tag{6-64}$$

因此最优控制的目的通常是设法寻找一个控制向量 $\boldsymbol{u}(t)$使误差向量 $\boldsymbol{e}(t)$最小。由于假设控制向量$\boldsymbol{u}(t)$不受约束，$\boldsymbol{e}(t)$趋于极小有可能导致$\boldsymbol{u}(t)$极大，这在工程上意味着控制能量过大以至无法实现，把这一因素考虑在内，对控制能量加以约束。另外，如果实际问题中对终态控制精度要求甚严，应突出此种要求。关于以上问题，一般可用下面的泛函表示二次型性能指标

$$J=\frac{1}{2}\boldsymbol{e}^{\mathrm{T}}(t_f)\boldsymbol{F}\boldsymbol{e}(t_f)+\frac{1}{2}\int_{t_0}^{t_f}[\boldsymbol{e}^{\mathrm{T}}(t)\boldsymbol{Q}(t)\boldsymbol{e}(t)+\boldsymbol{u}^{\mathrm{T}}(t)\boldsymbol{R}(t)\boldsymbol{u}(t)]\mathrm{d}t \tag{6-65}$$

式中，$\boldsymbol{F}$——正半定 $m\times m$ 常值矩阵；

$\boldsymbol{Q}(t)$——正半定 $m\times m$ 对称矩阵；

$\boldsymbol{R}(t)$——正定 $r\times r$ 对称矩阵。终端时刻 t_f 固定。要求确定最优控制 $\boldsymbol{u}^*(t)$，使性能指标式(6-65)极小。

上述分析表明，使二次型指标式(6-65)极小的物理意义是：使系统在整个控制过程中的动态跟踪误差与控制能量消耗，以及控制过程结束时的终端跟踪误差综合最优。

本节根据 $\boldsymbol{C}(t)$矩阵和理想输出 $\boldsymbol{y}_r(t)$的不同情况，将线性二次型最优控制问题按以下三种类型分别进行讨论。

6.4.2 状态调节器

在系统状态空间表达式式(6-63)和二次型性能指标式(6-65)中，如果满足$\boldsymbol{C}(t)=\boldsymbol{I}$，$\boldsymbol{y}_r(t)=0$，则有

$$\boldsymbol{e}(t)=-\boldsymbol{y}(t)=-\boldsymbol{x}(t)$$

从而性能指标式(6-65)演变为

$$J=\frac{1}{2}\boldsymbol{x}^{\mathrm{T}}(t_f)\boldsymbol{F}\boldsymbol{x}(t_f)+\frac{1}{2}\int_{t_0}^{t_f}[\boldsymbol{x}^{\mathrm{T}}(t)\boldsymbol{Q}(t)\boldsymbol{x}(t)+\boldsymbol{u}^{\mathrm{T}}(t)\boldsymbol{R}(t)\boldsymbol{u}(t)]\mathrm{d}t \tag{6-66}$$

式中，$\boldsymbol{F}$——正半定 $n\times n$ 常值矩阵；

$\boldsymbol{Q}(t)$——正半定 $n\times n$ 对称矩阵；

$\boldsymbol{R}(t)$——正定 $r\times r$ 对称矩阵。$\boldsymbol{Q}(t)$，$\boldsymbol{R}(t)$在$[t_0,t_f]$上均连续有界，终端时刻 t_f 固定。

当系统式(6-63)受扰偏离原零平衡状态时，要求产生一控制向量，使系统状态 $\boldsymbol{x}(t)$恢复到原平衡状态附近，并使性能指标式(6-66)极小。因而，称为状态调节器问题。

下面按终端时刻 t_f 有限或无限，将状态调节器问题分为有限时间的状态调节

器问题和无限时间的状态调节器问题。

1. 有限时间的状态调节器

如果系统是线性时变的，终端时刻 t_f 是有限的，则这样的状态调节器称为有限时间状态调节器，其最优解由如下定理给出。

定理 6-9　设线性时变系统的状态方程如式(6-63)所示。使性能指标式(6-66)极小的最优控制 $\boldsymbol{u}^*(t)$ 存在的充分必要条件为

$$\boldsymbol{u}^*(t) = -\boldsymbol{R}^{-1}(t)\boldsymbol{B}^{\mathrm{T}}(t)\boldsymbol{P}(t)\boldsymbol{x}(t) \tag{6-67}$$

最优性能指标为

$$J^* = \frac{1}{2}\boldsymbol{x}^{\mathrm{T}}(t_0)\boldsymbol{P}(t_0)\boldsymbol{x}(t_0)$$

其中，$\boldsymbol{P}(t)$—$n\times n$ 维对称非负定矩阵，满足下列黎卡提(Riccati)矩阵微分方程

$$-\dot{\boldsymbol{P}}(t) = \boldsymbol{P}(t)\boldsymbol{A}(t) + \boldsymbol{A}^{\mathrm{T}}(t)\boldsymbol{P}(t) - \boldsymbol{P}(t)\boldsymbol{B}(t)\boldsymbol{R}^{-1}(t)\boldsymbol{B}^{\mathrm{T}}(t)\boldsymbol{P}(t) + \boldsymbol{Q}(t) \tag{6-68}$$

其终端边界条件

$$\boldsymbol{P}(t_f) = \boldsymbol{F} \tag{6-69}$$

而最优曲线 $\boldsymbol{x}^*(t)$，则是下列线性向量微分方程的解：

$$\dot{\boldsymbol{x}}(t) = [\boldsymbol{A}(t) - \boldsymbol{B}(t)\boldsymbol{R}^{-1}(t)\boldsymbol{B}^{\mathrm{T}}(t)\boldsymbol{P}(t)]\boldsymbol{x}(t), \quad \boldsymbol{x}(t_0) = \boldsymbol{x}_0 \tag{6-70}$$

证明　充分性：若式(6-67)成立，需证明 $\boldsymbol{u}^*(t)$ 必为最优控制。

根据连续动态规划法中的哈密顿-雅可比方程

$$-\frac{\partial J^*[\boldsymbol{x}(t),t]}{\partial t} = \min_{u(t)}\left\{L[\boldsymbol{x}(t),\boldsymbol{u},t] + \left[\frac{\partial J^*[\boldsymbol{x}(t),t]}{\partial \boldsymbol{x}(t)}\right]^{\mathrm{T}}\boldsymbol{f}[\boldsymbol{x}(t),\boldsymbol{u}(t),t]\right\} \tag{6-71}$$

这里

$$\dot{\boldsymbol{x}}(t) = \boldsymbol{f}[\boldsymbol{x}(t),\boldsymbol{u}(t),t] = \boldsymbol{A}(t)\boldsymbol{x}(t) + \boldsymbol{B}(t)\boldsymbol{u}(t) \tag{6-72}$$

$$L[\boldsymbol{x}(t),\boldsymbol{u}(t),t] = \frac{1}{2}\boldsymbol{x}^{\mathrm{T}}(t)\boldsymbol{Q}(t)\boldsymbol{x}(t) + \frac{1}{2}\boldsymbol{u}^{\mathrm{T}}(t)\boldsymbol{R}(t)\boldsymbol{u}(t)$$

将其代入式(6-71)，有

$$\begin{aligned}-\frac{\partial J^*[\boldsymbol{x}(t),t]}{\partial t} = \min_{u(t)}\Bigg\{&\frac{1}{2}\boldsymbol{x}^{\mathrm{T}}(t)\boldsymbol{Q}(t)\boldsymbol{x}(t) + \frac{1}{2}\boldsymbol{u}^{\mathrm{T}}(t)\boldsymbol{R}(t)\boldsymbol{u}(t)\\ &+\left[\frac{\partial J^*[\boldsymbol{x}(t),t]}{\partial \boldsymbol{x}(t)}\right]^{\mathrm{T}}[\boldsymbol{A}(t)\boldsymbol{x}(t) + \boldsymbol{B}(t)\boldsymbol{u}(t)]\Bigg\}\end{aligned} \tag{6-73}$$

将式(6-73)两边分别对 $\boldsymbol{u}(t)$ 求偏导，考虑到 $J^*[\boldsymbol{x}(t),t]$ 仅依赖于 $\boldsymbol{x}(t)$ 和 t，则有

$$\boldsymbol{0} = \boldsymbol{R}(t)\boldsymbol{u}(t) + \boldsymbol{B}^{\mathrm{T}}(t)\frac{\partial J^*[\boldsymbol{x}(t),t]}{\partial \boldsymbol{x}(t)}$$

即

$$\boldsymbol{u}^*(t)=-\boldsymbol{R}^{-1}(t)\boldsymbol{B}^{\mathrm{T}}(t)\frac{\partial J^*[\boldsymbol{x}(t),t]}{\partial \boldsymbol{x}(t)} \tag{6-74}$$

将式(6-74)代入式(6-73)有

$$\begin{aligned}
-\frac{\partial J^*[\boldsymbol{x}(t),t]}{\partial t}&=\frac{1}{2}\boldsymbol{x}^{\mathrm{T}}(t)\boldsymbol{Q}(t)\boldsymbol{x}(t)+\frac{1}{2}\left[\frac{\partial J^*[\boldsymbol{x}(t),t]}{\partial \boldsymbol{x}(t)}\right]^{\mathrm{T}}\boldsymbol{B}(t)\boldsymbol{R}^{-1}(t)\boldsymbol{B}^{\mathrm{T}}(t)\frac{\partial J^*[\boldsymbol{x}(t),t]}{\partial \boldsymbol{x}(t)}\\
&\quad+\boldsymbol{x}^{\mathrm{T}}(t)\boldsymbol{A}^{\mathrm{T}}(t)\frac{\partial J^*[\boldsymbol{x}(t),t]}{\partial \boldsymbol{x}(t)}\\
&\quad-\left[\frac{\partial J^*[\boldsymbol{x}(t),t]}{\partial \boldsymbol{x}(t)}\right]^{\mathrm{T}}\boldsymbol{B}(t)\boldsymbol{R}^{-1}(t)\boldsymbol{B}^{\mathrm{T}}(t)\frac{\partial J^*[\boldsymbol{x}(t),t]}{\partial \boldsymbol{x}(t)}\\
&=\frac{1}{2}\boldsymbol{x}^{\mathrm{T}}(t)\boldsymbol{Q}(t)\boldsymbol{x}(t)-\frac{1}{2}\left[\frac{\partial J^*[\boldsymbol{x}(t),t]}{\partial \boldsymbol{x}(t)}\right]^{\mathrm{T}}\boldsymbol{B}(t)\boldsymbol{R}^{-1}(t)\boldsymbol{B}^{\mathrm{T}}(t)\frac{\partial J^*[\boldsymbol{x}(t),t]}{\partial \boldsymbol{x}(t)}\\
&\quad+\boldsymbol{x}^{\mathrm{T}}(t)\boldsymbol{A}^{\mathrm{T}}(t)\frac{\partial J^*[\boldsymbol{x}(t),t]}{\partial \boldsymbol{x}(t)}
\end{aligned} \tag{6-75}$$

由于性能指标函数是二次型的，所以可以假设其解具有如下形式，即

$$J^*[\boldsymbol{x}(t),t]=\frac{1}{2}\boldsymbol{x}^{\mathrm{T}}(t)\boldsymbol{P}(t)\boldsymbol{x}(t) \tag{6-76}$$

式中，$\boldsymbol{P}(t)$是$n\times n$对称矩阵。

利用矩阵和向量的微分公式

$$\begin{cases}
\dfrac{\partial}{\partial t}[\boldsymbol{x}^{\mathrm{T}}(t)\boldsymbol{P}(t)\boldsymbol{x}(t)]=\boldsymbol{x}^{\mathrm{T}}(t)\dot{\boldsymbol{P}}(t)\boldsymbol{x}(t)\\
\dfrac{\partial}{\partial \boldsymbol{x}}[\boldsymbol{x}^{\mathrm{T}}(t)\boldsymbol{P}(t)\boldsymbol{x}(t)]=2\boldsymbol{x}^{\mathrm{T}}(t)\boldsymbol{P}(t)=2\boldsymbol{P}(t)\boldsymbol{x}(t)
\end{cases}$$

可得

$$\left.\begin{aligned}
\frac{\partial J^*[\boldsymbol{x}(t),t]}{\partial t}&=\frac{1}{2}\boldsymbol{x}^{\mathrm{T}}(t)\dot{\boldsymbol{P}}(t)\boldsymbol{x}(t)\\
\frac{\partial J^*[\boldsymbol{x}(t),t]}{\partial \boldsymbol{x}}&=\boldsymbol{P}(t)\boldsymbol{x}(t)
\end{aligned}\right\} \tag{6-77}$$

式(6-75)可写成

$$\begin{aligned}
-\frac{1}{2}\boldsymbol{x}^{\mathrm{T}}(t)\dot{\boldsymbol{P}}(t)\boldsymbol{x}(t)=&\frac{1}{2}\boldsymbol{x}^{\mathrm{T}}(t)\boldsymbol{Q}(t)\boldsymbol{x}(t)-\frac{1}{2}\boldsymbol{x}^{\mathrm{T}}(t)\boldsymbol{P}(t)\boldsymbol{B}(t)\boldsymbol{R}^{-1}(t)\boldsymbol{B}^{\mathrm{T}}(t)\boldsymbol{P}(t)\boldsymbol{x}(t)\\
&+\boldsymbol{x}^{\mathrm{T}}(t)\boldsymbol{A}^{\mathrm{T}}(t)\boldsymbol{P}(t)\boldsymbol{x}(t)
\end{aligned} \tag{6-78}$$

因式(6-78)是一个二次型函数，故可写成

$$\frac{1}{2}\boldsymbol{x}^{\mathrm{T}}(t)[\dot{\boldsymbol{P}}(t)+\boldsymbol{Q}(t)-\boldsymbol{P}(t)\boldsymbol{B}(t)\boldsymbol{R}^{-1}(t)\boldsymbol{B}^{\mathrm{T}}(t)\boldsymbol{P}(t)+2\boldsymbol{A}^{\mathrm{T}}(t)\boldsymbol{P}(t)]\boldsymbol{x}(t)=0 \tag{6-79}$$

又因

$$\boldsymbol{A}^{\mathrm{T}}(t)\boldsymbol{P}(t)=\frac{1}{2}[\boldsymbol{A}^{\mathrm{T}}(t)\boldsymbol{P}(t)+\boldsymbol{P}(t)\boldsymbol{A}(t)]$$

将其代入式(6-79)，则有

$$\frac{1}{2}\boldsymbol{x}^{\mathrm{T}}(t)[\dot{\boldsymbol{P}}(t)+\boldsymbol{Q}(t)-\boldsymbol{P}(t)\boldsymbol{B}(t)\boldsymbol{R}^{-1}(t)\boldsymbol{B}^{\mathrm{T}}(t)\boldsymbol{P}(t)+\boldsymbol{P}(t)\boldsymbol{A}(t)+\boldsymbol{A}^{\mathrm{T}}(t)\boldsymbol{P}(t)]\boldsymbol{x}(t)=0$$

对于非零$\boldsymbol{x}(t)$，矩阵$\boldsymbol{P}(t)$应满足如下黎卡提方程：

$$\dot{\boldsymbol{P}}(t)+\boldsymbol{P}(t)\boldsymbol{A}(t)+\boldsymbol{A}^{\mathrm{T}}(t)\boldsymbol{P}(t)-\boldsymbol{P}(t)\boldsymbol{B}(t)\boldsymbol{R}^{-1}(t)\boldsymbol{B}^{\mathrm{T}}(t)\boldsymbol{P}(t)+\boldsymbol{Q}(t)=0$$

这是一个非线性矩阵微分方程，其边界条件推导如下：

当 $t=t_{\mathrm{f}}$ 时，由式(6-66)和式(6-76)，得

$$J^{*}[\boldsymbol{x}(t_{\mathrm{f}}),t_{\mathrm{f}}]=\frac{1}{2}\boldsymbol{x}^{\mathrm{T}}(t_{\mathrm{f}})\boldsymbol{F}\boldsymbol{x}(t_{\mathrm{f}})=\frac{1}{2}\boldsymbol{x}^{\mathrm{T}}(t_{\mathrm{f}})\boldsymbol{P}(t_{\mathrm{f}})\boldsymbol{x}(t_{\mathrm{f}})$$

从而可得终端边界条件为

$$\boldsymbol{P}(t_{\mathrm{f}})=\boldsymbol{F}$$

最优控制由式(6-74)和式(6-77)得

$$\boldsymbol{u}^{*}(t)=-\boldsymbol{R}^{-1}(t)\boldsymbol{B}^{\mathrm{T}}(t)\boldsymbol{P}(t)\boldsymbol{x}(t) \tag{6-80}$$

最优曲线由式(6-72)和式(6-80)可得

$$\dot{\boldsymbol{x}}^{*}(t)=[\boldsymbol{A}(t)-\boldsymbol{B}(t)\boldsymbol{R}^{-1}(t)\boldsymbol{B}^{\mathrm{T}}(t)\boldsymbol{P}(t)]\boldsymbol{x}^{*}(t)$$

性能指标极小值为

$$J^{*}=\frac{1}{2}\boldsymbol{x}^{\mathrm{T}}(t_0)\boldsymbol{P}(t_0)\boldsymbol{x}(t_0)$$

必要性：若 $\boldsymbol{u}^{*}(t)$ 为最优控制，需证明式(6-67)成立。

因 $\boldsymbol{u}^{*}(t)$ 为最优控制，故必满足极大值原理。构造哈密顿函数

$$\begin{aligned}H[\boldsymbol{x}(t),\boldsymbol{u}(t),\boldsymbol{\lambda}(t),t]=&\frac{1}{2}\boldsymbol{x}^{\mathrm{T}}(t)\boldsymbol{Q}(t)\boldsymbol{x}(t)+\frac{1}{2}\boldsymbol{u}^{\mathrm{T}}(t)\boldsymbol{R}(t)\boldsymbol{u}(t)\\&+\boldsymbol{\lambda}^{\mathrm{T}}(t)\boldsymbol{A}(t)\boldsymbol{x}(t)+\boldsymbol{\lambda}^{\mathrm{T}}(t)\boldsymbol{B}(t)\boldsymbol{u}(t)\end{aligned}$$

由极值条件

$$\frac{\partial \boldsymbol{H}}{\partial \boldsymbol{u}(t)}=\boldsymbol{R}(t)\boldsymbol{u}(t)+\boldsymbol{B}^{\mathrm{T}}(t)\boldsymbol{\lambda}(t)=0,\quad \frac{\partial^2 \boldsymbol{H}}{\partial \boldsymbol{u}^2(t)}=\boldsymbol{R}(t)>0$$

故

$$\boldsymbol{u}^{*}(t)=-\boldsymbol{R}^{-1}(t)\boldsymbol{B}^{\mathrm{T}}(t)\boldsymbol{P}(t)\boldsymbol{x}(t) \tag{6-81}$$

可使哈密顿函数极小。

再由正则方程

$$\dot{\boldsymbol{x}}(t)=\frac{\partial \boldsymbol{H}}{\partial \boldsymbol{\lambda}(t)}=\boldsymbol{A}(t)\boldsymbol{x}(t)-\boldsymbol{B}(t)\boldsymbol{R}^{-1}(t)\boldsymbol{B}^{\mathrm{T}}(t)\boldsymbol{\lambda}(t) \tag{6-82}$$

$$\dot{\boldsymbol{\lambda}}(t)=-\frac{\partial \boldsymbol{H}}{\partial \boldsymbol{x}(t)}=-\boldsymbol{Q}(t)\boldsymbol{x}(t)-\boldsymbol{A}^{\mathrm{T}}(t)\boldsymbol{\lambda}(t) \tag{6-83}$$

因终端 $\boldsymbol{x}(t_{\mathrm{f}})$ 自由，所以横截条件为

$$\boldsymbol{\lambda}(t_{\mathrm{f}})=\frac{\partial}{\partial \boldsymbol{x}(t_{\mathrm{f}})}\left[\frac{1}{2}\boldsymbol{x}^{\mathrm{T}}(t_{\mathrm{f}})\boldsymbol{F}\boldsymbol{x}(t_{\mathrm{f}})\right]=\boldsymbol{F}\boldsymbol{x}(t_{\mathrm{f}}) \tag{6-84}$$

由于在式(6-84)中，$\boldsymbol{\lambda}(t_{\mathrm{f}})$ 与 $\boldsymbol{x}(t_{\mathrm{f}})$ 存在线性关系，且正则方程又是线性的，因此可以假设

$$\boldsymbol{\lambda}(t)=\boldsymbol{P}(t)\boldsymbol{x}(t) \tag{6-85}$$

其中，$\boldsymbol{P}(t)$ 为待定矩阵。

对式(6-85)求导，得

$$\dot{\boldsymbol{\lambda}}(t)=\dot{\boldsymbol{P}}(t)\boldsymbol{x}(t)+\boldsymbol{P}(t)\dot{\boldsymbol{x}}(t) \tag{6-86}$$

根据式(6-82)、式(6-85)和式(6-86)，得

$$\dot{\boldsymbol{\lambda}}(t)=[\dot{\boldsymbol{P}}(t)+\boldsymbol{P}(t)\boldsymbol{A}(t)-\boldsymbol{P}(t)\boldsymbol{B}(t)\boldsymbol{R}^{-1}(t)\boldsymbol{B}^{\mathrm{T}}(t)\boldsymbol{P}(t)]\boldsymbol{x}(t) \tag{6-87}$$

将式(6-85)代入式(6-83)中，可得

$$\dot{\boldsymbol{\lambda}}(t)=-[\boldsymbol{Q}(t)+\boldsymbol{A}^{\mathrm{T}}(t)\boldsymbol{P}(t)]\boldsymbol{x}(t) \tag{6-88}$$

比较式(6-87)和式(6-88)，即证得黎卡提方程式(6-68)成立。

在式(6-85)中，令 $t=t_{\mathrm{f}}$，有

$$\boldsymbol{\lambda}(t_{\mathrm{f}})=\boldsymbol{P}(t_{\mathrm{f}})\boldsymbol{x}(t_{\mathrm{f}}) \tag{6-89}$$

比较式(6-89)和式(6-84)，可证得黎卡提方程的边界条件式(6-69)成立。

因 $\boldsymbol{P}(t)$可解，将式(6-85)代入式(6-81)，证得 $\boldsymbol{u}^*(t)$表达式(6-67)成立。

显然，将式(6-67)代入式(6-63)得式(6-70)最优闭环系统方程，其解必为最优曲线 $\boldsymbol{x}^*(t)$。

由此可见，从二次型性能指标函数得出的最优控制是一状态反馈形式。

应该指出的是，对于有限时间状态调节器，上述定理推导过程中，对系统的稳定性、能控性或能观测性均无任何要求。在$[t_0,t_{\mathrm{f}}]$有限时，使二次型性能指标为最小的控制是状态线性反馈。然而只要其控制区间是有限的，此种线性反馈系统总是时变的。甚至当系统为定常时，即 $\boldsymbol{Q},\boldsymbol{R},\boldsymbol{A},\boldsymbol{B}$ 均为常值矩阵时，这种线性反馈系统仍为时变的。

例 6-10 设系统状态方程为

$$\begin{cases}\dot{x}_1(t)=x_2(t)\\ \dot{x}_2(t)=u(t)\end{cases}$$

初始条件为

$$x_1(0)=1,\quad x_2(0)=0$$

性能指标为

$$J=\frac{1}{2}\int_0^{t_{\mathrm{f}}}[x_1^2(t)+u^2(t)]\mathrm{d}t$$

其中，t_{f} 为某一给定值。试求最优控制 $u^*(t)$使 J 极小。

解 由题意得

$$\boldsymbol{A}=\begin{bmatrix}0&1\\0&0\end{bmatrix},\quad \boldsymbol{b}=\begin{bmatrix}0\\1\end{bmatrix},\quad F=0,\quad \boldsymbol{Q}=\begin{bmatrix}1&0\\0&0\end{bmatrix},\quad R=1$$

由黎卡提方程

$$-\dot{\boldsymbol{P}}(t)=\boldsymbol{P}(t)\boldsymbol{A}+\boldsymbol{A}^{\mathrm{T}}\boldsymbol{P}(t)-\boldsymbol{P}(t)\boldsymbol{b}R^{-1}\boldsymbol{b}^{\mathrm{T}}\boldsymbol{P}(t)+\boldsymbol{Q},\quad P(t_{\mathrm{f}})=F$$

并令

$$\boldsymbol{P}(t)=\begin{bmatrix}p_{11}(t)&p_{12}(t)\\p_{21}(t)&p_{22}(t)\end{bmatrix}$$

得下列微分方程组及相应的边界条件

$$\dot{p}_{11}(t)=-1+p_{12}^2(t), \qquad p_{11}(t_f)=0$$

$$\dot{p}_{12}(t)=-p_{11}(t)+p_{12}(t)p_{22}(t), \qquad p_{12}(t_f)=0$$

$$\dot{p}_{22}(t)=-2p_{12}(t)+p_{22}^2(t), \qquad p_{22}(t_f)=0$$

利用计算机逆时间方向求解上述微分方程组，可以得到 $\boldsymbol{P}(t)$，$t\in[0,t_f]$。

最优控制为

$$u^*(t)=-R^{-1}\boldsymbol{b}^{\mathrm{T}}\boldsymbol{Px}(t)=-p_{12}(t)x_1(t)-p_{22}(t)x_2(t)$$

其中，$p_{12}(t)$和 $p_{22}(t)$是随时间变化的曲线，如图 6-7 所示。由于反馈系数 $p_{12}(t)$ 和 $p_{22}(t)$都是时变的，在设计系统时，需离线算出 $p_{12}(t)$和 $p_{22}(t)$的值，并存储于计算机内，以便实现控制时调用。

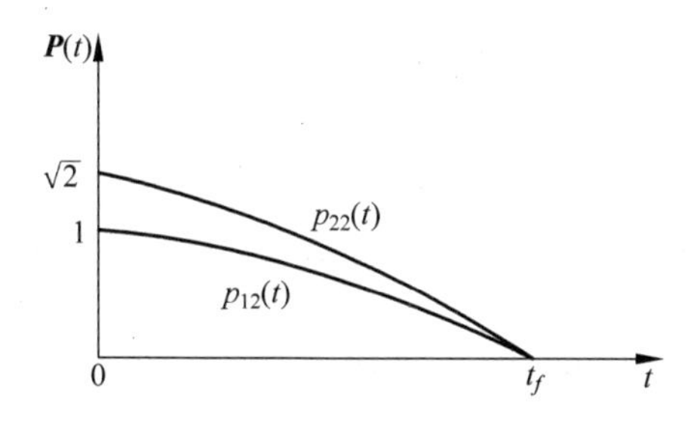

图 6-7　黎卡提方程解曲线

最优控制系统的结构图如图 6-8 所示。

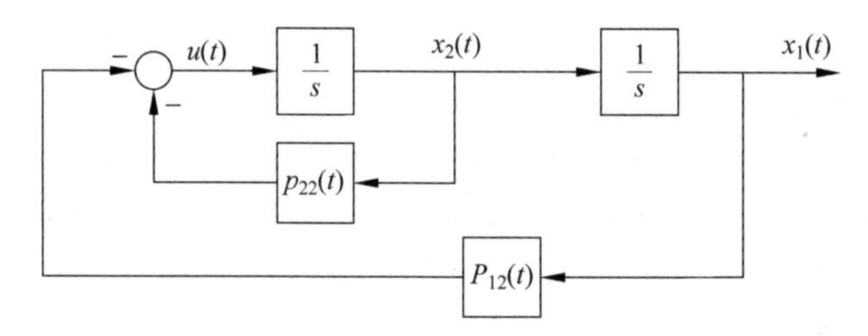

图 6-8　最优控制系统结构图

2. 无限时间状态调节器

如果终端时刻 $t_f\to\infty$，系统及性能指标中的各矩阵均为常值矩阵，则这样的状态调节器称为无限时间状态调节器。若系统受扰偏离原平衡状态后，希望系统能最优地恢复到原平衡状态不产生稳态误差，则必须采用无限时间状态调节器。

定理 6-10　设完全能控的线性定常系统的状态方程如式(6-63)所示，二次型性能指标为

$$J = \frac{1}{2}\int_0^{\infty} [\boldsymbol{x}^{\mathrm{T}}(t)\boldsymbol{Q}\boldsymbol{x}(t) + \boldsymbol{u}^{\mathrm{T}}(t)\boldsymbol{R}\boldsymbol{u}(t)]\mathrm{d}t \tag{6-90}$$

式中，$\boldsymbol{Q}$——正半定 $n\times n$ 常值矩阵，且$(\boldsymbol{A},\boldsymbol{Q}^{1/2})$能观测；

$\boldsymbol{R}$——正定 $r\times r$ 对称常值矩阵。

使性能指标式(6-90)极小的最优控制$\boldsymbol{u}^*(t)$存在，且惟一地由下式确定

$$\boldsymbol{u}^*(t) = -\boldsymbol{R}^{-1}\boldsymbol{B}^{\mathrm{T}}\boldsymbol{P}\boldsymbol{x}(t)$$

其中，$\boldsymbol{P}=\lim\limits_{t\to\infty}\boldsymbol{P}(t)=$常数矩阵，是代数黎卡提方程

$$\boldsymbol{PA} + \boldsymbol{A}^{\mathrm{T}}\boldsymbol{P} - \boldsymbol{PBR}^{-1}\boldsymbol{B}^{\mathrm{T}}\boldsymbol{P} + \boldsymbol{Q} = 0 \tag{6-91}$$

的解。

此时最优性能指标

$$J^* = \frac{1}{2}\boldsymbol{x}^{\mathrm{T}}(0)\boldsymbol{P}\boldsymbol{x}(0)$$

最优曲线 $\boldsymbol{x}^*(t)$是下列状态方程的解：

$$\dot{\boldsymbol{x}}(t) = (\boldsymbol{A} - \boldsymbol{BR}^{-1}\boldsymbol{B}^{\mathrm{T}}\boldsymbol{P})\boldsymbol{x}(t) \tag{6-92}$$

关于定理 6-10 的结论，利用 $\boldsymbol{P}$ 为常数矩阵，将时间有限时得到的黎卡提方程取极限，便可得到增益矩阵 $\boldsymbol{P}$，以及相关的结果。而卡尔曼证明了在 $\boldsymbol{F}=0$，系统能控时，有

$$\lim_{t_{\mathrm{f}}\to\infty}\boldsymbol{P}(t) = \boldsymbol{P} = \text{常数矩阵}$$

关于以上证明可参考有关书籍。这里仅对以上结论，作如下几点说明。

(1) 式(6-92)所示最优闭环控制系统的最优闭环控制矩阵$(\boldsymbol{A}-\boldsymbol{BR}^{-1}\boldsymbol{B}^{\mathrm{T}}\boldsymbol{P})$必定具有负实部的特征值，而不管被控对象 $\boldsymbol{A}$ 是否稳定。这一点可利用反证法，假设闭环系统有一个或几个非负的实部，则必有一个或几个状态变量将不趋于零，因而性能指标函数将趋于无穷而得到证明。

(2) 对不能控系统，有限时间的最优控制仍然存在，因为控制作用的区间$[t_0,t_{\mathrm{f}}]$是有限的，在此有限域内，不能控的状态变量引起的性能指标函数的变化是有限的。但对于 $t_{\mathrm{f}}\to\infty$，为使性能指标函数在无限积分区间为有限量，则对系统提出了状态完全能控的要求。

(3) 对于无限时间状态调节器，通常在性能指标中不考虑终端指标，取权阵$\boldsymbol{F}=0$。

(4) 对于增益矩阵 $\boldsymbol{P}(t)$的求取，根据代数黎卡提方程式(6-91)，可从 $\boldsymbol{P}(t_{\mathrm{f}})=0$ 为初始条件，时间上逆向。这种逆向过程，在 $t_{\mathrm{f}}\to\infty$时，$\boldsymbol{P}(t)$趋于稳定值。

例 6-11 设系统状态方程和初始条件为

$$\begin{cases}\dot{x}_1(t) = u(t), & x_1(0) = 0\\ \dot{x}_2(t) = x_1(t), & x_2(0) = 1\end{cases}$$

性能指标为

$$J = \int_0^{\infty}\left[x_2^2(t) + \frac{1}{4}u^2(t)\right]\mathrm{d}t$$

试求最优控制 $u^*(t)$和最优性能指标 J^*。

解　本例为无限时间定常状态调节器问题，因

$$J=\frac{1}{2}\int_0^{\infty}\left[2x_2^2(t)+\frac{1}{2}u^2(t)\right]\mathrm{d}t=\frac{1}{2}\int_0^{\infty}\left\{\left[[x_1\quad x_2]\begin{bmatrix}0&0\\0&2\end{bmatrix}\begin{bmatrix}x_1\\x_2\end{bmatrix}+\frac{1}{2}u^2(t)\right]\right\}\mathrm{d}t$$

故由题意得

$$\boldsymbol{A}=\begin{bmatrix}0&0\\1&0\end{bmatrix},\quad \boldsymbol{b}=\begin{bmatrix}1\\0\end{bmatrix},\quad \boldsymbol{Q}=\begin{bmatrix}0&0\\0&2\end{bmatrix},\quad R=\frac{1}{2}$$

$(\boldsymbol{A},\boldsymbol{Q}^{1/2})$能观测。因为

$$\mathrm{rank}[\boldsymbol{b}\quad \boldsymbol{A}\boldsymbol{b}]=\mathrm{rank}\begin{bmatrix}1&0\\0&1\end{bmatrix}=2$$

系统完全能控，故无限时间状态调节器的最优控制 $u^*(t)$存在。

令 $\boldsymbol{P}=\begin{bmatrix}p_{11}&p_{12}\\p_{21}&p_{22}\end{bmatrix}$，由黎卡提方程

$$\boldsymbol{P}\boldsymbol{A}+\boldsymbol{A}^{\mathrm{T}}\boldsymbol{P}-\boldsymbol{P}\boldsymbol{b}R^{-1}\boldsymbol{b}^{\mathrm{T}}\boldsymbol{P}+\boldsymbol{Q}=0$$

得代数方程组

$$\begin{aligned}2p_{12}-2p_{11}^2&=0\\p_{22}-2p_{11}p_{12}&=0\\-2p_{12}^2+2&=0\end{aligned}$$

联立求解，得

$$\boldsymbol{P}=\begin{bmatrix}1&1\\1&2\end{bmatrix}>0$$

于是可得最优控制 $u^*(t)$和最优指标 J^*为

$$u^*(t)=-R^{-1}\boldsymbol{b}^{\mathrm{T}}\boldsymbol{P}\boldsymbol{x}(t)=-2x_1(t)-2x_2(t)$$

$$J^*[\boldsymbol{x}(t)]=\frac{1}{2}x^{\mathrm{T}}(0)\boldsymbol{P}\boldsymbol{x}(0)=1$$

闭环系统的状态方程为

$$\dot{\boldsymbol{x}}(t)=(\boldsymbol{A}-\boldsymbol{b}R^{-1}\boldsymbol{b}^{\mathrm{T}}\boldsymbol{P})\boldsymbol{x}(t)=\begin{bmatrix}-2&-2\\1&0\end{bmatrix}\boldsymbol{x}(t)=\widetilde{\boldsymbol{A}}\boldsymbol{x}(t)$$

其特征方程为

$$\det(\lambda\boldsymbol{I}-\widetilde{\boldsymbol{A}})=\det\begin{bmatrix}\lambda+2&2\\-1&\lambda\end{bmatrix}=\lambda^2+2\lambda+2=0$$

特征值为 $\lambda_{1,2}=-1\pm\mathrm{j}$，故闭环系统渐近稳定。

6.4.3　输出调节器

在线性时变系统中，如果理想输出向量 $\boldsymbol{y}_{\mathrm{r}}(t)=0$，则有 $\boldsymbol{e}(t)=-\boldsymbol{y}(t)$。从而性

能指标式(6-65)演变为

$$J=\frac{1}{2}\boldsymbol{y}^{\mathrm{T}}(t_{\mathrm{f}})\boldsymbol{F}\boldsymbol{y}(t_{\mathrm{f}})+\frac{1}{2}\int_{t_0}^{t_{\mathrm{f}}}[\boldsymbol{y}^{\mathrm{T}}(t)\boldsymbol{Q}(t)\boldsymbol{y}(t)+\boldsymbol{u}^{\mathrm{T}}(t)\boldsymbol{R}(t)\boldsymbol{u}(t)]\mathrm{d}t \quad (6\text{-}93)$$

式中，$\boldsymbol{F}$——正半定的 $m\times m$ 常值矩阵；

$\boldsymbol{Q}(t)$——正半定的 $m\times m$ 对称矩阵；

$\boldsymbol{R}(t)$——正定 $r\times r$ 对称矩阵。$\boldsymbol{Q}(t)$，$\boldsymbol{R}(t)$ 各元在$[t_0,t_{\mathrm{f}}]$上连续有界，t_{f} 固定。

这时线性二次型最优控制问题为：当系统式(6-63)受扰偏离原输出平衡状态时，要求产生一控制向量，使系统输出 $\boldsymbol{y}(t)$保持在原平衡状态附近，并使性能指标式(6-93)极小，因而称为输出调节器。由于输出调节器问题可以转化成等效的状态调节器问题，那么所有对状态调节器成立的结论都可以推广到输出调节器问题。

1. 有限时间输出调节器

如果系统是线性时变的，终端时刻 t_{f} 是有限的，则这样的输出调节器称为有限时间输出调节器，其最优解由如下定理给出。

定理 6-11 设线性时变系统的状态空间表达式如式(6-63)所示，则性能指标式(6-93)极小的惟一的最优控制为

$$\boldsymbol{u}^*(t)=-\boldsymbol{R}^{-1}(t)\boldsymbol{B}^{\mathrm{T}}(t)\boldsymbol{P}(t)\boldsymbol{x}(t)$$

最优性能指标为

$$J^*=\frac{1}{2}\boldsymbol{x}^{\mathrm{T}}(t_0)\boldsymbol{P}(t_0)\boldsymbol{x}(t_0)$$

其中，$\boldsymbol{P}(t)$——对称非负定矩阵，满足下列黎卡提矩阵微分方程

$$-\dot{\boldsymbol{P}}(t)=\boldsymbol{P}(t)\boldsymbol{A}(t)+\boldsymbol{A}^{\mathrm{T}}(t)\boldsymbol{P}(t)-\boldsymbol{P}(t)\boldsymbol{B}(t)\boldsymbol{R}^{-1}(t)\boldsymbol{B}^{\mathrm{T}}(t)\boldsymbol{P}(t)+\boldsymbol{C}^{\mathrm{T}}(t)\boldsymbol{Q}(t)\boldsymbol{C}(t)$$

其终端边界条件为

$$\boldsymbol{P}(t_{\mathrm{f}})=\boldsymbol{C}^{\mathrm{T}}(t_{\mathrm{f}})\boldsymbol{F}\boldsymbol{C}(t_{\mathrm{f}})$$

而最优曲线 $\boldsymbol{x}^*(t)$满足下列线性向量微分方程

$$\dot{\boldsymbol{x}}(t)=[\boldsymbol{A}(t)-\boldsymbol{B}(t)\boldsymbol{R}^{-1}(t)\boldsymbol{B}^{\mathrm{T}}(t)\boldsymbol{P}(t)]\boldsymbol{x}(t),\boldsymbol{x}(t_0)=\boldsymbol{x}_0$$

证明 将输出方程 $\boldsymbol{y}(t)=\boldsymbol{C}(t)\boldsymbol{x}(t)$代入性能指标式(6-93)，可得

$$J=\frac{1}{2}\boldsymbol{x}^{\mathrm{T}}(t_{\mathrm{f}})\boldsymbol{F}_1\boldsymbol{x}(t_{\mathrm{f}})+\frac{1}{2}\int_{t_0}^{t_{\mathrm{f}}}[\boldsymbol{x}^{\mathrm{T}}(t)\boldsymbol{Q}_1(t)\boldsymbol{x}(t)+\boldsymbol{u}^{\mathrm{T}}(t)\boldsymbol{R}(t)\boldsymbol{u}(t)]\mathrm{d}t$$

其中，$\boldsymbol{F}_1=\boldsymbol{C}^{\mathrm{T}}(t_{\mathrm{f}})\boldsymbol{F}\boldsymbol{C}(t_{\mathrm{f}})$，$\boldsymbol{Q}_1(t)=\boldsymbol{C}^{\mathrm{T}}(t)\boldsymbol{Q}(t)\boldsymbol{C}(t)$。

因为

$$\boldsymbol{F}=\boldsymbol{F}^{\mathrm{T}}\geqslant\boldsymbol{0},\quad \boldsymbol{Q}(t)=\boldsymbol{Q}^{\mathrm{T}}(t)\geqslant\boldsymbol{0}$$

故有二次型函数 $\boldsymbol{F}_1=\boldsymbol{F}_1^{\mathrm{T}}\geqslant\boldsymbol{0}$，$\boldsymbol{Q}_1(t)=\boldsymbol{Q}_1^{\mathrm{T}}(t)\geqslant\boldsymbol{0}$，而 $\boldsymbol{R}(t)=\boldsymbol{R}^{\mathrm{T}}(t)>\boldsymbol{0}$ 不变，于是由有限时间状态调节器中的定理 6-9 知，本定理的全部结论成立。

对于上述分析，可得如下结论：

(1) 比较定理 6-9 与定理 6-11 可见，有限时间输出调节器的最优解与有限时间状态调节器的最优解，具有相同的最优控制与最优性能指标表达式，仅在黎卡提方程及其边界条件的形式上有微小的差别。

(2) 最优输出调节器的最优控制函数，并不是输出量 $\boldsymbol{y}(t)$ 的线性函数，而仍然是状态向量 $\boldsymbol{x}(t)$ 的线性函数，表明构成最优控制系统，需要全部状态信息反馈。

2. 无限时间输出调节器

如果终端时刻 $t_f \to \infty$，系统及性能指标中的各矩阵为常值矩阵时，则可以得到定常的状态反馈控制律，这样的最优输出调节器称为无限时间输出调节器。

定理 6-12　设完全能控和完全能观测的线性定常系统的状态空间表达式如式(6-63)所示。性能指标为

$$J = \frac{1}{2}\int_0^{\infty} [\boldsymbol{y}^{\mathrm{T}}(t)\boldsymbol{Q}\boldsymbol{y}(t) + \boldsymbol{u}^{\mathrm{T}}(t)\boldsymbol{R}\boldsymbol{u}(t)]\mathrm{d}t \tag{6-94}$$

其中，$\boldsymbol{Q}$——正半定的 $m\times m$ 维对称常值矩阵；

$\boldsymbol{R}$——正定 $r\times r$ 维对称常值矩阵。则存在使性能指标式(6-94)极小的惟一最优控制为

$$\boldsymbol{u}^*(t) = -\boldsymbol{R}^{-1}\boldsymbol{B}^{\mathrm{T}}\boldsymbol{P}\boldsymbol{x}(t)$$

最优性能指标

$$J^* = \frac{1}{2}\boldsymbol{x}^{\mathrm{T}}(0)\boldsymbol{P}\boldsymbol{x}(0) \tag{6-95}$$

其中，$\boldsymbol{P}$——对称正定常值矩阵，满足下列黎卡提矩阵代数方程

$$\boldsymbol{P}\boldsymbol{A} + \boldsymbol{A}^{\mathrm{T}}\boldsymbol{P} - \boldsymbol{P}\boldsymbol{B}\boldsymbol{R}^{-1}\boldsymbol{B}^{\mathrm{T}}\boldsymbol{P} + \boldsymbol{C}^{\mathrm{T}}\boldsymbol{Q}\boldsymbol{C} = 0$$

最优曲线 $\boldsymbol{x}^*(t)$ 满足下列线性向量微分方程

$$\dot{\boldsymbol{x}}(t) = (\boldsymbol{A} - \boldsymbol{B}\boldsymbol{R}^{-1}\boldsymbol{B}^{\mathrm{T}}\boldsymbol{P})\boldsymbol{x}(t),\boldsymbol{x}(0) = \boldsymbol{x}_0$$

证明　将输出方程 $\boldsymbol{y}(t)=\boldsymbol{C}\boldsymbol{x}(t)$ 代入性能指标式(6-94)，可得

$$J = \frac{1}{2}\int_0^{\infty} [\boldsymbol{x}^{\mathrm{T}}(t)\boldsymbol{Q}_1\boldsymbol{x}(t) + \boldsymbol{u}^{\mathrm{T}}(t)\boldsymbol{R}\boldsymbol{u}(t)]\mathrm{d}t$$

其中，$\boldsymbol{Q}_1=\boldsymbol{C}^{\mathrm{T}}\boldsymbol{Q}\boldsymbol{C}$。

因 $\boldsymbol{Q}=\boldsymbol{Q}^{\mathrm{T}}\geqslant\boldsymbol{0}$，必有 $\boldsymbol{Q}_1=\boldsymbol{Q}_1^{\mathrm{T}}\geqslant\boldsymbol{0}$，而 $\boldsymbol{R}=\boldsymbol{R}^{\mathrm{T}}>\boldsymbol{0}$ 仍然成立，于是由无限时间状态调节器的定理 6-10 知，本定理的全部结论成立。

例 6-12　设系统状态空间表达式为

$$\begin{cases}\dot{x}_1(t) = x_2(t)\\ \dot{x}_2(t) = u(t)\end{cases}$$

$$y(t) = x_1(t)$$

性能指标为

$$J = \frac{1}{4}\int_0^{\infty} [y(t) + u^2(t)]\mathrm{d}t$$

试构造输出调节器,使性能指标为极小。

解 由题意知

$$A=\begin{bmatrix}0 & 1\\0 & 0\end{bmatrix},\quad b=\begin{bmatrix}0\\1\end{bmatrix},\quad c=[1\quad 0],\quad Q=1,\quad R=1$$

因为

$$\text{rank}[b\quad Ab]=\text{rank}\begin{bmatrix}0 & 1\\1 & 0\end{bmatrix}=2$$

$$\text{rank}\begin{bmatrix}c\\cA\end{bmatrix}=\text{rank}\begin{bmatrix}1 & 0\\0 & 1\end{bmatrix}=2$$

系统完全能控和能观测,故无限时间定常输出调节器的最优控制 $u^*(t)$存在。

令 $P=\begin{bmatrix}p_{11} & p_{12}\\p_{21} & p_{22}\end{bmatrix}$,由黎卡提方程

$$PA+A^{\mathrm{T}}P-PbR^{-1}b^{\mathrm{T}}P+c^{\mathrm{T}}Qc=0$$

得

$$P=\begin{bmatrix}\sqrt{2} & 1\\1 & \sqrt{2}\end{bmatrix}>0$$

最优控制 $u^*(t)$为

$$u^*(t)=-R^{-1}b^{\mathrm{T}}Px(t)=-x_1(t)-\sqrt{2}x_2(t)=-y(t)-\sqrt{2}\,\dot{y}(t)$$

闭环系统的状态方程为

$$\dot{x}(t)=(A-bR^{-1}b^{\mathrm{T}}P)x(t)=\begin{bmatrix}0 & 1\\-1 & -\sqrt{2}\end{bmatrix}x(t)=\widetilde{A}x(t)$$

得闭环系统特性值为 $\lambda_{1,2}=-\dfrac{\sqrt{2}}{2}\pm \mathrm{j}\sqrt{2}$,故闭环系统渐近稳定。

6.4.4 输出跟踪器

对线性时变系统,当 $C(t)\neq I$, $y_r(t)\neq 0$ 则线性二次型最优控制问题归结为:当理想输出向量 $y_r(t)$作用于系统时,要求系统产生一控制向量,使系统实际输出向量 $y(t)$始终跟踪 $y_r(t)$的变化,并使性能指标式(6-65)极小。这一类线性二次型最优控制问题称为输出跟踪器问题。

1. 有限时间输出跟踪器

如果系统是线性时变的,终端时刻 t_f 是有限的,则称为有限时间输出跟踪器。

定理 6-13 设线性时变系统的状态空间表达式如式(6-63)所示。性能指标为

$$J = \frac{1}{2}\boldsymbol{e}^{\mathrm{T}}(t_{\mathrm{f}})\boldsymbol{F}\boldsymbol{e}(t_{\mathrm{f}}) + \frac{1}{2}\int_{t_0}^{t_{\mathrm{f}}}[\boldsymbol{e}^{\mathrm{T}}(t)\boldsymbol{Q}(t)\boldsymbol{e}(t) + \boldsymbol{u}^{\mathrm{T}}(t)\boldsymbol{R}(t)\boldsymbol{u}(t)]\mathrm{d}t \tag{6-96}$$

其中，$\boldsymbol{F}$ 是正半定的 $m \times m$ 维常值矩阵；$\boldsymbol{Q}(t)$ 是正半定的 $m \times m$ 维对称矩阵；$\boldsymbol{R}(t)$ 是正定 $r \times r$ 维对称矩阵。$\boldsymbol{Q}(t)$，$\boldsymbol{R}(t)$ 各元在 $[t_0, t_{\mathrm{f}}]$ 上连续有界，t_{f} 固定。使性能指标式(6-96)为极小的最优解为

1）最优控制

$$\boldsymbol{u}^*(t) = -\boldsymbol{R}^{-1}(t)\boldsymbol{B}^{\mathrm{T}}(t)[\boldsymbol{P}(t)\boldsymbol{x}(t) - \boldsymbol{g}(t)]$$

式中，$\boldsymbol{P}(t)$ 是 $n \times n$ 维对称非负定实矩阵，满足如下黎卡提矩阵微分方程

$$-\dot{\boldsymbol{P}}(t) = \boldsymbol{P}(t)\boldsymbol{A}(t) + \boldsymbol{A}^{\mathrm{T}}(t)\boldsymbol{P}(t) - \boldsymbol{P}(t)\boldsymbol{B}(t)\boldsymbol{R}^{-1}(t)\boldsymbol{B}^{\mathrm{T}}(t)\boldsymbol{P}(t) + \boldsymbol{C}^{\mathrm{T}}(t)\boldsymbol{Q}(t)\boldsymbol{C}(t)$$

及终端边界条件

$$\boldsymbol{P}(t_{\mathrm{f}}) = \boldsymbol{C}^{\mathrm{T}}(t_{\mathrm{f}})\boldsymbol{F}\boldsymbol{C}(t_{\mathrm{f}})$$

式中，$\boldsymbol{g}(t)$ 是 n 维伴随向量，满足如下向量微分方程

$$-\dot{\boldsymbol{g}}(t) = [\boldsymbol{A}(t) - \boldsymbol{B}(t)\boldsymbol{R}^{-1}(t)\boldsymbol{B}^{\mathrm{T}}(t)\boldsymbol{P}(t)]^{\mathrm{T}}\boldsymbol{g}(t) + \boldsymbol{C}^{\mathrm{T}}(t)\boldsymbol{Q}(t)\boldsymbol{y}_{\mathrm{r}}(t) \tag{6-97}$$

及终端边界条件

$$\boldsymbol{g}(t_{\mathrm{f}}) = \boldsymbol{C}^{\mathrm{T}}(t_{\mathrm{f}})\boldsymbol{F}\boldsymbol{y}_{\mathrm{r}}(t_{\mathrm{f}})$$

2）最优性能指标

$$J^* = \frac{1}{2}\boldsymbol{x}^{\mathrm{T}}(t_0)\boldsymbol{P}\boldsymbol{x}(t_0) - \boldsymbol{g}^{\mathrm{T}}(t_0)\boldsymbol{x}(t_0) + \varphi(t_0)$$

其中，函数 $\varphi(t)$ 满足下列微分方程

$$\dot{\varphi}(t) = -\frac{1}{2}\boldsymbol{y}_{\mathrm{r}}^{\mathrm{T}}(t)\boldsymbol{Q}(t)\boldsymbol{y}_{\mathrm{r}}(t)\varphi(t) - \boldsymbol{g}^{\mathrm{T}}(t)\boldsymbol{B}(t)\boldsymbol{R}^{-1}(t)\boldsymbol{B}^{\mathrm{T}}(t)\boldsymbol{g}(t)$$

及边界条件

$$\varphi(t_{\mathrm{f}}) = \boldsymbol{y}_{\mathrm{r}}^{\mathrm{T}}(t_{\mathrm{f}})\boldsymbol{F}\boldsymbol{y}_{\mathrm{r}}(t_{\mathrm{f}})$$

3）最优曲线

最优跟踪闭环系统方程

$$\dot{\boldsymbol{x}}(t) = [\boldsymbol{A}(t) - \boldsymbol{B}(t)\boldsymbol{R}^{-1}(t)\boldsymbol{B}^{\mathrm{T}}(t)\boldsymbol{P}(t)]\boldsymbol{x}(t) + \boldsymbol{B}(t)\boldsymbol{R}^{-1}(t)\boldsymbol{B}^{\mathrm{T}}(t)\boldsymbol{g}(t)$$

在初始条件 $\boldsymbol{x}(t_0) = \boldsymbol{x}_0$ 下的解，为最优曲线 $\boldsymbol{x}^*(t)$。

对上述定理的结论，做如下几点说明：

(1) 定理 6-11 和定理 6-13 中的黎卡提方程和边界条件完全相同，表明最优输出跟踪器与最优输出调节器具有相同的反馈结构，而与理想输出 $\boldsymbol{y}_{\mathrm{r}}(t)$ 无关。

(2) 定理 6-11 和定理 6-13 中的最优输出跟踪器闭环系统与最优输出调节器闭环系统的特征值完全相等，二者的区别仅在于跟踪器中多了一个与伴随向量 $\boldsymbol{g}(t)$ 有关的输入项，形成了跟踪器中的前馈控制项。

(3) 由定理 6-13 中伴随方程式(6-97)可见，求解伴随向量 $\boldsymbol{g}(t)$ 需要理想输出 $\boldsymbol{y}_{\mathrm{r}}(t)$ 的全部信息，从而使输出跟踪器最优控制 $\boldsymbol{u}^*(t)$ 的现在值与理想输出 $\boldsymbol{y}_{\mathrm{r}}(t)$ 的将来值有关。在许多工程实际问题中，这往往是做不到的。为了便于设计输出跟踪器，往往假定理想输出 $\boldsymbol{y}_{\mathrm{r}}(t)$ 的元为典型外作用函数，例如单位阶跃、单位斜坡或

单位加速度函数等。

2. 无限时间输出跟踪器

如果终端时刻 $t_f \to \infty$,系统及性能指标中的各矩阵均为常值矩阵,这样的输出跟踪器称为无限时间输出跟踪器。

对于这类问题,目前还没有严格的一般性求解方法。当理想输出为常值向量时,有如下工程上可以应用的近似结果。

定理 6-14 设完全能控和完全能观测的线性定常系统的状态空间表达式如式(6-63)所示。性能指标为

$$J = \frac{1}{2}\int_0^\infty [\boldsymbol{e}^T(t)\boldsymbol{Q}\boldsymbol{e}(t) + \boldsymbol{u}^T(t)\boldsymbol{R}\boldsymbol{u}(t)]dt \tag{6-98}$$

其中,$\boldsymbol{Q}$——正定的 $m \times m$ 维对称常值矩阵;

$\boldsymbol{R}$——正定的 $r \times r$ 维对称常值矩阵。

使性能指标式(6-98)极小的近似最优控制为

$$\boldsymbol{u}^*(t) = -\boldsymbol{R}^{-1}\boldsymbol{B}^T\boldsymbol{P}\boldsymbol{x}(t) + \boldsymbol{R}^{-1}\boldsymbol{B}^T\boldsymbol{g}$$

式中,$\boldsymbol{P}$——对称正定常值矩阵,满足下列黎卡提矩阵代数方程

$$\boldsymbol{PA} + \boldsymbol{A}^T\boldsymbol{P} - \boldsymbol{PBR}^{-1}\boldsymbol{B}^T\boldsymbol{P} + \boldsymbol{C}^T\boldsymbol{QC} = 0$$

常值伴随向量为

$$\boldsymbol{g} = [\boldsymbol{PBR}^{-1}\boldsymbol{B}^T - \boldsymbol{A}^T]^{-1}\boldsymbol{C}^T\boldsymbol{Q}\boldsymbol{y}_r$$

闭环系统方程

$$\dot{\boldsymbol{x}}(t) = (\boldsymbol{A} - \boldsymbol{BR}^{-1}\boldsymbol{B}^T\boldsymbol{P})\boldsymbol{x}(t) + \boldsymbol{BR}^{-1}\boldsymbol{B}^T\boldsymbol{g}$$

及初始状态 $\boldsymbol{x}(0) = \boldsymbol{x}_0$ 的解,为近似最优曲线 $\boldsymbol{x}^*(t)$。

例 6-13 设有一理想化轮船操纵系统,其从激励信号 $u(t)$ 到实际航向 $y(t)$ 的传递函数为 $4/s^2$,试设计最优激励信号 $u^*(t)$,使性能指标

$$J = \int_0^\infty [y_r(t) - y(t)]^2 + u^2(t)]dt$$

极小。式中 $y_r(t) = 1(t)$ 为理性输出。

解 (1) 建立状态空间模型

根据传递函数

$$G(s) = \frac{Y(s)}{U(s)} = \frac{4}{s^2}$$

可得

$$\begin{cases} \dot{x}_1(t) = x_2(t) \\ \dot{x}_2(t) = 4u(t) \end{cases}$$

$$y(t) = x_1(t)$$

则

$$\boldsymbol{A}=\begin{bmatrix}0 & 1\\0 & 0\end{bmatrix},\quad \boldsymbol{b}=\begin{bmatrix}0\\4\end{bmatrix},\quad \boldsymbol{c}=\begin{bmatrix}1 & 0\end{bmatrix}$$

(2) 检验系统的能控性和能观测性

因为

$$\operatorname{rank}[\boldsymbol{b}\quad \boldsymbol{Ab}]=\operatorname{rank}\begin{bmatrix}0 & 4\\4 & 0\end{bmatrix}=2,\quad \operatorname{rank}\begin{bmatrix}\boldsymbol{c}\\ \boldsymbol{cA}\end{bmatrix}=\operatorname{rank}\begin{bmatrix}1 & 0\\0 & 1\end{bmatrix}=2$$

系统完全能控和能观测，故无限时间输出跟踪器的最优控制 $u^*(t)$存在。

(3) 解黎卡提方程

令 $\boldsymbol{P}=\begin{bmatrix}p_{11} & p_{12}\\p_{21} & p_{22}\end{bmatrix}$，由黎卡提方程

$$\boldsymbol{PA}+\boldsymbol{A}^{\mathrm{T}}\boldsymbol{P}-\boldsymbol{Pb}R^{-1}\boldsymbol{b}^{\mathrm{T}}\boldsymbol{P}+\boldsymbol{c}^{\mathrm{T}}Q\boldsymbol{c}=0$$

得代数方程组

$$-8p_{12}^2+2=0$$
$$p_{11}-8p_{12}p_{22}=0$$
$$2p_{12}-8p_{22}^2=0$$

联立求解，得

$$\boldsymbol{P}=\begin{bmatrix}\sqrt{2} & \dfrac{1}{2}\\ \dfrac{1}{2} & \dfrac{\sqrt{2}}{4}\end{bmatrix}>0$$

(4) 求常值伴随向量

$$\boldsymbol{g}=[\boldsymbol{Pb}R^{-1}\boldsymbol{b}^{\mathrm{T}}-\boldsymbol{A}^{\mathrm{T}}]^{-1}\boldsymbol{c}^{\mathrm{T}}Q\boldsymbol{y}_{\mathrm{r}}=\begin{bmatrix}\sqrt{2}\\ \dfrac{1}{2}\end{bmatrix}$$

(5) 确定最优控制 $u^*(t)$

$$u^*(t)=-R^{-1}\boldsymbol{b}^{\mathrm{T}}\boldsymbol{Px}(t)+R^{-1}\boldsymbol{b}^{\mathrm{T}}\boldsymbol{g}$$
$$=-x_1(t)-\frac{\sqrt{2}}{2}x_2(t)+1=-y(t)-\frac{\sqrt{2}}{2}\dot{y}(t)+1$$

(6) 检验闭环系统的稳定性

闭环系统的状态方程为

$$\dot{\boldsymbol{x}}(t)=(\boldsymbol{A}-\boldsymbol{b}R^{-1}\boldsymbol{b}^{\mathrm{T}}\boldsymbol{P})\boldsymbol{x}(t)+\boldsymbol{b}R^{-1}\boldsymbol{b}^{\mathrm{T}}\boldsymbol{g}$$

系统矩阵为

$$\widetilde{\boldsymbol{A}}=(\boldsymbol{A}-\boldsymbol{b}R^{-1}\boldsymbol{b}^{\mathrm{T}}\boldsymbol{P})=\begin{bmatrix}0 & 1\\-4 & -2\sqrt{2}\end{bmatrix}$$

根据特性方程

$$\det(\lambda\boldsymbol{I}-\widetilde{\boldsymbol{A}})=\lambda^2+2\sqrt{2}\lambda+4=0$$

得特性值为 $\lambda_{1,2}=-\sqrt{2}\pm \mathrm{j}\sqrt{2}$，故闭环系统渐近稳定。

另外，由 $\boldsymbol{c}^{\mathrm{T}}\boldsymbol{Q}\boldsymbol{c}$ 正半定，且 $(\boldsymbol{A},\boldsymbol{Q}^{1/2})$ 即 $(\boldsymbol{A},\boldsymbol{c})$ 能观测，必保证闭环系统渐近稳定。

6.5 利用 MATLAB 求解线性二次型最优控制问题

MATLAB 控制系统工具箱中提供了很多求解线性二次型最优控制问题的函数，其中函数 lqr( )和 lqry( )可以直接求解二次型调节器问题及相关的黎卡提方程，它们的调用格式分别为

```
[K,P,r] = lqr(A,B,Q,R)
```

和

```
[Ko,P,r] = lqry(A,B,C,D,Q,R)
```

其中，矩阵 A,B,C,D,Q,R 的意义是相当明显的；

K——状态反馈矩阵；

Ko——输出反馈矩阵；

P——黎卡提方程解；

r——特征值。

函数 lqr()用于求解线性二次型状态调节器问题；函数 lqry( )用于求解线性二次型输出调节器问题，即目标函数中用输出 $\boldsymbol{y}$ 来代替状态 $\boldsymbol{x}$，此时目标函数为

$$J=\int_0^{\infty}(\boldsymbol{y}^{\mathrm{T}}\boldsymbol{Q}\boldsymbol{y}+\boldsymbol{u}^{\mathrm{T}}\boldsymbol{R}\boldsymbol{u})\mathrm{d}t$$

例 6-14 已知系统的状态空间表达式为

$$\begin{cases}\dot{\boldsymbol{x}}=\begin{bmatrix}0&1&0\\0&0&1\\0&-2&-3\end{bmatrix}\boldsymbol{x}+\begin{bmatrix}0\\0\\1\end{bmatrix}u\\ y=\begin{bmatrix}1&0&0\end{bmatrix}\boldsymbol{x}\end{cases}$$

求采用状态反馈，即 $u(t)=-\boldsymbol{K}\boldsymbol{x}(t)$，使性能指标

$$J=\int_0^{\infty}(\boldsymbol{x}^{\mathrm{T}}\boldsymbol{Q}\boldsymbol{x}+\boldsymbol{u}^{\mathrm{T}}R\boldsymbol{u})\mathrm{d}t$$

为最小的最优控制的状态反馈矩阵 K。其中

$$\boldsymbol{Q}=\begin{bmatrix}100&0&0\\0&1&0\\0&0&1\end{bmatrix},\quad R=1$$

解 采用状态反馈时的 MATLAB 程序为

```
% Example 6_14.m
A=[0 1 0; 0 0 1; 0 -2 -3]; B=[0; 0; 1];
```

```
C = [1 0 0]; D = 0;
Q = diag([100,1,1]); R = 1;
[K,P,r] = lqr(A,B,Q,R)
t = 0: 0.1: 10;
figure(1); step(A - B * K,B,C,D,1,t);      % 绘状态反馈后系统输出的阶跃响应曲线
figure(2); [y,x,t] = step(A - B * K,B,C,D,1,t);
plot(t,x)                                  % 绘状态反馈后系统状态的响应曲线
```

执行后得如下结果及如图 6-9 和图 6-10 所示的阶跃响应曲线。

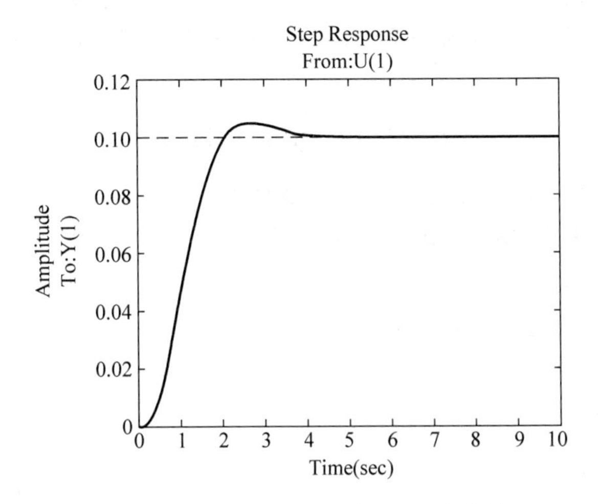

图 6-9　状态反馈后系统输出的响应曲线

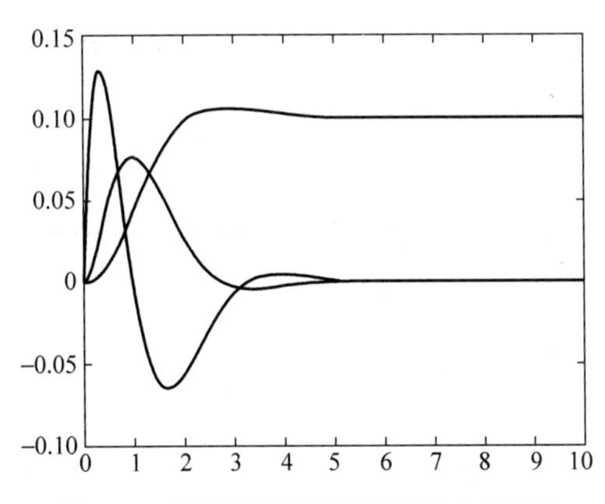

图 6-10　状态反馈后系统状态的响应曲线

```
K =
    10.0000   8.4223   2.1812
P =
    104.2225   51.8117   10.0000
     51.8117   37.9995    8.4223
```

```
    10.0000    8.4223    2.1812
r =
   - 2.6878
   - 1.2467 + 1.4718i
   - 1.2467 - 1.4718i
```

由此构成的闭环系统的三个极点均位于 s 的左半平面，因而系统是稳定的。实际上，因 $Q>0$，由最优控制构成的闭环系统都是稳定的，因为它们是基于李雅普诺夫稳定性理论设计的。

例 6-15 对于例 6-14 所给系统，求采用输出反馈，即 $u(t)=-Ky(t)$，使性能指标

$$J=\int_0^\infty (y^{\mathrm{T}}Qy+u^{\mathrm{T}}Ru)\mathrm{d}t$$

为最小的最优控制的输出反馈矩阵 K_o。其中 $Q=100$，$R=1$。

解 采用输出反馈时的 MATLAB 程序为

```
 % Example 6_15.m
A = [0 1 0; 0 0 1; 0 -2 -3]; B = [0; 0; 1];
C = [1 0 0]; D = 0;
Q = diag([100]); R = 1;
[Ko,P,r] = lqry(A,B,C,D,Q,R)
t = 0: 0.1: 10;
figure(1); step(A - B * Ko,B,C,D,1,t);    % 绘输出反馈后系统输出的阶跃响应曲线
figure(2); step(A,B,C,D,1,t);             % 绘制原系统输出的阶跃响应曲线
```

执行后得如下结果及如图 6-11 和图 6-12 所示的阶跃响应曲线。

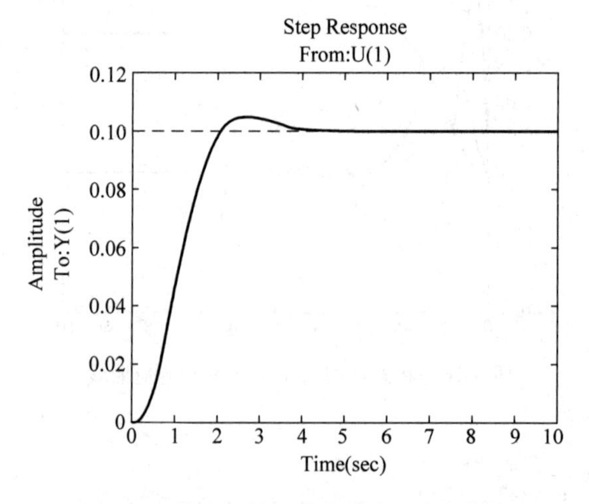

图 6-11 输出反馈后系统的阶跃响应曲线

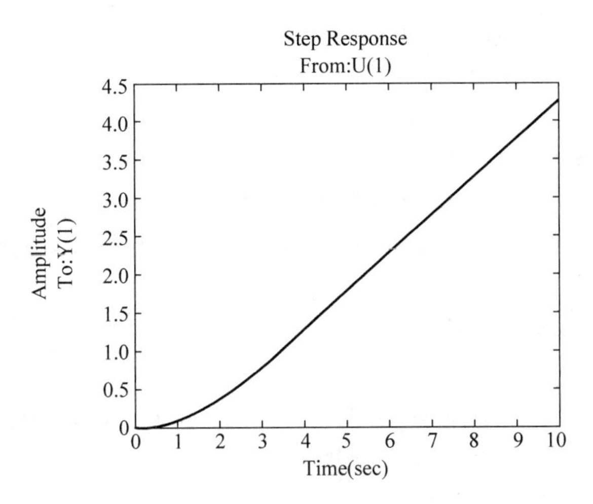

图 6-12 原系统输出的阶跃响应曲线

```
Ko =
    10.0000   8.2459   2.0489
P =
    102.4592   50.4894   10.0000
     50.4894   35.7311    8.2459
     10.0000    8.2459    2.0489
r =
     - 2.5800
     - 1.2345 + 1.5336i
     - 1.2345 - 1.5336i
```

比较输出反馈后系统的阶跃响应曲线和输出反馈前原系统的阶跃响应曲线，可见最优控制施加之后该系统的响应有了明显的改善。通过调节 $\boldsymbol{Q}$ 和 $\boldsymbol{R}$ 加权矩阵还可进一步改善系统的输出响应。

例 6-16 已知可控直流电源供电给直流电机传动系统的结构图如图 6-13 所示。

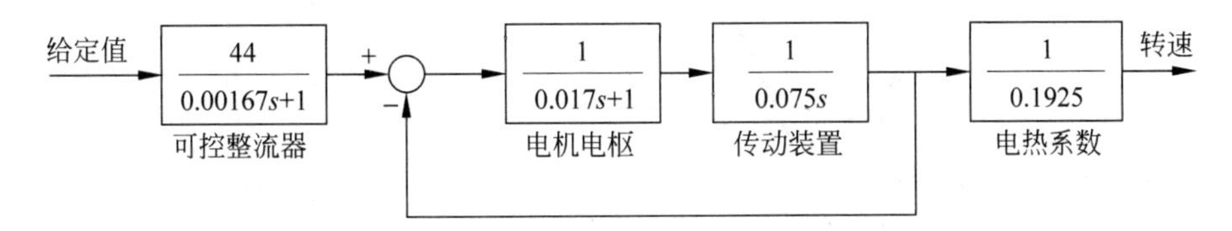

图 6-13 可控整流装置供电给直流电机传动系统的结构图

欲对系统进行最优状态反馈与输出反馈控制，试分别计算状态反馈增益矩阵与输出反馈增益矩阵，并对其闭环系统进行阶跃仿真。

当给定状态反馈控制时，取

$$Q=\begin{bmatrix}1000 & 0 & 0\\ 0 & 1 & 0\\ 0 & 0 & 1\end{bmatrix},\quad R=[1]$$

给定输出反馈控制时，取

$$Q_0=[1000]\quad ,R=[1]$$

解 (1) 按图 6-13 建立系统的 Simulink 仿真结构图，并以文件名 example6_16_1 将其保存。

(2) 建立以下 MATLAB 程序

```
%Example6_16.m
[A,B,C,D] = linmod2('example6_16_1');        %将系统结构图转换为状态空间表达式
%求二次型最优控制系统的状态反馈矩阵
Q = diag([1000,1,1]); R = 1;
[K,P,r] = lqr(A,B,Q,R);
K                                            %显示状态反馈增益矩阵
figure(1); t = 0: 0.1: 10;
step(A - B * K,B,C,D);                       %绘状态反馈后系统输出的阶跃响应曲线
%求二次型最优控制系统的输出反馈矩阵
Qo = diag([1000]); R = 1;
[Ko,Po,ro] = lqry(A,B,C,D,Qo,R);
Ko                                           %显示输出反馈增益矩阵
figure(2);
step(A - B * Ko,B,C,D);                      %绘输出反馈后系统输出的阶跃响应曲线
title('Unit-Step-Response of LQR System')
```

执行后得如下结果及如图 6-14 和图 6-15 所示的阶跃响应曲线。

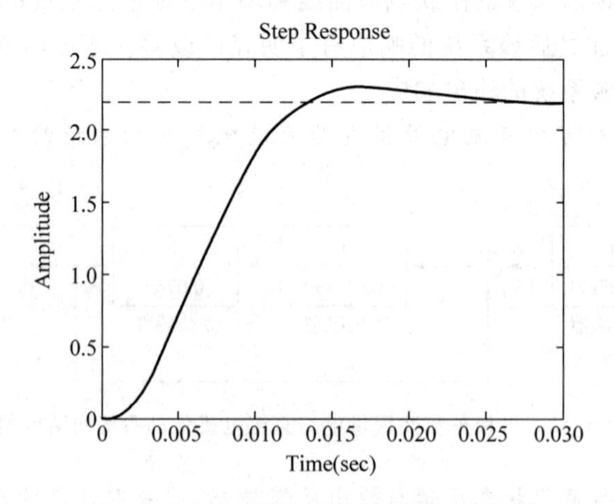

图 6-14　状态反馈后系统的阶跃响应曲线

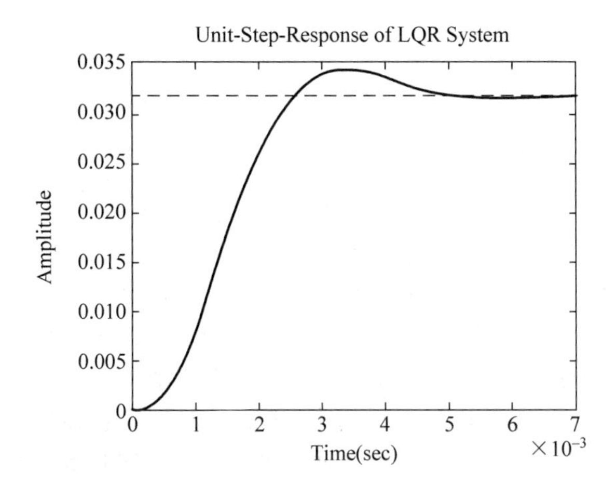

图 6-15　输出反馈后系统的阶跃响应曲线

```
K =
    31.1506   337.0313   9.8154
Ko =
    1.0e + 003 *
    2.1888   2.4266    0.1669
```

小结

1. 基本概念

1) 变分法

变分法是研究泛函极值的一种经典方法。求泛函的极大值和极小值问题都称为变分问题，求泛函极值的方法称为变分法。

(1) 泛函

设对自变量 t，存在一类函数$\{x(t)\}$。如果对于每个函数 $x(t)$，有一个 J 值与之对应，则变量 J 称为依赖于函数 $x(t)$的泛函数，简称泛函，记作 $J=J[x(t)]$。

(2) 泛函变分的定义

泛函的变分与函数的微分，其定义式几乎完全相当。若连续泛函 $J[x(t)]$的增量可以表示为

$$\Delta J = J[x(t)+\delta x(t)]-J[x(t)] = L[x(t),\delta x(t)]+r[x(t),\delta x(t)]$$

其中，$L[x(t),\delta(x)t]$是泛函增量的线性主部，它是 $\delta x(t)$的线性连续泛函；$r[x(t),\delta x(t)]$是关于 $\delta x(t)$的高阶无穷小。称 $L[x(t),\delta x(t)]$为泛函的变分，并记为

$$\delta J = L[x(t),\delta x(t)]$$

(3) 泛函变分的求法

连续泛函 $J[x(t)]$的变分等于泛函 $J[x(t)+\alpha\delta x(t)]$对 α 的导数在 $\alpha=0$ 时的

值，即

$$\delta J = \frac{\partial}{\partial \alpha} J[x(t) + \alpha\delta x(t)]\bigg|_{\alpha=0} \doteq L[x(t), \delta x(t)]$$

(4) 泛函极值的必要条件

可微泛函 $J[x(t)]$在 $x_0(t)$上达到极小(大)值，则在 $x=x_0(t)$上有

$$\delta J = 0$$

2) 应用变分法求解最优控制问题

在最优控制中，容许函数 $\boldsymbol{x}(t)$除了要满足前面已讨论的端点限制条件外，还应满足某些约束条件，如系统的状态方程，它可以看成是一种等式约束条件。采用拉格朗日乘子法，将具有状态方程约束(等式约束)的变分问题，转化成一种等价的无约束变分问题，从而将对泛函 J 求极值的问题，转化为在无约束条件下求哈密顿函数 H 的极值问题。

3) 极大值原理

极大值原理是经典变分法求泛函极值的扩充，因为用经典变分法不能处理这类问题，所以这种方法又称为现代变分法。极大值原理表明，使性能指标泛函 J 为极小值的控制必定使哈密顿函数 H 为极小值，即最优控制 $\boldsymbol{u}^*(t)$使哈密顿函数 H 取极小值。

4) 线性二次型最优控制问题

对于线性时变系统，若取状态变量和控制变量的二次型函数的积分作为性能指标函数，此时的动态系统最优问题称为线性系统二次型性能指标的最优控制问题。由于线性二次型问题的最优解具有统一的解析表达式，且可导致一个简单的线性状态反馈控制律，易于构成闭环最优反馈控制，便于工程实现，因而在实际工程问题中得到了广泛应用。

2. 基本要求

(1) 掌握静态最优控制问题的求解方法；
(2) 掌握固定端点的变分问题和可变端点的变分问题的求解方法；
(3) 掌握固定端点的最优控制问题和可变端点的最优控制问题的求解方法；
(4) 掌握连续系统的极大值原理和离散系统的极大值原理的求解方法；
(5) 掌握线性二次型问题的状态调节器、输出调节器和输出跟踪器的求解方法；
(6) 会利用 MATLAB 求解线性二次型最优控制问题。

习题

6-1 求性能指标

$$J = \int_0^{\frac{\pi}{2}} [\dot{x}_1^2 + \dot{x}_2^2 + 2x_1 x_2] \mathrm{d}t$$

在边界条件 $x_1(0)=x_2(0)=0, x_1(\pi/2)=x_2(\pi/2)=1$ 下的极值曲线。

6-2 已知性能指标为

$$J=\int_0^R \sqrt{1+\dot{x}_1^2+\dot{x}_2^2}\,\mathrm{d}t$$

求 J 在约束条件 $t^2+x_1^2=R^2$ 和边界条件 $x_1(0)=-R, x_2(0)=0$；$x_1(R)=0$，$x_2(R)=\pi$ 下的极值。

6-3 设控制对象的方程为

$$\dot{x}(t)=u(t),\quad x(0)=x_0$$

终端时刻 t_f 可变，终端约束 $x(t_f)=c_0$（常数）。求 $x^*(t)$ 和 $u^*(t)$，使下列泛函极小：

$$J=\int_0^{t_f}(x^2+\dot{x}^2)\mathrm{d}t$$

6-4 已知系统的状态方程为

$$\dot{x}(t)=u(t), x(0)=1$$

试确定最优控制 $u^*(t)$，使性能指标

$$J=\int_0^1 \mathrm{e}^{2t}(x^2+u^2)\mathrm{d}t=\min$$

6-5 设离散系统差分方程为

$$x(k+1)=x(k)+\alpha u(k),\quad x(0)=1,\quad x(10)=0$$

其中 α 为已知常数，性能指标为

$$J=\frac{1}{2}\sum_{k=0}^{9}u^2(k)$$

试确定使为极小的最优控制序列 $u^*(k)$ 和最优轨线 $x^*(k)$。

6-6 设系统的状态方程为

$$\dot{x}_1=u_1,\quad x_1(0)=0$$

$$\dot{x}_2=x_1+u_2,\quad x_2(0)=0$$

性能指标

$$J=\int_0^1(x_1+u_1^2+u_2^2)\mathrm{d}t$$

要求终端状态为 $x_1(1)=x_2(1)=1$，试确定最优控制 u_1^*, u_2^*；最优轨线 x_1^*, x_2^* 及最优性能指标 J^*。

6-7 在题6-6中，如果 $u_1(t)$ 无约束，$u_2(t)\leqslant\frac{1}{4}$，结果如何？

6-8 设二阶系统状态方程为

$$\begin{bmatrix}\dot{x}_1(t)\\ \dot{x}_2(t)\end{bmatrix}=\begin{bmatrix}0 & 1\\ -1 & -1\end{bmatrix}\begin{bmatrix}x_1(t)\\ x_2(t)\end{bmatrix}+\begin{bmatrix}0\\ 1\end{bmatrix}u(t)$$

要求 $|u(t)|\leqslant 1$，试确定将系统由已知初始状态 $x(0)=x_0$ 最快地转移到终端状态

$x(t_f)=0$ 的最优控制 $u^*(t)$。

6-9 设系统方程及初始条件为

$$\dot{x}_1(t) = -x_1(t) + u(t), \quad x_1(0) = 1$$

$$\dot{x}_2(t) = x_1(t), \quad x_2(0) = 0$$

其中 $|u(t)| \leqslant 1$。若系统终态 $x(t_f)$ 自由，试求 $u^*(t)$ 使性能指标

$$J = x_2(t) = \min$$

的最优控制 $u^*(t)$。

6-10 设系统状态方程为

$$\begin{cases} \dot{x}_1(t) = x_2 \\ \dot{x}_2(t) = u \end{cases}$$

试确定最优控制 $u^*(t)$，使下列性能指标取极小

$$J = \int_0^\infty \frac{1}{2}[x_1^2(t) + u^2(t)]\mathrm{d}t$$

6-11 设系统状态方程及控制规律为

$$\begin{bmatrix} \dot{x}_1(t) \\ \dot{x}_2(t) \end{bmatrix} = \begin{bmatrix} 0 & 1 \\ 0 & 0 \end{bmatrix} \begin{bmatrix} x_1(t) \\ x_2(t) \end{bmatrix} + \begin{bmatrix} 0 \\ 1 \end{bmatrix} u(t)$$

$$u = -K\boldsymbol{x} = -k_1 x_1 - k_2 x_2$$

试确定 k_1, k_2 使下列性能指标取极小

$$J = \int_0^\infty (\boldsymbol{x}^{\mathrm{T}} \boldsymbol{x} + u^2)\mathrm{d}t$$

6-12 设系统状态空间表达式为

$$\begin{bmatrix} \dot{x}_1(t) \\ \dot{x}_2(t) \end{bmatrix} = \begin{bmatrix} 0 & 1 \\ 0 & 0 \end{bmatrix} \begin{bmatrix} x_1(t) \\ x_2(t) \end{bmatrix} + \begin{bmatrix} 0 \\ 1 \end{bmatrix} u(t)$$

$$y = \begin{bmatrix} 1 & 0 \end{bmatrix} \begin{bmatrix} x_1(t) \\ x_2(t) \end{bmatrix}$$

试确定最优控制 $u^*(t)$，使下列性能指标取极小

$$J = \frac{1}{2}\int_0^\infty (y^2 + ru^2)\mathrm{d}t, \quad (r > 0)$$

第7章 线性系统的状态估计

线性系统受到干扰时,系统的状态需采用估计的方法获得。本章阐述了线性系统中常用的几种状态估计的方法,包括最小二乘法估计及其递推算法、线性最小方差估计法及卡尔曼滤波算法等,并给出了相应的例题及其 MATLAB 仿真程序。

7.1 概述

7.1.1 估计问题

当系统能观测时,系统的状态可由系统的输入和输出的观测量直接或间接获得。第 5 章给出了当没有随机干扰作用于系统或观测量(输出)时,如何设计状态观测器以获取不可直接量测的状态。但当系统或观测量受到随机干扰时,由观测器得到的状态精度会受到很大影响,需要应用新的状态估计方法。实际的控制系统中,许多干扰是随机信号,其特点是具有不确定性,没有确定的变化规律,也无法给出确定的时间或空间函数,只能通过一定的测试实验获得其统计特性,如海浪对船舰的影响、大气湍流对飞行器的影响、风力对天线的影响、道路的交通流量、雨水对卫星信号的影响等。这些随机干扰不能简单地利用物理装置或者常规的低通、带通滤波器滤除,需要用新的基于估计理论的方法去估计所需的测量值或状态值。状态估计就是利用观测值及干扰的统计特性估计出实际的系统状态。如果将带有随机干扰的测量信号作为输入,被估计量作为输出,则估计过程就是一个滤除随机干扰的过程,因而这种估计也称为滤波,但它与常规的基于频域的滤波是有区别的。作用于系统中量测部分或观测器的随机干扰常被称为观测噪声。

最早的估计方法是高斯(Gauss)于 1795 年在《天体运动理论》一书中提出的最小二乘法。最小二乘法没有考虑被估参数和观测数据的统计特性,在计算上比较简单,是一种最广泛的估计方法。但这种方法不是最优估计方法。对于随机过程的估计问题,主要成果为1940年美国学者维纳(Wiener)所提出的在频域中设计统计最优滤波器的方法,这一方法称为维纳滤波。维纳滤波的方法局限于处理平稳随机过程,只能提供稳态的最优估值,在工程实践上受到一定的限制。1960年美国学者卡尔曼(Kalman)和布西(Bucy)提出了考虑被估量和观测值统计特性的最优递推滤波方法,又称为卡尔曼滤波。这种方法既适用于平稳随机过程,又适用于非平稳随机过程,因此得到广泛的应用。卡尔曼滤波算法是一种由计算机实现的实时递推算法,实质上是一种最优估计方法。

7.1.2 估计的准则

在实际应用中,我们总是希望参数或状态的估计值越接近真值越好。为了衡量估计的好坏,必须要有一个衡量估计的准则。准则用函数来表达,估计中称这个函数为指标函数或损失函数。一般来说,损失函数是根据验前信息选定的,而估计是通过损失函数的极小化或极大化导出的。目前估计中常用的三类准则是直接误差准则,误差函数矩准则和直接概率准则。

直接误差准则,是指以某种形式的误差(比如估计误差)为自变量的函数作为损失函数的准则。在这类准则中,损失函数是误差的凸函数,估计式是通过损失函数的极小化导出的,而与观测噪声的统计特性无关。因此,这类准则特别适用于观测噪声统计规律未知的情况。最小二乘估计及其各种推广形式都是以误差的平方和最小作为估计准则。

误差函数矩准则,是以直接误差函数矩作为损失函数的准则。特别地,我们可把损失函数选作直接误差函数,以其均值为零和方差最小为准则。在这类准则中,要求观测噪声的有关矩是已知的(如数学期望,方差,协方差等),显然它比直接误差准则要求更多的信息,因而可望具有更高的精度。最小方差估计、线性最小方差估计等都是属于这类准则的估计。卡尔曼滤波器也是基于线性最小方差估计的一类递推算法。

直接概率准则,这类准则的损失函数是以某种形式误差的概率密度函数构成,有时也用熵函数构成。估计式由损失函数的极值条件导出。由于这类准则与概率密度有关,这就要求有关的概率密度函数存在,而且需要知道它的形式。除少数情况外,在这类准则下,估计的导出比较困难,因此,这类准则的应用是很有限的。极大似然估计和极大验后估计就是这类准则的直接应用。

7.1.3 状态估计与系统辨识

状态估计、系统辨识及随机控制问题常用的离散系统框图如图7-1所示,其中下标 k 表示采样时刻。

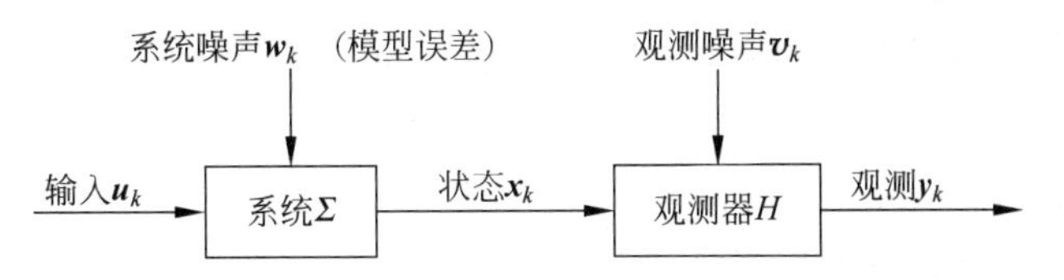

图 7-1　状态估计、系统辨识及随机控制问题系统框图

1. 估计问题

已知系统 Σ(即 $\boldsymbol{x}_k,\boldsymbol{w}_k,\boldsymbol{u}_k$ 之间的关系)，观测器 H(即 $\boldsymbol{y}_k,\boldsymbol{x}_k,\boldsymbol{v}_k$ 之间的关系)及其噪声($\boldsymbol{w}_k,\boldsymbol{v}_k$)的统计特性，由 $\boldsymbol{y}_k$ 的 N 个观测值($\boldsymbol{y}_1,\boldsymbol{y}_2,\cdots,\boldsymbol{y}_N$)求 $\boldsymbol{x}_k$ 在某种意义下的估计量。若 $k=N$，称为滤波；若 $k>N$，称为预报，若 $k<N$，称为平滑。如果噪声($\boldsymbol{w}_k,\boldsymbol{v}_k$)的统计特性未知，此时对状态 $\boldsymbol{x}_k$ 的估计称为自适应估计。

1）静态估计

假设变量 $\boldsymbol{x}$ 的观测方程为如下线性方程

$$\boldsymbol{y}=\boldsymbol{H}\boldsymbol{x}+\boldsymbol{v} \tag{7-1}$$

其中，$\boldsymbol{x}$——n 维向量；

$\boldsymbol{y}$——观测量；

$\boldsymbol{v}$——观测噪声；

$\boldsymbol{H}$——系数阵。

如果 $\boldsymbol{x}$ 可以看作不随时间变化的状态或参数，则利用 $\boldsymbol{y}$ 的 $N(N>n)$次测量值对 $\boldsymbol{x}$ 的估计称为静态估计。系统辨识中的参数估计就是一种静态估计。

2）动态估计

在方程式(7-1)中，如果 $\boldsymbol{x}$ 是随时间变化的状态，对 $\boldsymbol{x}$ 的估计称为动态估计。

图 7-1 中如果噪声 $\boldsymbol{w}_k=0$，则对 $\boldsymbol{x}$ 的估计可以利用状态转移矩阵的概念转化为静态估计处理(下两节的最小二乘估计及线性最小方差估计在 $\boldsymbol{w}_k=0$ 都可利用此原理)，否则要用动态估计方法，动态估计方法一般以递推的形式给出，如线性最小方差估计的递推形式——卡尔曼滤波。

2. 系统辨识问题

已知观测器 H(即 $\boldsymbol{y}_k,\boldsymbol{x}_k,\boldsymbol{v}_k$ 之间的关系)及其噪声($\boldsymbol{w}_k,\boldsymbol{v}_k$)的统计特性，由 N 个观测值 $\boldsymbol{y}_i(i=1,2,\cdots,\boldsymbol{N})$及输入 $\boldsymbol{u}_i(i=1,2,\cdots,\boldsymbol{N})$求系统 Σ(即 $\boldsymbol{x}_k,\boldsymbol{w}_k,\boldsymbol{u}_k$ 之间的函数关系)。

7.2　最小二乘估计

7.2.1　最小二乘法的基本概念

最小二乘法是工程上常用的参数辨识与状态估计的简单方法。高斯大约在二百多年前首先提出并应用这一方法解决了天文学上的定轨问题。以一个简单

的例子来说明最小二乘法的概念。假设变量 z 和 x 之间有如下线性关系

$$z = h_1 + h_2 x \tag{7-2}$$

根据测量数据确定变量 z 和 x 之间的对应关系 $z=f(x)$。z 和 x 的五组测量数据如表 7-1 所示。现要根据表 7-1 中的数据求出参数 h_1 和 h_2 的值。

表 7-1 z 和 x 的五组测量数据

	(x_1,z_1)	(x_2,z_2)	(x_3,z_3)	(x_4,z_4)	(x_5,z_5)
x	2	4	5	8	9
z	2.01	2.98	3.50	5.02	5.47

如果精度要求不高,可以任选表 7-1 中的两组数据代入公式(7-2)中就可以求解出参数 h_1、h_2 的值。但是由于测量值中有随机干扰的影响,测量数据与实际值之间存在偏差(或者实际的 z,x 之间的函数关系本质上是非线性的,只是用线性关系来近似),利用表 7-1 中不同组的数据求解的 h_1、h_2 的值也不同,无法确定选用哪两组数据求出的方程最好,最接近于实际。而同时满足表 7-1 中 5 个点的曲线一定不具有公式(7-2)的形式即不是直线。如果我们不用上述解方程的方法求 h_1 和 h_2,而是设想有一组参数 $\hat{h}_1$ 和 $\hat{h}_2$,由它们构成的直线方程

$$\hat{z} = \hat{h}_1 + \hat{h}_2 x \tag{7-3}$$

在相应的点上最接近实际测量值,即表 7-1 中的数据。

数学上对"最接近"可以有多种定义,其中一种是将表 7-1 中各点的 x 值代入方程式(7-3)得到的 $\hat{z}$ 值与表 7-1 中 z 的实际测量值的差的平方和最小(又称残差平方和最小)。令

$$\begin{aligned} J(\hat{h}_1,\hat{h}_2) &= (z_1-\hat{z}_1)^2+(z_2-\hat{z}_2)^2+(z_3-\hat{z}_3)^2+(z_4-\hat{z}_4)^2+(z_5-\hat{z}_5)^2 \\ &= \sum_{m=1}^{5}(z_m-\hat{z}_m)^2 \end{aligned}$$

则能使 J 最小的方程式(7-3)就是"最接近"于实际测量值 z 的方程。J 是一个二次型函数,是一个凸函数,以 J 分别对 $\hat{h}_1$ 和 $\hat{h}_2$ 求偏导数并令其为零,即

$$\frac{\partial J}{\partial \hat{h}_1} = -2\sum_{m=1}^{5}(z_m-\hat{z}_m)\frac{\partial \hat{z}_m}{\partial \hat{h}_1} = 0$$

$$\frac{\partial J}{\partial \hat{h}_2} = -2\sum_{m=1}^{5}(z_m-\hat{z}_m)\frac{\partial \hat{z}_m}{\partial \hat{h}_2} = 0$$

就可以求出使 J 最小的参数 $\hat{h}_1$ 和 $\hat{h}_2$。即

$$\begin{aligned} \frac{\partial J}{\partial \hat{h}_1} &= -2[(z_1-\hat{z}_1)+(z_2-\hat{z}_2)+(z_3-\hat{z}_3)+(z_4-\hat{z}_4)+(z_5-\hat{z}_5)] \\ &= 0 \end{aligned} \tag{7-4}$$

$$\frac{\partial J}{\partial \hat{h}_2}=-2[(z_1-\hat{z}_1)x_1+(z_2-\hat{z}_2)x_2+(z_3-\hat{z}_3)x_3+(z_4-\hat{z}_4)x_4+(z_5-\hat{z}_5)x_5]$$
$$=0$$

方程组(7-4)为两个独立方程,可以求两个参数$\hat{h}_1$ 和 $\hat{h}_2$。

将表 7-1 的值代入式(7-4)得

$$(2.01-\hat{h}_1-2\hat{h}_2)+(2.98-\hat{h}_1-4\hat{h}_2)+(3.50-\hat{h}_1-5\hat{h}_2)$$
$$+(5.02-\hat{h}_1-8\hat{h}_2)+(5.47-\hat{h}_1-9\hat{h}_2)=0$$
$$2(2.01-\hat{h}_1-2\hat{h}_2)+4(2.98-\hat{h}_1-4\hat{h}_2)+5(3.50-\hat{h}_1-5\hat{h}_2)$$
$$+8(5.02-\hat{h}_1-8\hat{h}_2)+9(5.47-\hat{h}_1-9\hat{h}_2)=0$$

由此可得方程组:

$$\hat{h}_1+5.6\hat{h}_2=3.796$$
$$\hat{h}_1+6.7857\hat{h}_2=4.3867$$

解上述二式可得$\hat{h}_1$ 和 $\hat{h}_2$ 的值分别为$\hat{h}_1=1.006$,$\hat{h}_2=0.4981$。所求方程为$\hat{z}=1.006+0.4981x$。

上述例子中$(z-\hat{z})$称为残差,评定估计方程好坏的准则是各点残差的平方和 J 最小,因而求$\hat{z}$的方法称为最小二乘法。造成残差的主要原因有两个:一是方程(7-2)的选取不妥,即实际的系统不是线性系统;二是测量噪声的影响。由上例可知,最小二乘法是兼顾每一个测量点的数据的一种方法。如果个别测量点上有较大的残差,其对 J 值及最终的估计结果都有较大的影响。最小二乘法无需知道干扰的统计特性,是该方法的优点,也是造成其估计值精度不高的原因。由于最小二乘法的简单易用,使其在实践中得到了广泛的应用。

7.2.2　最小二乘状态估计

上节给出的最小二乘法的例子是一个求参数的过程,且假定参数是定常不变的,其实质是数学上的数据拟合的过程。现在我们将其思想引入到对系统的状态估计上来。

假设 $\boldsymbol{x}$ 是不随时间变化的 n 维状态变量,其观测方程如式(7-1),为了得到 $\boldsymbol{x}$ 的估计值,对输出进行 k 次观测得到

$$\boldsymbol{y}_i=\boldsymbol{H}_i\boldsymbol{x}+\boldsymbol{v}_i,\quad i=1,2,\cdots,k \tag{7-5}$$

式中,$\boldsymbol{y}_i$——m 维观测向量;

$\boldsymbol{H}_i$——$m\times n$ 观测矩阵;

$\boldsymbol{v}_i$——m 维观测噪声向量。

式(7-5)可写成

$$\boldsymbol{y}=\boldsymbol{H}\boldsymbol{x}+\boldsymbol{v} \tag{7-6}$$

其中，$\boldsymbol{y}=[\boldsymbol{y}_1\ \boldsymbol{y}_2\cdots\boldsymbol{y}_k]^{\mathrm{T}}$；$\boldsymbol{H}=[\boldsymbol{H}_1\ \boldsymbol{H}_2\cdots\boldsymbol{H}_k]^{\mathrm{T}}$；$\boldsymbol{v}=[\boldsymbol{v}_1\ \boldsymbol{v}_2\cdots\boldsymbol{v}_k]^{\mathrm{T}}$。

$\boldsymbol{x}$——n 维向量；

$\boldsymbol{y}$——km 维向量；

$\boldsymbol{H}$——$km\times n$ 矩阵；

$\boldsymbol{v}$——km 维向量。

当 $km\geqslant n$ 时，由于方程的数目多于未知数 $\boldsymbol{x}$ 的数目，可以由 $\boldsymbol{y}$ 来估计 $\boldsymbol{x}$。之所以要求方程的数目多于未知数的数目是由于有未知干扰 $\boldsymbol{v}$ 的存在的缘故。此时观测值 $\boldsymbol{y}$ 与其估计值 $\hat{\boldsymbol{y}}=\boldsymbol{H}\hat{\boldsymbol{x}}$ 的残差平方和为

$$\boldsymbol{J}(\hat{\boldsymbol{x}})=(\boldsymbol{y}-\boldsymbol{H}\hat{\boldsymbol{x}})^{\mathrm{T}}(\boldsymbol{y}-\boldsymbol{H}\hat{\boldsymbol{x}}) \tag{7-7}$$

或更一般的加权的二次型指标

$$\boldsymbol{J}_{\mathrm{w}}(\hat{\boldsymbol{x}})=(\boldsymbol{y}-\boldsymbol{H}\hat{\boldsymbol{x}})^{\mathrm{T}}\boldsymbol{W}(\boldsymbol{y}-\boldsymbol{H}\hat{\boldsymbol{x}}) \tag{7-8}$$

其中，$\boldsymbol{W}$——$km\times km$ 加权矩阵。

将式(7-7)或式(7-8)对 $\boldsymbol{x}$ 求偏导并令偏导数等于零可以求出 $\boldsymbol{x}$ 的估计值

$$\frac{\partial \boldsymbol{J}}{\partial \hat{\boldsymbol{x}}}=-2\boldsymbol{H}^{\mathrm{T}}(\boldsymbol{y}-\boldsymbol{H}\hat{\boldsymbol{x}})=0 \tag{7-9}$$

即

$$\boldsymbol{H}^{\mathrm{T}}\boldsymbol{y}-\boldsymbol{H}^{\mathrm{T}}\boldsymbol{H}\hat{\boldsymbol{x}}=0$$

或

$$\frac{\partial \boldsymbol{J}_{\mathrm{w}}}{\partial \hat{\boldsymbol{x}}}=-2\boldsymbol{H}^{\mathrm{T}}\boldsymbol{W}(\boldsymbol{y}-\boldsymbol{H}\hat{\boldsymbol{x}})=0 \tag{7-10}$$

即

$$\boldsymbol{H}^{\mathrm{T}}\boldsymbol{W}\boldsymbol{y}-\boldsymbol{H}^{\mathrm{T}}\boldsymbol{W}\boldsymbol{H}\hat{\boldsymbol{x}}=0$$

由于当 $km\geqslant n$，故 $(\boldsymbol{H}^{\mathrm{T}}\boldsymbol{H})^{-1}$，$(\boldsymbol{H}^{\mathrm{T}}\boldsymbol{W}\boldsymbol{H})^{-1}$ 存在，得到最小二乘估计 $\hat{\boldsymbol{x}}$ 及加权估计 $\hat{\boldsymbol{x}}_w$ 如下

$$\hat{\boldsymbol{x}}=(\boldsymbol{H}^{\mathrm{T}}\boldsymbol{H})^{-1}\boldsymbol{H}^{\mathrm{T}}\boldsymbol{y} \tag{7-11}$$

$$\hat{\boldsymbol{x}}_{\mathrm{w}}=(\boldsymbol{H}^{\mathrm{T}}\boldsymbol{W}\boldsymbol{H})^{-1}\boldsymbol{H}^{\mathrm{T}}\boldsymbol{W}\boldsymbol{y} \tag{7-12}$$

式(7-11)或式(7-12)就是 $\boldsymbol{x}$ 的最小二乘静态估计，即在认为 $\boldsymbol{x}$ 不变时利用多于 $\boldsymbol{x}$ 的维数(n)的观测值 $\boldsymbol{y}$，在有观测噪声 $\boldsymbol{v}$ 的情况下，做出对于 $\boldsymbol{x}$ 的估计。

无偏估计的概念，所谓无偏估计是指估计量 $\hat{\boldsymbol{x}}$ 的数学期望等于状态变量 $\boldsymbol{x}$ 的数学期望，即 $\mathrm{E}\,\hat{\boldsymbol{x}}=\mathrm{E}\boldsymbol{x}$。

有了无偏性就能保证当进行大量重复的测量并获得多个量测序列 $\boldsymbol{y}_1,\boldsymbol{y}_2,\cdots,\boldsymbol{y}_k$ 的独立样本时，由每个量测序列样本所求得的估计量 $\hat{\boldsymbol{x}}$ 的平均值近似为 $\mathrm{E}\,\hat{\boldsymbol{x}}$(或 $\boldsymbol{x}$)，换句话说，$\boldsymbol{x}$ 应是上述 $\hat{\boldsymbol{x}}$ 之平均值的极限。无偏性将保证由不同量测序列 $\boldsymbol{y}_1$，

$\boldsymbol{y}_2,\cdots,\boldsymbol{y}_k$ 的样本所获得的估计量$\hat{\boldsymbol{x}}$在状态 $\boldsymbol{x}$ 的附近摆动,但这种摆动的平均值未必是最小的,要使这种摆动的平均值也达到最小,需要用最小方差估计的方法(下一节介绍)。

采用上述最小二乘估计时,应注意以下几点:

(1) 式(7-11)或式(7-12)中的 $\boldsymbol{y}$ 是所有观测值的全体,因此这种静态估计方法要把所有观测数据都存储起来后统一处理,当 k 值很大时,求逆运算将变得复杂,而且给实时计算带来困难。

(2) 如果噪声$\boldsymbol{v}$ 的数学期望 $\mathrm{E}[\boldsymbol{v}]=0$(即在 k 很大时$\boldsymbol{v}$ 的平均值$=0$),则

$$\mathrm{E}[\hat{\boldsymbol{x}}]=(\boldsymbol{H}^{\mathrm{T}}\boldsymbol{H})^{-1}\boldsymbol{H}^{\mathrm{T}}\boldsymbol{H}\cdot\mathrm{E}[\boldsymbol{x}]=\mathrm{E}[\boldsymbol{x}]$$

或

$$\mathrm{E}[\hat{\boldsymbol{x}}_{\mathrm{w}}]=(\boldsymbol{H}^{\mathrm{T}}\boldsymbol{W}\boldsymbol{H})^{-1}\boldsymbol{H}^{\mathrm{T}}\boldsymbol{W}\boldsymbol{H}\mathrm{E}[\boldsymbol{x}]=\mathrm{E}[\boldsymbol{x}]$$

因此最小二乘估计或加权最小二乘估计都是无偏估计。

(3) 误差的方差能反映估计的优劣。假设$\boldsymbol{v}$ 的方差为 $\boldsymbol{R}=\mathrm{Var}[\boldsymbol{v}]=\mathrm{E}[\boldsymbol{v}\boldsymbol{v}^{\mathrm{T}}]$,则最小二乘估计的误差的方差阵为

$$\mathrm{Var}[\hat{\boldsymbol{x}}]=\mathrm{E}[(\boldsymbol{x}-\hat{\boldsymbol{x}})(\boldsymbol{x}-\hat{\boldsymbol{x}})^{\mathrm{T}}]=(\boldsymbol{H}^{\mathrm{T}}\boldsymbol{H})^{-1}\boldsymbol{H}^{\mathrm{T}}\boldsymbol{R}\boldsymbol{H}\,(\boldsymbol{H}^{\mathrm{T}}\boldsymbol{H})^{-1} \tag{7-13}$$

或

$$\begin{aligned}\mathrm{Var}[\hat{\boldsymbol{x}}_{\mathrm{w}}]&=\mathrm{E}[(\boldsymbol{x}-\hat{\boldsymbol{x}}_{\mathrm{w}})(\boldsymbol{x}-\hat{\boldsymbol{x}}_{\mathrm{w}})^{\mathrm{T}}]\\&=(\boldsymbol{H}^{\mathrm{T}}\boldsymbol{W}\boldsymbol{H})^{-1}\boldsymbol{H}^{\mathrm{T}}\boldsymbol{W}\boldsymbol{R}\boldsymbol{W}\boldsymbol{H}(\boldsymbol{H}^{\mathrm{T}}\boldsymbol{W}\boldsymbol{H})^{-1}\end{aligned} \tag{7-14}$$

当 $\boldsymbol{W}=\boldsymbol{R}^{-1}$时,

$$\mathrm{Var}[\hat{\boldsymbol{x}}_{\mathrm{w}}]=(\boldsymbol{H}^{\mathrm{T}}\boldsymbol{R}^{-1}\boldsymbol{H})^{-1} \tag{7-15}$$

可以证明,当 $\boldsymbol{W}=\boldsymbol{R}^{-1}$时加权最小二乘估计的方差达到最小。也就是说,如果已知噪声的一些统计特性,即 $\mathrm{E}[\boldsymbol{v}]=0$,$\mathrm{Var}[\boldsymbol{v}]=\mathrm{E}[\boldsymbol{v}\boldsymbol{v}^{\mathrm{T}}]=\boldsymbol{R}$,采用加权最小二乘估计时,取 $\boldsymbol{W}=\boldsymbol{R}^{-1}$,则不仅估计的残差最小,而且估计的方差也最小。此时的估计也称为马尔可夫估计,即

$$\hat{\boldsymbol{x}}=(\boldsymbol{H}^{\mathrm{T}}\boldsymbol{R}^{-1}\boldsymbol{H})^{-1}\boldsymbol{H}^{\mathrm{T}}\boldsymbol{R}\boldsymbol{y} \tag{7-16}$$

(4) 最小二乘估计相对于其他估计方法,不需要知道噪声的统计特性,因此使用简单。

7.2.3 线性离散系统的最小二乘估计

上一节的最小二乘估计是在假设变量 $\boldsymbol{x}$ 是不随时间变化的状态变量。一般情况下,在实际控制系统中的状态变量是变化的,其变化的规律由状态方程决定。本节介绍如何利用静态最小二乘估计方法解决变化的状态变量的估计问题。

设线性离散系统的方程为

$$\boldsymbol{x}_k=\boldsymbol{\Phi}_{k,k-1}\boldsymbol{x}_{k-1}+\boldsymbol{H}\boldsymbol{u}_{k-1}+\boldsymbol{G}_{k,k-1}\boldsymbol{w}_{k-1}$$

$$y_k = C_k x_k + v_k \tag{7-17}$$

式中，y_k——k 时刻的 m 维观测向量；

v_k——量测噪声；

x_k——系统的 n 维状态向量；

w_k——p 维系统过程噪声向量；

$\Phi_{k,k-1}$——$n\times n$ 维系统状态转移矩阵，下标$(k,k-1)$表示 $k-1$ 时刻到 k 时刻的状态转移，$G_{k,k-1}$ 是 $n\times p$ 维系统过程噪声输入矩阵，C_k 是 $m\times n$ 维观测矩阵，v_k 与 x_k 不相关。对于线性定常离散系统$\Phi_{k,k-1}=G, C_k=C$。

当系统控制作用为确定性输入时，可假设控制量 $u=0$。此时考虑随机噪声干扰的线性定常离散系统的方程为

$$\begin{aligned} x_k &= \Phi_{k,k-1} x_{k-1} + G_{k,k-1} w_{k-1} \\ y_k &= C_k x_k + v_k \end{aligned} \tag{7-18}$$

为使各方程及表达式表示清晰，本节中与时刻 k 有关的变量和矩阵中，时刻 k 的表达方式放在这些变量和矩阵的下标中，而非括号中，如 $x(k)$表示为 x_k。

假定上述系统是完全能观测的，状态估计的任务就是由一个量测序列 y_1，y_2，…，y_k，求出 x_k 的最小二乘估计，记此估计量为$\hat{x}_k$，下标 k 表示是对 k 时刻的状态 x 的估计。式(7-18)中的量测方程可以改写为

$$y_k = C\cdot(\Phi_{k,0} x_0 + G_{k,0} w_0) + v_k \tag{7-19}$$

其中$\Phi_{k,0}$表示从状态 x_0 到 x_k 的转移矩阵，$G_{k,0}$表示从状态 w_0 到 w_k 的转移矩阵。

1. 假设系统过程干扰 $w_k=0$，量测噪声$v_k\neq 0$ 时离散系统的最小二乘估计

式(7-19)变为

$$y_k = C\Phi_{k,0} x_0 + v_k \tag{7-20}$$

上式已具备了式(7-1)的形式。这里求 x_k 的估计公式的思路是首先利用k 个 y 的测量值$(y_1, y_2, \cdots, y_k)$对 x_0 进行静态估计，求出 x_0 的估计值$\hat{x}_0$，然后再利用递推公式

$$x_k = \Phi_{k,k-1} x_{k-1} \tag{7-21}$$

递推出估计值$\hat{x}_k$，并推出 y_k 的估计值$\hat{y}_k$，最后利用最小二乘法的定义求出最小二乘状态估计的公式。下面利用式(7-21)推出 x_0 与 x_k 之间的关系并代入式(7-20)推出 $w_k=0$ 时的 x_k 最小二乘估计。

定义 7-1

$$\begin{aligned} \Phi_{0,0} &= I \\ \Phi_{1,0} &= G \\ \Phi_{k,0} &= \Phi_{k,k-1}\,\Phi_{k-1,k-2}\cdots\Phi_{1,0} = G^k \\ \Phi_{0,k} &= G^{-k} \end{aligned}$$

则有

$$x_k = G^k x_0$$

$$x_0 = G^{-k} x_k$$

$$y_i = Cx_i + v_i = CG^i x_0 + v_i = CG^{i-k} x_k + v_i \tag{7-22}$$

由式(7-22)有$\hat{y}_i = C\hat{x}_i = CG^i\hat{x}_0 = CG^{i-k}\hat{x}_k$，输出量的残差平方和 J 表达式为

$$J = \sum_{i=1}^{k} [y_i - \hat{y}_i]^{\mathrm{T}} [y_i - \hat{y}_i]$$

$$= \sum_{i=1}^{k} [y_i - CG^{i-k}\hat{x}_k]^{\mathrm{T}} [y_i - CG^{i-k}\hat{x}_k] \tag{7-23}$$

最小二乘的估计准则是使 J 达到极小，即

$$\frac{\partial J}{\partial \hat{x}_k} = -2\sum_{i=1}^{k} (G^{i-k})^{\mathrm{T}} C^{\mathrm{T}} [y_i - CG^{i-k}\hat{x}_k] = 0$$

得

$$\sum_{i=1}^{k} (G^{i-k})^{\mathrm{T}} C^{\mathrm{T}} [y_i - CG^{i-k}\hat{x}_k] = 0$$

由此获得 x_k 的估计公式

$$\hat{x}_k = \left[\sum_{i=1}^{k} (G^{i-k})^{\mathrm{T}} C^{\mathrm{T}} CG^{i-k} \right]^{-1} \left[\sum_{i=1}^{k} (G^{i-k})^{\mathrm{T}} C^{\mathrm{T}} y_i \right] \tag{7-24}$$

实际上，将式(7-22)与式(7-5)对应可知，式(7-5)中的 $H_i = CG^{i-k}$，$H_i^{\mathrm{T}} = (G^{i-k})^{\mathrm{T}} C^{\mathrm{T}}$，并由此组成 H, H^{T}，代入式(7-11)的最小二乘估计式并利用求和公式，可得式(7-24)。

式(7-24)为只有量测噪声干扰时的最小二乘状态估计。由上述推导过程可知，利用系统量测方程的 H 阵及状态转移矩阵 G 将被估计状态 x_k 与 k 时刻之前的各测量值 y_i 相关联并组成方程式(7-20)，构成了如式(7-1)所示的线性方程就可以利用 7.2.2 节中的最小二乘方法，得出式(7-24)所示的最小二乘状态估计式。

2. 假设系统过程噪声 $w_k \neq 0, v_k \neq 0$ 时离散系统的最小二乘估计

此种情况下，系统不仅有量测噪声，还有系统噪声。定义广义状态变量 X_k，广义状态转移矩阵Ψ_k 及输出矩阵 Z_k 如下

$$X_k = \begin{bmatrix} x_k \\ w_k \end{bmatrix}, \quad \Psi_k = [\Phi_k \quad G_k], \quad Z_k = [C_k \quad 0]$$

广义系统方程为

$$X_k = \Psi_{k,k-1} X_{k-1}$$

$$y_k = Z_k X_k + v_k$$

对于线性定常离散系统$\Psi = [G \quad G]$，$Z = [C \quad 0]$，仿照式(7-19)～式(7-24)

的推导过程，有广义状态变量 $\boldsymbol{X}_k$ 的估计

$$\hat{\boldsymbol{X}}_k = \begin{bmatrix} \hat{\boldsymbol{x}}_k \\ \hat{\boldsymbol{w}}_k \end{bmatrix} = \left[\sum_{i=1}^{k} (\boldsymbol{\Psi}^{i-k})^{\mathrm{T}} \boldsymbol{Z}^{\mathrm{T}} \boldsymbol{Z} \boldsymbol{\Psi}^{i-k} \right]^{-1} \left[\sum_{i=1}^{k} (\boldsymbol{\Psi}^{i-k})^{\mathrm{T}} \boldsymbol{Z}^{\mathrm{T}} \boldsymbol{y}_i \right] \tag{7-25}$$

如果系统干扰系数阵 $\boldsymbol{G}$ 未知，则不能得到估计量 $\hat{\boldsymbol{x}}_k$。如果式(7-18)中系统干扰项 $\boldsymbol{G}_{k,k-1}\boldsymbol{w}_{k-1}$ 很小，一般直接应用(7-24)求 $\hat{\boldsymbol{x}}_k$ 的近似值。

3. $\hat{\boldsymbol{x}}_k$ 的数学期望

下面对 $\boldsymbol{w}_k=0$ 及 $\boldsymbol{w}_k\neq 0$ 时系统状态变量估计值 $\hat{\boldsymbol{x}}_k$ 的数学期望进行分析。

若 $\boldsymbol{w}_k=0$，$\boldsymbol{v}_k$ 为均值为零的量测噪声，则由式(7-24)估计值 $\hat{\boldsymbol{x}}_k$ 的数学期望

$$\mathrm{E}[\hat{\boldsymbol{x}}_k] = \left[\sum_{i=1}^{k} (\boldsymbol{G}^{i-k})^{\mathrm{T}} \boldsymbol{C}^{\mathrm{T}} \boldsymbol{C} \boldsymbol{G}^{i-k} \right]^{-1} \left[\sum_{i=1}^{k} (\boldsymbol{G}^{i-k})^{\mathrm{T}} \boldsymbol{C}^{\mathrm{T}} \mathrm{E}[\boldsymbol{y}_i] \right]$$

将式(7-22)代入上式得

$$\begin{aligned} \mathrm{E}[\hat{\boldsymbol{x}}_k] &= \left[\sum_{i=1}^{k} (\boldsymbol{G}^{i-k})^{\mathrm{T}} \boldsymbol{C}^{\mathrm{T}} \boldsymbol{C} \boldsymbol{G}^{i-k} \right]^{-1} \left[\sum_{i=1}^{k} (\boldsymbol{G}^{i-k})^{\mathrm{T}} \boldsymbol{C}^{\mathrm{T}} \boldsymbol{C} \mathrm{E}[\boldsymbol{x}_i] \right] \\ &= \left[\sum_{i=1}^{k} (\boldsymbol{G}^{i-k})^{\mathrm{T}} \boldsymbol{C}^{\mathrm{T}} \boldsymbol{C} \boldsymbol{G}^{i-k} \right]^{-1} \left[\sum_{i=1}^{k} (\boldsymbol{G}^{i-k})^{\mathrm{T}} \boldsymbol{C}^{\mathrm{T}} \boldsymbol{C} \boldsymbol{G}^{i-k} \right] \mathrm{E}[\boldsymbol{x}_k] \\ &= \mathrm{E}[\boldsymbol{x}_k] = \boldsymbol{x}_k \end{aligned}$$

若 $\boldsymbol{w}_k\neq 0$，$\boldsymbol{v}_k$ 为均值为零的量测噪声，此时有

$$\boldsymbol{y}_i = \boldsymbol{Z}\boldsymbol{X}_i + \boldsymbol{v}_i = \boldsymbol{Z}\boldsymbol{\Psi}^{i}\boldsymbol{X}_0 + \boldsymbol{v}_i = \boldsymbol{Z}\boldsymbol{\Psi}^{i-k}\boldsymbol{X}_k + \boldsymbol{v}_i$$

$$\mathrm{E}[\boldsymbol{y}_i] = \boldsymbol{Z}\mathrm{E}[\boldsymbol{X}_i] = \boldsymbol{Z}\boldsymbol{\Psi}^{i-k}\mathrm{E}[\boldsymbol{X}_k]$$

由式(7-25)可得方差

$$\begin{aligned} \mathrm{E}[\hat{\boldsymbol{X}}_k] &= \left[\sum_{i=1}^{k} (\boldsymbol{\Psi}^{i-k})^{\mathrm{T}} \boldsymbol{Z}^{\mathrm{T}} \boldsymbol{Z} \boldsymbol{\Psi}^{i-k} \right]^{-1} \left[\sum_{i=1}^{k} (\boldsymbol{\Psi}^{i-k})^{\mathrm{T}} \boldsymbol{Z}^{\mathrm{T}} \mathrm{E}[\boldsymbol{y}_i] \right] \\ &= \left[\sum_{i=1}^{k} (\boldsymbol{\Psi}^{i-k})^{\mathrm{T}} \boldsymbol{Z}^{\mathrm{T}} \boldsymbol{Z} \boldsymbol{\Psi}^{i-k} \right]^{-1} \left[\sum_{i=1}^{k} (\boldsymbol{\Psi}^{i-k})^{\mathrm{T}} \boldsymbol{Z}^{\mathrm{T}} \boldsymbol{Z} \mathrm{E}[\boldsymbol{X}_k] \right] \\ &= \left[\sum_{i=1}^{k} (\boldsymbol{\Psi}^{i-k})^{\mathrm{T}} \boldsymbol{Z}^{\mathrm{T}} \boldsymbol{Z} \boldsymbol{\Psi}^{i-k} \right]^{-1} \left[\sum_{i=1}^{k} (\boldsymbol{\Psi}^{i-k})^{\mathrm{T}} \boldsymbol{Z}^{\mathrm{T}} \boldsymbol{Z} \boldsymbol{\Psi}^{i-k} \right] \mathrm{E}[\boldsymbol{X}_k] \\ &= \left[\sum_{i=1}^{k} (\boldsymbol{\Psi}^{i-k})^{\mathrm{T}} \boldsymbol{Z}^{\mathrm{T}} \boldsymbol{Z} \boldsymbol{\Psi}^{i-k} \right]^{-1} \left[\sum_{i=1}^{k} (\boldsymbol{\Psi}^{i-k})^{\mathrm{T}} \boldsymbol{Z}^{\mathrm{T}} \boldsymbol{Z} \boldsymbol{\Psi}^{i-k} \right] \mathrm{E}[\boldsymbol{X}_k] \\ &= \mathrm{E}[\boldsymbol{X}_k] = \mathrm{E}\begin{bmatrix} \boldsymbol{x}_k \\ \boldsymbol{w}_k \end{bmatrix} = \mathrm{E}[\boldsymbol{x}_k] = \boldsymbol{x}_k \end{aligned}$$

即

$$\mathrm{E}[\hat{\boldsymbol{X}}_k] = \boldsymbol{x}_k$$

因此，当量测噪声 $\boldsymbol{w}_k$ 为零时，有 $\mathrm{E}[\hat{\boldsymbol{x}}_k]=\boldsymbol{x}_k$；当量测噪声 $\boldsymbol{w}_k$ 不为零，但其均值为零时，仍然有 $\mathrm{E}[\hat{\boldsymbol{x}}_k]=\boldsymbol{x}_k$。

可见如果 $\boldsymbol{w}_k$、$\boldsymbol{v}_k$ 为白噪声，则 $\boldsymbol{x}_k$ 的最小二乘估计 $\hat{\boldsymbol{x}}_k$ 是无偏估计。

4. 带加权因子的最小二乘估计

利用加权因子 $\boldsymbol{W}$ 可以控制每一项估计误差(残差)在准则 J 中的作用。即

$$\begin{aligned} J &= \sum_{i=1}^{k}[\boldsymbol{y}(i)-\hat{\boldsymbol{y}}(i)]^{\mathrm{T}}\boldsymbol{W}_i[\boldsymbol{y}(i)-\hat{\boldsymbol{y}}(i)] \\ &= \sum_{i=1}^{k}[\boldsymbol{y}(i)-\boldsymbol{C}\boldsymbol{G}^{i-k}\hat{\boldsymbol{x}}_k]^{\mathrm{T}}\boldsymbol{W}_i[\boldsymbol{y}(i)-\boldsymbol{C}\cdot\boldsymbol{G}^{i-k}\hat{\boldsymbol{x}}_k] \end{aligned} \tag{7-26}$$

此时 $\boldsymbol{x}_k$ 的加权最小二乘估计为

$$\hat{\boldsymbol{x}}_k=\left[\sum_{i=1}^{k}(\boldsymbol{G}^{i-k})^{\mathrm{T}}\boldsymbol{C}^{\mathrm{T}}\boldsymbol{W}_i\boldsymbol{C}\boldsymbol{G}^{i-k}\right]^{-1}\left[\sum_{i=1}^{k}(\boldsymbol{G}^{i-k})^{\mathrm{T}}\boldsymbol{C}^{\mathrm{T}}\boldsymbol{W}_i\boldsymbol{y}_i\right] \tag{7-27}$$

同样可以证明当 $\boldsymbol{W}=\boldsymbol{R}^{-1}$ 时,此估计还是最小方差估计。

7.2.4 线性离散系统的最小二乘递推估计

由式(7-24)可知,随着 k 的增大,对 $\boldsymbol{x}_k$ 估计的计算量将不断地增加,因此实际应用时常用最小二乘估计的递推算法。所谓最小二乘估计的递推算法是当由观测量 $\boldsymbol{y}_1,\boldsymbol{y}_2,\cdots,\boldsymbol{y}_k$ 获得了 $\boldsymbol{x}_k$ 的估计 $\hat{\boldsymbol{x}}_k$ 后,又有新的观测量 $\boldsymbol{y}_{k+1}$,由 $\hat{\boldsymbol{x}}_k$ 和新的观测量 $\boldsymbol{y}_{k+1}$ 求得 $\hat{\boldsymbol{x}}_{k+1}$ 的最小二乘估计方法。下面给出最小二乘估计递推公式。

由式(7-24),得

$$\begin{aligned} \hat{\boldsymbol{x}}_{k+1} &= \left[\sum_{i=1}^{k+1}(\boldsymbol{G}^{i-k-1})^{\mathrm{T}}\boldsymbol{C}^{\mathrm{T}}\boldsymbol{C}\boldsymbol{G}^{i-k-1}\right]^{-1}\left[\sum_{i=1}^{k+1}(\boldsymbol{G}^{i-k-1})^{\mathrm{T}}\boldsymbol{C}^{\mathrm{T}}\boldsymbol{y}_i\right] \\ &= \left[\sum_{i=1}^{k}(\boldsymbol{G}^{i-k-1})^{\mathrm{T}}\boldsymbol{C}^{\mathrm{T}}\boldsymbol{C}\boldsymbol{G}^{i-k-1}+\boldsymbol{C}^{\mathrm{T}}\boldsymbol{C}\right]^{-1} \\ &\quad \left[\sum_{i=1}^{k}(\boldsymbol{G}^{i-k-1})^{\mathrm{T}}\boldsymbol{C}^{\mathrm{T}}\boldsymbol{y}_i+\boldsymbol{C}^{\mathrm{T}}\boldsymbol{y}_{k+1}\right] \end{aligned} \tag{7-28}$$

其中

$$\sum_{i=1}^{k}(\boldsymbol{G}^{i-k-1})^{\mathrm{T}}\boldsymbol{C}^{\mathrm{T}}\boldsymbol{C}\boldsymbol{G}^{i-k-1}=(\boldsymbol{G}^{-1})^{\mathrm{T}}\sum_{i=1}^{k}(\boldsymbol{G}^{i-k})^{\mathrm{T}}\boldsymbol{C}^{\mathrm{T}}\boldsymbol{C}\boldsymbol{G}^{i-k}\boldsymbol{G}^{-1} \tag{7-29}$$

$$\sum_{i=1}^{k}(\boldsymbol{G}^{i-k-1})^{\mathrm{T}}\boldsymbol{C}^{\mathrm{T}}\boldsymbol{y}_i=(\boldsymbol{G}^{-1})^{\mathrm{T}}\sum_{i=1}^{k}(\boldsymbol{G}^{i-k})^{\mathrm{T}}\boldsymbol{C}^{\mathrm{T}}\boldsymbol{y}_i \tag{7-30}$$

令

$$\hat{\boldsymbol{x}}_{k+1,k}=\boldsymbol{G}\hat{\boldsymbol{x}}_k \tag{7-31}$$

$$\boldsymbol{P}_k=\left[\sum_{i=1}^{k}(\boldsymbol{G}^{i-k})^{\mathrm{T}}\boldsymbol{C}^{\mathrm{T}}\boldsymbol{C}\boldsymbol{G}^{i-k}\right]^{-1} \tag{7-32}$$

$$\boldsymbol{P}_{k+1,k}=\boldsymbol{G}\boldsymbol{P}_k\boldsymbol{G}^{\mathrm{T}} \tag{7-33}$$

$$\boldsymbol{P}_{k+1}=[\boldsymbol{P}_{k+1,k}^{-1}+\boldsymbol{C}^{\mathrm{T}}\boldsymbol{C}]^{-1} \tag{7-34}$$

则式(7-29)表示为$(\boldsymbol{G}^{-1})^{\mathrm{T}}\boldsymbol{P}_k^{-1}\boldsymbol{G}^{-1}$,式(7-30)表示为$(\boldsymbol{G}^{-1})^{\mathrm{T}}\boldsymbol{P}_k^{-1}\hat{\boldsymbol{x}}_k$。式(7-28)就变为

$$\hat{\boldsymbol{x}}_{k+1}=[\boldsymbol{P}_{k+1,k}^{-1}+\boldsymbol{C}^{\mathrm{T}}\boldsymbol{C}]^{-1}[\boldsymbol{P}_{k+1,k}^{-1}\hat{\boldsymbol{x}}_{k+1,k}+\boldsymbol{C}^{\mathrm{T}}\boldsymbol{y}_{k+1}] \tag{7-35}$$

应用矩阵求逆公式,式(7-35)可以化为

$$\hat{\boldsymbol{x}}_{k+1}=\hat{\boldsymbol{x}}_{k+1,k}+\boldsymbol{P}_{k+1,k}\boldsymbol{C}^{\mathrm{T}}[\boldsymbol{C}\boldsymbol{P}_{k+1,k}\boldsymbol{C}^{\mathrm{T}}+\boldsymbol{I}]^{-1}[\boldsymbol{y}_{k+1}-\boldsymbol{C}\hat{\boldsymbol{x}}_{k+1,k}] \tag{7-36}$$

令

$$\boldsymbol{K}_{k+1}=\boldsymbol{P}_{k+1,k}\boldsymbol{C}^{\mathrm{T}}[\boldsymbol{C}\boldsymbol{P}_{k+1,k}\boldsymbol{C}^{\mathrm{T}}+\boldsymbol{I}]^{-1} \tag{7-37}$$

则

$$\hat{\boldsymbol{x}}_{k+1}=\hat{\boldsymbol{x}}_{k+1,k}+\boldsymbol{K}_{k+1}(\boldsymbol{y}_{k+1}-\boldsymbol{C}\hat{\boldsymbol{x}}_{k+1,k}) \tag{7-38}$$

由式(7-34)还可推出(推导过程略)

$$\boldsymbol{P}_{k+1}=[\boldsymbol{P}_{k+1,k}^{-1}+\boldsymbol{C}^{\mathrm{T}}\boldsymbol{C}]^{-1}=[\boldsymbol{I}-\boldsymbol{K}_k\boldsymbol{C}]\cdot\boldsymbol{P}_{k+1,k} \tag{7-39}$$

式(7-31),式(7-33),式(7-37),式(7-38),式(7-39)就构成了最小二乘估计的递推算法如下:

$$\begin{cases}\hat{\boldsymbol{x}}_{k+1,k}=\boldsymbol{G}\hat{\boldsymbol{x}}_k\\ \boldsymbol{P}_{k+1,k}=\boldsymbol{G}\boldsymbol{P}_k\boldsymbol{G}^{\mathrm{T}}\\ \boldsymbol{K}_{k+1}=\boldsymbol{P}_{k+1,k}\boldsymbol{C}^{\mathrm{T}}[\boldsymbol{C}\boldsymbol{P}_{k+1,k}\boldsymbol{C}^{\mathrm{T}}+\boldsymbol{I}]^{-1}\\ \hat{\boldsymbol{x}}_{k+1}=\hat{\boldsymbol{x}}_{k+1,k}+\boldsymbol{K}_{k+1}(\boldsymbol{y}_{k+1}-\boldsymbol{C}\hat{\boldsymbol{x}}_{k+1,k})\\ \boldsymbol{P}_{k+1}=[\boldsymbol{I}-\boldsymbol{K}_k\cdot\boldsymbol{C}]\cdot\boldsymbol{P}_{k+1,k}\end{cases} \tag{7-40}$$

7.3 线性最小方差估计

7.3.1 线性最小方差状态估计

最小二乘法估计状态时没有考虑干扰的统计特性,对于干扰特性未知的系统,最小二乘法有简单直接的特点。但当含有随机噪声的变量$\boldsymbol{x}$、$\boldsymbol{y}$的条件概率密度$P(\boldsymbol{x}/\boldsymbol{y})$已知或可以获取时,利用这些参数按最小方差对系统状态进行估计,其结果是最好的状态估计,即最逼近真实值。但是一般情况下概率密度$P(\boldsymbol{x}/\boldsymbol{y})$是较难求的,因此需要放松对概率知识的要求。线性最小方差估计对概率知识的要求较少。所谓线性最小方差估计就是估计量$\hat{\boldsymbol{x}}$是观测值$\boldsymbol{y}$的线性函数,且估计误差$\hat{\boldsymbol{x}}-\boldsymbol{x}$的方差为最小,即

$$\mathrm{Var}[\boldsymbol{x}-\hat{\boldsymbol{x}}]=\min$$

或

$$\mathrm{E}[(\boldsymbol{x}-\hat{\boldsymbol{x}})(\boldsymbol{x}-\hat{\boldsymbol{x}})^{\mathrm{T}}]=\min \tag{7-41}$$

与上节介绍的最小二乘估计的估计准则不同,线性最小方差估计是被估量$\boldsymbol{x}$

的方差取极小。

线性最小方差估计只需要知道 $\boldsymbol{x}$ 和 $\boldsymbol{y}$(或 $\boldsymbol{v}$ 和 $\boldsymbol{w}$)的一、二阶矩,即数学期望值 $\mathrm{E}[\boldsymbol{x}]$,$\mathrm{E}[\boldsymbol{y}]$;方差 $\mathrm{Var}[\boldsymbol{x}]$,$\mathrm{Var}[\boldsymbol{y}]$;协方差 $\mathrm{Cov}[\boldsymbol{x},\boldsymbol{y}]$,$\mathrm{Cov}[\boldsymbol{y},\boldsymbol{x}]$等统计特性。线性最小方差估计不仅方差最小,而且是无偏估计,一般要好于利用最小二乘法求出的估计。

估计无偏性将保证由不同量测序列 $\boldsymbol{y}_1,\boldsymbol{y}_2,\cdots,\boldsymbol{y}_k$ 的样本所获得的估计量$\hat{\boldsymbol{x}}$在状态 $\boldsymbol{x}$ 的附近摆动,而最小方差将保证这种摆动的平均值达极小。

对于正态分布随机变量来说,最小方差估计与线性最小方差估计的结果是一样的。很多随机变量服从正态分布或接近正态分布,另外由于线性最小方差估计比较简单,所以这种方法得到广泛应用。

由于估计是线性的,即它是观测量的线性函数,假设估计值$\hat{\boldsymbol{x}}$有如下表达式

$$\hat{\boldsymbol{x}} = \boldsymbol{a} + \boldsymbol{B}\boldsymbol{y} \tag{7-42}$$

式中 $\boldsymbol{a}$ 为与 $\boldsymbol{x}$ 同维数的非随机向量,$\boldsymbol{B}$ 是其行数等于被估计量 $\boldsymbol{x}$ 的维数,列数等于观测量 $\boldsymbol{y}$ 维数的非随机向量,$\boldsymbol{y}$ 的组成同式(7-6)。

设$\tilde{\boldsymbol{x}}=\boldsymbol{x}-\hat{\boldsymbol{x}}$,现选择矢量 $\boldsymbol{a}$ 和矩阵 $\boldsymbol{B}$,使得下列平均二次型性能指标

$$\begin{aligned} J(\tilde{\boldsymbol{x}}) &= \mathrm{E}[\tilde{\boldsymbol{x}}^{\mathrm{T}}\tilde{\boldsymbol{x}}] \\ &= \mathrm{E}[(\boldsymbol{x}-\boldsymbol{a}-\boldsymbol{B}\boldsymbol{y})^{\mathrm{T}}(\boldsymbol{x}-\boldsymbol{a}-\boldsymbol{B}\boldsymbol{y})] \end{aligned} \tag{7-43}$$

达到极小。此时得到的 $\boldsymbol{x}$ 的估计$\hat{\boldsymbol{x}}$就是线性最小方差估计。由式(7-43)分别对 $\boldsymbol{a}$,$\boldsymbol{B}$ 求偏导数,并令其等于零,可以得到两个方程

$$\begin{cases} \boldsymbol{a}+\boldsymbol{B}\mathrm{E}[\boldsymbol{y}]-\mathrm{E}[\boldsymbol{x}]=0 \\ \boldsymbol{a}\mathrm{E}[\boldsymbol{y}^{\mathrm{T}}]+\boldsymbol{B}\mathrm{E}[\boldsymbol{y}\boldsymbol{y}^{\mathrm{T}}]-\mathrm{E}[\boldsymbol{x}\boldsymbol{y}^{\mathrm{T}}]=0 \end{cases} \tag{7-44}$$

联立解方程,求出 $\boldsymbol{a}$,$\boldsymbol{B}$ 并带入式(7-42)得线性最小方差估计(静态估计)表达式

$$\hat{\boldsymbol{x}} = \mathrm{E}[\boldsymbol{x}]+\mathrm{Cov}[\boldsymbol{x},\boldsymbol{y}](\mathrm{Var}[\boldsymbol{y}])^{-1}(\boldsymbol{y}-\mathrm{E}[\boldsymbol{y}]) \tag{7-45}$$

需要说明:

(1) 由式(7-45)可知

$$\mathrm{E}[\hat{\boldsymbol{x}}]=\mathrm{E}[\boldsymbol{x}] \tag{7-46}$$

因此,线性最小方差估计是无偏估计。

(2) 估计误差的方差阵为

$$\begin{aligned} \mathrm{Var}[\tilde{\boldsymbol{x}}] &= \mathrm{E}[(\boldsymbol{x}-\hat{\boldsymbol{x}})(\boldsymbol{x}-\hat{\boldsymbol{x}})^{\mathrm{T}}] \\ &= \mathrm{Var}[\boldsymbol{x}]+\mathrm{Cov}[\boldsymbol{x},\boldsymbol{y}](\mathrm{Var}[\boldsymbol{y}])^{-1}\mathrm{Cov}[\boldsymbol{y},\boldsymbol{x}] \end{aligned} \tag{7-47}$$

设系统经过 k 次观测(采样)后组成的观测方程如式(7-6),即

$$\boldsymbol{y}=\boldsymbol{H}\boldsymbol{x}+\boldsymbol{v}$$

式中,$\boldsymbol{x}$——n 维向量;

$\boldsymbol{y}$——km 维向量;

$\boldsymbol{H}$——$km\times n$ 矩阵；

$\boldsymbol{v}$——km 维向量。

如果已知

$$\mathrm{E}[\boldsymbol{x}]=\boldsymbol{\mu}_{\mathrm{x}},\quad \mathrm{E}[\boldsymbol{v}]=0,\quad \mathrm{E}[\boldsymbol{x}\boldsymbol{v}^{\mathrm{T}}]=0$$

$$\mathrm{Var}[\boldsymbol{v}]=\boldsymbol{R},\quad \mathrm{Var}[\boldsymbol{x}]=\boldsymbol{P}_{\mathrm{x}}$$

可以得到

$$\mathrm{E}[\boldsymbol{y}]=\mathrm{E}[\boldsymbol{H}\boldsymbol{x}+\boldsymbol{v}]=\boldsymbol{H}\boldsymbol{\mu}_{\mathrm{x}}$$

$$\begin{aligned}\mathrm{Cov}[\boldsymbol{x},\boldsymbol{y}]&=\mathrm{E}[(\boldsymbol{x}-\boldsymbol{H}\boldsymbol{\mu}_{\mathrm{x}})(\boldsymbol{y}-\boldsymbol{H}\boldsymbol{\mu}_{\mathrm{x}})^{\mathrm{T}}]=\mathrm{E}[(\boldsymbol{x}-\boldsymbol{\mu}_{\mathrm{x}})(\boldsymbol{H}\boldsymbol{x}-\boldsymbol{H}\boldsymbol{\mu}_{\mathrm{x}}]^{\mathrm{T}}]\\&=\boldsymbol{P}_{\mathrm{x}}\boldsymbol{H}^{\mathrm{T}}\end{aligned}\tag{7-48}$$

$$\mathrm{Var}[\boldsymbol{y}]=\mathrm{E}[(\boldsymbol{y}-\boldsymbol{\mu}_{\mathrm{x}})(\boldsymbol{y}-\boldsymbol{H}\cdot\boldsymbol{\mu}_{\mathrm{x}})^{\mathrm{T}}]=\boldsymbol{H}\boldsymbol{P}_{\mathrm{x}}\boldsymbol{H}^{\mathrm{T}}+\boldsymbol{R}$$

将式(7-48)代入式(7-45)、式(7-47)得

$$\hat{\boldsymbol{x}}=\boldsymbol{\mu}_{\mathrm{x}}+\boldsymbol{P}_{\mathrm{x}}\boldsymbol{H}^{\mathrm{T}}(\boldsymbol{H}\boldsymbol{P}_{\mathrm{x}}\boldsymbol{H}^{\mathrm{T}}+\boldsymbol{R})^{-1}(\boldsymbol{y}-\boldsymbol{H}\boldsymbol{\mu}_{\mathrm{x}})\tag{7-49}$$

$$\mathrm{Var}[\tilde{x}]=\boldsymbol{P}_{\mathrm{x}}-\boldsymbol{P}_{\mathrm{x}}\boldsymbol{H}^{\mathrm{T}}(\boldsymbol{H}\boldsymbol{P}_{\mathrm{x}}\boldsymbol{H}^{\mathrm{T}}+\boldsymbol{R})^{-1}\boldsymbol{H}\boldsymbol{P}_{\mathrm{x}}\tag{7-50}$$

利用矩阵求逆的公式，式(7-49)和式(7-50)可以化为

$$\hat{\boldsymbol{x}}=(\boldsymbol{P}_{\mathrm{x}}^{-1}+\boldsymbol{H}^{\mathrm{T}}\boldsymbol{R}^{-1}\boldsymbol{H})^{-1}(\boldsymbol{H}^{\mathrm{T}}\boldsymbol{R}^{-1}\boldsymbol{Y}+\boldsymbol{P}_{\mathrm{x}}^{-1}\boldsymbol{\mu}_{\mathrm{x}})\tag{7-51}$$

$$\mathrm{Var}[\hat{x}]=(\boldsymbol{P}_{\mathrm{x}}^{-1}+\boldsymbol{H}^{\mathrm{T}}\boldsymbol{R}^{-1}\boldsymbol{H})^{-1}\tag{7-52}$$

如果 $\boldsymbol{P}_{\mathrm{x}}^{-1}=\mathbf{0}$，即不考虑变量 $\boldsymbol{x}$ 的随机噪声因素，则

$$\hat{\boldsymbol{x}}=(\boldsymbol{H}^{\mathrm{T}}\boldsymbol{R}^{-1}\boldsymbol{H})^{-1}\boldsymbol{H}^{\mathrm{T}}\boldsymbol{R}^{-1}\boldsymbol{y}\tag{7-53}$$

$$\mathrm{Var}[\hat{\boldsymbol{x}}]=(\boldsymbol{H}^{\mathrm{T}}\boldsymbol{R}^{-1}\boldsymbol{H})^{-1}\tag{7-54}$$

此时的线性最小方差估计$\hat{\boldsymbol{x}}$与加权阵为 $\boldsymbol{W}=\boldsymbol{R}^{-1}$ 时的加权最小二乘估计式(7-12)相等。

7.3.2 线性离散系统的最小方差估计

对于线性定常离散系统式(7-18)，如果系统过程干扰 $\boldsymbol{w}_k=\mathbf{0}$，$\mathrm{Var}[\boldsymbol{v}]=\boldsymbol{R}_k$，则 $\boldsymbol{x}_k$ 的无偏线性最小方差估计为

$$\hat{\boldsymbol{x}}_k=\left[\sum_{i=1}^{k}(\boldsymbol{G}^{i-k})^{\mathrm{T}}\boldsymbol{C}^{\mathrm{T}}\boldsymbol{R}_i^{-1}\boldsymbol{C}\boldsymbol{G}^{i-k}\right]^{-1}\left[\sum_{i=1}^{k}(\boldsymbol{G}^{i-k})^{\mathrm{T}}\boldsymbol{C}^{\mathrm{T}}\boldsymbol{R}_i^{-1}\boldsymbol{y}_i\right]\tag{7-55}$$

式中，$k\geqslant n$，n 为 $\boldsymbol{x}_k$ 的维数。

如果系统过程干扰 $\boldsymbol{w}_k\neq\mathbf{0}$，线性离散系统式(7-18)中的噪声的统计特性数学期望、协方差及方差分别为

数学期望：

$$\begin{cases}\mathrm{E}[\boldsymbol{w}_k]=0\\ \mathrm{E}[\boldsymbol{v}_k]=0\end{cases}\tag{7-56}$$

协方差

$$\begin{aligned}\mathrm{Cov}[\boldsymbol{w}_k\boldsymbol{w}_j^{\mathrm{T}}] &= \mathrm{E}\{[(\boldsymbol{w}_k-\mathrm{E}(\boldsymbol{w}_k))(\boldsymbol{w}_j-\mathrm{E}(\boldsymbol{w}_j))^{\mathrm{T}}]\}\\ &= \mathrm{E}(\boldsymbol{w}_k\boldsymbol{w}_j^{\mathrm{T}})\\ &= \boldsymbol{Q}_k\boldsymbol{\delta}_{kj}\\ \mathrm{Cov}[\boldsymbol{v}_k\cdot\boldsymbol{v}_j^{\mathrm{T}}] &= \boldsymbol{R}_k\boldsymbol{\delta}_{kj}\\ \mathrm{Cov}[\boldsymbol{w}_k\cdot\boldsymbol{v}_j^{\mathrm{T}}] &= 0\end{aligned}$$

即方差为

$$\begin{cases}\mathrm{Var}[\boldsymbol{v}_k]=\boldsymbol{R}_k\\ \mathrm{Var}[\boldsymbol{w}_k]=\boldsymbol{Q}_k\end{cases}\tag{7-57}$$

则 $\boldsymbol{x}_k$ 的线性最小方差估计为

$$\hat{\boldsymbol{x}}_k=\mathrm{E}[\boldsymbol{x}_k]+\mathrm{Cov}[\boldsymbol{x}_k,\boldsymbol{y}_k](\mathrm{Var}[\boldsymbol{y}_k])^{-1}(\boldsymbol{y}_k-\mathrm{E}[\boldsymbol{y}_k])\tag{7-58}$$

下面分别求式(7-58)中的各项，即 $\mathrm{E}[\boldsymbol{x}_k]$、$\mathrm{Var}[\boldsymbol{y}_k]$、$\mathrm{Cov}[\boldsymbol{x}_k,\boldsymbol{y}_k]$和 $\mathrm{E}[\boldsymbol{y}_k]$。

由式(7-18)可知

$$\begin{aligned}\boldsymbol{x}_1 &= \boldsymbol{\Phi}_{1,0}\boldsymbol{x}_0+\boldsymbol{G}_{1,0}\boldsymbol{w}_0\\ \boldsymbol{x}_2 &= \boldsymbol{\Phi}_{2,1}\boldsymbol{x}_1+\boldsymbol{G}_{2,1}\boldsymbol{w}_1\\ &\vdots\\ \boldsymbol{x}_k &= \boldsymbol{\Phi}_{k,k-1}\boldsymbol{x}_{k-1}+\boldsymbol{G}_{k,k-1}\boldsymbol{w}_{k-1}\end{aligned}$$

因此可得

$$\begin{aligned}\mathrm{E}[\boldsymbol{x}_1] &= \boldsymbol{\Phi}_{1,0}\boldsymbol{x}_0+\boldsymbol{G}_{1,0}\mathrm{E}[\boldsymbol{w}_0]\\ &= \boldsymbol{\Phi}_{1,0}\mathrm{E}[\boldsymbol{x}_0]\\ \mathrm{E}[\boldsymbol{x}_2] &= \boldsymbol{\Phi}_{2,1}\boldsymbol{x}_1+\boldsymbol{G}_{2,1}\mathrm{E}[\boldsymbol{w}_1]\\ &= \boldsymbol{\Phi}_{2,1}\mathrm{E}[\boldsymbol{x}_1]\\ &= \boldsymbol{\Phi}_{2,1}\boldsymbol{\Phi}_{1,0}\mathrm{E}[\boldsymbol{x}_0]\\ &\vdots\\ \mathrm{E}[\boldsymbol{x}_k] &= \boldsymbol{\Phi}_{k,k-1}\cdots\boldsymbol{\Phi}_{2,1}\boldsymbol{\Phi}_{1,0}\mathrm{E}[\boldsymbol{x}_0]\\ &= \boldsymbol{\Phi}_{k,0}\mathrm{E}[\boldsymbol{x}_0]\end{aligned}\tag{7-59}$$

由状态转移矩阵$\boldsymbol{\Phi}_{k,0}$和 $\boldsymbol{G}_{k,0}$的定义得

$$\boldsymbol{x}_k=\boldsymbol{\Phi}_{k,0}\boldsymbol{x}_0+\boldsymbol{G}_{k,0}\boldsymbol{w}_0\tag{7-60}$$

由式(7-60)、式(7-59)推得

$$\boldsymbol{x}_k-\mathrm{E}[\boldsymbol{x}_k]=\boldsymbol{\Phi}_{k,0}(\boldsymbol{x}_0-\mathrm{E}[\boldsymbol{x}_0])+\boldsymbol{G}_{k,0}\boldsymbol{w}_0\tag{7-61}$$

由此可得

$$\begin{aligned}&(\boldsymbol{x}_k-\mathrm{E}[\boldsymbol{x}_k])(\boldsymbol{x}_k-\mathrm{E}[\boldsymbol{x}_k])^{\mathrm{T}}\\ &=(\boldsymbol{\Phi}_{k,0}(\boldsymbol{x}_0-\mathrm{E}[\boldsymbol{x}_0])+\boldsymbol{G}_{k,0}\boldsymbol{w}_0)(\boldsymbol{\Phi}_{k,0}(\boldsymbol{x}_0-\mathrm{E}[\boldsymbol{x}_0])+\boldsymbol{G}_{k,0}\boldsymbol{w}_0)^{\mathrm{T}}\\ &=\boldsymbol{\Phi}_{k,0}(\boldsymbol{x}_0-\mathrm{E}[\boldsymbol{x}_0])(\boldsymbol{x}_0-\mathrm{E}[\boldsymbol{x}_0]^{\mathrm{T}})\boldsymbol{\Phi}_{k,0}^{\mathrm{T}}+\boldsymbol{G}_{k,0}\boldsymbol{w}_0(\boldsymbol{x}_0-\mathrm{E}[\boldsymbol{x}_0]^{\mathrm{T}})\boldsymbol{\Phi}_{k,0}^{\mathrm{T}}\\ &\quad+\boldsymbol{\Phi}_{k,0}(\boldsymbol{x}_0-\mathrm{E}[\boldsymbol{x}_0])\boldsymbol{G}_{k,0}\boldsymbol{w}_0+\boldsymbol{G}_{k,0}\boldsymbol{w}_0\boldsymbol{w}_0^{\mathrm{T}}\boldsymbol{G}_{k,0}^{\mathrm{T}}\end{aligned}\tag{7-62}$$

则状态 $\boldsymbol{x}_k$ 的方差为

$$
\begin{aligned}
\mathrm{Var}[\boldsymbol{x}_k] &= \mathrm{E}[(\boldsymbol{x}_k-\mathrm{E}[\boldsymbol{x}_k])(\boldsymbol{x}_k-\mathrm{E}[\boldsymbol{x}_k])^{\mathrm{T}}] \\
&= \mathrm{E}[(\boldsymbol{\Phi}_{k,0}(\boldsymbol{x}_0-\mathrm{E}[\boldsymbol{x}_0])+\boldsymbol{G}_{k,0}\boldsymbol{w}_0)(\boldsymbol{\Phi}_{k,0}(\boldsymbol{x}_0-\mathrm{E}[\boldsymbol{x}_0])+\boldsymbol{G}_{k,0}\boldsymbol{w}_0)^{\mathrm{T}}] \\
&= \mathrm{E}[\boldsymbol{\Phi}_{k,0}(\boldsymbol{x}_0-\mathrm{E}[\boldsymbol{x}_0])(\boldsymbol{x}_0-\mathrm{E}[\boldsymbol{x}_0])^{\mathrm{T}}\boldsymbol{\Phi}_{k,0}^{\mathrm{T}}+\boldsymbol{G}_{k,0}\boldsymbol{w}_0(\boldsymbol{x}_0-\mathrm{E}[\boldsymbol{x}_0])^{\mathrm{T}}\boldsymbol{\Phi}_{k,0}^{\mathrm{T}} \\
&\quad +\boldsymbol{\Phi}_{k,0}(\boldsymbol{x}_0-\mathrm{E}[\boldsymbol{x}_0])\boldsymbol{G}_{k,0}\boldsymbol{w}_0+\boldsymbol{G}_{k,0}\boldsymbol{w}_0\boldsymbol{w}_0^{\mathrm{T}}\boldsymbol{G}_{0,k}^{\mathrm{T}}]
\end{aligned}
$$

由于 $\mathrm{E}[\boldsymbol{w}_0]=0$,故上式第二、三项为零,因而有

$$
\mathrm{Var}[\boldsymbol{x}_k]=\boldsymbol{\Phi}_{k,0}\mathrm{Var}[\boldsymbol{x}_0]\boldsymbol{\Phi}_{k,0}^{\mathrm{T}}+\boldsymbol{G}_{k,0}\mathrm{Var}[\boldsymbol{w}_0]\boldsymbol{G}_{k,0}^{\mathrm{T}} \tag{7-63}
$$

$$
\begin{aligned}
\mathrm{Var}[\boldsymbol{y}_k] &= \mathrm{E}[(\boldsymbol{y}_k-\mathrm{E}[\boldsymbol{y}_k])(\boldsymbol{y}_k-\mathrm{E}[\boldsymbol{y}_k])^{\mathrm{T}}] \\
&= \mathrm{E}[(\boldsymbol{C}\boldsymbol{x}_k+\boldsymbol{v}-\boldsymbol{C}\mathrm{E}[\boldsymbol{x}_k])(\boldsymbol{C}\boldsymbol{x}_k+\boldsymbol{v}-\boldsymbol{C}\mathrm{E}[\boldsymbol{x}_k])^{\mathrm{T}}] \\
&= \boldsymbol{C}\mathrm{Var}[\boldsymbol{x}_k]\boldsymbol{C}^{\mathrm{T}}+\mathrm{Var}[\boldsymbol{v}_k] \\
&= \boldsymbol{C}(\boldsymbol{\Phi}_{k,0}\mathrm{Var}[\boldsymbol{x}_0]\boldsymbol{\Phi}_{k,0}^{\mathrm{T}}+\boldsymbol{G}_{k,0}\mathrm{Var}[\boldsymbol{w}_0]\boldsymbol{G}_{k,0}^{\mathrm{T}})\boldsymbol{C}^{\mathrm{T}}+\boldsymbol{R}_k
\end{aligned} \tag{7-64}
$$

$\boldsymbol{x}_k,\boldsymbol{y}_k$ 的协方差为

$$
\begin{aligned}
\mathrm{Cov}[\boldsymbol{x}_k,\boldsymbol{y}_k] &= \mathrm{E}[(\boldsymbol{x}_k-\mathrm{E}[\boldsymbol{x}_k])(\boldsymbol{y}_k-\mathrm{E}[\boldsymbol{y}_k])^{\mathrm{T}}] \\
&= \mathrm{E}[(\boldsymbol{x}_k-\mathrm{E}[\boldsymbol{x}_k])(\boldsymbol{C}\boldsymbol{x}_k-\boldsymbol{C}\mathrm{E}[\boldsymbol{x}_k])^{\mathrm{T}}] \\
&= \mathrm{Var}[\boldsymbol{x}_k]\boldsymbol{C}^{\mathrm{T}} \\
&= (\boldsymbol{\Phi}_{k,0}\mathrm{Var}[\boldsymbol{x}_0]\boldsymbol{\Phi}_{k,0}^{\mathrm{T}}+\boldsymbol{G}_{k,0}\mathrm{Var}[\boldsymbol{w}_0]\boldsymbol{G}_{k,0}^{\mathrm{T}})\boldsymbol{C}^{\mathrm{T}}
\end{aligned} \tag{7-65}
$$

$\boldsymbol{y}_k$ 的数学期望为

$$
\begin{aligned}
\mathrm{E}[\boldsymbol{y}_k] &= \boldsymbol{C}_k\mathrm{E}[\boldsymbol{x}_k]+\mathrm{E}[\boldsymbol{v}_k] \\
&= \boldsymbol{C}\mathrm{E}[\boldsymbol{x}_k] \\
&= \boldsymbol{C}\boldsymbol{\Phi}_{k,k-1}\boldsymbol{x}_{k-1} \\
&= \boldsymbol{C}\boldsymbol{\Phi}_{k,0}\mathrm{E}[\boldsymbol{x}_0]
\end{aligned} \tag{7-66}
$$

将式(7-59),式(7-65),式(7-64)和式(7-66)代入式(7-58),可得

$$
\begin{aligned}
\hat{\boldsymbol{x}}_k &= \boldsymbol{\Phi}_{k,0}\mathrm{E}[\boldsymbol{x}_0]+(\boldsymbol{\Phi}_{k,0}\mathrm{Var}[\boldsymbol{x}_0]\boldsymbol{\Phi}_{k,0}^{\mathrm{T}}+\boldsymbol{G}_{k,0}\mathrm{Var}[\boldsymbol{w}_0]\boldsymbol{G}_{k,0}^{\mathrm{T}})\boldsymbol{C}^{\mathrm{T}} \\
&\quad [\boldsymbol{C}(\boldsymbol{\Phi}_{k,0}\mathrm{Var}[\boldsymbol{x}_0]\boldsymbol{\Phi}_{k,0}^{\mathrm{T}}+\boldsymbol{G}_{k,0}\mathrm{Var}[\boldsymbol{w}_0]\boldsymbol{G}_{k,0}^{\mathrm{T}})\boldsymbol{C}^{\mathrm{T}}+\mathrm{Var}[\boldsymbol{v}_k]]^{-1} \\
&\quad (\boldsymbol{y}_k-\boldsymbol{C}\boldsymbol{\Phi}_{k,0}\mathrm{E}[\boldsymbol{x}_0]) \\
&= \boldsymbol{\Phi}_{k,0}\mathrm{E}[\boldsymbol{x}_0]+(\boldsymbol{\Phi}_{k,0}\mathrm{Var}[\boldsymbol{x}_0]\boldsymbol{\Phi}_{k,0}^{\mathrm{T}}+\boldsymbol{G}_{k,0}\boldsymbol{Q}_0\boldsymbol{G}_{k,0}^{\mathrm{T}})\boldsymbol{C}^{\mathrm{T}} \\
&\quad (\boldsymbol{C}(\boldsymbol{\Phi}_{k,0}\mathrm{Var}[\boldsymbol{x}_0]\boldsymbol{\Phi}_{k,0}^{\mathrm{T}}+\boldsymbol{G}_{k,0}\boldsymbol{Q}_0\boldsymbol{G}_{k,0}^{\mathrm{T}})\boldsymbol{C}^{\mathrm{T}}+\boldsymbol{R}_k)^{-1}(\boldsymbol{y}_k-\boldsymbol{C}\boldsymbol{\Phi}_{k,0}\mathrm{E}[\boldsymbol{x}_0])
\end{aligned}
$$

令

$$
\begin{aligned}
\boldsymbol{P}_{k,0} &= (\boldsymbol{\Phi}_{k,0}\mathrm{Var}[\boldsymbol{x}_0]\boldsymbol{\Phi}_{k,0}^{\mathrm{T}}+\boldsymbol{G}_{k,0}\mathrm{Var}[\boldsymbol{w}_0]\boldsymbol{G}_{k,0}^{\mathrm{T}}) \\
&= (\boldsymbol{\Phi}_{k,0}\mathrm{Var}[\boldsymbol{x}_0]\boldsymbol{\Phi}_{k,0}^{\mathrm{T}}+\boldsymbol{G}_{k,0}\boldsymbol{Q}_0\boldsymbol{G}_{k,0}^{\mathrm{T}})
\end{aligned} \tag{7-67}
$$

则得到线性离散系统最小方差估计 $\hat{\boldsymbol{x}}_k$ 的方程

$$
\begin{aligned}
\hat{\boldsymbol{x}}_k &= \boldsymbol{\Phi}_{k,0}\mathrm{E}[\boldsymbol{x}_0]+\boldsymbol{P}_{k,0}\boldsymbol{C}^{\mathrm{T}}(\boldsymbol{C}\boldsymbol{P}_{k,0}\boldsymbol{C}^{\mathrm{T}}+\boldsymbol{R}_k)^{-1}(\boldsymbol{y}_k-\boldsymbol{C}\boldsymbol{\Phi}_{k,0}\mathrm{E}[\boldsymbol{x}_0]) \\
&= \boldsymbol{\Phi}_{k,0}\mathrm{E}[\boldsymbol{x}_0]+\boldsymbol{K}_{k,0}(\boldsymbol{y}_k-\boldsymbol{C}\boldsymbol{\Phi}_{k,0}\mathrm{E}[\boldsymbol{x}_0])
\end{aligned} \tag{7-68}
$$

其中

$$
\boldsymbol{K}_{k,0}=\boldsymbol{P}_{k,0}\boldsymbol{C}^{\mathrm{T}}(\boldsymbol{C}\boldsymbol{P}_{k,0}\boldsymbol{C}^{\mathrm{T}}+\boldsymbol{R}_k)^{-1} \tag{7-69}
$$

式(7-68)中，前一项$\boldsymbol{\Phi}_{k,0}\mathrm{E}[\boldsymbol{x}_0]$可以看作是由均值$\boldsymbol{E}[\boldsymbol{x}_0]$作为初值，对 k 时刻的状态进行的预估；后一项 $\boldsymbol{K}_{k,0}(\boldsymbol{y}_k-\boldsymbol{C\Phi}_{k,0}\mathrm{E}[\boldsymbol{x}_0])$可以看作是对前一项预估引起的误差进行补偿，补偿依据为实际输出与预估输出的误差($\boldsymbol{y}_k-\boldsymbol{C\Phi}_{k,0}\mathrm{E}[\boldsymbol{x}_0]$)乘以校正因子 $\boldsymbol{K}_{k,0}$。

7.3.3　数学期望和方差的递推计算

在实际应用过程中，除非有明显的理由，一般假定随机过程是平稳的、各态遍历的。在此情况下，可以利用一个足够长的样本记录计算出数学期望及方差的时间平均值，并以此作为随机过程统计平均即数学期望及方差。为便于实际应用，这里简要介绍一种方便计算机应用的采样均值(数学期望)和方差的递推计算。

已知 k 个量测值 z_i，这时的采样均值为

$$\hat{x}_k=\frac{1}{k}\sum_{i=1}^{k}z_i$$

如果又获得一个新的采样值 z_{k+1}，则新的采样均值为

$$\begin{aligned}\hat{x}_{k+1}&=\frac{1}{k+1}\sum_{i=1}^{k+1}z_i\\&=\frac{k}{k+1}\hat{x}_k+\frac{1}{k+1}z_{k+1}\end{aligned}$$

递推方程为

$$\hat{x}_{k+1}=\hat{x}_k+\frac{1}{k+1}(z_{k+1}-\hat{x}_k)$$

经过一个足够大的 k 后，$\hat{x}_{k+1}$值可以作为 x 的数学期望。

采样方差的计算也可以找到递推方法。即经过 k 次量测后有

$$\sigma_k^2=\frac{1}{k}\sum_{i=1}^{k}(z_i-\hat{x}_k)^2$$

又获得一个新的采样值 z_{k+1}，则新的采样方差为

$$\begin{aligned}\sigma_{k+1}^2&=\frac{1}{k+1}\sum_{i=1}^{k+1}(z_i-\hat{x}_{k+1})^2\\&=\frac{1}{k+1}\sum_{i=1}^{k+1}[(z_i-\hat{x}_k)+(\hat{x}_k-\hat{x}_{k+1})]^2\end{aligned}$$

整理后得

$$\sigma_{k+1}^2=\frac{k}{k+1}\sigma_k^2+\frac{1}{k+1}(z_{k+1}-\hat{x}_k)^2-(\hat{x}_{k+1}-\hat{x}_k)^2$$

利用式(7-12)得

$$(\hat{x}_{k+1}-\hat{x}_k)^2=\frac{1}{(k+1)^2}(z_{k+1}-\hat{x}_k)^2$$

因此

$$\sigma_{k+1}^2=\frac{k}{k+1}\sigma_k^2+\frac{k}{(k+1)^2}(z_{k+1}-\hat{x}_k)^2$$

$$\sigma_{k+1}^2=\sigma_k^2+\frac{1}{k+1}\left[\frac{k}{k+1}(z_{k+1}-\hat{x}_k)^2-\sigma_k^2\right]$$

实际应用时可以假设初始 $\sigma_0^2=0$ 然后逐级递推求 σ_{k+1}^2。

7.4 卡尔曼滤波器

7.4.1 线性离散系统的卡尔曼滤波方程

上节式(7-58)或式(7-68)给出的求解状态的线性最小方差估计仍然要遇到随着 k 的增加计算量不断加大的困难。1960 年卡尔曼和布西提出了最优递推滤波方法，解决了这一实际应用的难题。假定系统的状态方程及过程噪声如式(7-18)、式(7-56)、式(7-57)，为方便，现重写方程如下

$$\boldsymbol{x}_k=\boldsymbol{\Phi}_{k,k-1}\boldsymbol{x}_{k-1}+\boldsymbol{G}_{k,k-1}\boldsymbol{w}_{k-1}$$

$$\boldsymbol{y}_k=\boldsymbol{C}_k\boldsymbol{x}_k+\boldsymbol{v}_k$$

$$\begin{cases}\mathrm{E}[\boldsymbol{w}_k]=0\\ \mathrm{E}[\boldsymbol{v}_k]=0\end{cases}$$

$$\begin{cases}\mathrm{Var}[\boldsymbol{w}_k]=\boldsymbol{Q}_k\\ \mathrm{Var}[\boldsymbol{v}_k]=\boldsymbol{R}_k\end{cases}$$

下面先给出随机线性离散系统卡尔曼滤波方程。具体的证明可参阅相关文献。在满足式(7-16)和式(7-17)的情况下，$\boldsymbol{x}_k$ 的估计值 $\hat{\boldsymbol{x}}_k$ 可按下述递推方程求解。

1. 用递推方程求 $\boldsymbol{x}_k$ 的估计过程

(1) 状态一步预测估计

$$\hat{\boldsymbol{x}}_{k,k-1}=\boldsymbol{\Phi}_{k,k-1}\hat{\boldsymbol{x}}_{k-1} \tag{7-70}$$

(2) 校正预测估计得到状态估计值

$$\hat{\boldsymbol{x}}_k=\hat{\boldsymbol{x}}_{k,k-1}+\boldsymbol{K}_k[\boldsymbol{y}_k-\boldsymbol{C}_k\hat{\boldsymbol{x}}_{k,k-1}] \tag{7-71}$$

其中，$\boldsymbol{y}_k-\boldsymbol{C}_k\hat{\boldsymbol{x}}_{k,k-1}$——预估偏差；

$\boldsymbol{K}_k$——待定的校正系数，又称为滤波增益。$\boldsymbol{K}_k$ 的递推计算步骤为

$$\boldsymbol{K}_k=\boldsymbol{P}_{k,k-1}\boldsymbol{C}_k^{\mathrm{T}}[\boldsymbol{C}_k\boldsymbol{P}_{k,k-1}\boldsymbol{C}_k^{\mathrm{T}}+\boldsymbol{R}_k]^{-1} \tag{7-72}$$

式(7-72)中的 $\boldsymbol{P}_{k,k-1}$ 为预测的误差方差阵，$\boldsymbol{P}_k$ 为滤波估计误差的方差阵，

$$\boldsymbol{P}_{k,k-1}=\boldsymbol{\Phi}_{k,k-1}\boldsymbol{P}_{k-1}\boldsymbol{\Phi}_{k,k-1}^{\mathrm{T}}+\boldsymbol{G}_{k,k-1}\boldsymbol{Q}_{k-1}\boldsymbol{G}_{k,k-1}^{\mathrm{T}} \tag{7-73}$$

$$\boldsymbol{P}_k=[\boldsymbol{I}-\boldsymbol{K}_k\boldsymbol{C}_k]\boldsymbol{P}_{k,k-1}[\boldsymbol{I}-\boldsymbol{K}_k\boldsymbol{C}_k]^{\mathrm{T}}+\boldsymbol{K}_k\boldsymbol{R}_k\boldsymbol{K}_k^{\mathrm{T}} \tag{7-74}$$

式(7-70)～式(7-74)共同组成了卡尔曼滤波递推算法或递推方程，其中式(7-74)是为下一步递推做准备。式(7-72)、式(7-74)可以进一步写成式(7-75)、式(7-76)(推导过程略)。

$$\boldsymbol{K}_k = \boldsymbol{P}_k\boldsymbol{C}_k^{\mathrm{T}}\boldsymbol{R}_k^{-1} \tag{7-75}$$

$$\boldsymbol{P}_k = [\boldsymbol{I} - \boldsymbol{K}_k\boldsymbol{C}_k]\boldsymbol{P}_{k,k-1} \tag{7-76}$$

需要指出应用上述递推公式进行计算时，首先要确定初始条件$\hat{\boldsymbol{x}}_0$ 和 $\boldsymbol{P}_0$，然后随着观测数据的不断增加，逐步递推求得状态估计$\hat{\boldsymbol{x}}_k$。具体步骤如下

$$\hat{\boldsymbol{x}}_0 \xrightarrow{\text{式(7-70)}} \hat{\boldsymbol{x}}_{1,0} \xrightarrow{\text{式(7-73)及}P_0} \boldsymbol{P}_{1,0} \xrightarrow{\text{式(7-72)}} \boldsymbol{K}_1 \xrightarrow{\text{式(7-71)}} \hat{\boldsymbol{x}}_1 \xrightarrow{\text{式(7-74)}}$$

$$\xrightarrow{\text{或式(7-76)}} \boldsymbol{P}_{1,1} \xrightarrow{\text{式(7-70)}} \hat{\boldsymbol{x}}_{2,1} \xrightarrow{\text{式(7-73)}} \boldsymbol{P}_{2,1} \xrightarrow{\text{式(7-72)}} \boldsymbol{K}_2 \xrightarrow{\text{式(7-71)}}$$

$$\hat{\boldsymbol{x}}_2 \xrightarrow{\text{式(7-74)或式(7-76)}} \boldsymbol{P}_{2,2} \xrightarrow{\text{式(7-70)}} \cdots\cdots \boldsymbol{K}_k \xrightarrow{\text{式(7-71)}} \hat{\boldsymbol{x}}_k$$

依据状态方程式(7-18)得到如图 7-2 所示的离散系统的方块图。

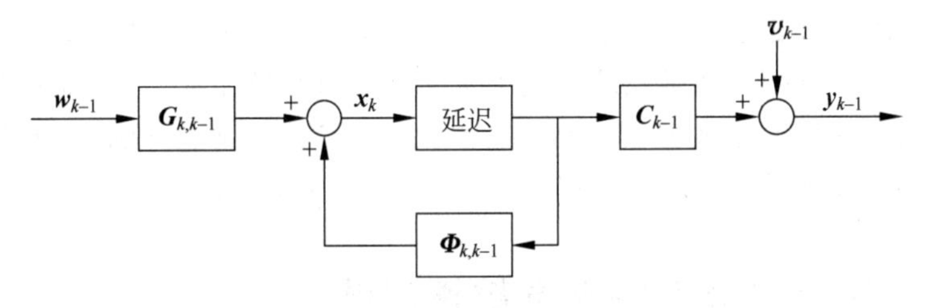

图 7-2　离散系统的方块图

依据式(7-71)得到如图 7-3 所示的离散系统卡尔曼滤波器方块图。

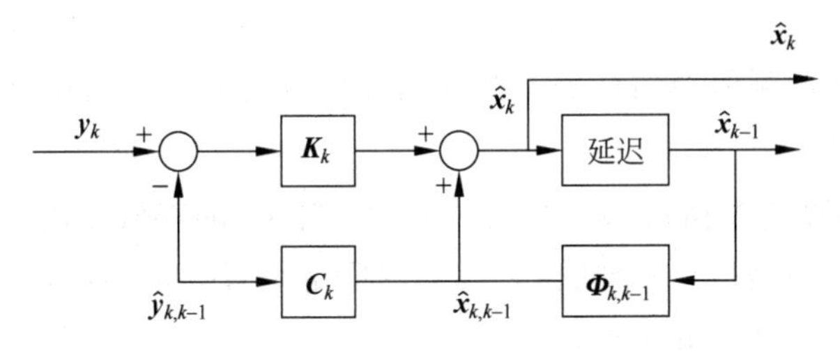

图 7-3　离散系统卡尔曼滤波器方块图

2. 卡尔曼滤波器的特点

(1) 滤波算法以“一步预测—计算校正系数—取得新观测数据—校正”的方式递推进行，不要求存储任何观测数据，所以便于实时计算。

(2) 增益阵 $\boldsymbol{K}_k$ 和误差方差阵 $\boldsymbol{P}_k$ 及 $\boldsymbol{P}_{k,k-1}$ 等只与系统的数学模型有关而与过程中的观测数据无关，故可以事先计算以加速实时处理的速度。

(3) 由 $\boldsymbol{P}_k$ 及 $\boldsymbol{P}_{k,k-1}$ 可以获得关于滤波的性能。

(4) 误差方差阵 $\boldsymbol{P}_k$ 与 $\boldsymbol{Q}_k$、$\boldsymbol{R}_k$ 紧密相关,不同的 $\boldsymbol{Q}_k$ 和 $\boldsymbol{R}_k$ 值,方差随时间的传播特性就不一样;增大过程噪声强度 $\boldsymbol{Q}_k$ 或状态方程中不确定因素,$\boldsymbol{P}_{k,k-1}$ 增大,且 $\boldsymbol{K}_k$ 也随之增大。这说明当系统不确定性增加,一步预测估计可信性下降时,卡尔曼滤波器能根据新的观测数据加强对原估计的校正,从而保证滤波估计 $\hat{\boldsymbol{x}}_k$ 与 $\boldsymbol{x}_k$ 的接近程度。由此看来,卡尔曼滤波器是合理的。另外,当 $\boldsymbol{R}_k$ 较大时,观测误差大,观测数据不可靠,校正应减弱。从式(7-75)可知,当 $\boldsymbol{R}_k$ 增大时,$\boldsymbol{K}_k$ 确实下降了。

(5) 卡尔曼滤波器确是无偏估计,只要初始估计准确,即只要初始估计满足 $\hat{\boldsymbol{x}}_0=\mathrm{E}[\boldsymbol{x}_0]$,则一定有 $\mathrm{E}[\hat{\boldsymbol{x}}_k]=\mathrm{E}[\hat{\boldsymbol{x}}_{k,k-1}]=\mathrm{E}[\boldsymbol{x}_k]$。

(6) 卡尔曼滤波器是线性最小方差估计。

(7) 上述卡尔曼滤波器推导时假定控制量 $\boldsymbol{u}=0$,实际的数字控制系统,必定要加入确定性控制以实现某种控制目的。此时上述卡尔曼滤波器只是式(7-70)一步预测中多一个控制项 $\boldsymbol{H}_{k,k-1}\boldsymbol{u}_{k-1}$,其他方程不变。

(8) 上述卡尔曼滤波器推导时假定系统过程噪声 $\boldsymbol{w}$ 和观测噪声 $\boldsymbol{v}$ 为互不相关的零均值白噪声序列。实际系统中如果 $\boldsymbol{w}$ 和 $\boldsymbol{v}$ 不满足这个条件时,需要经过一些数学变换或引入新的滤波器,使变换后的系统噪声和观测噪声满足"互不相关的零均值白噪声序列"这一要求。具体内容可参阅相关资料。

7.4.2 滤波器的稳定性与发散性问题

由上一节卡尔曼滤波器的递推方程可知,卡尔曼滤波器是在基于式(7-16)的系统数学模型及式(7-17)的系统噪声、量测噪声的基础上,在已知初值 $\hat{\boldsymbol{x}}_0$ 和 $\boldsymbol{P}_0$ 的前提下利用实际量测值与估计的量测值之差递推得到的。这里有两个问题需要注意:

(1) 实践中状态初值 $\hat{\boldsymbol{x}}_0$ 及估计误差的方差阵 $\boldsymbol{P}_0$ 的真值往往不能确切地知道或根本不知道,只能假定一个初值。这样的假定是否会影响估计的正确性,也就是滤波器的所谓滤波稳定性问题。

(2) 数学模型、噪声统计特性的不准确及计算机有限字长而产生的误差也会影响估计的正确性,甚至会使估计值不但不收敛于真实值而且可能导致滤波过程发散,使估计值离真实值愈来愈远。这就是滤波的发散问题。

1. 稳定性问题

系统的稳定性指系统受到某一扰动后恢复到原有状态的能力,即在系统的稳定域内,如果系统受到一个扰动,不论扰动引起的初始偏差有多大,在扰动撤除后,系统都能以足够的准确度恢复到原来的平衡状态,则这种系统是稳定的。对于卡尔曼滤波器，只要初始估计$\hat{\boldsymbol{x}}_0=\mathrm{E}[\boldsymbol{x}_0]$，初始误差方差阵 $\boldsymbol{P}_0=\mathrm{Var}[\boldsymbol{x}_0]$，则滤波估计从开始就是无偏的，且估计的误差的方差最小。但是实际上大多数情况下，$\hat{\boldsymbol{x}}_0$ 及 $\boldsymbol{P}_0$ 的真值往往不能得到，只能假定一个值。借助于上述系统稳定性的概念，将假定的$\hat{\boldsymbol{x}}_0$ 及 $\boldsymbol{P}_0$ 的值看成是滤波器受到扰动后的值，如果在假定的$\hat{\boldsymbol{x}}_0$ 及 $\boldsymbol{P}_0$ 作用下，此滤波器的输出$\hat{\boldsymbol{x}}_k$ 和误差方差阵 $\boldsymbol{P}_k$ 不受所选初值的影响而逐渐收敛于无偏估计值 $\mathrm{E}[\boldsymbol{x}_k]$及最小误差方差，则称此滤波器是稳定的，否则就是不稳定的。滤波稳定性与滤波方程描述的滤波系统(即滤波器)的稳定性有关，下面给出滤波稳定性的判据。

定理 7-1(滤波稳定性定理)　如果随机线性系统是一致完全能控和一致完全能观测的，则卡尔曼滤波器是一致渐近稳定的。

对于式(7-18)所示随机线性定常离散系统，一致完全能控和一致完全能观测就是完全能控和完全能观测。式(7-71)所示卡尔曼滤波器是一致渐近稳定的。

从该稳定性定理可以看出，判定卡尔曼滤波器是否一致渐近稳定，只需考察原系统本身是否一致完全能控和一致完全能观测就可以了。从该定理还可得出，对于一致完全能控和一致完全能观测的随机线性系统，当滤波时间充分长后，它的卡尔曼最优滤波值将渐近稳定而不依赖于滤波初值的选取。

对于一般系统，都有 $\mathrm{Var}[\boldsymbol{w}]=\boldsymbol{Q}>0$ 及 $\mathrm{Var}[\boldsymbol{v}]=\boldsymbol{R}>0$，可以推出随机线性定常系统一致完全能控与一致完全能观测的充分必要条件分别为

$$\sum_{l=0}^{n-1}\boldsymbol{\Phi}^l\boldsymbol{G}\boldsymbol{G}^{\mathrm{T}}(\boldsymbol{\Phi}^l)^{\mathrm{T}}>0 \tag{7-77}$$

$$\sum_{l=0}^{n-1}(\boldsymbol{\Phi}^l)^{\mathrm{T}}\boldsymbol{C}^{\mathrm{T}}\boldsymbol{C}\boldsymbol{\Phi}^l>0 \tag{7-78}$$

式中 n 为状态变量的维数。

例 7-1　设随机线性定常离散系统的状态方程和量测方程分别为

$$x_k=\boldsymbol{\Phi}x_{k-1}+w_{k-1}$$

$$y_k=x_k+v_k$$

其中，x_k，y_k 均为标量，w_{k-1}和 v_k——互不相关的零均值白噪声序列，方差分别为 Q 和 R，试判别卡尔曼滤波器的滤波稳定性。

解　利用随机线性系统的能控性和能观测性作为滤波器稳定的判别条件。由于只需利用被估计系统的参数阵和噪声方差阵就可以直接进行计算判别，不必变换系统，因此实际应用比较方便，而且很多系统都能满足这种判别条件。

对于本例，$G=1$，$C=1$，$n=1$。

首先判别一致完全能控性

$$\sum_{l=0}^{n-1}\boldsymbol{\Phi}^l\boldsymbol{G}\boldsymbol{G}^{\mathrm{T}}(\boldsymbol{\Phi}^l)^{\mathrm{T}}=\boldsymbol{G}\boldsymbol{G}^{\mathrm{T}}=1>0$$

满足判别条件，为一致完全能控系统；同理，由于

$$\sum_{l=0}^{n-1}(\boldsymbol{\Phi}^{l})^{\mathrm{T}}\boldsymbol{H}^{\mathrm{T}}\boldsymbol{H}\boldsymbol{\Phi}^{l}>0$$

成立,系统为一致完全能观测的,由滤波稳定性定理,可知该随机线性定常系统的卡尔曼滤波器是一致渐近稳定的。

2. 发散性问题

理想条件下,卡尔曼滤波是线性无偏最小方差估计。根据滤波稳定性定理,对于一致完全能控和一致完全能观测系统,随着时间的推移,观测数据增多,滤波估计的精度应该越来越高,滤波误差方差阵或者趋于稳态值,或者有界。但在实际应用中,由滤波得到的状态估计可能是有偏的,且估计误差的方差也可能很大,远远超出了按计算公式计算的方差所定出的范围;更有甚者,其滤波误差的均值与方差都有可能趋于无穷大,这种现象在滤波理论中称为滤波的发散现象(也称为数据饱和现象)。显然,当滤波发散时,就完全失去了滤波的作用。因此,在实际应用中,必须抑制这种现象。

引起最优滤波发散的原因主要有以下几种:

(1) 描述系统动力学特性的数学模型和噪声的统计模型不准确,不能真实反映物理过程,使模型与获得的观测值不匹配,导致滤波器发散。这种由模型过于粗糙或失真引起的发散称为滤波发散。

(2) 卡尔曼滤波是递推过程,随着滤波步数的增加,舍入误差逐渐积累,如果计算机字长有限,这种积累有可能使估计的误差方差阵失去非负定性甚至失去对称性,使增益矩阵的计算值逐渐失去合适的加权作用而导致发散。这种由于计算的舍入误差积累引起的滤波器发散称为计算发散。

引起最优滤波发散的机理。上面我们讨论了引起滤波发散的原因,下面我们再从卡尔曼滤波算法本身来探讨滤波发散的内在机理。

在卡尔曼滤波基本方程式(7-70)~式(7-74)中,计算 $\boldsymbol{K}_k$,$\boldsymbol{P}_{k,k-1}$,$\boldsymbol{P}_k$ 的公式中只包含验前信息(系统模型参数和噪声统计特性参数)的影响,而与观测值 $\boldsymbol{y}_k$ 无关,所以在递推运算中,得不到观测值的任何修正。因此,任何验前信息的误差(即模型误差),都必将导致 $\boldsymbol{K}_k$,$\boldsymbol{P}_{k,k-1}$,$\boldsymbol{P}_k$ 的计算误差,从而影响状态估计的精度而有可能造成滤波发散。

另外,在正常的卡尔曼滤波递推计算过程中,由于初始值 $\hat{\boldsymbol{x}}_0$ 及 $\boldsymbol{P}_0$ 选取不一定准确(通常都不准确),在开始的几步递推计算中,得到的状态估计值将非常粗略。但由于 $\boldsymbol{K}_k$ 和 $\boldsymbol{P}_{k,k-1}$ 的模值很大,滤波器可以很充分地利用观测数据,通过(很大的)增益矩阵 $\boldsymbol{K}_k$ 对状态估计值进行较强的修正,经过几步递推计算之后,使得状态估计值比较快地靠近被估计的真实状态。这一阶段通常称为粗估阶段。之后,由于 $\boldsymbol{K}_k$ 和 $\boldsymbol{P}_{k,k-1}$ 的模值逐渐减小,使得观测值对状态估计值的影响(修正作用)变小,即观测信息只能对状态估计值进行较小的修正。这一阶段通常称为精估阶段。当系统存在模型误差及有限字长的计算机存在舍入误差时，与正常情况相比，本应要求观测信息对状态估计值产生较强的修正作用，即观测值本应更强“干涉”估计过程，但实际上滤波过程的第二阶段（精估阶段）恰恰因为 $\boldsymbol{K}_k$ 和 $\boldsymbol{P}_{k,k-1}$ 的模值较小，而不能满足这一要求。这种情况称为“数据饱和”（或称为观测的“老化”）。卡尔曼滤波的这一缺陷的存在，不能有效地扼制模型误差和计算误差对状态估计值的影响，而有可能造成滤波的发散。

克服滤波发散的方法。通过上述滤波发散机理的分析可知，卡尔曼滤波是一种无限增长记忆滤波，也就是说，在求 $\boldsymbol{x}_k$ 的最优滤波 $\hat{\boldsymbol{x}}_k$ 时，要用到 k 时刻以前的全部观测数据 $y(i),i=1,2,\cdots,k$。因此，随着 k 的增大，滤波值中的老数据比重太大，而新数据的比重太小，“太老”的观测数据对现时的状态估计产生不良的影响。所以针对模型误差引起的滤波发散，应设法加大新数据的作用，而相对减小老数据对滤波值的影响。通常采用的方法有：

(1) 渐消记忆（衰减记忆）滤波。通过加大当前数据的权，相应地减小老数据的权来防止滤波发散。不同的加权方式相应有不同的方法。这是以牺牲滤波的最优性为代价的方法。

(2) 限定记忆滤波。只取最新的 N 个观测值进行滤波，完全截断最新的 N 个观测值以外的旧的观测数据对滤波值的影响。这也是以牺牲滤波的最优性为代价的方法。

(3) 自适应滤波。当系统模型和噪声模型不能确切知道，或在运行过程中，模型参数起了变化时，可以采用自适应滤波。即在利用观测数据进行滤波的同时，不断地对未知的或不确切的系统模型和噪声统计特性进行估计或修正，以不断改进滤波来克服滤波的发散。

(4) 平方根滤波。由计算机的有限字长引起的舍入误差等计算误差，所造成的滤波的发散，其根本原因是计算误差的存在和积累，使得滤波误差方差阵逐渐失去正定性甚至对称性，造成计算值与理论值之差越来越大，进而导致 $\boldsymbol{K}_k$ 的计算失真，从而引起滤波的发散。因此，克服计算发散的基本出发点是在滤波方程的解算过程中，保证滤波误差方差阵不失去正定性和对称性。通常采用平方根滤波。

7.5　利用 MATLAB 求解状态估计问题

由于状态估计的主要问题是如何克服随机干扰对系统的状态观测所带来的影响，而计算机可以方便地产生各种随机噪声，因此利用计算机仿真可以方便地研究各种估计算法，特别是各种递推算法；同时也便于理解各种估计方法的效果及其实质内涵。MATLAB 是目前较好的仿真软件之一。本节通过一个例子说明如何利用 MATALB 求解系统的状态估计问题。

例 7-2 已知标量系统

$$x_{k+1}=x_k+w_k$$
$$y_k=x_k+v_k$$

其中 w_k,v_k 均为零均值的高斯白噪声,它们的方差分别为 $Q=25$,$R=15$,初始状态 x_0 为零,方差为 $P_0=100$,w_k,v_k,x_0 相互独立。分别用卡尔曼递推滤波算法与递推最小二乘法求解系统的状态估计 $\hat{x}_k$。

解 1 利用卡尔曼滤波器求解。

将 $C_k=1$,$\Phi_{k,k-1}=1$,$Q=25$,$R=15$,$G_{k,k-1}=1$ 及 $\hat{x}_{k,k-1}=\Phi_{k,k-1}\hat{x}_{k-1}=\hat{x}_{k-1}$ 代入式(7-70)~式(7-74),式(7-76)的滤波方程得到

$$\hat{x}_k=\hat{x}_{k-1}+K_k[y_k-\hat{x}_{k-1}]$$
$$K_k=P_{k,k-1}[P_{k,k-1}+R]^{-1}$$
$$P_{k,k-1}=P_{k-1}+Q$$
$$P_k=[1-K_k]P_{k,k-1}$$

将 $P_{k,k-1}$ 代入 K_k,然后将 K_k 代入 P_k 得到滤波方程

$$\hat{x}_k=\hat{x}_{k-1}+K_k(y_k-\hat{x}_{k-1})$$
$$K_k=\frac{P_{k-1}+Q}{P_{k-1}+Q+R}$$
$$P_k=R\,\frac{P_{k-1}+Q}{P_{k-1}+Q+R}=RK_k$$

利用 MATLAB 对该标量系统进行仿真。仿真实验时须注意以下几点:

(1) 卡尔曼滤波器中的噪声均为零均值白噪声,不满足此条件的系统要先经过变换使其满足此条件,具体方法可参阅其他资料。MATLAB 软件中的命令 Randn 是产生零均值、方差为 1 的正态分布的随机数,在仿真时系统噪声 $w=\sqrt{Q}\cdot$ Randn,测量噪声 $v=\sqrt{R}\cdot$ Randn。

(2) 由于确定性控制量 u 不影响对卡尔曼滤波器分析,故仿真时假定控制量 $u=0$,如果要加入控制量 u 仿真,只要将式(7-70)一步预测中多加一个控制项 $H_{k,k-1}u_{k-1}$,其他不变。在此例仿真程序中给出了 $H_{k,k-1}=1$ 时的仿真程序,读者可通过改变 u 的值获得相关参数及曲线。

(3) 测量值 y_k 可以是已知值,也可以通过仿真产生,本章仿真用的 $\boldsymbol{y}_k$ 值为仿真产生。MATLAB 软件中的向量、矩阵的下标是从 1 而不是从 0 开始,阅读程序时应注意。

MATLAB程序为

```
clear;
Q = 25; R = 15; u = 0;
n = 21;
P(1) = 100; xt(1) = 0; y(1) = 0;
```

```
for i = 2:n                         % 产生 y(i)
xt(i) = xt(i - 1) + sqrt(Q) * randn + u;
y(i) = xt(i) + sqrt(R) * randn;
end
x(1) = 0; t(1) = 0;
for i = 2:n                         % 得出估计值 x(i)
k(i) = (P(i - 1) + Q)/(P(i - 1) + Q + R);
P(i) = R * k(i);
x(i) = x(i - 1) + u + k(i) * (y(i) - x(i - 1) - u);
t(i) = i - 1;
end
k,P,y,x,xt                          % 显示变量 k,P,y,x 并作出曲线图
subplot(3,1,1); plot(t,xt,t,x,t,y),grid
subplot(3,1,2); plot(t,P),grid
subplot(3,1,3); plot(t,k),grid
```

仿真的部分数据见表 7-2,仿真曲线见图 7-4 和图 7-5。

对例题推导及仿真结果分析如下:

(1) 由公式

$$K_k = \frac{P_{k-1} + Q}{P_{k-1} + Q + R}$$

$$P_k = R\frac{P_{k-1} + Q}{P_{k-1} + Q + R} = RK_k$$

可知校正系数 K_k 的值在[0,1]之间,P_k 在[0,R]之间(任给的初值除外),仿真结果也证实了这一点。对非标量系统仍然有 $0 \leqslant \boldsymbol{K}_k \leqslant 1, 0 \leqslant \boldsymbol{P}_k \leqslant \boldsymbol{R}$。

表 7-2　例 7-2 仿真的部分数据

k	x_k	$\hat{x}_k$	y_k	K_k	P_k
0	0	0	0	0	100.0000
1	3.1162	5.5454	6.2109	0.8929	13.3929
2	7.8206	4.4185	3.9783	0.7191	10.7860
3	8.8808	8.2120	9.8021	0.7046	10.5696
4	3.8420	3.1168	0.9681	0.7034	10.5507
5	9.2535	7.0743	8.7442	0.7033	10.5490
6	11.2029	10.2174	11.5436	0.7033	10.5489
7	8.0255	7.1518	5.8583	0.7033	10.5489
8	10.2438	6.7390	6.5648	0.7033	10.5489
9	14.1497	13.5003	16.3533	0.7033	10.5489
10	10.0411	10.3442	9.0124	0.7033	10.5489
11	4.1022	−0.0440	−4.4273	0.7033	10.5489
12	9.0339	4.9275	7.0253	0.7033	10.5489

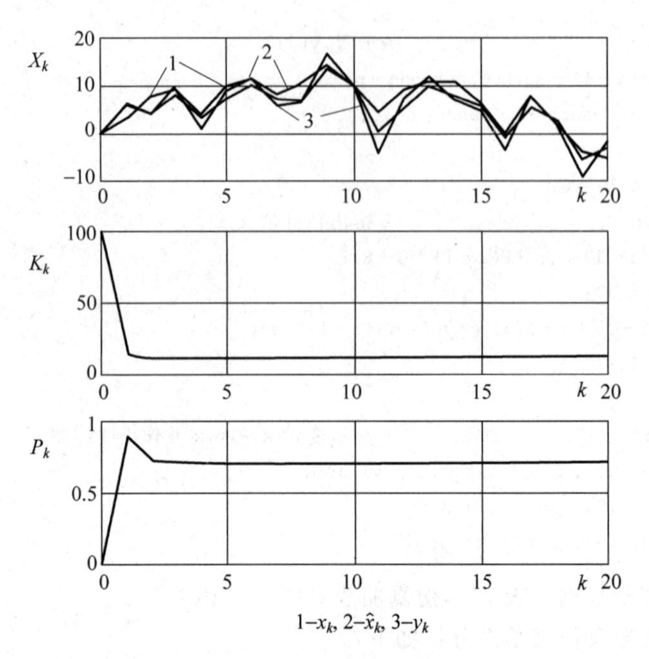

图 7-4　例 7-2 的卡尔曼滤波估计仿真曲线

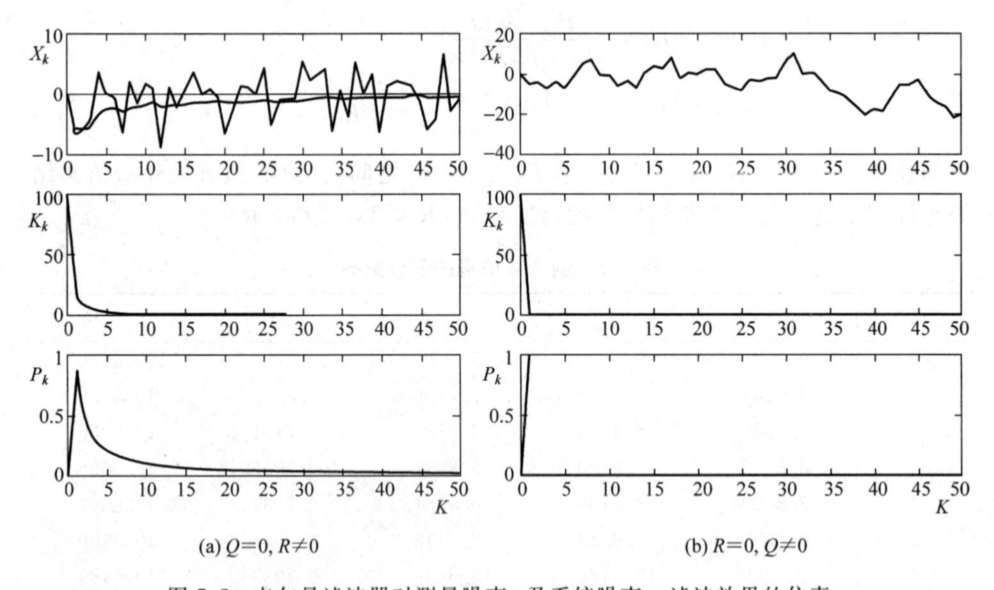

图 7-5　卡尔曼滤波器对测量噪声 $\boldsymbol{v}$ 及系统噪声 $\boldsymbol{w}$ 滤波效果的仿真

(2) 由公式 $P_{k,k-1}=P_{k-1}+Q$ 可知

$$P_{k,k-1}\geqslant Q$$

过程噪声限制了一步预测估计精度的提高，Q 为这个预测估计精度的下界。对非标量系统，由式(7-73)可知 $\boldsymbol{Q}$ 值同样限制着一步预测估计精度的提高。

(3) $\boldsymbol{K}_k$，$\boldsymbol{P}_k$ 很快就收敛于一个稳定值，因此由 $\boldsymbol{P}_0$ 的偏差引起的过渡过程很快

就结束。

(4) 令 $\boldsymbol{Q}=0,\boldsymbol{R}\neq 0$ 时，滤波器对测量噪声 $\boldsymbol{v}$ 的滤波效果很好(参见图 7-5(a))，但 $\boldsymbol{R}=0,\boldsymbol{Q}\neq 0$ 时滤波器对系统噪声 $\boldsymbol{w}$ 的滤波效果不好。(上例中，没有滤波作用，参见图 7-5(b))。可见 $\boldsymbol{w}$ 对系统状态估计的影响很大，它阻碍了 $\boldsymbol{P}_k$ 收敛于 0，建立系统的数学模型时应尽量准确，从而使模型的不精确部分等效的噪声 $\boldsymbol{w}$ 变小，$\boldsymbol{Q}$ 值变小。

实际上，卡尔曼滤波器对系统噪声 w 的滤波的有效性是有条件的。$\boldsymbol{Q},\boldsymbol{R}$ 及采样周期 T 的关系如下：

$$\boldsymbol{Q}\leqslant \frac{A^2}{T^4}\cdot \boldsymbol{R}$$

其中，$A=\dfrac{\beta^2}{1+\beta+\left(1-\dfrac{\beta}{2}\right)\sqrt{1-\beta}}$，$0<\beta<1$；$\beta$ 由滤波要求的稳态结果 $\boldsymbol{p}_1\leqslant\beta\boldsymbol{R}$ 确定，$\boldsymbol{p}_1$ 为 $\boldsymbol{P}$ 阵的第一行，第一列元素。上例中，假设要求 $\beta=0.5,R=15,T=1$，则可以得出 $Q\leqslant 0.2274$，如要求 $\beta=0.99,R=15,T=1$，则可以得出 $Q\leqslant 3.4607$。

解 2　利用最小二乘法求解。

由式(7-40)可得

$$\begin{aligned}
\hat{\boldsymbol{x}}_{k+1,k} &= \hat{\boldsymbol{x}}_k \\
P_{k+1,k} &= P_k \\
k_{k+1} &= \frac{P_k}{1+P_k} \\
\hat{\boldsymbol{x}}_{k+1} &= \hat{\boldsymbol{x}}_k + k_k\cdot(y_{k+1}-\hat{\boldsymbol{x}}_k) \\
P_{k+1} &= \frac{P_k}{1+P_k}
\end{aligned}$$

下列程序中，Q,R 只是为产生测量数据。最小二乘法算法不用 Q,R。仿真结果见图 7-6。

MATLAB 程序为

```
clear;
Q = 25;
R = 15;
u = 0;
n = 21;
P(1) = 100
xt(1) = 0;
y(1) = 0;

for i = 2: n                          % 产生 y(i)
xt(i) = xt(i - 1) + sqrt(Q) * randn + u;
y(i) = xt(i) + sqrt(R) * randn;
end
```

```
x(1) = 0;
t(1) = 0;
for i = 2 : n                              % 得出估计值 x(i)
k(i) = P(i - 1)/(P(i - 1) + 1);
P(i) = k(i);
x(i) = x(i - 1) + u + k(i) * (y(i) - x(i - 1) - u);
t(i) = i - 1;
end
k,P,y,x,xt                                 % 显示变量 k,P,y,x,并作出曲线图
subplot(3,1,1); plot(t,xt,t,x,t,y)
subplot(3,1,2); plot(t,P)
subplot(3,1,3); plot(t,k)
```

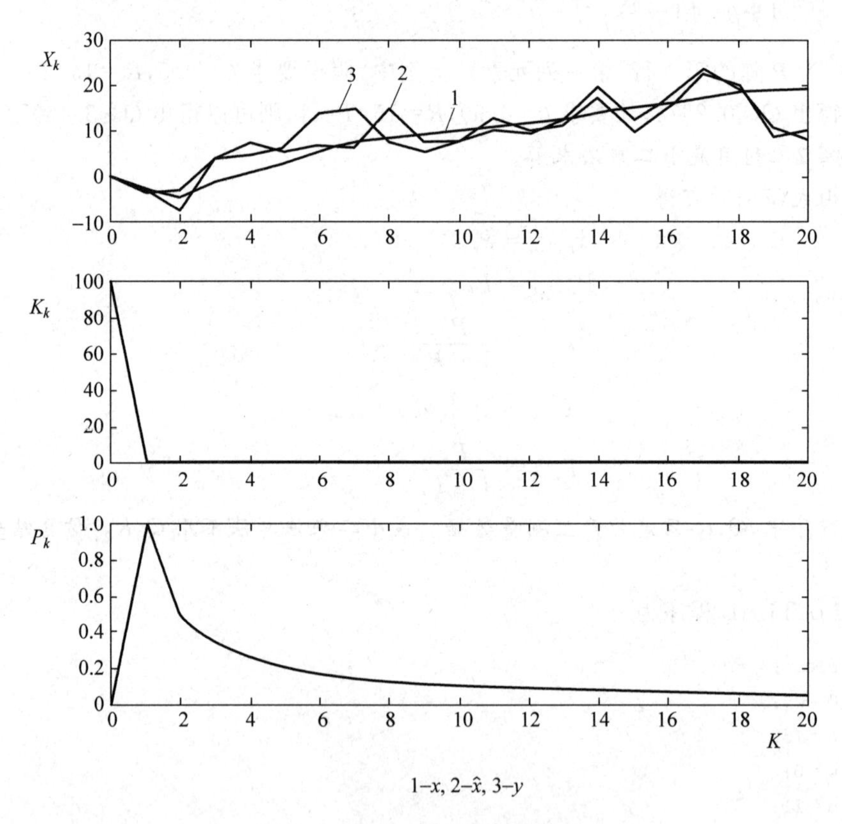

1-x, 2-$\hat{x}$, 3-y

图 7-6　最小二乘算法仿真结果

小结

1. 基本概念

状态估计是在系统有随机干扰情况下确定系统状态的方法。之所以称为估计是因为干扰是随机的,因而获取的状态也是不精确的,只是从概率及统计的意

义上获得的最接近实际值的状态估计值。“最接近”的观念不同，所采用的方法也不同。

最小二乘法是使系统的实际观测值与估计值的偏差最小(以偏差的平方和最小为准则)。线性最小方差估计直接以状态(而非输出)为目标，以状态估计的偏差的统计特性作为制定估计准则的依据(偏差平方的方差最小)，因而状态估计的逼近程度更好。

最小二乘估计不需要噪声的统计特性，而线性最小方差估计需要系统及测量噪声的统计特性(一、二阶矩)，因此在不能或不易得到噪声的统计特性的情况下，虽然“逼近”的程度不如最小方差估计，最小二乘估计仍然是一种简单、易用的估计方法。

状态估计的最小二乘法与线性最小方差估计法均是将数学上的静态估计理论引入到动态系统中来的。引入的基础是状态方程，特别是离散化了的状态方程，但应用静态估计的最大障碍是随着时间的推移(k 逐渐增大)估计用的向量及矩阵的阶数愈来愈大，因而实用的动态系统的状态估计是其递推形式。

由于估计的作用是减少或消除噪声的影响，所以状态的估计有时也称为滤波，特别是卡尔曼和布西提出的线性最小方差估计的递推形式，一般称为卡尔曼滤波。

卡尔曼滤波器是线性最小方差估计的递推形式，是状态估计的一种重要和实用的方法，已广泛应用于各种行业。但在实际应用时还应注意一些问题，如滤波的稳定性，滤波的发散等。如果噪声是有色噪声时还需要增加成形滤波器将有色噪声转化为白噪声后才能利用卡尔曼滤波的基本方程。此外自适应滤波方法还可以解决噪声的方差未知或变化时的状态估计问题。

2. 基本要求

(1) 了解最小二乘估计与线性最小方差估计的前提条件，即系统及量测噪声的统计特性是否已知。利用 MATLAB 仿真了解最小二乘估计与卡尔曼滤波估计的差别。

(2) 掌握线性离散系统式(7-18)状态的最小二乘递推估计：

$$\begin{cases}\hat{\boldsymbol{x}}_{k+1,k}=\boldsymbol{G}\hat{\boldsymbol{x}}_k\\ \boldsymbol{P}_{k+1,k}=\boldsymbol{G}\boldsymbol{P}_k\boldsymbol{G}^{\mathrm{T}}\\ K_{k+1}=\boldsymbol{P}_{k+1,k}\boldsymbol{C}^{\mathrm{T}}\left[\boldsymbol{C}\boldsymbol{P}_{k+1,k}\boldsymbol{C}^{\mathrm{T}}+\boldsymbol{I}\right]^{-1}\\ \hat{\boldsymbol{x}}_{k+1}=\hat{\boldsymbol{x}}_{k+1,k}+K_{k+1}(\boldsymbol{y}_{k+1}-\boldsymbol{C}\hat{\boldsymbol{x}}_{k+1,k})\\ \boldsymbol{P}_{k+1}=\left[\boldsymbol{I}-K_k\boldsymbol{C}\right]\boldsymbol{P}_{k+1,k}\end{cases}$$

(3) 掌握线性离散系统式(7-18)状态的卡尔曼滤波估计：

已知：

$$\begin{cases} E(\boldsymbol{w}_k) = 0 \\ E(\boldsymbol{v}_k) = 0 \end{cases}$$

$$\begin{cases} \mathrm{Var}(\boldsymbol{w}_k) = \boldsymbol{Q}_k \\ \mathrm{Var}(\boldsymbol{v}_k) = \boldsymbol{R}_k \end{cases}$$

$\boldsymbol{x}_k$ 的估计值$\hat{\boldsymbol{x}}_k$ 可按下述递推方程求解

$$\hat{\boldsymbol{x}}_{k,k-1} = \boldsymbol{\Phi}_{k,k-1}\hat{\boldsymbol{x}}_{k-1}$$

$$\hat{\boldsymbol{x}}_k = \hat{\boldsymbol{x}}_{k,k-1} + \boldsymbol{K}_k[\boldsymbol{y}_k - \boldsymbol{C}_k\hat{\boldsymbol{x}}_{k,k-1}]$$

$\boldsymbol{K}_k$ 的递推计算步骤为

$$\boldsymbol{K}_k = \boldsymbol{P}_{k,k-1}\boldsymbol{C}_k^{\mathrm{T}}[\boldsymbol{C}_k\boldsymbol{P}_{k,k-1}\boldsymbol{C}_k^{\mathrm{T}} + \boldsymbol{R}_k]^{-1}$$

$$\boldsymbol{P}_{k,k-1} = \boldsymbol{\Phi}_{k,k-1}\boldsymbol{P}_{k-1}\boldsymbol{\Phi}_{k,k-1}^{\mathrm{T}} + \boldsymbol{G}_{k,k-1}\boldsymbol{Q}_{k-1}\boldsymbol{G}_{k,k-1}^{\mathrm{T}}$$

$$\boldsymbol{P}_k = [\boldsymbol{I} - \boldsymbol{K}_k\boldsymbol{C}_k]\boldsymbol{P}_{k,k-1}[\boldsymbol{I} - \boldsymbol{K}_k\boldsymbol{C}_k]^{\mathrm{T}} + \boldsymbol{K}_k\boldsymbol{R}_k\boldsymbol{K}_k^{\mathrm{T}} \quad \text{（为下次计算 } \boldsymbol{P}_{k,k-1} \text{ 准备）}$$

或

$$\boldsymbol{K}_k = \boldsymbol{P}_k\boldsymbol{C}_k^{\mathrm{T}}\boldsymbol{R}_k^{-1}$$

$$\boldsymbol{P}_{k,k-1} = \boldsymbol{\Phi}_{k,k-1}\boldsymbol{P}_{k-1}\boldsymbol{\Phi}_{k,k-1}^{\mathrm{T}} + \boldsymbol{G}_{k,k-1}\boldsymbol{Q}_{k-1}\boldsymbol{G}_{k,k-1}^{\mathrm{T}}$$

$$\boldsymbol{P}_k = [\boldsymbol{I} - \boldsymbol{K}_k\boldsymbol{C}_k]\boldsymbol{P}_{k,k-1} \quad \text{（为下次计算 } \boldsymbol{P}_{k,k-1} \text{ 准备）}$$

应用上述递推公式进行计算时，先要确定初始条件$\hat{\boldsymbol{x}}_0$ 和 $\boldsymbol{P}_0$，然后随着观测数据的不断增加，逐步递推求得状态估计$\hat{\boldsymbol{x}}_k$。

（4）掌握利用 MATLAB 语言对最小二乘递推估计及卡尔曼滤波估计机型仿真。

习题

7-1 状态估计与状态观测的概念有何异同。

7-2 状态的最小二乘估计与线性最小方差估计哪个更精确，两种方法各有何优缺点。

7-3 卡尔曼滤波器是否为状态估计的方法，为何称为“滤波器”？

7-4 卡尔曼滤波器对随机噪声的要求是什么？

7-5 已知系统

$$x_{k+1} = 2.0x_k + w_k$$

$$y_k = x_k + v_k$$

其中，w_k，v_k 为零均值白噪声，互不相关，而且 $\mathrm{Var}[v_k]=R=1$，$\mathrm{Var}[w_k]=Q=2$，初始状态 x_0 的均值为零，方差为 $P_0=4$。已知观测数据 $y(4)=\{2,4,3,2\}$，求状态估计$\hat{x}_k$。

7-6 已知系统

$$\boldsymbol{x}_{k+1} = \begin{bmatrix} 1 & 2 \\ 0 & 1 \end{bmatrix} \boldsymbol{x}_k + \begin{bmatrix} 0 \\ 1 \end{bmatrix} \boldsymbol{w}_k$$

$$\boldsymbol{y}_k = \begin{bmatrix} 1 & 0 \end{bmatrix} \boldsymbol{x}_k + \boldsymbol{w}_k$$

其中，$\boldsymbol{w}_k$ 为零均值白噪声，$\boldsymbol{x}_0=0$ 且有 $\mathrm{Var}[w_k]=\boldsymbol{Q}=2$，$y(0)=100$，$y(1)=97.9$，$y(2)=94.4$，$y(3)=92.7$，求状态估计 $\hat{\boldsymbol{x}}_k$。

7-7　已知系统

$$\boldsymbol{x}_{k+1} = \begin{bmatrix} 1 & 1 \\ 0 & 1 \end{bmatrix} \boldsymbol{x}_k$$

$$\boldsymbol{y}_k = \begin{bmatrix} 0 & 1 \end{bmatrix} \boldsymbol{x}_k + \boldsymbol{v}_k$$

其中，$\boldsymbol{v}_k$ 为零均值白噪声，且有 $\mathrm{Var}[\boldsymbol{v}_k]=R=0.1$，$y(0)=100$，$y(1)=97.9$，$y(2)=94.4$，$y(3)=92.7$，求状态估计 $\hat{\boldsymbol{x}}_k$。给定初值

$$\mathrm{E}[\boldsymbol{x}_0] = [95 \quad 1]^{\mathrm{T}}$$

$$\boldsymbol{P}(0) = \begin{bmatrix} 10 & 0 \\ 0 & 1 \end{bmatrix}$$

7-8　已知系统

$$x_{k+1} = x_k + w_k$$

$$y_k = x_k + v_k$$

其中，x_k，y_k 均为标量，w_k，v_k 为零均值白噪声，w_k，v_k，x_0 互不相关，且有 $\mathrm{Var}[v_k]=1$，$\mathrm{Var}[w_k]=2$，$\mathrm{E}[x_0]=0$，$y(0)=1$，$y(1)=-2$，$y(2)=3$，$y(3)=2$，$y(4)=-1$，$y(5)=1$，试按下述 P_0 的不同取值计算 $\hat{x}_k$：(1)$P_0=0$；(2)$P_0=1$；(3)$P_0=8$。

习题参考答案

第 1 章

1-1 （1）$$\begin{cases}\begin{bmatrix}\dot{u}_{C_1}\\ \dot{u}_{C_2}\end{bmatrix}=\begin{bmatrix}-\dfrac{R_1+R_2}{R_1R_2C_1} & \dfrac{1}{R_2C_1}\\ \dfrac{1}{R_2C_2} & -\dfrac{1}{R_2C_2}\end{bmatrix}\begin{bmatrix}u_{C_1}\\ u_{C_2}\end{bmatrix}+\begin{bmatrix}\dfrac{1}{R_1C_1}\\ 0\end{bmatrix}u_i\\ u_0=[0\quad 1]\begin{bmatrix}u_{C_1}\\ u_{C_2}\end{bmatrix}\end{cases}$$

（2）$$\begin{cases}\begin{bmatrix}\dot{u}_{C}\\ \dot{i}_{L}\end{bmatrix}=\begin{bmatrix}0 & \dfrac{1}{C}\\ -\dfrac{1}{L} & -\dfrac{R}{L}\end{bmatrix}\begin{bmatrix}u_{C}\\ i_{L}\end{bmatrix}+\begin{bmatrix}0\\ \dfrac{1}{L}\end{bmatrix}u_i\\ u_0=[1\quad 0]\begin{bmatrix}u_{C}\\ i_{L}\end{bmatrix}\end{cases}$$

1-2 （1）$$\begin{cases}\begin{bmatrix}\dot{x}_1\\ \dot{x}_2\\ \dot{x}_3\end{bmatrix}=\begin{bmatrix}0 & 1 & 0\\ 0 & 0 & 1\\ -6 & -4 & -2\end{bmatrix}\begin{bmatrix}x_1\\ x_2\\ x_3\end{bmatrix}+\begin{bmatrix}0\\ 0\\ 2\end{bmatrix}u\\ y=[1\quad 0\quad 0]\begin{bmatrix}x_1\\ x_2\\ x_3\end{bmatrix}\end{cases}$$

（2）$$\begin{cases}\begin{bmatrix}\dot{x}_1\\ \dot{x}_2\\ \dot{x}_3\end{bmatrix}=\begin{bmatrix}0 & 1 & 0\\ 0 & 0 & 1\\ -3 & 0 & -7\end{bmatrix}\begin{bmatrix}x_1\\ x_2\\ x_3\end{bmatrix}+\begin{bmatrix}0\\ 1\\ -5\end{bmatrix}u\\ y=[1\quad 0\quad 0]\begin{bmatrix}x_1\\ x_2\\ x_3\end{bmatrix}\end{cases}$$

(3) $\begin{cases} \begin{bmatrix} \dot{x}_1 \\ \dot{x}_2 \\ \dot{x}_3 \end{bmatrix} = \begin{bmatrix} 0 & 1 & 0 \\ 0 & 0 & 1 \\ -7 & -4 & -5 \end{bmatrix} \begin{bmatrix} x_1 \\ x_2 \\ x_3 \end{bmatrix} + \begin{bmatrix} 1 \\ -2 \\ 18 \end{bmatrix} u \\ y = \begin{bmatrix} 1 & 0 & 0 \end{bmatrix} \begin{bmatrix} x_1 \\ x_2 \\ x_3 \end{bmatrix} \end{cases}$

(4) $\begin{cases} \begin{bmatrix} \dot{x}_1 \\ \dot{x}_2 \\ \dot{x}_3 \\ \dot{x}_4 \end{bmatrix} = \begin{bmatrix} 0 & 1 & 0 & 0 \\ 0 & 0 & 1 & 0 \\ 0 & 0 & 0 & 1 \\ -2 & 0 & -3 & 0 \end{bmatrix} \begin{bmatrix} x_1 \\ x_2 \\ x_3 \\ x_4 \end{bmatrix} + \begin{bmatrix} 0 \\ 0 \\ -3 \\ 1 \end{bmatrix} u \\ y = \begin{bmatrix} 1 & 0 & 0 & 0 \end{bmatrix} \begin{bmatrix} x_1 \\ x_2 \\ x_3 \\ x_4 \end{bmatrix} \end{cases}$

1-3 (a) $\begin{cases} \begin{bmatrix} \dot{x}_1 \\ \dot{x}_2 \\ \dot{x}_3 \\ \dot{x}_4 \\ \dot{x}_5 \\ \dot{x}_6 \end{bmatrix} = \begin{bmatrix} -\frac{1}{T_1} & 0 & 0 & -\frac{K_1}{T_1} & 0 & 0 \\ \frac{K_2}{T_2} & -\frac{1}{T_2} & 0 & 0 & 0 & -\frac{K_2}{T_2} \\ 0 & K_3 & 0 & 0 & -K_3 & 0 \\ 0 & 0 & \frac{1}{T_4} & -\frac{1}{T_4} & 0 & 0 \\ 0 & 0 & 1 & 0 & 0 & 0 \\ 0 & 0 & \frac{K_5}{T_5} & 0 & 0 & -\frac{1}{T_5} \end{bmatrix} \begin{bmatrix} x_1 \\ x_2 \\ x_3 \\ x_4 \\ x_5 \\ x_6 \end{bmatrix} + \begin{bmatrix} \frac{K_1}{T_1} \\ 0 \\ 0 \\ 0 \\ 0 \\ 0 \end{bmatrix} u \\ y = \begin{bmatrix} 0 & 0 & 0 & 1 & 0 & 0 \end{bmatrix} \begin{bmatrix} x_1 \\ x_2 \\ x_3 \\ x_4 \\ x_5 \\ x_6 \end{bmatrix} \end{cases}$

(b) $\begin{cases} \begin{bmatrix} \dot{x}_1 \\ \dot{x}_2 \\ \dot{x}_3 \\ \dot{x}_4 \end{bmatrix} = \begin{bmatrix} -a & 0 & -c & 0 \\ 1 & 0 & 0 & 0 \\ d & 0 & -b & -dg \\ 0 & 0 & f & -e \end{bmatrix} \begin{bmatrix} x_1 \\ x_2 \\ x_3 \\ x_4 \end{bmatrix} + \begin{bmatrix} c & 0 \\ 0 & 0 \\ 0 & d \\ 0 & 0 \end{bmatrix} \begin{bmatrix} u_1 \\ u_2 \end{bmatrix} \\ \begin{bmatrix} y_1 \\ y_2 \end{bmatrix} = \begin{bmatrix} 0 & 1 & 0 & 0 \\ 0 & 0 & 0 & 1 \end{bmatrix} \begin{bmatrix} x_1 \\ x_2 \\ x_3 \\ x_4 \end{bmatrix} \end{cases}$

1-4 (1) $\begin{cases} \begin{bmatrix} \dot{x}_1 \\ \dot{x}_2 \\ \dot{x}_3 \end{bmatrix} = \begin{bmatrix} 0 & 1 & 0 \\ 0 & 0 & 1 \\ -6 & -11 & -6 \end{bmatrix} \begin{bmatrix} x_1 \\ x_2 \\ x_3 \end{bmatrix} + \begin{bmatrix} 0 \\ 0 \\ 1 \end{bmatrix} u \\ y = \begin{bmatrix} 1 & 1 & 1 \end{bmatrix} \begin{bmatrix} x_1 \\ x_2 \\ x_3 \end{bmatrix} \end{cases}$

(2) $\begin{cases} \dot{\boldsymbol{x}} = \begin{bmatrix} 0 & 1 \\ -6 & -5 \end{bmatrix} \boldsymbol{x} + \begin{bmatrix} 0 \\ 1 \end{bmatrix} u \\ y = \begin{bmatrix} -5 & -2 \end{bmatrix} \boldsymbol{x} + u \end{cases}$

(3) $\begin{cases} \begin{bmatrix} \dot{x}_1 \\ \dot{x}_2 \\ \dot{x}_3 \\ \dot{x}_4 \end{bmatrix} = \begin{bmatrix} -1 & 1 & 0 & 0 \\ 0 & -1 & 0 & 0 \\ 0 & 0 & 0 & 0 \\ 0 & 0 & 0 & -3 \end{bmatrix} \begin{bmatrix} x_1 \\ x_2 \\ x_3 \\ x_4 \end{bmatrix} + \begin{bmatrix} 0 \\ 1 \\ 1 \\ 1 \end{bmatrix} u \\ y = \begin{bmatrix} -2 & -1 & 4/3 & -1/3 \end{bmatrix} \begin{bmatrix} x_1 \\ x_2 \\ x_3 \\ x_4 \end{bmatrix} \end{cases}$

(4) $\begin{cases} \begin{bmatrix} \dot{x}_1 \\ \dot{x}_2 \\ \dot{x}_3 \end{bmatrix} = \begin{bmatrix} 0 & 1 & 0 \\ 0 & 0 & 1 \\ -1 & -3 & -3 \end{bmatrix} \begin{bmatrix} x_1 \\ x_2 \\ x_3 \end{bmatrix} + \begin{bmatrix} 0 \\ 0 \\ 1 \end{bmatrix} u \\ y = \begin{bmatrix} 3 & 2 & 1 \end{bmatrix} \begin{bmatrix} x_1 \\ x_2 \\ x_3 \end{bmatrix} \end{cases}$

1-5 能控标准型

$$\begin{cases}\dot{\boldsymbol{x}} = \begin{bmatrix} 0 & 1 \\ -2 & -3 \end{bmatrix}\boldsymbol{x} + \begin{bmatrix} 0 \\ 1 \end{bmatrix}u \\ y = [3 \quad 1]\boldsymbol{x} \end{cases}$$

对角线标准型

$$\begin{cases}\dot{\boldsymbol{x}} = \begin{bmatrix} -1 & 0 \\ 0 & -2 \end{bmatrix}\boldsymbol{x} + \begin{bmatrix} 1 \\ 1 \end{bmatrix}u \\ y = [2 \quad -1]\boldsymbol{x} \end{cases}$$

1-6 $\begin{cases}\dot{\boldsymbol{x}} = \begin{bmatrix} -1 & 0 & 0 \\ 0 & -2 & 0 \\ 0 & 0 & -3 \end{bmatrix}\boldsymbol{x} + \begin{bmatrix} 1 \\ 1 \\ 1 \end{bmatrix}u \\ y = [3 \quad -6 \quad 3]\boldsymbol{x} \end{cases}$

1-7 $\boldsymbol{G}(s) = \boldsymbol{C}(s\boldsymbol{I} - \boldsymbol{A})^{-1}\boldsymbol{B} + \boldsymbol{D} = \dfrac{1}{s^2 + 4s + 25}\begin{pmatrix} s+4 & s+5 \\ -25 & s-25 \end{pmatrix}$

1-8 两系统串联时的传递函数阵为

$$\boldsymbol{G}(s) = \boldsymbol{G}_2(s)\boldsymbol{G}_1(s) = \begin{bmatrix} \dfrac{1}{(s+3)(s+1)} & \dfrac{1}{(s+3)(s+2)} + \dfrac{1}{s(s+1)} \\ \dfrac{1}{(s+1)^2} & \dfrac{1}{(s+1)(s+2)} \end{bmatrix}$$

两系统并联时的传递函数阵为

$$\boldsymbol{G}(s) = \boldsymbol{G}_1(s) + \boldsymbol{G}_2(s) \begin{bmatrix} \dfrac{2s+4}{(s+1)(s+3)} & \dfrac{2s+3}{(s+1)(s+2)} \\ \dfrac{1}{s+1} & \dfrac{1}{s} \end{bmatrix}$$

1-9 特征值 $\lambda_1 = -1, \lambda_2 = \mathrm{j}, \lambda_3 = -\mathrm{j}, \lambda_4 = 1$

特征向量

$$\boldsymbol{P} = \begin{bmatrix} -0.5 & 0.5 & 0.5 & -0.5 \\ 0.5 & 0.5\mathrm{j} & -0.5\mathrm{j} & -0.5 \\ -0.5 & -0.5 & -0.5 & -0.5 \\ 0.5 & -0.5\mathrm{j} & 0.5\mathrm{j} & -0.5 \end{bmatrix}$$

1-10 (1) $\dot{\tilde{\boldsymbol{x}}} = \begin{bmatrix} -1 & 0 \\ 0 & -5 \end{bmatrix}\tilde{\boldsymbol{x}} + \begin{bmatrix} 1/4 \\ -1/4 \end{bmatrix}u$

(2) $\dot{\tilde{\boldsymbol{x}}} = \begin{bmatrix} -1 & 0 & 0 \\ 0 & -2 & 0 \\ 0 & 0 & -3 \end{bmatrix}\tilde{\boldsymbol{x}} + \begin{bmatrix} 37/2 & 27 \\ -15 & -20 \\ 27/2 & 16 \end{bmatrix}\boldsymbol{u}$

(3) $\dot{\tilde{\boldsymbol{x}}} = \begin{bmatrix} -1 & 0 & 0 \\ 0 & -2 & 0 \\ 0 & 0 & -3 \end{bmatrix}\tilde{\boldsymbol{x}} + \begin{bmatrix} 5.5 \\ -7 \\ 2.5 \end{bmatrix}u$

1-11 (1) $\dot{\tilde{x}}=\begin{bmatrix}-1 & 0\\ 0 & -3\end{bmatrix}\tilde{x}+\begin{bmatrix}1/2\\ -1/2\end{bmatrix}u$

(2) $\dot{\tilde{x}}=\begin{bmatrix}1 & 0 & 0\\ 0 & 3 & 1\\ 0 & 0 & 3\end{bmatrix}\tilde{x}+\begin{bmatrix}-3 & 4\\ 8 & -1\\ -5 & 2\end{bmatrix}\boldsymbol{u}$

(3) $\dot{\tilde{x}}=\begin{bmatrix}1 & 1 & 0\\ 0 & 1 & 0\\ 0 & 0 & 2\end{bmatrix}\tilde{x}+\begin{bmatrix}-1\\ -1\\ 1\end{bmatrix}u$

1-12 能控标准型为

$$\begin{cases}\dot{\tilde{x}}=\begin{bmatrix}0 & 1\\ -5 & -2\end{bmatrix}\tilde{x}+\begin{bmatrix}0\\ 1\end{bmatrix}u\\ y=[1\quad 3]\,\tilde{x}\end{cases}$$

1-13 $\begin{cases}\boldsymbol{x}(k+1)=\begin{bmatrix}0 & 1 & 0\\ 0 & 0 & 1\\ -1 & -5 & -3\end{bmatrix}\boldsymbol{x}(k)+\begin{bmatrix}0\\ 0\\ 1\end{bmatrix}u(k)\\ y(k)=[2\quad 1\quad 0]\boldsymbol{x}(k)\end{cases}$

1-14 $\boldsymbol{G}(z)=\boldsymbol{C}(z\boldsymbol{I}-\boldsymbol{G})^{-1}\boldsymbol{H}+\boldsymbol{d}=\dfrac{z+1}{z^2-3z-1}$

1-15 (1) $\begin{cases}\boldsymbol{x}(k+1)=\begin{bmatrix}0 & 1 & 0\\ 0 & 0 & 1\\ -6 & -11 & -6\end{bmatrix}\boldsymbol{x}(k)+\begin{bmatrix}0\\ 0\\ 1\end{bmatrix}u(k)\\ y(k)=[2\quad 1\quad 2]\boldsymbol{x}(k)\end{cases}$

(2) $\begin{cases}\boldsymbol{x}(k+1)=\begin{bmatrix}0 & 1 & 0\\ 0 & 0 & 1\\ -2 & -5 & -4\end{bmatrix}\boldsymbol{x}(k)+\begin{bmatrix}0\\ 0\\ 1\end{bmatrix}u(k)\\ y(k)=[1\quad 0\quad 0]\boldsymbol{x}(k)\end{cases}$

第 2 章

2-1 (1) $\mathrm{e}^{\boldsymbol{A}t}=\begin{bmatrix}1 & \frac{1}{2}(1-\mathrm{e}^{-2t})\\ 0 & \mathrm{e}^{-2t}\end{bmatrix}$ (2) $\mathrm{e}^{\boldsymbol{A}t}=\begin{bmatrix}\cos 2t & -\frac{1}{2}\sin 2t\\ 2\sin 2t & \cos 2t\end{bmatrix}$

(3) $\mathrm{e}^{\boldsymbol{A}t}=\begin{bmatrix}t\mathrm{e}^{-t}+\mathrm{e}^{-t} & t\mathrm{e}^{-t}\\ -t\mathrm{e}^{-t} & -t\mathrm{e}^{-t}+\mathrm{e}^{-t}\end{bmatrix}$

(4) $\mathrm{e}^{\boldsymbol{A}t}=\begin{bmatrix}-2t\mathrm{e}^{t}+\mathrm{e}^{2t} & 2\mathrm{e}^{t}+3t\mathrm{e}^{t}-2\mathrm{e}^{2t} & -\mathrm{e}^{t}-t\mathrm{e}^{t}+\mathrm{e}^{2t}\\ -2\mathrm{e}^{t}-2t\mathrm{e}^{t}+2\mathrm{e}^{2t} & 5\mathrm{e}^{t}+3t\mathrm{e}^{t}-4\mathrm{e}^{2t} & -2\mathrm{e}^{t}-t\mathrm{e}^{t}+2\mathrm{e}^{2t}\\ -4\mathrm{e}^{t}-2t\mathrm{e}^{t}+4\mathrm{e}^{2t} & 8\mathrm{e}^{t}+3t\mathrm{e}^{t}-8\mathrm{e}^{2t} & -3\mathrm{e}^{t}-t\mathrm{e}^{t}+4\mathrm{e}^{2t}\end{bmatrix}$

(5) $e^{At}=\begin{bmatrix}1 & t & \frac{1}{2}t^2 & \frac{1}{6}t^3\\ 0 & 1 & t & \frac{1}{2}t^2\\ 0 & 0 & 1 & t\\ 0 & 0 & 0 & 1\end{bmatrix}$　　(6) $e^{At}=\begin{bmatrix}e^{\lambda t} & 0 & 0 & 0\\ 0 & e^{\lambda t} & te^{\lambda t} & \frac{1}{2}t^2e^{\lambda t}\\ 0 & 0 & e^{\lambda t} & te^{\lambda t}\\ 0 & 0 & 0 & e^{\lambda t}\end{bmatrix}$

2-2 (1) 不满足状态转移矩阵的条件

(2) 满足状态转移矩阵的条件,$\boldsymbol{A}=\begin{bmatrix}0 & 1\\ 0 & -2\end{bmatrix}$

(3) 满足状态转移矩阵的条件,$\boldsymbol{A}=\begin{bmatrix}0 & -2\\ 1 & -3\end{bmatrix}$

(4) 满足状态转移矩阵的条件,$\boldsymbol{A}=\begin{bmatrix}1 & 1\\ 4 & 1\end{bmatrix}$

2-3 略。

2-4 (1) $e^{At}=\begin{bmatrix}2e^{-t}-e^{-2t} & e^{-t}-e^{-2t}\\ -2e^{-t}+2e^{-2t} & -e^{-t}+2e^{-2t}\end{bmatrix}$　　(2) $\boldsymbol{A}=\begin{bmatrix}0 & 1\\ -2 & -3\end{bmatrix}$

2-5 (1) $e^{At}=\begin{bmatrix}e^{t} & 0 & 0\\ 0 & e^{t} & 0\\ 0 & e^{2t}-e^{t} & e^{2t}\end{bmatrix}$

(2) $\boldsymbol{P}=\begin{bmatrix}0 & 1 & 0\\ 1 & 0 & 0\\ -1 & 0 & 1\end{bmatrix}$, $\boldsymbol{P}^{-1}=\begin{bmatrix}0 & 1 & 0\\ 1 & 0 & 0\\ 0 & 1 & 1\end{bmatrix}$, e^{At}同(1)

(3) $\begin{bmatrix}\alpha_0(t)\\ \alpha_1(t)\\ \alpha_2(t)\end{bmatrix}=\begin{bmatrix}-2te^{t}+e^{2t}\\ 2e^{t}+3te^{t}-2e^{2t}\\ -e^{t}-te^{t}+e^{2t}\end{bmatrix}$, e^{At}同(1)

(4) $\boldsymbol{x}(t)=\begin{bmatrix}e^{t}\\ 0\\ e^{2t}\end{bmatrix}$

2-6 $\boldsymbol{x}(t)=e^{-t}\begin{bmatrix}\cos\sqrt{2}t\\ -\cos\sqrt{2}t-\sqrt{2}\sin\sqrt{2}t\end{bmatrix}$

2-7 $\boldsymbol{x}(t)=\begin{bmatrix}\frac{1}{2}+\frac{1}{2}e^{-2t}\\ -e^{-2t}\end{bmatrix}$

2-8 $y(t)=-\frac{5}{2}te^{-t}+\frac{7}{8}e^{-t}+\frac{9}{8}e^{-5t}$

2-9 $\boldsymbol{\Phi}(t,t_0)=I+\begin{bmatrix}-(t^2-t_0^2) & t-t_0\\ t-t_0 & -(t^2-t_0^2)\end{bmatrix}+\frac{1}{2!}\begin{bmatrix}-(t^2-t_0^2) & t-t_0\\ t-t_0 & -(t^2-t_0^2)\end{bmatrix}^2$

$$+\frac{1}{3!}\begin{bmatrix}-(t^2-t_0^2) & t-t_0\\ t-t_0 & -(t^2-t_0^2)\end{bmatrix}^3+\cdots$$

2-10 $\boldsymbol{x}(t)=\begin{bmatrix}1-t-\frac{1}{6}t^3-\frac{1}{40}t^5+\cdots\\ -1-\frac{1}{2}t^2-\frac{1}{8}t^4-\frac{1}{48}t^6+\cdots\end{bmatrix}$

2-11 $\boldsymbol{\Phi}(k)=\begin{bmatrix}\frac{5}{3}(-0.2)^k-\frac{2}{3}(-0.5)^k & \frac{10}{3}(-0.2)^k-\frac{10}{3}(-0.5)^k\\ -\frac{1}{3}(-0.2)^k+\frac{1}{3}(-0.5)^k & -\frac{2}{3}(-0.2)^k+\frac{5}{3}(-0.5)^k\end{bmatrix}$

2-12 $\boldsymbol{\Phi}(k)=\begin{bmatrix}2(-0.2)^k-(-0.4)^k & 5(-0.2)^k-5(-0.4)^k\\ -0.4(-0.2)^k+0.4(-0.4)^k & -(-0.2)^k+2(-0.4)^k\end{bmatrix}$

2-13 (1) $\begin{bmatrix}x_1[(k+1)T]\\ x_2[(k+1)T]\end{bmatrix}=\begin{bmatrix}\frac{1}{2}+\mathrm{e}^{-T}-\frac{1}{2}\mathrm{e}^{-2T} & \mathrm{e}^{-T}-\mathrm{e}^{-2T}\\ -\mathrm{e}^{-T}+\mathrm{e}^{-2T} & -\mathrm{e}^{-T}+2\mathrm{e}^{-2T}\end{bmatrix}\begin{bmatrix}x_1(kT)\\ x_2(kT)\end{bmatrix}$

$$+\begin{bmatrix}\frac{1}{2}-\mathrm{e}^{-T}+\frac{1}{2}\mathrm{e}^{-2T}\\ \mathrm{e}^{-T}-\mathrm{e}^{-2T}\end{bmatrix}r(kT)$$

$$y(kT)=[1\quad 0]\times\begin{bmatrix}x_1(kT)\\ x_2(kT)\end{bmatrix}$$

(2) $y(k)=0.473-0.6543\times(0.904)^k+0.258\times(0.774)^k$

2-14 略。

第 3 章

3-1 (1) 系统的状态完全能控 (2) 系统的状态完全能控

(3) 系统的状态不完全能控

3-2 (1) 系统输出完全能控 (2) 系统输出完全能控

3-3 (1) 系统的状态完全能观测 (2) 系统的状态不完全能观测

3-4 略。

3-5 (1) Σ_1 系统的状态既能控又能观测,Σ_2 系统的状态既能控又能观测。

(2) Σ_1 和 Σ_2 串联后,状态不能控,但能观测。

(3) Σ_1 和 Σ_2 并联后,系统的状态既能控,又能观测。

3-6 (1) 当 $a=1$ 或 $a=3$ 或 $a=6$ 时,系统就成为不能控或者不能观测的系统。

(2) $\dot{\boldsymbol{x}}=\begin{bmatrix}0 & 1 & 0\\ 0 & 0 & 1\\ -18 & -27 & -10\end{bmatrix}\boldsymbol{x}+\begin{bmatrix}0\\0\\1\end{bmatrix}u \qquad y=[a \quad 1 \quad 0]\boldsymbol{x}$

(3) $\dot{\boldsymbol{x}}=\begin{bmatrix}0 & 0 & -18\\ 1 & 0 & -27\\ 0 & 1 & -10\end{bmatrix}\boldsymbol{x}+\begin{bmatrix}a\\1\\0\end{bmatrix}u \qquad y=[0 \quad 0 \quad 1]\boldsymbol{x}$

3-7 a,b,c 无论取何值,系统都是不能控的。

3-8 $a-b-d=c\neq 0$

3-9 $c_1\neq 0 \quad a_3\neq 0, a_1, a_2$ 为任意实数。

3-10 $\begin{cases}b_1=-b_2\neq 0\\ c_1=2c_2\neq 0\end{cases}$

3-11 略。

3-12 $\dot{\boldsymbol{x}}=\begin{bmatrix}0 & 1 & 0\\ 0 & 0 & 1\\ -6 & -11 & -6\end{bmatrix}\boldsymbol{x}+\begin{bmatrix}0\\0\\1\end{bmatrix}u \qquad y=[6 \quad 0 \quad 0]\boldsymbol{x}$

对偶系统:

$$\dot{\tilde{\boldsymbol{x}}}=\begin{bmatrix}0 & 0 & -6\\ 1 & 0 & -11\\ 0 & 1 & -6\end{bmatrix}\tilde{\boldsymbol{x}}+\begin{bmatrix}6\\0\\0\end{bmatrix}u \qquad y=[0 \quad 0 \quad 1]\tilde{\boldsymbol{x}}$$

3-13 $\dot{\tilde{\boldsymbol{x}}}=\begin{bmatrix}0 & 1\\ -2 & -3\end{bmatrix}\tilde{\boldsymbol{x}}+\begin{bmatrix}0\\1\end{bmatrix}u$

3-14 $\dot{\tilde{\boldsymbol{x}}}=\begin{bmatrix}0 & -4\\ 1 & 5\end{bmatrix}\tilde{\boldsymbol{x}} \qquad y=[0 \quad 1]\tilde{\boldsymbol{x}}$

3-15 $\dot{\boldsymbol{x}}_c=\begin{bmatrix}0 & 1\\ -3 & -4\end{bmatrix}\boldsymbol{x}_c+\begin{bmatrix}0\\1\end{bmatrix}u \qquad y=[5 \quad 2]\boldsymbol{x}_c+u$

$\dot{\boldsymbol{x}}_0=\begin{bmatrix}0 & -3\\ 1 & -4\end{bmatrix}\boldsymbol{x}_0+\begin{bmatrix}5\\2\end{bmatrix}u \qquad y=[0 \quad 1]\boldsymbol{x}_0+u$

3-16 当 $T\neq n\pi$ 时,系统的状态完全能控。

3-17 (1) $\begin{bmatrix}\dot{\boldsymbol{x}}_{co}\\ \dot{\boldsymbol{x}}_{c\bar{o}}\\ \dot{\boldsymbol{x}}_{\bar{c}o}\\ \dot{\boldsymbol{x}}_{\bar{c}\bar{o}}\end{bmatrix}=\begin{bmatrix}-2 & 0 & 1 & 0\\ -3 & 4 & 4 & -1\\ 0 & 0 & 1 & 0\\ 0 & 0 & 2 & -3\end{bmatrix}\begin{bmatrix}x_{co}\\ x_{c\bar{o}}\\ x_{\bar{c}o}\\ x_{\bar{c}\bar{o}}\end{bmatrix}+\begin{bmatrix}1\\2\\0\\0\end{bmatrix}u$

$$y=[1 \quad 0 \quad 3 \quad 0]\begin{bmatrix}x_{co}\\ x_{c\bar{o}}\\ x_{\bar{c}o}\\ x_{\bar{c}\bar{o}}\end{bmatrix}$$

（2）系统既能控又能观测，无须分解。

3-18 （1）$\dot{\boldsymbol{x}}=\begin{bmatrix}-1 & 0\\ 0 & -3\end{bmatrix}\boldsymbol{x}+\begin{bmatrix}1\\1\end{bmatrix}u$ $\quad y=\begin{bmatrix}\frac{3}{2} & \frac{1}{2}\end{bmatrix}\boldsymbol{x}+u$

（2）$\dot{\boldsymbol{x}}=\begin{bmatrix}0 & 0 & 0\\ 0 & -1 & 0\\ 0 & 0 & -3\end{bmatrix}\boldsymbol{x}+\begin{bmatrix}1\\1\\1\end{bmatrix}u$ $\quad y=\begin{bmatrix}0 & \frac{3}{2} & \frac{1}{2}\end{bmatrix}\boldsymbol{x}+u$

（3）$\dot{\boldsymbol{x}}=\begin{bmatrix}0 & 0 & 0\\ 0 & -1 & 0\\ 0 & 0 & -3\end{bmatrix}\boldsymbol{x}+\begin{bmatrix}0\\1\\1\end{bmatrix}u$ $\quad y=\begin{bmatrix}1 & \frac{3}{2} & \frac{1}{2}\end{bmatrix}\boldsymbol{x}+u$

（4）$\dot{\boldsymbol{x}}=\begin{bmatrix}0 & 0 & 0\\ 0 & -1 & 0\\ 0 & 0 & -3\end{bmatrix}\boldsymbol{x}+\begin{bmatrix}0\\1\\1\end{bmatrix}u$ $\quad y=\begin{bmatrix}0 & \frac{3}{2} & \frac{1}{2}\end{bmatrix}\boldsymbol{x}+u$

3-19 （1）$\tilde{x}_2=2x_1$

（2）$\tilde{x}_1=2x_1-x_3$， $\tilde{x}_3=-4x_1+x_2+3x_3$

（3）$G(s)=\dfrac{-2s}{(s-1)(s-2)}$

3-20 $\dot{\boldsymbol{x}}=\begin{bmatrix}-1 & 0\\ 0 & -1\end{bmatrix}\boldsymbol{x}+\begin{bmatrix}1 & 0\\ 0 & 1\end{bmatrix}\boldsymbol{u}$ $\quad \boldsymbol{y}=\begin{bmatrix}0 & 2\\ -1 & -3\end{bmatrix}\boldsymbol{x}+\begin{bmatrix}0 & 0\\ 1 & 0\end{bmatrix}\boldsymbol{u}$

第 4 章

4-1 （1）$v(\boldsymbol{x})$不定 （2）$v(\boldsymbol{x})$ 负定 （3）$v(\boldsymbol{x})$正定

4-2 $a_1>0$， $b_1>\dfrac{1}{a_1}$， $c_1>\dfrac{4a_1+b_1-4}{a_1b_1-1}$

4-3 （1）系统在平衡点 $\boldsymbol{x}_e=0$ 处是大范围内渐近稳定。

（2）系统在平衡点 $\boldsymbol{x}_e=0$ 处是大范围内渐近稳定。

（3）系统在平衡点 $\boldsymbol{x}_e=0$ 处是大范围内渐近稳定。

（4）系统在平衡点 $\boldsymbol{x}_e=0$ 处是不稳定。

4-4 系统不稳定。

4-5 $0<k<2$

4-6 （1）当选李氏函数，$v(\boldsymbol{x})=\dfrac{1}{2}x_1^2+\dfrac{1}{2}x_2^2$ 时，系统在 $|x_1|<1$，$|x_2|<1$ 内是不稳定的。

（2）当选李氏函数，$v(\boldsymbol{x})=\dfrac{1}{2}x_1^2+\dfrac{1}{2}x_2^2$ 时，系统在 $x_1^2+x_2^2<1$ 的圆内是渐近稳定。

4-7 当 $a_1\geqslant 0$，$b\geqslant 0$，且 a_1，b 不同时为零时，系统大范围内渐近稳定。

4-8 略。

4-9 $a_1<0, b<\frac{a_1+1}{3ax_2^2}$

4-10 选 $v(x)=\frac{1}{2}x_1^2+\frac{1}{2}x_2^2$，在 $x_1x_2<\frac{1}{2}$ 范围内，$\boldsymbol{x}_e=\boldsymbol{0}$ 的平衡状态是渐近稳定的。

4-11 选 $v(\boldsymbol{x})=2x_1^2+(x_1+x_2^4)^2$ 时，可判断系统在 $\boldsymbol{x}_e=\boldsymbol{0}$ 处是大范围内是渐近稳定的。

4-12 选 $v(\boldsymbol{x})=\frac{1}{3}x_1^6+\frac{1}{2}x_1^2+\frac{1}{2}x_2^2+\frac{1}{2}(x_1+x_2)^2$，可判断系统在 $\boldsymbol{x}_e=\boldsymbol{0}$ 处是大范围内是渐近稳定的。

4-13 略。

第 5 章

5-1 (1) $\begin{cases}\begin{bmatrix}\dot{x}_1\\ \dot{x}_2\end{bmatrix}=\begin{bmatrix}-1 & 0\\ 1 & -2\end{bmatrix}\begin{bmatrix}x_1\\ x_2\end{bmatrix}+\begin{bmatrix}1\\ -1\end{bmatrix}u\\ y=\begin{bmatrix}0 & 1\end{bmatrix}\begin{bmatrix}x_1\\ x_2\end{bmatrix}\end{cases}$， (2) $\boldsymbol{K}=[16\quad 13]$

5-2 用能控性实现 $\begin{cases}\dot{\boldsymbol{x}}=\begin{bmatrix}0 & 1 & 0\\ 0 & 0 & 1\\ 0 & -2 & -3\end{bmatrix}\boldsymbol{x}+\begin{bmatrix}0\\ 0\\ 1\end{bmatrix}u\\ y=[10\quad 0\quad 0]\boldsymbol{x}\end{cases}$， $\boldsymbol{K}=[4\quad 4\quad 1]$

5-3 被控对象传递函数：$G_0(s)=\frac{s^2+s-2}{s^3+2s^2-5s-6}$

用能控性实现：$\begin{cases}\dot{\boldsymbol{x}}=\begin{bmatrix}0 & 1 & 0\\ 0 & 0 & 1\\ 6 & 5 & -2\end{bmatrix}\boldsymbol{x}+\begin{bmatrix}0\\ 0\\ 1\end{bmatrix}u\\ y=[-2\quad 1\quad 1]\boldsymbol{x}\end{cases}$

(1) $G_{\mathrm{k}}(s)=\frac{s-1}{(s+2)(s+3)}=\frac{(s-1)(s+2)}{(s+2)^2(s+3)}=\frac{s^2+s-2}{s^3+7s^2+16s+12}$

$\boldsymbol{K}=[18\quad 21\quad 9]$

(2) $G_{\mathrm{k}}(s)=\frac{s+2}{(s+1)(s+3)}=\frac{(s-1)(s+2)}{(s+2)(s+1)(s-1)}=\frac{s^2+s-2}{s^3+3s^2-s-3}$

$\boldsymbol{K}=[3\quad 4\quad 1]$

图略。

5-4 $\boldsymbol{U}_c=\begin{bmatrix}1 & 0 & -1\\1 & 1 & -3\\0 & 1 & -2\end{bmatrix}$ $\mathrm{rank}\boldsymbol{U}_c=2<n=3$ 系统状态不完全能控。

$\boldsymbol{V}_o=\begin{bmatrix}0 & 1 & -2\\1 & -2 & 3\\-2 & 3 & -4\end{bmatrix}$ $\mathrm{rank}\boldsymbol{V}_o=2<n=3$ 系统状态不完全能观测。

选 $\boldsymbol{T}_c=\begin{bmatrix}1 & 0 & 0\\1 & 1 & 0\\0 & 1 & 1\end{bmatrix}$ $\boldsymbol{T}_c^{-1}=\begin{bmatrix}1 & 0 & 0\\1 & 1 & 0\\0 & 1 & 1\end{bmatrix}$

$\widetilde{\boldsymbol{A}}=\boldsymbol{T}_c^{-1}\boldsymbol{A}\boldsymbol{T}_c=\left[\begin{array}{cc:c}0 & -1 & -1\\1 & -2 & -2\\ \hdashline 0 & 0 & -1\end{array}\right]$, $\widetilde{\boldsymbol{B}}=\boldsymbol{T}_c^{-1}\boldsymbol{b}=\left[\begin{array}{c}1\\0\\ \hdashline 0\end{array}\right]$

$\widetilde{\boldsymbol{C}}=\boldsymbol{C}\boldsymbol{T}_c=\left[\begin{array}{cc:c}1 & -1 & -2\end{array}\right]$

能控子系统 $\begin{cases}\dot{\tilde{\boldsymbol{x}}}_1=\begin{bmatrix}0 & -1\\1 & -2\end{bmatrix}\tilde{\boldsymbol{x}}_1+\begin{bmatrix}-1\\-2\end{bmatrix}\tilde{\boldsymbol{x}}_2+\begin{bmatrix}1\\0\end{bmatrix}u\\ y_1=\begin{bmatrix}1 & -1\end{bmatrix}\tilde{\boldsymbol{x}}_1\end{cases}$

不能控子系统 $\dot{\tilde{\boldsymbol{x}}}_2=-\tilde{\boldsymbol{x}}_2$ $y_2=-2\,\tilde{\boldsymbol{x}}_2$

因为不能控子系统是稳定的,可以通过状态反馈使系统稳定。

5-5 用能控性实现 $\begin{cases}\dot{\boldsymbol{x}}=\begin{bmatrix}0 & 1 & 0\\0 & 0 & 1\\0 & 0 & -3\end{bmatrix}\boldsymbol{x}+\begin{bmatrix}0\\0\\1\end{bmatrix}u\\ y=\begin{bmatrix}1 & 1 & 0\end{bmatrix}\boldsymbol{x}\end{cases}$,状态反馈阵为 $\boldsymbol{K}=\begin{bmatrix}4 & 8 & 2\end{bmatrix}$

因为闭环系统的一个极点-1和原来系统的零点-1相同,所以闭环传递函数出现零极对消现象。故系统闭环后,状态不完全能观测。

5-6 $\boldsymbol{U}_c=\begin{bmatrix}\boldsymbol{b} & \boldsymbol{A}\boldsymbol{b} & \boldsymbol{A}^2\boldsymbol{b}\end{bmatrix}=\begin{bmatrix}0 & 0 & 0\\0 & 1 & 1\\1 & 1 & -2\end{bmatrix}$, $\mathrm{rank}\boldsymbol{U}_c=2<n=3$

选 $\boldsymbol{T}_c=\begin{bmatrix}0 & 0 & 1\\0 & 1 & 0\\1 & 1 & 0\end{bmatrix}$ $\boldsymbol{T}_c^{-1}=\begin{bmatrix}0 & -1 & 1\\0 & 1 & 0\\1 & 0 & 0\end{bmatrix}$

$\widetilde{\boldsymbol{A}}=\left[\begin{array}{cc:c}0 & -3 & 0\\1 & 1 & 0\\ \hdashline 0 & 0 & -1\end{array}\right]$ $\widetilde{\boldsymbol{B}}=\left[\begin{array}{c}1\\0\\ \hdashline 0\end{array}\right]$

不能控子系统 $\dot{\tilde{\boldsymbol{x}}}_2=-\tilde{\boldsymbol{x}}_2$,其极点为$-1$。

通过状态反馈可将闭环的特征值配置在-2,-2和-1处,而不能配置在

$-2,-2$ 和 -3 处。

把能控子系统的极点配置在 $-2,-2$ 处得

$$\widetilde{\boldsymbol{K}}_1=[5\quad 6]\qquad \widetilde{\boldsymbol{K}}=[\widetilde{\boldsymbol{K}}_1\quad \widetilde{\boldsymbol{K}}_2]=[5\quad 6\quad 0]$$

$$\boldsymbol{K}=\widetilde{\boldsymbol{K}}\boldsymbol{T}_c^{-1}=[0\quad 1\quad 5]$$

5-7 (1) 因为系统的状态完全能控，通过状态反馈能实现系统的镇定。

(2) 尽管系统的状态不完全能控，但不能控子系统是稳定的，通过状态反馈能实现系统的镇定。

5-8 (1) 设状态反馈矩阵为 $\boldsymbol{K}=[K_1\quad K_2\quad K_3]$

当 $\begin{cases}K_1>1\\ K_1+K_2>1\\ K_3>\dfrac{K_1-1}{K_1+K_2-1}\end{cases}$ 时，系统可实现镇定。

(2) 利用线性输出反馈无法实现系统镇定。

5-9 $\boldsymbol{L}=\begin{bmatrix}3r\\2r^2\end{bmatrix}\quad(r>0)$，$\dot{\hat{\boldsymbol{x}}}=\begin{bmatrix}-3r & 1\\-2r^2 & 0\end{bmatrix}\hat{\boldsymbol{x}}+\begin{bmatrix}0\\1\end{bmatrix}u+\begin{bmatrix}3r\\2r^2\end{bmatrix}y$

5-10 $\begin{cases}\begin{bmatrix}\dot{z}_1\\ \dot{z}_2\end{bmatrix}=\begin{bmatrix}-9 & 1\\-20 & 0\end{bmatrix}\begin{bmatrix}z_1\\z_2\end{bmatrix}+\begin{bmatrix}0\\1\end{bmatrix}u+\begin{bmatrix}-60\\-180\end{bmatrix}y\\ \begin{bmatrix}\dot{\hat{x}}_2\\ \dot{\hat{x}}_s\end{bmatrix}=\begin{bmatrix}z_1\\z_2\end{bmatrix}+\begin{bmatrix}9\\20\end{bmatrix}y\end{cases}$

图略。

5-11 将传递函数用能控性实现 $\begin{cases}\dot{\boldsymbol{x}}=\begin{bmatrix}0 & 1 & 0\\0 & 0 & 1\\0 & -2 & -3\end{bmatrix}\boldsymbol{x}+\begin{bmatrix}0\\0\\1\end{bmatrix}u\\ y=[1\quad 0\quad 0]\boldsymbol{x}\end{cases}$

(1) $\boldsymbol{K}=[3\quad 2\quad 1]$

(2) $\dot{\hat{\boldsymbol{x}}}=\begin{bmatrix}-13 & 1 & 0\\-34 & 0 & 1\\3 & -2 & -3\end{bmatrix}\hat{\boldsymbol{x}}+\begin{bmatrix}0\\0\\1\end{bmatrix}u+\begin{bmatrix}13\\34\\-3\end{bmatrix}y$

(3) $\dot{\boldsymbol{z}}=\begin{bmatrix}-7 & 1\\-4 & -3\end{bmatrix}\boldsymbol{z}+\begin{bmatrix}0\\1\end{bmatrix}u+\begin{bmatrix}-47\\-34\end{bmatrix}y$，$\begin{bmatrix}\hat{\boldsymbol{x}}_2\\ \hat{\boldsymbol{x}}_3\end{bmatrix}=\begin{bmatrix}z_1\\z_2\end{bmatrix}+\begin{bmatrix}7\\2\end{bmatrix}y$

(4) 略。

(5) $G_{kL}=\dfrac{1}{s^3+4s^2+4s+3}$

5-12 略。

5-13 (1) 略

(2) $G(s)=\dfrac{2(s+5)}{s^2+5s+6}$

(3) 系统的状态完全能控,完全能观测。

(4) $\boldsymbol{\Phi}(t)=\begin{bmatrix}-2e^{-2t}+3e^{-3t} & -e^{-2t}+e^{-3t}\\ 6e^{-2t}-6e^{-3t} & 3e^{-2t}-2e^{-3t}\end{bmatrix}$

(5) $y(t)=9e^{-2t}-6e^{-3t}$

(6) $\dot{\hat{\boldsymbol{x}}}=\begin{bmatrix}-5 & -\dfrac{125}{6}\\ 6 & -15\end{bmatrix}\hat{\boldsymbol{x}}+\begin{bmatrix}0\\2\end{bmatrix}u+\begin{bmatrix}\dfrac{119}{6}\\ 15\end{bmatrix}y$

(7) $\boldsymbol{K}=[-9.5 \quad 2.5]$

(8) 图略。

5-14 略。

第 6 章

6-1 极值曲线为

$$x_1^*(t)=x_2^*(t)=\frac{\mathrm{sh}t}{\mathrm{sh}(\pi/2)}$$

6-2 泛函极值

$$J^*=\pi/2\cdot\sqrt{R^2+4}$$

6-3 最优轨线和最优控制为

$$x^*(t)=\begin{cases}x_0e^t, & x_0<c_0\\ x_0e^{-t}, & x_0>c_0\end{cases};\qquad u^*(t)=\begin{cases}x_0e^t, & x_0<c_0\\ -x_0e^{-t}, & x_0>c_0\end{cases}$$

6-4 最优控制

$$u^*(t)=-1.7957(e^{-2.4142t}-0.0591e^{0.4142t})$$

6-5 最优控制序列 $u^*(k)$ 和最优轨线 $x^*(k)$。

$$u^*(k)=-0.1\alpha^{-1},\quad x^*(k)=1-0.1k,\quad k=0,1,\cdots,10$$

6-6 最优控制 u_1^*,u_2^*;最优轨线 x_1^*,x_2^* 及最优性能指标 J^*

$$u_1^*=1,\quad u_2^*=\frac{1}{2};\quad x_1^*=t,\quad x_2^*=\frac{1}{2}t(t+1);$$

$$J^*=\int_0^1\left(t+1+\frac{1}{4}\right)dt=1.75$$

6-7 $u_1^*=\dfrac{1}{2}(5-6t),u_2^*=\dfrac{1}{4};\quad x_1^*=\dfrac{1}{2}t(5-3t),\quad x_2^*=\dfrac{1}{4}t(1+5t-2t^2)$

$$J^*=\int_0^1\left[\frac{1}{2}t(5-3t)+\frac{1}{4}(5-6t)^2+\frac{1}{16}\right]dt=2.563$$

6-8 最优控制

$$u^*(t)=-\operatorname{sgn}\left\{k\mathrm{e}^{\frac{1}{2}t}\sin\left(\frac{\sqrt{3}}{2}t+\theta\right)\right\}$$

6-9 最优控制

$$u^*(t)=\begin{cases}-1, & \forall t\in[0,1)\\ 0, & t=1\end{cases}$$

6-10 最优控制

$$u^*(t)=-x_1(t)-\sqrt{2}x_2(t)$$

6-11 $k_1^*=1, k_2^*=\sqrt{3}$

6-12 最优控制 $u^*(t)=-\frac{1}{\sqrt{r}}[x_1+(4r)^{1/4}x_2]$

第 7 章

7-5 $\hat{x}_0=0, \hat{x}_1=3.789472, \hat{x}_2=3.6745, \hat{x}_3=2.83454$

7-6 任取 $P_0=0, \hat{\boldsymbol{x}}_0=\begin{bmatrix}0\\0\end{bmatrix}, \hat{\boldsymbol{x}}_1=\begin{bmatrix}0\\0\end{bmatrix}, \hat{\boldsymbol{x}}_2=\begin{bmatrix}75.52\\37.76\end{bmatrix}, \hat{\boldsymbol{x}}_3=\begin{bmatrix}99.8175\\17.8369\end{bmatrix}$

7-7 $\hat{\boldsymbol{x}}_0=\begin{bmatrix}95\\1\end{bmatrix}, \hat{\boldsymbol{x}}_1=\begin{bmatrix}184.09092\\89.09092\end{bmatrix}, \hat{\boldsymbol{x}}_2=\begin{bmatrix}278.2381\\91.61905\end{bmatrix}, \hat{\boldsymbol{x}}_3=\begin{bmatrix}370.90325\\91.96775\end{bmatrix}$

7-8 $P_0=0$ 时，

$\hat{x}_0=0$， $\hat{x}_1=-1.3333$， $\hat{x}_2=1.81818$， $\hat{x}_3=1.95122, \hat{x}_4=0.181274$，

$\hat{x}_5=0.6161$

$\hat{x}_{1,0}=0$， $\hat{x}_{2,1}=-1.6667$， $\hat{x}_{3,2}=1.81818$， $\hat{x}_{4,3}=1.95122$，

$\hat{x}_{5,4}=-0.181274$

$P_{1,0}=2$， $P_{2,1}=2.6667$， $P_{3,2}=2.72727, P_{4,3}=2.7317, P_{5,4}=2.7578$

$P_0=1$ 时，

$\hat{x}_0=0$， $\hat{x}_1=-1.5$， $\hat{x}_2=1.8$， $\hat{x}_3=1.9464$， $\hat{x}_4=-0.2105$，

$\hat{x}_5=0.6756$

$\hat{x}_{1,0}=0$， $\hat{x}_{2,1}=-1.5$， $\hat{x}_{3,2}=1.8$， $\hat{x}_{4,3}=1.9464$， $\hat{x}_{5,4}=-0.2105$

$P_{1,0}=3$， $P_{2,1}=2.75$， $P_{3,2}=2.7333$， $P_{4,3}=2.7321$， $P_{5,4}=2.7320$

$P_0=\infty$时，

$\hat{x}_0=0$， $\hat{x}_1=-2$， $\hat{x}_2=1.3333$， $\hat{x}_3=1.8181$， $\hat{x}_4=0.2438$，

$\hat{x}_5=0.6667$

$\hat{x}_{1,0}=0$， $\hat{x}_{2,1}=-2$， $\hat{x}_{3,2}=1.3333$， $\hat{x}_{4,3}=1.8181$， $\hat{x}_{5,4}=-0.2438$

$P_{1,0}=\infty$， $P_{2,1}=2$， $P_{3,2}=2.6667$， $P_{4,3}=2.7273$， $P_{5,4}=2.7317$

参 考 文 献

1. 夏德钤主编. 自动控制理论. 北京：机械工业出版社，1996
2. 卢伯英. 现代控制工程. 第 3 版. 于海勋等译. 北京：电子工业出版社，2000
3. 胡寿松主编. 自动控制原理. 第 4 版. 北京：科学出版社，2001
4. B. C. Kuo. 自动控制系统. 第 8 版. 北京：高等教育出版社，2003
5. 黄家英. 自动控制原理. 北京：高等教育出版社，2003
6. 谢克明主编. 自动控制原理. 北京：电子工业出版社，2004
7. 李国勇，谢克明编著. 控制系统数字仿真与 CAD. 北京：电子工业出版社，2003
8. 尤昌德. 线性系统理论基础. 北京：电子工业出版社，1985
9. 刘豹主编. 现代控制理论. 第 2 版. 北京：机械工业出版社，1988
10. 张嗣瀛主编. 现代控制理论. 北京：冶金工业出版社，1994
11. 谢克明主编. 现代控制理论基础. 北京：北京工业大学出版社，2000
12. 郑大钟. 线性系统理论. 第 2 版. 北京：清华大学出版社，2002
13. 段广仁. 线性系统理论. 哈尔滨：哈尔滨工业大学出版社，1996
14. [美]陈启宗. 线性系统理论与设计. 北京：中国科学出版社，1998
15. 秦寿康，张正方编. 最优控制. 北京：国防工业出版社，1980
16. 解学书编著. 最优控制理论及其应用. 北京：清华大学出版社，1986
17. 顾立钧主编. 最优控制系统. 北京：水利电力出版社，1993
18. 徐建华，卞国瑞，倪重匡等. 状态估计和系统辨识. 北京：科学出版社，1981
19. 贾沛璋，朱征桃，最优估计及其应用. 北京：科学出版社，1984
20. 蔡尚峰. 随机控制理论. 上海：上海交通大学出版社，1987
21. 陈新海. 最佳估计理论. 北京：北京航空学院出版社，1987
22. 卢伯英，陈宗基. 线性估计与随机控制. 北京：国防工业出版社，1990
23. Michael K Masten，D D Sworder. Modern Control Systems-Stochastic Control，Filtering and Estimation. USA：The Institute of Electrical and Electronics Engineerings，Inc. 1995
24. 付梦印，邓志红，张继伟. Kalman 滤波理论及其在导航系统中的应用. 北京：科学出版社，2003
25. 王志贤. 最优状态估计与系统辨识. 西安：西北工业大学出版社，2003

《全国高等学校自动化专业系列教材》丛书书目

教材类型	编号	教材名称	主编/主审	主编单位	备注
本科生教材					
控制理论与工程	Auto-2-(1+2)-V01	自动控制原理(研究型)	吴麒、王诗宓	清华大学	
	Auto-2-1-V01	自动控制原理(研究型)	王建辉、顾树生/杨自厚	东北大学	
	Auto-2-1-V02	自动控制原理(应用型)	张爱民/黄永宣	西安交通大学	
	Auto-2-2-V01	现代控制理论(研究型)	张嗣瀛、高立群	东北大学	
	Auto-2-2-V02	现代控制理论(应用型)	谢克明、李国勇/郑大钟	太原理工大学	
	Auto-2-3-V01	控制理论 CAI 教程	吴晓蓓、徐志良/施颂椒	南京理工大学	
	Auto-2-4-V01	控制系统计算机辅助设计	薛定宇/张晓华	东北大学	
	Auto-2-5-V01	工程控制基础	田作华、陈学中/施颂椒	上海交通大学	
	Auto-2-6-V01	控制系统设计	王广雄、何朕/陈新海	哈尔滨工业大学	
	Auto-2-8-V01	控制系统分析与设计	廖晓钟、刘向东/胡佑德	北京理工大学	
	Auto-2-9-V01	控制论导引	万百五、韩崇昭、蔡远利	西安交通大学	
	Auto-2-10-V01	控制数学问题的 MATLAB 求解	薛定宇、陈阳泉/张庆灵	东北大学	
控制系统与技术	Auto-3-1-V01	计算机控制系统(面向过程控制)	王锦标/徐用懋	清华大学	
	Auto-3-1-V02	计算机控制系统(面向自动控制)	高金源、夏洁/张宇河	北京航空航天大学	
	Auto-3-2-V01	电力电子技术基础	洪乃刚/陈坚	安徽工业大学	
	Auto-3-3-V01	电机与运动控制系统	杨耕、罗应立/陈伯时	清华大学、华北电力大学	
	Auto-3-4-V01	电机与拖动	刘锦波、张承慧/陈伯时	山东大学	
	Auto-3-5-V01	运动控制系统	阮毅、陈维钧/陈伯时	上海大学	
	Auto-3-6-V01	运动体控制系统	史震、姚绪梁/谈振藩	哈尔滨工程大学	
	Auto-3-7-V01	过程控制系统(研究型)	金以慧、王京春、黄德先	清华大学	
	Auto-3-7-V02	过程控制系统(应用型)	郑辑光、韩九强/韩崇昭	西安交通大学	
	Auto-3-8-V01	系统建模与仿真	吴重光、夏涛/吕崇德	北京化工大学	
	Auto-3-8-V01	系统建模与仿真	张晓华/薛定宇	哈尔滨工业大学	
	Auto-3-9-V01	传感器与检测技术	王俊杰/王家祯	清华大学	
	Auto-3-9-V02	传感器与检测技术	周杏鹏、孙永荣/韩九强	东南大学	
	Auto-3-10-V01	嵌入式控制系统	孙鹤旭、林涛/袁著祉	河北工业大学	
	Auto-3-13-V01	现代测控技术与系统	韩九强、张新曼/田作华	西安交通大学	
	Auto-3-14-V01	建筑智能化系统	章云、许锦标/胥布工	广东工业大学	
	Auto-3-15-V01	智能交通系统概论	张毅、姚丹亚/史其信	清华大学	
	Auto-3-16-V01	智能现代物流技术	柴跃廷、申金升/吴耀华	清华大学	

续表

教材类型	编　　号	教材名称	主编/主审	主编单位	备注
本科生教材					
信号处理与分析	Auto-5-1-V01	信号与系统	王文渊/阎平凡	清华大学	
	Auto-5-2-V01	信号分析与处理	徐科军/胡广书	合肥工业大学	
	Auto-5-3-V01	数字信号处理	郑南宁/马远良	西安交通大学	
计算机与网络	Auto-6-1-V01	单片机原理与接口技术	杨天怡、黄勤	重庆大学	
	Auto-6-2-V01	计算机网络	张曾科、阳宪惠/吴秋峰	清华大学	
	Auto-6-4-V01	嵌入式系统设计	慕春棣/汤志忠	清华大学	
	Auto-6-5-V01	数字多媒体基础与应用	戴琼海、丁贵广/林闯	清华大学	
软件基础与工程	Auto-7-1-V01	软件工程基础	金尊和/肖创柏	杭州电子科技大学	
	Auto-7-2-V01	应用软件系统分析与设计	周纯杰、何顶新/卢炎生	华中科技大学	
实验课程	Auto-8-1-V01	自动控制原理实验教程	程鹏、孙丹/王诗宓	北京航空航天大学	
	Auto-8-3-V01	运动控制实验教程	綦慧、杨玉珍/杨耕	北京工业大学	
	Auto-8-4-V01	过程控制实验教程	李国勇、何小刚/谢克明	太原理工大学	
	Auto-8-5-V01	检测技术实验教程	周杏鹏、仇国富/韩九强	东南大学	
研究生教材					
	Auto(＊)-1-1-V01	系统与控制中的近代数学基础	程代展/冯德兴	中科院系统所	
	Auto(＊)-2-1-V01	最优控制	钟宜生/秦化淑	清华大学	
	Auto(＊)-2-2-V01	智能控制基础	韦巍、何衍/王耀南	浙江大学	
	Auto(＊)-2-3-V01	线性系统理论	郑大钟	清华大学	
	Auto(＊)-2-4-V01	非线性系统理论	方勇纯/袁著祉	南开大学	
	Auto(＊)-2-6-V01	模式识别	张长水/边肇祺	清华大学	
	Auto(＊)-2-7-V01	系统辨识理论及应用	萧德云/方崇智	清华大学	
	Auto(＊)-2-8-V01	自适应控制理论及应用	柴天佑、岳恒/吴宏鑫	东北大学	
	Auto(＊)-3-1-V01	多源信息融合理论与应用	潘泉、程咏梅/韩崇昭	西北工业大学	
	Auto(＊)-4-1-V01	供应链协调及动态分析	李平、杨春节/桂卫华	浙江大学	

教师反馈表

感谢您购买本书！清华大学出版社计算机与信息分社专心致力于为广大院校电子信息类及相关专业师生提供优质的教学用书及辅助教学资源。

我们十分重视对广大教师的服务，如果您确认将本书作为指定教材，请您务必填好以下表格并经系主任签字盖章后寄回我们的联系地址，我们将免费向您提供有关本书的其他教学资源。

<table>
<tr><td>您需要教辅的教材：</td><td colspan="3"></td></tr>
<tr><td>您的姓名：</td><td colspan="3"></td></tr>
<tr><td>院系：</td><td colspan="3"></td></tr>
<tr><td>院/校：</td><td colspan="3"></td></tr>
<tr><td>您所教的课程名称：</td><td colspan="3"></td></tr>
<tr><td>学生人数/所在年级：</td><td colspan="3">__________人/　1　2　3　4　硕士　博士</td></tr>
<tr><td>学时/学期</td><td colspan="3">__________学时/__________学期</td></tr>
<tr><td>您目前采用的教材：</td><td colspan="3">作者：______________________
书名：______________________
出版社：____________________</td></tr>
<tr><td>您准备何时用此书授课：</td><td colspan="3"></td></tr>
<tr><td>通信地址：</td><td colspan="3"></td></tr>
<tr><td>邮政编码：</td><td></td><td>联系电话</td><td></td></tr>
<tr><td>E-mail：</td><td colspan="3"></td></tr>
<tr><td colspan="2">您对本书的意见/建议：</td><td colspan="2">系主任签字

盖章</td></tr>
</table>

我们的联系地址：

清华大学出版社　学研大厦 A602，A604 室

邮编：100084

Tel：010-62770175-4409，3208

Fax：010-62770278

E-mail：liuli@tup. tsinghua. edu. cn；hanbh@tup. tsinghua. edu. cn